普通高等教育"十一五"国家级规划教材
PUTONG GAODENG JIAOYU SHIYIWU GUOJIAJI GUIHUA JIAOCAI

LILUN LIXUE

理论力学

编著　武清玺　陆晓敏　殷德顺

Theoretical Mechanics

中国电力出版社
http://jc.cepp.com.cn

内容提要

本书为普通高等教育“十一五”国家级规划教材，是参照教育部高等学校力学教学指导委员会2008年10月颁布的《理论力学课程教学基本要求（试行）》编写的。全书共5篇17章，静力学部分包括基本概念及物体受力分析、基本力系、平面任意力系、空间任意力系、静力学应用专题，运动学部分包括点的运动与刚体的基本运动、点的合成运动、刚体的平面运动，动力学部分包括质点动力学、动量定理、动量矩定理、动能定理、达朗贝尔原理，分析力学基础部分包括分析静力学、分析动力学，动力学应用专题包括线性振动和碰撞等内容。

本书突出了工程概念和力学建模内容，做到简明扼要、深入浅出，例题、习题丰富，土木、水利专业特色鲜明。

本书可作为高等院校土木、水利类专业教材，也可作为工科类院校其他相关专业的教学参考书。

图书在版编目（CIP）数据

理论力学/武清玺，陆晓敏，殷德顺编著. —北京：中国电力出版社，2009.8（2016.7重印）

普通高等教育“十一五”国家级规划教材

ISBN 978-7-5083-8890-8

Ⅰ.理… Ⅱ.①武…②陆…③殷… Ⅲ.理论力学-高等学校-教材 Ⅳ.O31

中国版本图书馆CIP数据核字（2009）第084795号

中国电力出版社出版、发行

（北京市东城区北京站西街19号 100005 http://jc.cepp.com.cn）

北京雁林吉兆印刷有限公司印刷

各地新华书店经售

*

2009年8月第一版 2016年7月北京第四次印刷

787毫米×1092毫米 16开本 20.75印张 503千字

定价**33.00**元

前　言

理论力学是高等学校工科专业的技术基础课，主要研究物体机械运动的一般规律及其在工程实际中的应用，是学习后续力学课程和专业课程的基础。参照教育部高等学校力学教学指导委员会2008年10月颁布的《理论力学课程教学基本要求（试行）》，吸取面向21世纪力学系列课程内容体系改革及近年来教学改革的优秀成果，教材编写时做了以下考虑：

1. 参照课程教学基本要求，精选内容，理顺体系，用较少的篇幅使学生掌握更多的知识，以适应当前学时减少的状况。

2. 结合土木水利类专业特点，选取课程教学专题内容，安排在合适的章节，以*标出，供有关学校选用。

3. 突出基本内容，结合工程实际，反映土木水利工程特色的例题、习题众多，与后续课程衔接较好。

4. 本书编写力求概念准确，理论严谨；深入浅出，简明扼要；选取的思考题可打开学生的思考、创新空间。

本书由武清玺主编。其中绪论、第一～五章、第十四～十七章及附录A、B由武清玺编写，第六～八章由武清玺、殷德顺编写，第九～十三章由陆晓敏编写。

本书的编写，主要参考了华东水利学院（现为河海大学）工程力学教研室理论力学编写组编写的《理论力学（第二版）》上、下册（高等教育出版社，1984），武清玺、陆晓敏编写的《静力学基础（第二版）》和武清玺、许庆春、赵引编写的《动力学基础（第二版）》（河海大学出版社，2003）。同时还参阅了国内外有关教材，吸取了许多长处。

在本书编写过程中，得到河海大学工程力学系和基础力学教研室的大力支持，得到工程力学系有关老师的关心和帮助。北京工业大学张伟和东南大学郭应征审阅了全书，提出了许多宝贵意见，在此表示衷心的感谢。

限于作者水平，书中难免疏漏与错误之处，欢迎读者指正。

编　者

2009年6月

目　录

第二篇　运　动　学

第三篇　动　力　学

第四篇　分析力学基础

第五篇　动力学应用专题

绪论

第一节 理论力学的内容、任务和研究方法

一、理论力学的内容

理论力学是研究物体机械运动一般规律的一门学科。

按照辩证唯物主义的观点，运动是物质存在的形式，是物质的固有属性。宇宙中发生的一切现象和过程——从简单的位置变化和发热发光等物理现象，到人类的思维活动均属于运动。机械运动是物体在空间的位置随时间的变化；是所有运动形式中最简单的一种。例如车辆的行驶、机器的运转、大气和河水的流动、人造卫星和宇宙飞船的运行、建筑物的振动等等，都是机械运动。

平衡（例如物体相对于地球处于静止的状态）是机械运动的特殊情况，也包括在理论力学研究内容之中。

理论力学研究的内容是远小于光速的宏观物体的机械运动，以伽利略和牛顿总结的基本定律为基础，属于古典力学的范畴。而速度接近于光速的物体和基本粒子的运动，则必须用相对论和量子力学的观点才能完善地予以解释。这虽然说明古典力学有局限性，但是经过长期的实践证明，不仅在一般工程中，即使在一些尖端科学技术（如火箭发射、宇宙航行等）中所考察的物体也都是宏观物体，其运动速度都远远小于光速。用古典力学来解决相关问题，不仅方便，而且能够保证足够的精确性，所以古典力学至今仍有很大的实用意义，并且还在不断地发展着。

研究物体机械运动的普遍规律有两种基本方法，并以此形成了理论力学的两大体系：一是用矢量的方法研究物体机械运动的普遍规律，称为矢量力学；二是用数学分析的方法进行研究，称为分析力学。本书以矢量力学研究方法为主，并适当介绍分析力学研究的部分内容。

本书内容包括静力学、运动学、动力学、分析力学基础和动力学应用专题五篇，每篇的研究内容、方法及在工程中的应用等将在各篇分别说明。

二、理论力学的任务

理论力学是一门理论性较强的技术基础课，学习理论力学有下述任务：

(1) 土木、水利、机械等工程专业一般都会涉及机械运动的问题。有些工程实际问题可以直接应用理论力学的基本理论去解决，如土木、水利工程中的平衡问题；传动机械的运动学分析；机器和机械设计中的均衡问题；振动问题和动反力问题等。而一些比较复杂的工程实际问题，则需要应用本书中的理论和其他专门知识共同解决，如土木、水利工程中动力荷载的响应分析及建筑物的抗震设计等。在许多尖端科学技术中（如人造地球卫星和宇宙飞船的发射、运行等），更包含着许多动力学问题。虽然我们不可能在理论力学中讨论这些专门问题，但理论力学却是研究这些问题的基础。由此可见，掌握理论力学知识十分重要。

(2) 理论力学的研究对象是力学中最普遍、最基本的规律。很多工程专业的课程，如材料力学、结构动力学、流体力学、振动力学、机械原理等，都要用到理论力学的知识，所以

理论力学是学习一系列后续课程的基础。

(3) 理论力学知识是许多新兴学科的研究基础。现代科学技术的发展，使理论力学的研究内容渗透到其他科学领域，形成了一些新兴学科。例如：研究机械、机电等复杂物体系统运动规律的"多体动力学"；研究人体运动和体内骨骼、肌肉、血液力学规律的"运动生物力学"；研究身体健康和运动损伤的"运动医学"；还有爆炸力学、电磁流体力学等等。总之，为了探索新的科学领域，必须打下坚实的理论力学基础。

(4) 理论力学的理论来源于实践又服务于实践，既抽象又紧密结合实际，研究的问题涉及面广，而且系统性和逻辑性强。学习理论力学，对培养辩证唯物主义的分析方法，培养逻辑思维和分析问题解决问题的能力都具有重要作用。

三、理论力学的研究方法

科学研究的过程，就是认识客观世界的过程，任何正确的科学研究方法，一定要符合辩证唯物主义的认识论。理论力学的研究和发展也必须遵循这个正确的认识规律。

(1) 通过观察生活和生产实践中的各种现象，进行无数次的科学实验，经过分析、综合和归纳，总结出力学最基本的概念和规律。如力和力矩的概念，加速度的概念，摩擦定律以及动力学三定律等都是在大量实践和实验的基础上经分析、综合和归纳得到的。

(2) 在对事物观察和实验的基础上，通过抽象化建立力学模型。客观事物总是复杂多样的，当我们得到大量来自实践的资料之后，必须根据所研究的问题的性质，抓住主要的、起决定作用的因素，撇开次要的、偶然的因素，深入事物的本质，了解其内部联系，这就是力学中普遍采用的抽象化方法。例如，在某些问题中忽略实际物体受力后的变形，得到刚体的模型；在另一些问题中则忽略物体的大小和形状，得到质点的模型等等。一个物体究竟应当作为质点还是作为刚体看待，主要决定于所讨论问题的性质，而不决定于物体本身的大小和形状。例如机器上的零件，尽管尺寸不大，当要考虑它的转动时，就必须作为刚体看待。一列火车的长度虽然以百米计，当我们将列车作为一个整体来考察它沿铁道线路运行的距离、速度和加速度时，却可以作为一个质点来看待。即使同一个物体，在不同的问题里，随着问题性质的不同，有时应作为质点，有时则应作为刚体。例如地球半径为6370km，当研究其在绕太阳公转的轨道上的运行规律时，可以看作质点，而当考察其自转时，就必须看作刚体。

通过抽象化的方法，一方面简化了所研究的问题，另一方面也更深刻地反映了事物的本质。正如列宁所指出的："当思维从具体的东西上升到抽象的东西时，它不是离开（如果它是正确的……）真理，而是接近真理。物质的抽象，自然规律的抽象，价值的抽象等等，一句话，那一切科学的（正确的、郑重的、不是荒唐的）抽象，都更深刻、更正确、更完全地反映着自然。"❶ 在这里，列宁既指出抽象的重大意义，又告诫我们，抽象必须是"科学的抽象"，如果不顾条件，随意取舍，结果就可能是"荒唐的"。

(3) 在建立力学模型的基础上，从基本定律出发，用数学演绎和逻辑推理的方法，得出正确的具有物理意义和实用价值的定理和结论，并应用它们指导实践，推动生产力的发展。

从实践到理论，再由理论回到实践，通过实践进一步补充和发展理论，然后再回到实践，如此循环往复，每一个循环都在原来的基础上提高一步。和所有的科学一样，理论力学

❶ 列宁.《哲学笔记》.北京：人民出版社，1974.

也是沿着这条道路不断向前发展的。

第二节　工程实际问题的简化及力学模型的建立

在工程实际问题中，我们所考察的物体复杂多样，即使是同一类型的问题，其受力状况也不尽相同。为便于研究，需将工程实际问题进行简化，以得到合理的力学模型，再在此基础上做进一步的计算和分析。将一个实际问题抽象为合理的力学模型并不容易，需要在实践中锻炼并不断提高这方面的能力。一般来说，工程实际问题可从三方面加以简化：物体的几何尺寸、受到的约束和承受的荷载（力）。

在简化过程中，因为要略去一些次要因素，必须包含着某种近似性。例如，当某些尺寸远小于其他有关尺寸时可忽略不计，在微小面积上的力可看作集中力，接触面很光滑或经过充分润滑时可不计摩擦等等。究竟哪些因素可以看作次要因素而略去，与所需的资料及其精确度有关。例如，在研究一般抛射运动时，将抛射体作为质点看待，且只计重力而不计空气阻力，得到的结果是可用的；但在研究远射程炮弹的运动时，如果作同样的假设，则炮弹可能偏离射击目标。另一方面，如果我们对实际存在的一些因素，不分主次，全部计入，看起来似乎是符合实际，但结果可能使问题无法求解，或者虽能求解，但困难极大，费时费力，而实际工作中并不需要这样高的精确度。所以，对一个具体问题，在抽象成为力学模型时，可作哪些近似假设，可忽略哪些因素，必须深入分析，力求合理，既要满足实际要求，又必须在数学计算上方便可行。

有关工程实际问题的简化方法将在本书有关章节中进一步叙述，下面介绍由实际问题抽象而得到的质点、刚体和质点系三种力学模型。

（1）**质点**　如果一个物体的大小和形状对所讨论的问题无关紧要，可以忽略不计，而只需考虑其质量，即可将该物体作为只有质量而没有大小的点，称为**质点**。

（2）**刚体**　刚体是指物体的大小和形状对所讨论的问题来说，不能忽略；但受到力的作用时，大小和形状都保持不变，不发生变形。刚体在实际工程中是不存在的，因为任何物体受力后都将或多或少地发生变形。但在许多情况下，在研究物体的平衡或运动时，变形只是次要因素，可以忽略不计，因此可将物体看作为刚体。

（3）**质点系**　质点系是相互间有一定联系的有限或无限多质点的总称。刚体可以认为是不变形的质点系。由若干个刚体组成的系统称为**刚体系统**，有时也称为**物体系统**。

上述几种理想的力学模型，都是客观存在的实际物体的科学抽象，它们并不特指某些具体物体，而是概括了各种物体。不论物体是金属、木质、混凝土或其他材料，也不论是土建、水利工程中的建筑物构件或机械的零、部件，在研究它们的平衡或运动时，都可将其看作上述几种模型之一来加以考察（需要考虑变形者除外），原则上并无差别。这是人们认识深化的结果，也表明了理论的普遍意义。

第三节　工程中的构件与分类

在工程实际中，各种机械与结构得到广泛应用。组成机械或结构的零构件，统称为**构件**。工程实际中的构件，形状多种多样，按照其几何特征，可分为三类：杆件、板或壳、块体。

(1) **杆件** 一个方向的尺寸比其他两个方向的尺寸大得多的构件称为**杆件或杆**，如图0-1 (a) 所示。杆的几何形状可用一根中心轴线和与中心轴线正交的横截面表示。根据轴线的形状，可分为直杆和曲杆；根据横截面沿轴线变化的情况，可分为等截面杆和变截面杆。例如组成屋架的杆多为等截面直杆，而起重用的吊钩则为变截面曲杆。

(2) **板和壳** 一个方向的尺寸（厚度）比其他两个方向的尺寸小得多的构件称为**板**或**壳**。平分厚度的面称为**中面**。当中面为平面时，该构件称为板（或平板），如图0-1 (b) 所示；当中面为曲面时，该构件称为**壳**（或壳体），如图0-1 (c) 所示。例如楼板为平板，而有些建筑物的屋顶为壳体。

(3) **块体** 三个方向的尺寸相差不很大的构件称为**块体**。例如机器底座等，图0-1 (d) 所示的挡水坝亦为块体。

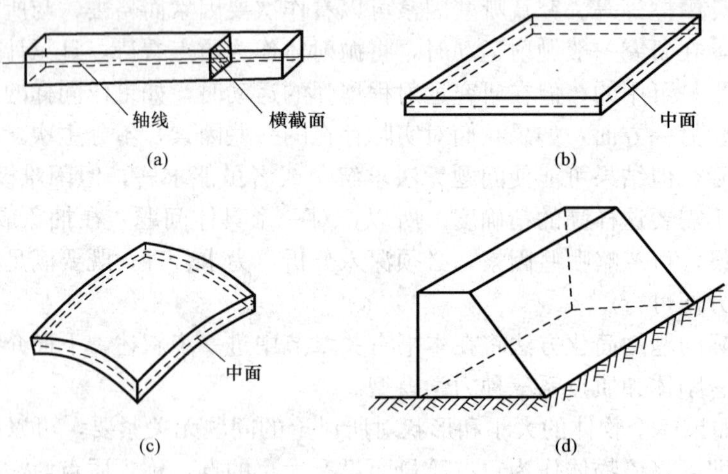

图0-1 构件类型

第一篇 静 力 学

静力学主要研究物体在力的作用下的平衡问题。

平衡是机械运动的一种特殊情形，即物体相对于惯性坐标系[1]处于静止状态或作匀速直线运动的情形。在一般工程问题中，所谓平衡则是指相对于地球的平衡，特别是指相对于地球的静止。

通常，作用于物体的力都不止一个而是若干个，这些力总称为**力系**。各力作用线位于同一平面内的力系称为**平面力系**，否则称为**空间力系**。如果一个力系作用于某物体而能使其保持平衡，则该力系称为**平衡力系**。有时作用于物体上的一个力系可以用另一个力系来代替，而不改变原力系对物体作用的效应，则这两个力系称为**等效力系**。特别地，如果一个力与一个力系等效，则该力称为此力系的**合力**，而此力系的各力则称为该力的**分力**。

作用于物体的力系往往较为复杂，在研究物体的运动或平衡问题时，需要将复杂的力系加以简化，然后再讨论物体的运动或平衡规律。因此，在静力学里主要研究以下问题：

(1) 物体的受力分析与力系的等效简化；

(2) 力系的平衡条件及其应用。

在各种工程中都存在大量的静力学问题。例如，在土建和水利工程中，用移动式吊车起吊重物时，必须根据平衡条件确定起重量的上限防止吊车翻倒；设计屋架时，必须将所受的重力、风雪压力等加以简化，再根据平衡条件求出各杆所受的力，据以确定各杆截面的尺寸。其他如水闸、堤坝、桥涵等建筑，设计时都需进行受力分析，以便得到安全、经济的设计方案，而静力学理论则是进行受力分析的基础。在机械工程中，进行机械设计时，往往也要应用静力学理论分析机械零部件的受力情况，作为强度计算的依据。对于运转速度缓慢或速度变化不大的零部件的受力分析，通常都可简化为平衡问题来处理。除此以外，静力学中关于力系简化的理论，还将直接应用于动力学中；动力学问题也可以在形式上转换成为平衡问题，而用静力学理论来求解。可见，静力学理论在生产实践中应用广泛，在力学理论中十分重要。

---

[1] 惯性坐标系是指适用牛顿定律的坐标系，在动力学里将详细说明。

第一章　基本概念及物体受力分析

力与力偶是力学中两个基本物理量，力与力偶使物体产生的运动效应和变形效应是力学分析的基础知识。静力学研究物体在主动力和约束力作用下的平衡问题，通常主动力是已知的，而约束力是需要求解的，因此，研究工程中常见的约束及其产生的约束力以及如何将工程实际问题简化成为便于分析计算的力学模型是本章的重要内容。

第一节　力的概念

力是物体间的相互机械作用，这种作用使物体的运动状态发生改变，或使物体产生变形。力使物体改变运动状态的效应称为力的**运动效应**，使物体产生变形的效应称为力的**变形效应**。力对物体的作用效应取决于力的三要素，即力的大小、方向、作用点。

度量力的大小通常采用国际单位制（SI），力的单位用牛顿（N）或千牛顿（kN）表示。

力的方向包含方位和指向两个意思，如铅直向下，水平向右等。作用点指的是力在物体上的作用位置。一般说来，力的作用位置并不是一个点而是一定的面积。但是当作用面积小到可以不计其大小时，就可以抽象成为一个点，这个点就是力的作用点；而这种作用于一点的力则称为**集中力**。过力的作用点作一直线，以直线的方位代表力的方位，则该直线称为**力的作用线**。

力具有大小和方向，所以**力是矢量**。

在图1-1中，矢量AB表示力$\boldsymbol{F}$，F代表力$\boldsymbol{F}$的大小[1]；A点或B点表示$\boldsymbol{F}$的作用点，KL则是$\boldsymbol{F}$的作用线。

实践经验表明，作用于刚体的力可沿其作用线移动而不改变其对刚体的运动效应。例如，用小车运送物品时（图1-2），不论在车后A点用力F推车，或在车前同一直线上的B点用力F拉车，效果都是一样的。力的这种性质称为**力的可传性**。由此可见，就力对于刚体的运动效应来说，若已知力的作用线，则力的作用点将不再是必要因素。也就是说，我们只需知道力的作用线，至于作用线上的哪一点是力的作用点，则不用考虑。

由于作用于刚体上的力具有可传性，所以力是滑动矢量。

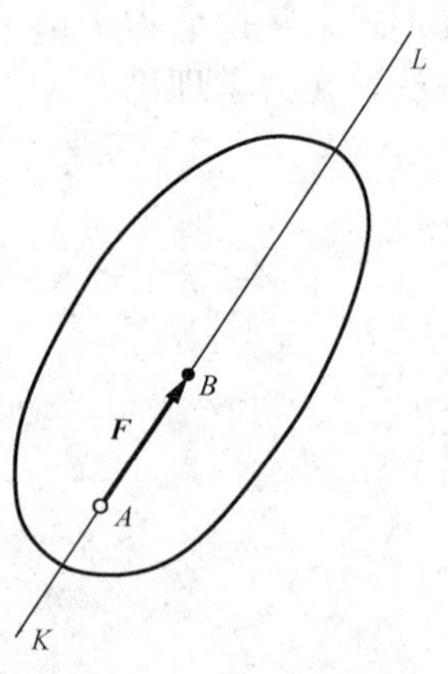

图1-1　力的作用线

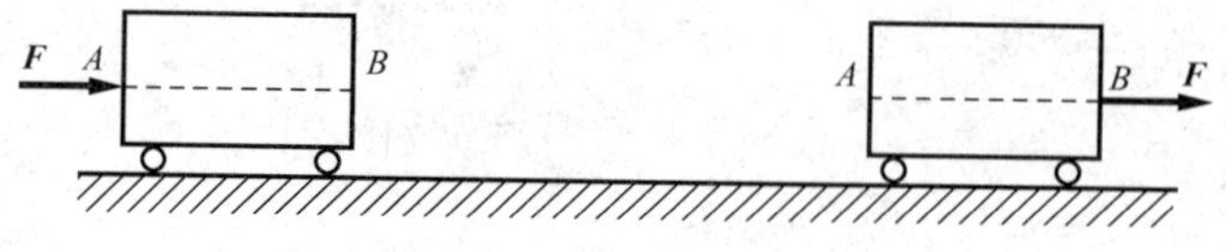

图1-2　力的可传性

[1] 本书粗体字母均表示矢量，对应的非黑体字母表示该矢量的模。

第二节　静力学基本原理

我们知道，牛顿运动定律是研究物体机械运动一般规律的基础，也是研究机械运动的特殊情形——平衡问题的基础。但在静力学里，我们将重点讲述牛顿运动定律中静力学将用到的几个原理。这几个原理，有的就是牛顿定律本身的内容，有的则可由牛顿定律导出的结论，不过我们在这里将不加证明，而只作为由实践验证的原理提出来。下面就讲述这几个原理。

1. 力的平行四边形法则

作用于物体上同一点的两个力可以合成为一个合力，合力的作用点也在该点，合力的大小和方向由这两个力为边构成的平行四边形的对角线确定。

用矢量表示为

$$\boldsymbol{F}_{\mathrm{R}}=\boldsymbol{F}_1+\boldsymbol{F}_2$$

2. 二力平衡原理

作用于同一刚体的两个力互为平衡的必要与充分条件是：两个力的作用线相同，大小相等，方向相反。

例如，在一根静止的刚杆的两端沿着同一直线 AB 施加两个拉力［图 1-3（a）］或压力［图 1-3（b）］$\boldsymbol{F}_1$ 及 $\boldsymbol{F}_2$，使 $\boldsymbol{F}_1=-\boldsymbol{F}_2$，由经验可知，刚杆将保持静止，既不会移动，也不会转动，所以 $\boldsymbol{F}_1$ 与 $\boldsymbol{F}_2$ 二力平衡。反之，如果 $\boldsymbol{F}_1$ 与 $\boldsymbol{F}_2$ 不满足上述条件，即作用线不同，或者 $\boldsymbol{F}_1\neq-\boldsymbol{F}_2$，则刚体将从静止开始运动，这时两个力不能平衡。

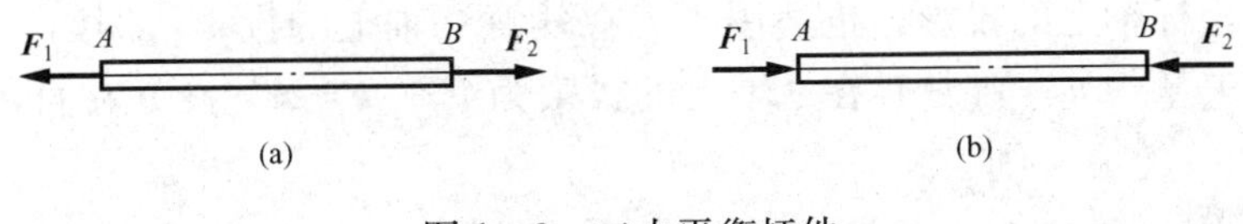

图 1-3　二力平衡杆件

3. 加减平衡力系原理

在任一力系中加上或者减去任何一个平衡力系，并不改变原力系对刚体的运动效应。

加减平衡力系原理的正确性是显而易见的，因为一个平衡力系不会改变刚体的运动状态，所以在原来作用于刚体的力系中加上或减去一个平衡力系，不会使刚体运动状态发生附加的改变。

应用上面两个原理，可从理论上证明力的可传性（请读者自行推证）。

4. 作用与反作用定律

两物体间相互作用的力（作用力与反作用力）同时存在，大小相等，作用线相同而指向相反。

这一定律就是牛顿第三定律，不论物体是静止的或运动着，该定律均成立。

5. 刚化原理

如果变形体在某一力系的作用下处于平衡，若将此变形体刚化为刚体，其平衡状态不变。

此原理建立了刚体平衡条件与变形体平衡条件之间的联系；说明在变形体平衡时，作用在其上的力系必须满足把变形体刚化为刚体后的平衡条件。根据这一原理，我们可以将刚体的平衡条件应用到变形体的平衡问题中去，从而扩大了刚体静力学的应用范围，这在弹性体静力学和流体静力学的研究中有重要意义。

应该指出，刚体的平衡条件对于变形体来说只是必要条件，而不是充分条件。因此，要研究变形体是否平衡，仅有刚体平衡条件是不够的，还需附加变形条件。

第三节 力的分解与力的投影

按照矢量的运算规则，可将一个力分解为两个或两个以上的分力。最常用的是将一个力分解成为沿直角坐标轴 x、y、z 的分力。设有力 $\boldsymbol{F}$，根据矢量分解公式有

$$\boldsymbol{F} = F_x\boldsymbol{i} + F_y\boldsymbol{j} + F_z\boldsymbol{k} \tag{1-1}$$

式中 $\boldsymbol{i}$、$\boldsymbol{j}$、$\boldsymbol{k}$——沿坐标轴正向的单位矢量（图 1-4）；

F_x、F_y、F_z——力 $\boldsymbol{F}$ 在 x、y、z 轴上的投影。

如果已知 $\boldsymbol{F}$ 与坐标轴正向的夹角 α、β、γ，则

$$F_x = F\cos\alpha,\ F_y = F\cos\beta,\ F_z = F\cos\gamma \tag{1-2}$$

式（1-2）中的角 α、β、γ 可以是锐角，也可以是钝角，由夹角余弦的符号即可知力的投影为正或负。有时，若力与坐标轴正向的夹角为钝角，也可改用其补角（锐角）计算力的投影的大小，并根据观察判断投影的符号。

式（1-2）也可写成

$$F_x = \boldsymbol{F}\cdot\boldsymbol{i},\ F_y = \boldsymbol{F}\cdot\boldsymbol{j},\ F_z = \boldsymbol{F}\cdot\boldsymbol{k} \tag{1-3}$$

就是说，一个力在某一轴上的投影，等于该力与沿该轴方向的单位矢量之标积。这结论不仅适用于力在直角坐标轴上的投影，也适用于力在任意一轴上的投影。例如，设有一轴 ξ，沿该轴正向的单位矢量为 $\boldsymbol{n}$，则力 $\boldsymbol{F}$ 在 ξ 轴上的投影为 $F_\xi=\boldsymbol{F}\cdot\boldsymbol{n}$。设 $\boldsymbol{n}$ 在直角坐标系 Oxy 中的方向余弦为 l_1、l_2、l_3，则

$$F_\xi = F_x l_1 + F_y l_2 + F_z l_3 \tag{1-4}$$

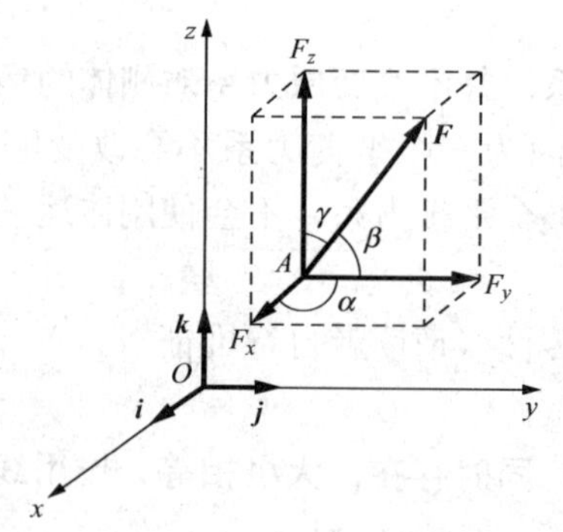

图 1-4 力沿坐标轴分解

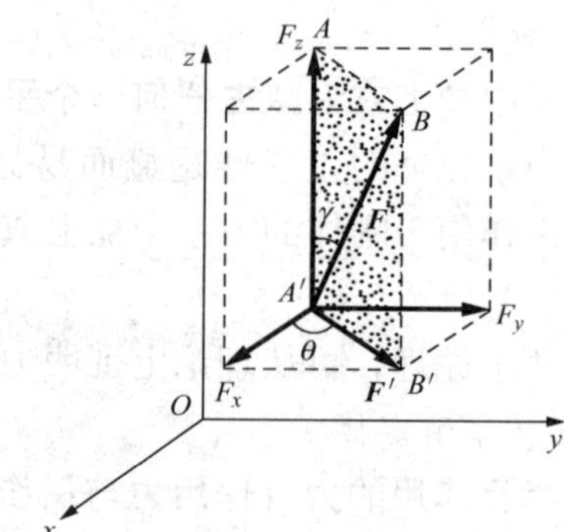

图 1-5 力在坐标轴上的投影

有时，已知 $\boldsymbol{F}$ 与某一坐标轴（取为 z）的夹角 γ，以及 $\boldsymbol{F}$ 在平行于 xy 平面上的投影 $\boldsymbol{F}'$[❶]与另一轴（如 x 轴）的夹角 θ，如图 1-5 所示，则

❶ 矢量在平面上的投影仍是矢量，其起点和终点分别是原矢量的起点和终点在平面上的垂足。

$$\left.\begin{aligned}F_x &= F'\cos\theta = F\sin\gamma\cos\theta\\ F_y &= F'\sin\theta = F\sin\gamma\sin\theta\\ F_z &= F\cos\gamma\end{aligned}\right\} \tag{1-5}$$

按式（1-5）计算力的投影应用较多，必须熟悉。但要注意，式（1-5）是一个解析表达式，θ、γ 是力与坐标轴正向的夹角，它决定着投影的正负值。

若已知 $\boldsymbol{F}$ 在 x、y、z 轴上的投影 F_x、F_y、F_z，则可求得 $\boldsymbol{F}$ 的大小及方向余弦

$$\left.\begin{aligned}&F = \sqrt{F_x^2 + F_y^2 + F_z^2}\\ &\cos\alpha = \frac{F_x}{F},\ \cos\beta = \frac{F_y}{F},\ \cos\gamma = \frac{F_z}{F}\end{aligned}\right\} \tag{1-6}$$

如果 $\boldsymbol{F}$ 位于某一坐标平面内，并将该平面取为 xy 面，则 $F_z=0$，而 F_x 和 F_y 可由式（1-2）或式（1-3）求得。

第四节　力　　矩

一、力对一点的矩

一般来说，作用于物体的力有使物体产生移动和转动的效应。力的转动效应是用**力矩**来度量的。

在空间力系问题里，力对一点的矩是**矢量**。这是因为空间力系中的各力分别与矩心构成不同的平面，各力对于物体绕矩心转动的效应，不仅与各力矩的大小及其在各自平面内的转向有关，而且与各力和矩心所构成的平面方位有关。也就是说，为了表述力对于物体绕矩心转动的效应，需要表示出三个因素：力矩的大小，力和矩心所构成的平面，以及在该平面内力矩的转向。这三个因素，不可能用一个代数量表示出来，而需用一个矢量来表示。

设有一作用于物体的力 $\boldsymbol{F}$ 及任一点 O（图 1-6，物体未画出），自矩心 O 作矢量 $\boldsymbol{M}_O(\boldsymbol{F})$ 表示力 $\boldsymbol{F}$ 对于 O 点的矩。矩矢 $\boldsymbol{M}_O(\boldsymbol{F})$ 的模（即力矩的大小）为 $M_O(F)=F\cdot a$，$\boldsymbol{M}_O(\boldsymbol{F})$ 垂直于 O 点与力 $\boldsymbol{F}$ 所决定的平面，其指向则按右手螺旋法则决定：如以力矩的转向为右手螺旋的转向，则螺旋前进的方向就代表矩矢 $\boldsymbol{M}_O(\boldsymbol{F})$ 的指向，或者说，从矩矢 $\boldsymbol{M}_O(\boldsymbol{F})$ 的末端向其始端看去，力矩的转向是逆时针向。

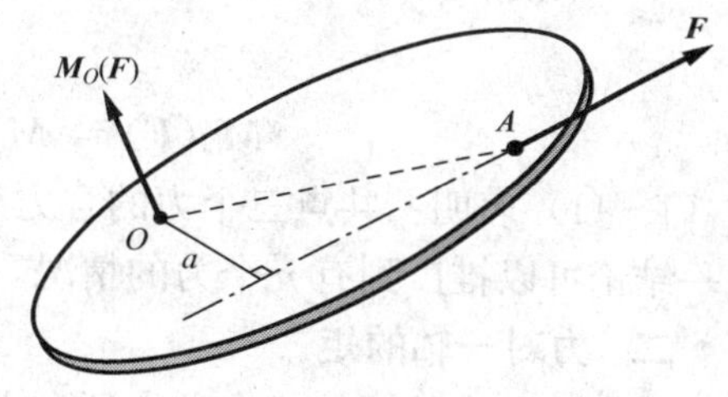

图 1-6　力 $\boldsymbol{F}$ 对于 O 点的矩

力矩的单位是牛·米（N·m）或千牛·米（kN·m）。

必须注意，力矩 $\boldsymbol{M}_O(\boldsymbol{F})$ 与矩心位置有关，因此矩矢 $\boldsymbol{M}_O(\boldsymbol{F})$ 只能画在矩心 O 处，而不能画在别处，所以矩矢 $\boldsymbol{M}_O(\boldsymbol{F})$ 是定位矢量。

由力对一点的矩的定义可知，将力 $\boldsymbol{F}$ 沿其作用线移动时，由于 $\boldsymbol{F}$ 的大小、方向以及由 O 点到力作用线的距离都不变，力 $\boldsymbol{F}$ 与矩心 O 构成的平面的方位也不变，因此 $\boldsymbol{F}$ 对于 O 点的矩也不变，**即力对于一点的矩不因为力沿其作用线移动而改变。**

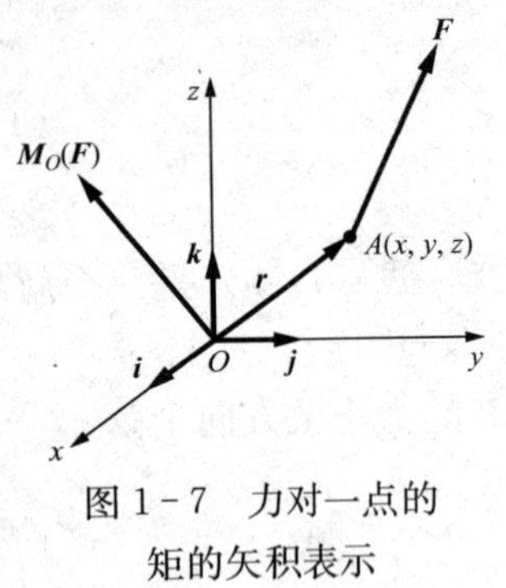

图 1-7 力对一点的矩的矢积表示

由上面关于矩矢 $\boldsymbol{M}_O(\boldsymbol{F})$ 的规定不难看出，如果从矩心 O 作矢量 OA，称为力作用点 A 对于 O 点的矢径或位置矢，用 $\boldsymbol{r}$ 表示（图 1-7），则力 $\boldsymbol{F}$ 对于 O 点的矩 $\boldsymbol{M}_O(\boldsymbol{F})$ 可用矢积 $\boldsymbol{r}\times\boldsymbol{F}$ 来表示，即

$$\boldsymbol{M}_O(\boldsymbol{F})=\boldsymbol{r}\times\boldsymbol{F} \tag{1-7}$$

如过矩心 O 取直角坐标系 $Oxyz$，并设力 F 的作用点 A 的坐标为（x，y，z），如图 1-7 所示，则式（1-7）可表示为

$$\begin{aligned}\boldsymbol{M}_O(\boldsymbol{F})&=\boldsymbol{r}\times\boldsymbol{F}=(x\boldsymbol{i}+y\boldsymbol{j}+z\boldsymbol{k})\times(F_x\boldsymbol{i}+F_y\boldsymbol{j}+F_z\boldsymbol{k})\\&=(yF_z-zF_y)\boldsymbol{i}+(zF_x-xF_z)\boldsymbol{j}+(xF_y-yF_x)\boldsymbol{k}\end{aligned} \tag{1-8}$$

或者用行列式表示为

$$\boldsymbol{M}_O(\boldsymbol{F})=\begin{vmatrix}\boldsymbol{i}&\boldsymbol{j}&\boldsymbol{k}\\x&y&z\\F_x&F_y&F_z\end{vmatrix} \tag{1-9}$$

对于平面力系问题，取各力所在平面为 xy 面，则任一力的作用点坐标 $z=0$，力在 z 轴上投影的标量 $F_z=0$，于是式（1-8）及式（1-9）转化成为只与 k 相关的一项。这时，可将 F 对 O 点的矩作为代数量，得到

$$M_O(\boldsymbol{F})=xF_y-yF_x\text{，或 }M_O(\boldsymbol{F})=\begin{vmatrix}x&y\\F_x&F_y\end{vmatrix} \tag{1-10}$$

利用式（1-8）、式（1-9），我们可由一个力的作用点的坐标及该力的投影计算其对 O 点的矩，而无需量取 O 点到力作用线的距离。

如果在 O 点作用有三个力 $\boldsymbol{F}_1$、$\boldsymbol{F}_2$ 及 $\boldsymbol{F}_3$，其合力为 $\boldsymbol{F}$，则有

$$\boldsymbol{F}=\boldsymbol{F}_1+\boldsymbol{F}_2+\boldsymbol{F}_3$$

合力 $\boldsymbol{F}$ 对于 O 点的矩为

$$\boldsymbol{M}_O(\boldsymbol{F})=\boldsymbol{r}\times\boldsymbol{F}=\boldsymbol{r}\times(\boldsymbol{F}_1+\boldsymbol{F}_2+\boldsymbol{F}_3)=\boldsymbol{r}\times\boldsymbol{F}_1+\boldsymbol{r}\times\boldsymbol{F}_2+\boldsymbol{r}\times\boldsymbol{F}_3$$

即

$$\boldsymbol{M}_O(\boldsymbol{F})=\boldsymbol{M}_O(\boldsymbol{F}_1)+\boldsymbol{M}_O(\boldsymbol{F}_2)+\boldsymbol{M}_O(\boldsymbol{F}_3) \tag{1-11}$$

式（1-11）表明：共点三个力的合力对于任一点的矩等于三个分力对同一点的矩的矢量和。这一结论可以推广到有 n 个力的情况，并称为共点力系的**合力矩定理**。

二、力对一轴的矩

除力对一点的矩外，力学中还会用到力对一轴的矩这一概念，它表示的是力使物体绕轴转动的效应。

一个力对于某一轴的矩等于这个力在垂直于该轴的平面上的投影对于该轴与该平面的交点的矩。

例如，在图 1-8 中，设有一力 $\boldsymbol{F}=AB$ 及一轴 z。任取一平面 N 垂直于 z 轴，并设 z 轴与平面 N 的交点为 O。将力 $\boldsymbol{F}$ 投影到平面 N 上，得 $\boldsymbol{F}'=A'B'$。以 a 代表从点 O 至 $\boldsymbol{F}'$ 的垂直距离，则力 $\boldsymbol{F}$ 对于 z 轴的矩等于 $\boldsymbol{F}'$ 对于 O 的矩，即，

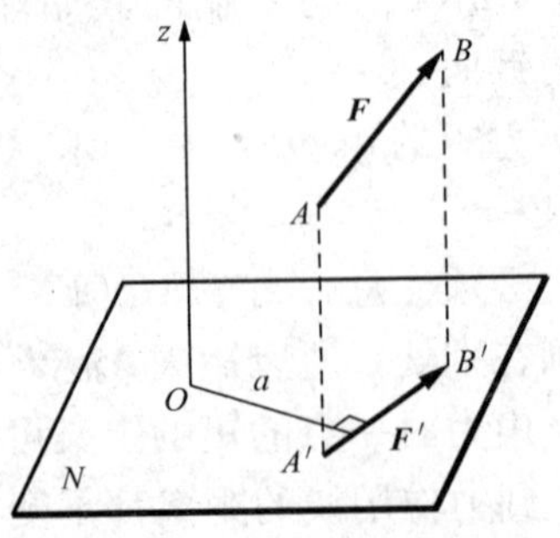

图 1-8 力对某一轴的矩

如令 M_z［有时也写作 $M_z(\boldsymbol{F})$］代表 $\boldsymbol{F}$ 对于 z 轴的矩，则 $M_z=M_O(\boldsymbol{F}')$，即

$$M_z = \pm F'\alpha \tag{1-12}$$

z 轴常称为矩轴。

式（1—12）中的正负符号表明力使静止物体绕 z 轴转动的方向。或者简单地说，表明力矩的转向，符号的规定仍是依照右手螺旋法则：令力矩的转向为右手螺旋转动的方向，若螺旋前进方向与 z 轴正方向一致（图 1-8），则取正号；反之，取负号。

力对轴之矩的常用单位也是牛・米（N・m）或千牛・米（kN・m）。

由定义可知，在下面两种情况下，力对轴的矩等于零：

（1）力与矩轴平行（这时 $F'=0$）；

（2）力与矩轴相交（这时 $a=0$）。

这两种情况，也可以用一个条件来表示：**力与矩轴在同一平面内。**

在许多问题中，直接根据定义，由力在垂直于轴的平面上的投影来计算力对轴的矩，往往很不方便。因此，常利用力在直角坐标轴上的投影及其作用点的坐标来计算力对轴的矩。

设有一力 $\boldsymbol{F}$ 及任一轴 z。为了求力 $\boldsymbol{F}$ 对于 z 轴的矩，以 z 轴上一点 O 为原点，作直角坐标系 $Oxyz$，如图 1-9 所示。设力 $\boldsymbol{F}$ 的作用点 A 的坐标为 $A(x, y, z)$，而力 $\boldsymbol{F}$ 在坐标轴上的投影为 F_x、F_y、F_z。将 $\boldsymbol{F}$ 投影到垂直于 z 轴的平面即 xy 平面上得 $\boldsymbol{F}'$，显然 $\boldsymbol{F}'$ 在坐标轴 x、y 上的投影就是 F_x、F_y，而 A' 的坐标是（x，y）。根据定义，$\boldsymbol{F}$ 对于 z 轴的矩等于 $\boldsymbol{F}'$ 对于 O 点的矩，即 $M_z(\boldsymbol{F})=M_O(\boldsymbol{F}')$；而 $\boldsymbol{F}'$ 对于 O 点的矩由式（1-10）求得为 $M_O(\boldsymbol{F}')=xF_y-yF_x$，因而有

$$M_z(\boldsymbol{F}) = xF_y - yF_x$$

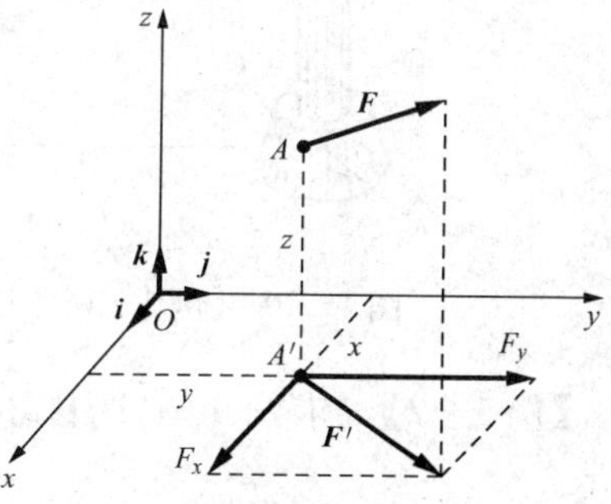

图 1-9　力对坐标轴的矩

用相似方法可求得 $\boldsymbol{F}$ 对 x 轴的及对 y 轴的矩。这样就得到

$$M_x(\boldsymbol{F}) = yF_z - zF_y,\ M_y(\boldsymbol{F}) = zF_x - xF_z,\ M_z(\boldsymbol{F}) = xF_y - yF_x \tag{1-13}$$

用式（1-13）计算力对轴的矩，往往比直接根据定义计算来得方便。

三、力对点的矩与力对轴的矩的关系

力对点的矩与对轴的矩两者既有差别，又有联系。将式（1-8）与式（1-13）作对比，可见式（1-8）中各单位矢量前面的系数就分别等于 $\boldsymbol{F}$ 对于 x、y、z 轴的矩。但根据矢量分解的公式，各单位矢量前面的系数也就是 $\boldsymbol{M}_O(\boldsymbol{F})$ 在各轴上的投影。这就表明，$\boldsymbol{M}_O(\boldsymbol{F})$ 在各轴上的投影分别等于 $\boldsymbol{F}$ 对于各轴的矩。因为坐标轴 x、y、z 是任取的，于是可得如下定理：

一个力对于一个点的矩在经过该点的任一轴上的投影等于该力对于该轴的矩。

根据这一定理，可以求出一个力 $\boldsymbol{F}$ 对于除坐标轴以外的任一轴的矩。例如，设有通过坐标原点 O 的任一轴 ξ，沿该轴的单位矢量 $\boldsymbol{n}$ 在坐标系 $Oxyz$ 中的方向余弦为 l_1、l_2、l_3，则

$$M_\xi(\boldsymbol{F})=\boldsymbol{n}\cdot\boldsymbol{M}_O(\boldsymbol{F})= M_x l_1 + M_y l_2 + M_z l_3 \tag{1-14}$$

或者写成

$$M_\xi(\boldsymbol{F})= \boldsymbol{n}\cdot(\boldsymbol{r}\times\boldsymbol{F})=\begin{vmatrix} l_1 & l_2 & l_3 \\ x & y & z \\ F_x & F_y & F_z \end{vmatrix} \tag{1-15}$$

【例 1-1】 在轴 OA 的手柄 AB 的 B 端作用一力 $\boldsymbol{F}$，如图 1-10 所示。已知 $F=50\text{N}$，$OA=200\text{mm}$，$AB=180\text{mm}$，$\alpha=45°$，$\beta=60°$，求力 $\boldsymbol{F}$ 对于 x，y，z 轴的矩。

解 由式（1-5）计算力 $\boldsymbol{F}$ 在坐标轴上的投影，得到

$$F_x=F\cos\beta\cos\alpha=17.7\text{N},\ F_y=F\cos\beta\sin\alpha=17.7\text{N},\ F_z=F\sin\beta=43.3\text{N}$$

力 $\boldsymbol{F}$ 的作用点 B 的坐标为 $x=0$，$y=180\text{mm}$，$z=200\text{mm}$，代入式（1-13），得

$$M_x=yF_z-zF_y=180\times43.3-200\times17.7=4260\text{N}\cdot\text{mm}=4.26\text{N}\cdot\text{m}$$

$$M_y=zF_x-xF_z=200\times17.7=3540\text{N}\cdot\text{mm}=3.54\text{N}\cdot\text{m}$$

$$M_z=xF_y-yF_x=-180\times17.7=-3180\text{N}\cdot\text{mm}=-3.18\text{N}\cdot\text{m}$$

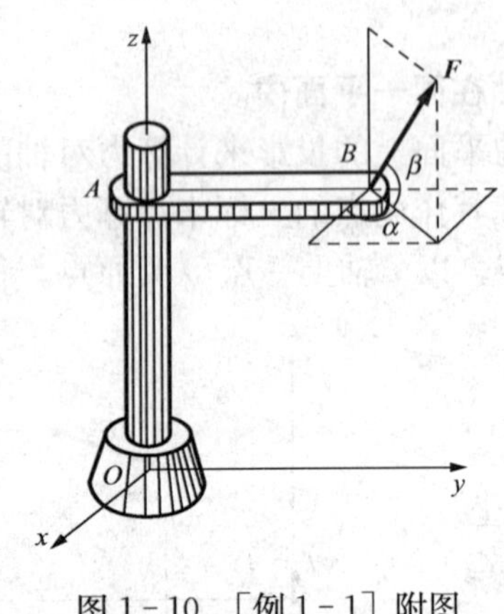

图 1-10 ［例 1-1］附图

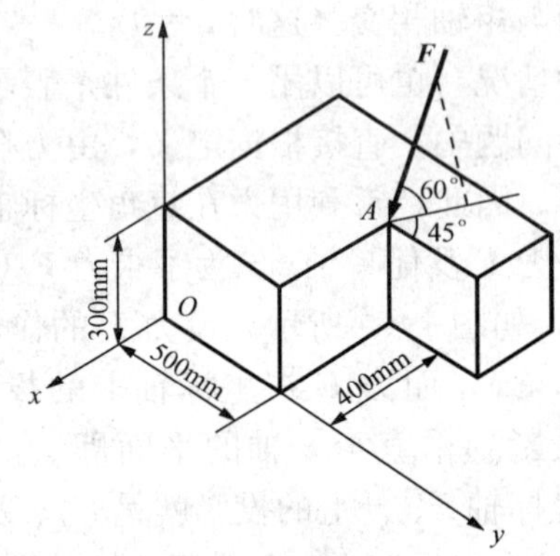

图 1-11 ［例 1-2］附图

【例 1-2】 求图 1-11 中力 $\boldsymbol{F}$ 对 O 点的矩 $\boldsymbol{M}_O(\boldsymbol{F})$，已知 $F=20\text{N}$，尺寸如图 1-11 所示。

解 确定 A 点的坐标值，计算 $\boldsymbol{F}$ 在坐标轴上的投影

$$x=-0.4\text{m},\ y=0.5\text{m},\ z=0.3\text{m}$$

$$F_x=F\cos60°\sin45°=\sqrt{2}F/4$$

$$F_y=F\cos60°\cos45°=-\sqrt{2}F/4$$

$$F_z=-F\sin60°=-\sqrt{3}F/2$$

按式（1-8）、式（1-9）计算力 $\boldsymbol{F}$ 对 O 点的矩，得到

$$\boldsymbol{M}_O(\boldsymbol{F})=-6.54\boldsymbol{i}-4.81\boldsymbol{j}-0.71\boldsymbol{k}\ (\text{N}\cdot\text{m})$$

第五节　力偶与力偶矩

设有大小相等、方向相反、作用线不相同的两个力 $\boldsymbol{F}$ 及 $\boldsymbol{F}'$（图 1-12）。显然，它们的矢量和等于零，表明不可能将它们合成为一个合力；另一方面，它们又不满足二力平衡条件（因作用线不同），所以不能成平衡。力学上把大小相等、方向相反、作用线不同的两个力作为一个整体来考虑，称为**力偶**。两力作用线之间的距离 a 则称为**力偶臂**。通常用记号（$\boldsymbol{F}$，$\boldsymbol{F}'$）表示力偶。

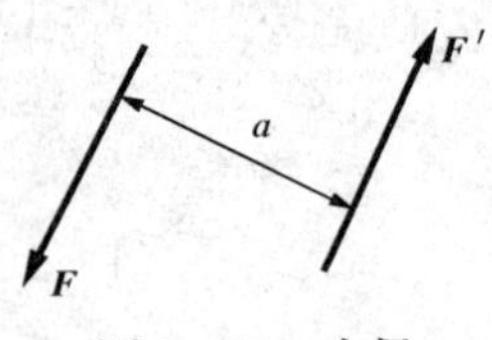

图 1-12　力偶

如上所述，**力偶没有合力，不能用一个力代替，因此也不能和一个力平衡。**

与一个力对于物体的效应（一般有移动和转动两种效应）不同，力偶对于物体只有转动效应，没有移动效应。力偶对物体绕某点的转动的效应用力偶的两个力对该点的力矩之和来量度。

设在平面 P 内有一力偶（$\boldsymbol{F}$，$\boldsymbol{F}'$），如图 1-13（a）所示。任取一点 O，设 $\boldsymbol{F}$ 及 $\boldsymbol{F}'$ 的作用点 A 及 B 对于点 O 的矢径为 $\boldsymbol{r}_A$ 及 $\boldsymbol{r}_B$，而 B 点相对于 A 点的矢径为 $\boldsymbol{r}_{BA}$。由图可见，$\boldsymbol{r}_B=\boldsymbol{r}_A+\boldsymbol{r}_{BA}$。于是，力偶的两个力对于 O 点的矩的矢量和为

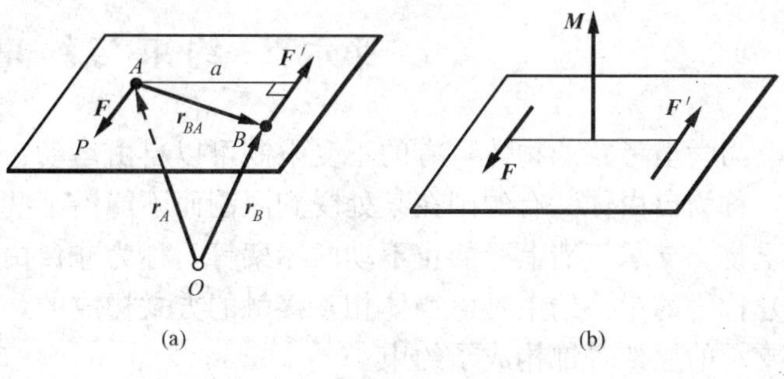

图 1-13　力偶矩矢量

$$\boldsymbol{M}_O(\boldsymbol{F},\ \boldsymbol{F}')=\boldsymbol{r}_A\times\boldsymbol{F}+\boldsymbol{r}_B\times\boldsymbol{F}'=\boldsymbol{r}_A\times\boldsymbol{F}+(\boldsymbol{r}_A+\boldsymbol{r}_{BA})\times\boldsymbol{F}'$$

但 $\boldsymbol{F}=-\boldsymbol{F}'$，因此

$$\boldsymbol{M}_O(\boldsymbol{F},\ \boldsymbol{F}')=\boldsymbol{r}_{BA}\times\boldsymbol{F}'$$

矢积 $\boldsymbol{r}_{BA}\times\boldsymbol{F}'$ 是一个矢量，称为**力偶矩**。

因为 O 点是任取的，所以**力偶对任一点的矩就等于力偶矩，而与矩心的位置无关。**用矢量 $\boldsymbol{M}$ 代表力偶矩，则

$$\boldsymbol{M}=\boldsymbol{r}_{BA}\times\boldsymbol{F}' \tag{1-16}$$

由图 1-13 可见，力偶矩 $\boldsymbol{M}$ 的模为 $F'\cdot a$，即力偶矩的大小等于力偶的力与力偶臂之乘积；$\boldsymbol{M}$ 垂直于 A 点与 $\boldsymbol{F}'$ 所构成的平面，即垂直于力偶所在的平面；$\boldsymbol{M}$ 的指向与力偶在其所在平面内的转向符合右手螺旋法则。力偶矩 $\boldsymbol{M}$ 的表示见图 1-13（b）。

力偶矩的单位与力矩的单位相同，也是牛·米（N·m）。

既然力偶无合力，没有移动效应，其转动效应又完全决定于力偶矩，于是可知：**力偶矩相等的两力偶等效。**据此可以推论，力偶有下面两个重要特性：

（1）**只要力偶矩保持不变，力偶可在空间内任意移动而不改变其对物体的效应。**由此可见，只要不改变力偶矩 $\boldsymbol{M}$ 的模和方向，不论将 $\boldsymbol{M}$ 画在物体上的什么地方其效果都一样，即力偶矩是自由矢量。

（2）**只要力偶矩保持不变，可将力偶的力和臂作相应的改变而不会改变其对物体的效应。**因此，在研究有关力偶的问题时，只需考虑力偶的矩，而不必论究力的大小，臂的长短。在力学中和工程上常常在力偶所在的平面内以↻ M 或↺ M 来表示力偶，其中箭头表示力偶在平面内的转向，M 则表示力偶矩的大小。

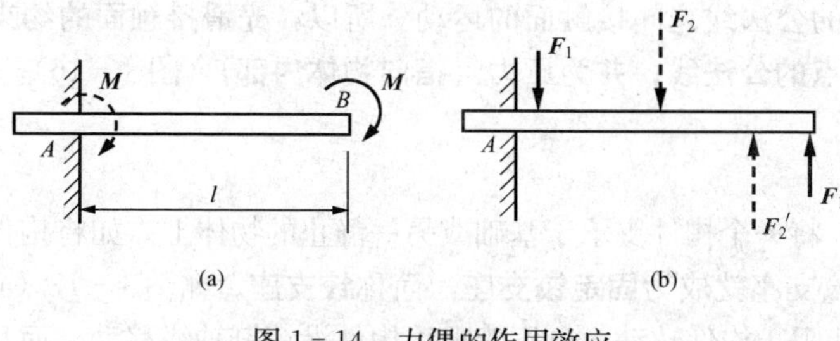

图 1-14　力偶的作用效应

应当注意，上面两个结论只是在研究力偶的运动效应时才成立，不适用于变形效应的研究。例如，在图 1-14（a）中，梁 AB 的一端 B 作用一力偶，将使梁弯曲；如将力偶移到 A 点，对梁的平衡没有影响，但却不能使

梁弯曲。在图 1-14（b）中，如将力偶（$\boldsymbol{F}_1$，$\boldsymbol{F}_1'$）变换成为力偶矩相等的力偶（$\boldsymbol{F}_2$，$\boldsymbol{F}_2'$），尽管运动效应相同，对梁的变形效应却不一样。

第六节 约束与约束反力

力学里考察的物体，有的不受限制可以自由运动，如在空中可根据需要自由飞行的飞机等，称为**自由体**；有的则在某处受到限制而不能沿某些方向运动，如用绳索悬挂而不能下落的重物、支承于墙上而静止不动的屋架等，称为**非自由体**。对非自由体运动的限制条件（物体）称为**约束**。约束是以物体相互接触的方式构成的，上述绳索对于所悬挂的重物、墙对于所支承的屋架等都构成了约束。

约束对于物体的作用称为**约束力**或**约束反力**，也常简称为**反力**。与约束力相对应，有些力主动地使物体运动或使物体有运动趋势，这种力称为**主动力**。如重力、水压力、土压力等都是主动力，工程上也常称作**荷载**。

对非自由体进行力学分析时，主动力一般是已知的，而约束力则是需要求解的。但是，某些约束的约束力作用点、方位或方向可以根据约束本身的性质确定。确定的原则是：**约束力的方向总是与约束所能阻止的运动方向相反。**下面将重点介绍工程中常见的几种约束的实例、简化记号及对应的约束力的表示法。对于指向不定的约束力，图示中的指向是假设的。

一、柔索约束

绳索、链条、皮带等属于柔索类约束。由于柔索只能承受拉力，所以**柔索对所系物体的约束力作用于接触点，方向沿柔索中心线而背离物体**（图 1-15）。

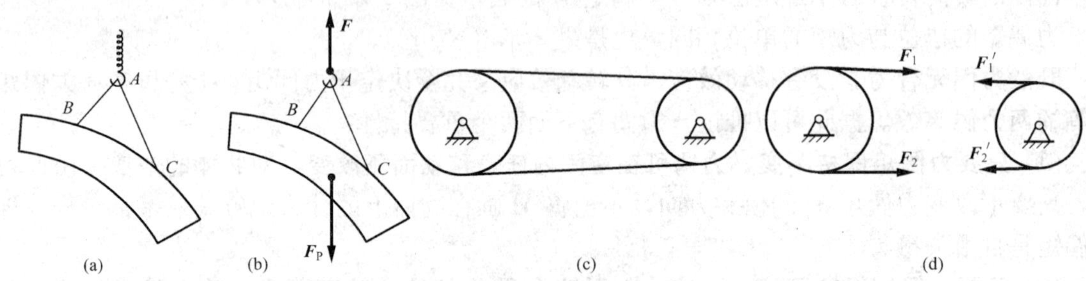

图 1-15 柔索类约束

二、光滑接触面

当两物体接触面上的摩擦力可以忽略时，即可看作光滑接触面。这时，不论接触面形状如何，只能阻止接触点沿着通过该点的公法线趋向接触面的运动。所以，**光滑接触面的约束力通过接触点，作用线沿接触面在该点的公法线，并为压力（指向物体内部）**（图 1-16）。

三、铰支座与铰连接

1. 铰支座

工程上常用一种叫做支座的部件，将一个构件支承于基础或另一静止的物体上。如将构件用圆柱形光滑销钉与固定支座连接，该支座就成为**固定铰支座**，简称**铰支座**。如图 1-17（a）所示构件与支座连接示意图，销钉不能阻止构件转动，也不能阻止构件沿销钉轴线移动，而只

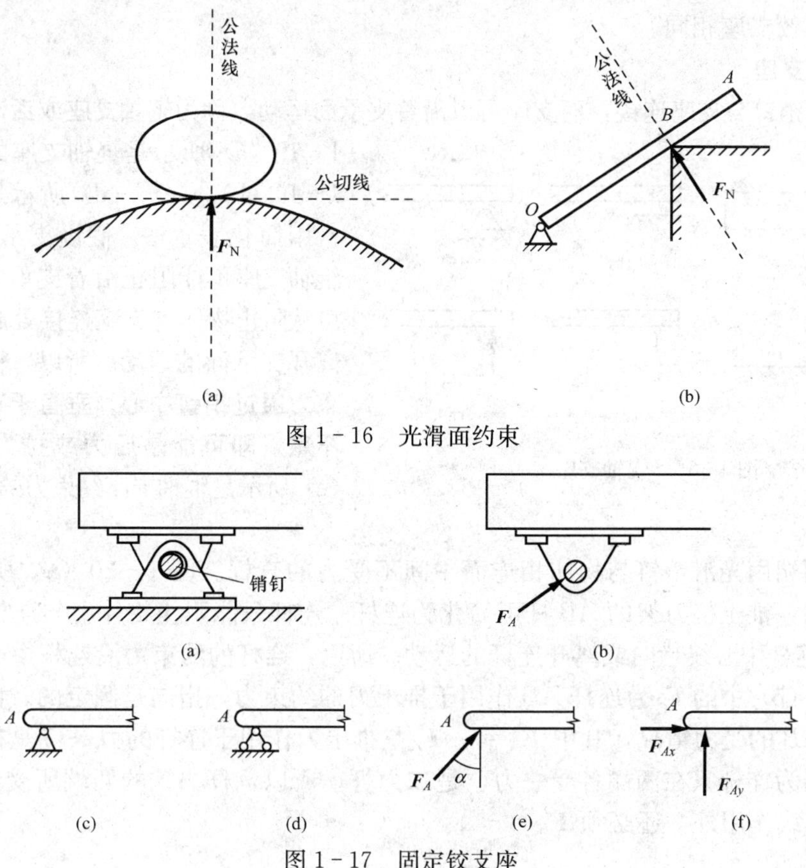

图 1-16　光滑面约束

图 1-17　固定铰支座

能阻止构件在垂直于销钉轴线的平面内移动。当构件有运动趋势时，构件与销钉可沿任一母线（在图上为一点 A）接触。假设销钉是光滑圆柱形的，故可知约束力必作用于接触点 A 并通过销钉中心，如图 1-17（b）所示的 $\boldsymbol{F}_A$。但由于接触点 A 不能预先确定，所以 $\boldsymbol{F}_A$ 的方向实际是未知的。可见，**铰支座的约束力在垂直于销钉轴线的平面内，通过销钉中心，方向不定**。如图 1-17（c）、（d）所示是铰支座的常用简化表示法。铰支座的约束力可表示为一个未知的角度和一个未知大小的力，见图 1-17（e），但这种表示法在解析计算中不常采用。常用的方法是将约束力表示为两个互相垂直的力，如图 1-17（f）所示。

2. 铰连接

两个构件用圆柱形光滑销钉连接，这种约束称为**铰连接**［图 1-18（a)］，并把连接件（光滑销钉）称为铰，如图 1-18（b）所示是铰连接的表示法。销钉对构件的约束与铰支座的销钉对构件的约束相同，其约束力通常也表示为两个互相垂直的力。如图 1-18（c）所示的是左边构件通过销钉对右边构件的约束力。

如用光滑销钉使一个构件直接与固定物体连接，也叫铰连接。这时铰

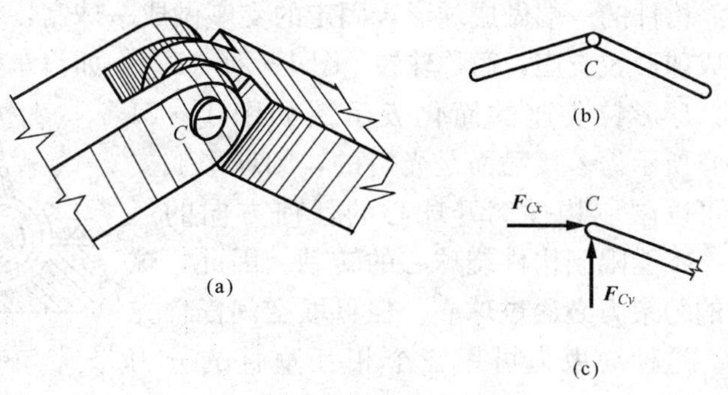

图 1-18　铰连接

的作用与固定铰支座相同。

四、辊轴支座

将构件用销钉与支座连接，而支座可以沿着支承面运动，称为**辊轴支座**或**活动铰支座**。图1－19（a）所示是辊轴支座的示意图，图1－19（b）、（c）、（d）所示是辊轴支座的常用简化表示法。假设支承面是光滑的，辊轴支座不能阻止沿着支承面的运动，但可从阻止物体与支座连接处趋向支承面或离开支承面的运动。所以，**辊轴支座的约束力通过销钉中心，垂直于支承面，指向不定（即可能是压力或拉力）**。图1－19（e）所示是辊轴支座约束力的表示法。

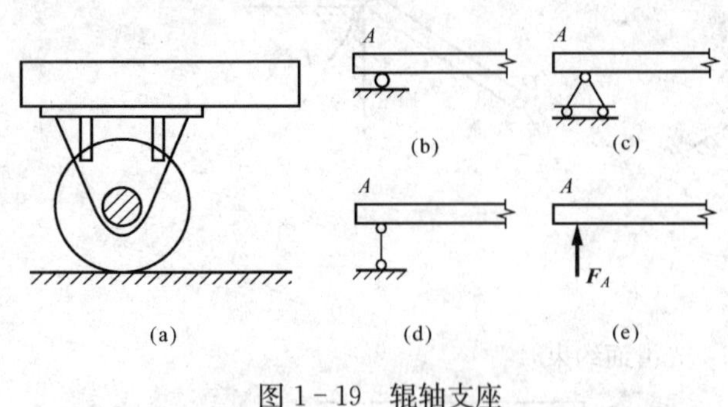

图1－19　辊轴支座

五、连杆

连杆是两端用光滑销钉与物体相连而中间不受力的直杆。图1－20（a）所示是推土机刀架的简化图，推土机刀架的 AB 杆可简化为连杆。连杆只能阻止物体上与连杆连接的一点（如 A）沿着连杆中心线趋向或离开连杆的运动。所以，**连杆的约束力沿连杆中心线，指向不定。**图1－20（b）中的 $\boldsymbol{F}_A$ 为连杆 AB 作用于推土刀的约束力，指向是假定的。图1－20（c）所示是连杆 AB 的受力情况，其中 $\boldsymbol{F}'_A=-\boldsymbol{F}_A$ 是推土刀作用于连杆的力，$\boldsymbol{F}_B$ 是杆 DC 作用于连杆的力。因为连杆只在两端各受一力，是**二力杆**。所以，杆 AB 的两端所受的力 $\boldsymbol{F}'_A$ 及 $\boldsymbol{F}'_B$ 除必定沿 AB 线作用外，还必须 $\boldsymbol{F}'_B=-\boldsymbol{F}'_A$。

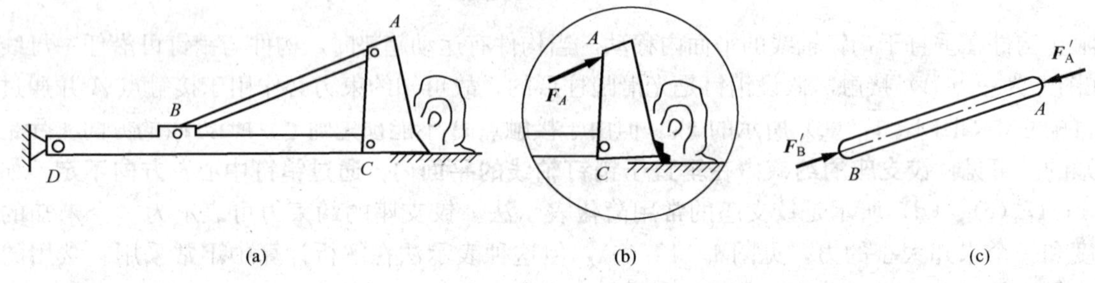

图1－20　连杆约束

六、球形铰支座

构件的一端做成球形，固定的支座做成一球窝，将构件的球形端置入支座的球窝内，则构成**球形铰支座**，简称**球铰**［图1－21（a）］。如汽车变速箱的操纵杆就是用球形铰支座固定的，球形铰支座的简化表示法如图1－21（b）所示。若接触面是光滑的，则球形铰支座可以限制构件离开球心的任何方向的运动，不能限制构件绕球心的转动。因此，**球铰的约束力必通过球心，但可取空间任何方向**。这种约束力可用三个相互垂直的分力 $\boldsymbol{F}_x$、$\boldsymbol{F}_y$、$\boldsymbol{F}_z$ 来表示［图1－21（c）］。

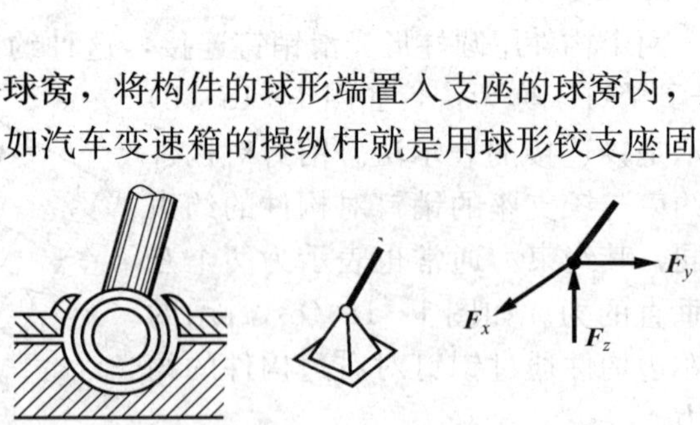

图1－21　球形铰支座

七、径向轴承与止推轴承

1. 径向轴承

机器中的径向轴承是转轴的约束，它允许转轴转动，但限制转轴在垂直于轴线的任何方向的移动，如图 1-22（a）所示。径向轴承的简化表示法如图 1-22（b）所示，其约束力可用垂直于轴线的两个相互垂直的分力 $\boldsymbol{F}_x$ 和 $\boldsymbol{F}_y$ 来表示［图 1-22（c）］。

2. 止推轴承

止推轴承也是机器中常见的约束，与径向轴承不同，止推轴承可以限制转轴沿轴向的移动［图 1-23（a）］。止推轴承的简化表示法如图 1-23（b）所示，其约束力增加了沿轴线方向的分力［图 1-23（c）］。

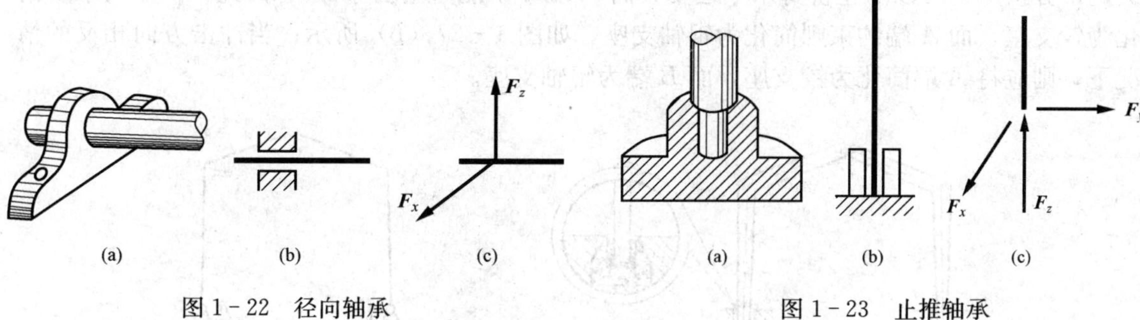

图 1-22　径向轴承　　图 1-23　止推轴承

八、固定支座

将构件的一端牢固地插入基础或固定在其他静止的物体上［图 1-24（a）、（b）］，就构成**固定支座**，有时也称为**固定端**。图 1-24（a）所示为**平面固定支座**，图 1-24（b）所示为**空间固定支座**，它们的简化表示法如图 1-24（c）、（d）所示。

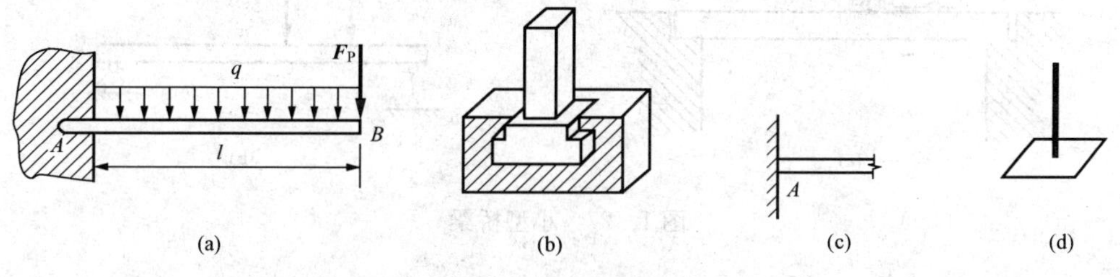

图 1-24　固定支座

从约束对构件的运动限制来说，平面固定支座既能阻止杆端移动，也能阻止杆端转动，因此**其约束力必为一个方向未定的力和一个力偶**。平面固定支座的约束力表示如图 1-25（a）所示，其中力的指向及力偶的转向都是假设的。

空间固定支座能阻止杆端在空间内任一方向的移动和绕任一轴的转动，所以**其约束力必为空间内一个方向未定的力和方向未定的一力偶矩矢量**。空间固定支座的约束力表示如图 1-25（b）所

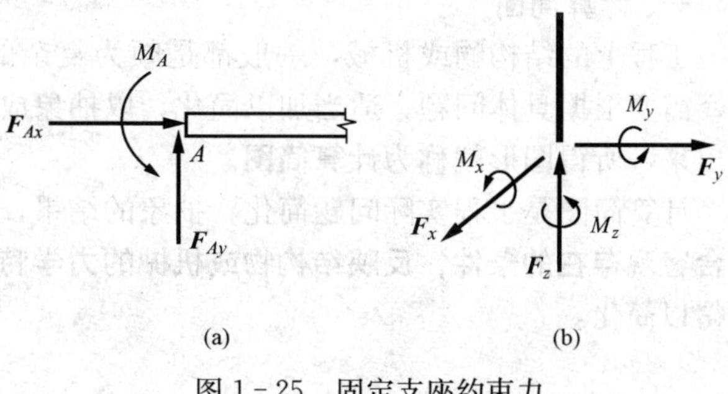

图 1-25　固定支座约束力

示，其中力的指向及力偶的转向都是假设的。

事实上，有些工程上的约束并不一定与上述理想形式完全一样。但是，根据问题的性质以及约束在讨论的问题中所起的作用，抓住主要因素，略去次要因素，常可将实际约束近似地简化为上述几种类型之一。如图1－26（a）所示厂房建筑中的钢筋混凝土构架，其A、B两柱脚与基础（工程上称为“杯口”）之间填以沥青麻丝。杯口可以阻止柱脚向下的和水平方向的移动，但沥青麻丝填料不能阻止柱身作微小的转动，因此A、B两处都可简化为铰支座。C点的连接也可简化为铰接。整个结构可简化为如图1－26（b）所示的简图，这种结构称为**三铰刚架**。又如，小型桥梁的桥身直接搁置在桥台上［图1－27（a）］，桥台可以阻止桥身两端向下运动，但不能阻止微小转动。此外，当桥身受到向右的冲击时，B端与桥台突高部分接触，可以阻止桥身水平运动，而A端却不能（略去摩擦）。因此，B端约束可简化为铰支座，而A端约束则简化为辊轴支座，如图1－27（b）所示；当冲击方向相反的情况下，则应将A端简化为铰支座，而B端为辊轴支座。

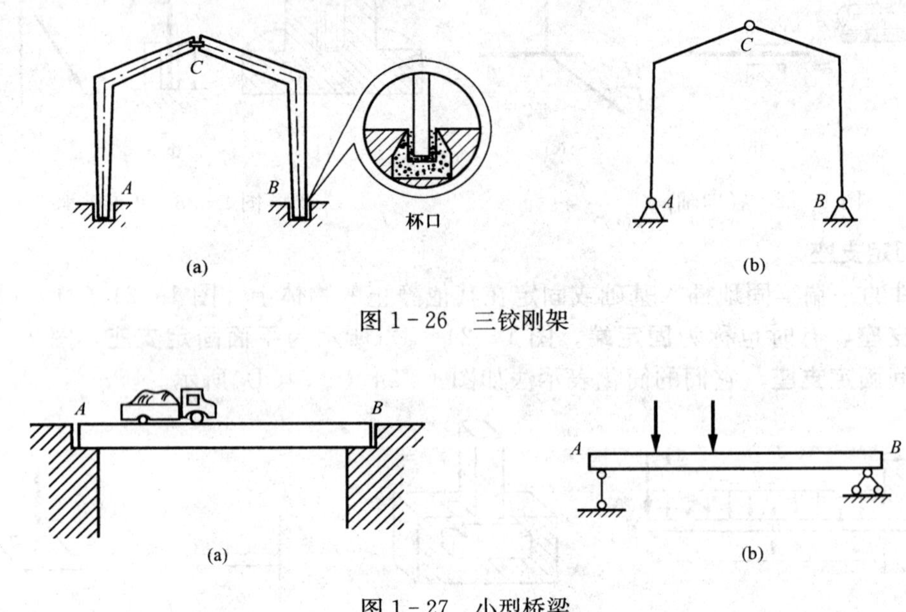

图1－26　三铰刚架

图1－27　小型桥梁

第七节　计算简图和受力图

一、计算简图

工程上的结构物或机械，一般都是颇为复杂的，在进行力学（静力学或动力学）分析时，需要根据具体问题，适当加以简化，以抽象成为合理的力学模型。将力学模型用图形表示出来，所得图形就称为**计算简图**。

计算简图是工程实际问题简化、抽象的结果，在这一工程中，应当遵循的原则是：**力求符合客观存在的条件，反映结构物或机械的力学特点，并在满足工程要求的前提下使分析工作得以简化。**

例如图 1-28（a）所示为房屋建筑中屋顶结构的草图，在对屋架（工程上称为桁架[1]）进行力学分析时，考虑到屋架各杆件断面的尺寸远比其长度为小，因此可用杆件轴线代表杆件；各相交杆件之间可能用榫接、焊接、铆接或其他形式连接，但在分析时，可近似地将杆件之间的连接看作铰接；屋顶的荷载由桁条传至檩子，再由檩子传至屋架，非常接近于集中力，其大小等于两桁架之间和两檩子之间屋顶的荷载；屋架一般用螺栓固定（或直接搁置）于支承墙上，但在计算时，与桥梁支承的简化相似，一端可简化为铰支座，一端可简化为辊轴支座。最后可得到如图 1-28（b）所示的屋架的计算简图。

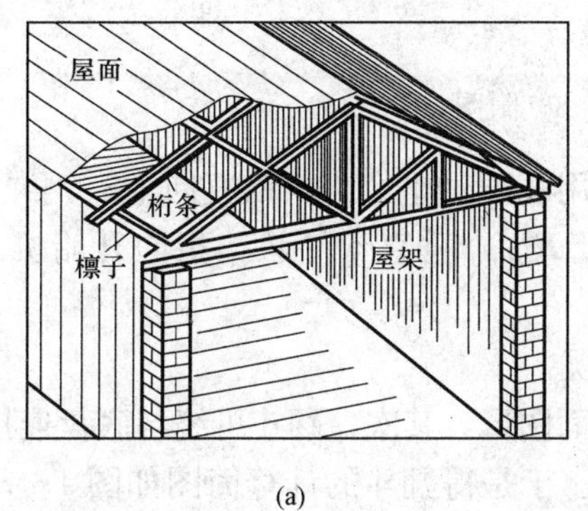

(a)

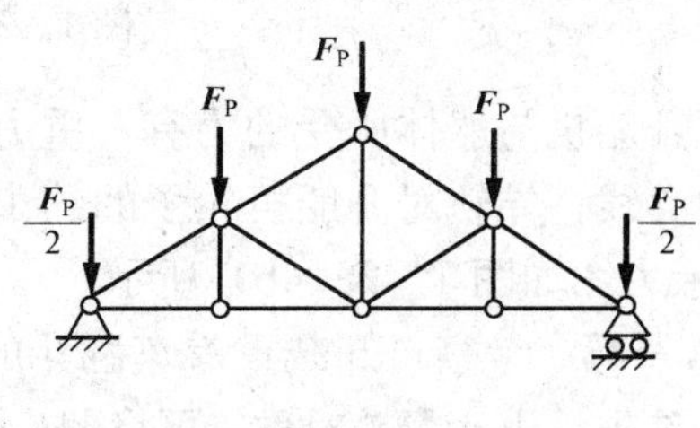

(b)

图 1-28　屋架

二、受力图

有了计算简图之后，无论是静力学问题还是动力学问题，还需进一步分析物体的受力情况，据以求得所需的数据。为了清晰方便，首先应考虑**将所要研究的物体分离出来，单独画出该分离体的简图，然后用矢量标出其他物体作用于分离体的力（包括主动力和约束力）**。这样构成的图形称为**受力图**或**示力图**，将约束去掉并代之以约束力的过程称为**解除约束**。

画受力图是解答力学问题的第一步工作，也是很重要的一步工作，不能省略，更不容许有任何错误。正确画出受力图，可以清楚表明物体的受力情况和必需的几何关系，有助于问题的分析和所需数学方程的建立，因而也是求解力学问题的一种有效的手段。如果不画受力图，求解将会发生困难，乃至无从着手。如果受力图错误，必将导致错误计算结果，在实际工作中将会造成生产建设的损失。因此，在学习力学时，必须一开始就养成良好习惯，坚持认真地、一丝不苟地画出受力图，再进一步分析计算。

本书中绝大部分问题给出的都是简化后的计算简图，读者可据此作受力图并进行计算；有极少数问题给出的是结构物或机械的原始图形，要求读者首先将原结（机）构抽象成为力学模型，构成计算简图，再作受力图和计算。

下面是几个关于计算简图和受力图的例题：

【例 1-3】　升船机连同船体共重 $\boldsymbol{F}_P$，用钢绳拉动沿导轨上升，如图 1-29（a）所示。试以升船机连同船体为考察对象，作示力图。升船机与导轨之间假设是光滑接触；升船机与

---

[1] 关于桁架，第五章中将进一步讨论。

船体的重心在 C 点。

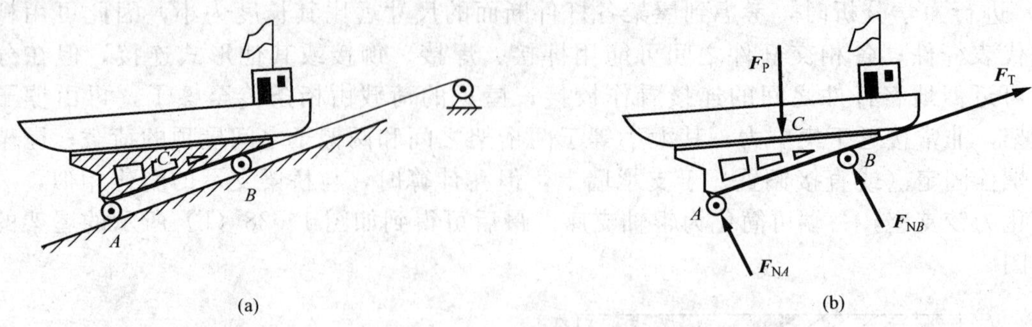

图 1-29 ［例 1-3］附图

解 升船机与船体所受的力有：重力 $\boldsymbol{F}_P$，作用线通过重心 C，铅直向下；钢绳拉力 $\boldsymbol{F}_T$，沿钢绳中心线；导轨对升船机轮子的约束力 $\boldsymbol{F}_{NA}$ 及 $\boldsymbol{F}_{NB}$，垂直于导轨，指向升船机（即为压力）。其示力图如图 1-29（b）所示。

【例 1-4】 考察自卸载重汽车翻斗的受力情况。

解 首先，由于翻斗对称，可将翻斗简化为平面图形。其次，翻斗可绕与底盘连接处转动，故该处可简化为铰；油压举升缸筒则可简化为连杆。于是得翻斗的计算简图如图 1-30（a）所示。假设翻斗重 $\boldsymbol{F}_P$。现在作翻斗的示力图。翻斗除受重力外，还在 A、B 两点受铰及连杆的约束力［图 1-30（b）］：铰 A 处的约束力用 $\boldsymbol{F}_{Ax}$、$\boldsymbol{F}_{Ay}$ 表示，连杆的约束力用 $\boldsymbol{F}_{NB}$ 表示，各约束力的指向都是假设的。

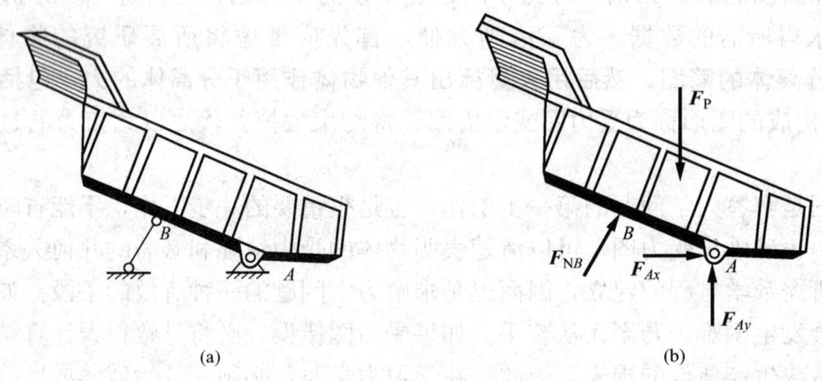

图 1-30 ［例 1-4］附图

【例 1-5】 重量为 $\boldsymbol{F}_P$ 的管子用板 AB 及绳 BC 支承，如图 1-31（a）所示是简化后的平面图形。试分别画出管子及板 AB 的示力图。接触点 D、E 两处的摩擦及板重都不计。

解 首先作管子的示力图［图 1-31（b）］，管子受重力 $\boldsymbol{F}_P$，通过中心 O。因 D、E 两处为光滑接触，管子在这两处分别受到墙壁及板 AB 作用的力 $\boldsymbol{F}_{ND}$ 及 $\boldsymbol{F}_{NE}$，二力分别垂直于墙壁及板 AB，通过管子中心 O，且为压力。

再作板 AB 的示力图［图 1-31（c）］。A 点是铰支座，约束力用 $\boldsymbol{F}_{Ax}$、$\boldsymbol{F}_{Ay}$ 表示，指向假设如图所示。B 点受绳子拉力 $\boldsymbol{F}_T$ 作用，由 B 指向 C。E 点受到管子作用的力 $\boldsymbol{F}'_{NE}$；$\boldsymbol{F}'_{NE}$ 与 $\boldsymbol{F}_{NE}$ 互为作用力与反作用力，所以 $\boldsymbol{F}'_{NE}$ 的方向必与 $\boldsymbol{F}_{NE}$ 的方向相反。

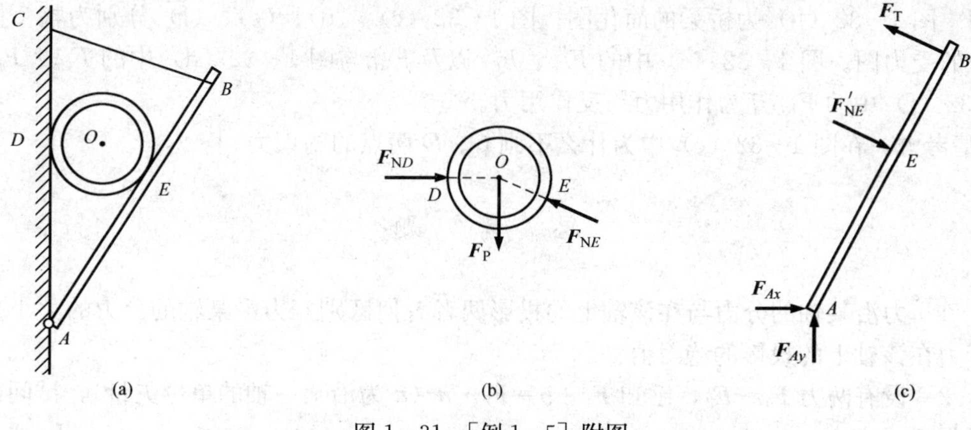

图 1－31 ［例 1－5］附图

【例 1－6】 图 1－32（a）所示为一桥梁的示意图。C、D 两点的约束可分别简化为铰支座及辊轴支座，求作桥梁受力图。

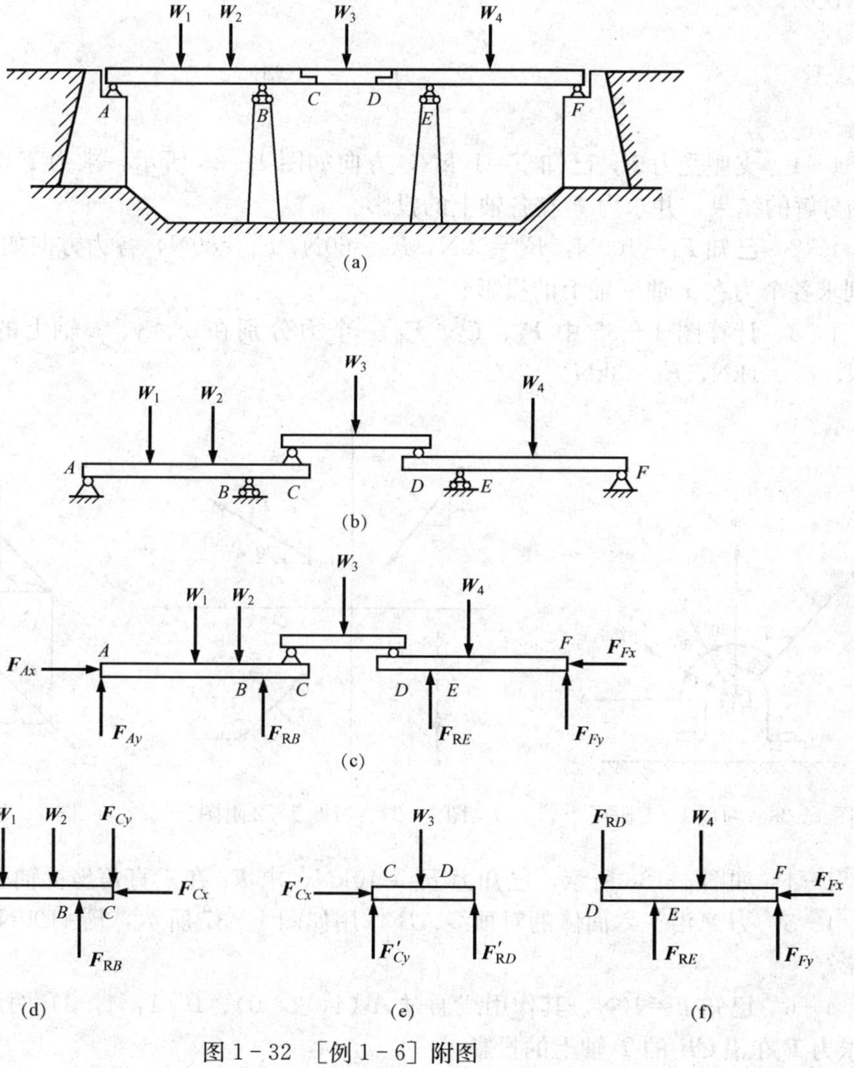

图 1－32 ［例 1－6］附图

解　图1-32（b）为桥梁的简化图；图1-32（c）、（d）、（e）、（f）分别为整个桥梁及各部分的受力图。图1-32（e）中的F'_{Cx}、F'_{Cy}以及F'_{RD}与图1-32（d）中的F_{Cx}、F_{Cy}以及图1-32（f）中的F_{RD}互为作用力与反作用力。

［请考虑：在图1-32（c）中为什么不画C、D两点的约束力。］

思　考　题

1-1　力沿某轴的分力与在该轴上的投影两者有何区别？力沿某轴的分力的大小是否总是等于力在该轴上的投影的绝对值？

1-2　设有两力$\boldsymbol{F}_1$、$\boldsymbol{F}_2$，已知$\boldsymbol{F}_1\cdot\boldsymbol{n}=\boldsymbol{F}_2\cdot\boldsymbol{n}$（$\boldsymbol{n}$为沿某一轴的单位矢量），试问由上式是否可得$\boldsymbol{F}_1=\boldsymbol{F}_2$？

1-3　试述力偶矩与力矩的区别与联系。

1-4　怎样将实际工程结构简化为合理的力学模型？一般应从哪几个方面进行简化？试举例说明。

习　　题

1-1　支座受力$\boldsymbol{F}$，已知$F=10\text{kN}$，方向如图1-33所示，求力$\boldsymbol{F}$沿x、y轴及沿x'、y'轴分解的结果，并求力$\boldsymbol{F}$在各轴上的投影。

1-2　已知$F_1=100\text{N}$，$F_2=50\text{N}$，$F_3=60\text{N}$，$F_4=80\text{N}$，各力方向如图1-34所示，试分别求各个力在x轴y轴上的投影。

1-3　计算图1-35中$\boldsymbol{F}_1$、$\boldsymbol{F}_2$、$\boldsymbol{F}_3$三个力分别在x、y、z轴上的投影。已知$F_1=2\text{kN}$，$F_2=1\text{kN}$，$F_3=3\text{kN}$。

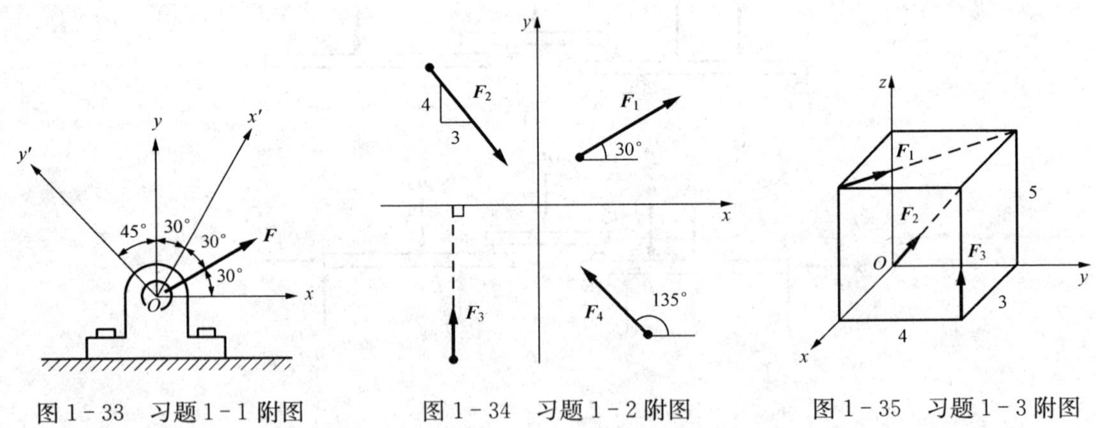

图1-33　习题1-1附图　　图1-34　习题1-2附图　　图1-35　习题1-3附图

1-4　如图1-36所示，已知力$F_T=10\text{kN}$，求$\boldsymbol{F}_T$在三直角坐标轴上的投影。

1-5　力$\boldsymbol{F}$沿正六面体的对顶线AB作用如图1-37所示，$F=100\text{N}$，求$\boldsymbol{F}$在ON上的投影。

1-6　已知$F=10\text{N}$，其作用线通过A（4，2，0）、B（1，4，3）两点如图1-38所示。试求力$\boldsymbol{F}$在沿CB的T轴上的投影。

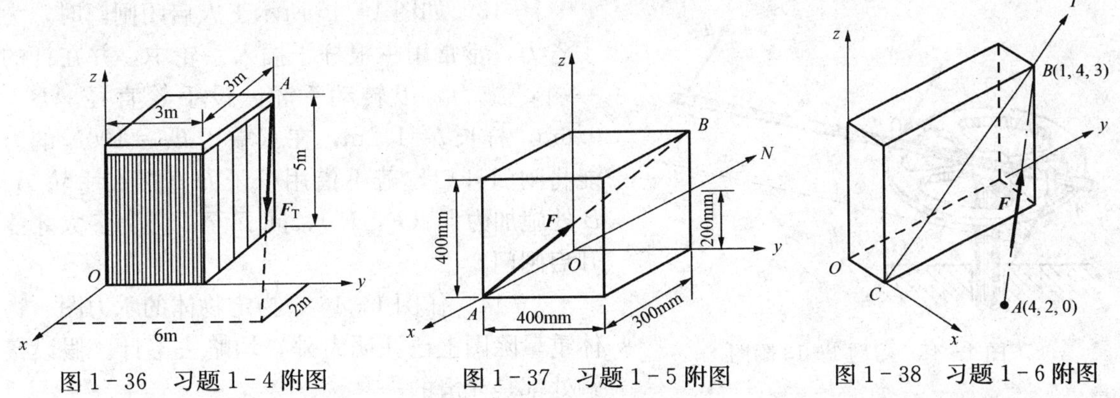

图 1-36 习题 1-4 附图　　图 1-37 习题 1-5 附图　　图 1-38 习题 1-6 附图

1-7 图 1-39 中的圆轮在力 **F** 和矩为 M 的力偶作用下保持平衡，这是否说明一个力可与一个力偶平衡？

1-8 试求图 1-40 所示的力 **F** 对 A 点的矩，已知 $r_1=0.2\text{m}$，$r_2=0.5\text{m}$，$F=300\text{N}$。

1-9 试求图 1-41 所示绳子张力 $\boldsymbol{F}_T$ 对 A 点及对 B 点的矩。已知 $F_T=10\text{kN}$，$l=2\text{m}$，$R=0.5\text{m}$，$\alpha=30°$。

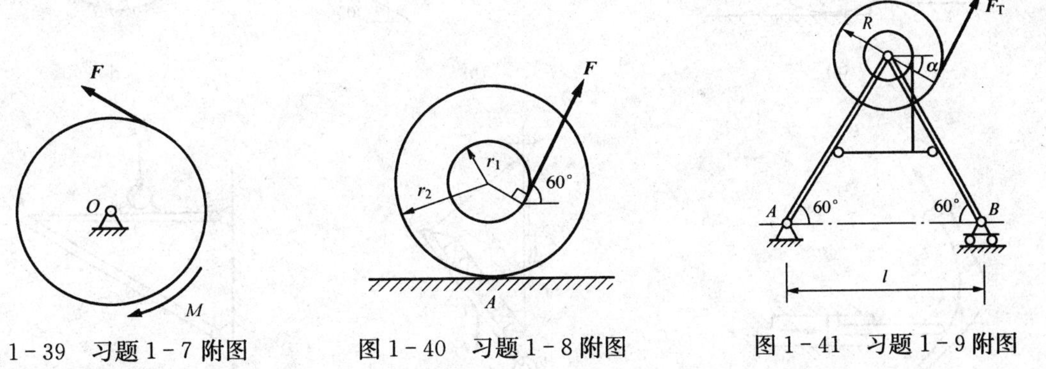

图 1-39 习题 1-7 附图　　图 1-40 习题 1-8 附图　　图 1-41 习题 1-9 附图

1-10 已知正六面体的边长为 l_1、l_2、l_3，沿 AC 作用一力 **F**，如图 1-42 所示，试求力 **F** 对 O 点的矩的矢量表达式。

1-11 如图 1-43 所示，钢缆 AB 中的张力 $F_T=10\text{kN}$。写出该张力 $\boldsymbol{F}_T$ 对 O 点的矩的矢量表达式。

1-12 如图 1-44 所示已知力 $\boldsymbol{F}=2\boldsymbol{i}-3\boldsymbol{j}+\boldsymbol{k}$，其作用点 A 的位置矢 $\boldsymbol{r}_A=3\boldsymbol{i}+2\boldsymbol{j}+4\boldsymbol{k}$，求力 **F** 对位置矢为 $\boldsymbol{r}_B=\boldsymbol{i}+\boldsymbol{j}+\boldsymbol{k}$ 的一点 B 的矩（力以 N 计，长度以 m 计）。

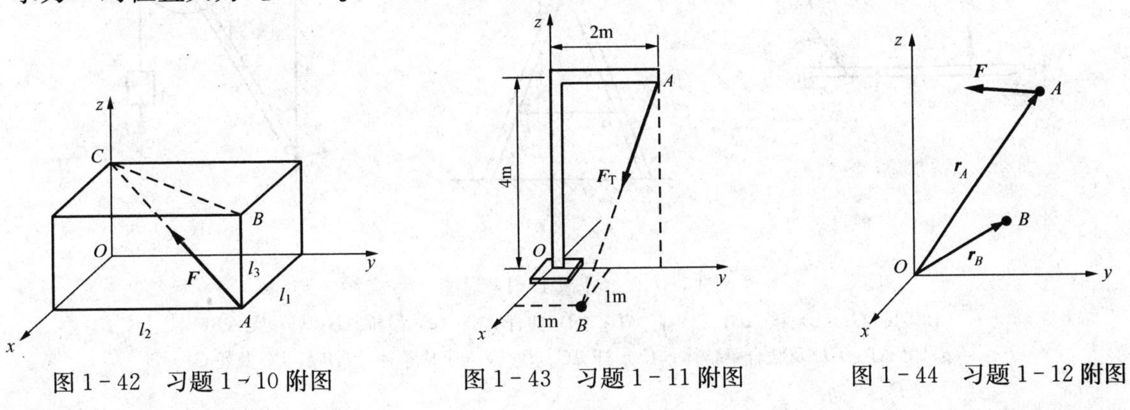

图 1-42 习题 1-10 附图　　图 1-43 习题 1-11 附图　　图 1-44 习题 1-12 附图

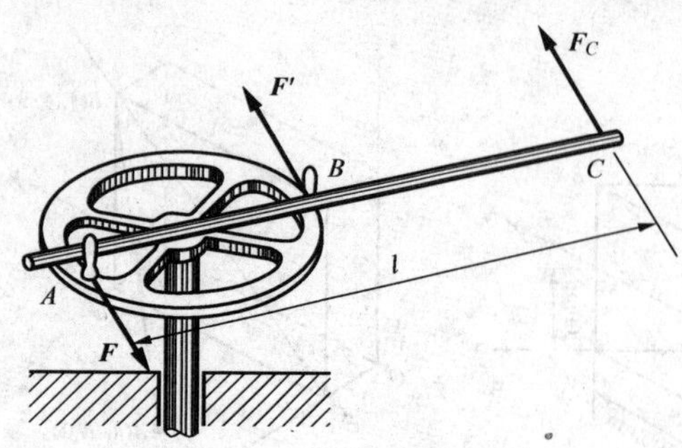

图 1-45 习题 1-13 附图

1-13 如图 1-45 所示工人启闭闸门时，为了省力，常常用一根杆子插入手轮中，并在杆的一端 C 施力，以转动手轮。设手轮直径 $AB=0.6\text{m}$，杆长 $l=1.2\text{m}$，在 C 端用 $F_C=100\text{N}$ 的力能将闸门开启，若不借用杆子而直接在手轮 A、B 处施加力偶（$\boldsymbol{F}$，$\boldsymbol{F}'$），问 F 至少应为多大才能开启闸门？

1-14 作图 1-46 中指定物体的示力图。物体重量除图上已注明者外，均略去不计。假设接触处都是光滑的。

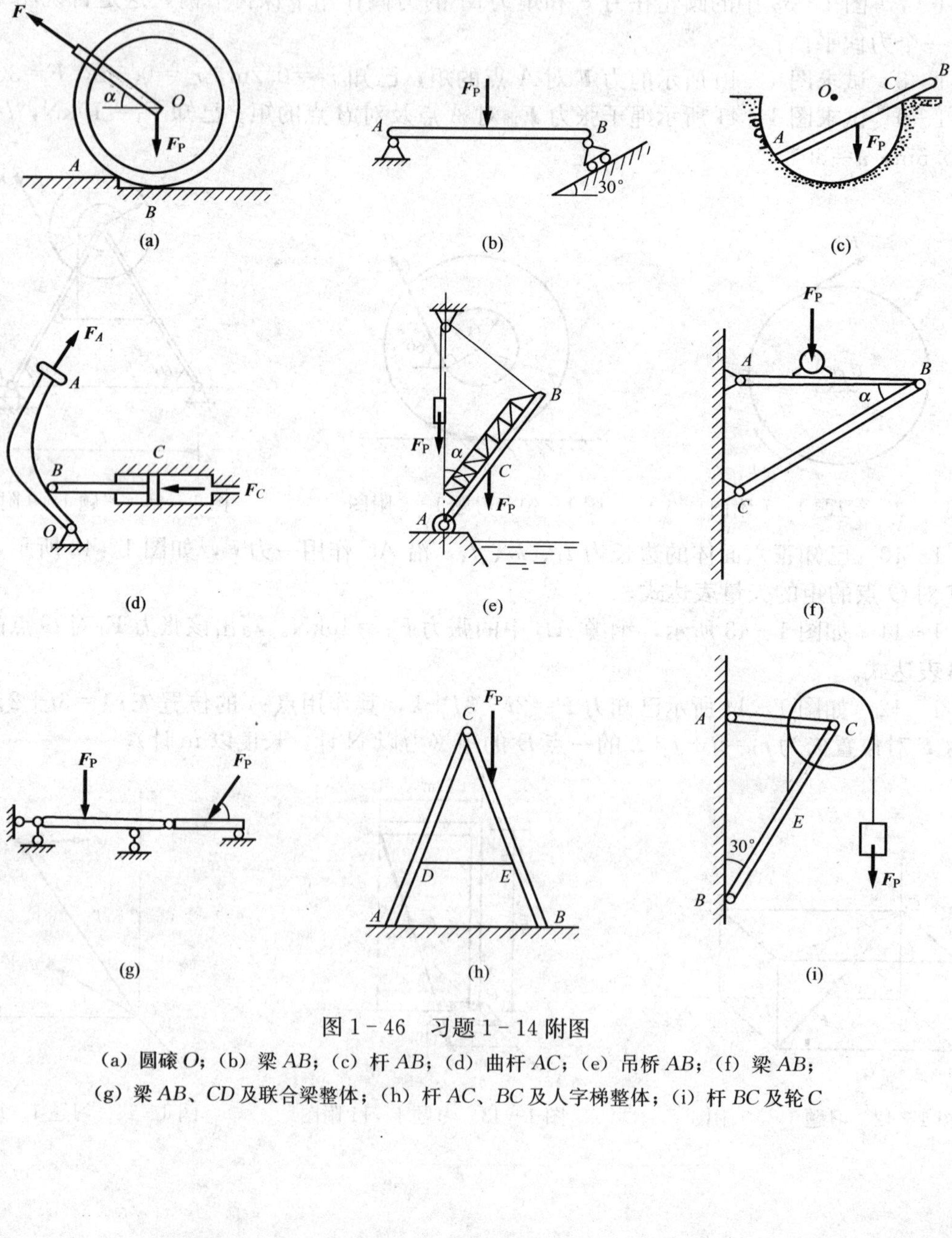

图 1-46 习题 1-14 附图

(a) 圆碗 O；(b) 梁 AB；(c) 杆 AB；(d) 曲杆 AC；(e) 吊桥 AB；(f) 梁 AB；
(g) 梁 AB、CD 及联合梁整体；(h) 杆 AC、BC 及人字梯整体；(i) 杆 BC 及轮 C

1－15　改正图 1－47 中示力图存在的错误（各物体的重量除注明者外均略去不计，并假设接触处都是光滑的）。

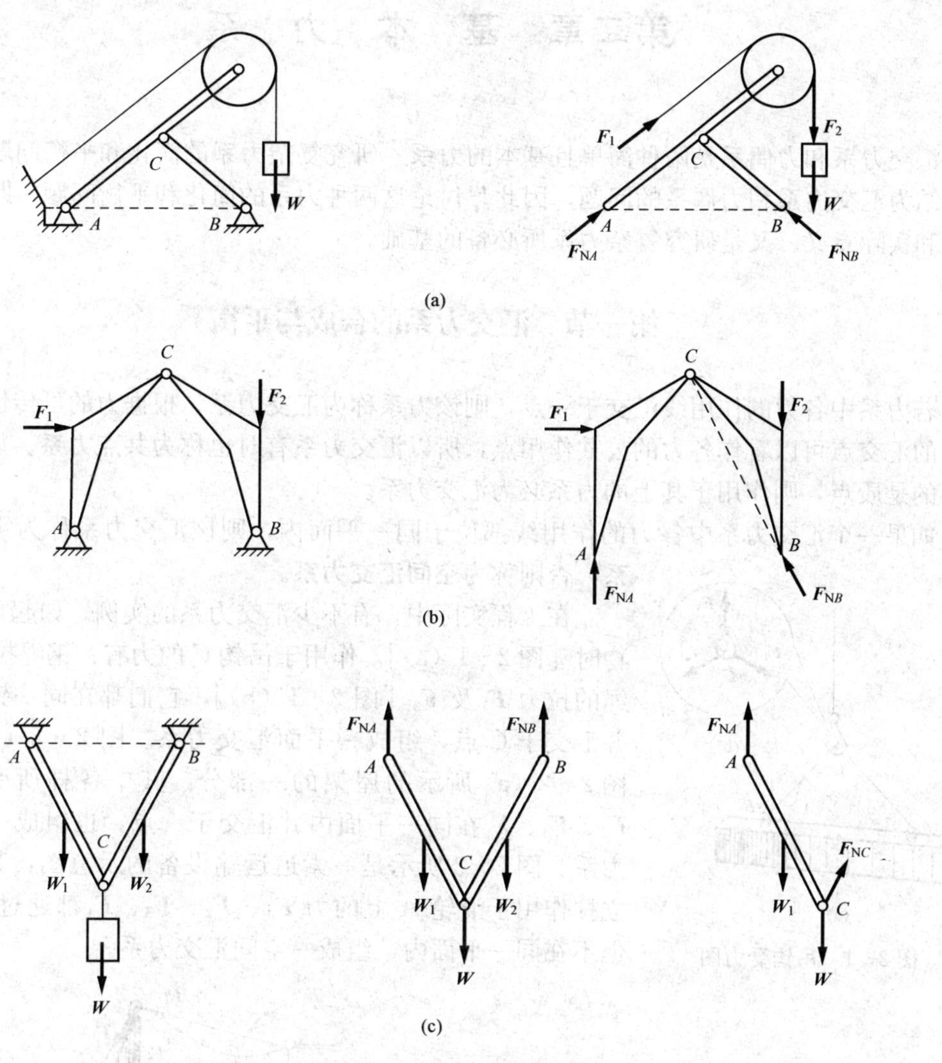

图 1－47　习题 1－15 附图

第二章　基　本　力　系

汇交力系和力偶系是两种简单且基本的力系。研究复杂力系的简化和平衡问题，最终都将归结为汇交力系和力偶系的问题。因此，讨论这两种力系的简化和平衡问题，既有单独的理论和实际意义，又是研究复杂力系所必备的基础。

第一节　汇交力系的合成与平衡

若力系中各力的作用线汇交于一点，则该力系称为**汇交力系**。根据力的可传性，各力作用线的汇交点可以看作各力的公共作用点，所以汇交力系有时也称为**共点力系**。显然，如果考察的是质点，则作用于其上的力系必为汇交力系。

如果一个汇交力系中各力的作用线都位于同一平面内，则该汇交力系称为**平面汇交力系**，否则称为**空间汇交力系**。

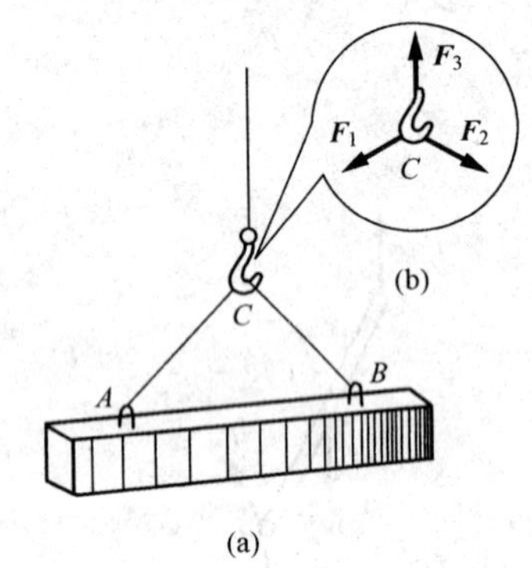

图 2-1　吊钩受力图

在工程实际中，有不少汇交力系的实例。如起重机起吊重物时［图 2-1（a）］，作用于吊钩 C 的力有：钢绳拉力 $\boldsymbol{F}_3$ 及缆绳的拉力 $\boldsymbol{F}_1$ 及 $\boldsymbol{F}_2$［图 2-1（b）］，它们都在同一铅直平面内并汇交于 C 点，组成一平面汇交力系。图 2-2（b）所示为图 2-2（a）所示的屋架的一部分，其中各杆所受的力 $\boldsymbol{F}_1$、$\boldsymbol{F}_2$、$\boldsymbol{F}_3$、$\boldsymbol{F}_4$ 在同一平面内并汇交于一点，也组成一平面汇交力系。图 2-3 所示是一索道运输设备的示意图，其中钢绳及立柱作用于滑轮 A 上的力 $\boldsymbol{F}_1$、$\boldsymbol{F}_2$、$\boldsymbol{F}_3$、$\boldsymbol{F}_4$ 都通过轮的中心，但不在同一平面内，组成一空间汇交力系。

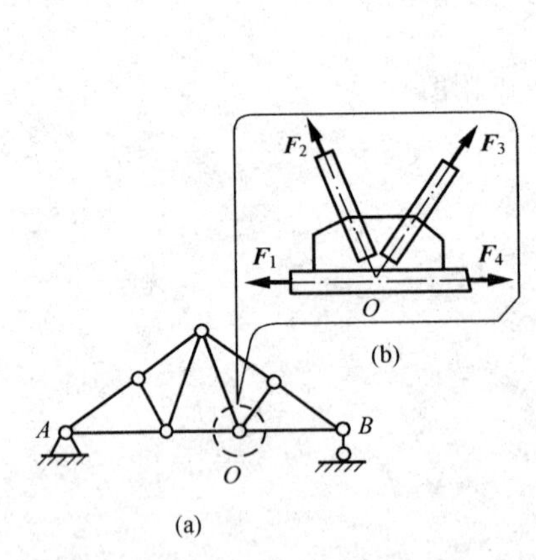

图 2-2　节点 O 受力图

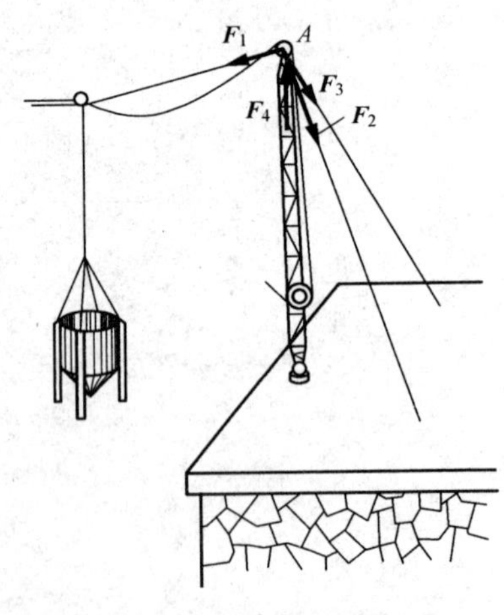

图 2-3　滑轮 A 受力图

一、汇交力系的合成

设有汇交力系 $\boldsymbol{F}_1$、$\boldsymbol{F}_2$、$\boldsymbol{F}_3$、$\boldsymbol{F}_4$ 作用于刚体上的 $\boldsymbol{O}$ 点［图 2-4（a）］，试求其合成结果。

前面介绍过，共点的两个力可以利用平行四边形法则合成为一个合力，合力等于两个分力的矢量和，并作用于两分力的公共作用点。所以，对此汇交力系只需连续应用平行四边形法则将各力依次合成，即可得到该四个力的合力，合力 $\boldsymbol{F}_{\mathrm{R}}$ 的作用线通过 $\boldsymbol{O}$ 点。实际上，作图时可将各力依次首尾相接，得到一个开口多边形，称为**力多边形**，此力系的合力就是力多边形的封闭边［图 2-4（b）］。

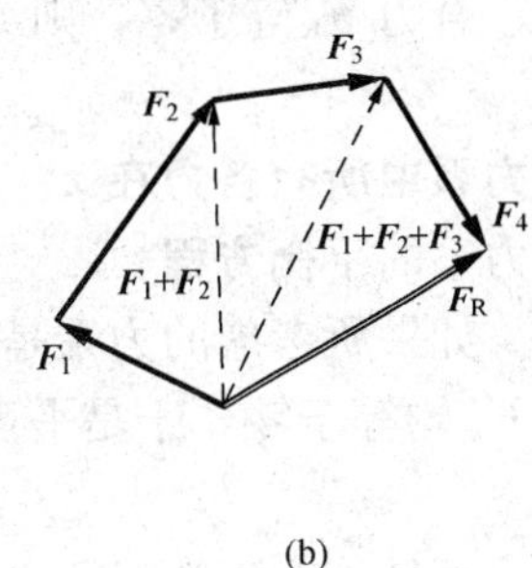

(a) (b)

图 2-4 汇交力系

上述方法可以推广到有 n 个力的汇交力系情况，可得结论：**汇交力系合成的结果是一个合力，合力等于原力系中所有各力的矢量和，合力的作用线通过各力的汇交点。**显然，合力 $\boldsymbol{F}_{\mathrm{R}}$ 与各力相加的次序无关。

上述求合力的过程用数学式子表示，为

$$\boldsymbol{F}_{\mathrm{R}}=\boldsymbol{F}_1+\boldsymbol{F}_2+\cdots+\boldsymbol{F}_n=\sum \boldsymbol{F}_i \tag{2-1}$$

对平面汇交力系，有时用几何法求合力较为方便，而对空间汇交力系则不然，常用解析法求合力。

任取一直角坐标系 $Oxyz$，则有

$$\boldsymbol{F}_i=F_{ix}\boldsymbol{i}+F_{iy}\boldsymbol{j}+F_{iz}\boldsymbol{k} \quad (i=1,2,\cdots,n)$$

代入式（2-1）可得

$$\boldsymbol{F}_{\mathrm{R}}=(\sum F_{ix})\boldsymbol{i}+(\sum F_{iy})\boldsymbol{j}+(\sum F_{iz})\boldsymbol{k}$$

单位矢量 $\boldsymbol{i}$，$\boldsymbol{j}$，$\boldsymbol{k}$ 前面的系数就是合力 $\boldsymbol{F}_{\mathrm{R}}$ 在三个坐标轴上的投影，即

$$\left.\begin{aligned}F_{\mathrm{R}x}&=\sum F_{ix}\\F_{\mathrm{R}y}&=\sum F_{iy}\\F_{\mathrm{R}z}&=\sum F_{iz}\end{aligned}\right\} \tag{2-2}$$

这表明，**合力 $\boldsymbol{F}_{\mathrm{R}}$ 在任一轴上的投影，等于各分力在同一轴上投影的代数和。**

由合力的投影可求其大小和方向余弦

$$\left.\begin{aligned}F_{\mathrm{R}}&=\sqrt{F_{\mathrm{R}x}^2+F_{\mathrm{R}y}^2+F_{\mathrm{R}z}^2}\\\cos(\boldsymbol{F}_{\mathrm{R}},x)&=\frac{F_{\mathrm{R}x}}{F_{\mathrm{R}}}\\\cos(\boldsymbol{F}_{\mathrm{R}},y)&=\frac{F_{\mathrm{R}y}}{F_{\mathrm{R}}}\\\cos(\boldsymbol{F}_{\mathrm{R}},z)&=\frac{F_{\mathrm{R}z}}{F_{\mathrm{R}}}\end{aligned}\right\} \tag{2-3}$$

如果所研究的力系是平面汇交力系，取力系所在平面为 xy 平面，则该力系的合力的大小和方向只需将 $F_{\mathrm{R}z}=\sum F_{iz}\equiv 0$ 代入式（2-3）中便可求得。

二、汇交力系的平衡

如果一个汇交力系的合力等于零，则该力系为平衡力系。反过来说，如果一个汇交力系平衡，其合力必为零。所以，**汇交力系平衡的必要与充分条件是：力系的合力等于零**，即

$\boldsymbol{F}_{\mathrm{R}}=0$，亦即

$$\sum \boldsymbol{F}_i=\boldsymbol{F}_1+\boldsymbol{F}_2+\cdots+\boldsymbol{F}_n=0 \tag{2-4}$$

合力 $\boldsymbol{F}_{\mathrm{R}}$等于零，则 $F_{\mathrm{R}x}=0$，$F_{\mathrm{R}y}=0$，$F_{\mathrm{R}z}=0$，由式（2-2）得到三个代数方程

$$\sum F_{ix}=0,\ \sum F_{iy}=0,\ \sum F_{iz}=0 \tag{2-5}$$

即力系中所有各力在 x、y、z 三轴中的每一轴上的投影之和均等于零。上述三个方程称为汇交力系的**平衡方程**。

如果所考虑的力系是平面汇交力系，取力系所在的平面为 xy 面，则各力在 z 轴上的投影 F_{iz} 均等于零，于是平衡方程转化为

$$\sum F_{ix}=0,\ \sum F_{iy}=0 \tag{2-6}$$

可见，对于空间汇交力系，有三个独立平衡方程，可用来求解三个未知数；而平面汇交力系只有两个独立平衡方程，可以求解两个未知数。

需要说明，式（2-5）虽然是由直角坐标系导出的，但在实际运算中，并不一定取直角坐标系，只需取互不平行且不在同一平面内的三轴为投影轴即可。根据具体情况，适当选取投影轴，往往可以简化计算（为什么可以按上述规定任取投影轴，请读者自行思考；并请证明，无论怎样选取投影轴，独立平衡方程的数目不会超过三个）。

解答平衡问题时，未知力的指向可以任意假设，如结果为正值，表示假设的指向就是实际的指向；如结果为负值，表示实际的指向与假设的指向相反。

对于式（2-4）中所表示的各力，如用作图法将 $\boldsymbol{F}_1$、…、$\boldsymbol{F}_n$ 相加，得到的将是闭合的力多边形（各力矢量首尾相接）。所以，**汇交力系平衡的图解条件是力多边形闭合**。

对于刚体受不平行的三个力作用而成平衡的情况，有如下结论：**若刚体受不平行的三个力作用而成平衡，则此三个力的作用线必共面且汇交于一点**。这就是所谓的**三力平衡定理**，读者可自行证明。

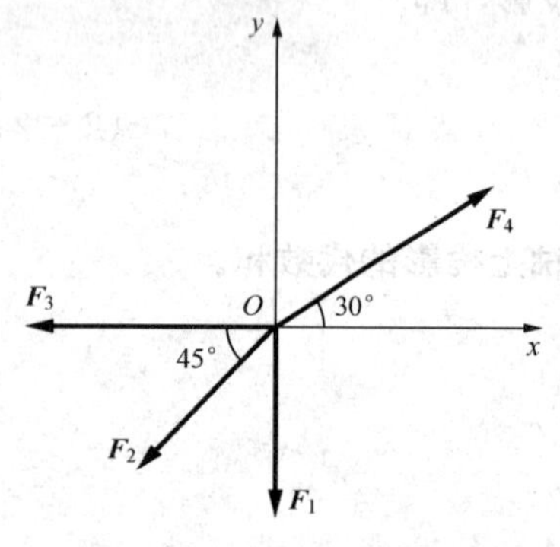

图 2-5 ［例 2-1］附图

【例 2-1】 用解析法求图 2-5 所示平面汇交力系的合力。已知 $F_1=500\text{N}$，$F_2=1000\text{N}$，$F_3=600\text{N}$，$F_4=2000\text{N}$。

解 合力 $\boldsymbol{F}_{\mathrm{R}}$在 x、y 轴上的投影为

$$F_{\mathrm{R}x}=\sum F_{ix}=0-1000\cos45°-600+2000\cos30°=425\text{N}$$

$$F_{\mathrm{R}y}=\sum F_{iy}=-500-1000\sin45°+0+2000\sin30°=-207\text{N}$$

再求合力 $\boldsymbol{F}_{\mathrm{R}}$的大小及方向余弦

$$F_{\mathrm{R}}=\sqrt{F_{\mathrm{R}x}^2+F_{\mathrm{R}y}^2}=473\text{N}$$

$$\cos(\boldsymbol{F}_{\mathrm{R}},\ x)=\cos\alpha=\frac{425}{473}=0.9$$

$$\cos(\boldsymbol{F}_{\mathrm{R}},\ y)=\cos\beta=\frac{-207}{473}=-0.438$$

所以 $\alpha=26°$，$\beta=116°$。

【例 2-2】 梁 AB 支承和受力情况如图 2-6（a）所示，求支座 A、B 的反力。

解 考虑梁的平衡，作示力图如图 2-6（b）所示。根据铰支座的性质，$\boldsymbol{F}_A$的方向本应未定，但因梁只受三个力作用，且 $\boldsymbol{F}_B$与 $\boldsymbol{F}_{\mathrm{P}}$交于 C，故 $\boldsymbol{F}_A$必沿 AC 作用，并由几何关系知

$\boldsymbol{F}_A$与水平线成 30°。假设 $\boldsymbol{F}_A$与 $\boldsymbol{F}_B$的指向如图 2-6（c）所示。取 x、y 轴如图 2-6（b）所示，由平衡方程为

$$\sum F_{ix}=0,\ F_A\cos30° - F_B\cos60° - F_P\cos60° = 0$$
$$\sum F_{iy}=0,\ F_A\sin30° + F_B\sin60° - F_P\sin60° = 0$$

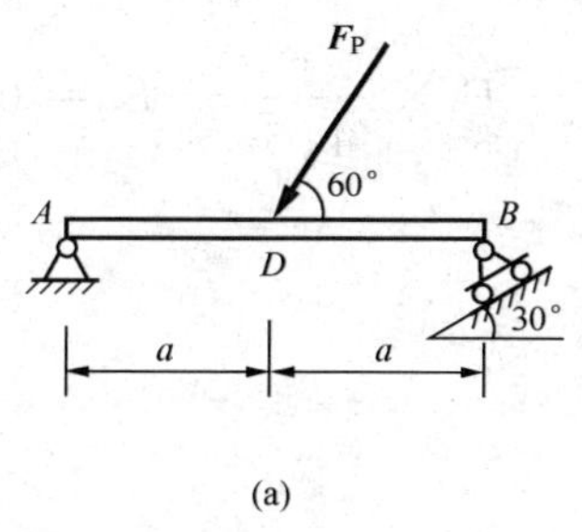

(a)

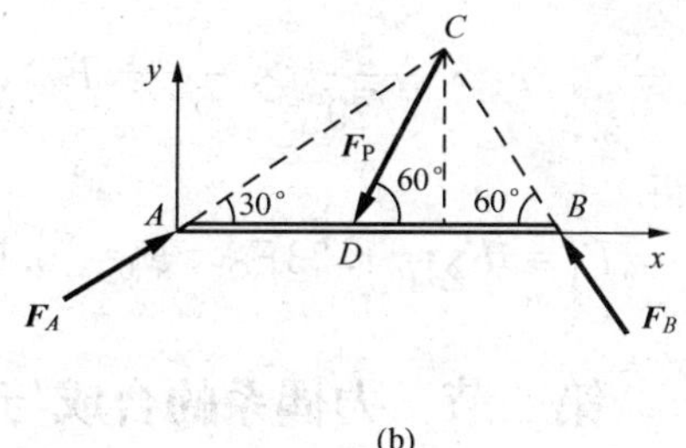

(b)

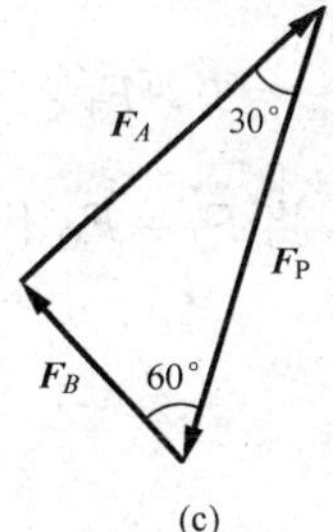

(c)

图 2-6 ［例 2-2］附图

联立解得

$$F_A=\sqrt{3}F_P/2,\ F_B= F_P/2$$

可见结果为（+），表明假设的 $\boldsymbol{F}_A$与 $\boldsymbol{F}_B$的指向是正确的。（请考虑，怎样选取投影轴，可以避免解联立方程。）

如以 $\boldsymbol{F}_P$、$\boldsymbol{F}_A$、$\boldsymbol{F}_B$为边，作闭合多边形［图 2-6（c）］，可决定 $\boldsymbol{F}_A$、$\boldsymbol{F}_B$的指向如图 2-6 所示，而其大小可由 $F_P : F_A : F_B=2 : \sqrt{3} : 1$ 求得。

【例 2-3】 用三根不计重量的连杆 $AD=BD$ 和 CD 支承一滑轮 D，构成简易起重架如图 2-7 所示，将缆绳绕过滑轮 D 以起吊重 F_Q的物体。当缓缓吊起重物时，求各连杆所受的力。滑轮大小及轮轴处摩擦不计。

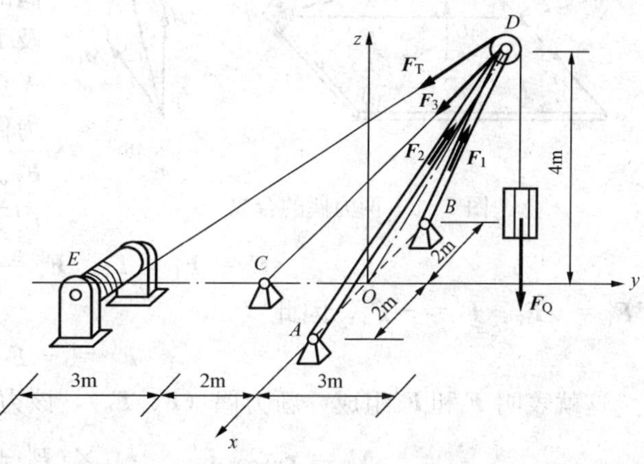

图 2-7 ［例 2-3］附图

解 以滑轮为考察对象。设连杆作用于滑轮的力为 $\boldsymbol{F}_1$、$\boldsymbol{F}_2$ 及 $\boldsymbol{F}_3$（相反方向的力即连杆所受的力）。起吊时，$\boldsymbol{F}_1$、$\boldsymbol{F}_2$、$\boldsymbol{F}_3$ 与重力 $\boldsymbol{F}_Q$（通过缆绳作用于滑轮）和缆绳拉力 $\boldsymbol{F}_T$ 组成一平衡力系。注意 $F_T=F_Q$（绕过滑轮的柔索，当不计轮轴处的摩擦时，两边柔索的拉力相等，请自己证明）；不计滑轮大小，作用于滑轮的力为一汇交力系（实际上，不论滑轮大小如何，只要三连杆汇交于滑轮中心，就可化成汇交力系。理由请自己考虑）。

取坐标系如图 2-7 所示。除 $\boldsymbol{F}_Q$外，其余各力与坐标轴之间的夹角都未给定，我们可以直接根据有关的长度来计算力的投影，而无须计算角度。为此，应先根据几何关系计算出几个必需的长度：$OD=5\text{m}$，$AD=BD=\sqrt{29}\text{m}$，$CD=\sqrt{41}\text{m}$，$DE=4\sqrt{5}\text{m}$。

现建立平衡方程求解

由
$$\sum F_{ix}=0,\ F_1\times\frac{2}{\sqrt{29}}-F_2\times\frac{2}{\sqrt{29}}=0$$
可得
$$F_1=F_2$$
$$\sum F_{iy}=0,\ F_1\times\frac{5}{\sqrt{29}}\times\frac{3}{5}+F_2\times\frac{5}{\sqrt{29}}\times\frac{3}{5}-F_3\times\frac{5}{\sqrt{41}}-F_{\mathrm{T}}\times\frac{8}{4\sqrt{5}}=0$$
$$F_{iz}=0,\ F_1\times\frac{5}{\sqrt{29}}\times\frac{4}{5}+F_2\times\frac{5}{\sqrt{29}}\times\frac{4}{5}-F_3\times\frac{4}{\sqrt{41}}-F_{\mathrm{T}}\times\frac{4}{4\sqrt{5}}-F_{\mathrm{Q}}=0$$

将 $F_{\mathrm{T}}=F_{\mathrm{Q}}$ 代入，解得
$$F_1=F_2=1.23F_{\mathrm{Q}},\ F_3=0.611F_{\mathrm{Q}}$$

第二节　力偶系的合成与平衡

作用在物体上的一群力偶称为**力偶系**。若力偶系中的各力偶都位于同一平面内，则为**平面力偶系**，否则为**空间力偶系**。

一、力偶系的合成

力偶包含两个力，因此力偶系合成时也可分别合成其两个力。

设在平面Ⅰ内有一力偶，其矩的大小为 M_1；在平面Ⅱ内有一力偶，其矩的大小为 M_2［图 2-8 (a)］；两个力偶在各自平面内的转向如图中带箭头的虚线段所示。在两平面的交线上取一线段 AB。以 AB 作为两力偶的力偶臂，命两力偶的力分别为 $\boldsymbol{F}_1$、$\boldsymbol{F}_1'$ 及 $\boldsymbol{F}_2$、$\boldsymbol{F}_2'$，并使其中两个力 $\boldsymbol{F}_1$、$\boldsymbol{F}_2$ 作用于 A 点，另两个力 $\boldsymbol{F}_1'$、$\boldsymbol{F}_2'$ 作用于 B 点，则两力偶的矩应为 $\boldsymbol{M}_1=\boldsymbol{r}_{BA}\times\boldsymbol{F}_1'$ 及 $\boldsymbol{M}_2=\boldsymbol{r}_{BA}\times\boldsymbol{F}_2'$。将作用于 A 点的两个力合成为 $\boldsymbol{F}$，作用于 B 点的两个力合成为 $\boldsymbol{F}'$，则

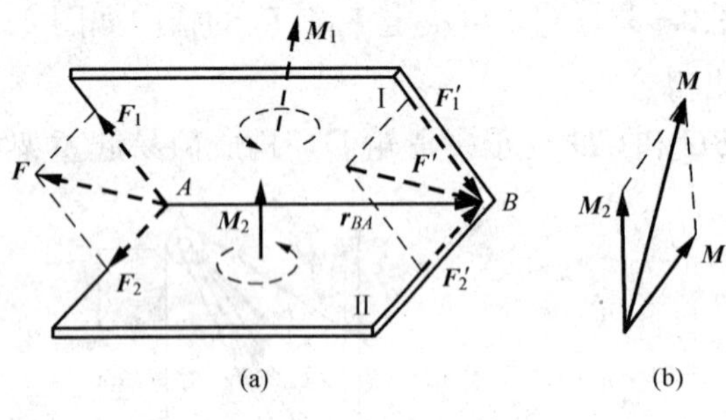

图 2-8　两力偶的合成

$$\boldsymbol{F}=\boldsymbol{F}_1+\boldsymbol{F}_2\quad \boldsymbol{F}'=\boldsymbol{F}_1'+\boldsymbol{F}_2'$$

但 $\boldsymbol{F}_1'=-\boldsymbol{F}_1$，$\boldsymbol{F}_2'=-\boldsymbol{F}_2$，因此
$$\boldsymbol{F}'=-\boldsymbol{F}$$

这就表明 $\boldsymbol{F}$ 和 $\boldsymbol{F}'$ 组成一新力偶 ($\boldsymbol{F}$，$\boldsymbol{F}'$)，该力偶的矩为
$$\boldsymbol{M}=\boldsymbol{r}_{BA}\times\boldsymbol{F}'=\boldsymbol{r}_{BA}\times(\boldsymbol{F}_1'+\boldsymbol{F}_2')=\boldsymbol{M}_1+\boldsymbol{M}_2$$

可见，原来的两个力偶可合成为一合力偶，其矩等于原来两个力偶矩的矢量和［图 2-8 (b)］。

若有更多的力偶，显然可以同样处理，最后得
$$\boldsymbol{M}=\boldsymbol{M}_1+\boldsymbol{M}_2+\cdots+\boldsymbol{M}_n=\sum\boldsymbol{M}_i \tag{2-7}$$

即空间力偶系合成的结果是一个合力偶，合力偶矩等于所有分力偶矩的矢量和。

计算合力偶矩的大小和方向时，可取一直角坐标系 $Oxyz$，根据矢量分解的公式得到
$$\boldsymbol{M}=M_x\boldsymbol{i}+M_y\boldsymbol{j}+M_z\boldsymbol{k}=\sum M_{ix}\boldsymbol{i}+\sum M_{iy}\boldsymbol{j}+\sum M_{iz}\boldsymbol{k}$$

其中 M_x、M_y、M_z 及 M_{ix}、M_{iy}、M_{iz} 分别是 $\boldsymbol{M}$ 及 $\boldsymbol{M}_i$ 在 x、y、z 轴上的投影。于是

$$M_x = \sum M_{ix},\ M_y = \sum M_{iy},\ M_z = \sum M_{iz} \tag{2-8}$$

而合力偶的大小及方向余弦为

$$\left.\begin{aligned} &M = \sqrt{M_x^2 + M_y^2 + M_z^2} \\ &\cos\alpha = \frac{M_x}{M},\ \cos\beta = \frac{M_y}{M},\ \cos\gamma = \frac{M_z}{M} \end{aligned}\right\} \tag{2-9}$$

对于平面力偶系，由于各力偶矩矢量 $\boldsymbol{M}_1$，$\boldsymbol{M}_2$，…，$\boldsymbol{M}_n$ 成为共线矢量，求它们的矢量和就简化为求代数和，式（2-7）可简化为代数方程

$$M = M_1 + M_2 + \cdots + M_n = \sum M_i \tag{2-10}$$

式（2-10）表明：**平面力偶系合成的结果是在同平面内的一个力偶，合力偶矩等于原来各力偶矩的代数和**。力偶的转向常用正负来表现：若力偶在平面内的转向是逆时针的，取正号，反之则取负号。

二、力偶系的平衡

如果空间力偶系的合力偶矩等于零，则该力偶系必成平衡；反之，如一力偶系成平衡，则该力偶系的合力偶矩必等于零。于是可知，**空间力偶系平衡的必要与充分条件是：合力偶矩等于零，即力偶系中所有力偶矩的矢量和等于零**，亦即

$$\boldsymbol{M} = \boldsymbol{M}_1 + \boldsymbol{M}_2 + \cdots + \boldsymbol{M}_n = \sum \boldsymbol{M}_i = 0 \tag{2-11}$$

将式（2-11）表示为代数方程，得

$$\sum M_{ix} = 0,\ \sum M_{iy} = 0,\ \sum M_{iz} = 0 \tag{2-12}$$

即**力偶系中各力偶矩在 x、y、z 三轴中的每一轴上的投影的代数和均等于零**。

对于平面力偶系，取力偶所在平面为 xy 平面，则 $M_{xi} \equiv 0$，$M_{yi} \equiv 0$，$M_{zi} \equiv M_i$，而式（2-12）可表示为

$$\sum M_i = 0 \tag{2-13}$$

【例 2-4】 有三个力偶，其作用面及转向如图 2-9 所示，设 $M_1 = 100\text{kN} \cdot \text{m}$，$M_2 = 300\text{kN} \cdot \text{m}$，$M_3 = 200\text{kN} \cdot \text{m}$，试求其合力偶矩。

解 将各力偶矩用矩矢表示，如图 2-9 所示。合力偶矩的投影为

$$M_x = M_3 \cos 30° = 100\sqrt{3} = 173\text{kN} \cdot \text{m}$$

$$M_y = M_2 - M_3 \sin 30° = 300 - 100 = 200\text{kN} \cdot \text{m}$$

$$M_z = M_1 = 100\text{kN} \cdot \text{m}$$

则
$$M = \sqrt{M_x^2 + M_y^2 + M_z^2} = 283\text{kN} \cdot \text{m}$$

合力偶矩的方向余弦为

$$\cos\alpha = \frac{M_x}{M} = \frac{173}{283} = 0.612$$

$$\cos\beta = \frac{M_y}{M} = \frac{200}{283} = 0.707$$

$$\cos\gamma = \frac{M_z}{M} = \frac{100}{283} = 0.353$$

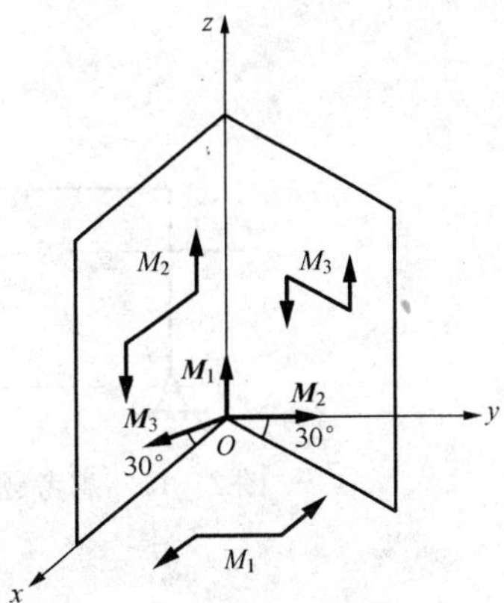

图 2-9 ［例 2-4］附图

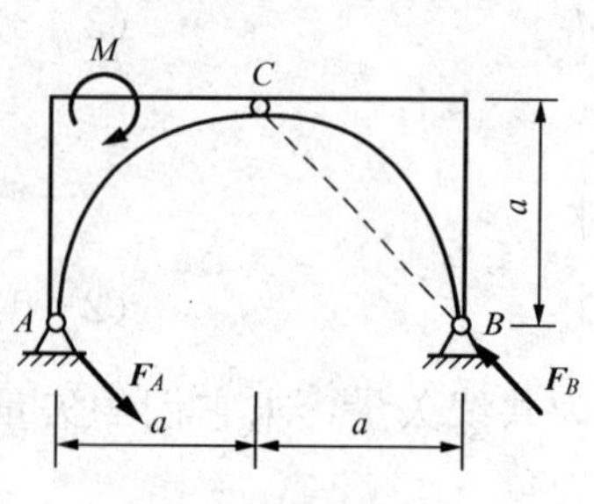

图 2-10 [例 2-5] 附图

【例 2-5】 三铰拱的左半部 AC 上作用一力偶（图 2-10），其矩为 M，转向如图 2-10 所示，求铰 A 和 B 处的反力。

解 铰 A 和 B 处的反力 $\boldsymbol{F}_A$ 和 $\boldsymbol{F}_B$ 的方向都是未知的。但右边部分只在 B、C 两处受力，故可知 $\boldsymbol{F}_B$ 必沿 BC 作用，指向假设如图 2-10 所示。

现在考虑整个三铰拱的平衡。因整个拱所受的主动力只有一个力偶，故 $\boldsymbol{F}_A$ 与 $\boldsymbol{F}_B$ 需组成一力偶才能与之平衡。从而可知 $\boldsymbol{F}_A=-\boldsymbol{F}_B$，而力偶臂为 $2a\cos45°$。平衡方程为

$$\sum M_i=0 \quad F_A\times 2a\cos45°-M=0$$

故

$$F_A=F_B=M/(\sqrt{2}a)$$

请考虑：如将力偶移到右边部分 BC 上，结果将如何？这是否与力偶可在其所在平面内任意移动的性质矛盾？

思 考 题

2-1 汇交力系的平衡方程能否用力矩平衡方程来表示？为什么？使用条件是什么？

2-2 试述力矩与力偶矩的区别与联系。

2-3 一个力和一个力偶能否与一个力等效？能否与两个等效？

2-4 如图 2-11 所示在三铰钢架的 D 处作用一水平力 $\boldsymbol{F}$，求 A、B 支座反力时，水平力是否可沿作用线移至 E 点？为什么？

2-5 在三铰刚架的 G、H 处各作用一铅直力 $\boldsymbol{F}$，如图 2-12 所示，求 A、B 支座反力时，是否可将两铅直力合成，并以作用于 C 点而大小为 $2F$ 的一个铅直力来代替？为什么？是否可以将 G 点的力 $\boldsymbol{F}$ 平移至 C 点并附加一个矩为 $M=Fa$ 的力偶？

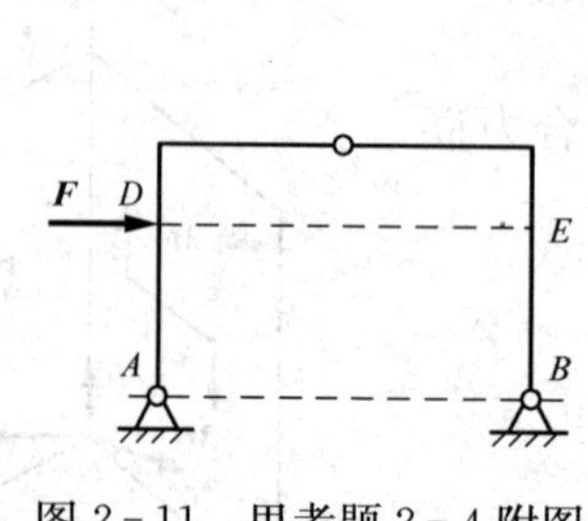

图 2-11 思考题 2-4 附图

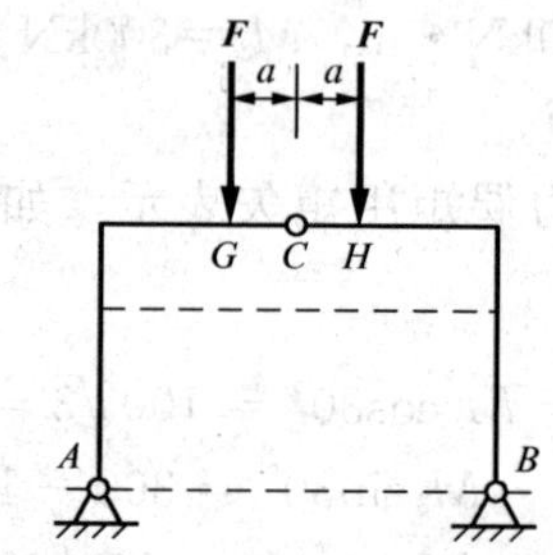

图 2-12 思考题 2-5 附图

习 题

2-1 一钢结构节点，在沿 OA、OB、OC 的方向受到三个力的作用，如图 2-13 所示。已知 $F_1=1\text{kN}$，$F_2=1.41\text{kN}$，$F_3=2\text{kN}$，试求这三个力的合力。

2-2 已知如图 2-14 所示，$F_1=2\sqrt{6}\text{N}$，$F_2=2\sqrt{3}\text{N}$，$F_3=1\text{N}$，$F_4=4\sqrt{2}\text{N}$，$F_5=7\text{N}$，求五个力合成的结果（提示：不必开根号，可使计算简化）。

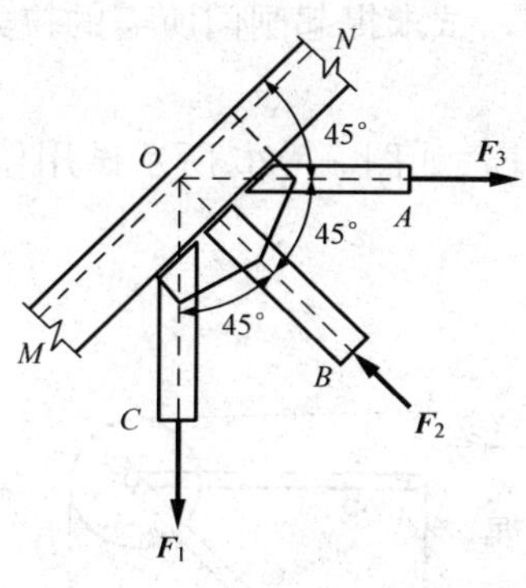

图 2-13　习题 2-1 附图

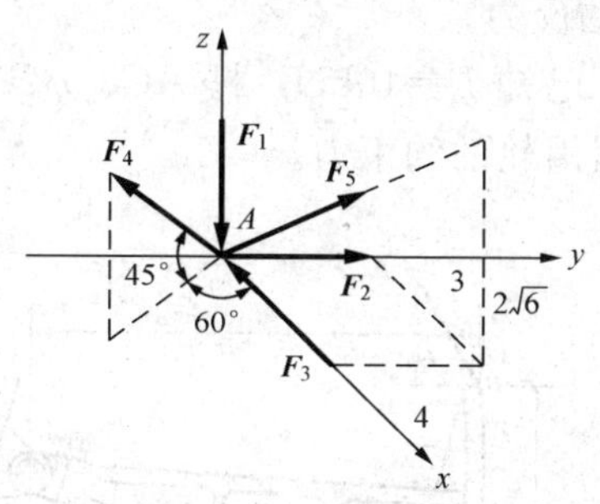

图 2-14　习题 2-2 附图

2-3　动物学家估计，食肉动物上颚的作用力 $\boldsymbol{P}$ 可达 800N，如图 2-15 所示。试问此时肌肉作用于下巴的力 $\boldsymbol{T}$、$\boldsymbol{F}$ 是多少？

2-4　航空航天展览馆内由绳索悬挂一飞机，如图 2-16 所示。已知飞机的质量为 1250kg，试求绳索 AB、BC 和 CD 承受的拉力。

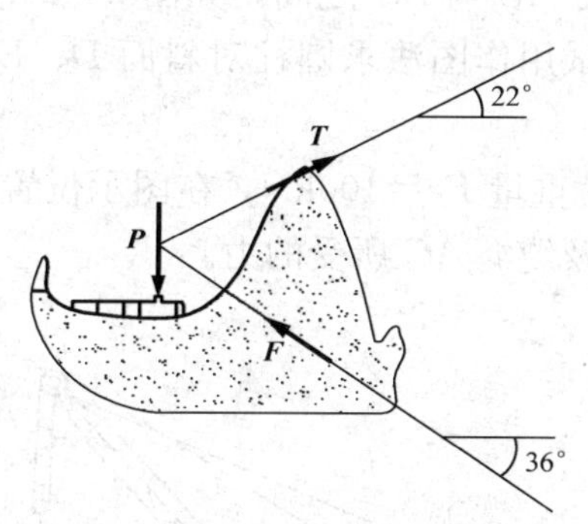

图 2-15　习题 2-3 附图

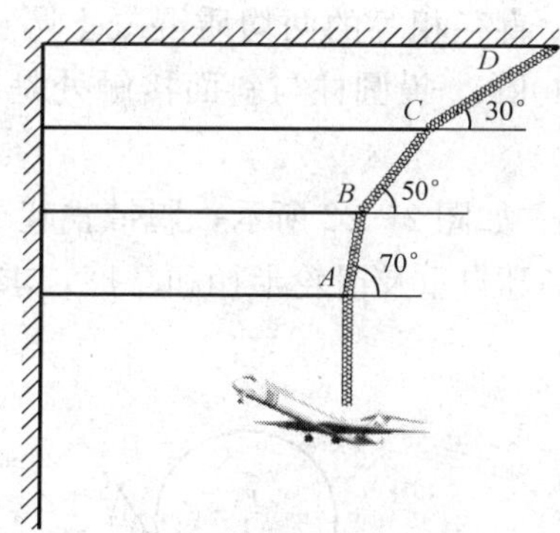

图 2-16　习题 2-4 附图

2-5　液压圆筒受到 3 个力作用，如图 2-17 所示。已知圆柱 BC 作用于圆筒的力为 8kN，试求杆 AC、CD 作用于圆筒的力。

2-6　三铰拱受铅直力 $\boldsymbol{F}_P$ 作用，如图 2-18 所示。如拱的重量不计，求 A、B 处支座反力。

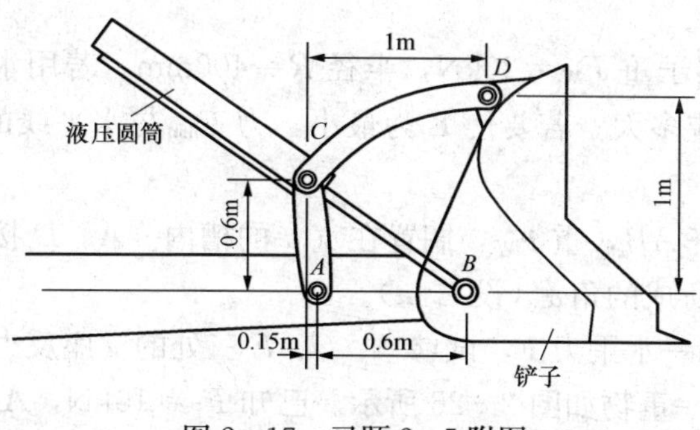

图 2-17　习题 2-5 附图

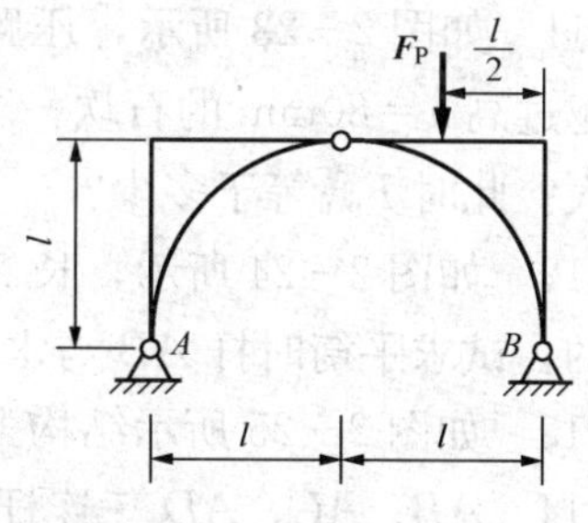

图 2-18　习题 2-6 附图

2-7 如图 2-19 所示，弧形闸门自重 $F_W=150kN$，试求提起闸门所需的拉力 $\boldsymbol{F}_T$ 和铰支座 A 处的反力。

2-8 已知 $F=10kN$，杆 AC、BC 及滑轮重均不计，如图 2-20 所示试用作图法求杆 AC、BC 对滑轮的约束力。

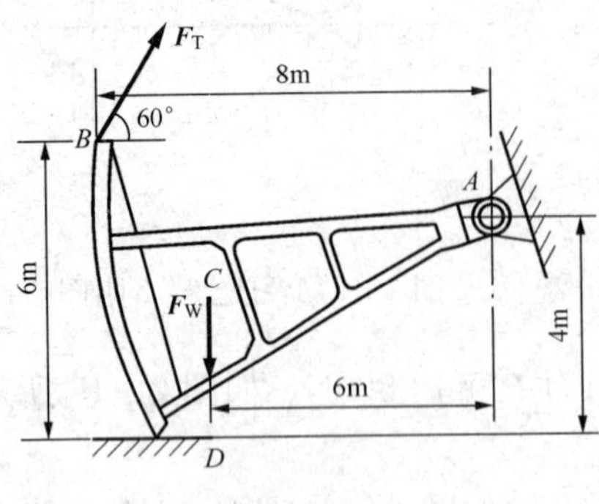

图 2-19 习题 2-7 附图

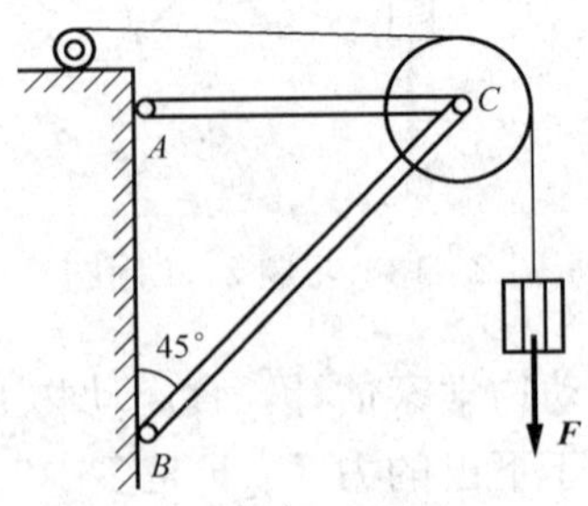

图 2-20 习题 2-8 附图

2-9 直径相等的两均质混凝土圆柱放在斜面 AB 与 BC 之间，如图 2-21 所示柱重 $F_1=F_2=40kN$。设圆柱与斜面接触处是光滑的，试用作图法求圆柱对斜面 D、E、G 处的压力。

2-10 如图 2-22 所示一履带式起重机，起吊重量 $F_P=100kN$，在图示位置平衡。如不计吊臂 AB 自重及滑轮半径和摩擦，求吊臂 AB 及缆绳 AC 所受的力。

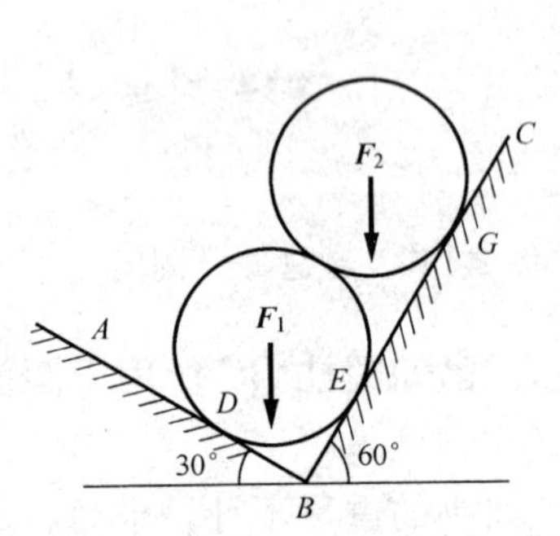

图 2-21 习题 2-9 附图

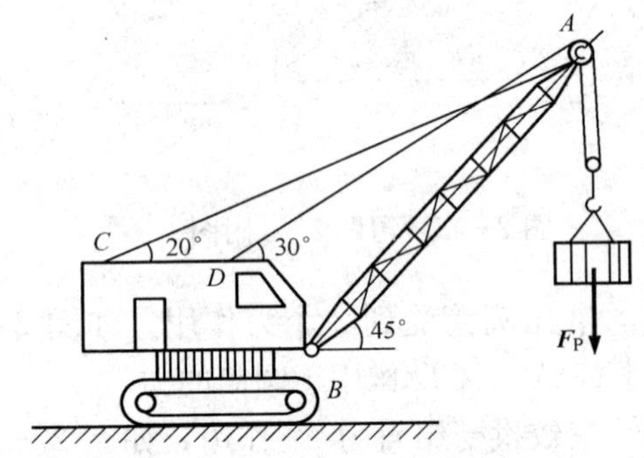

图 2-22 习题 2-10 附图

2-11 如图 2-23 所示，压路机碾子重 $F_W=20kN$，半径 $R=400mm$，若用水平力 $\boldsymbol{F}$ 拉碾子越过高 $h=80mm$ 的石坎，求 $\boldsymbol{F}$ 应多大？若要使 $\boldsymbol{F}$ 为最小，力 $\boldsymbol{F}_{min}$ 与水平线的夹角 α 应为多大？此时 F_{min} 等于多少？

2-12 如图 2-24 所示，长 $2l$ 的杆 AB，重 F_W，搁置在宽 a 的槽内。A、D 接触处都是光滑的，试求平衡时杆 AB 与水平线所成的角 α（设 $l>a$）。

2-13 如图 2-25 所示结构上作用一水平力 $\boldsymbol{F}$，试求 A、C、E 三处的支座反力。

2-14 AB、AC、AD 三连杆支承一重物如图 2-26 所示。已知 $F_P=10kN$，$AB=4m$，$AC=3m$，且 $ABEC$ 在同一水平面内，试求三连杆所受的力。

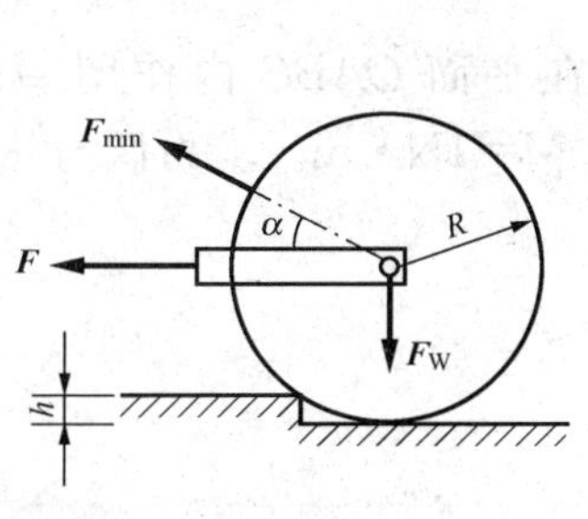

图 2-23 习题 2-11 附图

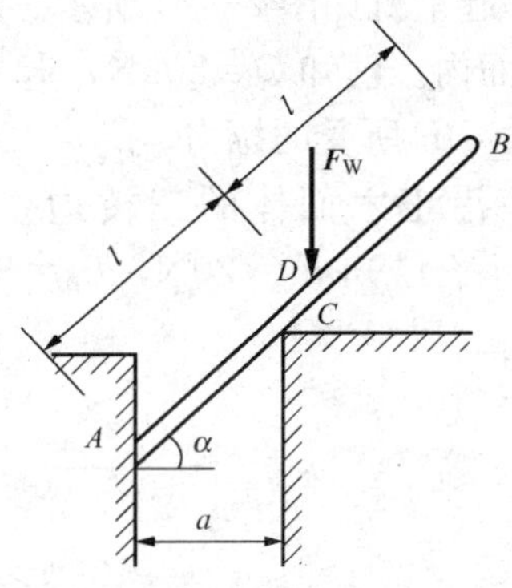

图 2-24 习题 2-12 附图

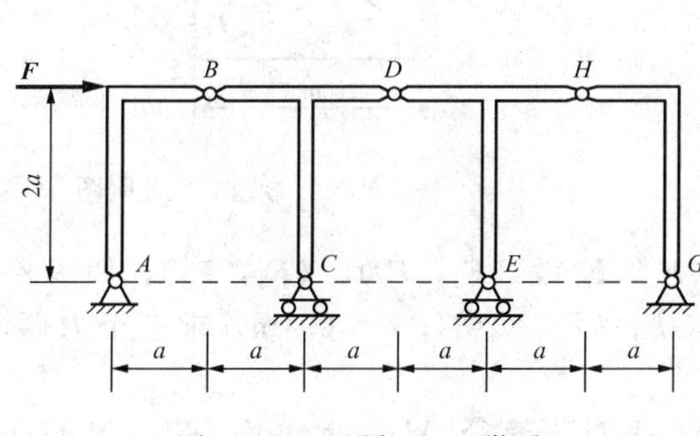

图 2-25 习题 2-13 附图

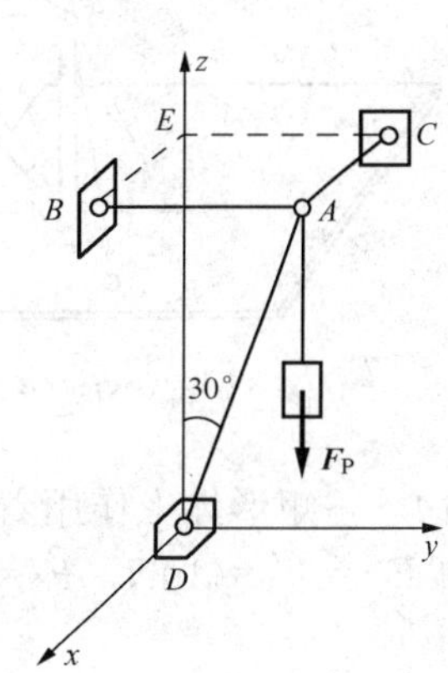

图 2-26 习题 2-14 附图

2-15 如图 2-27 所示立柱 AB 用三根绳索固定，已知一根绳索在铅直平面 ABE 内，其张力 $F_T=100kN$，立柱自重 $F_W=20kN$，求另外两根绳索 AC，AD 的张力及立柱在 B 处受到的约束力。

2-16 扒杆 AB 如图 2-28 所示，已知重物 E 的质量为 200kg，杆 AB 的质量可忽略不计，求绳索 BC、BD 受到的拉力。

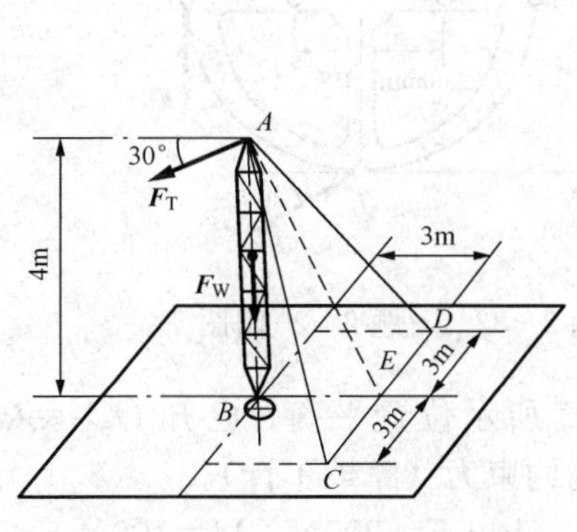

图 2-27 习题 2-15 附图

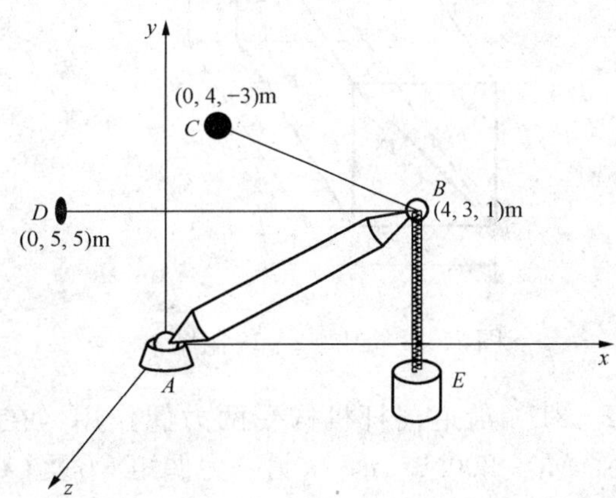

图 2-28 习题 2-16 附图

2－17 起重机如图 2－29 所示。$AB=AE=AF=2\text{m}$，$\angle EAF=90°$，A、C、B、D 在同一铅直平面内。已知 $Q=20\text{kN}$，起重机各部分重量可略去不计。试求立柱所受的压力及索 BC、BE、BF 所受的拉力。

2－18 沿正六面体的三棱边作用着三个力，在平面 $OABC$ 内作用一个力偶，如图 2－30 所示。已知 $F_1=20\text{N}$，$F_2=30\text{N}$，$F_3=50\text{N}$，$M=1\text{N}\cdot\text{m}$。求力偶与三个力合成的结果。

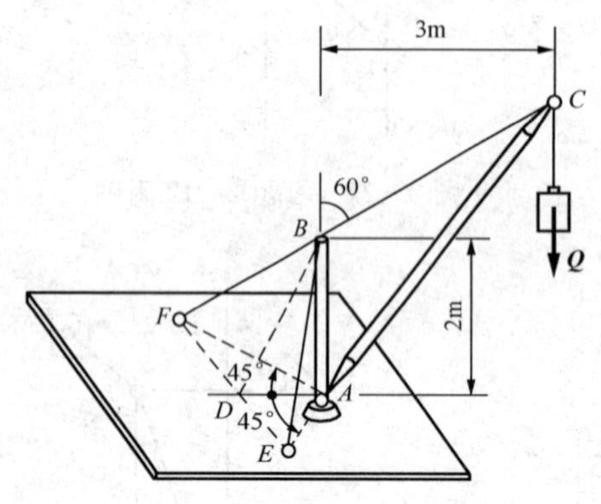

图 2－29 习题 2－17 附图

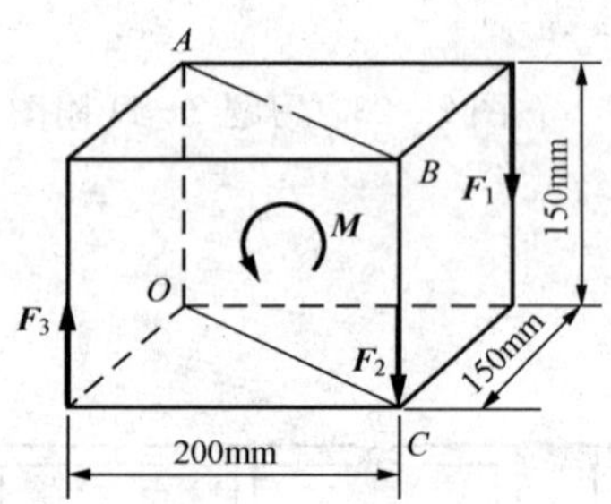

图 2－30 习题 2－18 附图

2－19 一矩形体上作用着三个力偶 ($\boldsymbol{F}_1$，$\boldsymbol{F}_1'$)，($\boldsymbol{F}_2$，$\boldsymbol{F}_2'$)，($\boldsymbol{F}_3$，$\boldsymbol{F}_3'$)，如图 2－31 所示。已知 $F_1=F_1'=10\text{N}$，$F_2=F_2'=16\text{N}$，$F_3=F_3'=20\text{N}$，$a=0.1\text{m}$，求三个力偶的合成结果。

2－20 水平圆轮的直径 AD 上作用着垂直于直径 AD、大小均为 100N 的四个力，如图 2－32 所示，该四力与作用于 E、H 的力 $\boldsymbol{F}$、$\boldsymbol{F}'$ 成平衡，已知 $\boldsymbol{F}=-\boldsymbol{F}'$，求 $\boldsymbol{F}$ 与 $\boldsymbol{F}'$ 的大小。

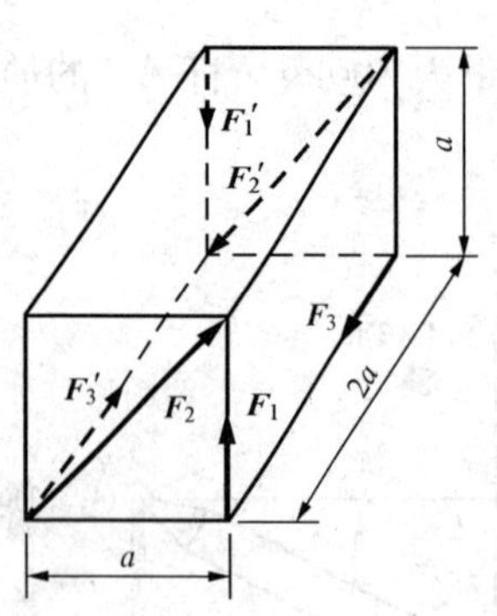

图 2－31 习题 2－19 附图

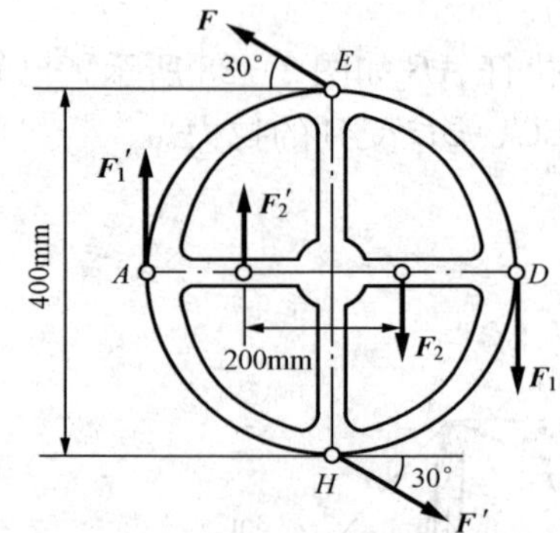

图 2－32 习题 2－20 附图

2－21 滑道摇杆机构受两力偶作用，在图 2－33 所示位置平衡。已知 $OO_1=OA=0.2\text{m}$，$M_1=200\text{N}\cdot\text{m}$，求另一力偶矩 M_2 及 OO_1 两处的约束力（摩擦不计）。

2－22 一力与一力偶的作用位置如图 2－34 所示。已知 $F=200\text{N}$，$M=100\text{N}\cdot\text{m}$；欲在 C 点加一个力，使其与 $\boldsymbol{F}$ 和 M 成平衡，求该力及 x 的值。

2 - 23　如图 2 - 35 所示，杆件 AB 固定在物体 D 上，两扳钳水平地夹住 AB，并受铅直力 $\boldsymbol{F}$、$\boldsymbol{F}'$ 作用。设 $F=F'=200\text{N}$，试求 D 对杆 AB 的约束力，重量不计。

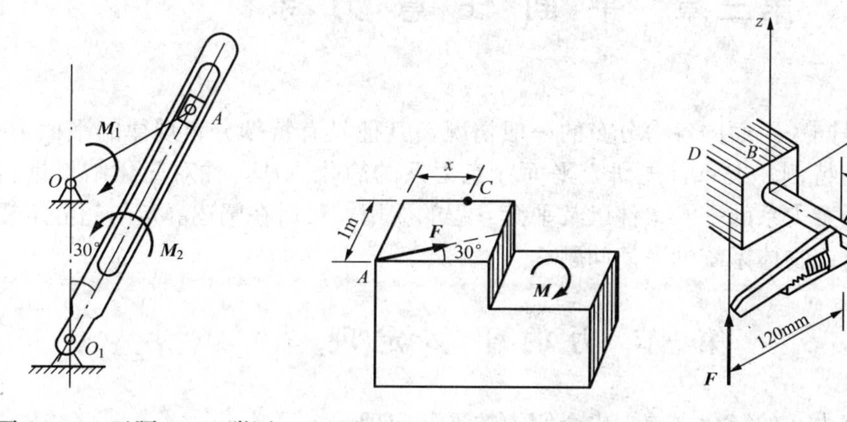

图 2 - 33　习题 2 - 21 附图　　图 2 - 34　习题 2 - 22 附图

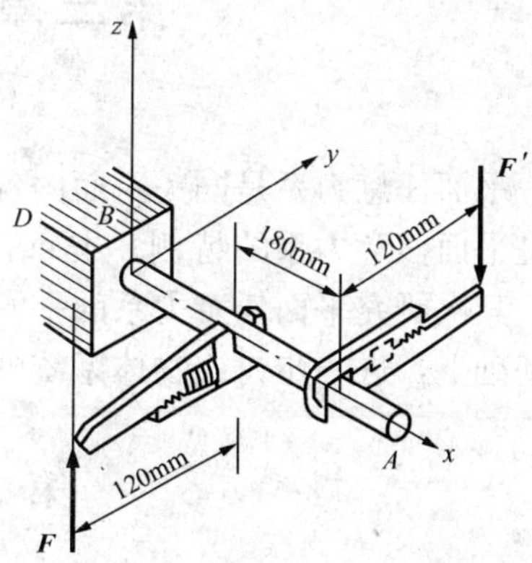

图 2 - 35　习题 2 - 23 附图

第三章　平面任意力系

平面任意力系是同一平面内各力分布的一般情况。其他具有特殊分布规律的平面力系，都是平面任意力系的特例。本章首先研究平面任意力系的简化方法，并对简化结果进行讨论；其次研究平面任意力系的平衡条件以及平衡方程的应用；最后在阐述静定与超静定概念的基础上，进一步讨论物体系统的平衡问题。

第一节　力的平移定理

在讨论平面任意力系的简化之前，先介绍力的平移定理。

设在刚体上的 A 点作用一力 $\boldsymbol{F}_A$［图 3-1（a）］，现要将其等效地平移到刚体上的任一点 B。为此，可以在 B 点加上一对平衡力 $\boldsymbol{F}_B$ 和 $\boldsymbol{F}_B'$，并使 $\boldsymbol{F}_A=\boldsymbol{F}_B=-\boldsymbol{F}_B'$。$\boldsymbol{F}_B'$ 和 $\boldsymbol{F}_A$ 组成一个力偶［图 3-1（b）］，可见作用于 A 点的力 $\boldsymbol{F}_A$ 可等效于作用在 B 点的力 $\boldsymbol{F}_B$ 和一个附加力偶（$\boldsymbol{F}_A$，$\boldsymbol{F}_B'$），如图 3-1（c）所示。由此可得如下定理：**作用在刚体上 A 点的力 $\boldsymbol{F}_A$ 可以平移到刚体上任一指定点 B，但必须同时附加一个力偶，附加力偶的矩等于原力作用于指定点的矩**，即

$$M = M_B(\boldsymbol{F}_A) \tag{3-1}$$

这就是**力的平移定理**。

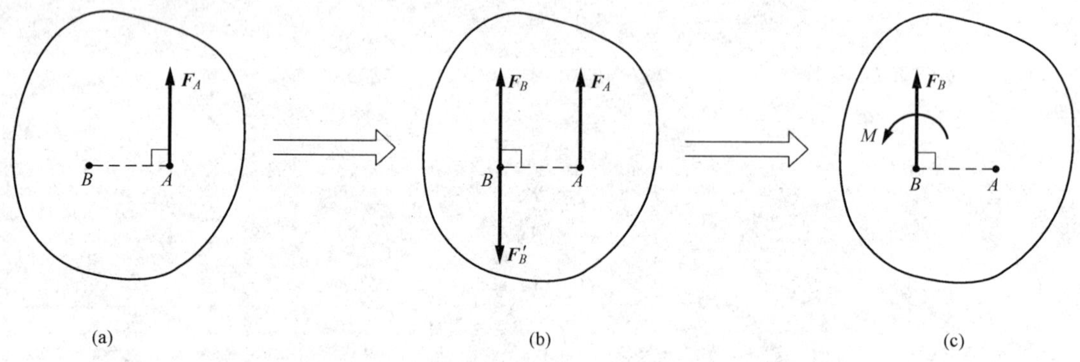

图 3-1　力的平行移动

图 3-1（c）所示的力 $\boldsymbol{F}_B$ 和力偶 M 是共面的，也可以合成为一个力（合成的过程为图 3-1 的逆过程），合力的大小和方向与原力相同，作用线由 B 点平移一定的距离 d，即

$$d=\frac{M}{F_B} \tag{3-2}$$

工程上有时也将力平行移动，以便了解其效应。例如，作用于立柱上 A 点的偏心力 $\boldsymbol{F}$［图 3-2（a）］，可平移至立柱轴线上成为 $\boldsymbol{F}'$，并附加一力偶矩为 $M=M_O(\boldsymbol{F})$ 的力偶［图 3-2（b）］，这样并不改变力 $\boldsymbol{F}$ 的总效应，但却容易看出，轴向力 $\boldsymbol{F}'$ 将使立柱压缩，而力偶矩 M 将使短柱弯曲。不过应注意，一般说来，在研究变形问题时，力是不能移动的

（在材料力学里将会详细说明）。如图 3－3 所示的梁 A 端受一力 $\boldsymbol{F}$，读者试想：如将 $\boldsymbol{F}$ 平行移动至 O 点成为 $\boldsymbol{F}'$ 并附加一力偶矩 M，其变形效果将如何？

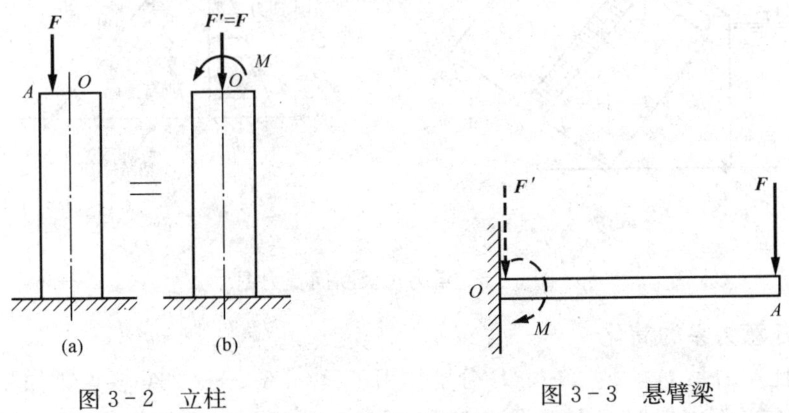

图 3－2 立柱　　图 3－3 悬臂梁

第二节 平面任意力系的简化

各力作用线位于同一平面内但不全汇交于一点、也不全相互平行，则该力系称为**平面任意力系**，简称**平面力系**。

平面力系是工程上常见的一种力系，很多实际问题都可简化成为平面力系问题来处理。例如，厂房建筑中常采用刚架结构，取其中一个刚架来考察［图 3－4（a）］，作用于其上的力可简化成如图 3－4（b）所示。其中作用于上部的是屋顶荷载及横梁自重，每单位长度上大小为 q_1；作用在左右两侧的是风压力和由风所引起的负压力，每单位长度上的大小分别为 q_2 及 q_3；$\boldsymbol{F}_{P1}$ 和 $\boldsymbol{F}_{P2}$ 是吊车梁作用于牛腿 A_1 及 B_1 的力；$\boldsymbol{F}_{Ax}$、$\boldsymbol{F}_{Ay}$、$\boldsymbol{F}_{Bx}$、$\boldsymbol{F}_{By}$ 及力偶矩 M_A、M_B 是 A、B 两处基础对立柱的约束力。所有这些力和力偶组成一平面任意力系。水利工程上常见的重力坝［图 3－5（a）］，在对其进行力学分析时，常取单位长度（如 1m）的坝段来考察，而将坝段所受的力简化成为作用于坝段中央平面内的平面力系，如图［3－5（b）］所示。

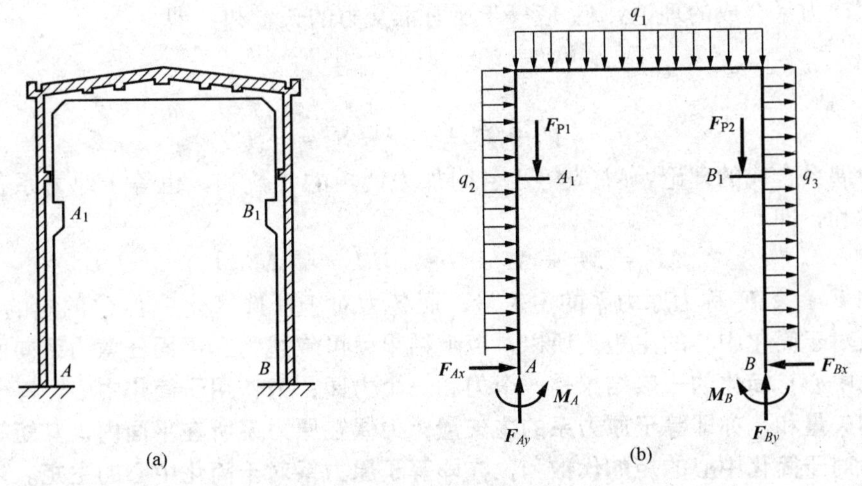

图 3－4 刚架结构及受力图

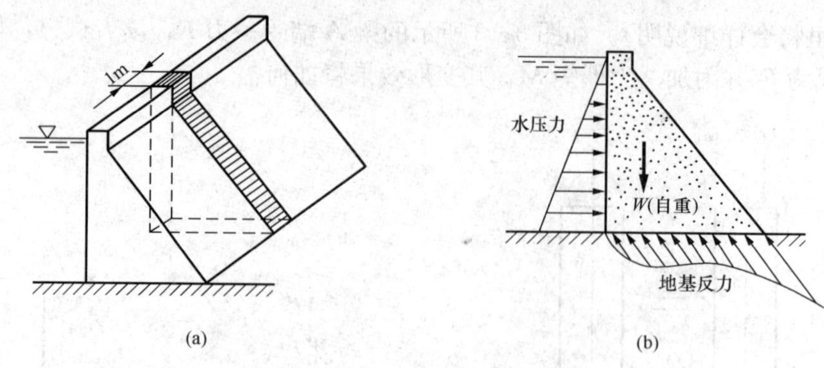

图 3-5 重力坝及断面受力图

一、平面任意力系的简化

设有平面任意力系 $\boldsymbol{F}_1$、$\boldsymbol{F}_2$、…、$\boldsymbol{F}_n$分别作用于 A_1、A_2、…、A_n各点，如图 3-6（a）所示。在力系所在平面内任取一点 O 作为**简化中心**，应用力的平移定理，将各力平移至 O 点并各附加一个力偶，得到一个作用于 O 点的平面汇交力系 $\boldsymbol{F}'_1$、$\boldsymbol{F}'_2$、…、$\boldsymbol{F}'_n$和一个矩为 M_1、M_2、…、M_n的平面力偶系，如图 3-6（b）所示；然后将汇交力系及力偶系分别合成，就得到一个作用于 O 点的力 $\boldsymbol{F}_{\mathrm{R}}$ 和一个矩为 M_O的力偶［图 3-6（c）］。

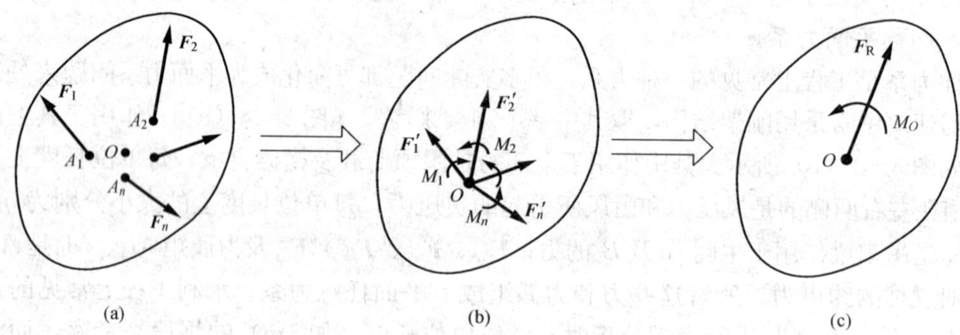

图 3-6 平面力系的简化

根据汇交力系合成的理论，$\boldsymbol{F}_{\mathrm{R}}$ 应等于所有汇交力的矢量和，即

$$\boldsymbol{F}_{\mathrm{R}} = \boldsymbol{F}'_1 + \boldsymbol{F}'_2 + \cdots + \boldsymbol{F}'_n$$

亦即

$$\boldsymbol{F}_{\mathrm{R}} = \boldsymbol{F}_1 + \boldsymbol{F}_2 + \cdots + \boldsymbol{F}_n = \sum \boldsymbol{F}_i \tag{3-3}$$

根据力偶系合成的理论，M_O应等于各附加力偶矩的代数和，也等于原力系各力对点 O 的矩的代数和，即

$$M_O = M_1 + M_2 + \cdots + M_n = \sum M_O(\boldsymbol{F}_i) \tag{3-4}$$

矢量和 $\boldsymbol{F}_{\mathrm{R}} = \sum \boldsymbol{F}_i$ 称为原力系的主矢量；而各力对于任选简化中心 O 的矩的代数和 M_O 称为该力系对于简化中心的主矩。所以，以上结果就可叙述为：**平面任意力系向所在平面内一点（简化中心）简化的一般结果是一个力和一个力偶：力作用于简化中心，等于原力系中所有各力的矢量和，亦即等于原力系的主矢量；力偶在原力系所在平面内，其矩等于原力系中所有各力对于简化中心的矩的代数和，亦即等于原力系对于简化中心的主矩。**

如果选取不同的简化中心，主矢量并不改变，因为原力系中各力的大小及方向一定，它们的矢量和也是一定的。所以，**一个力系的主矢量是一常量，与简化中心的位置无关**。但是，力系中各力对于不同简化中心的矩是不同的，因而各矩的和一般说来也不相等。所以，**主矩一般随简化中心的位置不同而改变**。

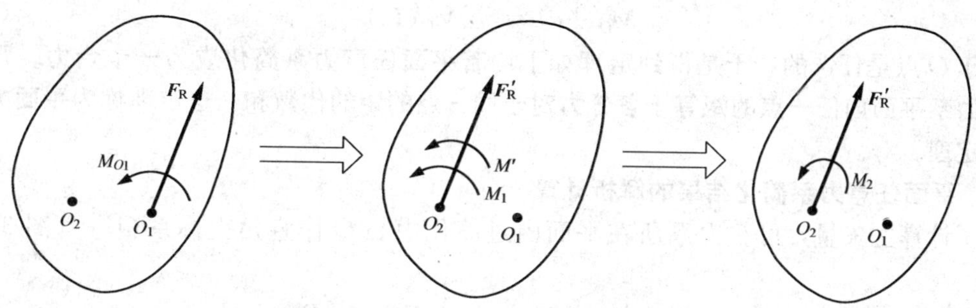

图 3－7 平面任意力系向任意两点简化

下面讨论对不同的两个简化中心，力系与主矩之间的关系。

在力系所在平面内任取两点 O_1 及 O_2，设力系向 O_1 点简化得主矢量 $\boldsymbol{F}_R$ 及主矩 M_{O1}（图 3－7）。为了求得力系向点 O_2 简化的结果，我们无需将原力系中各力一一向 O_2 平移，而只需利用 $\boldsymbol{F}_R$ 及 M_{O1} 与原力系等效这一条件，再将 $\boldsymbol{F}_R$ 及 M_{O1} 向 O_2 简化。为此，将 $\boldsymbol{F}_R$ 由点 O_1 平移至点 O_2 成为 $\boldsymbol{F}'_R$，并附加一力偶，其矩 $M'=M_{O2}(\boldsymbol{F}_R)$；矩为 M_{O1} 的力偶可直接搬移至 O_2。这样，以 O_2 为简化中心时，主矩为

$$M_{O2}=M_{O1}+M_{O2}(\boldsymbol{F}_R) \tag{3-5}$$

这表明，**力系对于第二简化中心 O_2 的主矩，等于力系对于第一简化中心 O_1 的主矩与作用于 O_1 的力 $\boldsymbol{F}_R$ 对于 O_2 的矩之和**。

二、平面任意力系简化结果的讨论

一般说来，将平面力系向一点 O 简化，可得到一个主矢量 $\boldsymbol{F}_R$ 和一个主矩 M_O，但这并不是最终的简化结果，还可继续简化。分别讨论如下：

(1) 若 $\boldsymbol{F}_R=0$，$M_O\neq0$，则原力系简化为一力偶，力偶矩就等于原力系对于简化中心的主矩。在这种情形下，简化结果与简化中心位置无关。就是说，无论向哪一点简化，结果都是一个力偶，而且力偶矩保持不变。

(2) 若 $\boldsymbol{F}_R\neq0$，$M_O=0$，则作用于简化中心的力 $\boldsymbol{F}_R$ 就是原力系的合力，合力的作用线通过简化中心 O。

(3) 若 $\boldsymbol{F}_R\neq0$，$M_O\neq0$，则根据本章第一节中的讨论，将其进一步简化成为一个作用于另一点 A 的合力 $\boldsymbol{F}'_R$，如图 3－8 所示。合力作用线与简化中心的距离为

$$a=OA=\frac{M_O}{F'_R}$$

由 M_O 为正或负，可以判定合力 $\boldsymbol{F}'_R$ 在 O 点左侧或右侧。

下面证明平面任意力系的合力矩定理。由图 3－8 可见，合力 $\boldsymbol{F}'_R$ 对于点 O 的矩为

$$M_O(\boldsymbol{F}'_R)=F'_Ra=M_O$$

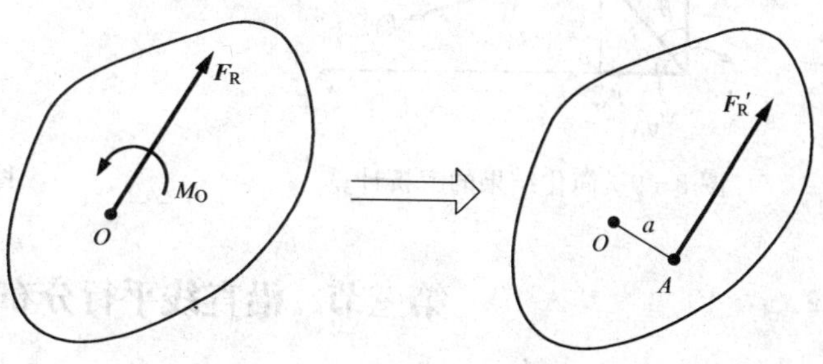

图 3－8 同平面内力与力偶的合成

由式（3-4）有

$$M_O = \sum M_O(\boldsymbol{F}_i)$$

所以得证

$$M_O(\boldsymbol{F}'_R) = \sum M_O(\boldsymbol{F}_i) \tag{3-6}$$

由于 O 点是任选的，于是得到定理如下：**若平面任意力系简化成为一个合力，则合力对于该力系平面内任一点的矩等于各分力对于同一点的矩的代数和。**这定理称为**平面力系的合力矩定理。**

三、平面任意力系简化结果的解析计算

为了计算主矢量，可在力系所在平面内过简化中心 O 作直角坐标系 Oxy（图 3-9）。由于

$$\boldsymbol{F}_R = \boldsymbol{F}_1 + \boldsymbol{F}_2 + \cdots + \boldsymbol{F}_n = \sum \boldsymbol{F}_i$$

所以，根据矢量的投影定理有

$$\left.\begin{aligned} F_{Rx} &= F_{1x} + F_{2x} + \cdots + F_{nx} = \sum F_{ix} \\ F_{Ry} &= F_{1y} + F_{2y} + \cdots + F_{ny} = \sum F_{iy} \end{aligned}\right\} \tag{3-7}$$

于是可得主矢量 $\boldsymbol{F}_R$ 的大小及方向余弦为

$$\left.\begin{aligned} &F_R = \sqrt{F_{Rx}^2 + F_{Ry}^2} \\ &\cos\alpha = \frac{F_{Rx}}{F_R}，\cos\beta = \frac{F_{Ry}}{F_R} \end{aligned}\right\} \tag{3-8}$$

至于主矩，可直接用式（3-4）计算。

只要主矢量不等于零，力系便可简化成为一个合力，而合力作用线的位置，可以直接利用合力矩定理用下述方法求得。利用力的可传性，将合力 $\boldsymbol{F}'_R(=\boldsymbol{F}_R)$ 沿其作用线平移至作用线与 x 轴的交点 A 处（图 3-10），命 A 点的坐标为（x，0），可得 $\boldsymbol{F}'_R$ 对于 O 点的矩为

$$M_O(\boldsymbol{F}'_R) = xF_{Ry}$$

又由合力矩定理，$\boldsymbol{F}'_R$ 对于 O 点的矩应等于力系中各力对于 O 点的矩的代数和，所以

$$x = \frac{\sum M_{Oi}}{F_{Ry}} \tag{3-9}$$

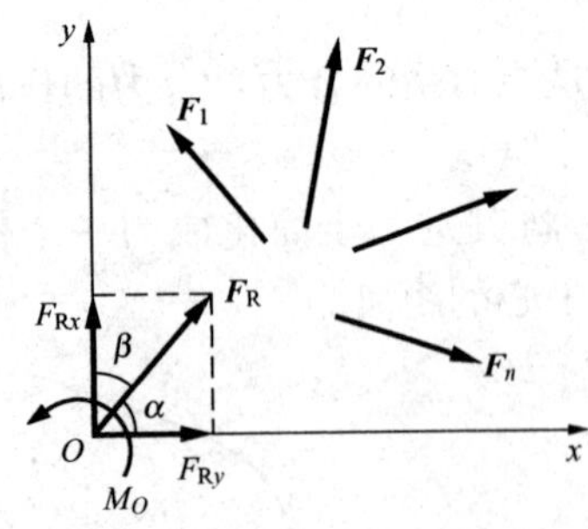

图 3-9 简化结果的解析计算

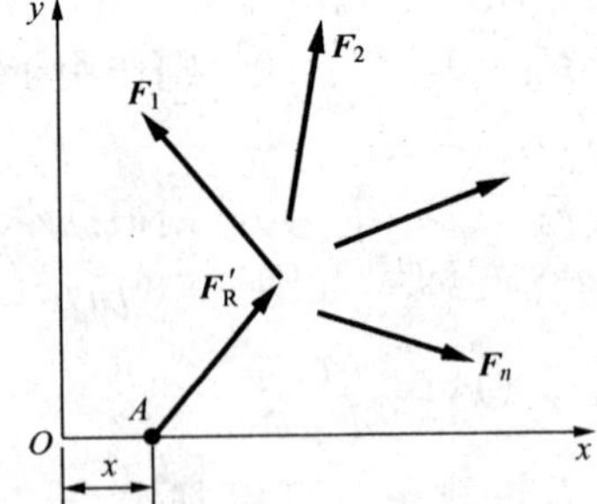

图 3-10 计算合力作用线的位置

第三节 沿直线平行分布力的简化

在前面讨论过的所有问题里，我们都把作用于物体的力看作是集中于一点的集中力。事

实上，在许多工程问题里，物体所受的力，往往是分布作用于物体体积内（如重力、万有引力等）或物体表面上的（如梁上的荷载、坝或闸门上的静水压力等）；前者称为**体力**，后者称为**面力**。体力和面力都是**分布力**。关于体力和一般的面力问题，将留待第四章中讨论，本章仅讨论面力中的一个特殊而又常见的情形——沿直线狭长面积分布的平行力。

沿直线狭长面积分布的平行力通常可以简化成为沿直线分布的平行力，简称为**线分布力**或**线分布荷载**。

例如，在图 3-5 中，我们将作用于 1m 长坝段上的水压力，简化成为作用于坝段中央平面的上游边界上，按三角形规律变化的线分布力。又如，作用于梁上的荷载，本来是分布于梁顶狭长面积上的［图 3-11（a）］，因受力面积狭长，再假设荷载的分布是均匀的，故可将分布力简化成为沿梁的中央平面顶边分布的线分布力，如图 3-11（b）所示。

表示力的分布情况的图形称为**荷载图**。某一单位长度上所受的力，称为分布力在该处的**荷载集度**。如果分布力的集度处处相同，则该分布力称为**匀布力**或**匀布荷载**；否则，就称为**非匀布力**或**非匀布荷载**。用 q 代表线分布力的集度，对于匀布力，q 为常量。对于非匀布力，集度 q 定义为某一微小长度 ΔL 上所受的力 ΔQ 与 ΔL 之比当 $\Delta L \to 0$ 时的极限，即

$$q = \lim_{\Delta L \to 0} \frac{\Delta Q}{\Delta L}$$

在荷载图上，某处的高度也就是分布力在该处的集度。例如，在图 3-11 中，梁上分布荷载的荷载图是矩形，表示集度是常量，所以是匀布荷载；在图 3-5 中，表示水压力的荷载图是三角形，所以是非匀布荷载，而某一处的荷载集度就等于该处静水压力的压强。线分布力集度的单位是 N/m，kN/m 等。

同向的线分布力可看成作用于无数微小长度上的同向平行力，它们必然可简化为一个合力。下面说明求同向的线分布的合力的方法。

设图 3-12 中的 $AabB$ 为直线段 AB 上的荷载图。取直角坐标系 Oxy，使 y 轴平行于分布力。命与原点相距 x 处的荷载集度为 q，则在该处微小长度 Δx 上的力的大小为 $\Delta Q = q\Delta x$，亦即等于 Δx 上荷载图的面积 ΔA。于是，线段 AB 上所受的分布力的合力 $\boldsymbol{Q}$ 的大小为

$$Q = \sum \Delta Q = \sum q\Delta x = \sum \Delta A = \text{线段 } AB \text{ 上荷载图的面积} \tag{3-10}$$

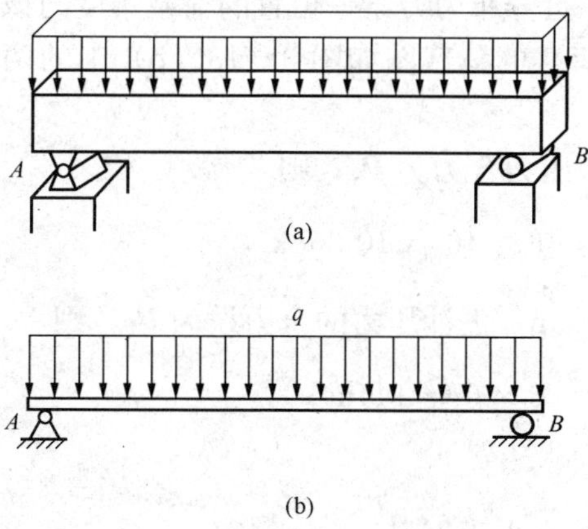

图 3-11 梁上面力荷载的简化

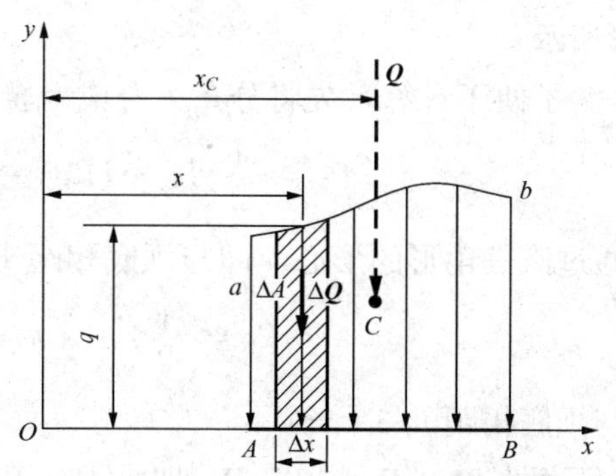

图 3-12 同向线分布力的简化

其次求合力 Q 的作用线的位置。利用平面力系的合力矩定理，可得

$$x_C=\frac{\sum xq\Delta x}{Q}=\frac{\sum x\Delta A}{\sum \Delta A} \tag{3-11}$$

由式（3-11）决定的坐标 x_C 就是荷载图面积的形心的坐标。

综上所述，可知**同向的线分布力的合力大小等于荷载图的面积**（注意这一面积具有力的单位），**合力通过荷载图面积的形心**。当分布力的荷载图是简单图形时，应用这一法则可以很方便地求得分布力的合力的大小及其作用线的位置。如果荷载图的图形较为复杂，可将其分成几个简单的图形，再分别求每一简单图形所代表的分布力的合力，按几个集中力进行计算。除了需要求总的合力外，一般不需合成为一个力。如果荷载图不能分作简单图形，但分布力的集度是连续变化的，则可用积分法求其合力。

【例 3-1】 重力坝断面如图 3-13（a）所示，坝的上游有泥沙淤积。已知水深 $H=46\text{m}$，泥沙厚度 $h=6\text{m}$，单位体积水重 $\gamma=9.8\text{kN/m}^3$，泥沙在水中的容重（即单位体积重，常称为浮容重）$\gamma'=8\text{kN/m}^3$。又 1m 长坝段所受重力为 $W_1=4500\text{kN}$，$W_2=14\ 000\text{kN}$。图 3-13（b）所示为 1m 长坝段的中央平面的受力情况，试将该坝段所受的力系向 O 点简化，并求出简化的最后结果。

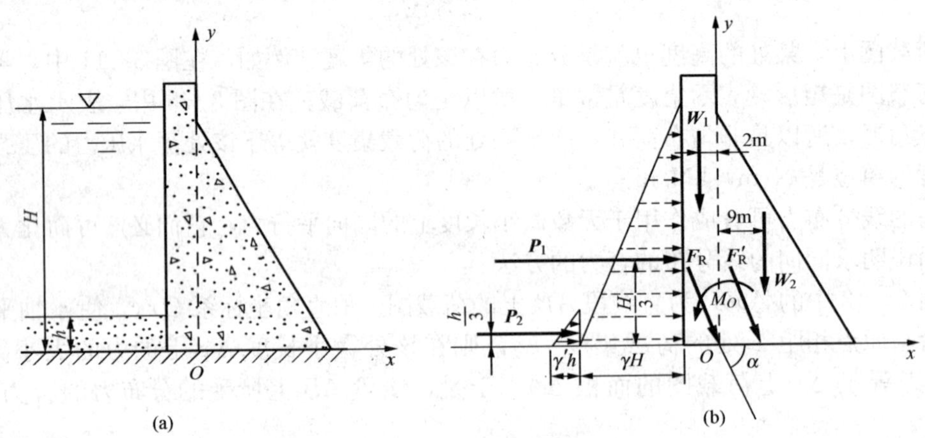

图 3-13 重力坝断面及荷载简化

解 作用于坝上游面的水压力和泥沙压力为平行分布力，某一位置的荷载集度与该处距离水面的高度成正比，所以，上游坝面所受分布荷载的荷载图如图 3-13（b）中的两个三角形所示。

为了便于计算，先将分布力合成为合力。设水压力合力为 $\boldsymbol{P}_1$，则

$$P_1=\frac{1}{2}\gamma H\times H=\frac{1}{2}\times 9.8\times 46\times 46=10\ 368\text{kN}$$

$\boldsymbol{P}_1$ 通过该三角形的形心，即与坝底相距 $H/3=46/3\text{m}$。泥沙压力的合力设为 $\boldsymbol{P}_2$，则

$$P_2=\frac{1}{2}\gamma' h\times h=\frac{1}{2}\times 8\times 6\times 6=144\text{kN}$$

$\boldsymbol{P}_2$ 与坝底相距 $h/3=2\text{m}$。

下面将 $\boldsymbol{P}_1$、$\boldsymbol{P}_2$、$\boldsymbol{W}_1$、$\boldsymbol{W}_2$ 四个力向 O 点简化。先求主矢量

$$F_{Rx}=\sum F_{ix}=P_1+P_2=10\ 510\text{kN}$$

$$F_{Ry}=\sum F_{iy}=-W_1-W_2=-18500\text{kN}$$

$$F_R=\sqrt{F_{Rx}^2+F_{Ry}^2}=21\ 300\text{kN}$$

$$\cos\alpha=\frac{10\ 510}{21\ 300}=0.4934,\ \cos\beta=\frac{-18\ 500}{21\ 300}=-0.8685$$

$$\alpha=60°26'$$

再求对 O 点的主矩

$$\begin{aligned}M_O&=\sum M_{Oi}=-P_1\times H/3-P_2\times h/3+W_1\times 2-W_2\times 9\\&=-10\ 368\times\frac{46}{3}-144\times 2+4500\times 2-14\ 000\times 9\\&=-276\ 300\text{kN}\cdot\text{m}\end{aligned}$$

负号表示主矩 M_O 的转向与图示转向相反，即应为顺时针向。

因为主矢量不等于零，故原力系有合力。合力 $\boldsymbol{F}_R'=\boldsymbol{F}_R$，合力作用线与 x 轴交点 A 的 x 坐标值由式（3-9）求得为

$$x=\frac{\sum M_{Oi}}{F_{Ry}}=\frac{-276\ 300}{-18\ 500}=14.94\text{m}$$

第四节 平面任意力系的平衡条件 平衡方程

如果平面任意力系的主矢量及对任一简化中心的主矩同时等于零，则该力系为平衡力系；反之，若平面任意力系平衡，则其主矢量及对任一简化中心的主矩必须分别等于零，否则该力系最后将简化为一个力或一个力偶。因此，**平面任意力系成平衡的充分与必要条件是力系的主矢量与力系对任一点的主矩都等于零**，即

$$\boldsymbol{F}_R=0,\ M_O=0 \tag{3-12}$$

上述条件可用代数方程表示为

$$\sum F_{ix}=0,\ \sum F_{iy}=0,\ \sum M_{Oi}=0 \tag{3-13}$$

即力系中各力在两个直角坐标轴中的每一轴上的投影的代数和都等于零，各力对于任一点的矩的代数和等于零。

式（3-13）称为**平面任意力系的平衡方程**，其中前两个称为**投影方程**，后一个称为**力矩方程**。这一组方程虽然是根据直角坐标系导出来的，但在写投影方程时，可以任取两个不相平行的轴作为投影轴，而不一定要使两轴互相垂直；确定力矩方程时，矩心也可以任意选取，而不一定取在两投影轴的交点（原因请读者思考）。

式（3-13）是平面任意力系平衡方程的**基本形式**，除了这种形式外，还可将平衡方程表示为**二力矩形式或三力矩形式**。

二力矩形式的平衡方程是一个投影方程和两个力矩方程，即任取两点 A、B 为矩心，另取一轴 x 为投影轴，建立平衡方程

$$\sum F_{ix}=0,\ \sum M_{Ai}=0,\ \sum M_{Bi}=0 \tag{3-14}$$

但 A、B 两点的连线不应垂直于 x 轴。

三力矩形式的平衡方程是任取不在同一直线上的三点 A、B、C 为矩心而得到的力矩平衡方程

$$\sum M_{Ai}=0,\ \sum M_{Bi}=0,\ \sum M_{Ci}=0 \tag{3-15}$$

现在说明二力矩形式的式（3-14）是平面任意力系成平衡的必要与充分条件。设一平面任意力系满足方程$\sum M_{Ai}=0$，则由“力偶对于任一点的矩是常量（等于力偶矩）”这一性质可知，该力系不可能简化成为一个力偶，而只可能简化成为一个通过A点的力或者该力系平衡。如果该力系又满足方程$\sum M_{Bi}=0$，则该力系或者可简化为一沿着AB作用的合力，或者成平衡。如果力系再满足$\sum F_{ix}=0$，则力系必成平衡。这是由于该力系如有合力，则前两个方程要求合力沿着线AB作用，$\sum F_{ix}=0$却要求合力垂直于x轴，但线AB不垂直于x轴，所以两个要求不能同时满足，可见原力系不可能有合力，故必然力系平衡。

关于三力矩形式的式（3-15），读者可以自行推证。为什么不可能写出三个投影形式平衡方程，也请读者自己思考。

尽管平衡方程可以写成不同的形式，对投影轴和矩心的选择，除了上面提出的条件外，也别无限制，但是，平面任意力系的独立平衡方程只有三个，而不可能有四个。因为，一个平面任意力系只要满足三个独立平衡方程，就必成平衡，其他方程都是力系平衡的必然结果，不再是独立的。于是可知，对于平面任意力系来说，利用平衡方程，只能求解三个未知数。

至于平面平行力系，如取y轴平行于各力，则在式（3-13）中，$F_{ix}\equiv 0$，因此平面平行力系的平衡方程成为

$$\sum F_{iy}=0,\ \sum M_{Oi}=0 \tag{3-16}$$

也可表示为二力矩形式，写成

$$\sum M_{Ai}=0,\ \sum M_{Bi}=0 \tag{3-17}$$

可见，对于平面平行力系，利用平衡方程可求解两个未知数（请考虑用二力矩形式时对矩心A、B的选取有何限制）。

在解答实际问题时，可以根据具体情况，采用不同形式的平衡方程，并适当选取投影轴和矩心，以简化计算。

【例3-2】 梁的一端为固定端，另一端悬空，如图3-14（a）所示，这样的梁称为悬臂梁。设梁上受最大集度为q的分布荷载，并在B端受一集中力$\boldsymbol{F}_P$。试求A端的约束力。

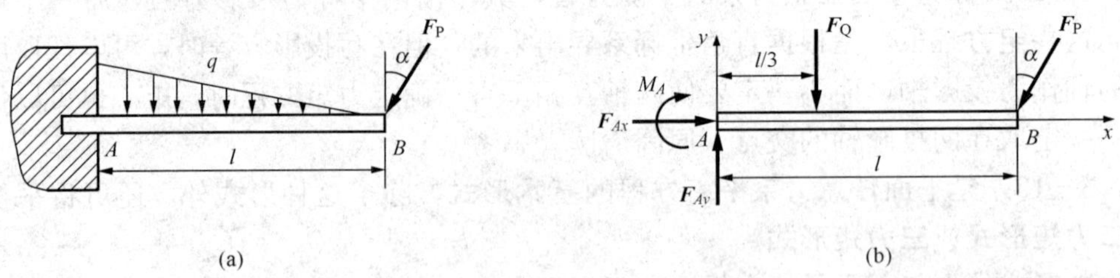

图3-14 ［例3-2］附图

解 作梁AB的受力如图3-14（b）所示。为计算方便，首先将梁上匀布荷载合成为一个合力$\boldsymbol{F}_Q$，$\boldsymbol{F}_Q$的大小为$F_Q=ql/2$，方向与匀布荷载方向相同，作用点在距A点$l/3$处。由梁的平衡条件得到三个平衡方程

$$\sum F_{ix}=0;\ F_{Ax}-F_P\sin\alpha=0$$

$$\sum F_{iy}=0,\ F_{Ay}-F_{P}\cos\alpha-F_{Q}=0$$

$$\sum M_{Ai}=0,\ -M_{A}-F_{Q}l/3-F_{P}l\cos\alpha=0$$

将 $F_{Q}=ql/2$ 代入，依次解得

$$F_{Ax}=F\sin\alpha,\ F_{Ay}=ql/2+F\cos\alpha,\ M_{A}=-ql^{2}/6-Fl\cos\alpha$$

【例 3-3】 梁 AB 支承及荷载如图 3-15（a）所示。已知 $F_{P}=15\text{kN}$，$M=20\text{kN}\cdot\text{m}$，求各约束力。图中长度单位是 m。

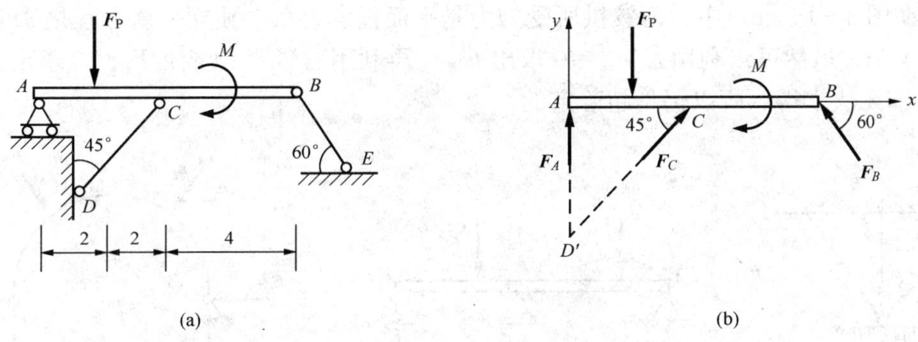

图 3-15 ［例 3-3］附图

解 考虑梁的平衡，作受力图 3-15（b），图中约束力的指向都是假设的。从受力图可以看出，如果利用投影方程求解，不论怎样选取投影轴，每个平衡方程中将至少包含两个未知量。为了使每个平衡方程中的未知量最少，便于求解，可取 $\boldsymbol{F}_{C}$ 与 $\boldsymbol{F}_{A}$ 的交点 D' 为矩心，由 $\sum M_{D'i}=0$ 可直接求得 F_{B}，然后由 $\sum F_{ix}=0$ 与 $\sum F_{iy}=0$ 分别求出 $\boldsymbol{F}_{C}$ 与 $\boldsymbol{F}_{A}$，这样就避免了解联立方程。

列力矩方程时，计算某些力的矩，可应用合力矩定理，将其分解成为两个力，分别求其对所选矩心的矩，使计算简化。此外，荷载中的力偶对任一点的矩都等于力偶矩 M，故写投影方程时可不考虑力偶。

$$\sum M_{D'i}=0,\ F_{B}\sin60^{\circ}\times8+F_{B}\cos60^{\circ}\times3-F_{P}\times2-M=0$$

将 F_{P} 与 M 之值代入，解得　　$F_{B}=5.6\text{kN}$

$$\sum F_{ix}=0,\ F_{C}\sin45^{\circ}-F_{B}\cos60^{\circ}=0$$

解得　　$F_{C}=3.96\text{kN}$

$$\sum F_{iy}=0,\ F_{A}+F_{C}\cos45^{\circ}+F_{B}\sin60^{\circ}-F_{P}=0$$

将 F_{P} 及 F_{B}、F_{C} 之值代入，解得　　$F_{A}=7.35\text{kN}$

本例还有多种求解方法，读者不妨试做，以资校核。

第五节　静定与超静定问题　物体系统的平衡

一、静定与超静定问题

由前面的讨论可知，对每一类型的力系来说，独立平衡方程的数目是一定的，能求解的

未知数的数目也是一定的。如果所考察的问题的未知数数目恰好等于独立平衡方程的数目，那些未知数就可全部由平衡方程求得，这类问题称为**静定问题**；如果所考察问题的未知数数目多于独立平衡方程的数目，仅仅用平衡方程就不可能完全求得那些未知数，这类问题称为**超静定问题**或**静不定问题**。

图 3-16 所示是超静定平面问题的几个例子。在图 3-16（a)、(b）中，物体所受的力分别为平面汇交力系和平面平行力系［图 3-16（b）中的 $\boldsymbol{F}_A$ 为什么是铅直的，请自己考虑］，独立的平衡方程都是 2 个，而未知反力是 3 个，其中任何一个未知力都不能由平衡方程解得。在图 3-16（c）中，两铰拱所受的力是平面任意力系，独立平衡方程是 3 个，而未知反力是 4 个，虽然可以利用 $\sum M_{iA}=0$ 求出 F_{By}，再利用 $\sum M_{iB}=0$ 或 $\sum F_{iy}=0$ 求出 F_{Ay}，但 F_{Ax} 及 F_{Bx} 却无法求得，所以仍是超静定的。

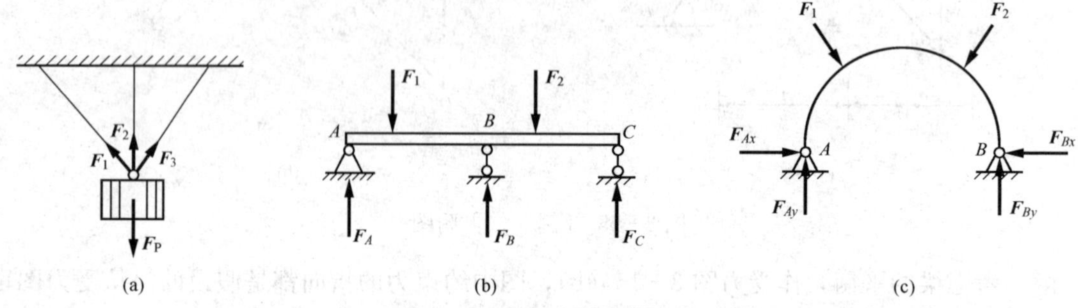

图 3-16 超静定问题的例子

需要说明，超静定问题并不是不能解决的问题，而只是不能仅用平衡方程来解决。问题之所以成为超静定的，是因为静力学中把物体抽象成为刚体，略去了物体的变形；如果考虑到物体受力后的变形，在平衡方程之外，再列出某些补充方程，问题也可以解决。这些内容将在后继课程（如材料力学、结构力学）中讨论。

因为超静定结构比静定结构更经济地利用材料，也较牢固，所以工程上很多结构都是超静定的。例如南京长江大桥的铁路正桥就是三跨连续的桁架梁，是超静定的。

二、物体系统的平衡

实际研究对象往往不止一个物体，而是由若干个物体组成的物体系统，各物体之间以一定的方式联系着，整个系统又以适当方式与其他物体相联系。系统各物体之间的联系构成**内约束**，而系统与其他物体的联系则构成**外约束**。当系统受到主动力作用时，各内约束处及外约束处一般都将产生约束力。内约束处的约束力是系统内部物体之间相互作用的力，对整个系统来说，这些力是**内力**；而主动力和外约束处的约束力则是其他物体作用于系统的力，是**外力**。例如，土建工程上常用的三铰拱（图 3-17），由 AC、BC 两半拱组成，连接两半拱的铰 C 是内约束，而铰 A 及铰 B 则是外约束。对整个拱来说，铰 C 处的约束力是内力，而主动力（未画出）及 A、B 处的约束力则是外力。

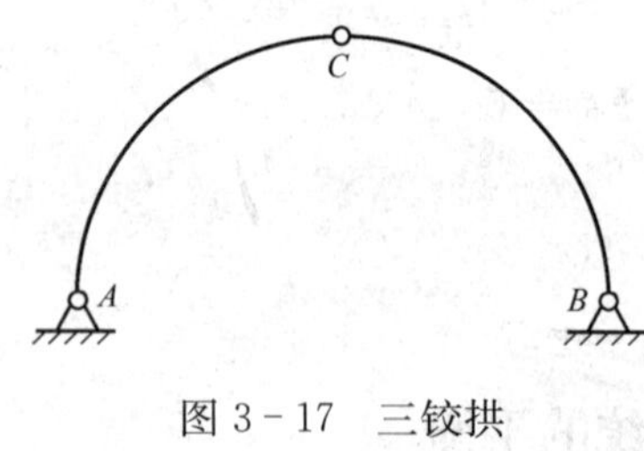

图 3-17 三铰拱

应当注意：外力和内力是相对的概念，是对一定的考察对象而言的。如果不是取整个三铰拱而是分别取 AC 或 BC 为考察对象，则铰 C 对 AC 或 BC 的作用力就成为外力了。

静力学里考察的物体系统都是在主动力和约束力作用下保持平衡的。为了求出未知力，可取系统中的任一物体作为考察对象。对于平面力系问题而言，根据一个物体的平衡，一般可以写出三个独立的平衡方程。如果该系统包含 n 个物体，则共有 $3n$ 个独立的平衡方程，可以求解 $3n$ 个未知数。如果整个系统中未知数的数目超过 $3n$ 个，则成为超静定问题。例如图 3-17 所示的三铰拱，由两个物体（半拱 AC 及 BC）组成，独立平衡方程数目是 6，铰 A、B、C 三处未知约束力的数目也是 6，所以是静定的。请考虑：如果整个系统约束力数目少于 $3n$ 个，结果将会怎样？

在解答物体系统的平衡问题时，也可将整个系统或其中某几个物体的结合作为考察对象，以建立平衡方程。但是，**对于一个受平面任意力系作用的物体系统来说，不论是就整个系统或其中几个物体的组合或个别物体写出的平衡方程，总共只有 $3n$ 个是独立的。**当作用于系统的力满足 $3n$ 个平衡方程之后，整个系统或其中的任何一部分必成平衡，因此，多余的方程只是系统成平衡的必然结果，而不再是独立的方程。至于究竟以整个系统还是其中的一部分作为考察对象，则应根据具体问题决定，并以平衡方程中包含的未知数最少、便于求解为原则。

需要注意，这里所谓的 $3n$ 个独立平衡方程，是就每一个物体所受的力都是平面任意力系的情况得出的结论，如果某一物体所受的力是平面汇交力系或平面平行力系，则独立平衡方程的数目将相应减少。

还应指出，如所取的考察对象中包含几个物体，由于各物体之间相互作用的力（内力）总是成对出现的，所以在研究该考察对象的平衡时，不必考虑这些内力。

下面举例说明如何求解物体系统的平衡问题。

【例 3-4】 联合梁支承及荷载情况如图 3-18（a）所示。已知 $F_1=10\text{kN}$，$F_2=20\text{kN}$，试求约束反力。下图长度单位为 m。

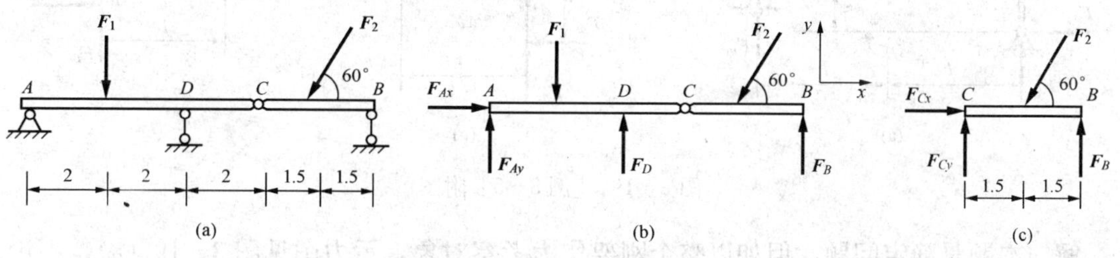

图 3-18 ［例 3-4］附图

解 联合梁由两个物体组成，作用于每一物体的力系都是平面任意力系，共有 6 个独立的平衡方程；而约束力的未知数也是 6（A、C 两处各 2 个，B、D 两处各 1 个），所以是静定的。首先以整个梁为考察对象，示力图如图 3-18（b）所示。由 $\sum F_{ix}=0$ 有

$$F_{Ax}-F_2\cos 60^\circ=0$$

由此得

$$F_{Ax}=F_2\cos 60^\circ=10\text{kN}$$

其余三个未知数 F_{Ay}、F_D 及 F_B，不论怎样选取投影轴和矩心，都无法求得其中任何一个，因此必须将 AC、BC 两部分分开考虑。现在取 BC 作为考察对象，作示力图如图 3-18（c）所示。由

$$\sum F_{ix}=0, F_{Cx}-F_2\cos 60°=0$$

故 $$F_{Cx}=F_2\cos 60°=10\text{kN}$$

$$\sum M_G=0, F_B\times 3-F_2\sin 60°\times 1.5=0$$

故 $$F_B=8.66\text{kN}$$

$$\sum F_{iy}=0, F_B+F_{Cy}-F_2\sin 60°=0$$

故 $$F_{Cy}=8.66\text{kN}$$

再分析示力图［图 3-18（b）］，这时，F_{Ax}及F_B均已求出，只有F_{Ay}、F_D两个未知数，可以写出两个平衡方程求解

$$\sum M_{Ai}=0, F_D\times 4+F_B\times 9-F_1\times 2-F_2\sin 60°\times 7.5=0$$

将F_1、F_2及F_B之值代入，解得F_D=18kN。

$$\sum F_{iy}=0, F_{Ay}+F_D+F_B-F_1-F_2\sin 60°=0$$

将已知值代入，即得F_{Ay}=0.66kN。

本题也可一开始就将AC与BC分开，由两部分的平衡直接求解各未知数，而用整体的平衡方程进行校核。

【例 3-5】 某厂厂房三铰刚架，由于地形限制，铰A及B位于不同高程如图 3-19（a）所示。刚架上的荷载已简化为两个集中力$\boldsymbol{F}_1$及$\boldsymbol{F}_2$。试求A、B、C三处的反力。

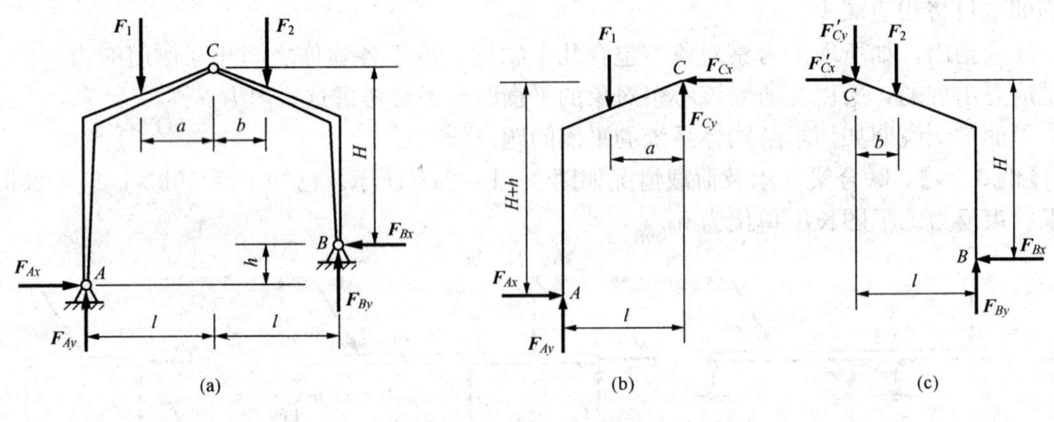

图 3-19 ［例 3-5］附图

解 本题是静定问题，但如以整个刚架作为考察对象，示力图见图 3-19（a），不论怎样选取投影轴和矩心，每一平衡方程中至少包含两个未知数，而且不可能联立求解（读者可自己写出平衡方程，进行分析）。即使我们用另外的方式表示A、B处的反力，例如将A、B处的反力分别用沿着AB线和垂直于AB线的分力来表示，这样可以由$\sum M_{Ai}=0$及$\sum M_{Bi}=0$分别求出垂直于AB线的两个分力，但对进一步的计算并不方便。因此，我们将AC及BC两部分分开考察，作示力图［图 3-19（b）、（c）］。虽然就每一部分来说，也不能求得四个未知数中的任何一个，但联合考察两部分，分别以A及B为矩心，写出力矩方程，则两方程中只有$F_{Cx}(=F'_{Cx})$及$F_{Cy}(=F'_{Cy})$两个未知数，可以联立求解。现在根据上面的分析列出平衡方程。

据图 3-19（b）

$$\sum M_{iA}=0, F_{Cx}(H+h)+F_{Cy}\cdot l-F_1(l-a)=0 \quad ①$$

据图 3-19（c）

$$\sum M_{iB}=0,\ -F'_{Cx}H+F'_{Cy}\cdot l+F_2(l-b)=0 \qquad ②$$

联立求解式①及式②，可得

$$F_{Cx}=F'_{Cx}=\frac{F_1(l-a)+F_2(l-b)}{2H+h}$$

$$F_{Cy}=F'_{Cy}=\frac{F_1(l-a)H-F_2(l-b)(H+b)}{l(2H+h)}$$

其余各未知反力，请读者自己计算并进行校核。

如果只需求 A、B 两处的反力而不需求 C 处的反力，请考虑怎样用最少数目的平衡方程求解。

如果 A、B 两点高程相同（$h=0$），又怎样求解最为简便？

【例 3-6】 在图 3-20 所示悬臂平台结构中，已知荷载 $M=60\text{kN}\cdot\text{m}$，$q=24\text{kN/m}$，各杆件自重不计。试求杆 BD 的内力。

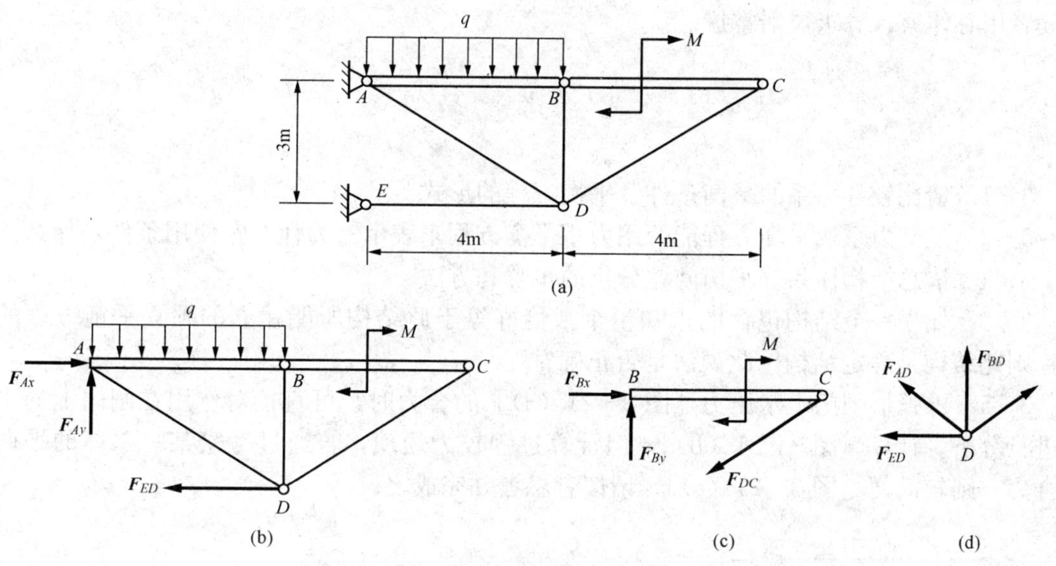

图 3-20 ［例 3-6］附图

解 这是一个由横梁和拉压杆组成的混合结构，求系统内力时需取脱离体，使所求的力出现在示力图中。为求得杆 BD 的内力，可先取结构整体考察，示力图如图 3-20（b）所示，由

$$\sum M_{Ai}=0,\ F_{ED}\times 3+M+4q\times 2=0$$

得

$$F_{ED}=-84\text{kN}$$

然后取 BC 分析［图 3-20（c）］，由

$$\sum M_{Bi}=0,\ \frac{3}{5}F_{DC}\times 4+M=0$$

得

$$F_{DC}=-25\text{kN}$$

最后取铰 D 分析 [图 3－20 (d)]，平衡方程为

$$\sum F_{ix}=0,\ \frac{4}{5}F_{DC}-F_{ED}-\frac{4}{5}F_{AD}=0$$

$$\sum F_{iy}=0,\ \frac{3}{5}F_{AD}+F_{BD}+\frac{3}{5}F_{DC}=0$$

解得 $F_{AD}=80\text{kN}$，$F_{BD}=-33\text{kN}$

请读者考虑以上求解过程是否最简单，如先分析 BC 的平衡，再取 AB 分析，是否可求解 BD 杆的内力。

从上面几个例子的分析可见，求解物体系统的平衡问题，一般须先判别系统是否是静定的。若是静定的，再选取适当的考察对象（可以是整个系统或其中的一部分）分析其受力情况，正确作出示力图，建立必要的平衡方程求解。通常应首先观察一下，以整个系统为考察对象是否能求出某些未知量，如不能，就需分别选取其中一部分来考察。建立平衡方程时，应注意投影轴和矩心的选择，能避免解联立方程就尽量避免，不能避免时，也应力求方程简单。选取不同的考察对象，建立不同形式的平衡方程，可能使求解过程的繁简程度不同，希望读者用心体察，务求灵活掌握。

思 考 题

3－1 请比较各力系的平衡条件及平衡方程的形式。

3－2 汇交力系的平衡方程能否用力矩平衡方程来表示？为什么？使用条件是什么？

3－3 请总结物体系统平衡问题分析的步骤和方法。

3－4 如果一个结构包含的未知量个数恰好等于此结构所能建立的独立平衡方程的个数，则此结构是静定结构。此说法是否正确？

3－5 求弧形闸门上水压力 [图 3－21 (a)] 的合力时，可直接对作用在闸门上的水压力进行分析、计算 [图 3－21 (b)]，但计算过程较为烦琐，若通过考察某一水体的平衡求此合力，则较简便 [图 3－21 (c)]，请读者思考并完成之。

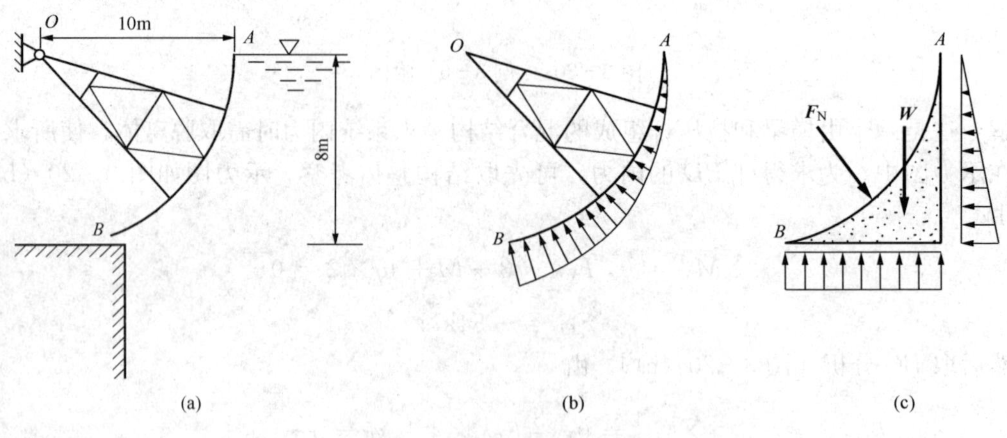

图 3－21 思考题 3－5 附图

3-6 试判断图 3-22 所示各结构是静定的还是超静定的。

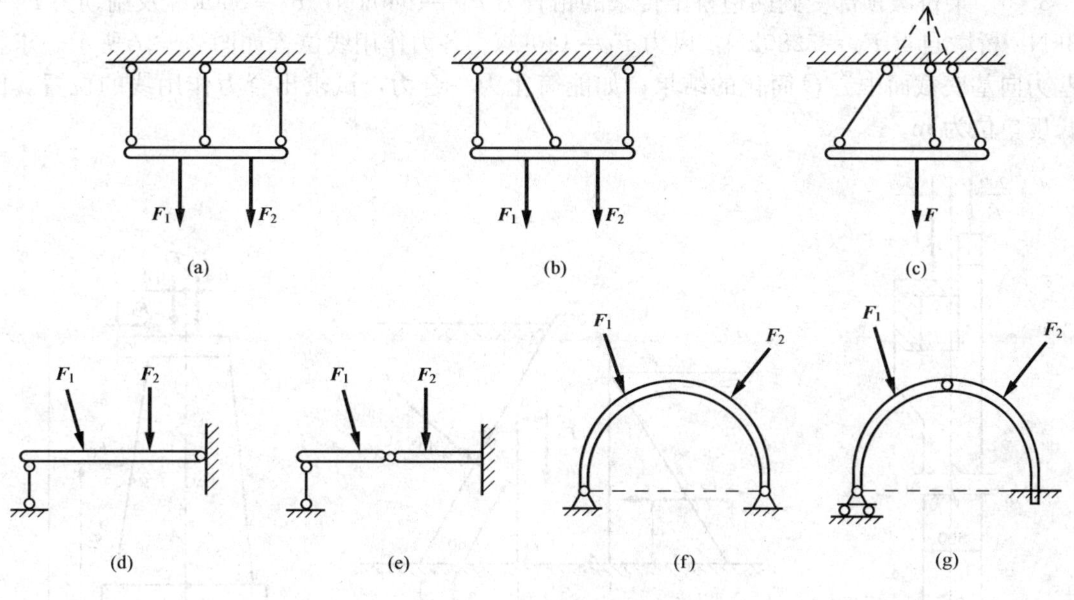

图 3-22 思考题 3-6 附图

习 题

3-1 x 轴与 y 轴斜交成 α 角如图 3-23 所示。设一力系在 xy 平面内，对 y 轴和 x 轴上的 A、B 两点有 $\sum M_{iA}=0$，$\sum M_{iB}=0$，且 $\sum F_{iy}=0$，但 $\sum F_{ix}\neq 0$。已知 $OA=a$，求 B 点在 x 轴上的位置。

3-2 如图 3-24 所示，一平面力系（在 oxy 平面内）中的各力在 x 轴上投影之代数和等于零，对 A、B 两点的主矩分别为 $M_A=12\text{N}\cdot\text{m}$，$M_B=15\text{N}\cdot\text{m}$，$A$、$B$ 两点的坐标分别为（2，3）、（4，8），试求该力系的合力（坐标值的单位为 m）。

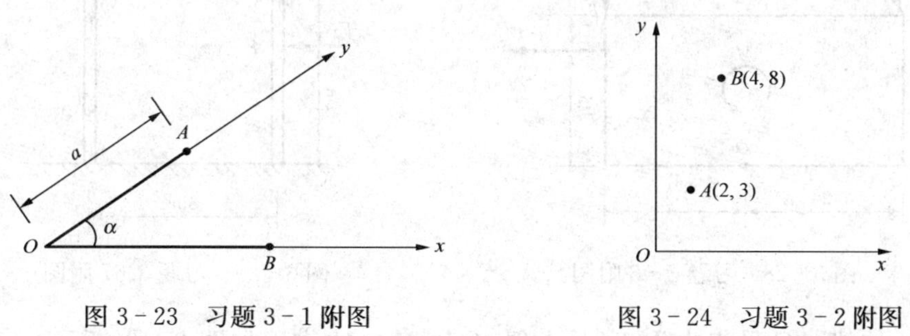

图 3-23 习题 3-1 附图　　　图 3-24 习题 3-2 附图

3-3 某厂房排架的柱子如图 3-25 所示，承受吊车传来的力 $F_P=250\text{kN}$，屋顶传来的力 $F_Q=30\text{kN}$，试将该两力向底面中心 O 简化。图中长度单位是 mm。

3-4 已知挡土墙自重 $F_W=400\text{kN}$，土压力 $F=320\text{kN}$，水压力 $F_P=176\text{kN}$ 如图 3-26 所示，求这些力向底面中心 O 简化的结果；如能简化为一合力，试求出合力作用线的位置。

图中长度单位为 m。

3-5 某桥墩顶部受到两边桥梁传来的铅直力 F_1=1940kN，F_2=800kN 及制动力 F_T=193kN。桥墩自重 F_W=5280kN，风力 F_P=140kN。各力作用线位置如图 3-27 所示。求将这些力向基底截面中心 O 简化的结果；如能简化为一合力，试求出合力作用线的位置。图中长度单位为 m。

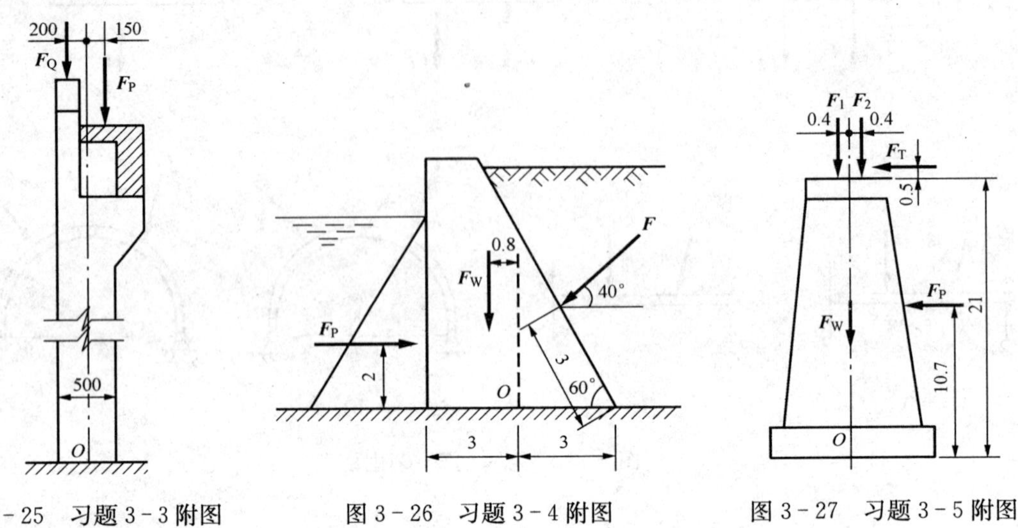

图 3-25 习题 3-3 附图 图 3-26 习题 3-4 附图 图 3-27 习题 3-5 附图

3-6 图 3-28 所示一平面力系，已知 F_1=200N，F_2=100N，M=300N·m。欲使力系的合力通过 O 点，问水平力 F 之值应为多少？图中长度单位为 m。

3-7 在刚架的 A、B 两点分别作用 $\boldsymbol{F}_1$、$\boldsymbol{F}_2$ 两力如图 3-29 所示，已知 $F_1=F_2$=10kN。欲以过 C 点的一个力 $\boldsymbol{F}$ 代替 $\boldsymbol{F}_1$、$\boldsymbol{F}_2$，求 $\boldsymbol{F}$ 的大小、方向及 B、C 间的距离。

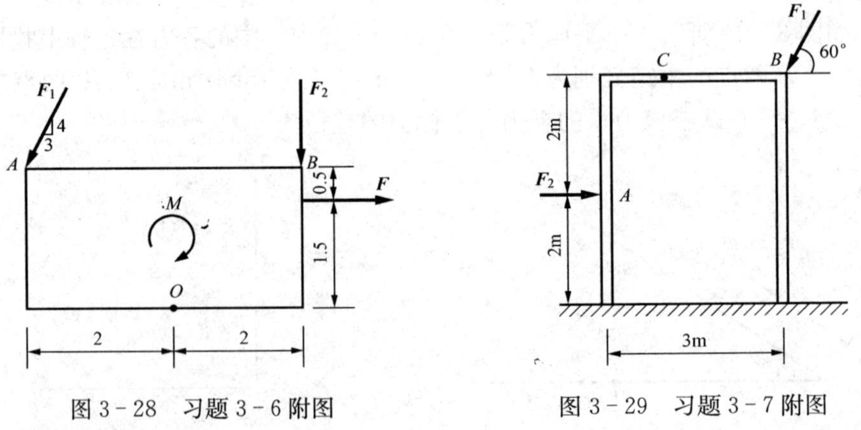

图 3-28 习题 3-6 附图 图 3-29 习题 3-7 附图

3-8 外伸梁 AC 受集中力 $\boldsymbol{F}_P$ 及力偶（$\boldsymbol{F}$，$\boldsymbol{F}'$）的作用如图 3-30 所示。已知 F_P=2kN，力偶矩 M=1.5kN·m，求支座 A、B 的反力。

3-9 求如图 3-31 所示刚架支座 A、B 的反力，已知：(1) M=2.5kN·m，F=5kN；(2) q=1kN/m，F=3kN。

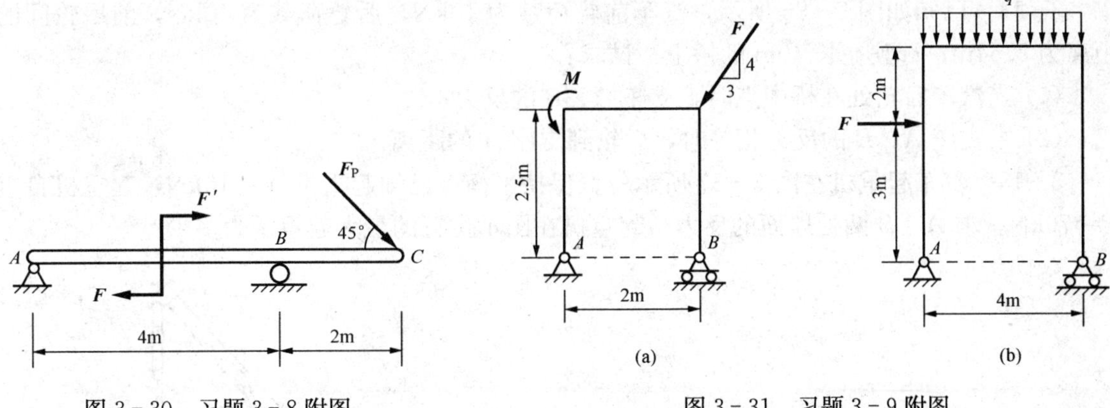

图 3-30　习题 3-8 附图　　　　图 3-31　习题 3-9 附图

3-10　如图 3-32 所示弧形闸门自重 $F_W=150\text{kN}$，水压力 $F_P=3000\text{kN}$，铰 A 处摩擦力偶的矩 $M=60\text{kN}\cdot\text{m}$。求开始启门时的拉力 F_T 及铰 A 的反力。

3-11　图 3-33 所示为一矩形进水闸门的计算简图。设闸门宽（垂直于纸面）1m，$AB=2\text{m}$，重 $F_Q=15\text{kN}$，上端用铰 A 支承。若水面与 A 齐平且门后无水，求开启闸门时绳的张力 $\boldsymbol{F}_T$。

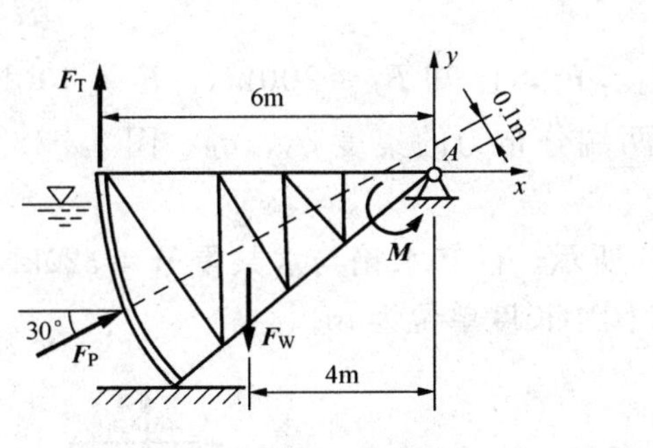

图 3-32　习题 3-10 附图

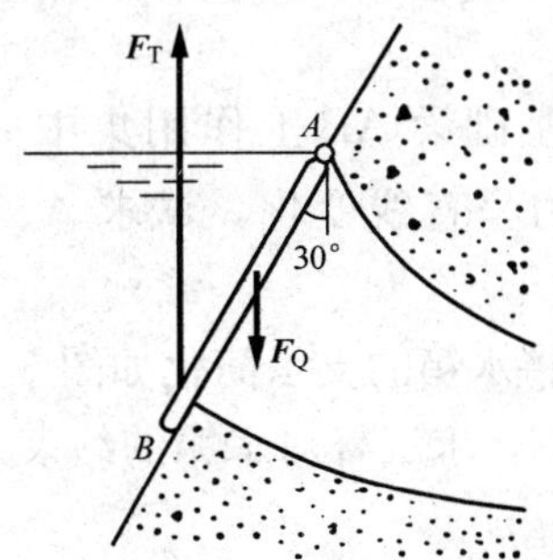

图 3-33　习题 3-11 附图

3-12　如图 3-34 所示，拱形桁架的一端 A 为铰支座，另一端 B 为辊轴支座，其支承面与水平面成倾角 30°。桁架重量 W 为 100kN，风压力的合力 F_Q 为 20kN，其方向平行于 AB。求支座反力。

3-13　悬臂刚架受力如图 3-35 所示。已知 $q=4\text{kN/m}$，$F_2=5\text{kN}$，$F_1=4\text{kN}$，求固定端 A 的约束反力。

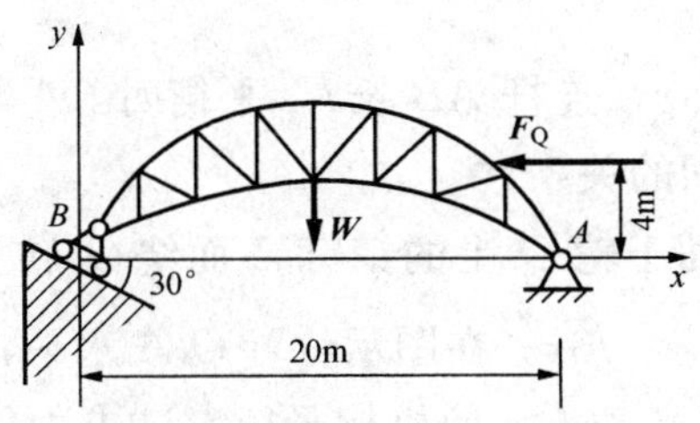

图 3-34　习题 3-12 附图

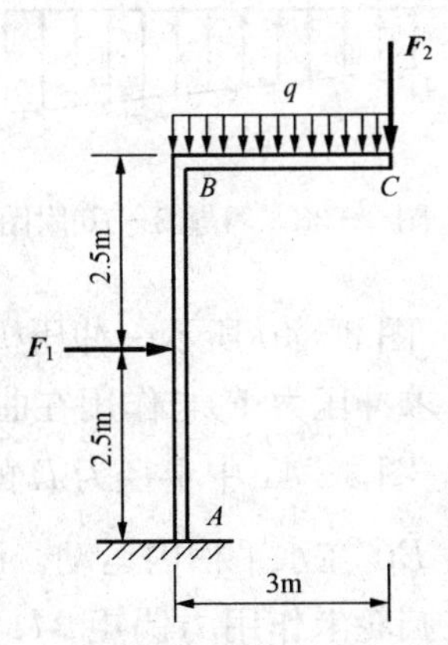

图 3-35　习题 3-13 附图

3－14 已知如图3－36所示，汽车前轮荷载为10kN，后轮荷载为40kN，前后轮间的距离为2.54m，行驶在长10m的桥上。试求：

(1) 当汽车后轮处在桥中点时，支座A、B的反力；

(2) 当支座A、B的反力相等时，后轮到支座A的距离。

3－15 汽车起重机在图3－37所示位置保持平衡。已知起重量$W=10\text{kN}$，起重机自重$P=70\text{kN}$。求A、B两处地面的反力。起重机在图示位置的最大起重量为多少？

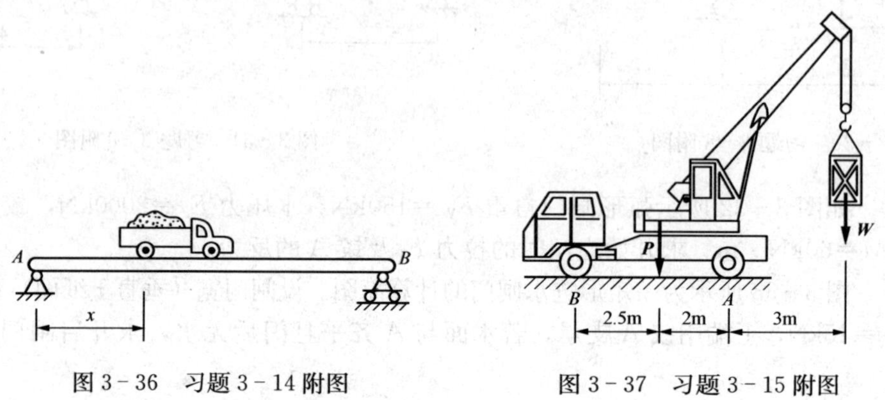

图3－36 习题3－14附图　　图3－37 习题3－15附图

3－16 基础梁AB上作用集中力$\boldsymbol{F}_1$、$\boldsymbol{F}_2$，已知$F_1=200\text{kN}$，$F_2=400\text{kN}$。假设梁下的地基反力呈直线变化，试求A、B两端分布力的集度q_A、q_B。图3－38中长度单位为m。

3－17 将水箱的支承简化如图3－39所示。已知水箱与水共重$W=320\text{kN}$，侧面的风压力$F=20\text{kN}$，求三杆对水箱的约束力。图中长度单位为m。

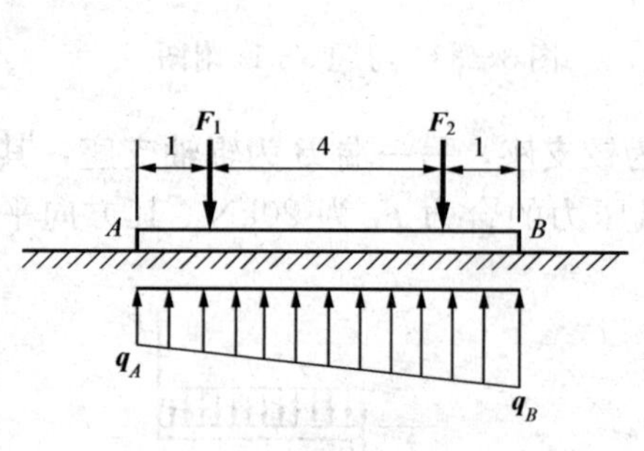

图3－38 习题3－16附图

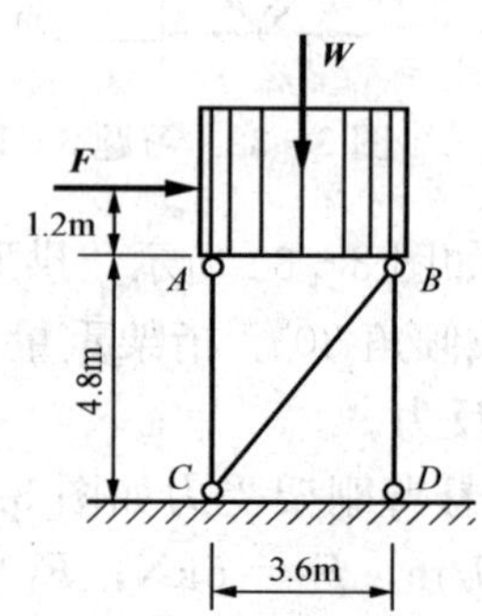

图3－39 习题3－17附图

3－18 图3－40所示一冲压机构。设曲柄OA长r，连杆AB长l，平衡时OA与铅直线成α角，求冲压力$\boldsymbol{F}_\text{P}$与作用在曲柄上的力偶M之间的关系。

3－19 图3－41中半径为R的扇形齿轮，可借助于轮O_1上的销钉A而绕O_2转动，从而带动齿条BC在水平槽内运动。已知$O_1A=r$，$O_1O_2=\sqrt{3}r$。在图示位置O_1A水平，O_1O_2铅直。今在圆轮上作用力偶矩M，齿条BC上作用水平力$\boldsymbol{F}$，使机构平衡，试求力偶矩M与水平力$\boldsymbol{F}$之间的关系。设机构各部件自重不计，摩擦不计。

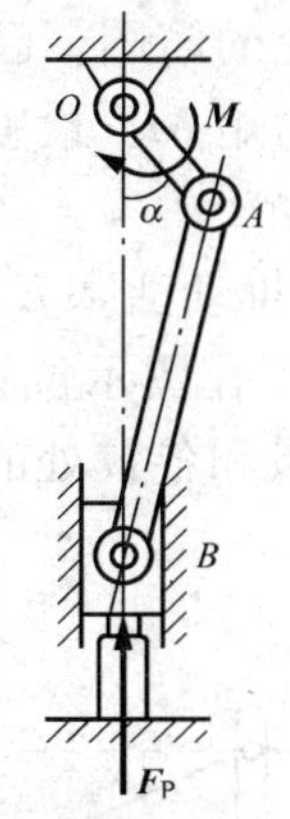

图 3-40 习题 3-18 附图

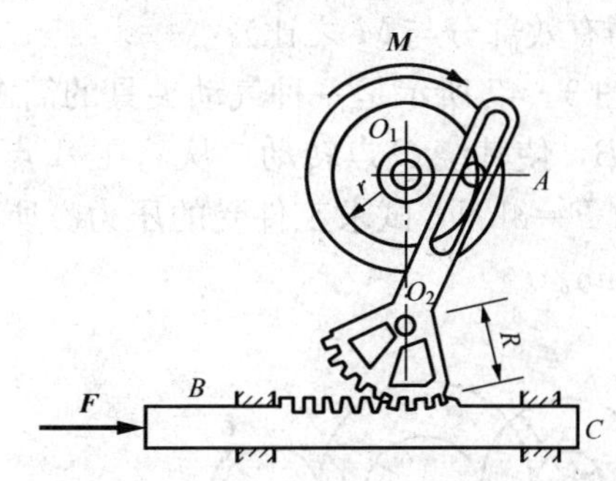

图 3-41 习题 3-19 附图

3-20 图 3-42 所示一台秤，空载时，台秤及其支架 BCE 的重量与杠杆 AB 的重量恰好平衡；当秤台上有重物时，在 AO 上加一秤锤，设秤锤重量为 F_W，$OB=a$，求 AO 上的刻度 x 与重量 F_Q 之间的关系。

3-21 三铰拱桥，每一半拱自重 $F_Q=40\text{kN}$，其重心分别在 D 和 E 点，桥上有荷载 $F_P=20\text{kN}$，位置如图 3-43 所示。求铰 A、B、C 三处的约束力。图中长度单位为 m。

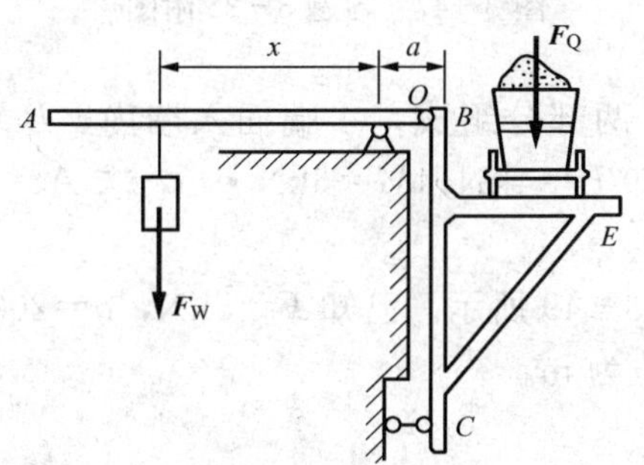

图 3-42 习题 3-20 附图

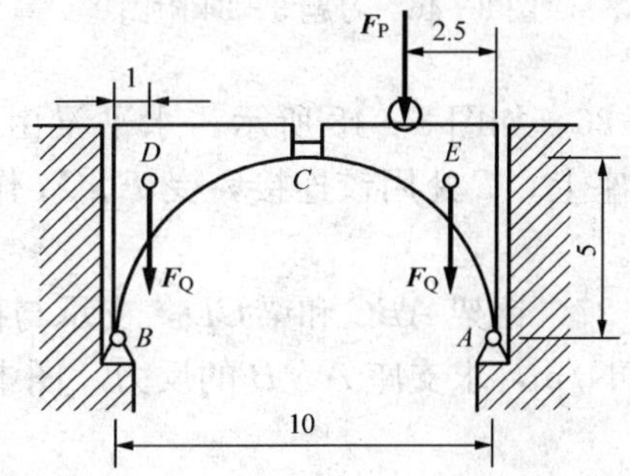

图 3-43 习题 3-21 附图

3-22 三铰拱式组合屋架如图 3-44 所示，已知 $q=5\text{kN/m}$，求铰 C 处的约束力及拉杆 AB 所受的力。图中长度单位为 m。

3-23 剪钢筋用的设备如图 3-45 所示。欲使钢筋受力 12kN，问加于 A 点的力 $\boldsymbol{F}$ 应多大？图中长度单位为 mm。

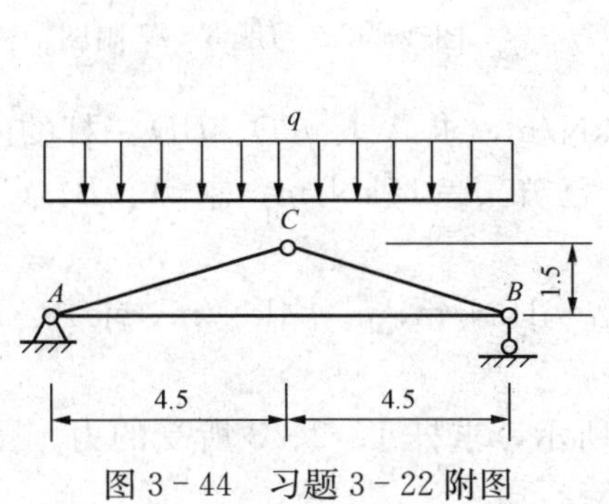

图 3-44 习题 3-22 附图

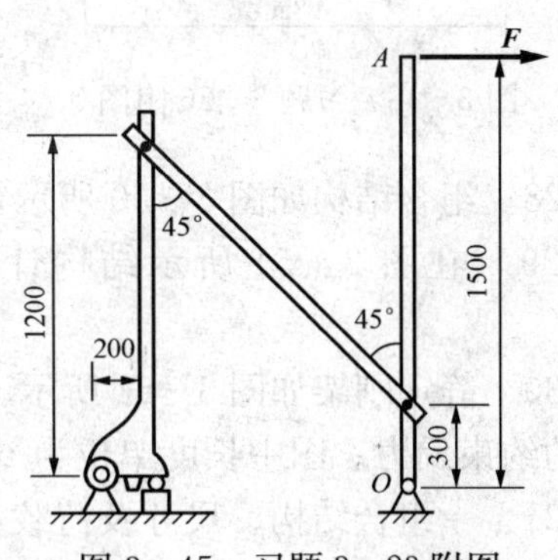

图 3-45 习题 3-23 附图

3－24 图 3－46 所示为某绳鼓式闸门启闭设备传动系统的简图。已知各齿轮半径分别为 r_1、r_2、r_3、r_4，绳鼓半径 r，闸门重 F_Q，求最小的启门力矩 M。设整个设备的机械效率为 η（即 M 的有效部分与 M 之比）。

3－25 图 3－47 所示是一种气动夹具的简图，压缩空气推动活塞 E 向上，通过连杆 BC 推动曲臂 AOB，使其绕 O 点转动，从而在 A 点将工件压紧。在图示位置，$\alpha=20°$，已知活塞所受总压力 $F=3\text{kN}$，试求工件受的压力。所有构件的重量和各铰处的摩擦都不计。图中长度单位为 mm。

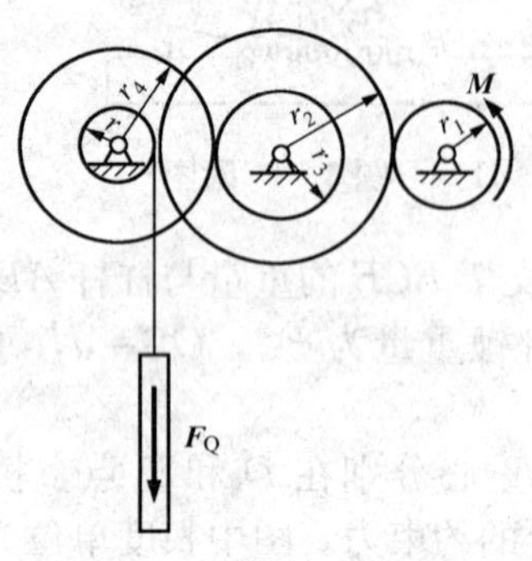

图 3－46 习题 3－24 附图

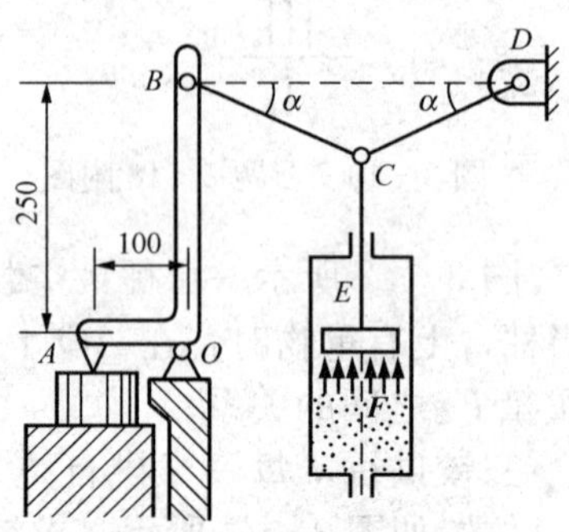

图 3－47 习题 3－25 附图

3－26 如图 3－48 所示，水平梁由 AC、BC 两部分组成，A 端插入墙内，B 端搁在辊轴支座上，C 处用铰连接，受 $\boldsymbol{F}$、M 作用。已知 $F=4\text{kN}$，$M=6\text{kN}\cdot\text{m}$，求 A、B 两处的反力。

3－27 钢架 ABC 和梁 CD，支承与荷载如图 3－49 所示。已知 $F=5\text{kN}$，$q=200\text{N/m}$，$q_0=300\text{N/m}$，求支座 A、B 的反力。图中长度单位为 m。

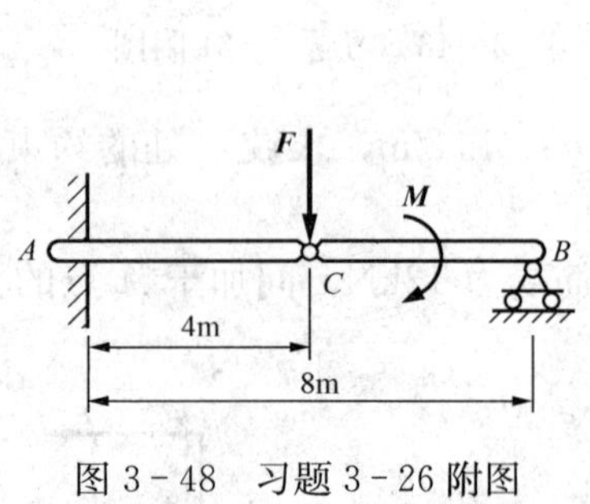

图 3－48 习题 3－26 附图

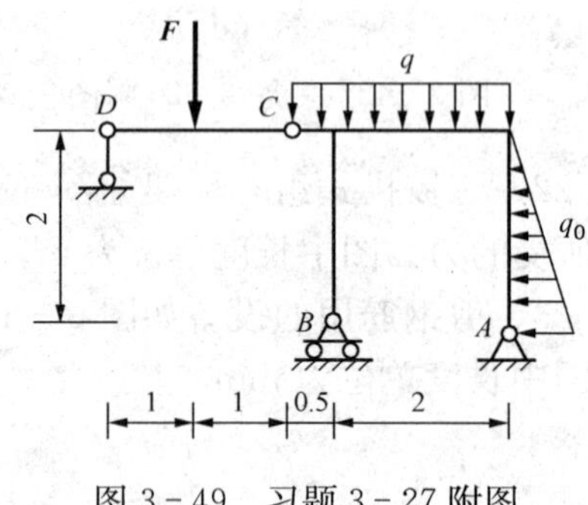

图 3－49 习题 3－27 附图

3－28 组合结构如图 3－50 所示，已知 $q=2\text{kN/m}$，求 AD、CD、BD 三杆的内力。

3－29 在图 3－51 所示结构计算简图中，已知 $q=15\text{kN/m}$，求 A、B、C 处的约束力。

3－30 静定刚架如图 3－52 所示。匀布荷载 $q_1=1\text{kN/m}$，$q_2=4\text{kN/m}$，求 A、B、E 三支座处的约束反力。图中长度单位为 m。

3－31 一组合结构、尺寸及荷载如图 3－53 所示，求杆 1、2、3 所受的力。图中长度单位为 m。

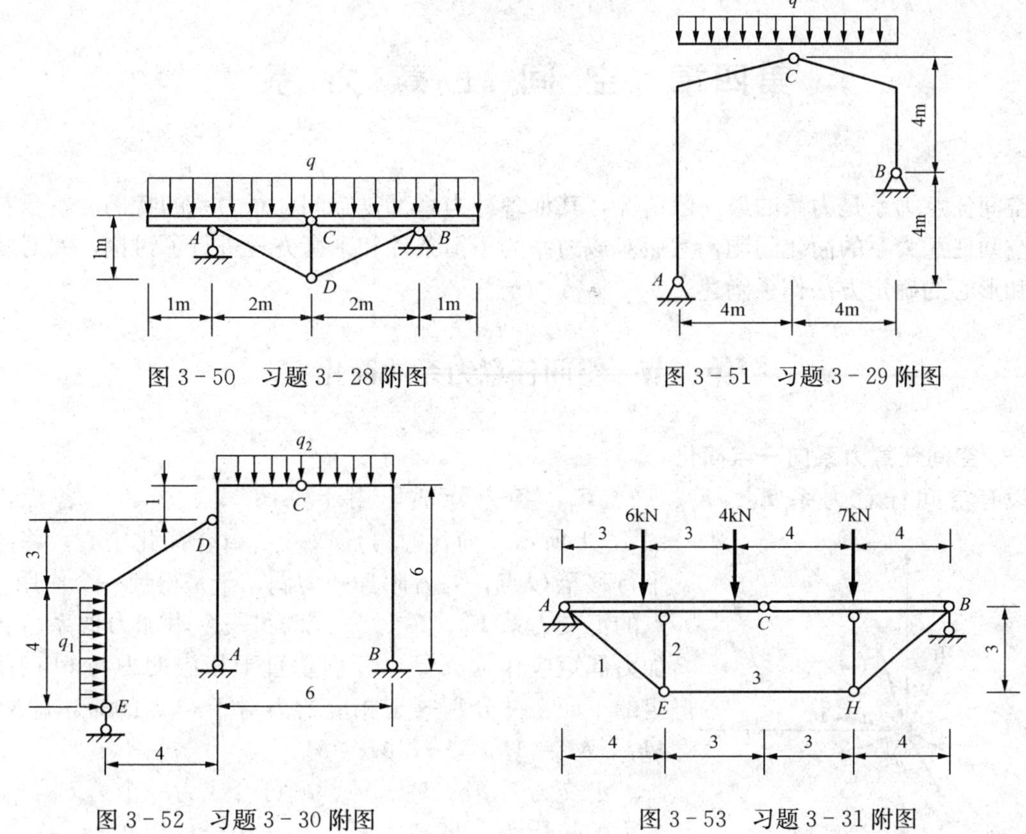

图 3-50　习题 3-28 附图

图 3-51　习题 3-29 附图

图 3-52　习题 3-30 附图

图 3-53　习题 3-31 附图

3-32　已知如图 3-54 所示用三铰拱 ABC 支承的四跨静定梁，受有匀布荷载 q，试用最简便的方法求出 A、B 的约束力（只需作出必要的示力图，并说明需列哪些平衡方程求解）。

3-33　在图 3-55 所示的结构计算简图中，已知 $F=F'=12\text{kN}$，$F_D=10\sqrt{2}\text{kN}$，试求 A、B、C 三处的约束力（要求方程数目最少而且不需解联立方程）。图中长度单位为 m。

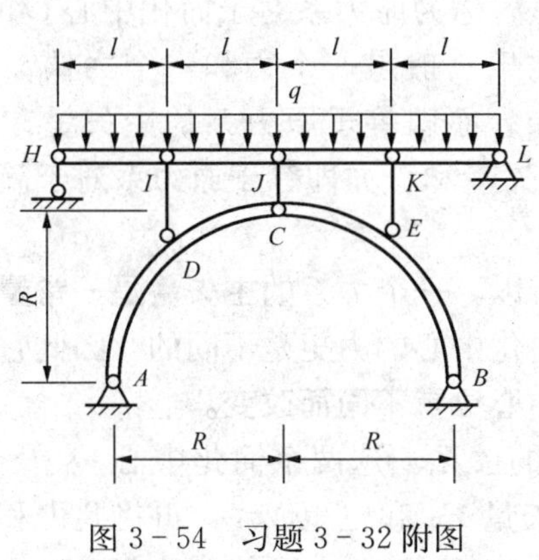

图 3-54　习题 3-32 附图

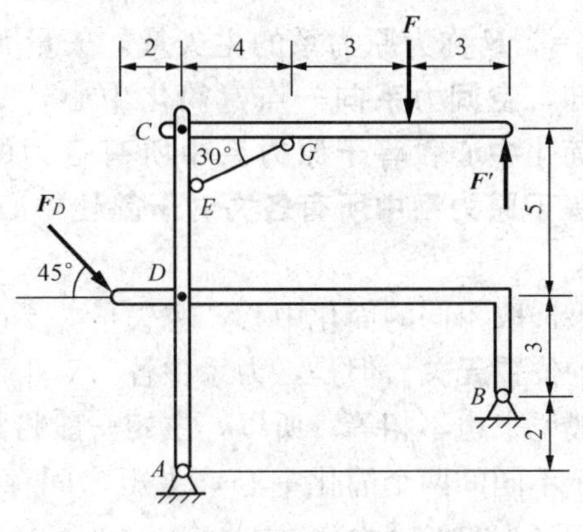

图 3-55　习题 3-33 附图

第四章　空间任意力系

空间任意力系是力系的最一般情况，其他各种力系都是空间任意力系的特例。本章首先研究空间任意力系的简化问题，然后对该力系的平衡条件和平衡方程进行了讨论，并对物体重心和形心的确定方法作了阐述。

第一节　空间任意力系的简化

一、空间任意力系向一点简化

设有空间任意力系 $\boldsymbol{F}_1$、$\boldsymbol{F}_2$、…、$\boldsymbol{F}_n$，各力分别作用于 A_1、A_2、…、A_n 各点，如图 4－1 所示。简化时可任取一点 O 作简化中心，将各力平行移至 O 点，并各附加一力偶，于是得到一个作用于 O 点的汇交力系 $\boldsymbol{F}_1'$、$\boldsymbol{F}_2'$、…、$\boldsymbol{F}_n'$ 和一个附加力偶系。各附加力偶矩应作为矢量，分别垂直于相应的力与 O 点所决定的平面，并分别等于相应的力对于 O 点的矩，即 $\boldsymbol{M}_1=\boldsymbol{M}_{O1}$，$\boldsymbol{M}_2=\boldsymbol{M}_{O2}$，…，$\boldsymbol{M}_n=\boldsymbol{M}_{On}$。

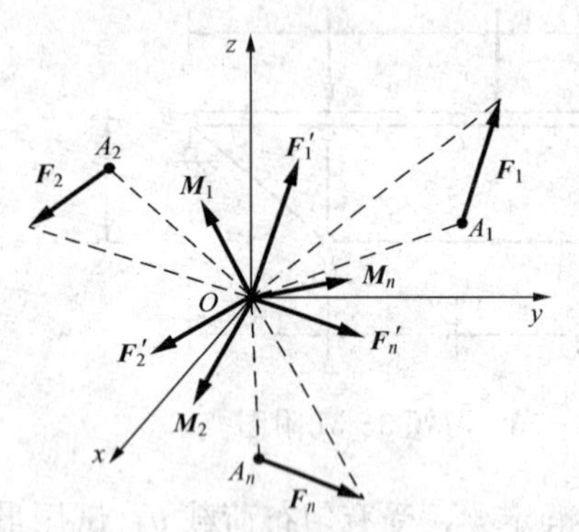

图 4－1　空间任意力系向 O 点简化

汇交力系 $\boldsymbol{F}_1'$、$\boldsymbol{F}_2'$、…、$\boldsymbol{F}_n'$ 可合成为一个力 $\boldsymbol{F}_\mathrm{R}$，等于各力的矢量和，即 $\boldsymbol{F}_\mathrm{R}=\boldsymbol{F}_1'+\boldsymbol{F}_2'+\cdots+\boldsymbol{F}_n'$，亦即

$$\boldsymbol{F}_\mathrm{R}=\boldsymbol{F}_1+\boldsymbol{F}_2+\cdots+\boldsymbol{F}_n=\sum\boldsymbol{F}_i \tag{4-1}$$

附加力偶系可合成为一个力偶，力偶矩 $\boldsymbol{M}_O$ 等于各附加力偶矩的矢量和，即 $\boldsymbol{M}_O=\boldsymbol{M}_1+\boldsymbol{M}_2+\cdots+\boldsymbol{M}_n$，亦即等于原力系中各力对于简化中心的矩的矢量和

$$\boldsymbol{M}_O=\boldsymbol{M}_{O1}+\boldsymbol{M}_{O2}+\cdots+\boldsymbol{M}_{On}=\sum\boldsymbol{M}_{Oi} \tag{4-2}$$

矢量 $\boldsymbol{F}_\mathrm{R}=\sum\boldsymbol{F}_i$ 称为原力系的主矢量，矢量 $\boldsymbol{M}_O=\sum\boldsymbol{M}_{Oi}$ 称为原力系对于简化中心 O 的主矩。于是可知，**空间力系向一点（简化中心）简化的结果一般是一个力和一个力偶，这个力作用于简化中心，等于原力系中所有各力的矢量和，亦即等于原力系的主矢量；这个力偶的矩等于原力系中所有各力对于简化中心的矩的矢量和，亦即等于原力系对于简化中心的主矩。**

如果选取不同的简化中心，主矢量并不改变，所以，**一个力系的主矢量是一常量，与简化中心的位置无关**。但是，力系中各力对于不同的简化中心的力矩是不同的，因此它们的矢量和一般说来也不相等。所以，**主矩一般将随简化中心位置不同而改变。**

对于不同的两个简化中心，主矩之间存在一定的关系。选两个简化中心 O_1 及 O_2，点 O_2 相对于 O_1 的矢径为 $\boldsymbol{r}$。力系向点 O_2 简化得到主矢量 $\boldsymbol{F}_\mathrm{R}$ 和主矩 $\boldsymbol{M}_{O2}$，再将此力和力偶继续向点 O_1 简化得主矩 $\boldsymbol{M}_{O2}+\boldsymbol{r}\times\boldsymbol{F}_\mathrm{R}$。如果力系直接向点 O_1 简化，则得到主矩 $\boldsymbol{M}_{O1}$，二者应该相等。得到

$$\boldsymbol{M}_{O1}=\boldsymbol{M}_{O2}+\boldsymbol{r}\times\boldsymbol{F}_\mathrm{R} \tag{4-3}$$

式（4－3）表明了力系对不同简化中心主矩之间的关系。由此可见，当简化中心沿 $\boldsymbol{F}_R$ 的作用线移动时，主矩将保持不变。

为了计算主矢量和主矩，可过简化中心取直角坐标系 $Oxyz$。令 F_{Rx}、F_{Ry}、F_{Rz} 及 F_{ix}、F_{iy}、F_{iz} 分别代表 $\boldsymbol{F}_R$ 及 $\boldsymbol{F}_i$ 在坐标轴上的投影，则式（4－1）可写成

$$\boldsymbol{F}_R = F_{Rx}\boldsymbol{i} + F_{Ry}\boldsymbol{j} + F_{Rz}\boldsymbol{k} = \sum F_{ix}\boldsymbol{i} + \sum F_{iy}\boldsymbol{j} + \sum F_{iz}\boldsymbol{k} \tag{4-4}$$

于是有

$$F_{Rx} = \sum F_{ix}，F_{Ry} = \sum F_{iy}，F_{Rz} = \sum F_{iz} \tag{4-5}$$

而 $\boldsymbol{F}$ 的大小及方向余弦为

$$\left.\begin{aligned}
&F_R = \sqrt{F_{Rx}^2 + F_{Ry}^2 + F_{Rz}^2}\\
&\cos(\boldsymbol{F}_R,\ x) = \frac{F_{Rx}}{F_R},\ \cos(\boldsymbol{F}_R,\ y) = \frac{F_{Ry}}{F_R}\\
&\cos(\boldsymbol{F}_R,\ z) = \frac{F_{Rz}}{F_R}
\end{aligned}\right\} \tag{4-6}$$

相似地，令主矩 $\boldsymbol{M}_O$ 在坐标轴上的投影为 M_x、M_y、M_z，则由式（4－2），M_x、M_y、M_z 应分别等于各力对 O 点的矩在对应轴上的投影之和，亦即等于各力对于对应轴的矩之和，即

$$M_x = \sum M_{xi}，M_y = \sum M_{yi}，M_z = \sum M_{zi} \tag{4-7}$$

用式（1－13），还可将式（4－7）写成

$$\begin{aligned}
M_x &= \sum(y_i F_{iz} - z_i F_{iy})\\
M_y &= \sum(z_i F_{ix} - x_i F_{iz})\\
M_z &= \sum(x_i F_{iy} - y_i F_{ix})
\end{aligned} \tag{4-8}$$

已知主矩 $\boldsymbol{M}_O$ 的投影，则可求得 $\boldsymbol{M}_O$ 的大小及方向余弦为

$$\left.\begin{aligned}
&M_O = \sqrt{M_x^2 + M_y^2 + M_z^2}\\
&\cos(\boldsymbol{M}_O,\ x) = \frac{M_x}{M_O},\ \cos(\boldsymbol{M}_O,\ y) = \frac{M_y}{M_O}\\
&\cos(\boldsymbol{M}_O,\ z) = \frac{M_z}{M_O}
\end{aligned}\right\} \tag{4-9}$$

二、空间平行力系

作为空间任意力系的特殊情形，空间平行力系向一点简化的结果一般也是一个力（等于力系的主矢量）和一个力偶（力偶矩等于力系的主矩），只是计算较简单。

取 z 轴平行于各力作用线，则在式（4－5）～式（4－9）中，$F_{Rx}\equiv 0$，$F_{Ry}\equiv 0$，$M_z\equiv 0$，则各式成为

$$\left.\begin{aligned}
&F_{Rz} = \sum F_{iz},\ F_R = |F_{Rz}|\\
&\cos(\boldsymbol{F}_R,\ z) = \pm 1,\ \cos(\boldsymbol{F}_R,\ x) = \cos(\boldsymbol{F}_R,\ y) = 0\\
&M_x = \sum M_{xi} = \sum y_i F_{iz},\ M_y = \sum M_{yi} = -\sum x_i F_{iz}\\
&M_O = \sqrt{M_x^2 + M_y^2}\\
&\cos(\boldsymbol{M}_O,\ x) = \frac{M_x}{M_O},\ \cos(\boldsymbol{M}_O,\ y) = \frac{M_y}{M_O}\\
&\cos(\boldsymbol{M}_O,\ Z) = 0
\end{aligned}\right\} \tag{4-10}$$

可见，$\boldsymbol{F}_{\mathrm{R}}$ 平行于 z 轴（即与原来各力平行），而 $\boldsymbol{M}_O$ 必垂直于 z 轴。所以 $\boldsymbol{F}_{\mathrm{R}}$ 与 $\boldsymbol{M}_O$ 互相垂直。

三、空间任意力系简化结果讨论

空间任意力系向任一点简化，一般结果是一个力和一个力偶，但这并不是最后的或最简单的结果，还需区别几种可能的情形，作进一步的探讨。

1. 空间任意力系简化为一合力偶

若 $\boldsymbol{F}_{\mathrm{R}}=0$，$\boldsymbol{M}_O\neq 0$，则原力系简化为一合力偶，合力偶矩等于原力系对于简化中心的主矩。在这种情况下，主矩（即力偶矩）不因简化中心位置的不同而改变。

2. 空间任意力系简化为一合力

若 $\boldsymbol{F}_{\mathrm{R}}\neq 0$，$\boldsymbol{M}_O=0$，则原力系简化为一合力，合力的作用线通过简化中心 O，其大小和方向等于原力系的主矢量。

若 $\boldsymbol{F}_{\mathrm{R}}\neq 0$，$\boldsymbol{M}_O\neq 0$，但 $\boldsymbol{M}_O\perp\boldsymbol{F}_{\mathrm{R}}$，这表明 $\boldsymbol{M}_O$ 所代表的力偶与 $\boldsymbol{F}_{\mathrm{R}}$ 在同一平面内，可以继续合成为一个合力 $\boldsymbol{F}'_{\mathrm{R}}$，如图 4－2 所示。合力 $\boldsymbol{F}'_{\mathrm{R}}$ 的大小和方向等于原力系的主矢量，其作用线至简化中心的距离为

$$d=|\boldsymbol{M}_O|/F_{\mathrm{R}} \tag{4-11}$$

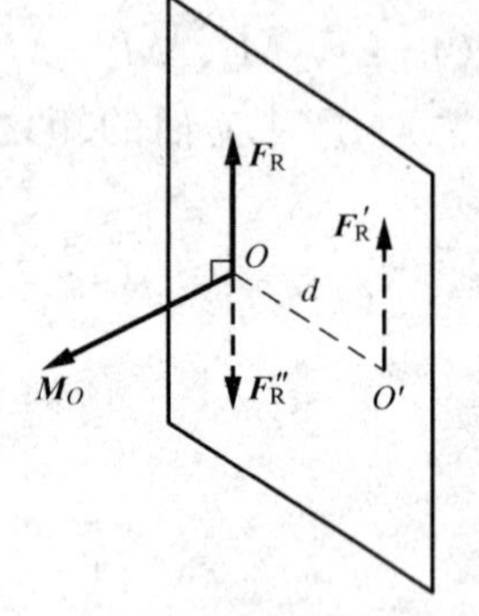

图 4－2　主矢量与主矩垂直时的简化示意图

当空间任意力系可简化为一合力时，有下述**合力矩定理**：

若空间任意力系可简化成为一个合力，则合力对任一点（或轴）的矩等于原力系各力对同一点（或轴）的矩的矢量和（或代数和）。 用数学式表示为

$$\boldsymbol{M}_O(\boldsymbol{F}'_{\mathrm{R}})=\sum\boldsymbol{M}_{Oi} \tag{4-12}$$

$$M_x(\boldsymbol{F}'_{\mathrm{R}})=\sum M_{xi} \tag{4-13}$$

借助于图 4－2，该定理证明如下：

某空间力系可简化成为作用于 O' 点的一个合力 $\boldsymbol{F}'_{\mathrm{R}}$，现任取一点 O，由式（4－11）可得合力 $\boldsymbol{F}'_{\mathrm{R}}$ 对于点 O 的矩为

$$\boldsymbol{M}_O(\boldsymbol{F}'_{\mathrm{R}})=\boldsymbol{M}_O$$

再由式（4－2），即证得

$$\boldsymbol{M}_O(\boldsymbol{F}'_{\mathrm{R}})=\boldsymbol{M}_O=\sum\boldsymbol{M}_{Oi} \tag{4-14}$$

过点 O 任取一轴 x，将式（4－14）两边投影到 x 轴上，并注意 $\boldsymbol{M}_O(\boldsymbol{F}'_{\mathrm{R}})$ 及 $\boldsymbol{M}_{Oi}$ 在 x 轴上的投影分别等于 $\boldsymbol{F}'_{\mathrm{R}}$ 及 $\boldsymbol{F}_i$ 对 x 轴的矩，就得到式（4－13）。

对于空间平行力系，当 $\boldsymbol{F}_{\mathrm{R}}$ 和 $\boldsymbol{M}_O$ 都不等于零时，$\boldsymbol{M}_O$ 总是垂直于 $\boldsymbol{F}_{\mathrm{R}}$，所以必能简化成为一个合力，合力矩定理也必定成立，且由合力矩定理可以确定合力作用线位置。

3. 空间任意力系简化为一力螺旋

若 $\boldsymbol{F}_{\mathrm{R}}\neq 0$，$\boldsymbol{M}_O\neq 0$，且 $\boldsymbol{M}_O$ 与 $\boldsymbol{F}_{\mathrm{R}}$ 不相垂直［图 4－3（a）］，则可用下述方法进一步简化。将 $\boldsymbol{M}_O$ 分解成垂直于 $\boldsymbol{F}_{\mathrm{R}}$ 的 $\boldsymbol{M}_1$ 和平行于 $\boldsymbol{F}_{\mathrm{R}}$ 的 $\boldsymbol{M}_{\mathrm{R}}$。因 $\boldsymbol{M}_1$ 所代表的力偶与力 $\boldsymbol{F}_{\mathrm{R}}$ 位于同一平面 $V(\perp\boldsymbol{M}_1)$ 内，故可合成为作用在平面 V 内另一点 O' 的一个力 $\boldsymbol{F}'_{\mathrm{R}}$。再将 $\boldsymbol{M}_{\mathrm{R}}$ 平移到 O' 与 $\boldsymbol{F}'_{\mathrm{R}}$ 重合，如图 4－3（b）所示。这时，$\boldsymbol{M}_{\mathrm{R}}$ 所代表的力偶位于与 $\boldsymbol{F}'_{\mathrm{R}}$ 垂直的平面 H 内，成为图 4－3（c）所示的情况。这样的一个力和一个力偶称为**力螺旋**。对于与力 $\boldsymbol{F}'_{\mathrm{R}}$ 作用线相重合的直线 $O'P$ 上的所有各点，简化得到的主矢量和主矩都是 $\boldsymbol{F}'_{\mathrm{R}}$ 和 $\boldsymbol{M}_{\mathrm{R}}$。直线 $O'P$ 称为原力系

的**中心轴**。如 $\boldsymbol{M}_R$ 与 $\boldsymbol{F}'_R$ 同方向［图 4-3（b）］，则称为**右手螺旋**；如 $\boldsymbol{M}_R$ 与 $\boldsymbol{F}'_R$ 方向相反，则称为**左手螺旋**。

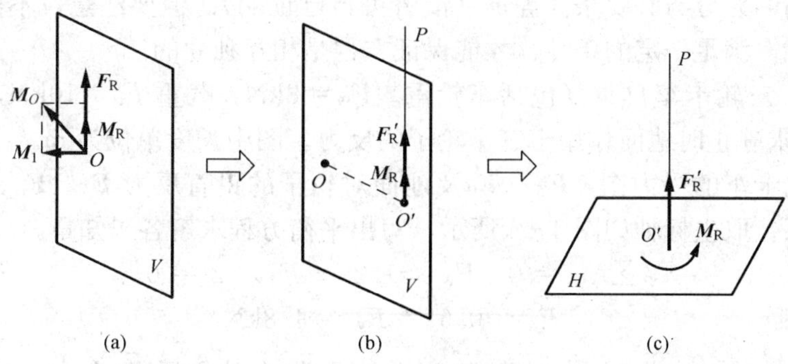

图 4-3　力螺旋

在生产实践中有不少应用力螺旋的实例，最简单的例子是用力拧紧螺丝，作用于螺丝的力系组成一个力螺旋，使螺丝一面旋转一面前进。有一种矿山用的潜孔钻，钻杆由马达带动旋转，同时受一冲击力使其向前钻进，马达的驱动力矩与冲击力也组成一力螺旋。

力螺旋是空间力系简化的最简单形式。而且，对于确定的空间力系，组成力螺旋的力和力偶矩是确定的，力螺旋的中心轴的位置也是确定的，$\boldsymbol{M}_R$ 是力系的最小主矩。

第二节　空间任意力系的平衡条件　平衡方程

如果空间任意力系的主矢量及对于任意简化中心的主矩同时等于零，则该力系成平衡力系。主矢量等于零，表明作用于简化中心的汇交力系成平衡；主矩等于零，表明附加力偶系成平衡；两者都等于零，则原力系必成平衡。反之，如空间任意力系平衡，其主矢量与对于任一简化中心的主矩必分别等于零。因此，**空间任意力系成平衡的必要与充分条件是力系的主矢量与力系对于任一点的主矩都等于零**，即

$$\boldsymbol{F}_R=0，\boldsymbol{M}_O=0 \tag{4-15}$$

过 O 点取直角坐标系 $Oxyz$，上述条件可用代数方程表示为

$$\left.\begin{aligned}\sum F_{ix}=0，\sum F_{iy}=0，\sum F_{iz}=0\\ \sum M_{xi}=0，\sum M_{yi}=0，\sum M_{zi}=0\end{aligned}\right\} \tag{4-16}$$

式（4-16）就是**空间任意力系的平衡方程**。它们表示：**力系中所有的力在三个直角坐标轴中的每一轴上的投影的代数和等于零，所有的力对于每一轴的矩的代数和等于零**。

对于空间平行力系，令 z 轴平行于各力，则 $\sum F_{ix}\equiv0$，$\sum F_{iy}\equiv0$，$\sum M_{zi}\equiv0$。因而空间平行力系的平衡方程成为

$$\sum F_{iz}=0，\sum M_{xi}=0，\sum M_{yi}=0 \tag{4-17}$$

还需说明，式（4-16）虽然是由直角坐标系导出的，但在解答具体问题时，不一定使三个投影轴或矩轴垂直，也没有必要使矩轴和投影轴重合。可以分别选取适宜轴线为投影轴或矩轴，使每一平衡方程中包含的未知量最少，以简化计算。此外，有时为了方便，也可减少平衡方程中的投影方程，而增加力矩方程，如取两个投影方程和四个力矩方程，取一个投

影方程和五个力矩方程，或全部取六个力矩方程。而式（4－16）称为平衡方程的基本形式，但不管采用何种平衡方程的形式，空间任意力系最多只能有六个独立的平衡方程，且与空间任意力系成平衡的充分与必要条件等价（读者可自己证明）。但要注意，不同平衡方程形式中投影轴与矩轴需满足一定的条件，才能保证方程是相互独立的。

【例 4－1】 三轮卡车自重（包括车轮重）F_W＝8kN，载重 F_P＝10kN，作用点位置如图 4－4 所示，求静止时地面作用于三个轮子的反力。图中长度单位为 m。

解 作三轮卡车的受力图，$\boldsymbol{F}_W$、$\boldsymbol{F}_P$及地面对轮子的铅直反力 $\boldsymbol{F}_A$、$\boldsymbol{F}_B$、$\boldsymbol{F}_C$组成一平衡的空间平行力系。取坐标轴如图 4－4 所示，写出平衡方程求解各未知量。

$$\sum M_{xi}=0,\ F_W\times 1.2-F_A\times 2=0$$

解得

$$F_A=0.6\times F_W=4.8\text{kN}$$

$$\sum M_{yi}=0,\ F_W\times 0.6+F_P\times 0.3-F_A\times 0.6-F_C\times 1.2=0$$

将 F_W、F_P及 F_A的值代入，解得 F_C＝4.93kN

$$\sum F_{iz}=0,\ F_A+F_B+F_C-F_P-F_W=0$$

解得

$$F_B=8.27\text{kN}$$

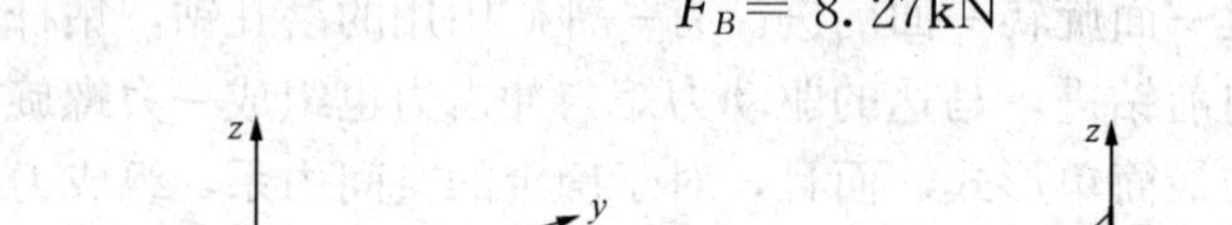

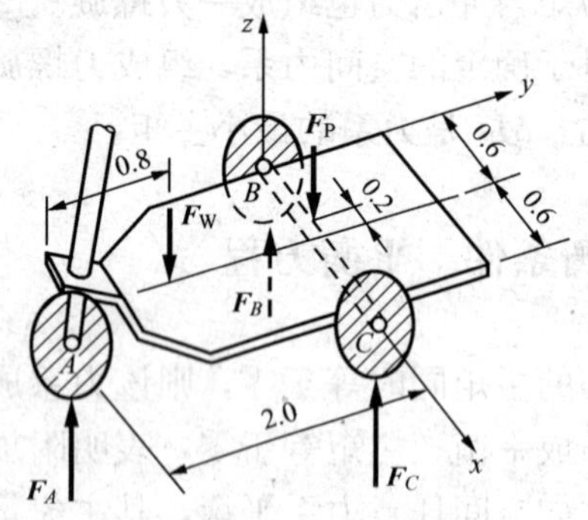

图 4－4　［例 4－1］附图

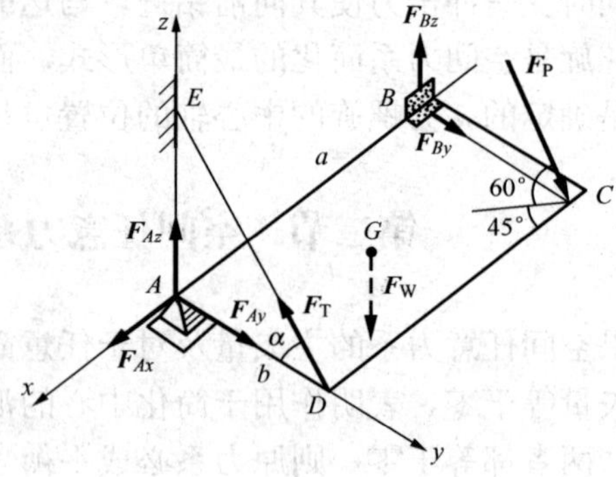

图 4－5　［例 4－2］附图

【例 4－2】 重 F_W＝100N 的均质矩形板 $ABCD$，在 A 点用球铰，B 点用普通铰链（约束力在垂直于铰链轴的平面内），并用绳 DE 支承于水平位置（图 4－5）。力 $\boldsymbol{F}_P$作用在过 C 点的铅直面内。设力 $\boldsymbol{F}_P$的大小为 200N，a＝1m，b＝0.4m，α＝45°，求 A、B 两处的约束力及绳 DE 的拉力。

解 考虑矩形板的平衡。球铰和铰链的约束力，用它们的分量表示，并设绳子的拉力为 $\boldsymbol{F}_T$。取坐标系如图 4－5 所示。按以下次序列平衡方程

$$\sum F_{ix}=0,\ F_{Ax}-F_P\cos60°\cos45°=0 \quad ①$$

$$\sum F_{iy}=0,\ F_{Ay}+F_{By}-F_T\cos\alpha+F_P\cos60°\sin45°=0 \quad ②$$

$$\sum F_{iz}=0,\ F_{Az}+F_{Bz}+F_T\sin\alpha-F_W-F_P\sin60°=0 \quad ③$$

$$\sum M_{xi}=0,\ F_T\sin\alpha\times b-F_W\times b/2-F_P\sin60°\times b=0 \quad ④$$

$$\sum M_{yi}=0,\ F_{Bz}\times a-F_W\times a/2-F_P\sin60°\times a=0 \quad ⑤$$

$$\sum M_{zi}=0,\ -F_{By}\times a+F_P\cos60°\cos45°\times b-F_P\cos60°\sin45°\times a=0 \quad ⑥$$

将各已知数据代入，并依①、②、③、④、⑤、⑥的次序求解（这样可以每次求得一个未知量），得

$$F_{Ax}=70.7\text{N},\ F_{T}=315.7\text{N},\ F_{Bz}=223.2\text{N}$$
$$F_{By}=-42.4\text{N},\ F_{Ay}=194.9\text{N},\ F_{Az}=-173.2\text{N}$$

【例 4-3】 某厂房支承屋架和吊车梁的柱子(图 4-6)下端固定。柱顶承受屋架传来的力 $\boldsymbol{F}_{P1}$，牛腿上承受吊车梁传来的铅直力 $\boldsymbol{F}_{P2}$ 及水平制动力 $\boldsymbol{F}_{T}$。如以柱脚中心为坐标原点 O，铅直轴为 z 轴，x 及 y 轴分别平行于柱脚的两边，如图 4-6 所示，则力 $\boldsymbol{F}_{P1}$ 及 $\boldsymbol{F}_{P2}$ 均在 yz 平面内，与 z 轴距离分别为 $e_1=0.1\text{m}$，$e_2=0.34\text{m}$，制动力 $\boldsymbol{F}_{T}$ 平行于 x 轴。已知 $F_{P1}=120\text{N}$，$F_{P2}=300\text{kN}$，$F_{T}=25\text{kN}$，$h=6\text{m}$。柱所受重力 $\boldsymbol{F}_{Q}$ 可认为沿 z 轴作用，且 $F_{Q}=40\text{kN}$。试求基础对柱作用的约束力及力偶矩。

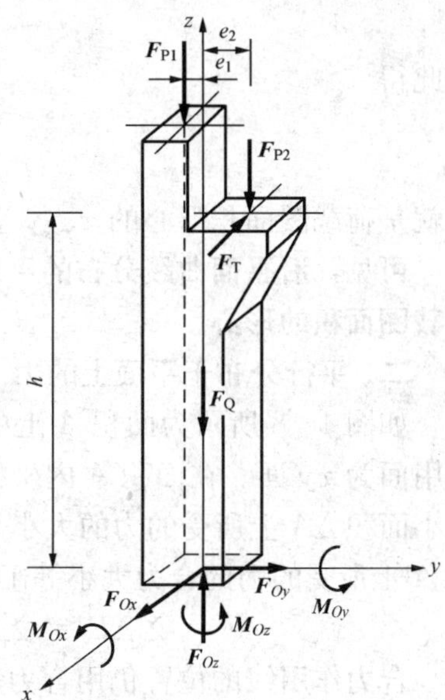

图 4-6 ［例 4-3］附图

解 柱子下端在任意方向既不能移动又不能转动，这种约束常称为固定端约束。其约束力是空间任意方向的一个力和一个力偶，分别用三个分量 $\boldsymbol{F}_{Ox}$、$\boldsymbol{F}_{Oy}$、$\boldsymbol{F}_{Oz}$ 和 M_{Ox}、M_{Oy}、M_{Oz} 表示（图 4-6）。事实上固定端的约束力是作用在柱端表面的一个分布力，向 O 点简化后就得到上面的结果。按以下次序列六个平衡方程

$$\sum F_{ix}=0,\ F_{Ox}-F_{T}=0$$
$$\sum F_{iy}=0,\ F_{Oy}=0$$
$$\sum F_{iz}=0,\ F_{Oz}-F_{P1}-F_{P2}-F_{Q}=0$$
$$\sum M_{xi}=0,\ M_{Ox}+F_{P1}e_1-F_{P2}e_2=0$$
$$\sum M_{yi}=0,\ M_{Oy}-F_{T}h=0$$
$$\sum M_{zi}=0,\ M_{Oz}+F_{T}e_2=0$$

将已知值代入，解得

$$F_{Ox}=25\text{kN},\ F_{Oy}=0,\ F_{Oz}=460\text{kN},$$
$$M_{Ox}=90\text{kN}\cdot\text{m},\ M_{Oy}=150\text{kN}\cdot\text{m},\ M_{Oz}=-8.5\text{kN}\cdot\text{m}。$$

第三节　一般平行分布力的简化

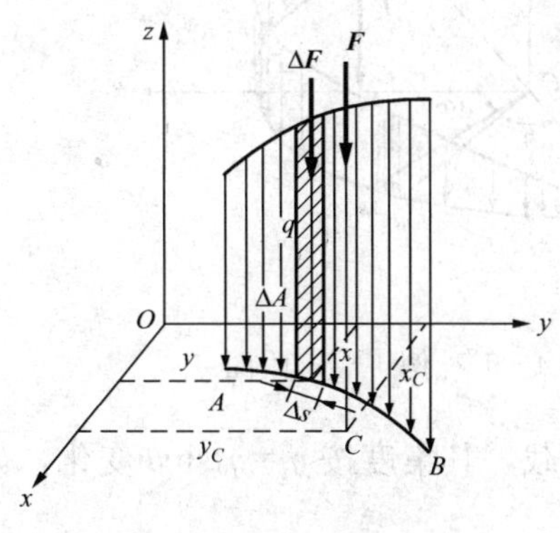

图 4-7　平面曲线 AB 上的分布力

一、沿平面曲线分布的平行力

面力一般是分布在一定面积上，但沿狭长面积分布的平行力可以简化为沿平面曲线分布的平行力。

设力沿平面曲线 AB 分布（图 4-7），则荷载图成为一曲面。取直角坐标系的 z 轴平行于分布力，曲线 AB 位于 xy 平面内。令坐标为 x、y 处的荷载集度为 q，则在该处微小长度 Δs 上的力的大小为 $\Delta F=q\Delta s$，亦即等于 Δs 上荷载图的面积 ΔA。于是，线段 AB 上所受的力的合力大小等于

$$F=\sum\Delta F=\sum\Delta A=\text{线段 }AB\text{ 上荷载图的面积}$$

合力 $\boldsymbol{F}$ 的作用线位置可用合力矩定理求得。分别对 y 轴及 x 轴求矩有

$$x_C F = \sum x q \Delta s = \sum x \Delta A$$
$$-y_C F = -\sum y q \Delta s = -\sum y \Delta A$$

由此得

$$x_C = \frac{\sum x \Delta A}{\sum \Delta A}, \quad y_C = \frac{\sum y \Delta A}{\sum \Delta A} \tag{4-18}$$

这就是荷载图面积形心的 x、y 坐标。

可见，**沿平面曲线分布的平行分布力的合力的大小等于荷载图的面积，合力作用线通过荷载图面积的形心**。

二、平行分布于平面上的力

如图 4-8 所示为面积 A 上的荷载分布图，取直角坐标系中的 z 轴平行于分布力，荷载作用面为 xy 面。在面积 A 内坐标为（x，y）处取微小面积 ΔA，若该处荷载集度为 p，则微小面积 ΔA 上所受的力的大小为 $\Delta F = p\Delta A$，亦即等于 ΔA 上荷载图的体积 ΔV。于是，面积 A 上所受的力的合力大小等于

$$F = \sum \Delta F = \sum p \Delta A = \sum \Delta V = \text{面积} A \text{上的荷载图的体积}$$

合力作用线的位置仍用合力矩定理求得，对 y 轴及 x 轴求矩有

$$x_C F = \sum x p \Delta A = \sum x \Delta V$$
$$-y_C F = -\sum y p \Delta A = -\sum y \Delta V$$

由此得

$$x_C = \frac{\sum x \Delta V}{\sum \Delta V}, \quad y_C = \frac{\sum y \Delta V}{\sum \Delta V} \tag{4-19}$$

可见 x_C 及 y_C 就是荷载图体积的形心坐标。综上所述，可知**平行分布的面力的合力的大小等于荷载图的体积，合力通过荷载图体积的形心。**

无论线分布力或面力，当荷载图的图形比较复杂，且不能分成几个简单的图形时，如果分布力的集度是连续变化的，则可用积分法求其合力。

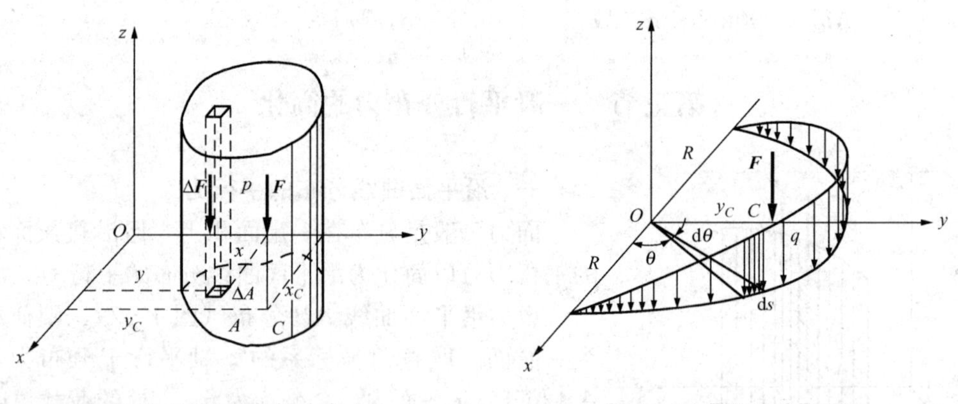

图 4-8 面积 A 上的分布力　　图 4-9 ［例 4-4］附图

【例 4-4】 水平半圆形（半径 R）梁上受铅直分布荷载，其集度按 $q = q_0 \sin\theta$ 变化，如图 4-9 所示。求分布荷载的合力的大小及作用线位置。

解 首先求合力 $\boldsymbol{F}$ 的大小。

在 θ 处，长 $ds=Rd\theta$ 的梁上所受的力 $dF=qRd\theta=Rq_0\sin\theta d\theta$，所以整个梁上所受荷载的合力的大小为

$$F=\int_0^\pi Rq_0\sin\theta d\theta$$

$$=-Rq_0\cos\theta\Big|_0^\pi=2Rq_0$$

再求 $\boldsymbol{F}$ 的作用线位置。设作用线与 xy 平面的交点为 C。由于对称，C 必位于 y 轴上，故 $x_C=0$，只需求 y_C。于是可得

$$y_CF=\int R\sin\theta dF=\int R^2q_0\sin^2\theta d\theta$$

$$=R^2q_0\left(\frac{\theta}{2}-\frac{1}{4}2\theta\right)\Big|_0^\pi=\frac{\pi R^2q_0}{2}$$

于是得到

$$y_C=\frac{\pi R^2q_0}{2F}=\frac{\pi R}{4}$$

第四节 重心、质心和形心

重心的位置对于物体的平衡和运动都有很大关系。在工程上，设计挡土墙、重力坝等建筑物时，重心位置直接关系到建筑物的抗倾覆稳定性及其内部的受力状态。一些机械的转动部分（如偏心轮）要求其重心离开转动轴一定的距离，以便利用由于偏心而产生的效果；也有一些机械（特别是高速转动者）则必须要求其重心尽可能不偏离转动轴，以避免产生不良影响。所以，如何确定物体重心的位置，在实践上有着重要意义。

一、基本公式

一个物体可看作由许多微小部分所组成，每一微小部分都受到一个重力作用。命其中某一微小部分 M_i 所受的重力为 $\Delta\boldsymbol{F}_{Pi}$（图 4-10），所有各部分的重力 $\Delta\boldsymbol{F}_{Pi}(i=1，2，\cdots，n)$的合力 $\boldsymbol{F}_P$ 就是整个物体所受的重力。不论物体处于什么样的位置，合力 $\boldsymbol{F}_P$ 的作用线必定通过某一确定点 C（相对于物体而言），这一点就称为物体的重心。由于工程上的物体都远小于地球，离地心又很远，所以各部分的 $\Delta\boldsymbol{F}_{Pi}$ 可以看作平行力。合力 $\boldsymbol{F}_P$ 的大小（即整个物体的重量）$F_P=\sum\Delta F_{Pi}$，而物体重心位置则可利用空间力系的合力矩定理求得。

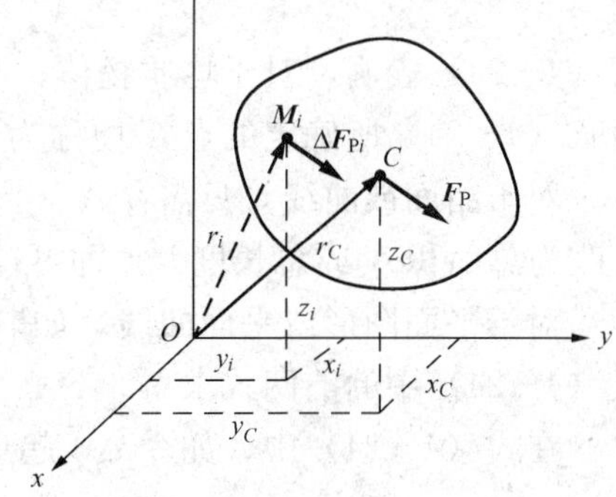

图 4-10 物体及重心示意图

取固定坐标系 $Oxyz$，令 M_i 及 C 相对于 O 点的矢径为 $\boldsymbol{r}_i$ 及 $\boldsymbol{r}_C$，由合力矩定理有

$$\boldsymbol{r}_C\times\boldsymbol{F}_P=\sum(\boldsymbol{r}_i\times\Delta\boldsymbol{F}_{Pi})$$

沿重力的方向取单位矢量 $\boldsymbol{p}_0$，则 $\Delta\boldsymbol{F}_{Pi}=\Delta F_{Pi}\boldsymbol{p}_0$，$\boldsymbol{F}_P=F_P\boldsymbol{p}_0$，而上式可写为

$$F_P\boldsymbol{r}_C\times\boldsymbol{p}_0=\sum(\Delta F_{Pi}\boldsymbol{r}_i\times\boldsymbol{p}_0)$$

或

$$(F_{\mathrm{P}}\boldsymbol{r}_C-\sum\Delta F_{\mathrm{P}i}\boldsymbol{r}_i)\times\boldsymbol{p}_0=0$$

无论 $\boldsymbol{p}_0$的方向如何，上式恒成立，即：重力合力作用点的位置仅与各平行力的大小和作用点的位置有关，而与各平行力的方向无关，故必有

$$F_{\mathrm{P}}\boldsymbol{r}_C=\sum\Delta F_{\mathrm{P}i}\boldsymbol{r}_i$$

或

$$\boldsymbol{r}_C=\frac{\sum\Delta F_{\mathrm{P}i}\boldsymbol{r}_i}{F_{\mathrm{P}}} \tag{4-20}$$

将式（4－20）两边投影到 x、y、z 轴上，得

$$x_C=\frac{\sum x_i\Delta F_{\mathrm{P}i}}{F_{\mathrm{P}}},\ y_C=\frac{\sum y_i\Delta F_{\mathrm{P}i}}{F_{\mathrm{P}}},\ z_C=\frac{\sum z_i\Delta F_{\mathrm{P}i}}{F_{\mathrm{P}}} \tag{4-21}$$

其中 x_i、y_i、z_i及x_C、y_C、z_C分别为M_i及重心C 的位置坐标。

设某微小部分 M_i的质量为 Δm_i，整个物体的质量为 m，重力加速度 g 为常量，则有 $\Delta F_{\mathrm{P}i}=\Delta m_i g$，$F_{\mathrm{P}}=mg$，代入式（4－20）可得

$$\boldsymbol{r}_C=\frac{\sum\Delta m_i\boldsymbol{r}_i}{m} \tag{4-22}$$

由式（4－22）所确定的一点 C 称为物体的**质心**。由此可见，在地面附近物体的重心与质心是重合的。

相应地，式（4－21）可写为

$$x_C=\frac{\sum x_i\Delta m_i}{m},\ y_C=\frac{\sum y_i\Delta m_i}{m},\ z_C=\frac{\sum z_i\Delta m_i}{m} \tag{4-23}$$

如果物体是均质的，即质量密度 ρ 为常量，则每单位体积的重量 γ 也为常量，设 M_i的体积为 ΔV_i，整个物体的体积为 $V=\sum\Delta V_i$，则 $\Delta m_i=\rho\Delta V_i$，$\Delta F_{\mathrm{P}i}=\gamma\Delta V_i$，而 $m=\sum\Delta m_i=\rho\sum\Delta V_i=\rho V$、$F_{\mathrm{P}}=\sum\Delta F_{\mathrm{P}i}=\gamma\sum\Delta V_i=\gamma V$，代入式（4－21）或式（4－23），就得到

$$x_C=\frac{\sum x_i\Delta V_i}{V},\ y_C=\frac{\sum y_i\Delta V_i}{V},\ z_C=\frac{\sum z_i\Delta V_i}{V} \tag{4-24}$$

式（4－24）表明，对于均质物体，其重心和质心的位置完全决定于物体的几何形状。因此，由式（4－24）所确定的点 C 便称为几何形体的**形心**。

对于曲面或曲线，只需在式（4－24）中分别将 ΔV_i改为微小面积 ΔA_i或微小长度 ΔL_i，V 改为总面积 A 或总长度 L，即可得到相应的形心坐标公式。

对于平面图形或平面曲线，如取所在的平面为 xy 面，则显然 $z_C=0$，而 x_C及 y_C可由公式（4－24）中的前两式求得。

在式（4－24）中，如令 ΔV 趋近于零而取和式的极限，可得到形心坐标的积分公式为

$$x_C=\frac{\int x\mathrm{d}V}{V},\ y_C=\frac{\int y\mathrm{d}V}{V},\ z_C=\frac{\int z\mathrm{d}V}{V} \tag{4-25}$$

不难证明，凡具有对称面、对称轴或对称中心的均质物体（或几何形体），其质心、重心（或形心）必定在对称面、对称轴或对称中心上。于是可知，平行四边形、圆环、圆面、椭圆面等的形心与其几何中心重合。圆柱体、圆锥体的形心都在其中心轴上。现将一些常见的简单形体的形心位置列于表 4－1 中，以供参考。

表 4-1　　简单形体的形心

图　　形	形心坐标	图　　形	形心坐标
圆弧	$x=\frac{r\sin\alpha}{\alpha}$ （α 以弧度计，下同） $\alpha=\frac{\pi}{2}$ $x_C=\frac{2r}{\pi}$	椭圆形面积	$x_C=\frac{4a}{3\pi}$ $y_C=\frac{4b}{3\pi}$ $\left(A=\frac{1}{4}\pi ab\right)$
三角形面积	在中线交点 $y_C=\frac{1}{3}h$	抛物形面积	$x_C=\frac{n+1}{2n+1}l$ $y_C=\frac{n+1}{2(n+2)}h$ $\left(A=\frac{n}{n+1}lh\right)$ 当 $n=2$ 时 $x_C=\frac{3}{5}l$ $y_C=\frac{3}{8}h$
梯形面积	在上、下底中点的连线上 $y_C=\frac{h(a+2b)}{3(a+b)}$	半球体	$z_C=\frac{3}{8}R$ $\left(V=\frac{2}{3}\pi R^3\right)$
扇形面积	$x_C=\frac{2r\sin\alpha}{3\alpha}$ $(A=r^2a)$ 半圆面积： $a=\frac{\pi}{2}$，$x_C=\frac{4r}{3\pi}$	锥形	在顶点与底面中心 O 的连线上 $z_C=\frac{1}{4}h$ $\left(V=\frac{1}{3}Ah,\ A\text{ 是底面积}\right)$

二、组合形体

有些形状较复杂的物体，往往可以看作是几个简单形状物体的组合。当已知各简单形体的重量 F_{Pi}（或体积 V_i、或面积 A_i、或长度 L_i）及其重心（或形心）的位置，只要用 F_{Pi}（或 V_i，A_i，L_i）代换以上各公式中的 ΔF_{Pi}（或 ΔV_i，ΔA_i，ΔL_i），用各简单形体的重心（或形心）的坐标 x_G、y_G、z_G 代换各公式中的 x_i、y_i、z_i，就可求得整个形体的重心（或形心）的位置。

对于一个形状复杂又不能分割成简单形体（也不能通过积分计算）的物体，则只能用近似方法或用实验方法求其重心（或形心）。

【例 4-5】 求圆弧 AB 的形心坐标（图 4-11）。

解 取坐标系如图所示。由于图形对称于 x 轴，因此 $y_C=0$，只需求 x_C。取微小弧段 $ds=rd\theta$，其坐标为 $x=r\cos\theta$，于是

$$x_C=\frac{\int x\mathrm{d}s}{\int\mathrm{d}s}=\frac{2\int_0^\alpha r^2\cos\theta\mathrm{d}\theta}{2\int_0^\alpha r\mathrm{d}\theta}=\frac{r\sin\alpha}{\alpha}$$

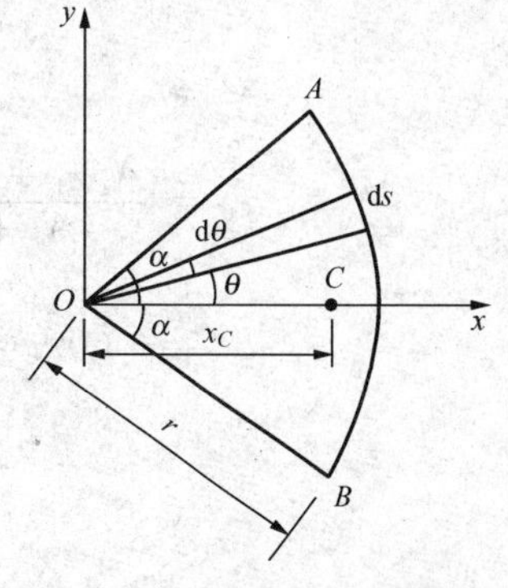

图 4-11 ［例 4-5］附图 1

利用这一结果，很容易求出圆弧 AB 所对应的扇形面积 OAB 的形心位置（图 4-12）。因此可将扇形面积分成许多微小三角形，每一微小三角形的形心位于距顶点 $2r/3$ 处。求扇形面积的形心相当于求半径为 $2r/3$ 的圆弧 DE 的形心，于是可由上式得到

$$x_C = \frac{2r\sin\alpha}{3\alpha}$$

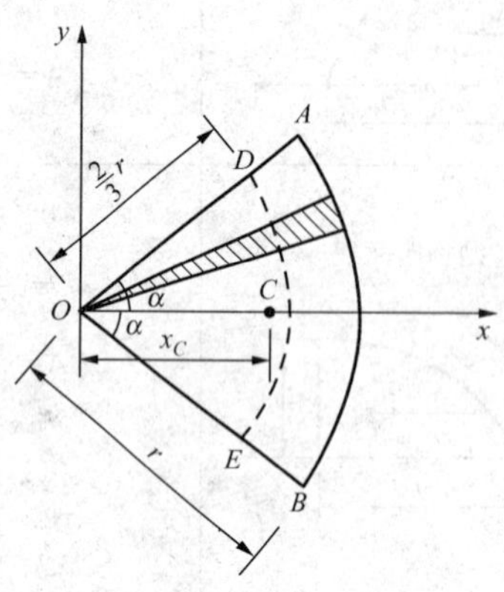

图 4-12 ［例 4-5］附图 2

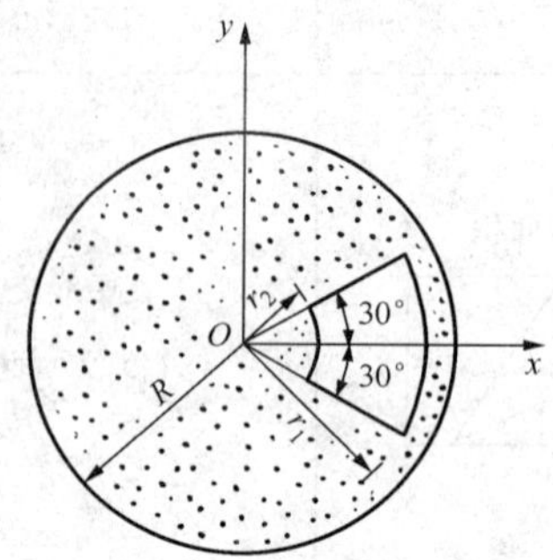

图 4-13 ［例 4-6］附图

【例 4-6】 在均质圆板内挖去一扇形面积，如图 4-13 所示。已知 $R=300$mm，$r_1=250$mm，$r_2=100$mm，求板的重心位置。

解 取坐标轴如图 4-13 所示。因 x 轴为板的对称轴，故重心必在对称轴上，即 $y_C=0$，只需求重心的 x_C坐标。为计算方便，将板看成为：在半径为 R 的圆面积上挖去一半径为 r_1而圆心角为 $2\alpha=60°$的扇形面积，再加上一半径为 r_2而圆心角为 $2\alpha=60°$的扇形面积。各部分面积分别用 A_1、A_2、A_3表示。因 A_2为挖去的面积，应取为负值（故称这种方法为负面积法）。各部分面积及其重心坐标 x_1、x_2、x_3可根据表 4-1 中形心公式得到

$$A_1 = \pi R^2 = \pi 300^2 = 90\,000\pi$$

$$A_2 = -\frac{\pi}{6}r_1^2 = -\frac{62\,500}{6}\pi$$

$$A_3 = \frac{\pi}{6}r_2^2 = \frac{10\,000}{6}\pi$$

$$x_1 = 0$$

$$x_2 = \frac{2r_1\sin\alpha}{3\alpha} = \frac{2\times 250\times 1/2}{3\times \pi/6} = \frac{500}{\pi}$$

$$x_3 = \frac{2r_2\sin\alpha}{3\alpha} = \frac{2\times 100\times 1/2}{3\times \pi/6} = \frac{200}{\pi}$$

$$x_C = \frac{A_1x_1 + A_2x_2 + A_3x_3}{A_1 + A_2 + A_3} = \frac{0 - \frac{62\,500}{6}\pi\times\frac{500}{\pi} + \frac{10\,000}{6}\pi\times\frac{200}{\pi}}{90\,000\pi - \frac{62\,500}{6}\pi + \frac{10\,000}{6}\pi}$$

$$= -60/\pi = -19.1\text{mm}$$

思 考 题

4-1 将两个等效的空间力系分别向 A_1、A_2 两点简化得 $\boldsymbol{F}_{R1}$、$\boldsymbol{M}_1$和 $\boldsymbol{F}_{R2}$、$\boldsymbol{M}_2$。因两力

系等效故有 $\boldsymbol{F}_{R1}=\boldsymbol{F}_{R2}$，$\boldsymbol{M}_1=\boldsymbol{M}_2$。这结论对吗？

4-2 空间力系向 O 点简化，其主矩 $\boldsymbol{M}_O$ 沿 y 轴，问该力系中各力对 x 轴的矩的代数和是否等于零？对平行于 x 轴的另一轴 x' 的矩的代数和是否也为零？说明理由？

4-3 一空间力系，如各力对不在同一平面的三个平行轴的矩的代数和分别为零（$\sum M_{ix1}=0$，$\sum M_{ix2}=0$，$\sum M_{ix3}=0$），试问该力系简化结果可能有哪几种情况？并说明理由。

习　　题

4-1 柱上作用着 $\boldsymbol{F}_1$、$\boldsymbol{F}_2$、$\boldsymbol{F}_3$ 三个铅直力，已知 $F_1=80\text{kN}$，$F_2=60\text{kN}$，$F_3=50\text{kN}$，三力位置如图 4-14 所示。图中长度单位为 mm，求将该力系向 O 点简化的结果。

4-2 求图 4-15 所示平行力系合成的结果（小方格边长为 100mm）。

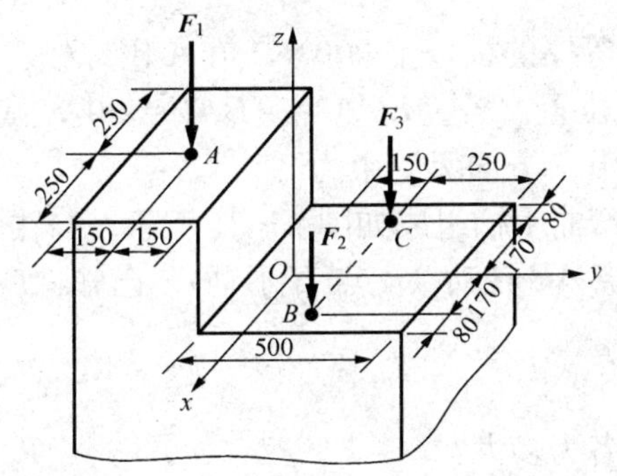

图 4-14 习题 4-1 附图

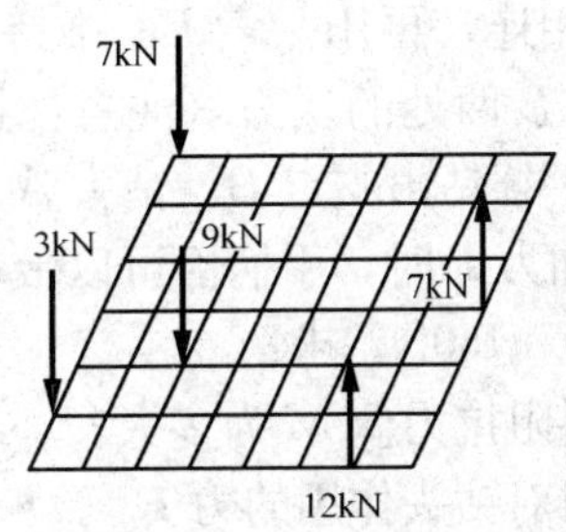

图 4-15 习题 4-2 附图

4-3 平板 $OABD$ 上作用空间平行力系如图 4-16 所示，问 x、y 应等于多少才能使该力系合力作用线过板中心 C。

4-4 一力系由四个力组成如图 4-17 所示。已知 $F_1=60\text{N}$，$F_2=400\text{N}$，$F_3=500\text{N}$，$F_4=200\text{N}$，试将该力系向 A 点简化（图中长度单位为 mm）。

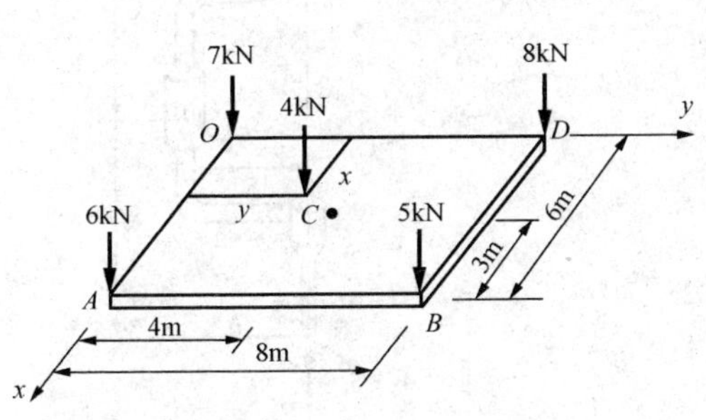

图 4-16 习题 4-3 附图

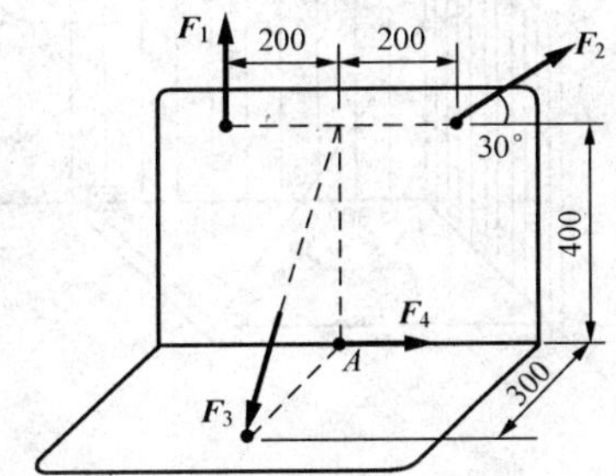

图 4-17 习题 4-4 附图

4-5 一力系由三力组成，各力大小、作用线位置和方向见图 4-18。已知将该力系向 A 简化所得的主矩最小，试求主矩之值及简化中心 A 的坐标（图中力的单位为 N，长度单位为 mm）。

4-6 起重机如图 4-19 所示。已知 $AD=DB=1\text{m}$，$CD=1.5\text{m}$，$CM=1\text{m}$；机身与平衡锤 E 共重 $F_P=100\text{kN}$，重力作用线在平面 LMN，到机身轴线 MN 的距离为 0.5m；起重量 $F_Q=30\text{kN}$。求当平面 LMN 平行于 AB 时，车轮对轨道的压力。

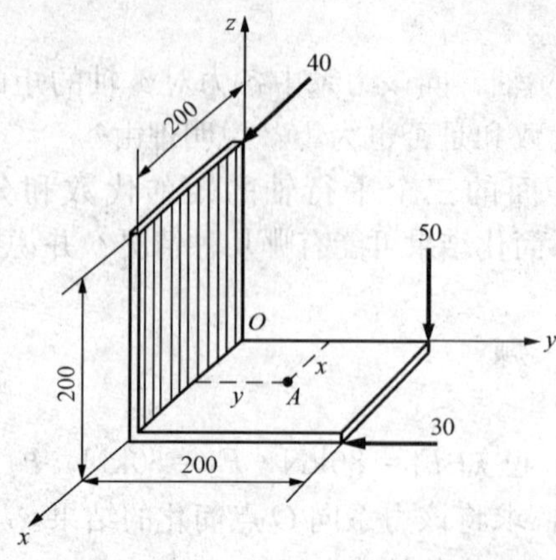

图 4-18 习题 4-5 附图

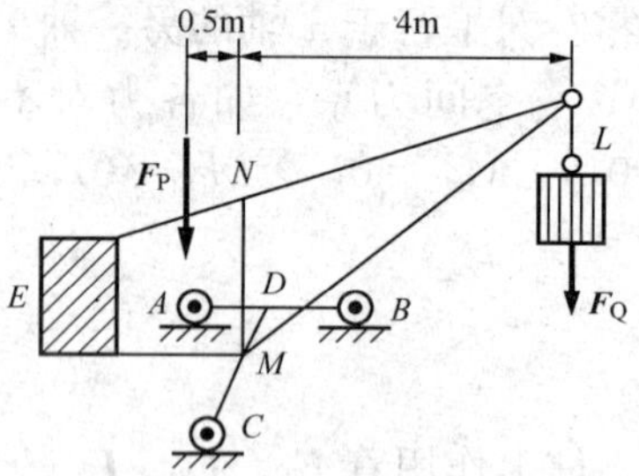

图 4-19 习题 4-6 附图

4-7 已知如图 4-20 所示，有一均质等厚的板，重 200N，角 A 用球铰，另一角 B 用铰链与墙壁相连，再用一索 EC 维持于水平位置。若 $\angle ECA=\angle BAC=30°$，试求索内的拉力 F_T 及 A、B 两处的反力（注意：铰链 B 沿 y 方向无约束力）。

4-8 手摇钻由支点 B、钻头 A 和一个弯曲手柄组成如图 4-21 所示。当在 B 处施力 $\boldsymbol{F}_B$ 并在手柄上加力 $\boldsymbol{F}$ 时，手柄恰可以带动钻头绕 AB 转动（支点 B 不动）。已知：$\boldsymbol{F}_B$ 的铅直分量 $F_{Bz}=50$N，$F=150$N。求：

(1) 材料阻抗力偶 M 为多大？

(2) 材料对钻头作用的力 $\boldsymbol{F}_{Ax}$、$\boldsymbol{F}_{Ay}$、$\boldsymbol{F}_{Az}$ 各为多大？

(3) 力 $\boldsymbol{F}_B$ 在 x、y 方向的分力 $\boldsymbol{F}_{Bx}$、$\boldsymbol{F}_{By}$ 为多大？图中长度单位为 mm。

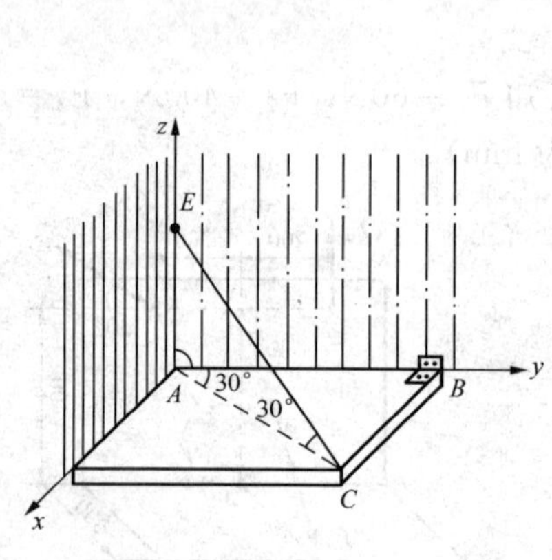

图 4-20 习题 4-7 附图

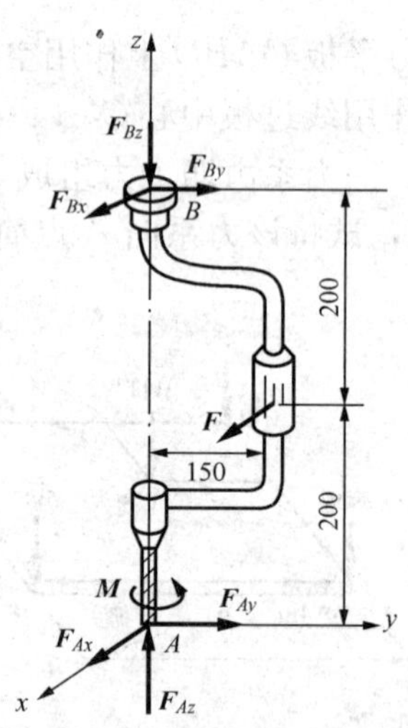

图 4-21 习题 4-8 附图

4-9 矩形板 $ABCD$ 固定在一柱子上，柱子下端固定如图 4-22 所示。板上作用两集中力 $\boldsymbol{F}_1$、$\boldsymbol{F}_2$ 和集度为 q 的分布力。已知 $F_1=2$kN，$F_2=4$kN，$q=400$N/m。求固定端 O 的约束力。

4-10 已知如图 4-23 所示，板 $ABCD$ 的 A 角用球铰支承，B 角用铰链与墙相连（x 向无约束力），CD 中点 E 系一绳，使板在水平位置成平衡，GE 平行于 z 轴。已知板重 $F_1=8$kN，$F_2=2$kN，试求 A、B 两处的约束力及绳子的张力 $\boldsymbol{F}_T$。图中长度单位为 m。

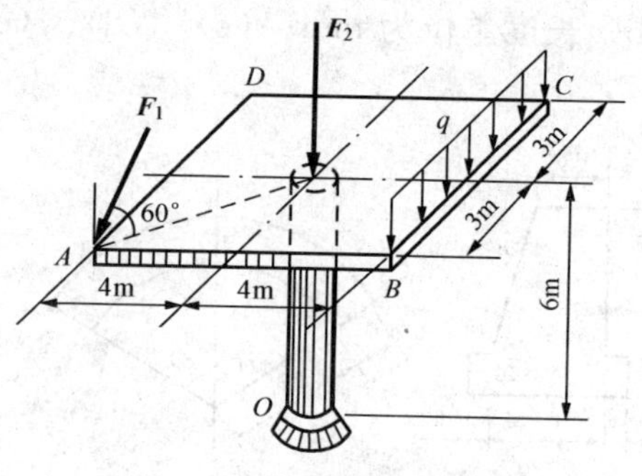

图 4-22　习题 4-9 附图

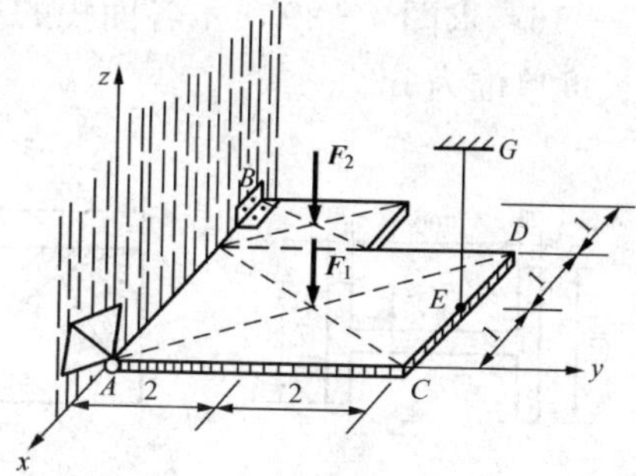

图 4-23　习题 4-10 附图

4-11　均质杆 AB 重 W，长 l，A 端靠在光滑墙面上并用一绳 AC 系住，AC 平行于 x 轴，B 端用球铰连于水平面上如图 4-24 所示。求杆 A、B 两端所受的力。图中长度单位为 m。

4-12　扒杆如图 4-25 所示，竖柱 AB 用两绳拉住，并在 A 点用球铰约束。试求两绳中的拉力和 A 处的约束力。竖柱 AB 及梁 CD 重量不计。

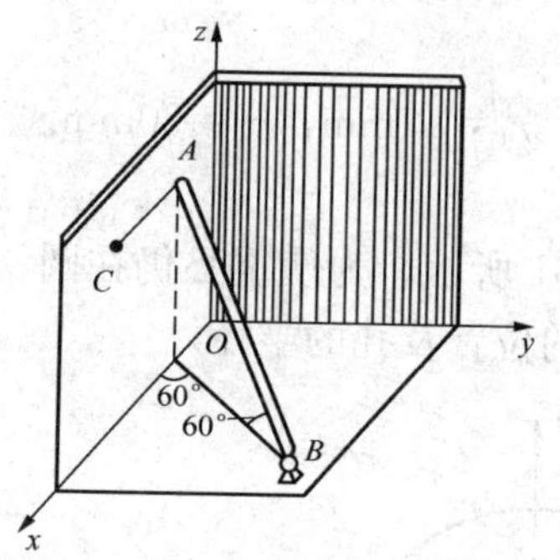

图 4-24　习题 4-11 附图

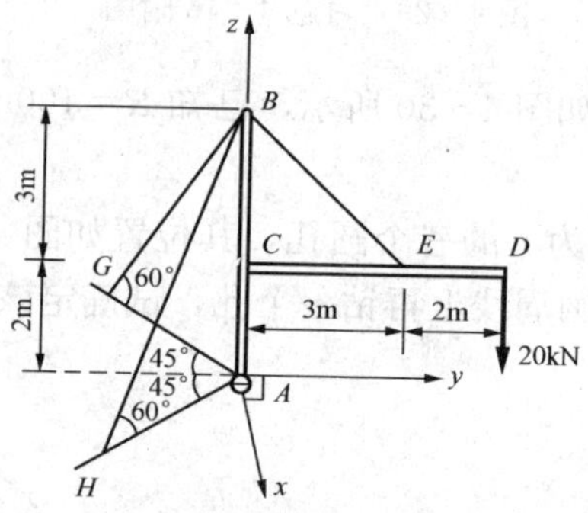

图 4-25　习题 4-12 附图

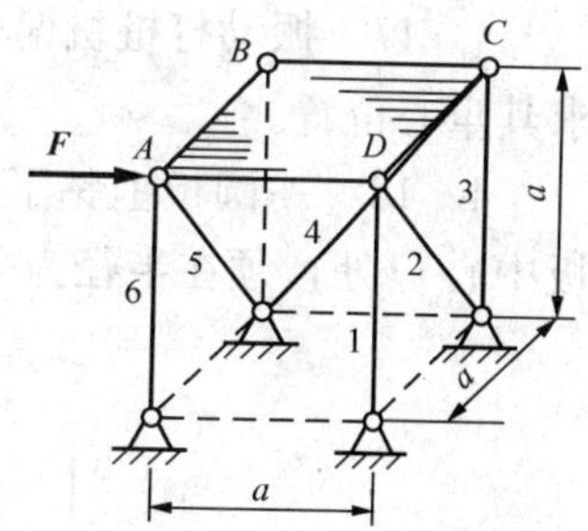

图 4-26　习题 4-13 附图

4-13　正方形板 $ABCD$ 由六根连杆支承如图 4-26 所示。在 A 点沿 AD 边作用水平力 $\boldsymbol{F}$。求各杆的内力。板自重不计。

4-14　曲杆 ABC 用球铰 A 及连杆 CI、DE、GH 支承如图 4-27 所示，在其上作用两个力 $\boldsymbol{F}_1$、$\boldsymbol{F}_2$。力 $\boldsymbol{F}_1$ 与 x 轴平行，$\boldsymbol{F}_2$ 铅直向下。已知 $F_1=300\text{N}$，$F_2=600\text{N}$。求所有的约束力。

4-15　一悬臂圈梁如图 4-28 所示，其轴线为 $r=4\text{m}$ 的 $\frac{1}{4}$ 圆弧。梁上作用着垂直匀布荷载，$q=2\text{kN/m}$。求该匀布荷载的合力及其作用线位置并求固定端 A 的支座反力及力偶矩。

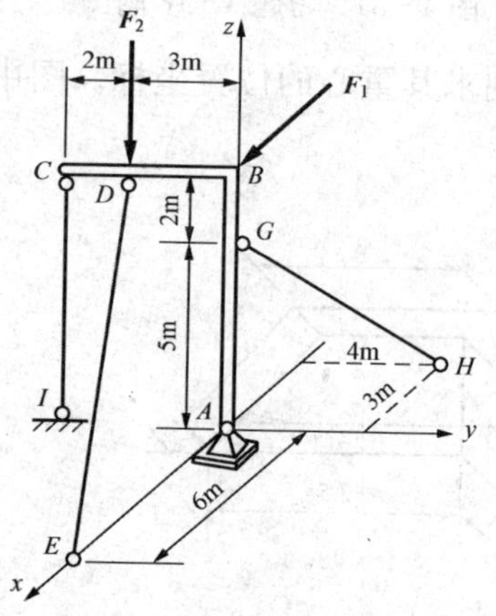

图 4-27　习题 4-14 附图

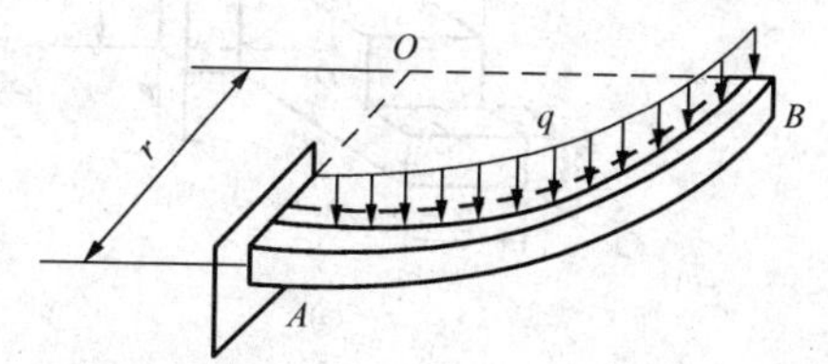

图 4-28　习题 4-15 附图

4－16 求图 4－29 所示各面积的形心。(a)、(b) 长度单位为 mm；(c)、(d)、(e)、(f) 长度单位为 m。

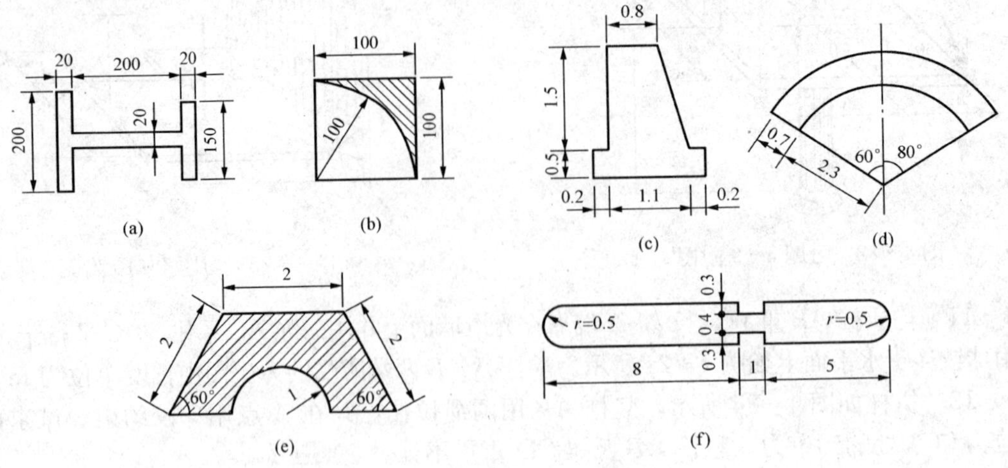

图 4－29 习题 4－16 附图

4－17 振动打桩机偏心块如图 4－30 所示，已知 $R=100\text{mm}$，$r_1=17\text{mm}$，$r_2=30\text{mm}$。求其重心位置。

4－18 一圆板上钻了半径为 r 的三个圆孔，其位置如图 4－31 所示。为使重心仍在圆板中心 O 处，须在半径为 R 的圆周线上再钻一个孔，试确定该孔的位置及孔的半径。

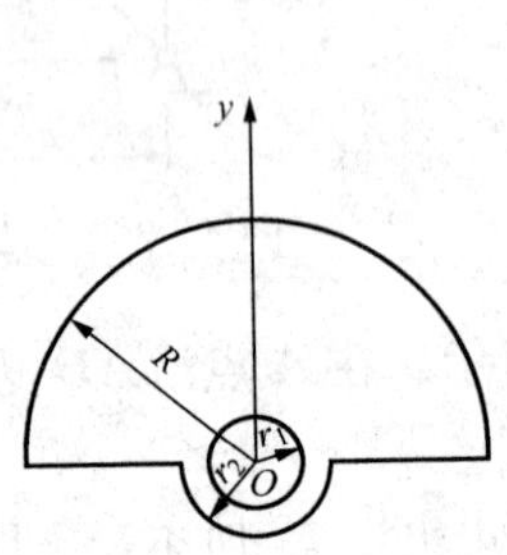

图 4－30 习题 4－17 附图

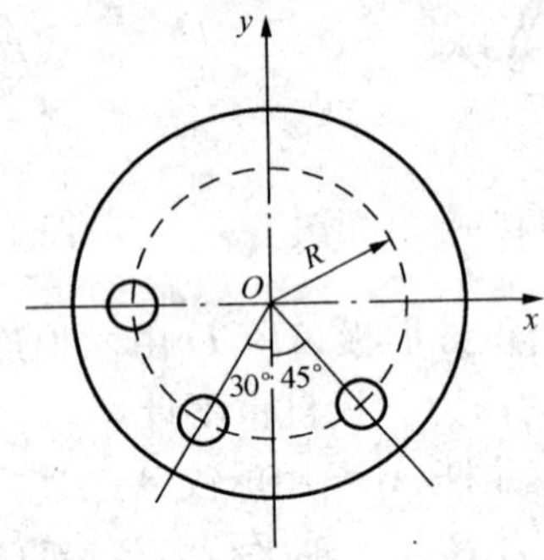

图 4－31 习题 4－18 附图

4－19 两混凝土基础尺寸如图 4－32 所示，试分别求其重心的位置坐标。图中长度单位为 m。

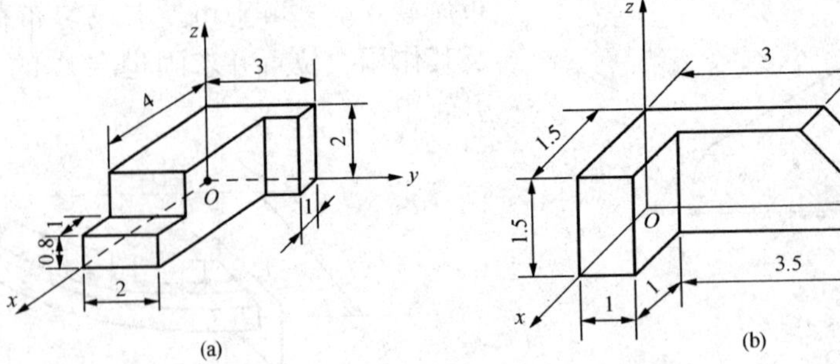

图 4－32 习题 4－19 附图

第五章 静力学应用专题

前面已经说明，静力学不仅是学习后续课程的基础，而且有很多具体应用。本章主要介绍两个应用专题：桁架和有摩擦的平衡问题。这些内容是平衡条件的具体应用，并在研究解决实际问题中得到深化和发展。如静定桁架部分研究了杆件内力的分析与计算方法；有摩擦的平衡问题则取消了光滑支承面的假设，研究摩擦力的性质、规律以及此类问题的求解方法。通过本章学习可以进一步掌握有关平衡问题的理论、方法和工程应用。

第一节 桁架

一、概述

桁架是由许多直杆在两端以适当方式连接而成的几何形状不变的结构。这种结构杆件截面受力均匀，在使用中可节省材料，减少自重，所以在工程上应用很广。房屋和桥梁上常采用桁架结构；水利工程上的闸门以及起重机、高压输电线塔等采用桁架结构的也很多。图 5－1 所示是房屋结构中的桁架图，图 5－2 所示是某桥梁的桁架结构图。

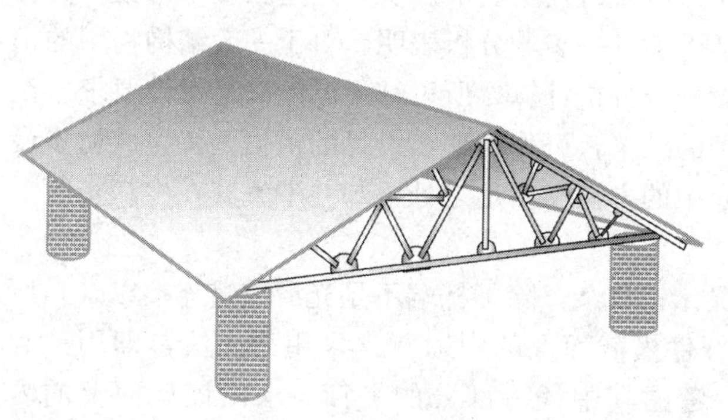

图 5－1 房屋结构

图 5－2 桥梁结构

桁架中杆件与杆件的连接点称为**节点**或**结点**。所有杆件的轴线（中心线）都在同一平面内的桁架（图 5－1）称为**平面桁架**。杆件轴线不在同一平面内的桁架（图 5－2）则称为**空间桁架**。

工程实际中的桁架，其构造和受力情况一般均较复杂。为了简化计算，通常作如下假设：

（1）杆端用光滑铰链连接，铰的中心就是节点的位置，各杆的轴线都通过节点。

（2）所有外力（包括荷载和支座反力）都集中作用于节点。如需计及杆件自重，亦将杆件自重平均分配到两端节点上。对于平面桁架，还假设所有荷载都作用在各杆轴线所在的中央平面内。

因为假设所有外力都作用于节点，而且各杆是光滑铰链连接，所以每一杆件只在两端受力，是**二力杆**。由杆件的平衡可知，作用于杆件两端的两个力必定沿着杆件的轴线作用，这种力称为**轴向力**，它们只在杆件内引起拉力或压力。

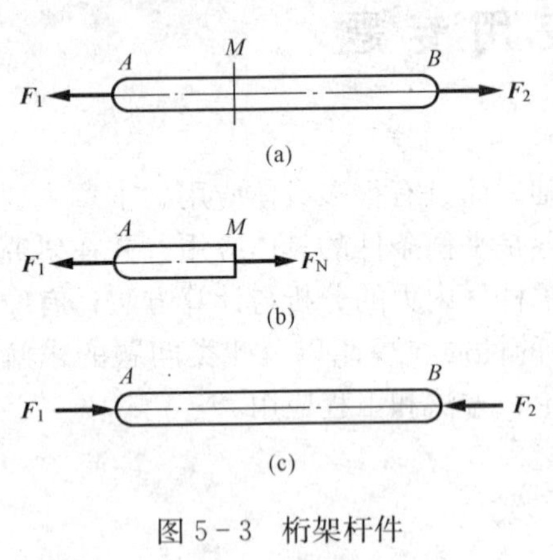

图 5-3　桁架杆件

考察桁架中任一杆件 AB［图 5-3（a）］，该杆两端 A、B 各受力 $\boldsymbol{F}_1$ 及 $\boldsymbol{F}_2$，由杆 AB 平衡可知，$\boldsymbol{F}_1$ 与 $\boldsymbol{F}_2$ 必须大小相等，方向相反，并沿轴线 AB 作用。现在假想在任一处 M 将杆截断，则由左边部分 AM 的平衡可知，横截面 M 上必受到右边部分的作用力 $\boldsymbol{F}_N$［图 5-3（b）］，且 $\boldsymbol{F}_N=-\boldsymbol{F}_1$，力 $\boldsymbol{F}_N$ 就是杆 AB 的内力。显然，杆件的内力是沿着杆件轴线作用的拉力［图 5-3（a）］或压力［图 5-3（c）］，而且，对于同一杆件来说，各横截面上的内力是相同的。因此，进行计算时，总是假想在任一处将杆件截断，求出它的内力。

但应注意，上述结论是根据前面讲的两个假设得到的。而这两个假设是实际桁架的简化结果，与实际情况并不完全相符。首先，杆件的连接方法多半不是铰接，而是榫接（木材）、铆接、焊接（钢材）或刚性连接（钢筋混凝土），即使采用铰接，铰与杆件之间也总有些摩擦；其次，假设外力集中于节点也并不完全可能，杆件本身的重量就无法使其集中于两端；再次，使杆件的轴线准确地通过节点，在施工上也有困难。此外，在以上讨论中，都没有考虑杆件的变形；事实上，杆件并非刚体，受力后必将发生变形。所有这些因素，都在不同程度上影响分析结果的精确性。但是，实践结果和进一步的分析表明，对于一般结构物用的桁架来说，不考虑杆件变形，并根据前述假设进行分析计算，所得结果已能满足设计要求。至于重要结构物用的桁架，应用以上假设得到的结果，可作为初步设计的依据，待完成初步设计后再作进一步的分析。所以，尽管以上介绍的方法有不足之处，却并不失其在生产实践上的实用价值。

一般来说，实际结构中的杆件受力情况比较复杂，除了杆端不是光滑铰链连接以外，所受外力沿杆轴线的变化也各不相同。计算杆件横截面上的内力，常采用截面法，即用一假想截面在需求内力的截面处将杆件切断，考虑其中任一部分的平衡，求出该截面上的内力。若取杆件左边部分考察，右边部分将对其有作用力，无论杆件横截面上的内力分布如何复杂，根据力系简化的理论，总可以向该截面某一简化中心简化，得到一主矢和一主矩，分别称为**内力主矢**和**内力主矩**。图 5-4 所示为向截面形心 O 点简化得到的主矢 $\boldsymbol{F}_R$ 和主矩 $\boldsymbol{M}_O$。根据工程上的需要，也为了便于计算，常将主矢 $\boldsymbol{F}_R$ 和主矩 $\boldsymbol{M}_O$ 沿直角坐标轴分解得到内力分量。为此，过 O 点作直角坐标系 $Oxyz$，使横截面位于 yz 平面内，x 轴沿杆轴线，其正向与截面的外法线一致，可得 $\boldsymbol{F}_R$ 的三个分量为 $\boldsymbol{F}_x$、$\boldsymbol{F}_y$、$\boldsymbol{F}_z$，$\boldsymbol{M}_O$ 的三个分量为 $\boldsymbol{M}_x$、$\boldsymbol{M}_y$、$\boldsymbol{M}_z$，如图 5-5 所示。力 $\boldsymbol{F}_x$ 垂直于截面，称为**轴力**；力 $\boldsymbol{F}_y$、$\boldsymbol{F}_z$ 平行于截面，称为**剪力**；力偶 $\boldsymbol{M}_x$ 有使截面绕杆轴线转动的趋势，称为**扭矩**；力偶 $\boldsymbol{M}_y$、$\boldsymbol{M}_z$ 分别有使截面绕 y 轴和 z 轴转动（使杆产生弯曲）的趋势，称为**弯矩**。考察这一部分的平衡，即可求出该截面上的全部内力分量。有关杆件内力的进一步分析，属于“材料力学”课程的内容，在此不再详述。

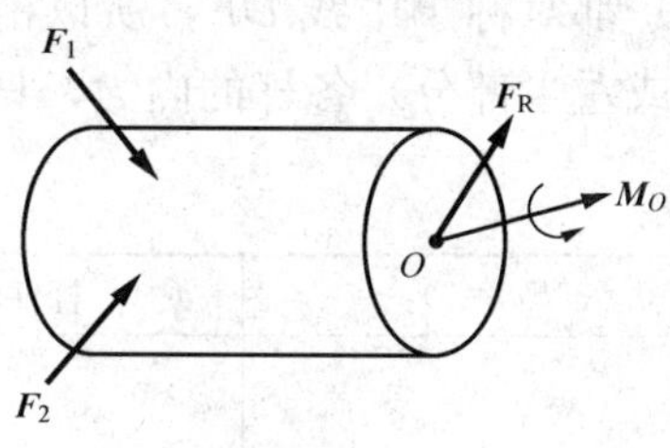

图 5-4　内力主矢、主矩

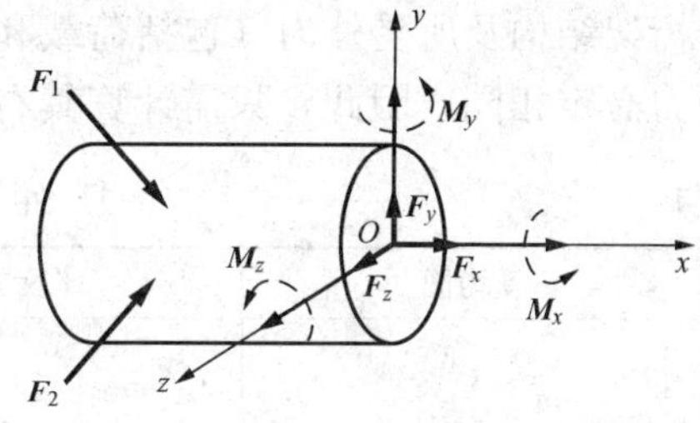

图 5-5　内力分量

二、桁架内力分析的节点法

桁架受到外力作用时，整个桁架保持平衡，如截取桁架的一部分来考察，该部分也必然处于平衡状态。**节点法**就是假想将某一节点周围的杆件割断，取该节点作为考察对象，则节点在外力和被割断杆件的内力作用下保持平衡。作用于节点的外力和杆件的内力组成一平衡的汇交力系（对于平面桁架，为平面汇交力系；对于空间桁架，为空间汇交力系），由平衡条件可以求出未知的杆件内力。对桁架的所有节点逐个进行考察，便可求得所有杆件的内力。因为平面汇交力系只有两个独立的平衡方程，所以对于平面桁架，在选取节点时应使汇交于所考察节点的未知力不超过两个（在特殊情况下可以多于两个。例如，虽有三个未知力，但其中两个力共线，如以垂直于该两力的方向为投影轴，可以方便求得第三个未知力）。对于空间桁架，汇交于所考察节点的未知力一般不应超过三个。

计算内力时，习惯上总是假设每一杆件都受拉力（力的指向背离所考察的结点）；如果某一杆件的内力计算结果是负值，就表示杆件的内力是压力。由于杆件承受拉力的能力与承受压力的能力不同，设计时对受压杆件的考虑与对受拉杆件的考虑大不一样，因此，对杆件内力的性质（拉力或压力）必须十分重视。

【例 5-1】　试求如图 5-6（a）所示桁架中各杆的内力。

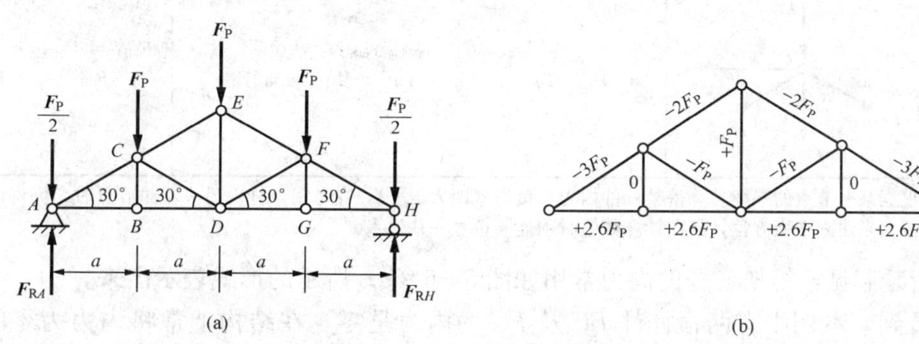

图 5-6　[例 5-1] 附图

解　首先考虑整个桁架的平衡，求支座反力。因为所有荷载及 H 点的约束反力 $\boldsymbol{F}_{RH}$ 都是铅直的，所以 A 点的约束反力也必定是铅直的。于是有

$$\sum M_{Hi}=0,\ F_P\times a+F_P\times 2a+F_P\times 3a+\frac{F_P}{2}\times 4a-F_{RA}\times 4a=0$$

解得

$$F_{RA}=2F_P$$

$$\sum F_{iy}=0,\ F_{RA}+F_{RH}-4F_P=0$$

解得

$$F_{RH}=2F_P$$

由于桁架结构及所受外力（包括荷载和约束反力）都对称于中线 DE，所以桁架中对称杆件的内力必定相同，因此，只需计算其右半部分（或左半部分）各杆的内力，见表 5－1。

表 5－1 **杆件内力计算**

节点	受力图	平衡方程（$\sum F_{ix}=0$，$\sum F_{iy}=0$）	杆件内力
H	F_{NHF}, $\frac{F_P}{2}$, $30°$, F_{NHG}, H, x, y, F_{RH}	$-F_{NHG}-F_{NHF}\cos 30°=0$ $F_{RH}-\frac{F_P}{2}+F_{NHF}\sin 30°=0$	$F_{NHF}=-3F_P$ $F_{NHG}=+2.6F_P$
G	y, F_{NGF}, F_{NGD}, G, F'_{NHG}, x	$F'_{NHG}-F_{NGD}=0$ $F_{NGF}=0$	$F_{NGD}=+2.6F_P$ $F_{NGF}=0$
F	F_P, y, F_{NFE}, $30°$, F, F_{NFD}, $30°$, $30°$, F'_{NHF}, F'_{NGF}, x	$F'_{NHF}-F_{NFE}-F_{NFD}\sin 30°+F'_{NGF}\sin 30°$ $+F_P\sin 30°=0$ $-N_{FD}\cos 30°-F'_{NGF}\cos 30°-F_P\cos 30°=0$	$F_{NFD}=-F_P$ $F_{NFE}=-2F_P$
E	y, F_P, E, $30°$, $30°$, x, F_{NEC}, F'_{NFE}, F_{NED}	$F'_{NFE}\cos 30°-F_{NEC}\cos 30°=0$ $-F_P-F_{NED}-F'_{NFE}\sin 30°-F_{NEC}\sin 30°=0$	$F_{NEC}=F'_{NFE}=-2F_P$ $F_{NED}=-F_P$

注 如果根据某一节点的平衡，算得某杆件内力为负值（即为压力），在考察该杆件另一端的节点时，仍将该杆内力当作拉力来建立平衡方程，但在计算数值时须连同负号一并代入。

为了清楚起见，桁架各杆的内力常用如图 5－6（b）所示的形式表示出来。

我们看到，本例中有两根杆件 BC 及 FG 的内力是零，在结构上常将内力为零的杆件称为零杆。通常，无需计算，根据观察即可判定哪些杆件是**零杆**。本例中的 FG 垂直于 DG 及 GH，而在 G 点又无外力作用，在节点 G，由 $\sum F_{iy}=0$ 即得到 $F_{NGF}=0$。由此我们可得**判断平面桁架零杆的准则**：如果某一节点有三根杆件相交，其中两根在一直线上，且该节点不受外力作用，则第三根杆件（不必一定与另两根杆件垂直）必为零杆。找出零杆之后，在计算其他杆件内力时，可以完全不考虑零杆，这样可以简化一些计算工作。如本例中的 FG 为零杆，于是可以直接得到 $F_{NGD}=F'_{N'HG}$ 而不需另作计算；考察节点 F 时，也无须计及 FG 杆。如一节点只有两根不共线的杆件，又别无外力，该两杆件必然都是零杆。

【例 5-2】 一空间桁架如图 5-7（a）所示。已知△ABC与△DEF为全等等边三角形，AD、BE、CF三杆等长并垂直于水平面，杆 1、2、3 与铅直线的夹角均等于 30°。求杆 1、2、3、4、5、6 的内力。

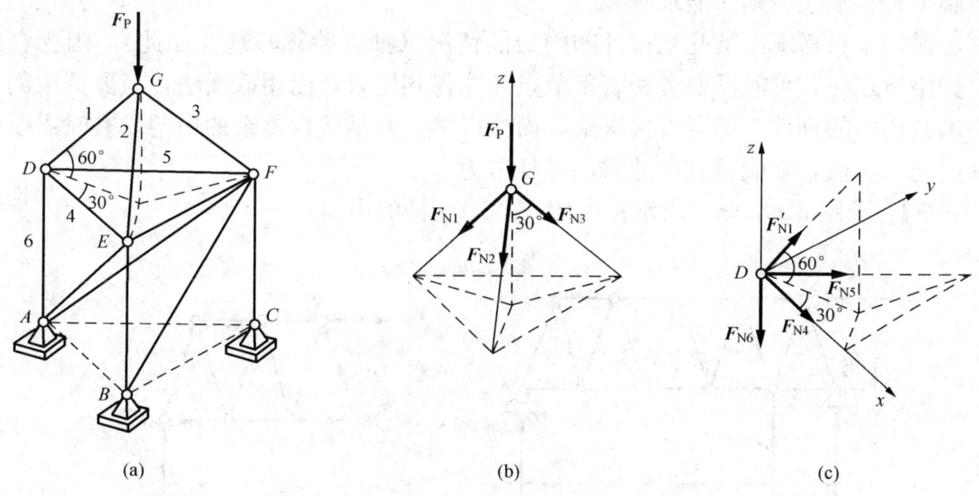

图 5-7 ［例 5-2］附图

解 首先考虑节点 G 的平衡［图 5-7（b）］。由对称条件可知 $F_{N1}=F_{N2}=F_{N3}$。又由

$$\sum F_{iz}=0,\ -F_P-(F_{N1}+F_{N2}+F_{N3})\cos30^\circ=0$$

$$F_{N1}=F_{N2}=F_{N3}=-\frac{F_P}{3\cos30^\circ}=-\frac{2F_P}{3\sqrt{3}}$$

再考虑结点 D 的平衡［图 5-7（c）］。取直角坐标系 $Dxyz$ 如图所示，写出平衡方程

$$\sum F_{iz}=0,\ F'_{N1}\sin60^\circ-F_{N6}=0$$

$$\sum F_{iy}=0,\ F'_{N1}\cos60^\circ\cos60^\circ+F_{N5}\cos30^\circ=0$$

$$\sum F_{ix}=0,\ F'_{N1}\cos60^\circ\cos30^\circ+F_{N5}\cos60^\circ+F_{N4}=0$$

将 $F'_{N1}=F_{N1}=\dfrac{-2F_P}{3\sqrt{3}}$ 代入，解得

$$F_{N6}=-\frac{F_P}{3},\ F_{N5}=+\frac{F_P}{9},\ F_{N4}=+\frac{F_P}{9}$$

空间桁架有时也会出现零杆。**判断空间桁架零杆的准则是：**汇交于一节点的各杆中，除某一杆外，其余各杆都在同一平面内，且该节点不受外力，或者所受外力与其余各杆共面，则不共面的一直杆必为零杆；如果一节点只有不共面的三根杆件，又别无外力，该三杆都是零杆。

三、平面桁架内力分析的截面法

截面法是用适宜的截面，假想将桁架的某些杆件截断，取出桁架的一部分作为考察对象，该部分在外力和被截断的杆件内力作用下保持平衡。这些力组成一平衡的任意力系，故可利用平面任意力系的平衡方程，求解被截断的杆件中的未知内力。

因为平面任意力系只有三个独立的平衡方程，所以被截断的杆件的未知内力一般不应超过三个。但在特殊情况下可以多于三个。例如，在被截断的杆件中，除某一杆件外，其余杆

件都交于一点，则不与各杆相交的杆件的内力，可用力矩方程（以其余各杆的交点为矩心）直接求得（见例 5-3）。

应用截面法时，必须注意截面的选取。截面形状并无任何限制，可以是平面，也可以是曲面，但必须符合上述原则才能求解。

截面法适用于只需求出某几根杆件的内力的情况（抽查验算时往往如此）。因为在这种情况下，如用节点法，可能需要考察若干节点才能得到结果，而用截面法，只要截取的部分包含着需求其内力的杆件，即可直接求解，简捷得多。对某些较复杂的桁架，有时需要联合应用截面法与节点法，才能较方便地求出各杆内力。

【例 5-3】 求图 5-8（a）所示桁架中 1、2、3 杆的内力。

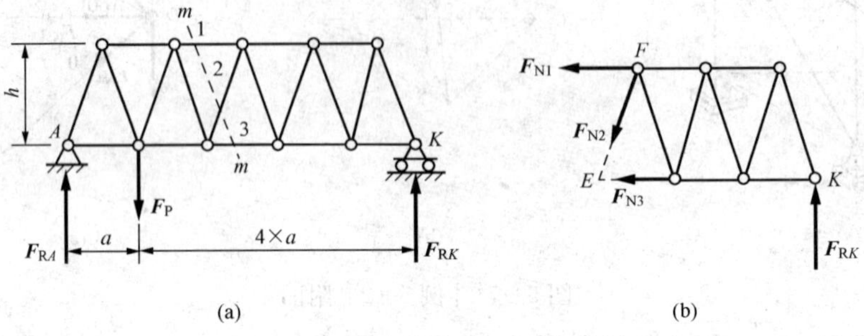

图 5-8 ［例 5-3］附图

解 首先考虑整个桁架的平衡，求出支座反力 $F_{RA}=\frac{4}{5}F_P$，$F_{RK}=\frac{1}{5}F_P$。然后用截面 m—m 将桁架分割成两部分，取右边部分来考察其平衡［图 5-8（b）］。这部分桁架在反力 $\boldsymbol{F}_{RK}$ 及内力 $\boldsymbol{F}_{N1}$、$\boldsymbol{F}_{N2}$、$\boldsymbol{F}_{N3}$ 作用下保持平衡。以铅直轴为 y 轴，由 $\sum F_{iy}=0$ 得

$$F_{RK}-\frac{h}{\sqrt{h^2+\left(\frac{a}{2}\right)^2}}F_{N2}=0$$

于是
$$F_{N2}=+\frac{F_P\sqrt{4h^2+a^2}}{10h}$$

由 $\sum M_{Ei}=0$，有

$$F_{RK}\times 3a+F_{N1}h=0，得\ F_{N1}=-\frac{3a}{h}F_{RK}=-\frac{3aF_P}{h\ \ h}$$

由 $\sum M_{Fi}=0$，有

$$F_{RK}\times\frac{5}{2}a-F_{N3}h=0，得\ F_{N3}=\frac{5a}{2h}F_{RK}=+\frac{aF_P}{2h}$$

【例 5-4】 试求图 5-9（a）所示的悬臂桁架中杆 DG 的内力。

解 对于这一特殊形式的桁架，不必先求反力，而可以用截面 n—n 将 DG 及 FG、FH、EH 各杆截断，取右边部分作为考察对象［图 5-9（b）］。在这里，虽然出现 4 个未知内力，但 $\boldsymbol{F}_{NGF}$、$\boldsymbol{F}_{NHF}$、$\boldsymbol{F}_{NHE}$ 相交于 H 点。因此，以 H 点为矩心，由 $\sum M_{Hi}=0$ 可直接求得 $\boldsymbol{F}_{NGD}$。于是有

$$4F_{NGD}-6F_P=0\quad 解得\ F_{NGD}=+1.5F_P$$

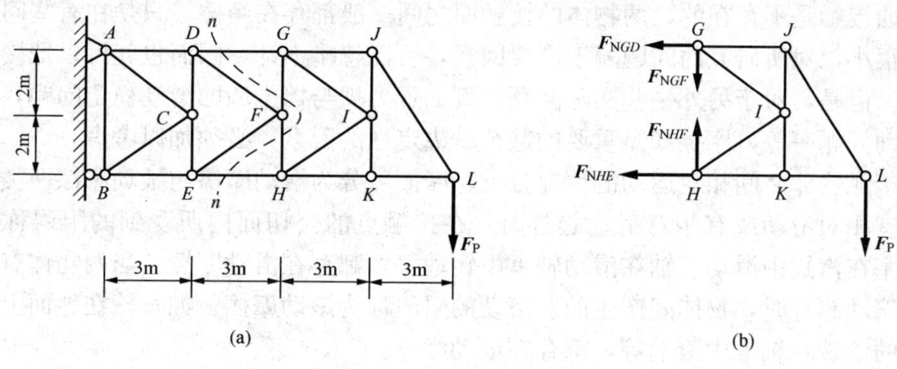

图 5-9　[例 5-4] 附图

【例 5-5】　求前例中悬臂桁架的 DF 及 EF 两杆的内力。

解　如用节点法，从结点 L 开始，依 $L-K-J-I-\cdots$ 的次序考虑各节点的平衡，必能求得 DF 及 EF 的内力，但计算太多，过于麻烦。如用截面将 DF、EF 两杆截断，则同时被截断的杆件将在 4 根以上，不能直接求得。当然，如果利用 [例 5-4] 中求得的 F_{NGD}，这里就只有三个未知量，不难求解。如不用前例结果，较为简便的方法是联合应用节点法与截面法。先考虑节点 F [图 5-10 (a)]，由 $\sum F_{ix}=0$，有

$$-\frac{3}{\sqrt{13}}F_{NFD}-\frac{3}{\sqrt{13}}F_{NFE}=0$$

解得

$$F_{NFD}=-F_{NFE}$$

然后再用截面将 DG、DF、EF、EH 各杆截断，取右边为考察对象，如图 5-10 (b) 所示。因只要求 F_{NFD}、F_{NFE}，为避免 F_{NGD} 和 F_{NHE} 出现在方程中，取 y 轴铅直，由 $\sum F_{iy}=0$ 得

$$\frac{2}{\sqrt{13}}F_{NFD}-\frac{2}{\sqrt{13}}F_{NFE}-F_P=0$$

将 $F_{NFD}=-F_{NFE}$ 代入，解得

$$F_{NFD}=-F_{NFE}=\frac{\sqrt{13}}{4}F_P$$

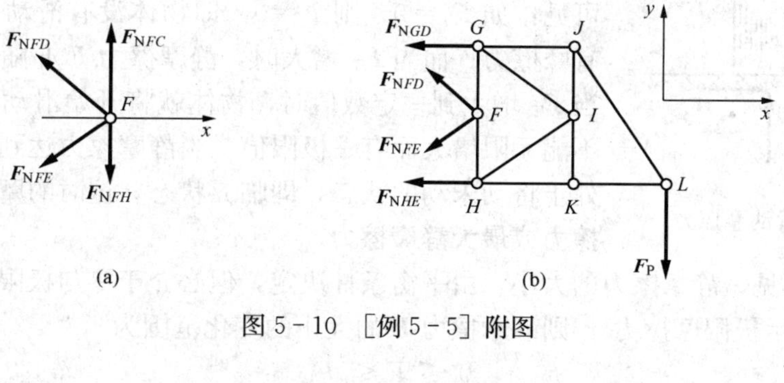

(a)　　(b)

图 5-10　[例 5-5] 附图

第二节　摩擦及有摩擦的平衡问题

一、概述

前几章讨论物体平衡时，两物体间的接触面都假设是完全光滑的。但由经验可知，这种

完全光滑的接触是不存在的，两物体的接触面之间一般都存在摩擦。只是在有些问题中，摩擦力可能很小，对所研究的问题属于次要因素，可以忽略不计，因而也就可以把接触面看作是光滑的。但是，对于另外一些实际问题，例如重力坝与挡土墙的滑动稳定问题，带轮和摩擦轮的转动问题等等，摩擦却是重要的甚至是决定性的因素，必须加以考虑。

按照接触物体之间相对运动的情况分类，摩擦可分为滑动摩擦与滚动摩擦两类。当两物体接触处有相对滑动或有相对滑动趋势时，在接触点的公切面内所受到的阻碍称为**滑动摩擦**。如活塞在汽缸中滑动，轴在滑动轴承中转动等，都存在滑动摩擦。当两物体有相对滚动或有相对滚动趋势时，物体间产生的对滚动的阻碍称为**滚动摩擦**。如车轮在地面上滚动，滚动轴承中的滚珠在轴承中滚动等，都存在滚动摩擦。

摩擦在工程上和日常生活中都很重要。重力坝依靠摩擦防止在水压力作用下可能产生的滑动；桥梁与码头基础中的摩擦桩依靠摩擦承受荷载；皮带轮和摩擦轮的传动，车辆的起动与制动，都要靠摩擦。如果没有摩擦，人们的生活将不可想象。这些都是摩擦的有利的一面。但摩擦也有其不利的一面。例如摩擦将消耗能量，损坏机件。为了提高机械效率，保护机件，又要设法减小摩擦，如在机件接触面加润滑油或改善接触面状况（如增加光洁度）等。长期以来，人们在摩擦的理论和实验方面做了很多工作，用以认识有关摩擦的规律，以便设法减少或避免摩擦不利的一面，而利用其有利的一面来为生产和生活服务。

二、滑动摩擦

1. 滑动摩擦与摩擦定律

当两物体接触处沿接触点的公切面有相对滑动或有相对滑动趋势时，彼此作用着阻碍相对滑动的力，称为**滑动摩擦力**，简称**摩擦力**。由于摩擦力阻碍两物体相对滑动，所以其**方向必与物体相对滑动的方向或相对滑动趋势的方向相反**。至于摩擦力的大小，则将随不同的情况而各异。

设将重 F_W 的物体放在水平面上，并施加一水平力 $\boldsymbol{F}_T$（图 5－11）。由经验可知，当 $\boldsymbol{F}_T$ 的大小不超过某一数值时，物体虽有滑动的趋势，但仍可保持静止。这就表明水平面对物体除了有法向反力 $\boldsymbol{F}_N$ 外，还有一摩擦力 $\boldsymbol{F}$。这时的摩擦力 $\boldsymbol{F}$ 称为**静摩擦力**。根据物体的平衡条件，$\boldsymbol{F}$ 的大小为 $F=F_T$。由此可见：如 $F_T=0$，则 $F=0$，即物体没有滑动趋势时，也就没有摩擦力；而当 $\boldsymbol{F}_T$ 增大时，静摩擦力 $\boldsymbol{F}$ 亦随着相应增大。但当 $\boldsymbol{F}_T$ 增大到一定数值时，物体就将开始滑动。这说明摩擦力不能无限增大而有一极限值。当静摩擦力达到极限值时，物体处于将动未动的状态，即临界状态，这时的摩擦力称为**极限摩擦力或最大静摩擦力**。

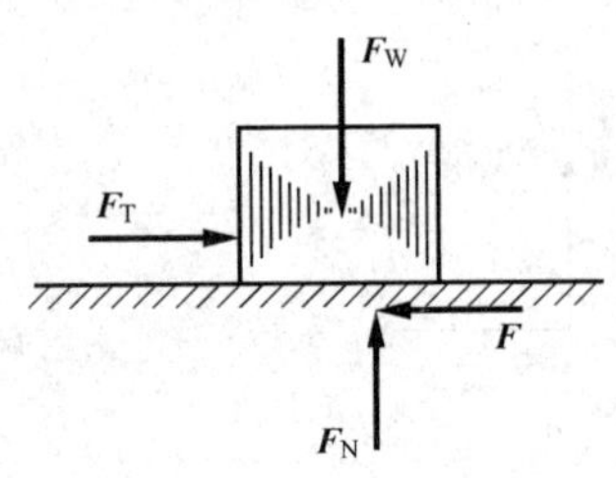

图 5－11 滑动摩擦力

综上所述可见，静摩擦力的大小，由平衡条件决定，但必介于零与极限摩擦力的大小之间，如以 $\boldsymbol{F}_L$ 表示极限摩擦力，则静摩擦力 $\boldsymbol{F}$ 的大小的变化范围为

$$0 \leqslant F \leqslant F_L$$

根据大量实验结果，极限摩擦力的大小可用如下的近似关系求得：**极限摩擦力的大小与接触面之间的正压力（即法向反力）$\boldsymbol{F}_N$ 成正比**，即

$$F_L = f_s F_N \tag{5-1}$$

式（5－1）即为通常所说的**库仑摩擦定律**。比例常数 f_s 称为**静摩擦因数**，它的大小与

接触体的材料以及接触面状况（粗糙度、湿度、温度等）有关。各种材料在不同表面情况下的静摩擦因数是由实验测定的，这些值一般可在一些工程手册中查到。下面列举几种材料的静摩擦因数 f_s 的大约值，仅供参考（表 5-2）。

表 5-2　几种材料的摩擦因数

材料	摩擦因数	材料	摩擦因数
钢对钢	0.10～0.20	木材对木材	0.40～0.60
钢对铸铁	0.20～0.30	木材对土	0.30～0.70
皮革对铸铁	0.30～0.50	混凝土对砖	0.70～0.80
橡胶对铸铁	0.50～0.80	混凝土对土	0.30～0.40

必须指出，式（5-1）所表示的关系只是近似的，并未反映出摩擦现象的复杂性。但由于公式简单，应用方便，所得结果对于一般工程问题来说，已能满足要求，故目前仍被广泛采用。摩擦因数的取值对工程的安全与经济有着极为密切的关系。对于一些重要的工程，如采用式（5-1）计算时必须通过现场量测与试验精确地测定静摩擦因数的值，作为设计计算的依据。例如某大型水坝与基础的摩擦因数的数值若提高 0.01，则为了维持该坝体抗滑稳定所需的自重就可相应地减少，从而可节约混凝土 20 000m^3。可见精确地测定摩擦因数是一项十分重要的工作。

物体间有相对滑动时的摩擦力称为**动摩擦力**。动摩擦力与法向反力也有与式（5-1）相同的近似关系：**动摩擦力的大小与接触面之间的正压力（法向反力）成正比**。如以 F' 代表动摩擦力 $\boldsymbol{F}'$ 的大小，则有

$$F' = fF_N \tag{5-2}$$

式中　f——无量纲的比例常数，称为**动摩擦因数**。

实验证明，动摩擦因数 f 随两物体相对滑动的速度而变化，但由于其间的关系复杂，通常在一定速度范围内，可不考虑这种变化，而认为 f 是只与接触面的材料和表面状况有关的常数。动摩擦因数一般比静摩擦因数略小。这就说明，维持一个物体的运动比使其由静止进入运动要容易。

2. 摩擦角与自锁现象

当存在摩擦时，支承面对物体的约束力包括法向反力 $\boldsymbol{F}_N$ 与摩擦力 $\boldsymbol{F}$，这两个力的合力 $\boldsymbol{F}_R$ 就是支承面对物体作用的全约束反力。当摩擦力 $\boldsymbol{F}$ 达到极限摩擦力 $\boldsymbol{F}_L$ 时，$\boldsymbol{F}_R$ 与 $\boldsymbol{F}_N$ 所成的角 φ_m（图 5-12）称为**摩擦角**。由于 $\boldsymbol{F}_L$ 是最大的静摩擦力，所以 φ_m 也是 $\boldsymbol{F}_R$ 与 $\boldsymbol{F}_N$ 之间可能有的最大夹角。由图 5-12 可见，$F_L = F_N\tan\varphi_m$。根据式（5-1）有 $F_L = f_sF_N$，因此

$$\tan\varphi_m = f_s \tag{5-3}$$

即**摩擦角的正切等于静摩擦因数**。摩擦角这一概念在工程上有较为广泛的应用，如螺杆的设计及土建工程中土压力的计算等都涉及这一概念。

如通过接触点在不同的方向画出在极限摩擦情况下的全约束反力的作用线，则这些直线将形成一个锥面，称为**摩擦锥**。如沿接触面的各个方向的摩擦因数都相同，则摩擦锥是一个顶角为 $2\varphi_m$ 的圆锥（图 5-13）。因为全约束反力 $\boldsymbol{F}_R$ 与接触面法线所成的角不会大于 φ_m，也就是说 $\boldsymbol{F}_R$ 的作用线不可能超出摩擦锥之外，所以物体所受的主动力的合力 $\boldsymbol{F}_Q$ 的作用线必在摩擦锥内，物体才不致滑动；而只要 $\boldsymbol{F}_Q$ 的作用线在摩擦锥内，则不论 $\boldsymbol{F}_Q$ 有多大，物体总能保持静止，这种现象称为**"自锁"**。

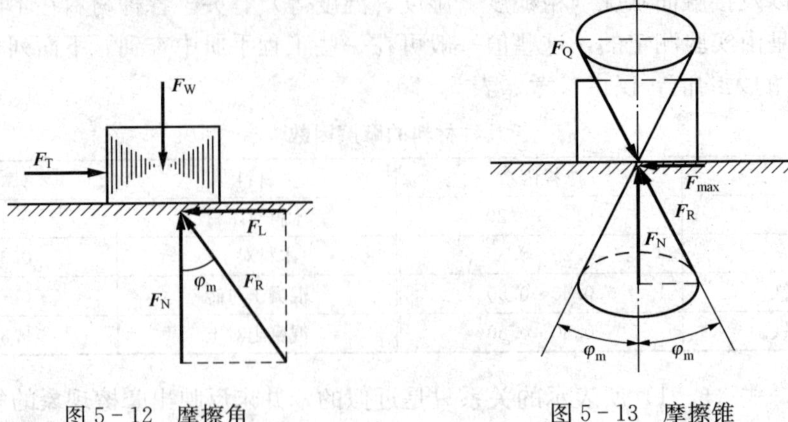

图 5-12 摩擦角　　图 5-13 摩擦锥

工程上常利用“自锁”设计一些机构或夹具。例如螺旋千斤顶举起重物后不会自行下落就是自锁现象。而在另一些问题中，则要设法避免产生自锁现象。例如，在水闸闸门启闭时就应避免自锁，以防止闸门卡住。

3. 存在摩擦的平衡问题

对于存在摩擦的平衡问题，在考虑摩擦力之后，与求解无摩擦的平衡问题过程相同，只是由于静摩擦力的大小可在零与极限值 $\boldsymbol{F}_L$ 之间变化，即 $0\leqslant F\leqslant F_L$，因而相应地物体平衡位置或所受的力也有一个范围。

如何确定物体平衡位置或所受的力的范围？通常可以取物体的临界状态进行分析，来确定平衡位置或受力大小的边界值。这个过程，可称之为临界状态分析法。这时极限摩擦力的方向总是与相对滑动趋势的方向相反，而不能任意假设。

另一种情况是，需要确定物体在某一位置或某一力系作用下能否保持平衡。此时，可以把摩擦力看成是约束力，假设物体是平衡的，通过平衡方程求出摩擦力 $\boldsymbol{F}$ 和法向反力 $\boldsymbol{F}_N$，然后将 $\boldsymbol{F}$ 与极限摩擦力 $\boldsymbol{F}_L$ 进行比较，如 $F\leqslant F_L$，则物体能保持平衡；否则，物体不能保持平衡。这个过程可称之为**假设状态分析法**。

【例 5-6】 重 F_P 的物块放在倾角 α 大于摩擦角 φ_m 的斜面上［图 5-14（a）］，另加一水平力 $\boldsymbol{F}_T$ 使物块保持静止。求 $\boldsymbol{F}_T$ 的最小值与最大值。设摩擦因数为 f_s。

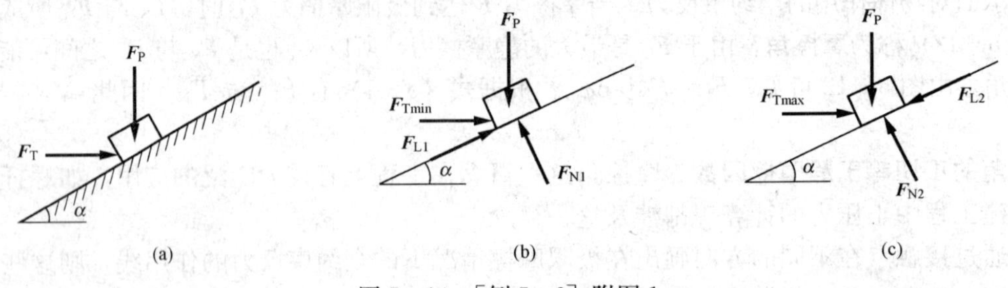

图 5-14 ［例 5-6］附图 1

解 因 $\alpha>\varphi_m$，如 $\boldsymbol{F}_T$ 太小，则物块将下滑；如 $\boldsymbol{F}_T$ 过大，又将使物块上滑，所以需要分两种情形加以讨论。

先求恰能维持物块不下滑所需的力最小值 F_{Tmin}。这时物块有下滑的趋势，所以摩擦力向上，如图 5-14（b）所示。

写出平衡方程

$$F_{\mathrm{Tmin}}\cos\alpha + F_{\mathrm{L1}} - F_{\mathrm{P}}\sin\alpha = 0 \quad ①$$

$$F_{\mathrm{N1}} - F_{\mathrm{Tmin}}\sin\alpha - F_{\mathrm{P}}\cos\alpha = 0 \quad ②$$

由式②有

$$F_{\mathrm{N1}} = F_{\mathrm{Tmin}}\sin\alpha + F_{\mathrm{P}}\cos\alpha \quad ③$$

将 $F_{\mathrm{L1}} = f_{\mathrm{s}}F_{\mathrm{N1}}$ 及式③代入式①，得

$$F_{\mathrm{Tmin}} = \frac{\sin\alpha - f_{\mathrm{s}}\cos\alpha}{\cos\alpha + f_{\mathrm{s}}\sin\alpha}F_{\mathrm{P}}$$

但 $f_{\mathrm{s}} = \tan\varphi_{\mathrm{m}}$，代入上式，得

$$F_{\mathrm{Tmin}} = \frac{\sin\alpha - \tan\varphi_{\mathrm{m}}\cos\alpha}{\cos\alpha + \tan\varphi_{\mathrm{m}}\sin\alpha}F_{\mathrm{P}} = F_{\mathrm{P}}\tan(\alpha - \varphi_{\mathrm{m}}) \quad ④$$

其次，求不使物块向上滑动的最大值 F_{Tmax}。这时摩擦力向下，如图 5-14（c）所示，写出平衡方程

$$F_{\mathrm{Tmax}}\cos\alpha - F_{\mathrm{L2}} - W\sin\alpha = 0$$

$$F_{\mathrm{N2}} - F_{\mathrm{Tmax}}\sin\alpha - W\cos\alpha = 0 \quad ⑤$$

由式⑤、⑥以及 $F_{\mathrm{L2}} = f_{\mathrm{s}}F_{\mathrm{N2}} = \tan\varphi_{\mathrm{m}}F_{\mathrm{N2}}$，得

$$F_{\mathrm{Tmax}} = \frac{\sin\alpha + f_{\mathrm{s}}\cos\alpha}{\cos\alpha - f_{\mathrm{s}}\sin\alpha}F_{\mathrm{P}} = F_{\mathrm{P}}\tan(\alpha + \varphi_{\mathrm{m}}) \quad ⑥$$

可见，要使物块在斜面上保持静止，力 F_{T} 必须满足以下条件

$$F_{\mathrm{P}}\tan(\alpha - \varphi_{\mathrm{m}}) \leqslant F_{\mathrm{T}} \leqslant F_{\mathrm{P}}\tan(\alpha + \varphi_{\mathrm{m}})$$

如利用摩擦角求解本题，则上面结果很容易得到。

当 $\boldsymbol{F}_{\mathrm{T}}$ 有最小值时，物体受力如图 5-15（a）所示，其中 $\boldsymbol{F}_{\mathrm{R}}$ 是斜面对物块的全约束反力。这时 $\boldsymbol{F}_{\mathrm{P}}$、$\boldsymbol{F}_{\mathrm{Tmin}}$ 及 $\boldsymbol{F}_{\mathrm{R}}$ 三力成平衡，力三角形应闭合［图 5-15（b）］。于是得到

$$F_{\mathrm{Tmin}} = F_{\mathrm{P}}\tan(\alpha - \varphi_{\mathrm{m}})$$

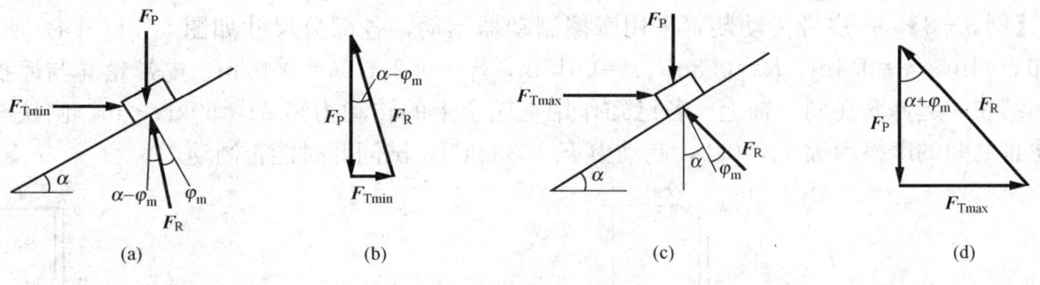

图 5-15 ［例 5-6］附图 2

当 $\boldsymbol{F}_{\mathrm{T}}$ 有最大值时，物块受力如图 5-15（c）所示，力三角形如图 5-15（d）所示，于是有

$$F_{\mathrm{Tmax}} = F_{\mathrm{P}}\tan(\alpha + \varphi_{\mathrm{m}})$$

值得注意的是，当力 $\boldsymbol{F}_{\mathrm{T}}$ 在上述范围内而未达到极限值时，摩擦力不等于 $f_{\mathrm{s}}F_{\mathrm{N}}$，摩擦力的大小、方向应由平衡条件决定。

从式⑥可以看出，如果 $\alpha = \varphi_{\mathrm{m}}$，则 $F_{\mathrm{Tmin}} = 0$，就是说，无须施加力 $\boldsymbol{F}_{\mathrm{T}}$，物块已能平衡。但这只是临界状态，只要 α 略为增加，物块即将下滑（设 $F_{\mathrm{T}} = 0$）。在临界状态下的角 α 称

为**休止角**，它可用来测定摩擦因数。

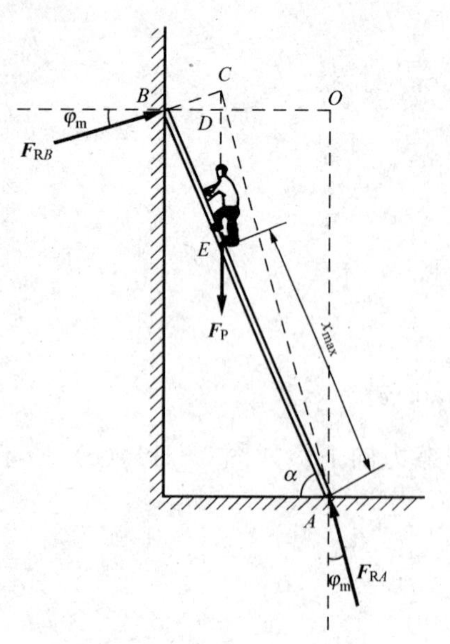

图 5-16 ［例 5-7］附图

【例 5-7】 梯子 AB 长 l，一端支于地板，另一端靠在墙上，梯与地板成角 α（图 5-16）。若梯与地板及墙壁之间的静摩擦角都等于 φ_m，不计梯重，求重为 F_P 的人沿梯上行而梯不滑倒的距离。设墙壁与地板垂直。

解 当人上梯时，其重力 F_P 有使 A 点向右、B 点向下滑动的趋势，因此，A 点的摩擦力指向左，而 B 点的摩擦力指向上。当人上行的距离达到极限值 x_{max}，梯子即将开始滑动时，A、B 两点的全反力都与接触面的法线成角 φ_m（图 5-16）。延长 $\boldsymbol{F}_{RA}$ 及 $\boldsymbol{F}_{RB}$ 的作用线交于点 C，重力 $\boldsymbol{F}_P$ 必须通过 C 点，三力才能平衡。这时，人所在位置就是极限位置。因墙壁与地板垂直，所以 $AC \perp BC$。由直角三角形 ABC 及 BCD 中的几何关系可知

$$BC = l\cos(\alpha + \varphi_m)$$

$$BD = BC\cos\varphi_m = l\cos(\varphi_m + \alpha)\cos\varphi_m$$

而

$$x_{max} = l - BE = l - BD\sec\alpha = l[1 - \cos(\alpha + \varphi_m)\cos\varphi_m\sec\alpha]$$

因此，要使梯不滑倒，人上行的距离应为 $x \leqslant x_{max}$，即

$$x \leqslant l[1 - \cos(\alpha + \varphi_m)\cos\varphi_m\sec\alpha]$$

由此可见，当 α 有一定值时，人上行的最大距离决定于摩擦角，而与人重 F_P 无关。

请读者思考：①欲使人沿梯上行至最高点 B 而梯不滑动，α 值应为多少？②若人在 AE 之间，即 $O < x < x_{max}$，A、B 两处约束力能求得吗？

【例 5-8】 一皮带传动装置采用摩擦制动器制动，各部分尺寸如图 5-17（a）所示，已知 $l=1\text{m}$，$a=0.4\text{m}$，$R=0.3\text{m}$，$r=0.15\text{m}$，$r_1=0.2\text{m}$，$b=0.02\text{m}$。皮带轮Ⅱ与摩擦轮Ⅲ固结在一起并套在同一轴上。若已知作用在轮Ⅰ上的转动力矩 $M=60\text{kN}\cdot\text{m}$，闸块与摩擦轮Ⅲ之间的摩擦因数 $f_s=0.8$，制动力 $F_P=332\text{kN}$，试问此时能否制动。

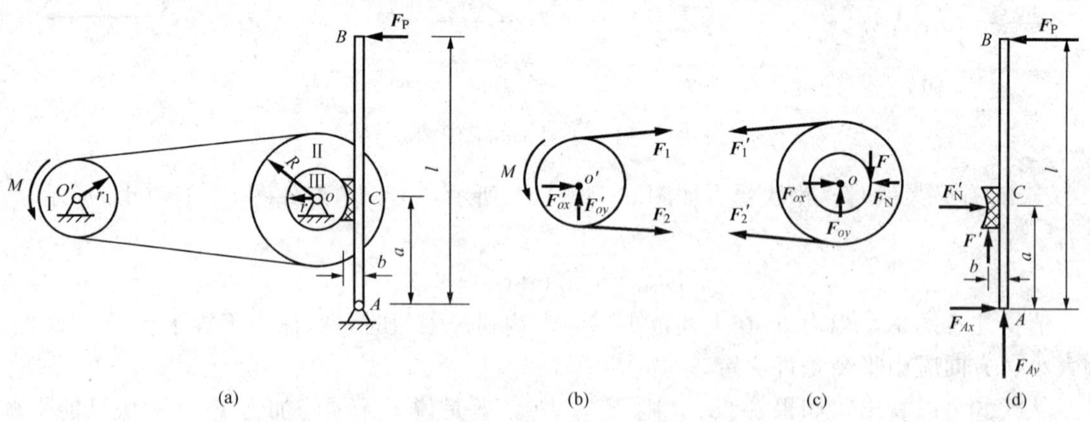

图 5-17 ［例 5-8］附图

解　分别取轮Ⅰ、轮Ⅱ、轮Ⅲ及杆 AB 来考虑，各部分受力如图 5－17（b）、（c）、（d）所示。首先假设系统能保持平衡（即能制动），由图 5－17（b）列平衡方程

$$\sum M_{o'i}=0,\ M-F_1r_1+F_2r_1=0$$

解得

$$F_1-F_2=\frac{M}{r_1} \quad ①$$

再由图 5－17（c）列平衡方程

$$M_{oi}=0,\ F_1'R-F_2'R-Fr=0$$

得

$$F_1'-F_2'=\frac{Fr}{R} \quad ②$$

又因 $F_1=F_1'$，$F_2=F_2'$，于是由式①、②可得

$$F=\frac{MR}{rr_1}=\frac{60\times 0.3}{0.15\times 0.2}=600\text{kN} \quad ③$$

由图 5－17（d）立平衡方程

$$\sum M_{Ai}=0\quad F_{\rm P}l-F_{\rm N}'a-F'b=0$$

考虑到 $F_{\rm N}'=F_{\rm N}$，$F'=F$，故求得

$$\begin{aligned}F_{\rm N}&=\frac{1}{a}(F_{\rm P}l-Fb)\\&=\frac{1}{0.4}(332\times 1-600\times 0.02)\\&=800\text{kN}\end{aligned}$$

此时闸块处所能产生的极限摩擦力大小 $F_{\rm L}=f_{\rm s}F_{\rm N}=0.8\times 800=640\text{kN}$，由于 $F=600\text{kN}<F_{\rm L}$，所以在制动力 $F=332\text{kN}$ 作用下，系统能制动（平衡）。

三、滚动摩擦

将一半径为 r、重为 $F_{\rm Q}$ 的轮子放在水平面上，在轮心 O 加一水平力 $\boldsymbol{F}_{\rm T}$ 如图 5－18（a）所示，并假定接触处有足够的摩擦阻止轮子滑动。假如轮子与平面都是刚体，则两者接触于 I 点（实际上是通过 I 点的一条直线）；法向反力 $\boldsymbol{F}_{\rm N}$ 和摩擦力 $\boldsymbol{F}$ 都作用于 I 点。显然 $\boldsymbol{F}_{\rm N}=-\boldsymbol{F}_{\rm Q}$，又由轮子不滑动的条件可知 $\boldsymbol{F}=-\boldsymbol{F}_{\rm T}$。这时 $\boldsymbol{F}_{\rm N}$ 与 $\boldsymbol{F}_{\rm Q}$ 作用线相同、大小相等、方向相反，互成平衡，而 $\boldsymbol{F}_{\rm T}$ 与 $\boldsymbol{F}$ 则组成一力偶。可见，不论 $\boldsymbol{F}_{\rm T}$ 的值多么小，都将使轮子滚动。但由经验可知，当力 $\boldsymbol{F}_{\rm T}$ 较小时，轮子并不滚动，可见必另有一个力偶与力偶（$\boldsymbol{F}_{\rm T}$，$\boldsymbol{F}$）平衡，该力偶的矩应为 $M=F_{\rm T}r$［图 5－18（b）］。这一个阻碍轮子滚动的力偶称为**滚动摩擦力偶**。

滚动摩擦力偶的发生，主要由于接触物体（轮子与水平面）并非刚体，受力后产生了微小变形，使接触处不是一直线而是偏向轮子相对滚动的前方的一小块面积，水平面对轮子作用的力就分布在这一小块面积上，如图 5－19（a）所示（图中假设只是水平面变形）。将分布力合成为一个力 $\boldsymbol{F}_{\rm R}$，则 $\boldsymbol{F}_{\rm R}$ 的作用线也稍稍偏于轮子前方。将 $\boldsymbol{F}_{\rm R}$ 沿水平与铅直两个方向分解，则水平方向的分力即摩擦力 $\boldsymbol{F}$，铅直方向的分力即法向反力 $\boldsymbol{F}_{\rm N}$。可见 $\boldsymbol{F}_{\rm N}$ 向轮子前方偏移了一小段距离 d，使 $\boldsymbol{F}_{\rm N}$ 与 $\boldsymbol{F}_{\rm Q}$ 组成一个力偶，这个力偶就是滚动摩擦力偶。我们也可以不用图 5－19（a）的表示法，而令 $\boldsymbol{F}_{\rm N}$ 及 $\boldsymbol{F}$ 作用于 I 点（向 I 点简化），但附加一个力偶，如图 5－19（b）所示，当然力偶矩 $M=F_{\rm N}d$。

当 $\boldsymbol{F}_{\rm T}$ 增大时，若轮子仍处于静止，显然滚动摩擦力偶矩也随之增大。但是滚动摩擦力

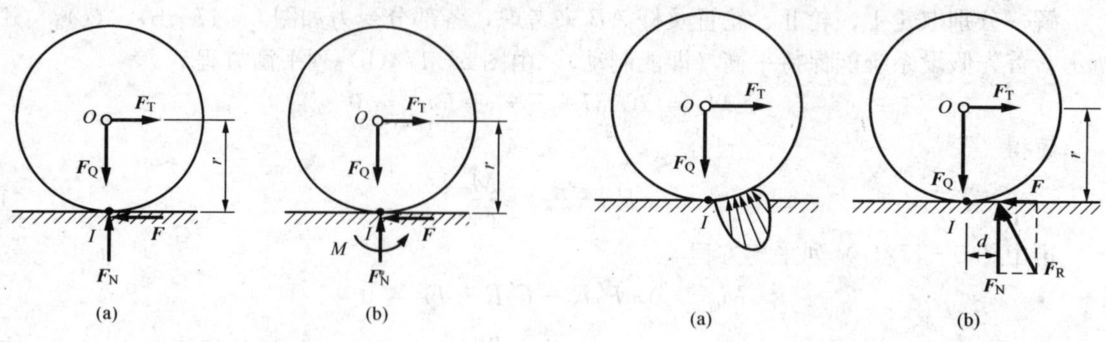

图 5-18 滚动摩擦

图 5-19 接触面变形

偶矩不能无限增大，而有一最大值。当主动力偶的矩超过该最大值时，轮子就要开始滚动。滚动摩擦力偶矩的最大值称为**极限滚动摩擦力偶矩**。根据实验结果：**极限滚动摩擦力偶矩近似与法向反力成正比**。如用M_L代表极限滚动摩擦力偶矩，则

$$M_L = \delta F_N \tag{5-4}$$

式中 δ——**滚动摩擦系数**，是一个以长度为单位的量，mm。

显然δ起着力偶臂的作用，它是法向反力偏离轮子最低点的最大距离。滚动摩擦系数δ的大小与接触体材料性质有关，可由实验测定。某些材料的δ值也可在工程手册中查到，下面列举几种材料的滚动摩擦系数大约值（表 5-3）。

表 5-3 几种材料的滚动摩擦系数

材料	滚动摩擦系数（mm）	材料	滚动摩擦系数（mm）
木对木	0.5～0.8	木对钢	0.3～0.4
钢质车轮与钢轨	0.05	轮胎对路面	2～10

轮子滚动后，滚动摩擦力偶仍存在。通常认为滚动后的滚动摩擦力偶矩与极限摩擦力偶矩的大小相等。

现在来讨论为什么使轮子滚动比滑动省力。要使轮子滚动［图 5-19（b）］，所需的最小水平拉力为

$$F_{T1} = F = \frac{\delta F_N}{r} = \frac{\delta}{r} F_Q$$

而使该轮子滑动，所需的最小水平拉力为

$$F_{T2} = F_L = f_s F_N = f_s F_Q$$

f_s为轮子与水平面间的静摩擦因数，通常$\frac{\delta}{r} \ll f_s$，所以

$$f_{T1} \ll f_{T2}$$

可见，使轮子滚动比使其滑动更省力。在生产实践中，为了省力常以滚动代替滑动。例如，在水利工程中，水闸闸门以轮子在闸门槽的钢轨上滚动代替滑动；在机器中用滚珠轴承代替滑动轴承等等，都是这个道理。

思 考 题

5-1 用节点法、截面法计算桁架杆件内力的步骤是什么？不用计算，如何判别桁架中

的零杆?

5-2　试找出图 5-20 所示桁架中的零杆。

5-3　“物体所受滑动摩擦力的方向与物体运动的方向永远相反”此说法是否正确?举例说明。

5-4　物体保持静止时，滑动摩擦力可以作为约束力，在受力分析时其方向可以任意假定。此说法是否正确?

5-5　轮子一般是滚动容易滑动难，所以在平衡分析时，可以不考虑滑动摩擦力。此说法是否正确?

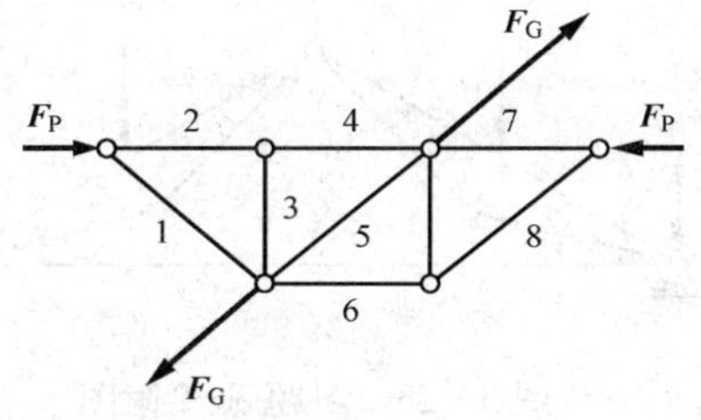

图 5-20　思考题 5-2 附图

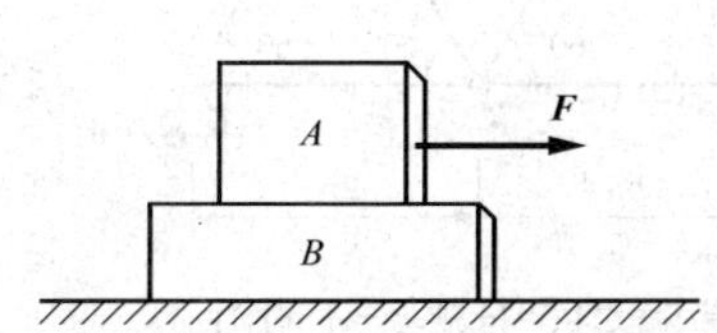

图 5-21　思考题 5-6 附图

5-6　物块 A、B 放置如图 5-21 所示。设 A、B 之间的极限摩擦力为 $\boldsymbol{F}_A$，物块 B 与水平面之间的极限摩擦力为 $\boldsymbol{F}_B$。在物块 A 上作用一水平力 $\boldsymbol{F}$。试判别在下列各种情况下，A、B 能否平衡：

(1) $F>F_A>F_B$;

(2) $F>F_A<F_B$;

(3) $F<F_A<F_B$;

(4) $F_B<F<F_A$;

(5) $F_B>F>F_A$;

(6) $F>F_B>F_A$。

5-7　在图 5-22 所示中，已知物块 A、B 重分别为 F_A、F_B，物块 A 与墙之间用一连杆连接，各接触面之间的静摩擦因数均为 f_s。试判断在三种情况下，能使 B 滑动的水平力 $\boldsymbol{F}_1$、$\boldsymbol{F}_2$、$\boldsymbol{F}_3$之值，哪个最大?哪个最小?

5-8　一边长为 a 的正方形均质物块，放在粗糙的斜面上，物块在重力 $\boldsymbol{F}_P$、拉力 $\boldsymbol{F}_T$、法向反力 $\boldsymbol{F}_N$及摩擦力 $\boldsymbol{F}$ 作用下在斜面上保持平衡，但在图 5-23 中，$\sum M_{iC}\neq 0$，试问错在哪里?

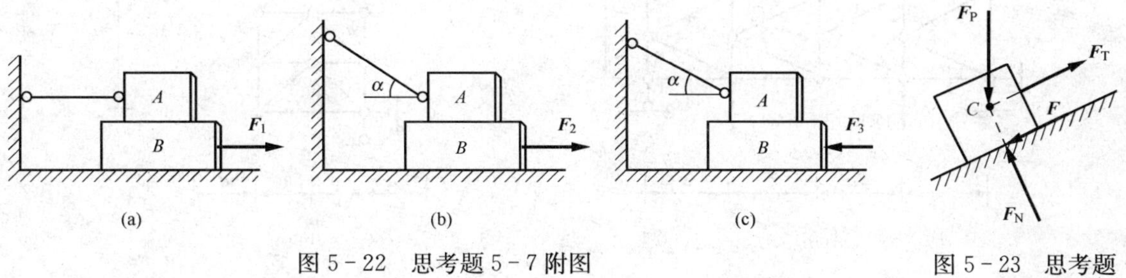

图 5-22　思考题 5-7 附图

图 5-23　思考题 5-8 附图

5－9 骑自行车时，前后两轮的摩擦力各向什么方向？为什么？

习 题

5－1 试用节点法计算图 5－24 所示桁架各杆的内力。

5－2 试用截面法求图 5－25 所示桁架 1 杆的内力，并进行校核。

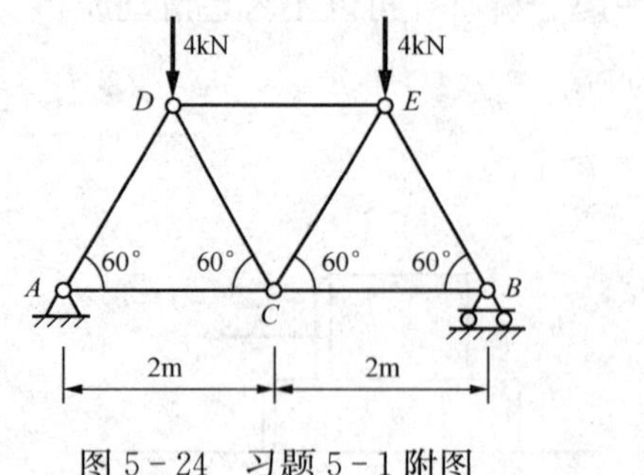

图 5－24 习题 5－1 附图

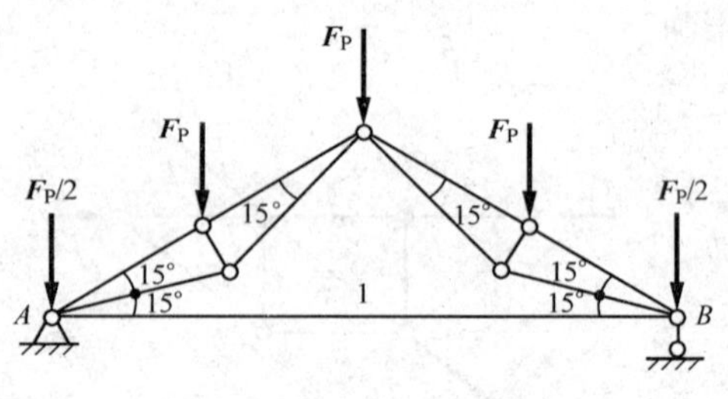

图 5－25 习题 5－2 附图

5－3 试计算图 5－26 所示桁架指定杆件的内力。图中长度单位为 m，力的单位为 kN。

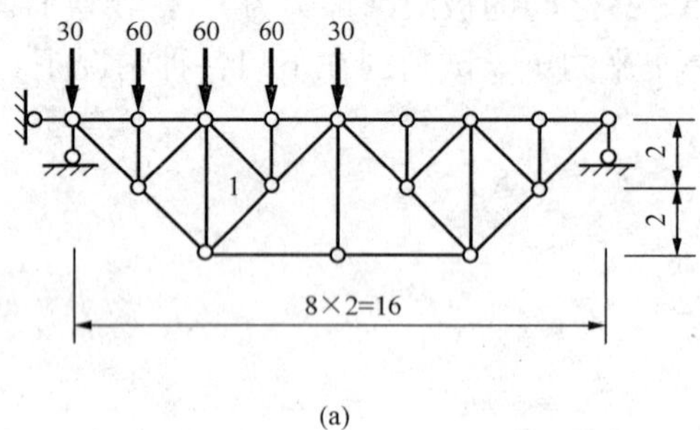

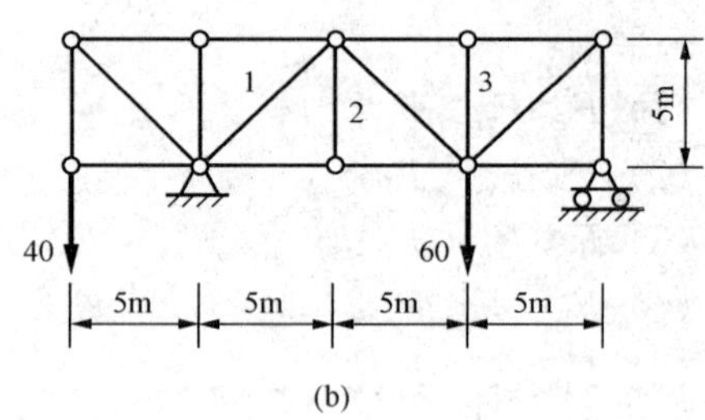

图 5－26 习题 5－3 附图

5－4 试用最简捷的方法求图 5－27 所示桁架指定杆件的内力。图 5－27（a）中长度单位为 m。

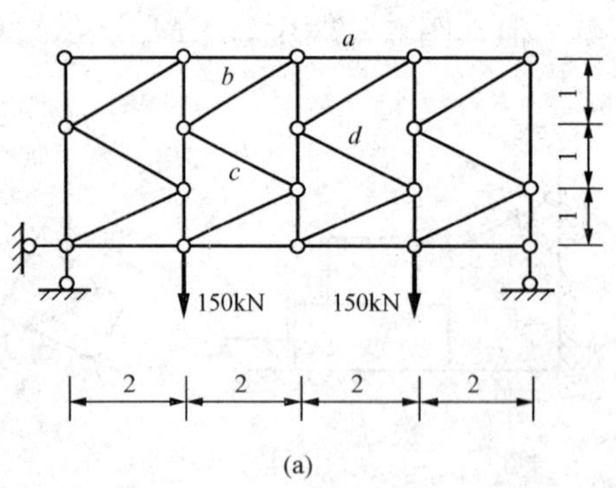

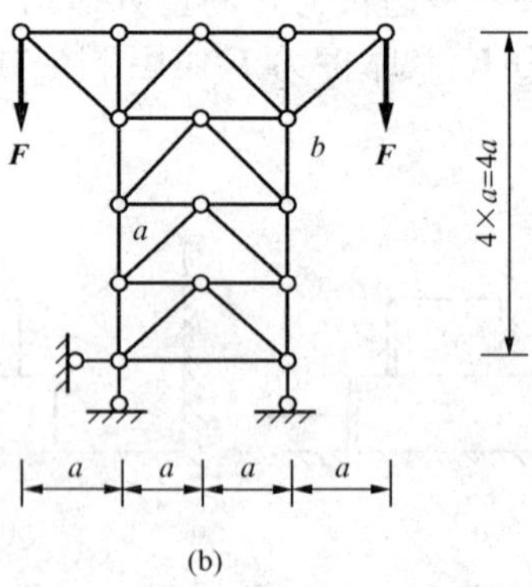

图 5－27 习题 5－4 附图

5-5 空间桁架如图 5-28 所示，已知 $AB=BC=CA$，力 $\boldsymbol{F}_P$ 与杆 BC 平行，$F_P=50kN$，试求各杆件的内力。

5-6 杆系铰接如图 5-29 所示，沿杆 5 与杆 3 分别作用着力 $\boldsymbol{F}_{P1}$ 与 $\boldsymbol{F}_{P2}$，试求各杆件的内力。

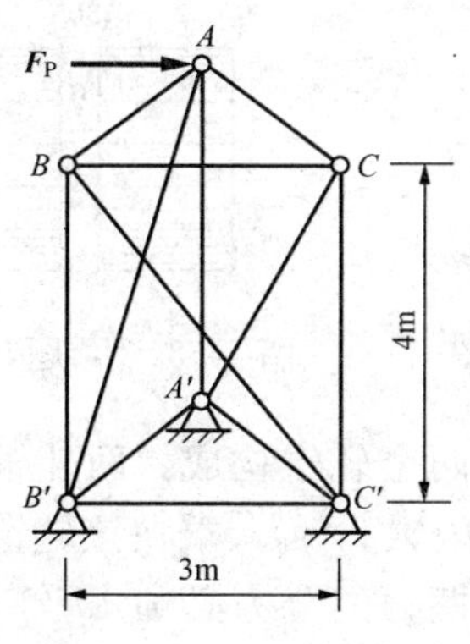

图 5-28 习题 5-5 附图

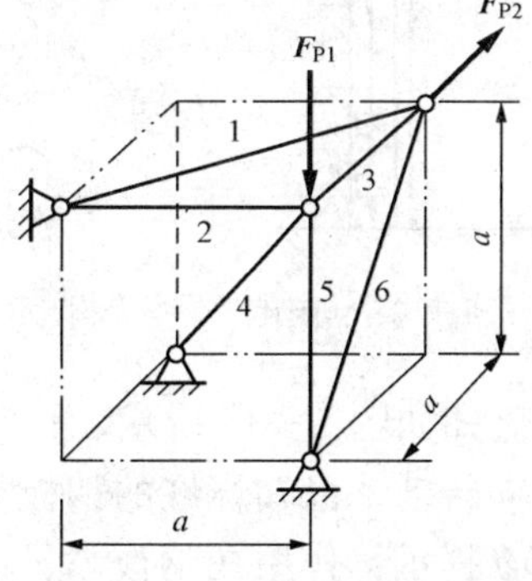

图 5-29 习题 5-6 附图

5-7 已知如图 5-30 所示物体 A 重 $F_P=10N$，与斜面间摩擦因数 $f=0.4$。

(1) 设物体 B 重 $F_Q=5N$，试求 A 与斜面间的摩擦力的大小和方向。

(2) 若物体 B 重 $F_Q=8N$，则物体与斜面间的摩擦力方向如何？大小多少？

5-8 一混凝土锚锭如图 5-31 所示。设混凝土墩重 400kN，与土壤之间的静摩擦因数 $f_s=0.6$，铁索与水平线成角 $\alpha=20°$。求不致使混凝土块滑动的最大拉力 $\boldsymbol{F}_T$。

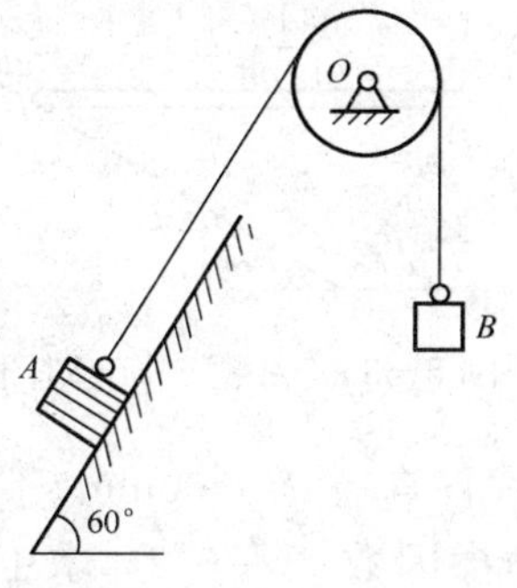

图 5-30 习题 5-7 附图

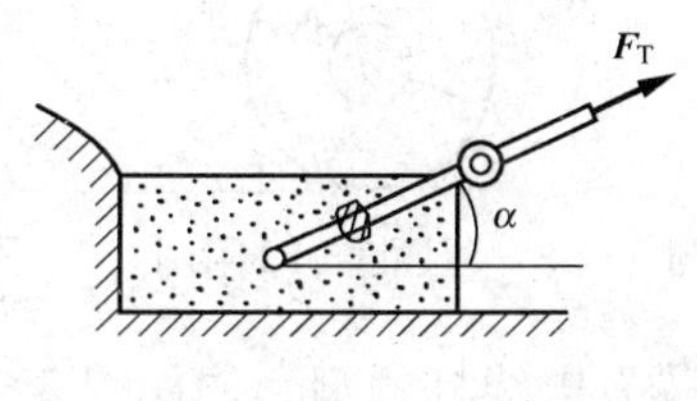

图 5-31 习题 5-8 附图

5-9 矩形平板闸门宽 6m，重 150kN。为了减少摩擦，门槽以瓷砖贴面，并在闸门上设置胶木滑块 A、B，位置如图 5-32 所示。瓷砖与胶木的摩擦因数 $f_s=0.25$，水深 8m。求开启闸门时需要的启门力 $\boldsymbol{F}$。

5-10 图 5-33 所示为运送混凝土的装置，料斗连同混凝土总重 25kN，它与轨道面的动摩擦因数为 0.3，轨道与水平面的夹角为 70°，缆索和轨道平行。求料斗匀速上升及料斗匀速下降时缆绳的拉力。

5-11 切断钢锭的设备中的尖劈顶角为 30°如图 5-34 所示。尖劈上作用力 $F=3500kN$，设钢锭与尖劈之间的摩擦因数为 0.15。求作用在钢锭上的水平推力。

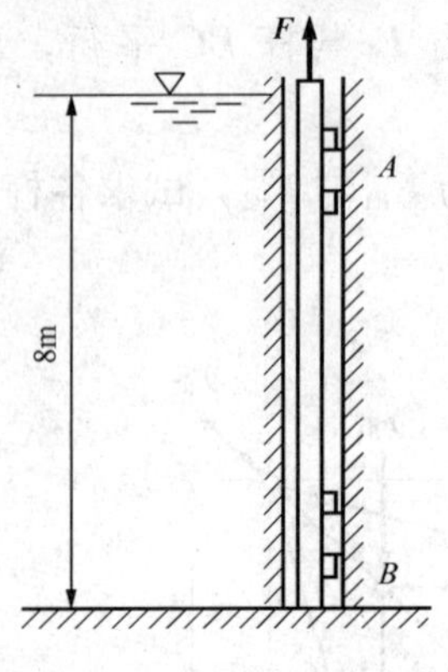

图 5-32　习题 5-9 附图

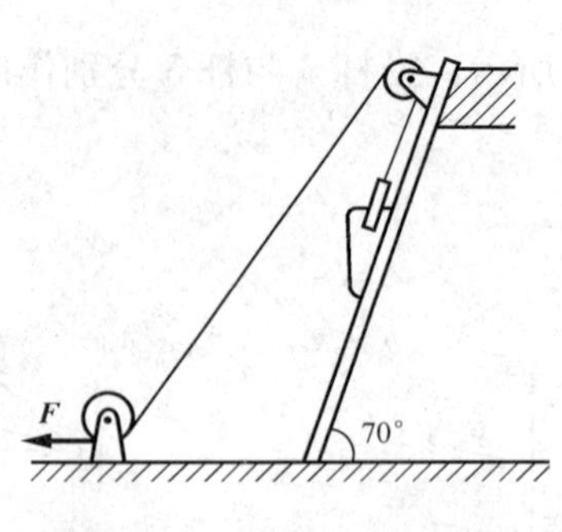

图 5-33　习题 5-10 附图

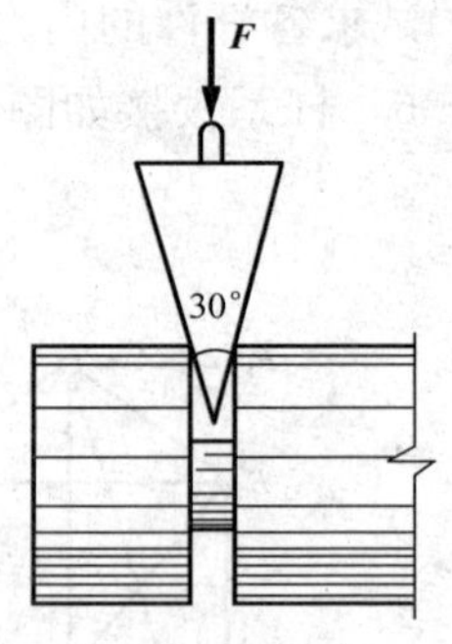

图 5-34　习题 5-11 附图

5-12　已知如图 5-35 所示，轧钢机由直径为 d 的两个轧辊构成，两轧辊之间距离为 a，按相反方向转动，已知烧红的钢板与轧辊之间的摩擦因数为 f_s。求在该轧钢机上能压延的钢板厚度 b（提示：作用在钢板 A、B 处的正压力和摩擦力的合力必须水平向右，才能把钢板带进两轧辊间隙中压延）。

5-13　板 AB 长 l，A、B 两端分别搁在倾角 $\alpha_1=50°$，$\alpha_2=30°$的两斜面上如图 5-36 所示。已知板端与斜面之间的摩擦角 $\varphi_m=25°$。欲使物块 M 放在板上而板保持水平不动，试求物块放置的范围（板重不计）。

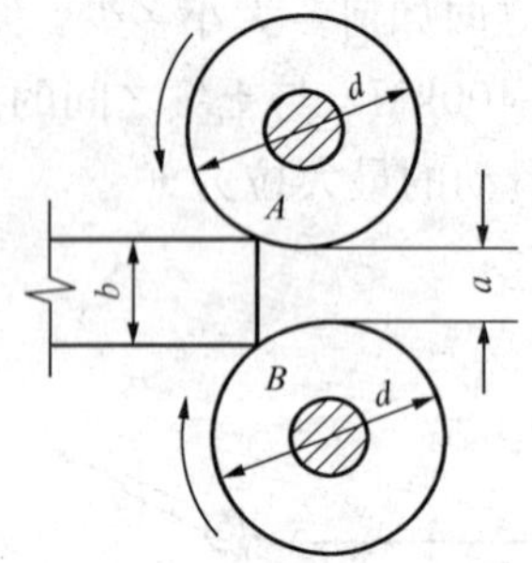

图 5-35　习题 5-12 附图

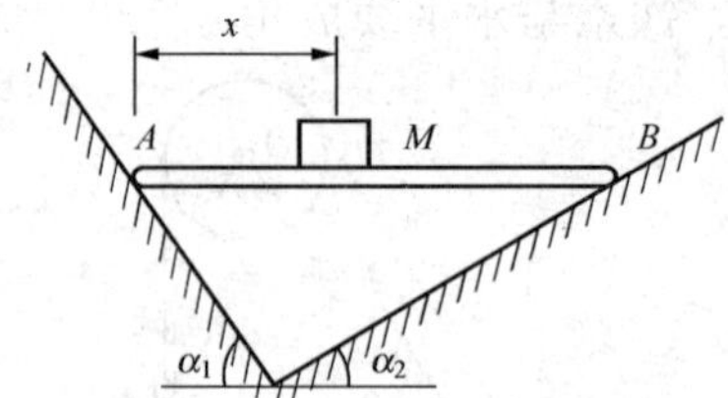

图 5-36　习题 5-13 附图

5-14　攀登电线杆的脚套钩如图 5-37 所示。设电线杆直径 $d=300$mm，脚作用力 $\boldsymbol{F}_P$ 到电线杆中心的距离 $l=250$mm。若套钩与电线杆之间摩擦因数 $f_s=0.3$，求工人操作时，为了安全，套钩 A、B 间的铅直距离 d 的最大值为多少。

5-15　长 l 的杆 BC，在 B 端铰连着一套筒，套筒可在杆 OA 上滑动。杆 OA 上作用一力矩 M。在图 5-38 所示位置，套筒与杆 OA 恰好卡住。求套筒与杆 OA 之间的摩擦因数 f_s 及 BC 所受的力。

5-16　图 5-39 所示为摩擦离合器的示意图。试求施于离合器的力 $\boldsymbol{F}_N$所产生的极限力矩 M。设摩擦因数为 f_s，且接触面上的压力是均匀分布的。

5-17　用尖劈顶起重物的装置如图 5-40 所示。重物与尖劈间的摩擦因数为 f_s，其他有圆辊处为光滑接触，尖劈顶角为 α，且 $\tan\alpha>f_s$被顶举的重量设为 $\boldsymbol{F}_Q$。试求：

(1) 顶举重物上升所需的 $\boldsymbol{F}_P$值；

(2) 顶住重物使不下降所需的 $\boldsymbol{F}_P$值。

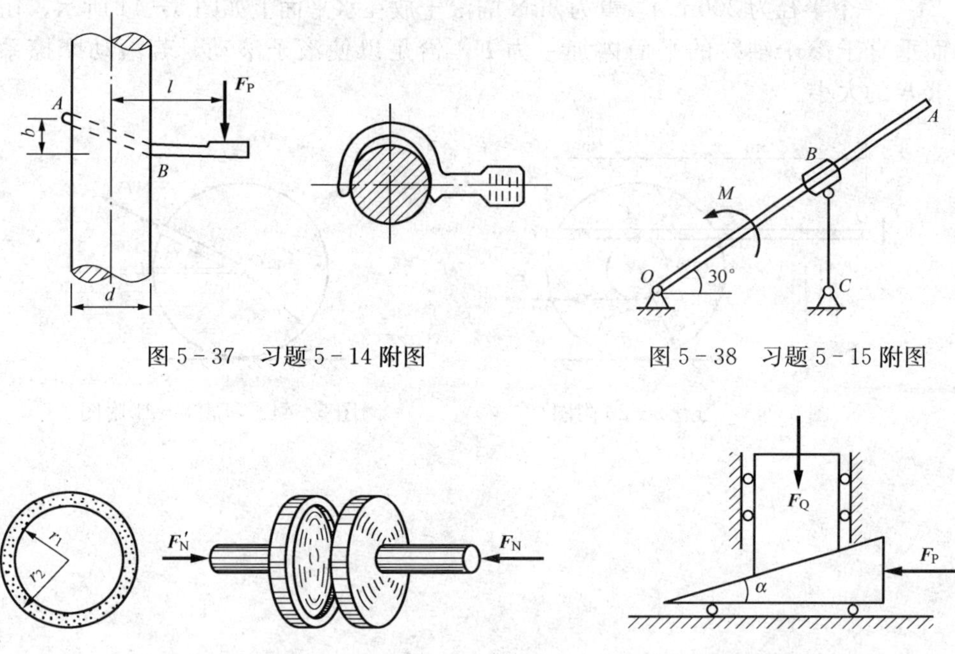

图 5-37　习题 5-14 附图

图 5-38　习题 5-15 附图

图 5-39　习题 5-16 附图

图 5-40　习题 5-17 附图

5-18　起重机的夹子（尺寸如图 5-41 所示），要把重为 F_Q 的物块夹起，必须利用重物与夹子之间的摩擦力。设夹子对重物的压力的合力作用于 C 点相距 150mm 处的 A、B 两点，不计夹子重量。问要把重物夹起，重物与夹子之间的摩擦因数 f_s 最少要多大？

5-19　如图 5-42 所示，自行车闸的右边部分铰接于车架的 A 点，试求：在钢丝绳拉力 T 的作用下，闸块对自行车钢圈的作用力。

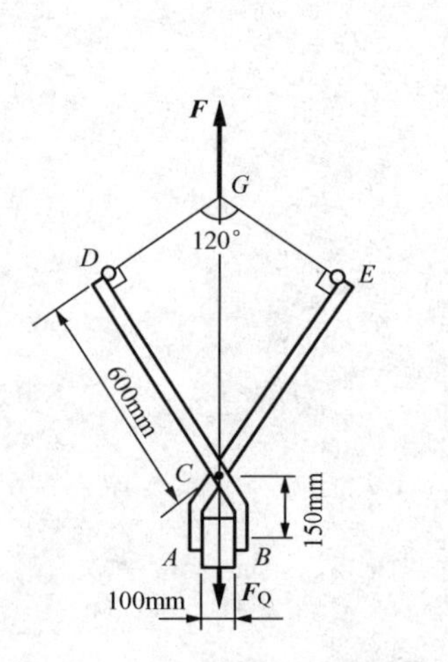

图 5-41　习题 5-18 附图

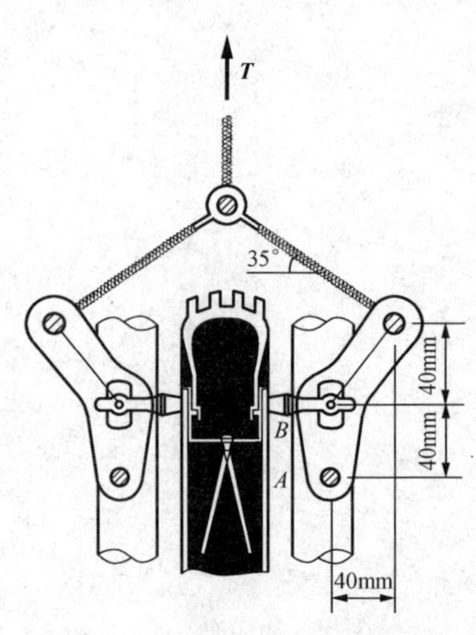

图 5-42　习题 5-19 附图

5-20　已知如图 5-43 所示，均质杆 OC 长 4m，重 500N；轮重 300N，与杆 OC 及水平面接触处的摩擦因数分别为 $f_A=0.4$，$f_B=0.2$。设滚动摩擦不计，求拉动圆轮所需力 F_T 的最小值。

5-21 一个半径为300mm、重为3kN的滚子放在水平面上如图5-44所示。在过滚子重心O而垂直于滚子轴线的平面内加一力$\boldsymbol{F}$，恰足以使滚子滚动。若滚动摩擦系数δ=5mm，求$\boldsymbol{F}$的大小。

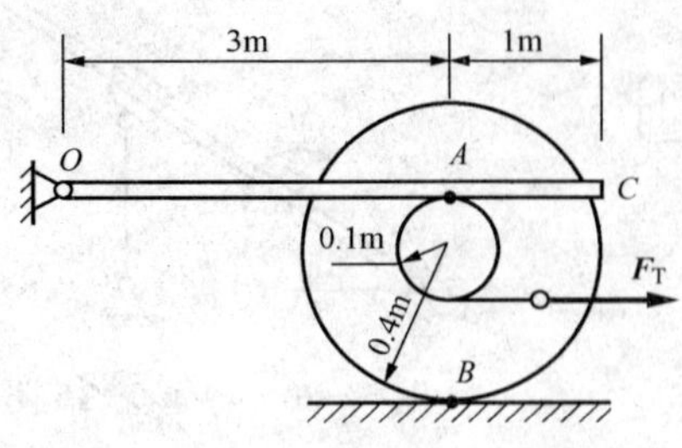

图5-43 习题5-20附图

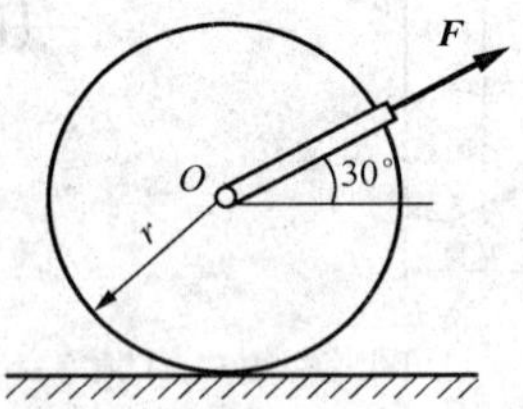

图5-44 习题5-21附图

第二篇 运动学

运动学是从几何学方面来研究物体的机械运动，即研究物体在空间的位置随时间的变化规律，而不涉及力和质量等与运动变化有关的物理因素。物体的运动与力和质量等物理量之间的关系将在动力学中研究。

本篇将所有的物体抽象为质点和刚体两种力学模型，于是，运动学也分为点的运动学和刚体运动学两部分。在研究一个物体的运动时，必须选定另一物体作为参考体（系）。同一个物体，对于不同的参考系，其运动的描述是不同的，也就是说运动具有相对性。因此，在描述物体的运动时，必须指明所取的参考系才有意义。运动学中有两个与时间有关的概念：瞬时和时间间隔。瞬时是指某一时刻或某一瞬间。时间间隔是指两瞬时之间的一段时间，有时也简称为时间。

运动学不仅是学习动力学的基础，而且也有其独立的应用。因此，运动学的知识，对学习动力学和分析解决工程实际问题，都具有重要的意义。

第六章 点的运动与刚体的基本运动

本章首先研究动点相对于某一参考系的运动规律，采用的分析方法有矢量法、直角坐标系法和自然轴系法，研究的主要内容是运动方程、运动轨迹、位移、速度和加速度等。其次研究刚体的两种基本运动，即平行移动和定轴转动，它们既是日常生活和工程实际中的常见运动，也是研究刚体更加复杂的运动的基础。

第一节 点的运动学

一、矢量表示法

如图 6-1 所示的参考系中，动点 M 在空间作曲线运动。由原点 O 向动点 M 作矢量 $\boldsymbol{r}$，$\boldsymbol{r}$ 称为动点对于原点 O 的位置矢或矢径。当动点 M 运动时，矢径 $\boldsymbol{r}$ 的大小和方向都随时间而变，并且是时间 t 的单值连续函数，即

$$\boldsymbol{r} = \boldsymbol{r}(t) \tag{6-1}$$

这就是**用矢量表示的点的运动方程**。它表明了动点在空间的位置随时间变化的规律。

动点 M 运动时，其矢径 $\boldsymbol{r}$ 的末端描绘出的一条连续曲线，称为**矢端曲线**，它就是动点 M 的**运动轨迹**，如图 6-1 所示。

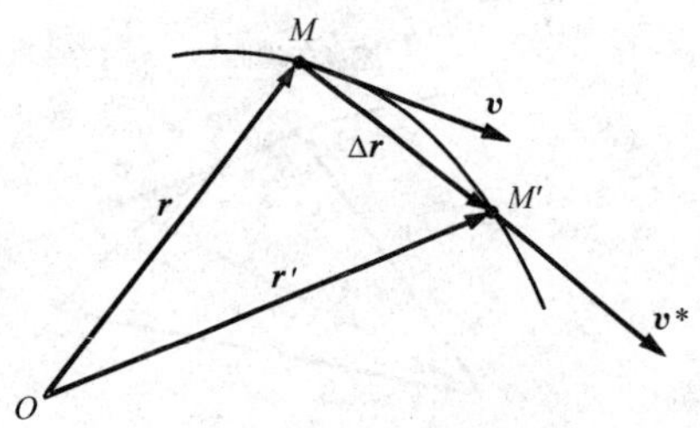

图 6-1 用矢量描述点的位置和速度

设从瞬时 t 到瞬时 $t+\Delta t$，动点的位置由 M 改变到 M'，其矢径分别为 $\boldsymbol{r}$ 和 $\boldsymbol{r}'$，如图 6-1 所示，在 Δt 时间内，矢径的改变量为 $\Delta\boldsymbol{r}=\boldsymbol{r}'-\boldsymbol{r}$，它表示动点在 Δt 时间内的**位移**。

比值$\dfrac{\Delta\boldsymbol{r}}{\Delta t}$称为动点在 Δt 时间内的平均速度 $\boldsymbol{v}^*$。当 $\Delta t\to 0$ 时，平均速度的极限值称为动点在瞬时 t 的**速度** $\boldsymbol{v}$，即

$$\boldsymbol{v}=\lim_{\Delta t\to 0}\boldsymbol{v}^*=\lim_{\Delta t\to 0}\frac{\Delta\boldsymbol{r}}{\Delta t}=\frac{\mathrm{d}\boldsymbol{r}}{\mathrm{d}t}=\dot{\boldsymbol{r}} \tag{6-2}$$

这表明，**动点的速度等于其矢径对于时间的一阶导数**。点的速度是一个矢量，它的方向沿矢径 $\boldsymbol{r}$ 的矢端曲线的切线，即沿动点运动轨迹的切线，并与动点运动的方向一致，如图 6-1 所示。速度的大小是$|\boldsymbol{v}|=\left|\dfrac{\mathrm{d}\boldsymbol{r}}{\mathrm{d}t}\right|$，表明点运动的快慢，常称为**速率**。

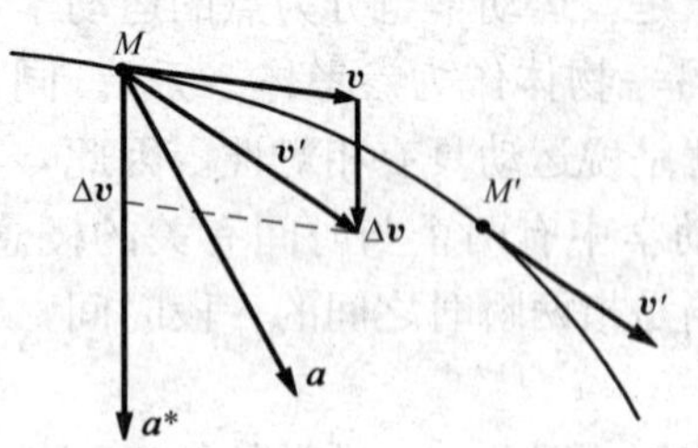

图 6-2 用矢量描述点的加速度

设在瞬时 t 和 $t+\Delta t$，动点分别位于 M 和 M' 点，它的速度为 $\boldsymbol{v}$ 和 $\boldsymbol{v}'$，如图 6-2 所示。速度的改变量为 $\Delta\boldsymbol{v}=\boldsymbol{v}'-\boldsymbol{v}$，比值$\dfrac{\Delta\boldsymbol{v}}{\Delta t}$称为 Δt 时间内的平均**加速度** $\boldsymbol{a}^*$。当 $\Delta t\to 0$ 时，平均加速度的极限值称为动点在瞬时 t 的加速度 $\boldsymbol{a}$，即

$$\boldsymbol{a}=\lim_{\Delta t\to 0}\boldsymbol{a}^*=\lim_{\Delta t\to 0}\frac{\Delta\boldsymbol{v}}{\Delta t}=\frac{\mathrm{d}\boldsymbol{v}}{\mathrm{d}t}=\frac{\mathrm{d}^2\boldsymbol{r}}{\mathrm{d}t^2}=\ddot{\boldsymbol{r}} \tag{6-3}$$

这表明，**动点的加速度等于其速度对于时间的一阶导数，也等于其矢径对于时间的二阶导数**。点的加速度也是一个矢量。如果把不同瞬时动点的速度矢量 $\boldsymbol{v}$ 的始端依次画在某一固定点 O'上，这些速度矢的末端将描绘出一条连续的曲线，称为**速度矢端线**，如图 6-3 所示。动点的加速度方向沿着速度矢端线的切线，并指向速度矢端运动的方向，加速度的大小是$|\boldsymbol{a}|=\left|\dfrac{\mathrm{d}\boldsymbol{v}}{\mathrm{d}t}\right|$。

二、直角坐标表示法

选取一直角坐标系 $Oxyz$，则动点 M 的位置不仅可用其相对于坐标原点 O 的矢径 $\boldsymbol{r}$ 表示，还可用它的三个直角坐标 x，y，z 来确定，如图 6-4 所示。M 点运动时，三个坐标随时间而变化，都是时间 t 的单值连续函数，即

$$x=f_1(t),\ y=f_2(t),\ z=f_3(t) \tag{6-4}$$

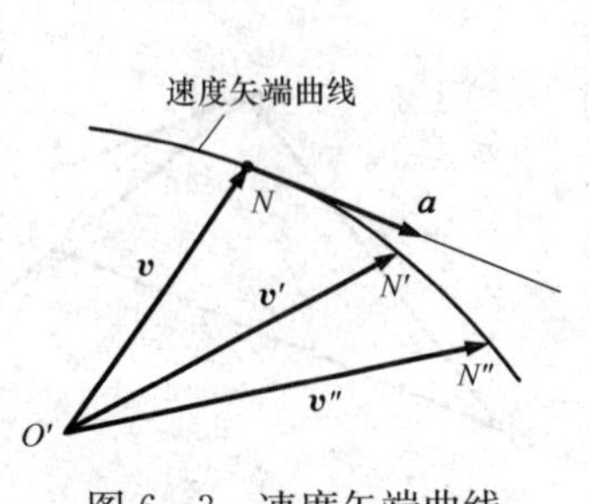

图 6-3 速度矢端曲线

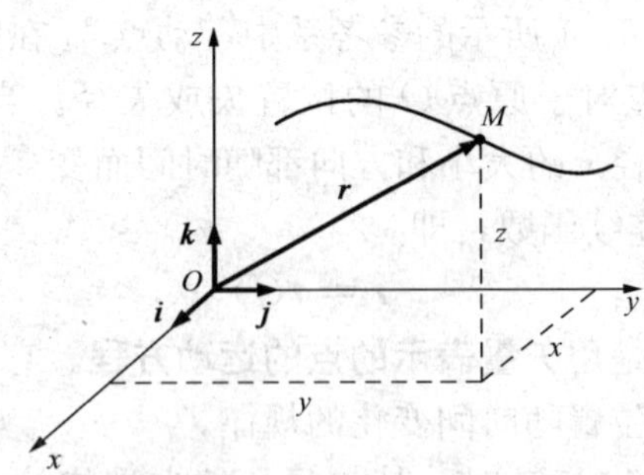

图 6-4 用直角坐标描述点的运动

这就是**用直角坐标表示的点的运动方程**。实际上，它是以时间 t 为参变量的空间曲线方程。

若从式（6-4）中消去 t，可得到点的**轨迹方程**

$$F_1(x,\ y)=0,\ F_2(x,\ z)=0 \tag{6-5}$$

由图 6-4 可知

$$\boldsymbol{r}=x\boldsymbol{i}+y\boldsymbol{j}+z\boldsymbol{k} \tag{6-6}$$

由式（6-2）可得直角坐标表示的点的速度

$$\boldsymbol{v}=\frac{\mathrm{d}\boldsymbol{r}}{\mathrm{d}t}=\frac{\mathrm{d}x}{\mathrm{d}t}\boldsymbol{i}+\frac{\mathrm{d}y}{\mathrm{d}t}\boldsymbol{j}+\frac{\mathrm{d}z}{\mathrm{d}t}\boldsymbol{k} \tag{6-7}$$

速度 $\boldsymbol{v}$ 在各坐标轴上的投影为

$$\left.\begin{aligned} v_x&=\frac{\mathrm{d}x}{\mathrm{d}t}=\dot{x}\\ v_y&=\frac{\mathrm{d}y}{\mathrm{d}t}=\dot{y}\\ v_z&=\frac{\mathrm{d}z}{\mathrm{d}t}=\dot{z}\end{aligned}\right\} \tag{6-8}$$

即，**点的速度在各坐标轴上的投影，等于点的相应坐标对时间的一阶导数。**

由速度的投影可求出速度的大小

$$v=\sqrt{v_x^2+v_y^2+v_z^2} \tag{6-9}$$

速度的方向由其方向余弦确定

$$\left.\begin{aligned} \cos(\boldsymbol{v},\ x)&=\frac{v_x}{v}\\ \cos(\boldsymbol{v},\ y)&=\frac{v_y}{v}\\ \cos(\boldsymbol{v},\ z)&=\frac{v_z}{v}\end{aligned}\right\} \tag{6-10}$$

同理，设

$$\boldsymbol{a}=a_x\boldsymbol{i}+a_y\boldsymbol{j}+a_z\boldsymbol{k} \tag{6-11}$$

则有

$$\left.\begin{aligned} a_x&=\frac{\mathrm{d}v_x}{\mathrm{d}t}=\frac{\mathrm{d}^2x}{\mathrm{d}t^2}=\ddot{x}\\ a_y&=\frac{\mathrm{d}v_y}{\mathrm{d}t}=\frac{\mathrm{d}^2y}{\mathrm{d}t^2}=\ddot{y}\\ a_z&=\frac{\mathrm{d}v_z}{\mathrm{d}t}=\frac{\mathrm{d}^2z}{\mathrm{d}t^2}=\ddot{z}\end{aligned}\right\} \tag{6-12}$$

即，**点的加速度在各坐标轴上的投影，等于点的速度在对应轴上的投影对时间的一阶导数，也等于点的对应坐标对时间的二阶导数。**

加速度的大小和方向余弦分别为

$$a=\sqrt{a_x^2+a_y^2+a_z^2} \tag{6-13}$$

$$\left.\begin{aligned} \cos(\boldsymbol{a},\ x)&=\frac{a_x}{a}\\ \cos(\boldsymbol{a},\ y)&=\frac{a_y}{a}\\ \cos(\boldsymbol{a},\ z)&=\frac{a_z}{a}\end{aligned}\right\} \tag{6-14}$$

由上可知，已知动点的运动方程式（6-4）时，通过对时间求一阶、二阶导数，可求得动点的速度、加速度；反之，已知动点的加速度和运动的初始条件，通过积分可求出动点的速度方程、运动方程和轨迹方程。

三、自然表示法

在许多工程实际问题中，动点的运动轨迹往往是已知的。例如火车运动的线路即为已知的轨迹。利用点的运动轨迹建立弧坐标及自然轴系，并用它们来描述和分析点的运动的方法称为**自然法**。

1. 运动方程

设动点 M 的轨迹为如图 6-5 所示的曲线。在曲线上选定一点 O 为原点，从 O 点到动点的位置 M 量取弧长 s，并规定从 O 点向某一边量取的 s 为正值，向另一边量取的为负值，则动点的位置可以由 s 完全确定。代数值 s 称为动点的**弧坐标**。点运动时，弧坐标 s 随时间 t 而变化，是时间 t 的单值连续函数，可表示为

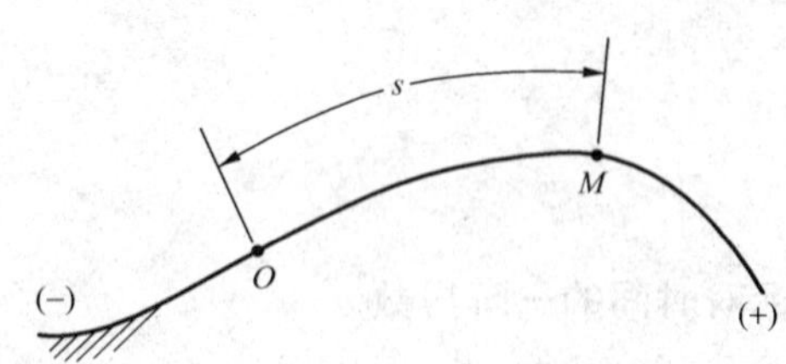

图 6-5 用弧坐标描述点的运动

$$s = s(t) \tag{6-15}$$

这就是**用自然法表示的点的运动方程**。

在用自然法分析点的速度和加速度时，需要用到关于轨迹曲线几何现状的描述，为此先介绍自然轴系的概念。

2. 自然轴系

曲线的弯曲程度常用曲率和曲率半径来度量。如图 6-6 所示，在一任意空间曲线上取相邻的两点 M 与 M'，分别作曲线在这两点的切线 MT 与 $M'T'$。再过 M 点作直线 MQ 平行于 $M'T'$，则 MT 与 MQ 的夹角 $\Delta\theta$ 称为**邻角**。设 MM' 的弧长为 Δs，比值 $\frac{\Delta\theta}{\Delta s}$ 称为曲线在 MM' 段平均曲率 k^*。当 $M'\to M$，即 $\Delta s\to 0$ 时，k 的极限值称为曲线在 M 点的**曲率**，用 k 表示，即

$$k = \lim_{\Delta t\to 0} k^* = \lim_{\Delta t\to 0} \frac{\Delta\theta}{\Delta s} \tag{6-16}$$

曲率 k 的倒数称为曲线在 M 点的**曲率半径**，用 ρ 表示，即

$$\rho = \frac{1}{k} \tag{6-17}$$

现在来建立自然轴系。在图 6-6 中，直线 MQ 与 MT 构成一平面 P'，当 M' 向 M 趋近时，MT 不动，$M'T'$ 的方位则不断改变，相应地，MQ 的方位也不断改变，从而平面 P' 的方位也在变化，即绕着 MT 不断地转动。当 M' 无限趋近于 M 时，平面 P' 也趋近于一极限位置 P。在这极限位置的平面 P 称为曲线在 M 点的**密切面**。显然，M 点附近的微小线段可近似地看成在密切面内的平面曲线。对于平面曲线而言，各点的密切面相同，就是曲线所在的平面。

过 M 点并垂直于切线 MT 的平面称为曲线在 M 点的法平面，如图 6-7 所示。在法平面内，过 M 点的所有直线都是曲线在 M 点的法线。在密切面内的法线 MN 称为**主法线**；与密切面垂直的法线 MB 则称为**副法线**。M 点的切线、主法线与副法线构成了一组正交轴系。规定：切线的正向与弧坐标的正向一致，其单位矢量用 $\boldsymbol{e}_t$ 表示；主法线的正向指向曲线凹的一侧，其单位矢量用 $\boldsymbol{e}_n$ 表示；副法线的单位矢量用 $\boldsymbol{e}_b$ 表示，它与 $\boldsymbol{e}_t$，$\boldsymbol{e}_n$ 形成右手系，即

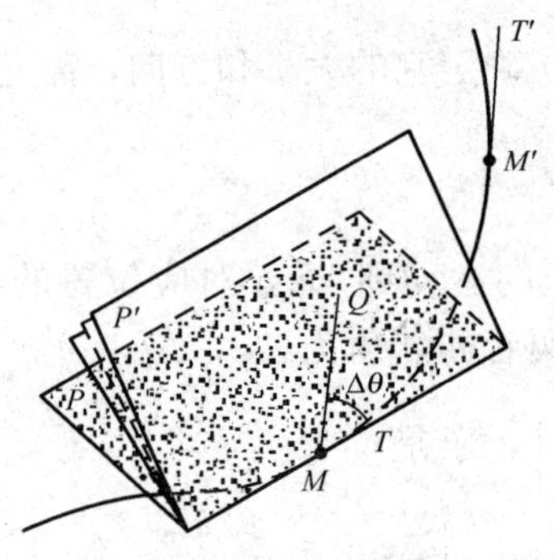

图 6-6　曲线上 M 点的密切面

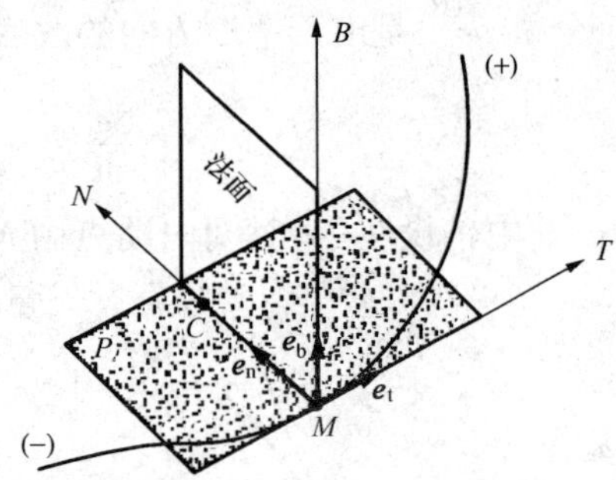

图 6-7　曲线上 M 点的自然轴系

$$\boldsymbol{e}_t \times \boldsymbol{e}_n = \boldsymbol{e}_b$$

这个以 $\boldsymbol{e}_t$，$\boldsymbol{e}_n$，$\boldsymbol{e}_b$确定的正交系称为**自然轴系**。

必须指出，自然轴系各轴的方向对曲线上的某一点来说，是确定的，但对于曲线上不同的点，其 $\boldsymbol{e}_t$，$\boldsymbol{e}_n$，$\boldsymbol{e}_b$的方向一般是不同的。

3. 速度、加速度

建立了自然轴系后，速度的矢量表达式（6-2）可作如下变换

$$\boldsymbol{v} = \frac{\mathrm{d}\boldsymbol{r}}{\mathrm{d}t} = \frac{\mathrm{d}\boldsymbol{r}}{\mathrm{d}s}\frac{\mathrm{d}s}{\mathrm{d}t}$$

$\frac{\mathrm{d}\boldsymbol{r}}{\mathrm{d}s}$的大小为

$$\left|\frac{\mathrm{d}\boldsymbol{r}}{\mathrm{d}s}\right| = \lim_{\Delta t\to 0}\left|\frac{\Delta\boldsymbol{r}}{\Delta s}\right| = \lim_{\Delta s\to 0}\left|\frac{\Delta\boldsymbol{r}}{\Delta s}\right| = 1$$

它的方向是当 $\Delta t\to 0$ 时，$\Delta\boldsymbol{r}$ 的极限方向，即沿轨迹在 M 点的切线方向，如图 6-8 所示，于是$\frac{\mathrm{d}\boldsymbol{r}}{\mathrm{d}s}=\boldsymbol{e}_t$，则

$$\boldsymbol{v} = \frac{\mathrm{d}s}{\mathrm{d}t}\boldsymbol{e}_t = v\boldsymbol{e}_t \qquad (6-18)$$

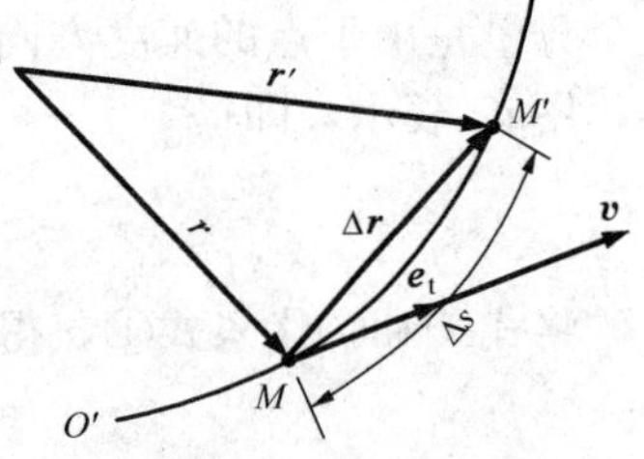

图 6-8　M 点的速度

由此可得结论：**动点的速度沿其轨迹的切线方向，其大小等于弧坐标对时间的一阶导数**。当$\frac{\mathrm{d}s}{\mathrm{d}t}>0$ 时，表示 s 值随时间增大，动点沿弧坐标正向运动；当$\frac{\mathrm{d}s}{\mathrm{d}t}<0$ 时，则相反。于是 v 的绝对值表示速度的大小，其正负号表示点沿轨迹运动的方向。

将式（6-18）代入式（6-3），有

$$\boldsymbol{a} = \frac{\mathrm{d}\boldsymbol{v}}{\mathrm{d}t} = \frac{\mathrm{d}(v\boldsymbol{e}_t)}{\mathrm{d}t} = \frac{\mathrm{d}v}{\mathrm{d}t}\boldsymbol{e}_t + v\frac{\mathrm{d}\boldsymbol{e}_t}{\mathrm{d}t} \qquad ①$$

这表明，加速度 $\boldsymbol{a}$ 由两个分量组成。第一个分量$\frac{\mathrm{d}v}{\mathrm{d}t}\boldsymbol{e}_t$是由于速度大小的改变而有的，其方向沿轨迹在 M 点的切线，称为**切向加速度**，用 $\boldsymbol{a}_t$表示，即

$$\boldsymbol{a}_t = \frac{\mathrm{d}v}{\mathrm{d}t}\boldsymbol{e}_t \qquad ②$$

第二个分量 $v\frac{\mathrm{d}\boldsymbol{e}_t}{\mathrm{d}t}$ 是由于速度方向的改变而有的，为了确定它的大小和方向，需先分析 $\frac{\mathrm{d}\boldsymbol{e}_t}{\mathrm{d}t}$

$$\frac{\mathrm{d}\boldsymbol{e}_t}{\mathrm{d}t}=\frac{\mathrm{d}\boldsymbol{e}_t}{\mathrm{d}s}\frac{\mathrm{d}s}{\mathrm{d}t}=v\frac{\mathrm{d}\boldsymbol{e}_t}{\mathrm{d}s} \quad ③$$

在图 6-9 中，设在 Δt 时间内动点由 M 沿弧坐标正向运动到 M'，对应位置的切向单位矢量为 $\boldsymbol{e}_t$ 和 $\boldsymbol{e}'_t$，两者的邻角为 $\Delta\varphi$，$\Delta\boldsymbol{e}_t=\boldsymbol{e}'_t-\boldsymbol{e}_t$，并且 $|\Delta\boldsymbol{e}_t|=\left|2\sin\frac{\Delta\varphi}{2}\right|$，于是

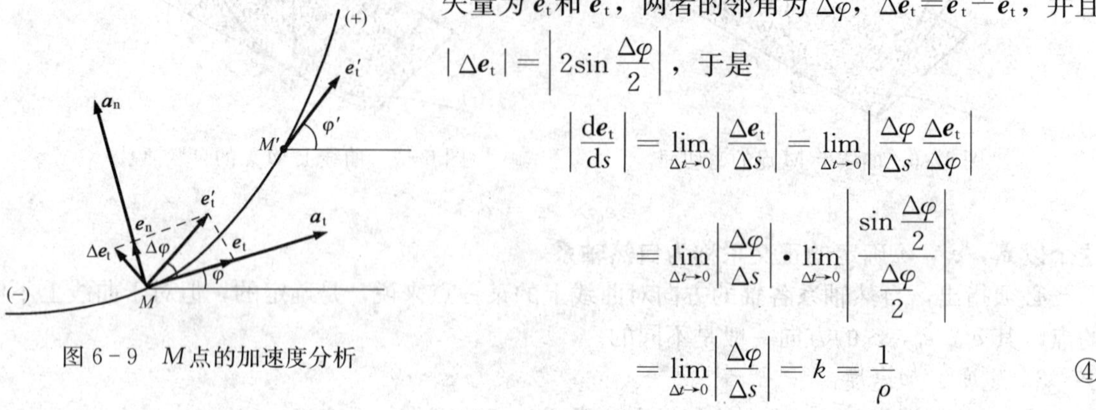

图 6-9 M 点的加速度分析

$$\left|\frac{\mathrm{d}\boldsymbol{e}_t}{\mathrm{d}s}\right|=\lim_{\Delta t\to 0}\left|\frac{\Delta\boldsymbol{e}_t}{\Delta s}\right|=\lim_{\Delta t\to 0}\left|\frac{\Delta\varphi}{\Delta s}\frac{\Delta\boldsymbol{e}_t}{\Delta\varphi}\right|$$

$$=\lim_{\Delta t\to 0}\left|\frac{\Delta\varphi}{\Delta s}\right|\cdot\lim_{\Delta t\to 0}\left|\frac{\sin\frac{\Delta\varphi}{2}}{\frac{\Delta\varphi}{2}}\right|$$

$$=\lim_{\Delta t\to 0}\left|\frac{\Delta\varphi}{\Delta s}\right|=k=\frac{1}{\rho} \quad ④$$

而 $\frac{\mathrm{d}\boldsymbol{e}_t}{\mathrm{d}s}$ 的方向显然是 $\Delta\boldsymbol{e}_t$ 的极限方向，当 $\Delta t\to 0$ 时，$\Delta\varphi\to 0$，$\Delta\boldsymbol{e}_t$ 在密切面内与 $\boldsymbol{e}_t$ 垂直，并指向曲线的凹方。于是，$\frac{\mathrm{d}\boldsymbol{e}_t}{\mathrm{d}s}$ 的方向沿主法线正向，则

$$\frac{\mathrm{d}\boldsymbol{e}_t}{\mathrm{d}s}=\frac{1}{\rho}\boldsymbol{e}_n \quad ⑤$$

所以，加速度 $\boldsymbol{a}$ 的第二个分量为

$$v\frac{\mathrm{d}\boldsymbol{e}_t}{\mathrm{d}t}=\frac{v^2}{\rho}\boldsymbol{e}_n \quad ⑥$$

这个分量是由于点的速度方向的变化而产生的，其方向总与 $\boldsymbol{e}_n$ 的方向一致，称为**法向加速度**，用 $\boldsymbol{a}_n$ 表示，即

$$\boldsymbol{a}_n=\frac{v^2}{\rho}\boldsymbol{e}_n \quad ⑦$$

将式②和⑦代入式①，得动点的加速度的自然表示法公式

$$\boldsymbol{a}=\boldsymbol{a}_t+\boldsymbol{a}_n=\frac{\mathrm{d}v}{\mathrm{d}t}\boldsymbol{e}_t+\frac{v^2}{\rho}\boldsymbol{e}_n \quad (6-19)$$

点的加速度在自然轴上的投影为

$$\left.\begin{aligned}a_t&=\frac{\mathrm{d}v}{\mathrm{d}t}=\frac{\mathrm{d}^2s}{\mathrm{d}t^2}\\a_n&=\frac{v^2}{\rho}\\a_b&=0\end{aligned}\right\} \quad (6-20)$$

点的加速度的大小和方向（图 6-10）可由式（6-21）决定

$$\left.\begin{aligned}a&=\sqrt{a_t^2+a_n^2}=\sqrt{\left(\frac{\mathrm{d}v}{\mathrm{d}t}\right)^2+\left(\frac{v^2}{\rho}\right)^2}\\\tan\theta&=\left|\frac{a_t}{a_n}\right|\end{aligned}\right\} \quad (6-21)$$

由上述讨论可见，**动点的加速度在密切面内并等于切向加速度与法向加速度的矢量和**。

【例 6-1】 半径为 r 的圆轮沿水平直线轨道滚动而不滑动，轮心 C 则在与轨道平行的直线上运动。设轮心 C 的速度为一常量 $\boldsymbol{v}_C$，试求轮缘上一点 M 的轨迹、速度和加速度。

解 为了求 M 点的轨迹、速度和加速度，需要建立 M 点的运动方程。以 M 点与轨道第一次接触的瞬时作为计算时间的起点（即在该瞬时 $t=0$），并以该瞬时轨道上与 M 接触的点为坐标原点 O，x 轴水平向右，y 轴铅直向上。取 M 点在任一瞬时 t 的位置（图 6-11）来考察，由图可见，M 点的坐标为

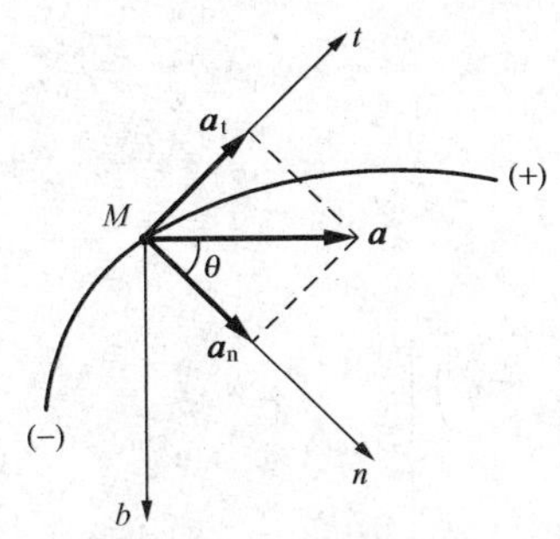

图 6-10　M 点的加速度

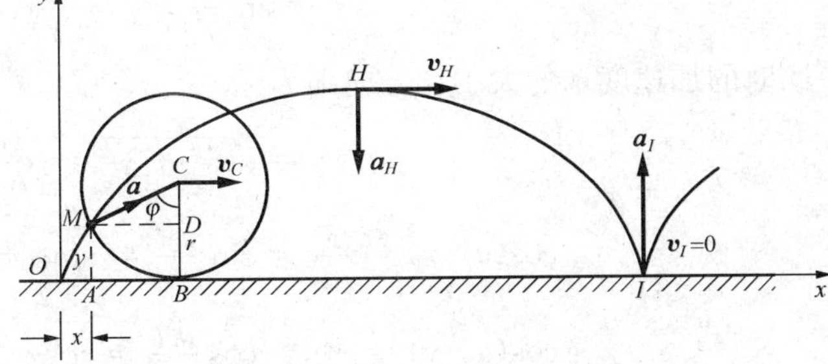

图 6-11 ［例 6-1］附图

$$x = OB - AB = OB - MD = OB - r\sin\varphi \quad ①$$

$$y = MA = CB - CD = r - r\cos\varphi \quad ②$$

因圆心 C 以速度 $\boldsymbol{v}_C$ 作匀速直线运动，故

$$OB = v_C t \quad ③$$

又因轮子滚动而不滑动，故

$$OB = \widehat{MB} = r\varphi$$

由此可得

$$\varphi = \frac{OB}{r} = \frac{v_C t}{r} \quad ④$$

将式③、④代入式①、②，得

$$x = v_C t - r\sin\frac{v_C t}{r} \quad ⑤$$

$$y = r - r\cos\frac{v_C t}{r} \quad ⑥$$

这就是 M 点的运动方程，同时也是以时间 t 为参数的 M 点的轨迹方程。根据这组方程可画出 M 点的轨迹曲线，如图 6-11 中实线所示。此曲线称为**旋轮线或摆线**。

用微分法可求得速度方程

$$\dot{x} = v_C - v_C\cos\frac{v_C t}{r} \quad ⑦$$

$$\dot{y} = v_C\sin\frac{v_C t}{r} \quad ⑧$$

任一瞬时，速度 $\boldsymbol{v}$ 的大小和方向为

$$v = \sqrt{\dot{x}^2 + \dot{y}^2} = v_C\sqrt{\left(1 - \cos\frac{v_C t}{r}\right)^2 + \sin^2\frac{v_C t}{r}}$$

$$= v_C\sqrt{2\left(1 - \cos\frac{v_C t}{r}\right)} = v_C\sqrt{2(1-\cos\varphi)} \quad ⑨$$

$$\left.\begin{aligned}\cos(\boldsymbol{v},\ x) &= \frac{\dot{x}}{v} = \frac{1-\cos\varphi}{\sqrt{2(1-\cos\varphi)}} \\ \cos(\boldsymbol{v},\ y) &= \frac{\dot{y}}{v} = \frac{\sin\varphi}{\sqrt{2(1-\cos\varphi)}}\end{aligned}\right\} \quad ⑩$$

$$\varphi = \frac{v_C t}{r}$$

由式⑦、⑧可进一步求得加速度方程为

$$\ddot{x} = \frac{v_C^2}{r}\sin\frac{v_C t}{r},\ \ddot{y} = \frac{v_C^2}{r}\cos\frac{v_C t}{r} \quad ⑪$$

任一瞬时的加速度 $\boldsymbol{a}$ 的大小和方向则为

$$a = \sqrt{\ddot{x}^2 + \ddot{y}^2} = \frac{v_C^2}{r} \quad ⑫$$

$$\left.\begin{aligned}\cos(\boldsymbol{a},\ x) &= \frac{\ddot{x}}{a} = \sin\frac{v_C t}{r} = \sin\varphi = \cos\left(\frac{\pi}{2}-\varphi\right) \\ \cos(\boldsymbol{a},\ y) &= \frac{\ddot{y}}{a} = \cos\frac{v_C t}{r} = \cos\varphi\end{aligned}\right\} \quad ⑬$$

由式⑬可见，$\boldsymbol{a}$ 与 x 轴的夹角等于$\frac{\pi}{2}-\varphi$；$\boldsymbol{a}$ 与 y 轴的夹角等于 φ。故 $\boldsymbol{a}$ 指向轮心 C。

当 M 点到达最高位置 H 时，$y=2r$，$\varphi=\pi$，3π，5π，…；则

$$v_H = 2v_C,\ \boldsymbol{v}_H \text{ 沿 } x \text{ 轴正向} \quad ⑭$$

$$a_H = \frac{v_C^2}{r},\ \boldsymbol{a}_H \text{ 沿 } y \text{ 轴负向} \quad ⑮$$

当 M 点到达最低位置 I 时，$y=0$，$\varphi=0$，2π，4π，…；则

$$v_I = 0 \quad ⑯$$

$$a_1 = \frac{v_C^2}{r},\ \boldsymbol{a}_1 \text{ 沿 } y \text{ 轴正向} \quad ⑰$$

式⑰表明，当轮子在轨道上作无滑动的滚动时，轮子与轨道接触点的速度等于零，沿轮子切线方向的加速度也等于零。

【例 6-2】 已知一点 M 的运动方程为

$$x = r\cos\omega t,\ y = r\sin\omega t,\ z = h\frac{\omega t}{2\pi} \quad ①$$

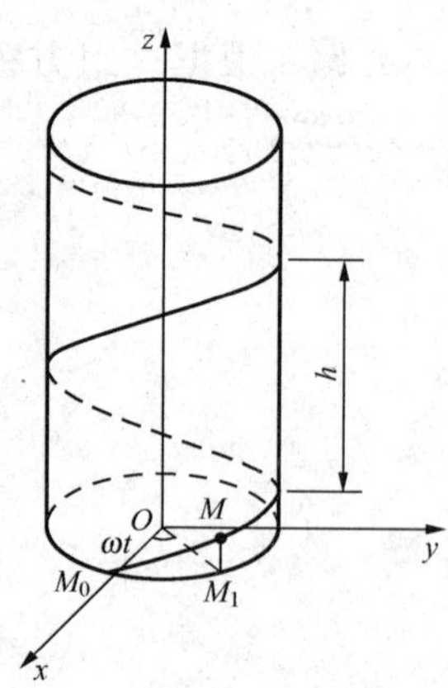

图 6-12 [例 6-2] 附图

其中 r，ω，h 都是常量，试分析该点的运动。

解 先求 M 点的轨迹。由式①中的前两式消去 t 得

$$x^2 + y^2 = r^2 \quad ②$$

这表明点 M 的轨迹在以 z 轴为中心轴、半径等于 r 的圆柱面上，如图 6-12 所示。在 $t=0$ 时，$x=r$，$y=z=0$，点 M 的位置在圆柱面与 x 轴的交点 M_0 处。设在任一瞬时 t，M 点在 Oxy 面上的投影为 M_1，则

$$\angle M_0OM_1 = \omega t$$

将上式代入式①中的第三式得

$$z = \frac{h}{2\pi}\angle M_0OM_1$$

可见 M 点的 z 坐标与 $\angle MOM_1$ 成正比。当 $\angle M_0OM_1$ 每增加 2π 时，x，y 恢复原值，而 z 则增加 h，即点 M 上升一段高度 h。

综上所述，可知点 M 的轨迹是一条螺距为 h 的螺旋线，如图 6－12 所示。

点 M 的速度 $\boldsymbol{v}$ 在 x，y，z 轴上的投影为

$$\begin{aligned} v_x &= \dot{x} = -\omega r\sin\omega t \\ v_y &= \dot{y} = \omega r\cos\omega t \\ v_z &= \dot{z} = h\frac{\omega}{2\pi} \end{aligned} \qquad ③$$

速度的大小

$$v = \sqrt{v_x^2 + v_y^2 + v_z^2} = \frac{\omega}{2\pi}\sqrt{4\pi^2 r^2 + h^2} \qquad ④$$

由式④可见 $\boldsymbol{v}$ 为一常量。而

$$\cos(\boldsymbol{v}, z) = \frac{h}{\sqrt{4\pi^2 r^2 + h^2}} \qquad ⑤$$

由式⑤可见 $\boldsymbol{v}$ 与 z 轴的夹角也为一常量。

点 M 的加速度 $\boldsymbol{a}$ 在 x，y，z 轴上的投影为

$$\left.\begin{aligned} a_x &= \dot{v}_x = -\omega^2 r\cos\omega t = -\omega^2 x \\ a_y &= \dot{v}_y = -\omega^2 r\sin\omega t = -\omega^2 y \\ a_z &= \dot{v}_z = 0 \end{aligned}\right\} \qquad ⑥$$

加速度的大小

$$a = \sqrt{a_x^2 + a_y^2 + a_z^2} = \omega^2 r \qquad ⑦$$

由式⑥、⑦容易看出加速度的大小不变，加速度的方向垂直于 z 轴并指向 z 轴。

【例 6－3】 半径为 r 的轮子可绕水平轴 O 转动，轮缘上绕以不能伸缩的绳索，绳的下端悬挂一物体 A，如图 6－13 所示。设物体按 $x=\frac{1}{2}ct^2$ 的规律下落，其中 c 为一常量。求轮缘上一点 M 的速度和加速度。

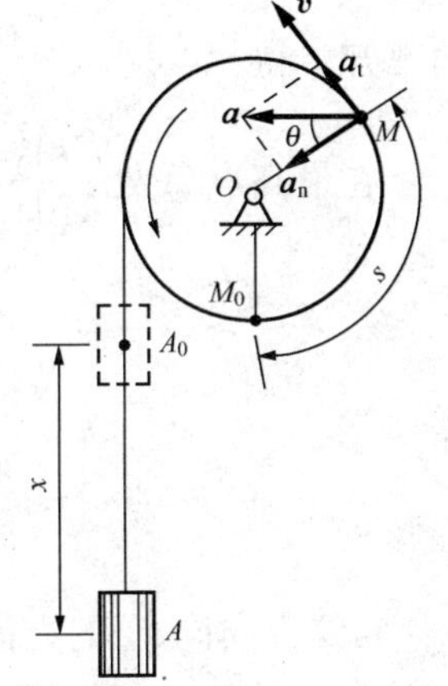

图 6－13 ［例 6－3］附图

解 M 点的轨迹显然是半径为 r 的圆周。设物体在位置 A_0 时 M 点的位置在 M_0，以 M_0 为原点，则由于绳不能伸缩，可知弧坐标

$$s = M_0M = x = \frac{1}{2}ct^2 \qquad ①$$

式①即为用自然法表示的 M 点的运动方程。于是可按自然法来求 M 点的速度和加速度。

由式（6－18）可求出 M 点的速度 $\boldsymbol{v}$ 的大小

$$v = \frac{\mathrm{d}s}{\mathrm{d}t} = ct \qquad ②$$

$\boldsymbol{v}$ 的方向沿轨迹的切线并朝向运动前进的一方，如图 6－13 所示。

再由式（6－20）可求出 M 点的切向和法向加速度的大小分别为

$$a_{\mathrm{t}} = \frac{\mathrm{d}v}{\mathrm{d}t} = c，a_{\mathrm{n}} = \frac{v^2}{\rho} = \frac{(ct)^2}{r} \qquad ③$$

$\boldsymbol{a}_t$和$\boldsymbol{a}_n$的方向如图6-13所示。加速度$\boldsymbol{a}$的大小和方向可确定如下

$$a=\sqrt{a_t^2+a_n^2}=\sqrt{c^2+\frac{c^4t^4}{r^2}}=c\sqrt{1+\frac{c^2t^4}{r^2}}$$

$$\tan\theta=\frac{a_t}{a_n}=\frac{c}{c^2t^2/r}=\frac{r}{ct^2}$$

【例6-4】 汽车以36km/h匀速经过一桥，如图6-14所示。设桥面形状为抛物线$y=\frac{4f}{l^2}x(l-x)$，其中x，y均以m计，$f=1$m，$l=32$m。求汽车经过桥面最高点A时的加速度。

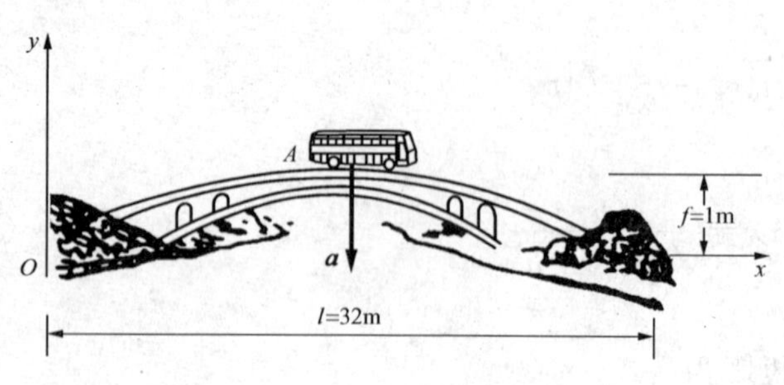

图6-14 ［例6-4］附图

解 汽车作匀速率曲线运动，且轨迹已知，所以可用自然法求解。汽车速度的大小

$$v=36\text{km/h}=\frac{36\times1000}{3600}\text{m/s}=10\text{m/s}$$

由于速度的大小不变，显然切向加速度$a_t=\frac{\mathrm{d}v}{\mathrm{d}t}=0$，因而合加速度等于法向加速度，即

$$a=a_n=\frac{v^2}{\rho}$$

根据高等数学公式，有

$$\rho=\frac{\left[1+\left(\frac{\mathrm{d}y}{\mathrm{d}x}\right)^2\right]^{\frac{3}{2}}}{\left|\frac{\mathrm{d}^2y}{\mathrm{d}x^2}\right|}。$$

由已知，得
$$\frac{\mathrm{d}y}{\mathrm{d}x}=\frac{4f}{l^2}(l-2x),\quad\frac{\mathrm{d}^2y}{\mathrm{d}x^2}=-\frac{8f}{l^2}$$

在最高点A处，$\frac{\mathrm{d}y}{\mathrm{d}x}=0$，因此

$$\rho=\frac{1}{\left|\frac{\mathrm{d}^2y}{\mathrm{d}x^2}\right|}=\frac{l^2}{8f}=\frac{32^2}{8\times1}=128\text{m}$$

而

$$a=a_n=\frac{10^2}{128}=0.78\text{m/s}^2$$

$\boldsymbol{a}$的方向同$\boldsymbol{a}_n$的方向，向下。

第二节 刚体的基本运动及体内各点的速度和加速度

刚体的平行移动和定轴转动是刚体运动的两种基本形式，也是日常生活及工程实际中最常见到的情况。刚体的这两种基本运动，是研究刚体更加复杂运动的基础。

无论刚体作何种运动，我们都要研究其整体的运动特征和规律；另一方面还要分析刚体上各个点的运动特征和规律，并揭示刚体内各点运动与刚体运动的关系。

一、刚体的平行移动

刚体运动时，如其上任一直线始终保持与其初始位置平行，则这种运动称为**平行移动**，简称为**平移**。如电梯的升降运动、桥式吊车梁的运动、在直线轨道上行驶的列车的车厢的运动（图 6－15）以及如图 6－16 所示的筛沙机中筛子 AB 的运动都具有以上的特征，都是平行移动。由于平移刚体上任一点的轨迹可以是直线（图 6－15），也可以是曲线（图 6－16），所以刚体的平移又分为**直线平移**和**曲线平移**两种。

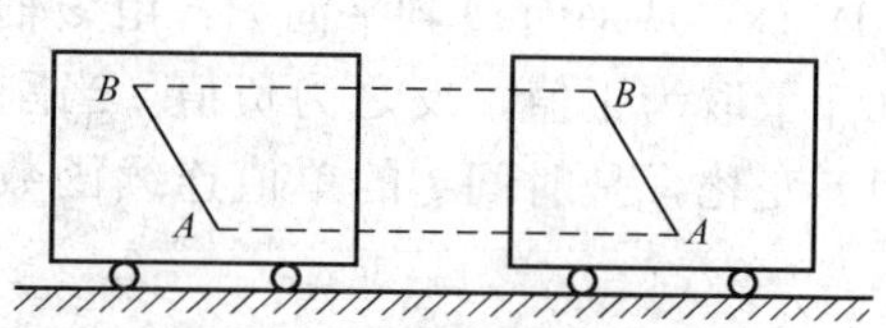

图 6－15　沿直线轨道行使的车厢的运动

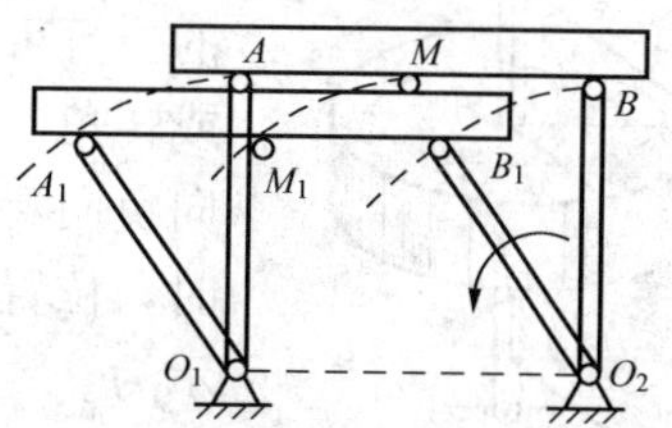

图 6－16　筛沙机中筛子 AB 的运动

在平移刚体上任取两个点 A 和 B，并作矢量 $\boldsymbol{r}_B$，$\boldsymbol{r}_A$ 和 $\boldsymbol{r}_{BA}$（图 6－17）。在刚体上，A、B 两点的距离保持不变，即矢量 $\boldsymbol{r}_{BA}$ 的大小不变；刚体作平行移动，故矢量的方向也保持不变。所以 $\boldsymbol{r}_{BA}$ 为常矢量。因此，在运动过程中，A、B 两点所描出的轨迹曲线形状完全相同，也就是说，将 B 点的轨迹曲线沿 $\boldsymbol{r}_{BA}$ 方向平行移动一段距离 BA，将与 A 点的轨迹曲线完全重合。

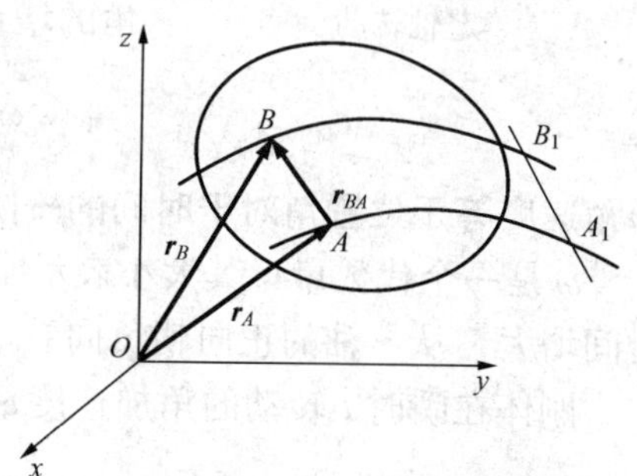

图 6－17　平移刚体上任意两点 A、B 的运动

由图 6－17 可知

$$\boldsymbol{r}_B = \boldsymbol{r}_A + \boldsymbol{r}_{BA} \qquad ①$$

将式①对时间 t 求导数，由于 $\boldsymbol{r}_{BA}$ 为常矢量，$\dfrac{\mathrm{d}\boldsymbol{r}_{BA}}{\mathrm{d}t}=0$，故有

$$\frac{\mathrm{d}\boldsymbol{r}_B}{\mathrm{d}t}=\frac{\mathrm{d}\boldsymbol{r}_A}{\mathrm{d}t} \qquad ②$$

即

$$\boldsymbol{v}_B = \boldsymbol{v}_A \qquad (6-22)$$

再将式（6－22）对时间求一次导数，得到

$$\boldsymbol{a}_B = \boldsymbol{a}_A \qquad (6-23)$$

式（6－22）、式（6－23）表明，在任何瞬时，A、B 两点的速度相同，加速度也相同。由于 A、B 是任取的两点，于是可得到如下的定理：

刚体平移时，体内所有各点的轨迹的形状相同，在同一瞬时，所有各点具有相同的速度和相同的加速度。

既然平移刚体上各点的运动规律相同，因此，只要知道其中任一点的运动就可知道整个刚体的运动。所以，刚体平移的问题可以归结为点的运动问题来研究。

二、刚体的定轴转动

若刚体运动时，体内或其扩展部分有一直线保持不动，这种运动称为**定轴转动**。该固定不动的直线称为**转轴**。转动是机器中最常见的一种运动，例如门窗、卷扬机的卷筒、机器的飞轮及电机的转子等物体的运动都是定轴转动。

1. 转动方程、角速度和角加速度

设有一刚体 T 绕固定轴 z 转动（图 6-18），为描述整个刚体的运动，首先要确定刚体在任一瞬时的位置。为此，通过固定轴 z 作一固定平面 Q，再选一与刚体固连的平面 P。由于刚体上各点相对于平面 P 的位置是一定的，因此，只要确定平面 P 的位置也就确定了刚体上各点的位置，亦即知道整个刚体的位置。而平面 P 在任一瞬时 t 的位置可由它与固定平面 Q 的夹角 φ 来确定。角 φ 称为位置角或转角，以弧度（rad）计，从平面 Q 到平面 P：由 z 轴的正向向负向看去，沿逆时针量取为正值，反之为负值。当刚体转动时，位置角 φ 随时间 t 变化，是时间 t 的单值连续函数，可表示为

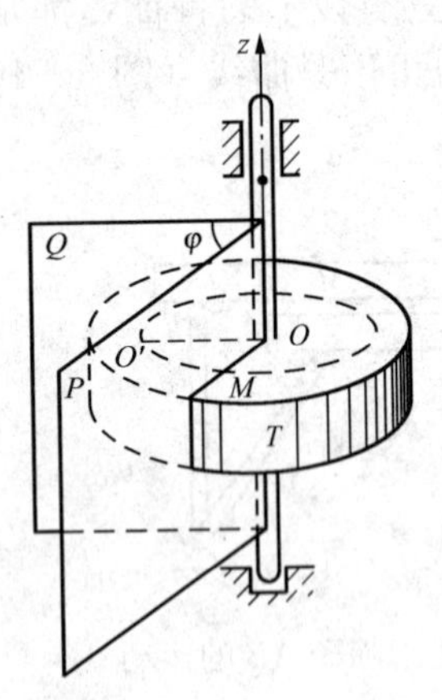

图 6-18 刚体 T 绕固定轴转动

$$\varphi = \varphi(t) \tag{6-24}$$

式（6-24）即为**刚体定轴转动的运动方程**。

设由瞬时 t 到瞬时 $t+\Delta t$，位置角由 φ 改变到 $\varphi+\Delta\varphi$，位置角的增量 $\Delta\varphi$ 称为**角位移**。刚体在瞬时 t 转动的角速度 ω 为

$$\omega = \lim_{\Delta t \to 0} \frac{\Delta\varphi}{\Delta t} = \frac{\mathrm{d}\varphi}{\mathrm{d}t} = \dot{\varphi} \tag{6-25}$$

即**角速度等于位置角对于时间的一阶导数**。

ω 是一个代数量，其大小表示刚体转动的快慢程度。当 ω 为正时，位置角 φ 的代数值随时间增大，从 z 轴的正向朝负向看，刚体作逆时针向转动；反之，则作顺时针向转动。

刚体在瞬时 t 转动的角加速度 α 为

$$\alpha = \lim_{\Delta t \to 0} \frac{\Delta\omega}{\Delta t} = \frac{\mathrm{d}\omega}{\mathrm{d}t} = \frac{\mathrm{d}^2\varphi}{\mathrm{d}t^2} = \ddot{\varphi} \tag{6-26}$$

可见，**角加速度等于角速度对于时间的一阶导数，也等于位置角对于时间的二阶导数**。

角加速度 α 也是一个代数量，其大小表示角速度变化率的大小。当 α 为正时，角速度 ω 的代数值随时间增大，反之则减小。若 α 与 ω 符号相同，则 ω 的绝对值随时间而增大，刚体作加速转动；若相反，则刚体作减速转动。

2. 转动刚体内各点的速度、加速度

刚体作定轴转动时，体内各点都在垂直于转动轴的平面内作圆周运动，圆心就在转动轴上。如图 6-18 所示，在转动刚体的平面 P 内任取一点 M 来考察。设 M 点到转动轴的距离为 ρ，则其轨迹是半径为 ρ 的一个圆，如图 6-19（a）所示。取固定平面 Q 与该圆的交点 O' 为弧坐标的原点。由图 6-19（a）可见 M 点的弧坐标 s 与位置角 φ 有如下的关系

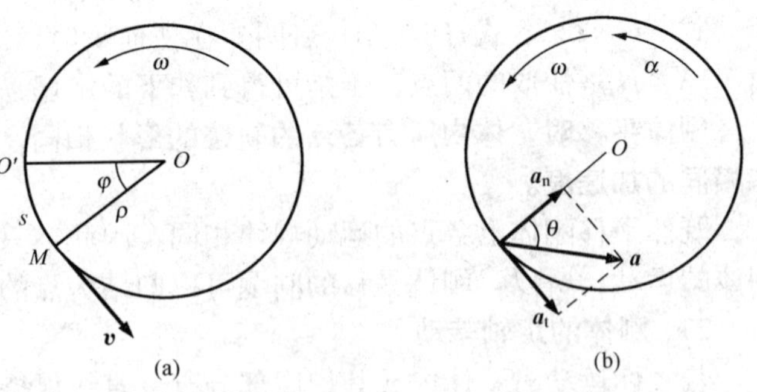

图 6-19 定轴转动刚体上任一点 M 的运动

$$s = \rho\varphi = \rho\varphi(t)$$

这就是用自然法表示的 M 点的运动方程。于是，可用自然法求 M 点的速度和加速度。

在任一瞬时，M 点的速度 $\boldsymbol{v}$ 的代数值为

$$v=\frac{\mathrm{d}s}{\mathrm{d}t}=\rho\frac{\mathrm{d}\varphi}{\mathrm{d}t}=\rho\omega \tag{6-27}$$

速度 $\boldsymbol{v}$ 沿轨迹的切线，即垂直于半径 OM，指向与 ω 转向一致。

在任一瞬时，M 点的切向加速度 $\boldsymbol{a}_t$ 的代数值为

$$a_t=\frac{\mathrm{d}v}{\mathrm{d}t}=\rho\frac{\mathrm{d}\omega}{\mathrm{d}t}=\rho\alpha \tag{6-28}$$

$\boldsymbol{a}_t$垂直 OM，指向与 α 的转向一致，如图 6－19（b）所示。

M 点的法向加速度 $\boldsymbol{a}_n$的大小为

$$a_n=\frac{v^2}{\rho}=\frac{(\rho\omega)^2}{\rho}=\rho\omega^2 \tag{6-29}$$

$\boldsymbol{a}_n$的方向总是指向圆心 O，即指向转动轴。

M 点的合加速度 $\boldsymbol{a}$ 的大小为

$$a=\sqrt{a_t^2+a_n^2}=\sqrt{(\rho\alpha)^2+(\rho\omega^2)^2}=\rho\sqrt{\alpha^2+\omega^4} \tag{6-30}$$

用 θ 表示 $\boldsymbol{a}$ 与 OM（即 $\boldsymbol{a}_n$）之间的夹角，则

$$\tan\theta=\frac{|a_t|}{a_n}=\frac{\rho|\alpha|}{\rho\omega^2}=\frac{|\alpha|}{\omega^2} \tag{6-31}$$

由式（6－27）和式（6－30）可知：**在同一瞬时，刚体内各点的速度和加速度的大小与各点到转动轴的距离成正比**。又由式（6－31）可知：**在同一瞬时，刚体内所有各点的合加速度与其法向加速度的夹角相同**。据此，直径 MN 上各点的速度和加速度的分布如图 6－20（a）、（b）所示。

【例 6－5】 在图 6－21（a）中，平行四连杆机构在图示平面内运动。$O_1A=O_2B=0.2\text{m}$，$O_1O_2=AB=0.6\text{m}$，$AM=0.2\text{m}$，O_1A 按 $\varphi=15\pi t$ 的规律转动，其中 φ 以 rad 计，t 以 s 计。试求 $t=0.8$ 时，M 点的速度与加速度。

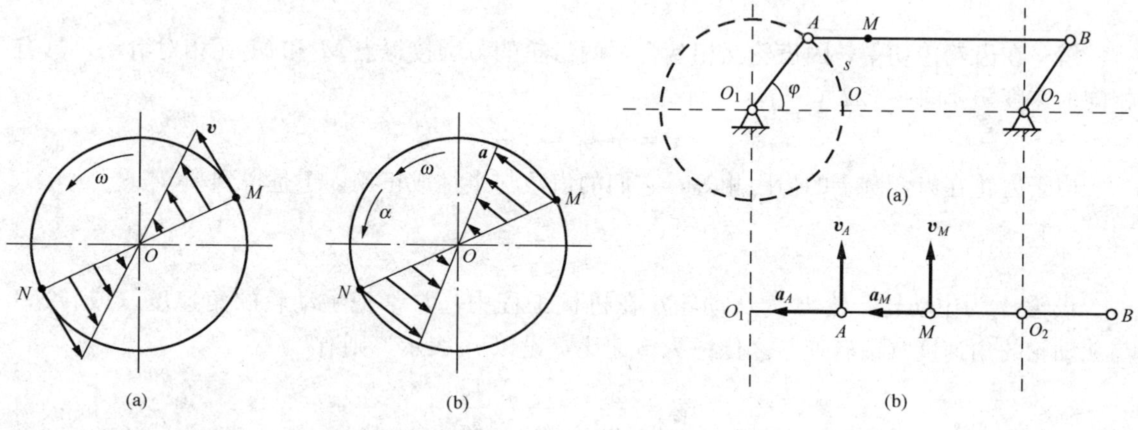

图 6－20　定轴转动刚体直径 MN 上各点的速度和加速度分布

图 6－21　［例 6－5］附图

解　在运动过程中，AB 杆始终与 O_1O_2 平行。因此，AB 杆作平行移动，O_1A 为定轴转

动。根据平移的特点，在同一瞬时，M、A 两点具有相同的速度和加速度。A 点作圆周运动，它的运动规律为

$$s = O_1A \cdot \varphi = 3\pi t\,\mathrm{m}$$

所以

$$v_M = v_A = \frac{\mathrm{d}s}{\mathrm{d}t} = 3\pi \mathrm{m/s}$$

$$a_{M\mathrm{t}} = a_{A\mathrm{t}} = \frac{\mathrm{d}v}{\mathrm{d}t} = 0$$

$$a_{M\mathrm{n}} = a_{A\mathrm{n}} = \frac{v_A^2}{O_1A} = \frac{9\pi^2}{0.2} = 45\pi^2 \mathrm{m/s^2}$$

为了确定 $\boldsymbol{v}_M$，$\boldsymbol{a}_M$的方向，需要计算出 $t=0.8\mathrm{s}$ 时 AB 杆的位置。当 $t=0.8\mathrm{s}$ 时，$s=2.4\pi\mathrm{m}$，可得 $\varphi=\frac{2.4\pi}{0.2}=12\pi$。可见，$AB$ 杆正好第 6 次回到起始的水平位置 O 点处，$\boldsymbol{v}_M$，$\boldsymbol{a}_M$的方向如图 6－19（b）所示。

【例 6－6】 圆柱齿轮传动是常用的轮系传动方式之一，可用来提高或降低转速和改变转向。如图 6－22（a）、（b）所示为外啮合情况，图 6－22（c）为内啮合情况。两齿轮外啮合时，它们的转向相反，而内啮合时则转向相同。设主动轮 A 和从动轮 B 的节圆的半径分别为 r_1 和 r_2；齿数各为 z_1 和 z_2。试求轮 A 的角速度 ω_1 与轮 B 的角速度 ω_2之关系。

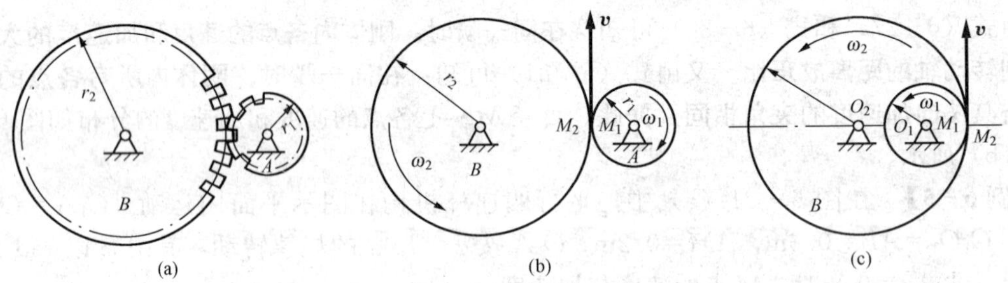

图 6－22 ［例 6－6］附图

解 在齿轮传动中，因齿轮互相啮合，两齿轮的节圆接触点 M_1 和 M_2 无相对滑动，具有相同的速度 $\boldsymbol{v}$［图 6－22（b）］，因而有

$$v = r_1\omega_1 = r_2\omega_2$$

由于齿轮在齿合圆上的齿距相等，它们的齿数与半径成正比，于是得到

$$\frac{\omega_1}{\omega_2} = \frac{r_2}{r_1} = \frac{z_2}{z_1}$$

设轮 A 为主动轮，轮 B 为从动轮。在机械工程中，常常把主动轮的角速度（或转速）与从动轮的角速度（或转速）之比称为**传速比**，设以 i_{12} 表示，则有

$$i_{12} = \frac{\omega_1}{\omega_2} = \frac{r_2}{r_1} = \frac{z_2}{z_1}$$

上式定义的传速比是两个角速度大小的比值，与转动方向无关，因此，不仅适用于圆柱齿轮传动，也适用于传动轴成任意角度的圆锥齿轮、摩擦轮传动等。

由上述讨论可知：**互相啮合的两齿轮的角速度（或转速）与两齿轮的齿数成反比（或与**

两齿轮的节圆半径成反比)。

第三节　转动刚体的角速度和角加速度的矢量表示与以矢积表示刚体内点的速度和加速度

一、角速度与角加速度的矢量表示

在第二节中，我们把角速度和角加速度都作为标量，然而在研究较为复杂问题时，把角速度和角加速度用矢量表示更为方便。

角速度矢量可以这样表示：设转轴为 z 轴，使 $\boldsymbol{\omega}$ 与 Oz 共线，其长度表示角速度的大小，箭头的指向由刚体的转向（按右手法则确定），如图 6－23 所示。显然，当角速度的代数值为正时，$\boldsymbol{\omega}$ 的指向与 z 轴正向一致；为负时则相反。$\boldsymbol{\omega}$ 矢量的起点可在转轴上任一点画出，即 $\boldsymbol{\omega}$ 是一滑动矢量。设 $\boldsymbol{k}$ 为沿 z 轴正向的单位矢量，则

$$\boldsymbol{\omega} = \omega \boldsymbol{k} \tag{6-32}$$

角加速度矢 $\boldsymbol{\alpha}$ 可定义为 $\boldsymbol{\omega}$ 对时间 t 的导数，注意到 $\boldsymbol{k}$ 为一常矢量，得

$$\boldsymbol{\alpha} = \frac{\mathrm{d}\boldsymbol{\omega}}{\mathrm{d}t} = \frac{\mathrm{d}\omega}{\mathrm{d}t}\boldsymbol{k} = \alpha \boldsymbol{k} \tag{6-33}$$

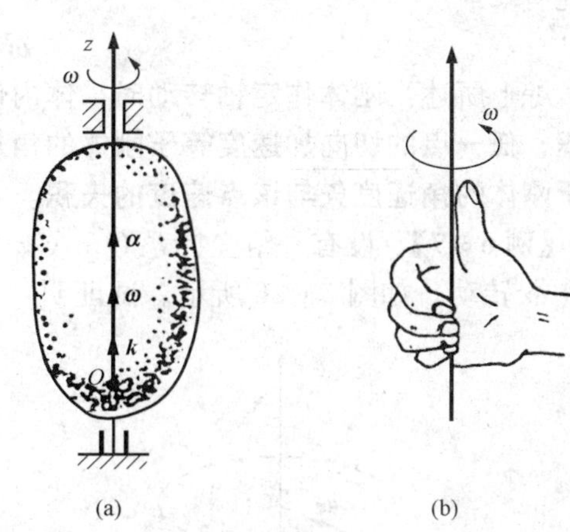

图 6－23　角速度与角加速度的矢量表示

可见，$\boldsymbol{\alpha}$ 的方向也沿转轴 z 方向，如图 6－23 所示。当刚体加速转动时，$\boldsymbol{\alpha}$ 与 $\boldsymbol{\omega}$ 同向；反之，则反向。

二、速度和加速度的矢积表达式

将角速度与角加速度用矢量 $\boldsymbol{\omega}$，$\boldsymbol{\alpha}$ 表示以后，转动刚体上任一点 M 的速度、切向加速度和法向加速度都可以用矢积来表示。为此，从转轴上的点 O 作 M 点的矢径 $\boldsymbol{r}=\boldsymbol{OM}$（图 6－24），并以 θ 表示 $\boldsymbol{r}$ 与 z 轴的夹角，C 点表示 M 点所画的圆周的圆心，ρ 表示该圆的半径。在转动过程中，$\boldsymbol{r}$ 的模不变，但其方向是不断改变的。

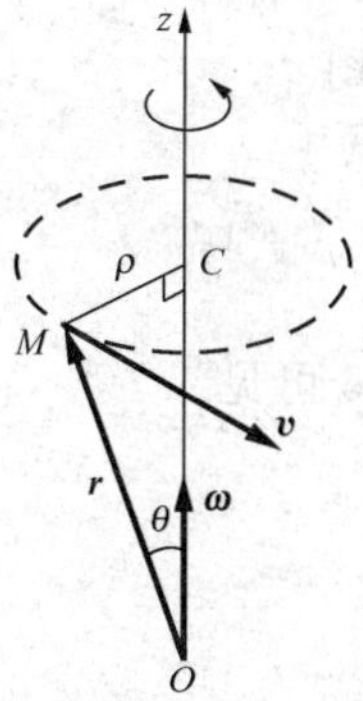

图 6－24　速度的矢积表示

M 点的速度 $\boldsymbol{v}$ 的大小为

$$|\boldsymbol{v}| = |\boldsymbol{\omega}|\rho = |\omega r \sin\theta| = |\boldsymbol{\omega} \times \boldsymbol{r}|$$

且矢积 $\boldsymbol{\omega}\times\boldsymbol{r}$ 的方向，由右手法则正好与 $\boldsymbol{v}$ 的方向相同。所以，速度 $\boldsymbol{v}$ 可用角速度矢 $\boldsymbol{\omega}$ 与矢径 $\boldsymbol{r}$ 的矢积表示为

$$\boldsymbol{v} = \boldsymbol{\omega} \times \boldsymbol{r} \tag{6-34}$$

将式（6－34）代入点的加速度的矢量表示式 $\boldsymbol{a}=\frac{\mathrm{d}\boldsymbol{v}}{\mathrm{d}t}$ 中，可得 M 点的加速度为

$$\boldsymbol{a} = \frac{\mathrm{d}\boldsymbol{\omega}}{\mathrm{d}t} \times \boldsymbol{r} + \boldsymbol{\omega} \times \frac{\mathrm{d}\boldsymbol{r}}{\mathrm{d}t} = \boldsymbol{\alpha} \times \boldsymbol{r} + \boldsymbol{\omega} \times \boldsymbol{v} \tag{6-35}$$

矢积 $\boldsymbol{\alpha}\times\boldsymbol{r}$ 的模是

$$|\boldsymbol{\alpha}\times\boldsymbol{r}|=|\alpha r\sin\alpha|=|\alpha|\rho$$

即等于 M 点的切向加速度 $\boldsymbol{a}_t$ 的大小。又由图 6-25 可以看出，$\boldsymbol{\alpha}\times\boldsymbol{r}$ 的方向与 $\boldsymbol{a}_t$ 的方向一致。因此有

$$\boldsymbol{\alpha}\times\boldsymbol{r}=\boldsymbol{a}_t \tag{6-36}$$

矢积 $\boldsymbol{\omega}\times\boldsymbol{v}$ 的模为

$$|\boldsymbol{\omega}\times\boldsymbol{v}|=|\omega v\sin 90°|=|\omega v|=\rho\omega^2$$

即等于 M 点的法向加速度 $\boldsymbol{a}_n$ 的大小。又由图 6-25 可以看出，$\boldsymbol{\omega}\times\boldsymbol{v}$ 的方向与 $\boldsymbol{a}_n$ 方向一致，因此有

$$\boldsymbol{\omega}\times\boldsymbol{v}=\boldsymbol{a}_n \tag{6-37}$$

综上所述：**刚体作定轴转动时，体内任一点的速度等于该刚体的角速度矢与该点矢径的矢积；任一点的切向加速度等于刚体的角加速度矢与该点矢径的矢积；任一点的法向加速度等于刚体的角速度矢与该点速度的矢积。**

【例 6-7】 设有一组坐标系 $O'x'y'z'$ 固结在刚体 T 上，并随同该刚体绕固定轴 z 以角速度 $\boldsymbol{\omega}$ 转动，如图 6-26 所示。试证明

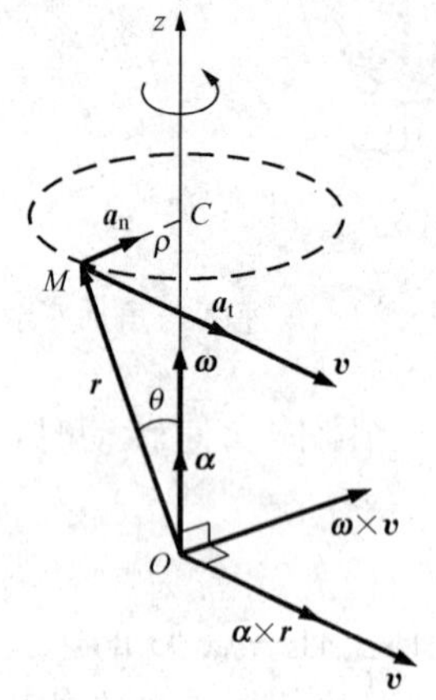

图 6-25 加速度的矢积表示

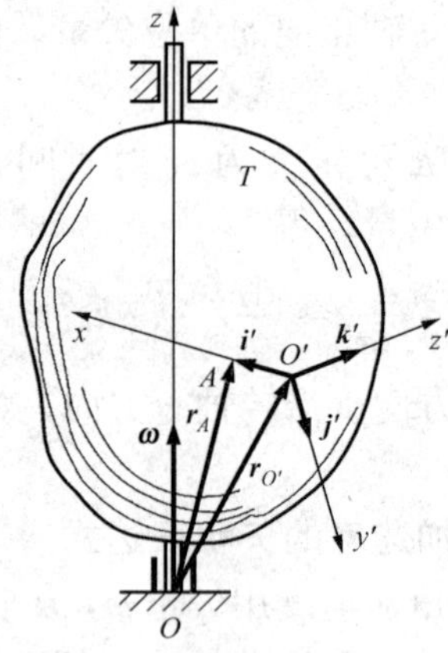

图 6-26 ［例 6-7］附图

$$\frac{\mathrm{d}\boldsymbol{i}'}{\mathrm{d}t}=\boldsymbol{\omega}\times\boldsymbol{i}',\ \frac{\mathrm{d}\boldsymbol{j}'}{\mathrm{d}t}=\boldsymbol{\omega}\times\boldsymbol{j}',\ \frac{\mathrm{d}\boldsymbol{k}'}{\mathrm{d}t}=\boldsymbol{\omega}\times\boldsymbol{k}'$$

其中 $\boldsymbol{i}'$，$\boldsymbol{j}'$，$\boldsymbol{k}'$ 为沿坐标轴 x'，y'，z' 正向的单位矢量。

证明 从固定点 O 作到 O' 点和到 i' 端点 A 的矢径 $\boldsymbol{r}_{O'}$ 和 $\boldsymbol{r}_A$。由图 6-26 可见

$$\boldsymbol{i}'=\boldsymbol{r}_A-\boldsymbol{r}_{O'} \tag{①}$$

于是

$$\frac{\mathrm{d}\boldsymbol{i}'}{\mathrm{d}t}=\frac{\mathrm{d}\boldsymbol{r}_A}{\mathrm{d}t}-\frac{\mathrm{d}\boldsymbol{r}_{O'}}{\mathrm{d}t}=\boldsymbol{v}_A-\boldsymbol{v}_{O'} \tag{②}$$

根据式（6-34）有

$$\boldsymbol{v}_A=\boldsymbol{\omega}\times\boldsymbol{r}_A,\ \boldsymbol{v}_{O'}=\boldsymbol{\omega}\times\boldsymbol{r}_{O'} \tag{③}$$

将式③代入式②后并利用式①可得

同样可证

$$\left.\begin{aligned}&\frac{\mathrm{d}\boldsymbol{i}'}{\mathrm{d}t}=\boldsymbol{\omega}\times\boldsymbol{r}_A-\boldsymbol{\omega}\times\boldsymbol{r}_{O'}=\boldsymbol{\omega}\times(\boldsymbol{r}_A-\boldsymbol{r}_{O'})=\boldsymbol{\omega}\times\boldsymbol{i}'\\&\frac{\mathrm{d}\boldsymbol{j}'}{\mathrm{d}t}=\boldsymbol{\omega}\times\boldsymbol{j}',\ \frac{\mathrm{d}\boldsymbol{k}'}{\mathrm{d}t}=\boldsymbol{\omega}\times\boldsymbol{k}'\end{aligned}\right\} \tag{6-38}$$

式（6-38）称为泊松公式。

思　考　题

6-1　设点作曲线运动，试问图 6-27 所示的各种速度与加速度情形，哪几种是可能的？为什么？

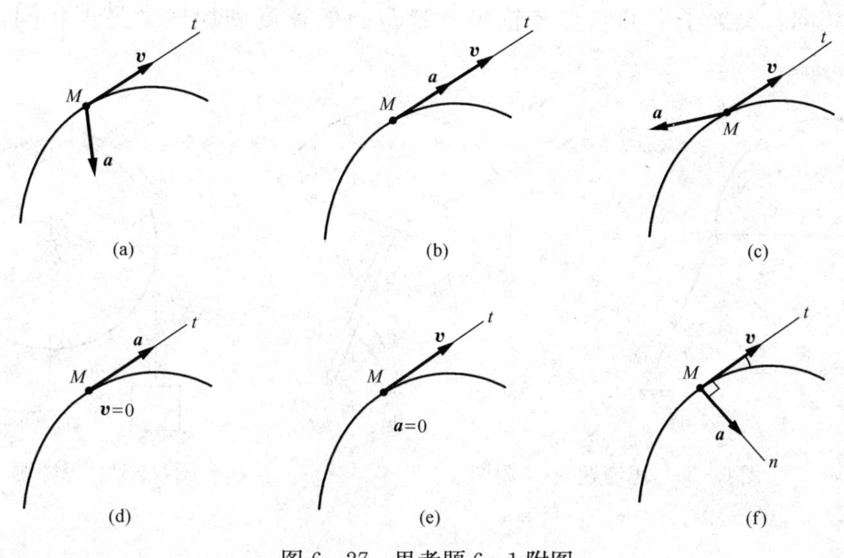

图 6-27　思考题 6-1 附图

6-2　点 M 沿螺线自外向内运动，如图 6-28 所示。它走过的弧长与时间的一次方成正比，问点的加速度是越来越大，还是越来越小？点 M 越跑越快，还是越跑越慢？

6-3　某点作曲线运动，其加速度 $\boldsymbol{a}$ 是恒矢量，如图 6-29 所示。问该点是否作匀变速运动？

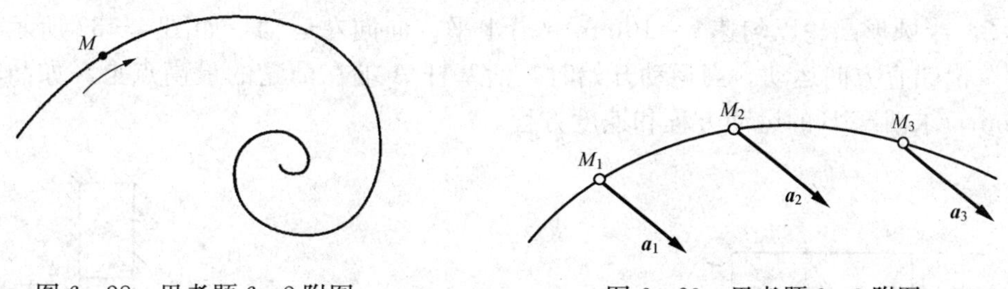

图 6-28　思考题 6-2 附图　　　图 6-29　思考题 6-3 附图

6-4　一点作曲线运动。设已知：

(1) 在 $t=3\text{s}$ 时，加速度的大小 $a=4\text{m/s}^2$；

(2) 加速度的大小 $a=4\text{m/s}^2$ 常量；

(3) 加速度的大小 $a=2t^2\text{m/s}^2$；

(4) 切向加速度的代数值 $a_t=2t^2\text{m/s}^2$。

试问在上述几种条件下能否求出点的运动方程？若能，请列出必要的式子并写出最后结果；若不能，应说明理由。

6-5 试分析图 6-30 中 M 点的速度和加速度的大小和方向。

6-6 刚体绕定轴转动，已知刚体上任意两点的速度的方位，问能否确定转轴的位置？

6-7 定轴转动刚体上哪些点的加速度大小相等？哪些点的加速度方向相同？哪些点的加速度大小、方向都相同？

6-8 一绳索绕在滑轮上，在其自由端挂一物块如图 6-31 所示。若已知轮子转动的角速度 ω 与角加速度 α，试问绳子上的 A 点（与轮子刚刚离开）与轮缘上的 B 点的速度和加速度是否相同？又绳子上的 C 点与轮缘上的 D 点的速度和加速度是否相同？并请说明理由。

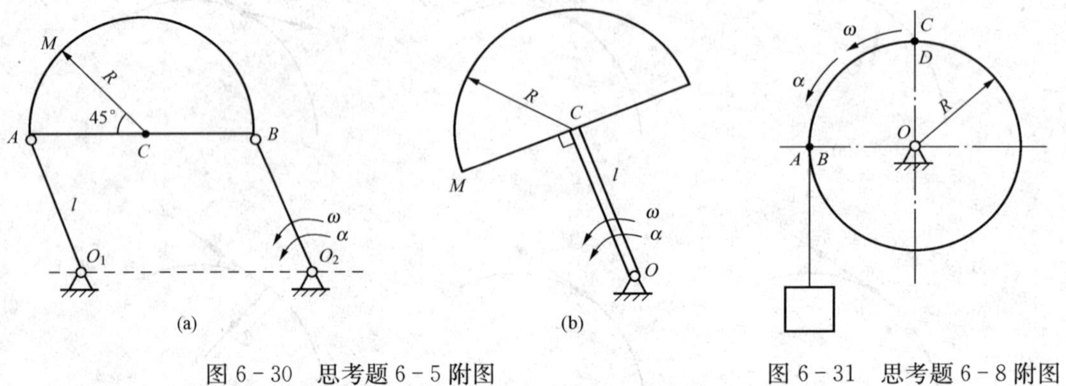

图 6-30 思考题 6-5 附图　　图 6-31 思考题 6-8 附图

习 题

6-1 已知如图 6-32 所示，跨过滑轮 C 的绳子一端挂有重物 B，另一端 A 被人拉着沿水平方向运动，其速度为 $v_0=1\text{m/s}$，A 点到地面的距离保持常量 $h=1\text{m}$。滑轮离地面的高度 $H=9\text{m}$，其半径忽略不计。当运动开始时，重物在地面上 B_0 处，绳 AC 段在铅直位置 A_0C 处。求重物 B 上升的运动方程和速度方程，以及重物 B 到达滑轮处所需的时间。

6-2 半圆形凸轮以匀速 $v=10\text{mm/s}$ 沿水平方向向左运动，如图 6-33 所示，活塞杆 AB 长 l，沿铅直方向运动。当运动开始时，活塞杆 A 端在凸轮的最高点上。如凸轮的半径 $R=80\text{mm}$，求活塞 B 的运动方程和速度方程。

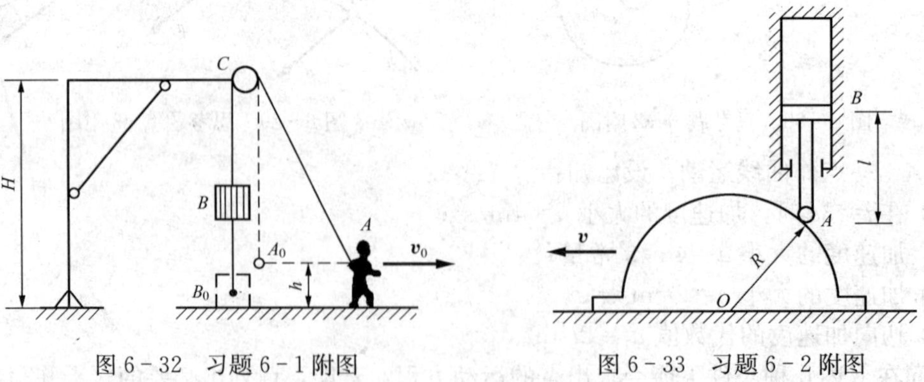

图 6-32 习题 6-1 附图　　图 6-33 习题 6-2 附图

6-3　已知如图 6-34 所示，杆 OA 与铅直线夹角 $\varphi=\frac{\pi t}{6}$（φ 以 rad 计，t 以 s 计），小环 M 套在杆 OA、CD 上，如图所示。铰 O 至水平杆 CD 的距离 $h=400$mm。求小环 M 的速度方程与加速度方程，并求 $t=1$s 时小环 M 的速度及加速度。

6-4　点 M 以匀速率 u 在直管 OA 内运动，直管 OA 又按 $\varphi=\omega t$ 规律绕 O 转动如图 6-35 所示。当 $t=0$ 时，M 在 O 点，求其在任一瞬时的速度及加速度的大小。

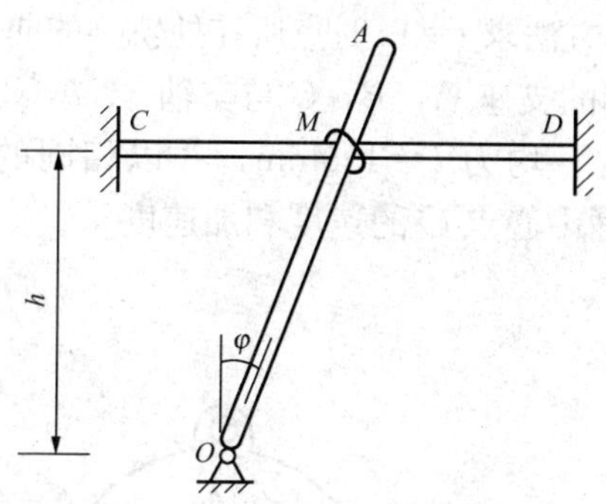

图 6-34　习题 6-3 附图

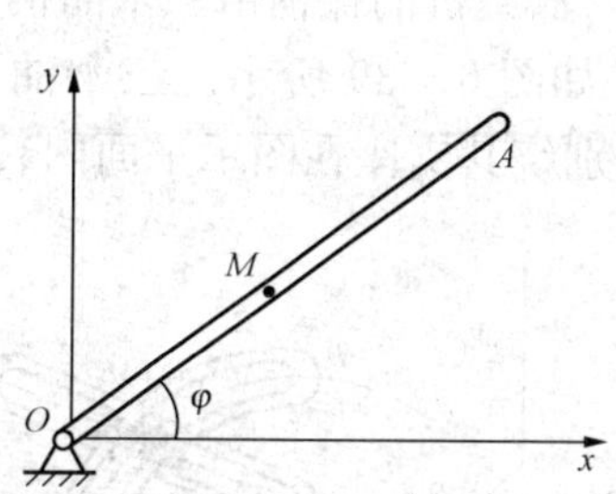

图 6-35　习题 6-4 附图

6-5　一圆板在 Oxy 平面内运动如图 6-36 所示。已知圆板中心 C 的运动方程为 $x_C=3-4t+2t^2$，$y_C=4+2t+t^2$（其中 x_C，y_C 以 m 计，t 以 s 计）。板上一点 M 与 C 点的距离为 $l=0.4$m，直线段 CM 与 x 轴的夹角 $\varphi=2t^2$（φ 以 rad 计，t 以 s 计），试求 $t=1$s 时点 M 的速度及加速度。

6-6　一点作平面曲线运动，其速度方程为 $v_x=3$，$v_y=2\pi\sin 4\pi t$，其中 v_x，v_y 以 m/s 计，t 以 s 计。已知在初瞬时该点在坐标原点，求该点的运动方程和轨迹方程。

6-7　一动点之加速度在直角坐标轴上的投影为：$a_x=-160\cos 2t$，$a_y=-200\sin 2t$。已知当 $t=0$ 时，$x=40$，$y=50$，$v_x=0$，$v_y=100$（长度以 mm 计，时间以 s 计），试求其运动方程和轨迹方程。

6-8　点沿曲线 AOB 运动如图 6-37 所示。曲线由 AO、OB 两圆弧组成，AO 段曲率半径 $R_1=18$m，OB 段曲率半径 $R_2=24$m，取圆弧交接处 O 为原点，规定曲线正负方向如图所示。已知点的运动方程为 $s=3+4t-t^2$，t 以 s 计，s 以 m 计。求：

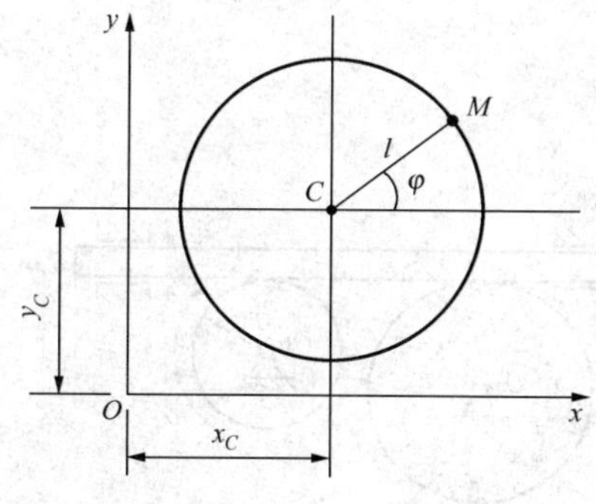

图 6-36　习题 6-5 附图

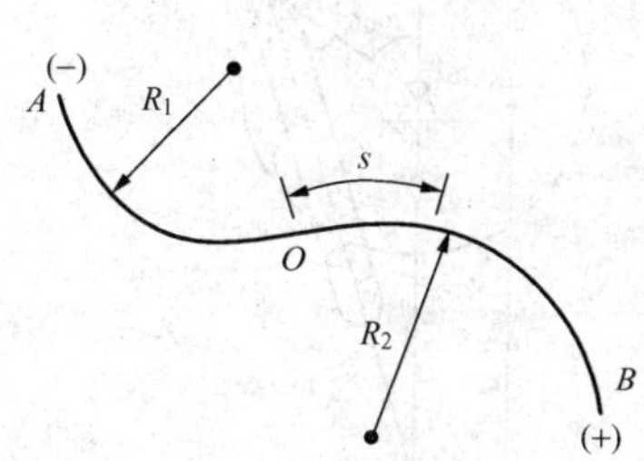

图 6-37　习题 6-8 附图

（1）点由 $t=0$ 到 $t=5$s 所经过的路程；

（2）t＝5s 时的加速度。

6－9　摇杆滑道机构如图 6－38 所示。滑块 M 同时在固定圆弧槽 BC 中和在摇杆 OA 的滑道中滑动。BC 弧的半径为 R，摇杆 OA 的转轴在 BC 弧所在的圆周上。摇杆绕 O 轴以匀角速 ω 转动，当运动开始时，摇杆在水平位置。试分别用直角坐标法和自然法求滑块 M 的运动方程，并求其速度及加速度。

6－10　已知一点的加速度方程为 $a_x=-6\text{m/s}^2$，$a_y=0$，当 $t=0$ 时，$x_0=y_0=0$，$v_{0x}=10\text{m/s}$，$v_{0y}=3\text{m/s}$，求点的运动轨迹，并用简捷的方法求 $t=1\text{s}$ 时点所在处轨迹的曲率半径。

6－11　揉茶机的揉桶由三个曲柄支持，曲柄的支座 A，B，C 与支轴 a，b，c 都恰成等边三角形，如图 6－39 所示。三个曲柄长度相等，均为 $l=150\text{mm}$，并以相同的转速 $n=45\text{r/min}$ 分别绕其支座在图示平面内转动。求揉桶中心点 O 的速度和加速度。

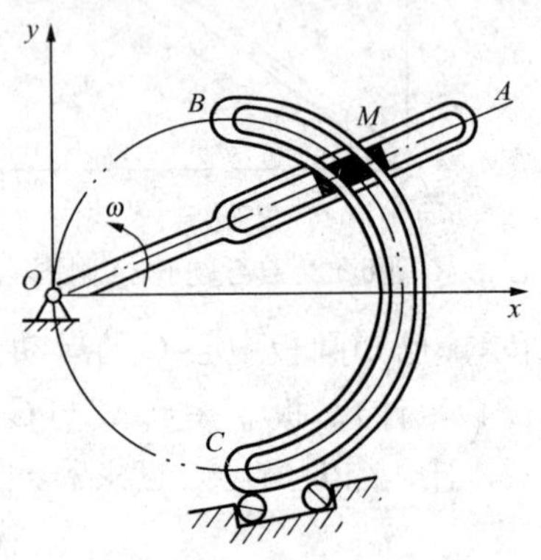

图 6－38　习题 6－9 附图

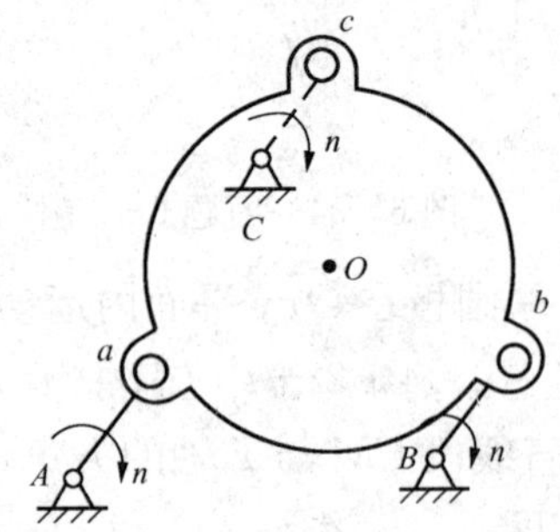

图 6－39　习题 6－11 附图

6－12　刨床上的曲柄连杆机构如图 6－40 所示，曲柄 OA 以匀角速 ω_0 绕 O 轴转动，其转动方程为 $\varphi=\omega_0 t$。滑块 A 带动摇杆 O_1B 绕轴 O_1 转动。设 $OO_1=a$，$OA=r$。求摇杆 O_1B 的转动方程。

6－13　两轮Ⅰ、Ⅱ，半径分别为 $r_1=100\text{mm}$，$r_2=150\text{mm}$，平板 AB 放置在两轮上，如图 6－41 所示。已知轮Ⅰ在某瞬时的角速度 $\omega=2\text{rad/s}$，角加速度 $\alpha=0.5\text{rad/s}^2$，求此时平板移动的速度和加速度以及轮Ⅱ边缘上一点 C 的速度和加速度（设两轮与板接触处均无滑动）。

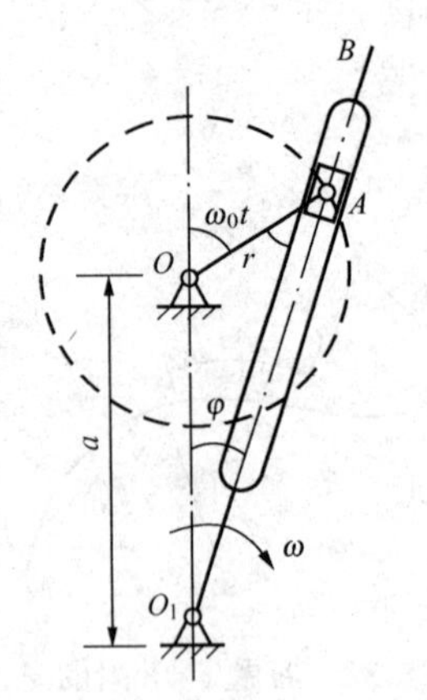

图 6－40　习题 6－12 附图

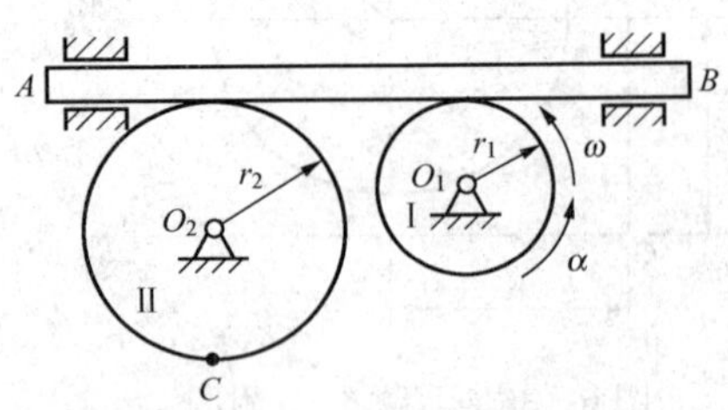

图 6－41　习题 6－13 附图

6-14　电动绞车由带轮Ⅰ和Ⅱ及鼓轮Ⅲ组成如图 6-42 所示，鼓轮Ⅲ和带轮Ⅱ刚连在同一轴上。各轮半径分别为 $r_1=300\text{mm}$，$r_2=750\text{mm}$，$r_3=400\text{mm}$。轮Ⅰ的转速为 $n=100\text{r/min}$。设带轮与带之间无滑动，试求物块 M 上升的速度和带 AB、BC、CD、DA 各段上点的加速度的大小。

6-15　摩擦传动的主动轮Ⅰ作 600r/min 的转动，其与轮Ⅱ的接触点按图 6-43 中箭头所示的方向移动，距离 d 按规律 $d=(100-5t)\text{mm}$ 变化（t 以 s 计）。求：

（1）以距离 d 的函数表示轮Ⅱ的角加速度；

（2）当 $d=r$ 时，轮Ⅱ边缘上一点的全加速度。已知摩擦轮的半径 $r=50\text{mm}$，$R=150\text{mm}$。

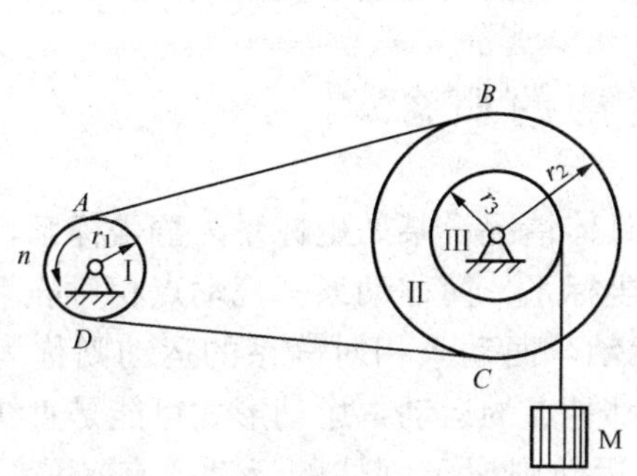

图 6-42　习题 6-14 附图

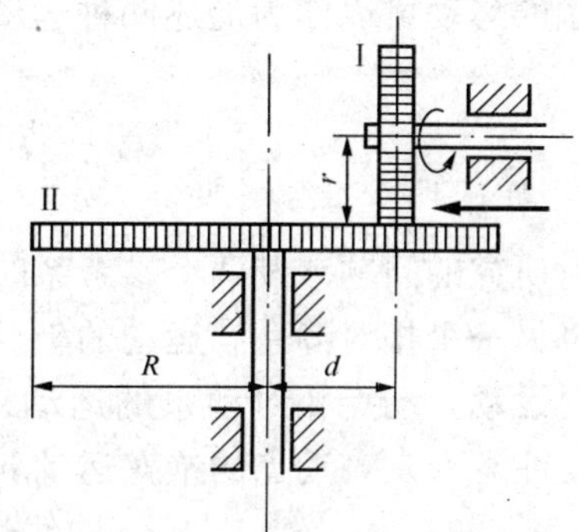

图 6-43　习题 6-15 附图

6-16　轮Ⅰ、Ⅱ，半径分别为 $r_1=150\text{mm}$，$r_2=200\text{mm}$，铰连于杆 AB 两端。两轮在半径 $R=450\text{mm}$ 的曲面上运动，在图 6-44 所示瞬时，A 点的加速度 $a_A=1200\text{mm/s}^2$，a_A 与 OA 成 60°角。试求：

（1）AB 杆的角速度与角加速度；

（2）B 点的加速度。

6-17　如图 6-45 所示，以匀速率 $\boldsymbol{v}$ 拉动胶片将电影胶卷解开。当胶卷半径减小时，胶卷转速增加。若胶片厚度为 δ，试证明当胶卷半径为 r 时，胶卷转动的角加速度 $\alpha=\frac{\delta v^2}{2\pi r^3}$。

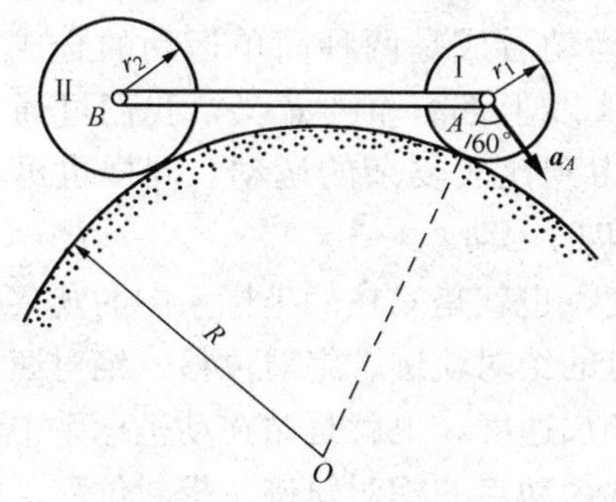

图 6-44　习题 6-16 附图

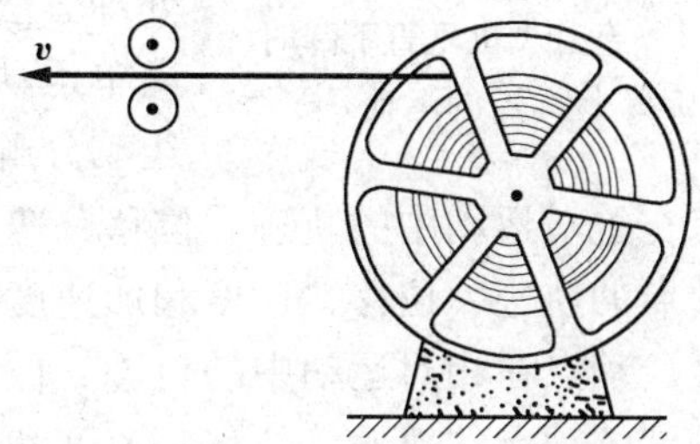

图 6-45　习题 6-17 附图

第七章 点的合成运动

前面曾经指出，物体运动特征的描述是相对于某一个参考系而言的，同一物体相对于不同的参考系，其运动特征的描述是不同的。在日常生活和工程实际中常遇到这样一类问题：动点相对于某一参考系运动，而此参考系又相对于另一参考系运动。事实上，动点相对于第二参考系的运动可以作为上述两种运动的合成。本章将要研究这一类问题。

第一节 合成运动的概念

当所研究的问题涉及两个参考系时，常根据具体情况设某一坐标系为**静坐标系**，简称**静系**，而将另一个相对静系有运动的坐标系作为**动坐标系**，简称**动系**。把动点相对静系的运动称为**绝对运动**，动点相对动系的运动称为**相对运动**，而动系相对静系的运动则称为**牵连运动**。需要注意的是，动点的绝对运动和相对运动都是点的运动，运动形式可能是直线运动或曲线运动；牵连运动则属于刚体的运动，有平移、定轴转动和其他形式的运动。如图 7-1 所示，我们把固结在地面上的坐标系 $Oxyz$ 作为静系，把随机身一起运动的坐标系 $O'x'y'z'$ 作为动系，则主旋翼上的 A 点相对于地面的运动是绝对运动，A 点相对于机身的运动为相对运动，机身相对于地面的运动则为牵连运动。由该例我们可以看到，如果没有牵连运动（机身对地面保持静止），则动点 A 的相对运动与绝对运动完全相同（圆周运动）；如果没有相对运动（主旋翼不转动），则动点 A 将随机身作直线运动。动点 A 的绝对运动（螺旋线运动）是相对运动（圆周运动）和牵连运动（直线平移）合成的结果，因而绝对运动也称**合成运动**。将一种复杂运动看成是两种简单运动的合成，这种处理方法在理论和实践上都有重要意义，我们可通过一些简单运动的合成，得到比较复杂的运动，同样也可将复杂运动分解为比较简单的运动。

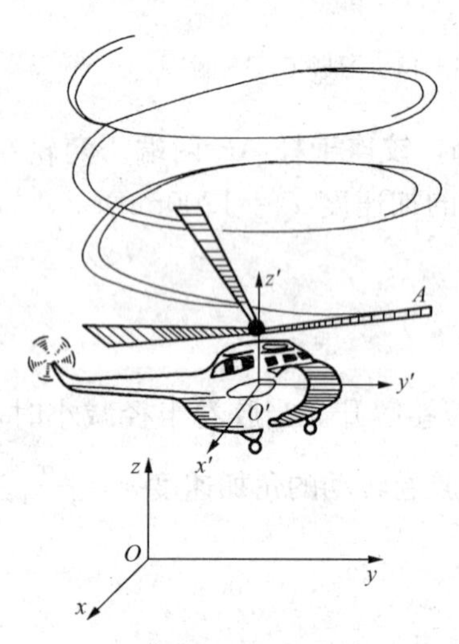

图 7-1 直升飞机垂直下降时旋翼上 A 点的运动

动点在绝对运动中的轨迹、位移、速度和加速度，也就是站在静坐标系中的观察者所观测到的动点的轨迹、位移、速度和加速度，称为动点的**绝对轨迹**、**绝对位移**、**绝对速度**和**绝对加速度**。动点在相对运动中的轨迹、位移、速度和加速度，也就是站在动坐标系中的观察者所观测到的动点的轨迹、位移、速度和加速度，称为**动点的相对轨迹**、**相对位移**、**相对速度**和**相对加速度**。而动点的牵连速度和牵连加速度，必须作特别说明：由于动系的运动是刚体的运动，除动系作平移外，其上各点的运动都不尽相同，只有在某一瞬时动系上与动点相重合的那一点的运动与动点的运动有一定的联系。通常，我们称该点为动点的**牵连点**，并将该瞬时动系上与动点相重合的那一点（牵连点）的速度和加速度定义为动点的**牵连速度**和**牵

连加速度。我们用 $\boldsymbol{v}$ 和 $\boldsymbol{a}$ 代表绝对速度和绝对加速度；用 $\boldsymbol{v}_r$ 和 $\boldsymbol{a}_r$ 代表相对速度和相对加速度；用 $\boldsymbol{v}_e$ 和 $\boldsymbol{a}_e$ 代表牵连速度和牵连加速度。

例如，在图 7-2 中，滑块 M 在转动着的圆盘上沿直槽由 O 向外滑动。选静系 Oxy 固结在地面上，动坐标轴 Ox'沿直槽，固结在圆盘上。滑块 M（动点）的相对轨迹为沿 x'轴的直线，绝对轨迹如图中虚曲线所示。在 t_1 瞬时，滑块 M 位于圆盘上的 A 点，它的牵连速度 $\boldsymbol{v}_e$ 和牵连加速度 $\boldsymbol{a}_e$ 等于该瞬时 A 点的速度和加速度。设此时圆盘的角速度为 ω_1，角加速度为 α_1，则 $v_e=OA\cdot\omega_1$，$a_{et}=OA\cdot\alpha_1$，$a_{en}=OA\cdot\omega_1^2$。$\boldsymbol{v}_e$、$\boldsymbol{a}_{et}$ 及 $\boldsymbol{a}_{en}$ 的方向分别如图 7-2 所示。在 t_2 瞬时，滑块 M 在圆盘上的 B 点，它的牵连速度和牵连加速度则等于该瞬时 B 点的速度和加速度（请读者自己列出）。

一般来说，若已知动系运动的规律，则可以通过坐标变换来建立点在静系中的坐标（或矢径）与在动系中坐标（或矢径）的关系。例如，设动系 $O'x'y'$ 在静系的 Oxy 平面内运动，如图 7-3 所示。已知其运动规律（即牵连运动规律）为

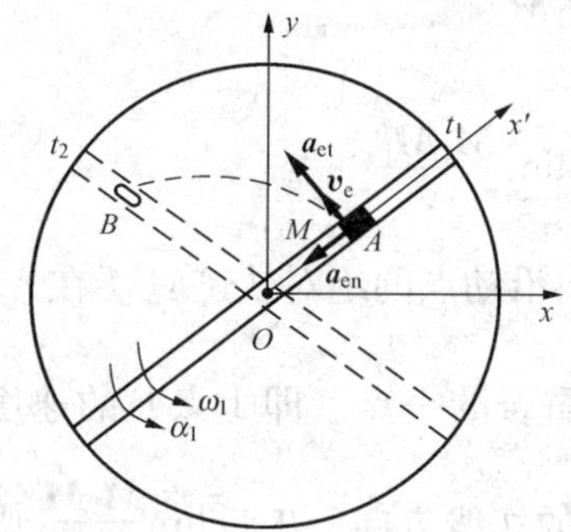

图 7-2　滑块 M 在转动的圆盘上沿直槽运动

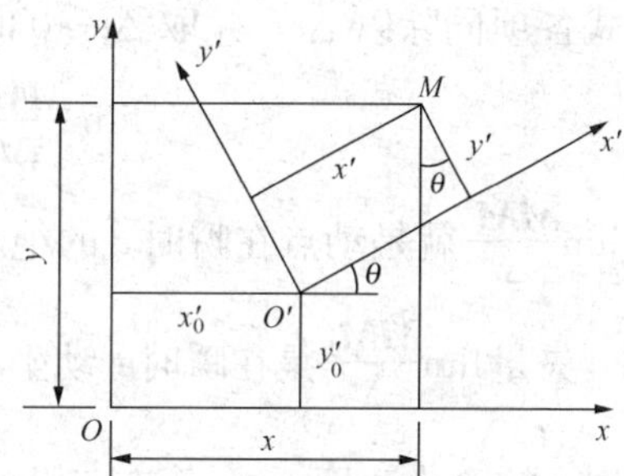

图 7-3　动系在静系平面内的运动

$$\left.\begin{aligned} x_{O'} &= f_1(t) \\ y_{O'} &= f_2(t) \\ \theta &= f_3(t) \end{aligned}\right\}$$

由图 7-3 可以看出，动点 M 在动系中的坐标 x'，y' 与其在静系中的坐标 x，y 有如下的关系

$$x = x_{O'} + x'\cos\theta - y'\sin\theta = f_1(t) + x'\cos f_3(t) - y'\sin f_3(t)$$
$$y = y_{O'} + x'\sin\theta + y'\cos\theta = f_2(t) + x'\sin f_3(t) + y'\cos f_3(t)$$

利用上述关系式，可由给定的牵连运动方程和相对运动方程［设为 $x'=g_1(t)$，$y'=g_2(t)$］求出绝对运动方程。反之，若给定牵连运动方程和绝对运动方程，则可求出相对运动方程。根据绝对运动方程和相对运动方程就可以确定动点的绝对轨迹和相对轨迹。

第二节　点 的 速 度 合 成

现在研究动点的相对速度、牵连速度和绝对速度三者之间的关系。

设有一动点相对于动坐标系运动，相对轨迹为曲线 C；同时曲线 C 又随动坐标系一起相对于静坐标系 Oxy 运动，如图 7-4（a）（动坐标系未画出）所示。曲线 C 随同动系的运动是牵连运动。设在瞬时 t，动点在位置 M，与曲线 C（即动坐标系）上的点 1 重合。经过一

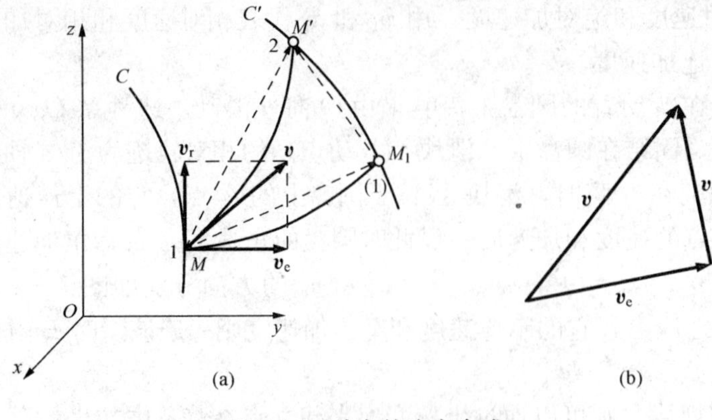

图 7-4 动点的速度合成

段时间 Δt 后，曲线 C 随动系运动到另一位置（设以 C' 表示），动坐标系上的点 1 沿 $\widehat{MM_1}$ 运动到 M_1，同时，动点沿相对轨迹由点（1）运动到 M'（与曲线 C' 上的点 2 重合），动点相对于静系运动的绝对轨迹为 $\widehat{MM'}$。作矢量 $\boldsymbol{MM'}$，$\boldsymbol{MM_1}$ 和 $\boldsymbol{M_1M'}$。矢量 $\boldsymbol{MM'}$ 代表动点的绝对位移。矢量 $\boldsymbol{MM_1}$ 是在瞬时 t 动坐标系上与动点相重合的一点在 Δt 时间内的位移，称为牵连位移；矢量 $\boldsymbol{M_1M'}$ 则代表相对位移。由三角形 MM_1M' 可见

$$\boldsymbol{MM'} = \boldsymbol{MM_1} + \boldsymbol{M_1M'}$$

将上式各项同除以 Δt，并取 $\Delta t\to 0$ 时的极限，得

$$\lim_{\Delta t\to 0}\frac{\boldsymbol{MM'}}{\Delta t} = \lim_{\Delta t\to 0}\frac{\boldsymbol{MM_1}}{\Delta t} + \lim_{\Delta t\to 0}\frac{\boldsymbol{M_1M_1}}{\Delta t} \qquad ①$$

矢量 $\lim\limits_{\Delta t\to 0}\dfrac{\boldsymbol{MM'}}{\Delta t}$ 就是动点在瞬时 t 的绝对速度 $\boldsymbol{v}$，其方向沿动点的绝对轨迹 $\widehat{MM'}$ 在 M 点的切线方向。矢量 $\lim\limits_{\Delta t\to 0}\dfrac{\boldsymbol{MM_1}}{\Delta t}$ 是在瞬时 t 动坐标系上与动点相重合的一点（即 1 点）的速度，即动点在瞬时 t 的牵连速度 $\boldsymbol{v}_e$，其方向沿曲线 $\widehat{MM_1}$ 在 M 点的切线方向。矢量 $\lim\limits_{\Delta t\to 0}\dfrac{\boldsymbol{M_1M'}}{\Delta t}$ 则是动点在瞬时 t 的相对速度 $\boldsymbol{v}_r$。因 $\Delta t\to 0$ 时曲线 C' 与曲线 C 重合、M_1 点与 M 点重合，所以 $\boldsymbol{v}_r$ 的方向沿曲线 C 在 M 点的切线方向。于是式①可写为

$$\boldsymbol{v} = \boldsymbol{v}_e + \boldsymbol{v}_r \qquad (7-1)$$

式（7-1）表明：**在任一瞬时，动点的绝对速度等于牵连速度与相对速度的矢量和**。此关系称为**速度合成定理**。

应指出的是，在上述定理推导过程中，对动坐标系的运动未作任何限制，因此该定理适用于牵连运动是任何运动的情况。

【例 7-1】 机器 A 连同基座 B 安装在弹性基础上（图 7-5），按规律 $y=d+\delta\cos\omega_0 t$ 沿铅直方向振动，式中 d，δ，ω_0 均为常量。机器中的飞轮 D，半径为 r，以匀角速 ω 转动。当 $t=\pi/2\omega_0$ 时，轮缘上 1，2 两点在图示位置。求这两点在该瞬时相对于地面的速度。

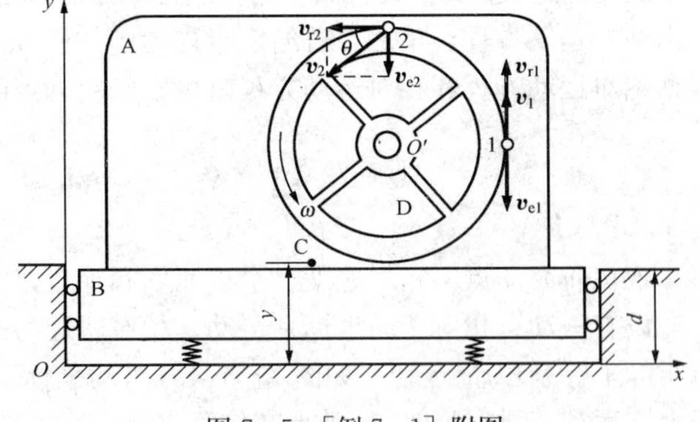

图 7-5 ［例 7-1］附图

解 1、2 两点为动点。取动坐标系固结在机器上（未画出），静坐标系 Oxy 固结在地面上。1、2 两点的相对运动为圆周运动，机器沿铅直方向的振动为牵连运动。本题要求的是 1，2 两点的绝对

速度 $\boldsymbol{v}_1$ 及 $\boldsymbol{v}_2$。

由已知条件可求出 1，2 两点的相对速度 $\boldsymbol{v}_{r1}$ 及 $\boldsymbol{v}_{r2}$：$\boldsymbol{v}_{r1}$ 的大小为 $v_{r1}=r\omega$，方向朝上；$\boldsymbol{v}_{r2}$ 的大小为 $v_{r2}=r\omega$，方向朝左。

由于牵连运动是平移，机器上所有各点的速度都相同，因此，1、2 两点的牵连速度

$$v_{e1}=v_{e2}=\frac{\mathrm{d}y}{\mathrm{d}t}=-\delta\omega_0\sin\omega_0 t$$

当 $t=\frac{\pi}{2\omega_0}$ 时，$v_{e1}=v_{e2}=-\delta\omega_0$，负号表示 v_{e1} 及 v_{e2} 沿 y 轴负向。

已知相对速度和牵连速度，则可由 $\boldsymbol{v}=\boldsymbol{v}_e+\boldsymbol{v}_r$ 求出 $\boldsymbol{v}_1$ 及 $\boldsymbol{v}_2$：

$$v_1=r\omega-\delta\omega_0$$

设 $r\omega>\delta\omega_0$，则 $\boldsymbol{v}_1$ 的方向与 $\boldsymbol{v}_{r1}$ 相同。

因 $\boldsymbol{v}_{r2}\perp\boldsymbol{v}_{e2}$，故

$$v_2=\sqrt{v_{e2}^2+v_{r2}^2}=\sqrt{(\delta\omega_0)^2+(r\omega)^2}$$

$\boldsymbol{v}_2$ 与 $\boldsymbol{v}_{r2}$ 的夹角设为 θ，则 $\theta=\arctan\frac{|v_{e2}|}{v_{r2}}=\arctan\frac{\delta\omega_0}{r\omega}$。

【例 7-2】 图 7-6 中，偏心圆凸轮的偏心距 $OC=e$，半径 $r=\sqrt{3}e$，设凸轮以匀角速 ω_0 绕轴 O 转动，试求 OC 与 CA 垂直的瞬时，杆 AB 的速度。

解　显然，凸轮为定轴转动，AB 杆为直线平移。只要求出 A 点的速度就可以知道 AB 杆各点的速度。选 A 为动点，动坐标系 $Ox'y'$ 固结在凸轮上，静坐标系固结于地面上。则 A 点的绝对运动是直线运动；相对运动是以 C 为圆心的圆周运动；牵连运动是动坐标系绕 O 轴的定轴转动，A 点速度分析如图 7-6 所示。

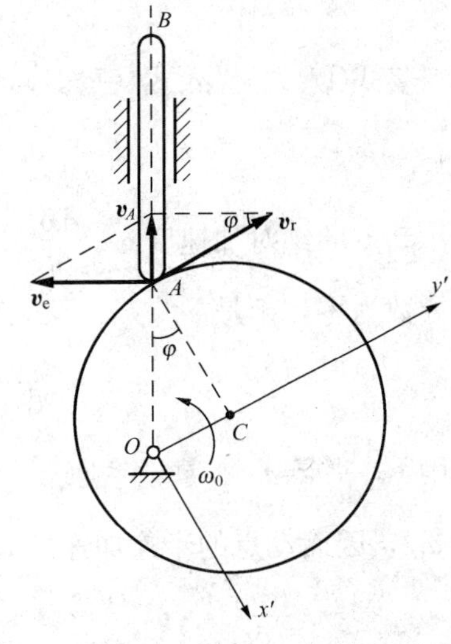

图 7-6 ［例 7-2］附图

由已知，$v_e=OA\cdot\omega_0=2e\omega_0$。所以在式（7-1）中，$\boldsymbol{v}_e$ 的大小、方向和 $\boldsymbol{v}_A$、$\boldsymbol{v}_r$ 的方向已知，因而可求出 $\boldsymbol{v}_A$，$\boldsymbol{v}_r$ 的大小。

由图 7-6 可得

$$\tan\varphi=\frac{OC}{AC}=\frac{v_A}{v_e}$$

于是，得到

$$v_A=\frac{1}{\sqrt{3}}e\omega_0$$

这就是 AB 杆在此瞬时的速度大小，它的方向竖直向上。

本题中，选择 AB 杆的 A 点为动点，动坐标系与凸轮固结。使得三种运动、特别是相对运动的轨迹十分清楚、简单，使问题得以顺利解决。反之，若选凸轮上的点（例如与 A 重合之点）为动点，而动坐标系与 AB 杆固结，则相对运动轨迹不仅难以确定，而且其曲率半径未知，求解（特别是求加速度）将遇到困难。

第三节　牵连运动为平移时点的加速度合成

速度合成定理对于任何形式的牵连运动都是适用的，但是加速度问题则比较复杂，对于

不同形式的牵连运动，会得到不同的结论。这一节先讨论牵连运动为平动时点的加速度合成问题。

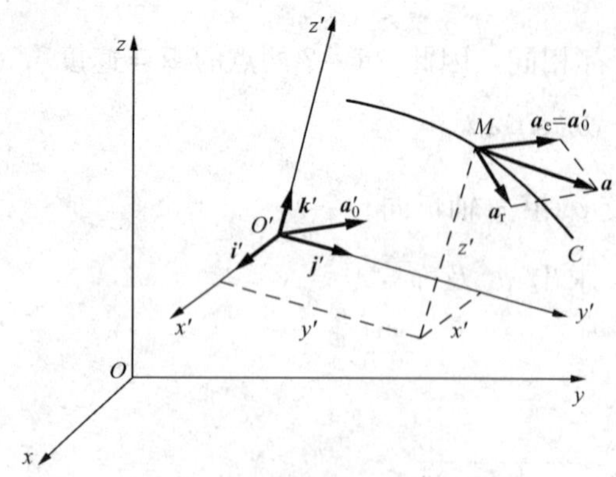

图 7-7 牵连运动为平移时动点的加速度合成

设动点 M 相对于动系 $O'x'y'z'$ 运动，相对轨迹为曲线 C（图 7-7），而动系相对于静系 $Oxyz$ 作平移。现在求动点在任一瞬时的绝对加速度。

动点的相对速度 $\boldsymbol{v}_r$ 和相对加速度 $\boldsymbol{a}_r$ 沿动系 $O'x'y'z'$ 三个轴分解的公式分别为

$$\boldsymbol{v}_r=\frac{dx'}{dt}\boldsymbol{i}'+\frac{dy'}{dt}\boldsymbol{j}'+\frac{dz'}{dt}\boldsymbol{k}' \quad ①$$

$$\boldsymbol{a}_r=\frac{d^2x'}{dt^2}\boldsymbol{i}'+\frac{d^2y'}{dt^2}\boldsymbol{j}'+\frac{d^2z'}{dt^2}\boldsymbol{k}' \quad ②$$

其中，x'，y'，z' 为动点在动系中的坐标；$\boldsymbol{i}'$，$\boldsymbol{j}'$，$\boldsymbol{k}'$ 为沿动系三个轴正向的单位矢量。

由于动系作平移，在任一瞬时，动系上所有各点的速度都与原点 O' 的速度 $\boldsymbol{v}_{O'}$ 相同。因此，动点的牵连速度 $\boldsymbol{v}_e$ 也就等于 $\boldsymbol{v}_{O'}$，即

$$\boldsymbol{v}_e=\boldsymbol{v}_{O'} \quad ③$$

将式①、③代入式（7-1），得动点的绝对速度为

$$\boldsymbol{v}=\boldsymbol{v}_e+\boldsymbol{v}_r=\boldsymbol{v}_{O'}+\frac{dx'}{dt}\boldsymbol{i}'+\frac{dy'}{dt}\boldsymbol{j}'+\frac{dz'}{dt}\boldsymbol{k}' \quad ④$$

动点的绝对加速度 $\boldsymbol{a}=\frac{d\boldsymbol{v}}{dt}$。由于动系作平移，单位矢量 $\boldsymbol{i}'$，$\boldsymbol{j}'$，$\boldsymbol{k}'$ 是常矢量，对时间 t 的导数为零，于是

$$\boldsymbol{a}=\frac{d\boldsymbol{v}}{dt}=\frac{d\boldsymbol{v}_{O'}}{dt}+\frac{d^2x'}{dt^2}\boldsymbol{i}'+\frac{d^2y'}{dt^2}\boldsymbol{j}'+\frac{d^2z'}{dt^2}\boldsymbol{k}' \quad ⑤$$

其中，$\frac{d\boldsymbol{v}_{O'}}{dt}=\boldsymbol{a}_{O'}$，是动系原点 O' 的加速度。因动系作平移，动系上所有各点的加速度都等于 $\boldsymbol{a}_{O'}$，因而动点的牵连加速度 $\boldsymbol{a}_e$ 等于 $\boldsymbol{a}_{O'}$，即

$$\frac{d\boldsymbol{v}_{O'}}{dt}=\boldsymbol{a}_{O'}=\boldsymbol{a}_e \quad ⑥$$

又由式②可知，式⑤中的后三项等于动点的相对加速度，于是

$$\boldsymbol{a}=\boldsymbol{a}_e+\boldsymbol{a}_r \quad (7-2)$$

式（7-2）表明：**当牵连运动为平移时，在任一瞬时，动点的绝对加速度等于动点的牵连加速度与相对加速度的矢量和。这就是牵连运动为平移时的加速度合成定理。**

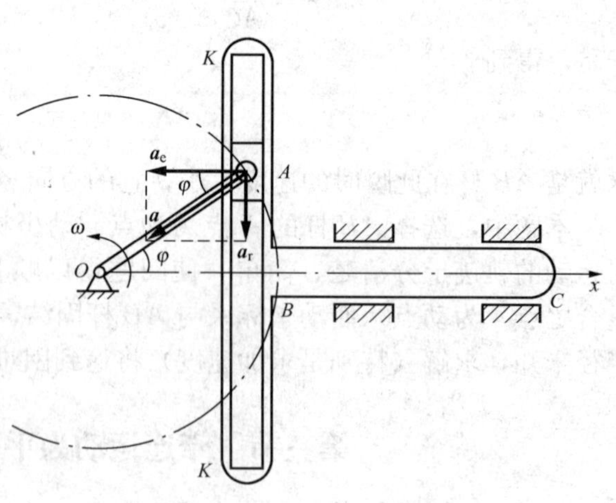

图 7-8 ［例 7-3］附图

【例 7-3】 曲柄滑道机构（图 7-8）中的曲柄 OA，长 $r=300$mm，以匀角速 $\omega=2\pi$rad/s 转动，并通过 A 端的滑块 A 带动滑道沿 x 轴往复运动。求当 OA 与 x 轴

的夹角 $\varphi=40°$时，滑道 BC 的加速度。

解 滑道 BC 由滑块 A 带动沿 x 轴作平移，只要求出滑道与 A 相重合的一点的加速度便可知滑道的加速度。选取滑块为动点，将动系固结在滑道上。于是，A 点沿滑道 KK 的直线运动为相对运动。滑道的平移为牵连运动，而 A 点随同 OA 转动所作的圆周运动为绝对运动。

由已知，A 点的绝对加速度 $\boldsymbol{a}$ 的大小为

$$a = OA \cdot \omega^2 = r\omega^2$$

$\boldsymbol{a}$ 的方向由 A 指向 O；A 点的牵连加速度 $\boldsymbol{a}_e$ 的方位与 x 轴平行，大小是需要求解的；A 点的相对加速度 $\boldsymbol{a}_r$ 的方位沿滑道 KK 的中心线，大小未知。

牵连运动为平移，应用公式 $\boldsymbol{a}=\boldsymbol{a}_e+\boldsymbol{a}_r$。由图 7－8 可见

$$a_e = a\cos\varphi = r\omega^2\cos\varphi = 300 \times (2\pi)^2\cos 40° = 9070\text{mm/s}^2$$

即为所要求的滑道 BC 的加速度。

（请考虑：在本题中可否取滑道上与 A 相重合的一点为动点，而将动系固结在曲柄 OA 上?）

第四节 牵连运动为定轴转动时点的加速度合成

当牵连运动为转动时，加速度合成定理与牵连运动为平移时的情况不同。下面导出牵连运动为定轴转动时点的加速度合成定理。

设动点 M 相对于动系 $O'x'y'z'$ 运动，相对轨迹为曲线 C（图 7－9），而动系绕静系的 z 轴转动，其角速度以矢量 $\boldsymbol{\omega}$ 表示，角加速度以矢量 $\boldsymbol{\alpha}$ 表示。设动点 M 对于静系原点 O 的矢径为 $\boldsymbol{r}$，对于动系原点 O'的矢径是 $\boldsymbol{r}'$，点 1 为动系上与动点 M 相重合的点，于是动点 M 的牵连速度及牵连加速度可按式（6－34）及（6－35）表示为

$$\boldsymbol{v}_e = \boldsymbol{\omega} \times \boldsymbol{r}' \quad ①$$

$$\boldsymbol{a}_e = \boldsymbol{\alpha} \times \boldsymbol{r}' + \boldsymbol{\omega} \times \boldsymbol{v}_e \quad ②$$

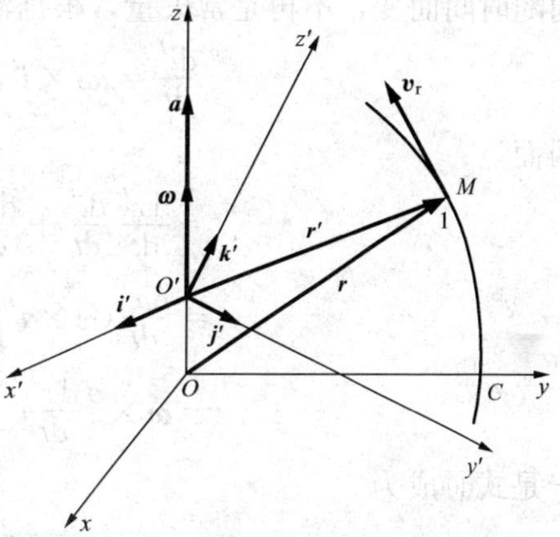

图 7－9 牵连运动为定轴转动时动点的加速度分析

动点 M 的相对速度和相对加速度，和上一节一样，可表示为

$$\boldsymbol{v}_r = \frac{\mathrm{d}x'}{\mathrm{d}t}\boldsymbol{i}' + \frac{\mathrm{d}y'}{\mathrm{d}t}\boldsymbol{j}' + \frac{\mathrm{d}z'}{\mathrm{d}t}\boldsymbol{k}' \quad ③$$

$$\boldsymbol{a}_r = \frac{\mathrm{d}^2x'}{\mathrm{d}t^2}\boldsymbol{i}' + \frac{\mathrm{d}^2y'}{\mathrm{d}t^2}\boldsymbol{j}' + \frac{\mathrm{d}^2z'}{\mathrm{d}t^2}\boldsymbol{k}' \quad ④$$

另外，动点的绝对矢径 $\boldsymbol{r}$ 和相对矢径 $\boldsymbol{r}'$ 存在关系：$\boldsymbol{r}=\boldsymbol{OO}'+\boldsymbol{r}'$，将该式对时间 t 求导，得

$$\frac{\mathrm{d}\boldsymbol{r}}{\mathrm{d}t} = \frac{\mathrm{d}\boldsymbol{OO}'}{\mathrm{d}t} + \frac{\mathrm{d}\boldsymbol{r}'}{\mathrm{d}t} \quad ⑤$$

注意，$\boldsymbol{OO}'$为常矢量，$\frac{\mathrm{d}\boldsymbol{OO}'}{\mathrm{d}t}=0$，而$\frac{\mathrm{d}\boldsymbol{r}}{\mathrm{d}t}=\boldsymbol{v}=\boldsymbol{v}_e+\boldsymbol{v}_r$，因此可得

$$\frac{\mathrm{d}\boldsymbol{r}'}{\mathrm{d}t}=\frac{\mathrm{d}\boldsymbol{r}}{\mathrm{d}t}=\boldsymbol{v}_{\mathrm{e}}+\boldsymbol{v}_{\mathrm{r}} \tag{⑥}$$

根据速度合成定理，并对时间 t 求导，动点 M 的绝对加速度为

$$\boldsymbol{a}=\frac{\mathrm{d}\boldsymbol{v}}{\mathrm{d}t}=\frac{\mathrm{d}\boldsymbol{v}_{\mathrm{e}}}{\mathrm{d}t}+\frac{\mathrm{d}\boldsymbol{v}_{\mathrm{r}}}{\mathrm{d}t} \tag{⑦}$$

现在来分别研究式⑦右边的两项。

由式①

$$\frac{\mathrm{d}\boldsymbol{v}_{\mathrm{e}}}{\mathrm{d}t}=\frac{\mathrm{d}}{\mathrm{d}t}(\boldsymbol{\omega}\times\boldsymbol{r}')=\frac{\mathrm{d}\boldsymbol{\omega}}{\mathrm{d}t}\times\boldsymbol{r}'+\boldsymbol{\omega}\times\frac{\mathrm{d}\boldsymbol{r}'}{\mathrm{d}t} \tag{⑧}$$

已知$\frac{\mathrm{d}\boldsymbol{\omega}}{\mathrm{d}t}=\boldsymbol{\alpha}$，利用式⑥、⑧就成为

$$\frac{\mathrm{d}\boldsymbol{v}_{\mathrm{e}}}{\mathrm{d}t}=\boldsymbol{\alpha}\times\boldsymbol{r}'+\boldsymbol{\omega}\times\boldsymbol{v}_{\mathrm{e}}+\boldsymbol{\omega}\times\boldsymbol{v}_{\mathrm{r}}=\boldsymbol{a}_{\mathrm{e}}+\boldsymbol{\omega}\times\boldsymbol{v}_{\mathrm{r}} \tag{⑨}$$

式⑨最右端的第二项（$\boldsymbol{\omega}\times\boldsymbol{v}_{\mathrm{r}}$）是由于相对运动引起牵连速度改变而有的。假若没有相对运动，即 $\boldsymbol{v}_{\mathrm{r}}=0$，则这一项等于零。

由式③

$$\frac{\mathrm{d}\boldsymbol{v}_{\mathrm{r}}}{\mathrm{d}t}=\frac{\mathrm{d}^2x'}{\mathrm{d}t^2}\boldsymbol{i}'+\frac{\mathrm{d}^2y'}{\mathrm{d}t^2}\boldsymbol{j}'+\frac{\mathrm{d}^2z'}{\mathrm{d}t^2}\boldsymbol{k}'+\frac{\mathrm{d}x'}{\mathrm{d}t}\frac{\mathrm{d}\boldsymbol{i}'}{\mathrm{d}t}+\frac{\mathrm{d}y'}{\mathrm{d}t}\frac{\mathrm{d}\boldsymbol{j}'}{\mathrm{d}t}+\frac{\mathrm{d}z'}{\mathrm{d}t}\frac{\mathrm{d}\boldsymbol{k}'}{\mathrm{d}t} \tag{⑩}$$

由式④可知，式⑩右边前三项之和，就是相对加速度 $\boldsymbol{a}_{\mathrm{r}}$；至于后三项，由于 $\boldsymbol{i}'$，$\boldsymbol{j}'$，$\boldsymbol{k}'$的方向随时间而变，不再是常矢量，根据泊桑公式，式（6－38）得

$$\frac{\mathrm{d}\boldsymbol{i}'}{\mathrm{d}t}=\boldsymbol{\omega}\times\boldsymbol{i}',\ \frac{\mathrm{d}\boldsymbol{j}'}{\mathrm{d}t}=\boldsymbol{\omega}\times\boldsymbol{j}',\ \frac{\mathrm{d}\boldsymbol{k}}{\mathrm{d}t}=\boldsymbol{\omega}\times\boldsymbol{k}'$$

因而

$$\begin{aligned}&\frac{\mathrm{d}x'}{\mathrm{d}t}\frac{\mathrm{d}\boldsymbol{i}'}{\mathrm{d}t}+\frac{\mathrm{d}y'}{\mathrm{d}t}\frac{\mathrm{d}\boldsymbol{j}'}{\mathrm{d}t}+\frac{\mathrm{d}z'}{\mathrm{d}t}\frac{\mathrm{d}\boldsymbol{k}'}{\mathrm{d}t}\\&=\frac{\mathrm{d}x'}{\mathrm{d}t}(\boldsymbol{\omega}\times\boldsymbol{i}')+\frac{\mathrm{d}y'}{\mathrm{d}t}(\boldsymbol{\omega}\times\boldsymbol{j}')+\frac{\mathrm{d}z'}{\mathrm{d}t}(\boldsymbol{\omega}\times\boldsymbol{k}')\\&=\boldsymbol{\omega}\times\left(\frac{\mathrm{d}x'}{\mathrm{d}t}\boldsymbol{i}'+\frac{\mathrm{d}y'}{\mathrm{d}t}\boldsymbol{j}'+\frac{\mathrm{d}z'}{\mathrm{d}t}\boldsymbol{k}'\right)=\boldsymbol{\omega}\times\boldsymbol{v}_{\mathrm{r}}\end{aligned}$$

于是式⑩成为

$$\frac{\mathrm{d}\boldsymbol{v}_{\mathrm{r}}}{\mathrm{d}t}=\boldsymbol{a}_{\mathrm{r}}+\boldsymbol{\omega}\times\boldsymbol{v}_{\mathrm{r}} \tag{⑪}$$

式⑪中的 $\boldsymbol{\omega}\times\boldsymbol{v}_{\mathrm{r}}$ 这一项是由于牵连运动（转动）引起相对速度改变而产生的。假如牵连运动是平移，而 $\boldsymbol{i}'$，$\boldsymbol{j}'$，$\boldsymbol{k}'$均为常矢量，$\frac{\mathrm{d}\boldsymbol{i}'}{\mathrm{d}t}$、$\frac{\mathrm{d}\boldsymbol{j}'}{\mathrm{d}t}$、$\frac{\mathrm{d}\boldsymbol{k}'}{\mathrm{d}t}$均为零，$\boldsymbol{\omega}\times\boldsymbol{v}_{\mathrm{r}}$ 这一项也就不存在了。

将式⑨、⑪代入式⑦，得

$$\boldsymbol{a}=\boldsymbol{a}_{\mathrm{e}}+\boldsymbol{a}_{\mathrm{r}}+2\boldsymbol{\omega}\times\boldsymbol{v}_{\mathrm{r}} \tag{⑫}$$

式⑫中的最后一项 $2\boldsymbol{\omega}\times\boldsymbol{v}_{\mathrm{r}}$ 是由$\frac{\mathrm{d}\boldsymbol{v}_{\mathrm{e}}}{\mathrm{d}t}$和$\frac{\mathrm{d}\boldsymbol{v}_{\mathrm{r}}}{\mathrm{d}t}$中的两个 $\boldsymbol{\omega}\times\boldsymbol{v}_{\mathrm{r}}$ 相加而成的，如上所述，它是牵连运动与相对运动相互影响而产生的一个加速度，称为**科氏加速度**，并用 $\boldsymbol{a}_{\mathrm{C}}$ 表示，则有

$$\boldsymbol{a}_{\mathrm{C}}=2\boldsymbol{\omega}\times\boldsymbol{v}_{\mathrm{r}} \tag{7-3}$$

即科氏加速度等于牵连运动的角速度与动点的相对速度的矢积的 2 倍。将式（7－3）代入式

⑫，便得到动点的绝对加速度的表达式

$$\boldsymbol{a} = \boldsymbol{a}_e + \boldsymbol{a}_r + \boldsymbol{a}_C \tag{7-4}$$

式（7-4）表明：**当牵连运动为转动时，在任一瞬时，动点的绝对加速度等于动点的牵连加速度、相对加速度与科氏加速度三者的矢量和。**这就是牵连运动为转动时点的**加速度合成定理**。

根据矢积的运算规则，$\boldsymbol{a}_C$ 的大小为

$$a_C = 2\omega v_r \sin\theta \tag{7-5}$$

其中，θ 为 $\boldsymbol{\omega}$ 与 $\boldsymbol{v}_r$ 间的夹角（小于 π）。$\boldsymbol{a}_C$ 的方位垂直于 $\boldsymbol{\omega}$ 与 $\boldsymbol{v}_r$ 所构成的平面，指向按右手法则确定，如图 7-10 所示。

在一些较简单的情况下，还可以用下述方法来确定 $\boldsymbol{a}_C$ 的大小和方向。将 $\boldsymbol{v}_r$ 投影到垂直于 $\boldsymbol{\omega}$（也就是垂直于转动轴 z）的平面上，得 $\boldsymbol{v}_{rn}$。由图 7-10 可见，$v_{rn}=v_r\sin\theta$，所以

$$a_C = 2\omega v_r \sin\theta = 2\omega v_{rn} \tag{7-6}$$

这就是说：**科氏加速度的大小，等于相对速度在垂直于转动轴的平面上的投影大小 v_{rn} 与牵连运动的角速度 ω 的乘积的两倍。**又由图 7-10 可见，**将 $\boldsymbol{v}_{rn}$ 顺角速度 $\boldsymbol{\omega}$ 的转向转 90° 即为 $\boldsymbol{a}_C$ 的方向。**

下面说明两个特殊情况：

(1) 如果 $\boldsymbol{v}_r \perp \boldsymbol{\omega}$，即 $\boldsymbol{v}_r$ 在垂直于 z 轴的平面内，则 $\boldsymbol{v}_{rn}=\boldsymbol{v}_r$，在这种情况下 $a_C=2\omega v_r$，且 $\boldsymbol{v}_r$，$\boldsymbol{\omega}$，$\boldsymbol{a}_C$ 三者互相垂直，如图 7-11 所示。

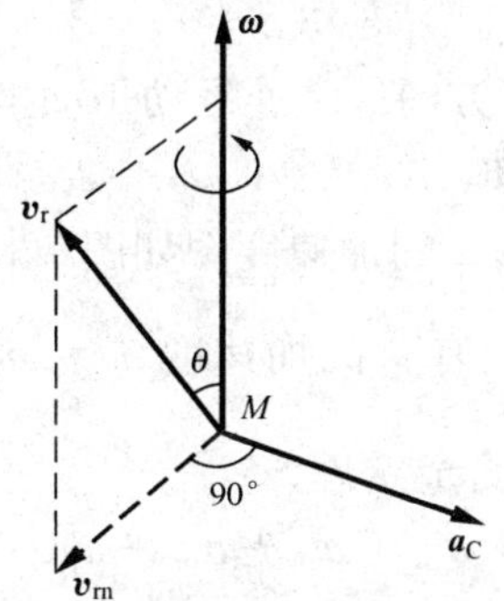

图 7-10 用右手法则判定 a_C 的方向

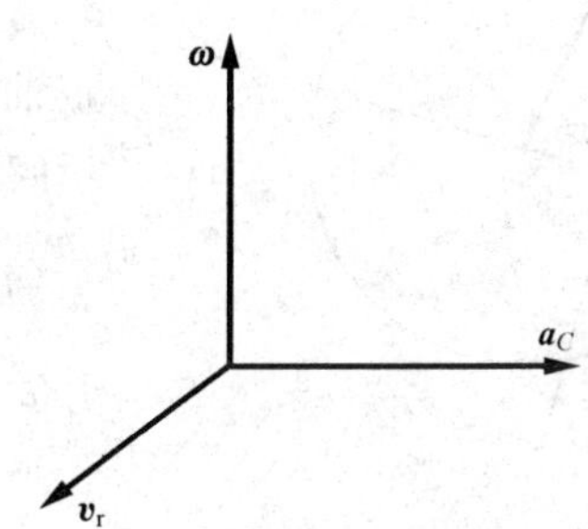

图 7-11 $\boldsymbol{v}_r \perp \boldsymbol{\omega}$ 时 $\boldsymbol{a}_C$ 的方向

(2) 如果 $\boldsymbol{v}_r /\!/ \boldsymbol{\omega}$，即 $\boldsymbol{v}_r$ 与 z 轴平行，则 $v_{rn}=0$。在这种情况下，$a_C=0$。

【例 7-4】 滑块 M 在圆盘内沿直槽 AB 运动，圆盘绕垂直于盘面的轴转动，如图 7-12 所示。当 M 在 AB 中点时，其沿直槽运动的速度和加速度分别为 $\boldsymbol{v}_r$ 和 $\boldsymbol{a}_r$，而圆盘转动的角速度和角加速度分别为 ω 和 α。求该瞬时 M 对于地面的加速度。

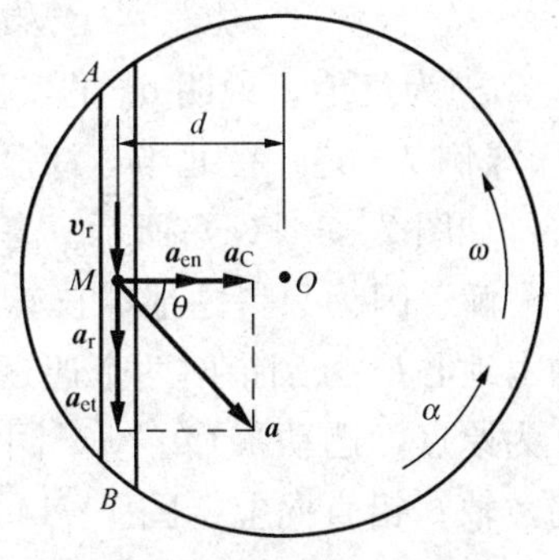

图 7-12 ［例 7-4］附图

解 取滑块 M 为动点，圆盘为动系。M 沿直槽 AB 的运动为相对运动，圆盘的转动为牵连运动，M 对地面的运动为绝对运动。因牵连运动为转动，故应用式（7-4）

$$\boldsymbol{a} = \boldsymbol{a}_e + \boldsymbol{a}_r + \boldsymbol{a}_C$$

由所给条件，牵连加速度 $\boldsymbol{a}_e$ 有切向和法向两个分量 $\boldsymbol{a}_{et}$ 和 $\boldsymbol{a}_{en}$，它们的大小是

$$a_{et}=d\alpha,\ a_{en}=d\omega^2$$

方向分别如图 7-12 所示。

相对加速度 a_r 已知，已画在图上。

科氏加速度 $\boldsymbol{a}_C$：因相对速度 $\boldsymbol{v}_r$ 在垂直于转动轴的平面内，所以 $\boldsymbol{a}_C$ 的大小为

$$a_C=2\omega v_r$$

$\boldsymbol{a}_C$ 的方向由 $\boldsymbol{v}_r$ 顺 ω 转向转 90°定出，如图 7-12 所示。

由图 7-12 可见 M 的绝对加速度 $\boldsymbol{a}$ 的大小为

$$a=\sqrt{(a_r+a_{et})^2+(a_{en}+a_C)^2}=\sqrt{(a_r+d\alpha)^2+(d\omega^2+2\omega v_r)^2}$$

a 与 MO 的夹角

$$\theta=\arctan\frac{a_r+a_{et}}{a_{en}+a_C}=\arctan\frac{a_r+d\alpha}{d\omega^2+2\omega v_r}$$

【例 7-5】 试求［例 7-2］中从动杆 AB 的加速度。

解 由［例 7-2］中的运动分析，仍取 A 为动点，动坐标系固结在凸轮上。

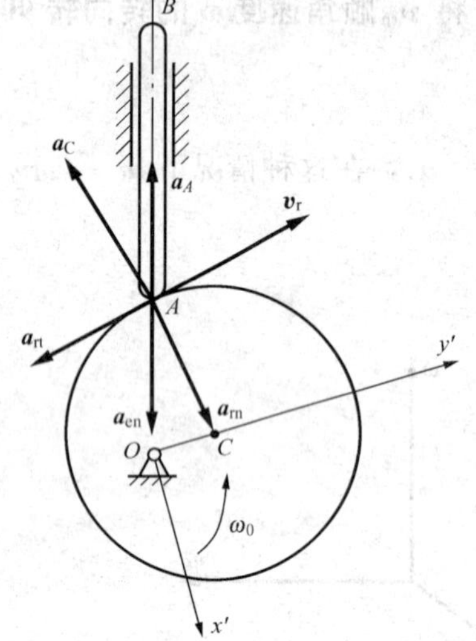

图 7-13 ［例 7-5］附图

A 点的绝对运动是沿 AB 方向的直线运动。$\boldsymbol{a}_A$ 方向已知，沿 AB 方向；相对运动是以 C 为圆心的圆周运动。$\boldsymbol{a}_{rn}$ 的大小、方向已知，$a_{rn}=\dfrac{v_r^2}{r}=\dfrac{16e\omega_0^2}{3\sqrt{3}}$，方向沿 AC 指向 C 点，$\boldsymbol{a}_{rt}$ 方向已知，垂直于 AC 方向。牵连运动是动坐标系以 O 为定轴的转动。$\boldsymbol{a}_{en}$、$\boldsymbol{a}_{et}$ 已知，$a_{en}=OA\cdot\omega_0^2=2e\omega_0^2$，方向沿 AO 指向 O 点，$a_{et}=0$。动点 A 的加速度图如图 7-13 所示。由于动坐标系为转动，因此有科氏加速度 $a_C=2\omega_0 v_r=\dfrac{8}{\sqrt{3}}e\omega_0^2$，方向沿 AC。根据加速度合成定理

$$\boldsymbol{a}_A=\boldsymbol{a}_{et}+\boldsymbol{a}_{en}+\boldsymbol{a}_{rt}+\boldsymbol{a}_{rn}+\boldsymbol{a}_C$$

将此矢量方程向 Ox' 轴投影，有

$$a_A\cos\alpha=-a_{en}\cos\alpha-a_{rn}+a_C$$

$$a_A=\frac{2}{\sqrt{3}}\left(-\frac{16e\omega_0^2}{3\sqrt{3}}-\sqrt{3}e\omega_0^2+\frac{8}{\sqrt{3}}e\omega_0^2\right)=-\frac{2}{9}e\omega_0^2$$

a_A 为负值，说明 $\boldsymbol{a}_A$ 的实际方向与图 7-14 假设的方向相反。

【例 7-6】 在北半球纬度 φ 处有一河流，河水沿着与正东成 ψ 角的方向流动，流速为 $\boldsymbol{v}_r$，如图 7-14（a）所示。考虑地球自转的影响，求河水的科氏加速度。

解 因为只考虑地球自转的影响，所以可取地心坐标系为静系，以地轴为 z 轴，x，y 轴由地心 O 分别指向两个遥远的恒星。因此，该坐标系不受地球自转影响，以水流所在处 O' 为原点，选动系 $O'x'y'z'$ 固结于地球上，轴 x'，y' 在水平面内，轴 x' 指向东，轴 y' 指向北，轴 z' 铅直向上［图 7-14（a）］。地球绕 z 轴自转的角速度以 $\boldsymbol{\omega}$ 表示。为了便于求 $\boldsymbol{a}_C$，过 O' 点画出地球自转的角速度矢量 $\boldsymbol{\omega}$［图 7-14（b）］。

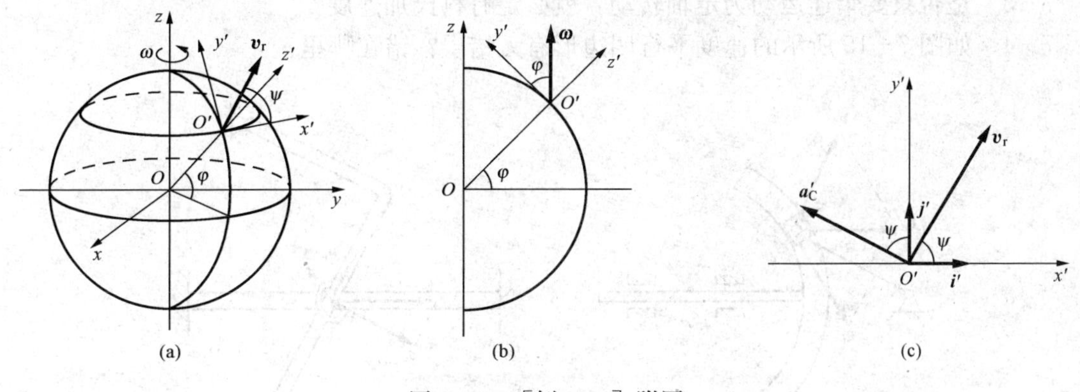

图 7-14 ［例 7-6］附图

由图 7-14（b）可见

$$\boldsymbol{\omega} = \omega\cos\varphi\boldsymbol{j}' + \omega\sin\varphi\boldsymbol{k}',\ \boldsymbol{v}_r = v_r\cos\psi\boldsymbol{i}' + v_r\sin\psi\boldsymbol{j}'$$

其中，i'，j'和k'为沿x'，y'和z'轴的单位矢量。于是

$$\begin{aligned}\boldsymbol{a}_C &= 2\boldsymbol{\omega}\times\boldsymbol{v}_r\\ &= 2\omega v_r(-\sin\varphi\sin\psi\boldsymbol{i}' + \sin\varphi\cos\psi\boldsymbol{j}' - \cos\varphi\cos\psi\boldsymbol{k}')\end{aligned} \quad ①$$

由此可得

$$\begin{aligned}a_C &= 2\omega v_r\sqrt{\sin^2\varphi\sin^2\psi + \sin^2\varphi\cos^2\psi + \cos^2\varphi\cos^2\psi}\\ &= 2\omega v_r\sqrt{\sin^2\varphi + \cos^2\varphi\cos^2\psi}\end{aligned} \quad ②$$

可见，当$\psi=0°$或$180°$时，即水流向东或向西时，a_C有极大值$2\omega v_r$；而当$\psi=90°$或$270°$，即水向北或向南流动时，a_C具有极小值$2\omega v_r\sin\varphi$。

现在求$\boldsymbol{a}_C$在水平面$O'x'y'$上的投影a'_C。取式①右边的前两项，即

$$\begin{aligned}\boldsymbol{a}'_C &= 2\omega v_r(-\sin\varphi\sin\psi\boldsymbol{i}' + \sin\varphi\cos\psi\boldsymbol{j}')\\ &= 2\omega v_r\sin\varphi[\cos(90° + \psi)\boldsymbol{i}' + \sin(90° + \psi)\boldsymbol{j}']\end{aligned} \quad ③$$

由式③可得

$$a_C = 2\omega v_r\sin\varphi$$

上式表明，不论ψ为何值，即不论水流方向如何，科氏加速度在水平面上的投影都等于$2\omega v_r\sin\varphi$。

$\boldsymbol{a}'_C$的方向确定：由式③可知，$\boldsymbol{a}'_C$与x'轴成角$90°+\psi$，即与$\boldsymbol{v}_r$垂直。由图 7-14（c）可以看出，顺$\boldsymbol{v}_r$方向看去，$\boldsymbol{a}'_C$是指向左的。

由牛顿第二定律可知，水流有向左的科氏加速度是由于河的右岸对水流作用有向左的力。根据作用与反作用定律，则水流对右岸必有反作用力。由于这个力的长期作用将导致河的右岸受到冲刷。这就解释了在自然界观察到的一种现象：在北半球，河流冲刷右岸比较明显。

思　考　题

7-1　相对加速度是否等于相对速度$\boldsymbol{v}_r$对时间的一阶导数？为什么？

7-2　牵连加速度是否等于牵连速度$\boldsymbol{v}_e$对时间的一阶导数？为什么？

7－3　是否只要牵连运动为定轴转动，就必定有科氏加速度？

7－4　如图 7－15 所示的速度平行四边形有无错误？错在哪里？

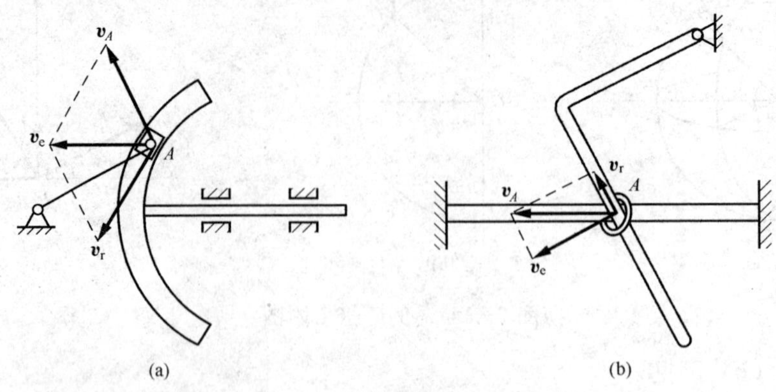

图 7－15　思考题 7－4 附图

7－5　如图 7－16 所示，曲柄 OA 以匀角速度转动，(a)、(b) 两图中哪一种分析是正确的？

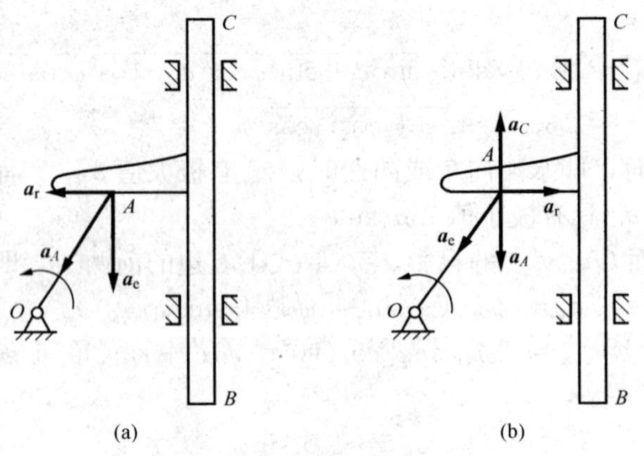

图 7－16　思考题 7－5 附图

(1) 如图 7－16 (a) 所示，以 OA 上的点 A 为动点，以 BC 为动坐标系；

(2) 如图 7－16 (b) 所示，以 BC 上的点 A 为动点，以 OA 为动坐标系。

习　题

7－1　由西向东流的河，宽 1000m，流速为 0.5m/s，小船自南岸某点出发渡至北岸，设小船相对于水流的划速为 1m/s。求：

(1) 若划速保持与河岸垂直，船在北岸的何处靠岸？渡河时间多久？

(2) 若欲使船在北岸正对出发点处靠岸，划船时应取什么方向？渡河时间多久？

7－2　已知如图 7－17 所示，砂石料从传送带 A 落到另一传送带 B 的绝对速度为 $v_1=4\text{m/s}$，其方向与铅直线成 30°角。设传送带 B 与水平面成 30°角，其速度为 $v_2=2\text{m/s}$，求此时砂石料对于传送带 B 的相对速度。当传送带 B 的速度多大时，砂石料的相对速度才能与带垂直？

7－3　三角形凸轮沿水平方向运动，其斜边与水平线成 α 角如图 7－18 所示。杆 AB 的 A 端搁置在斜面上，另一端活塞 B 在汽缸内滑动，如某瞬时凸轮以速度 v 向右运动，求活塞 B 的速度。

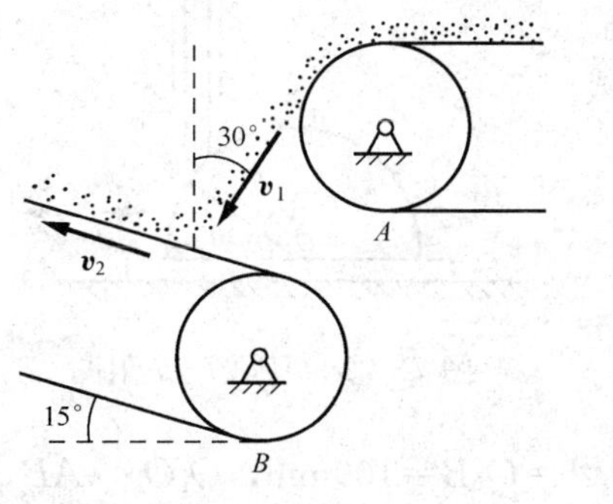

图 7－17　习题 7－2 附图

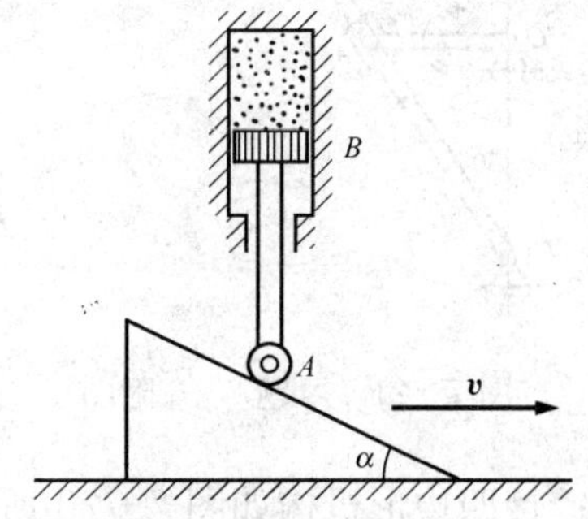

图 7－18　习题 7－3 附图

7－4　如图 7－19 所示的一曲柄滑道机构，长 $OA=r$ 的曲柄，以匀角速 ω 绕 O 轴转动。装在水平杆 CB 上的滑槽 DE 与水平线成 60°角。求当曲柄与水平线的夹角 φ 分别为 0°，30°，60°时杆 BC 的速度。

7－5　摇杆 OC 带动齿条 AB 上下移动，齿条又带动直径为 100mm 的齿轮绕 O_1 轴摆动。在图 7－20 所示瞬时，OC 之角速度 $\omega_0=0.5\text{rad/s}$，求这时齿轮的角速度。

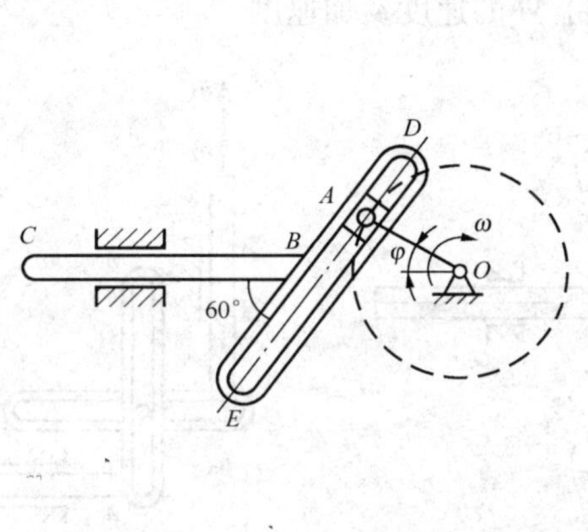

图 7－19　习题 7－4 附图

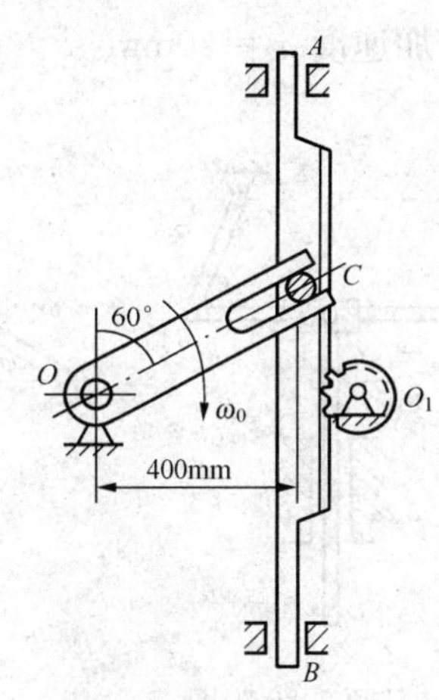

图 7－20　习题 7－5 附图

7－6　摇杆滑道机构的曲柄 OA 长 l，以匀角速度 ω_0 绕 O 轴转动。已知在图 7－21 所示位置 $OA\perp OO_1$，$AB=2l$，求该瞬时 BC 杆的速度。

7－7　一外形为半圆弧的凸轮 A 如图 7－22 所示，半径 $r=300\text{mm}$，沿水平方向向右作匀加速运动，其加速度 $a_A=800\text{mm/s}^2$。凸轮推动直杆 BC 沿铅直导槽上下运动。设在图示瞬时，$v_A=600\text{mm/s}$，求杆 BC 的速度及加速度。

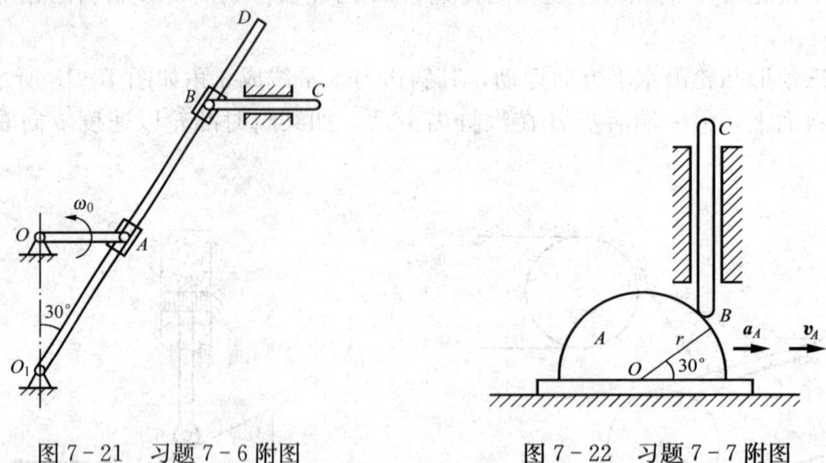

图 7-21　习题 7-6 附图　　　　图 7-22　习题 7-7 附图

7-8　铰接四边形机构如图 7-23 所示，$O_1A=O_2B=100\text{mm}$，$O_1O_2=AB$，杆 O_1A 以等角速度 $\omega=2\text{rad/s}$ 绕 O_1 轴转动。AB 杆上有一套筒 C，此筒与 CD 杆相铰接，机构各部件都在同一铅直面内。求当 $\varphi=60°$时 CD 杆的速度和加速度。

7-9　具有圆弧形滑道的曲柄滑道机构如图 7-24 所示，使滑道 CD 获得间歇往复运动。若已知曲柄 OA 作匀速转动，其转速为 $\omega=4\pi\text{rad/s}$，又 $R=OA=100\text{mm}$，求当曲柄与水平轴成角 $\varphi=30°$时滑道 CD 的速度及加速度。

7-10　销钉 M 可同时在槽 AB、CD 内滑动如图 7-25 所示。已知某瞬时杆 AB 沿水平方向移动的速度 $v_1=800\text{mm/s}$，加速度 $a_1=10\text{mm/s}^2$；杆 CD 沿铅直方向移动的速度 $v_2=60\text{mm/s}$，加速度 $a_2=20\text{mm/s}^2$。求该瞬时销钉 M 的速度及加速度。

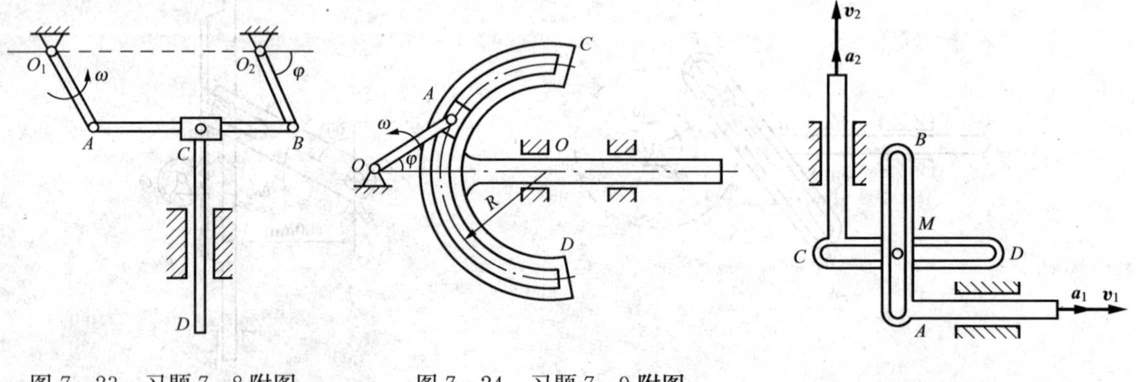

图 7-23　习题 7-8 附图　　图 7-24　习题 7-9 附图　　图 7-25　习题 7-10 附图

7-11　水力采煤用水枪可绕铅直轴转动如图 7-26 所示。在某瞬时角速度为 ω，角加速度为零。设与转动轴相距 r 处的水点该瞬时具有相对于水枪的速度 $\boldsymbol{v}_1$ 及加速度 $\boldsymbol{a}_1$，求该水点的绝对速度及绝对加速度。

7-12　半径为 r 的圆盘可绕垂直于盘面且通过盘心 O 的铅直轴 z 转动。一小球 M 悬挂于盘边缘的上方。设在图 7-27 所示瞬时圆盘的角速度及角加速度分别为 ω 及 α，若以圆盘为动参考系，试求该瞬时小球的科氏加速度及相对加速度。

7-13　一半径 $r=200\text{mm}$ 的圆盘，绕通过 A 点的垂直平面的轴转动。物块 M 以匀速率 $v_r=400\text{mm/s}$ 沿圆盘边缘运动。在图 7-28 所示位置，圆盘的角速度 $\omega=2\text{rad/s}$，角加速度 $\alpha=4\text{rad/s}^2$，求物块 M 的绝对速度和绝对加速度。

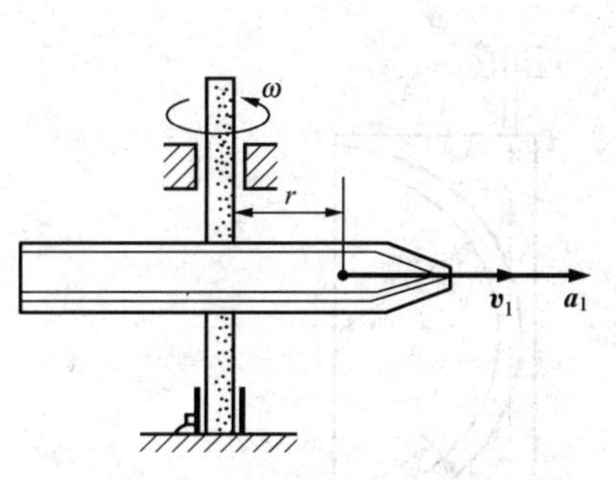

图 7-26　习题 7-11 附图

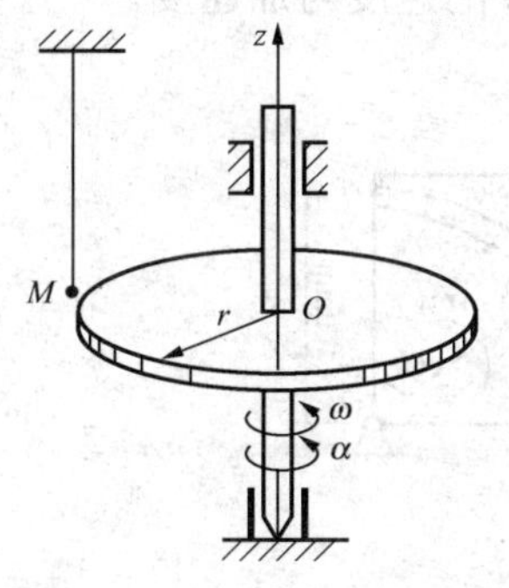

图 7-27　习题 7-12 附图

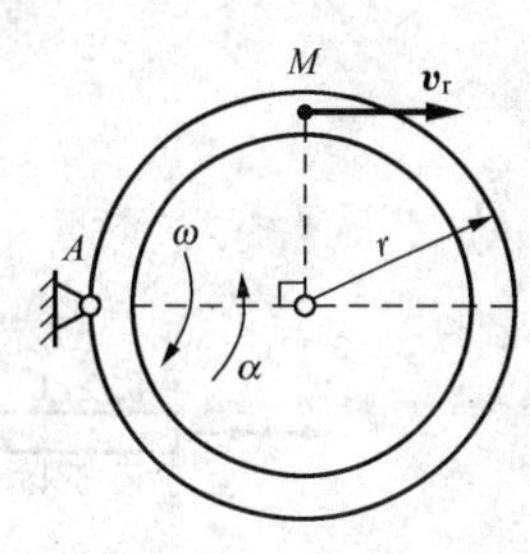

图 7-28　习题 7-13 附图

7-14　大圆环固定不动，其半径 $R=0.5\text{m}$，小圆环 M 套在杆 AB 及大圆环上如图 7-29 所示。当 $\theta=30°$ 时，AB 杆转动的角速度 $\omega=2\text{rad/s}$，角加速度 $\alpha=2\text{rad/s}^2$，试求该瞬时：

（1）M 沿大圆环滑动的速度；

（2）M 沿 AB 杆滑动的速度；

（3）M 的绝对加速度。

7-15　曲柄 OA，长为 $2r$，绕固定轴 O 转动；圆盘半径为 r，绕 A 轴转动。已知 $r=100\text{mm}$，在图 7-30 所示位置，曲柄 OA 的角速度 $\omega_1=4\text{rad/s}$，角加速度 $\alpha_1=3\text{rad/s}^2$，圆盘相对于 OA 的角速度 $\omega_2=6\text{rad/s}$，角加速度 $\alpha_2=4\text{rad/s}^2$。求圆盘上 M 点和 N 点的绝对速度和绝对加速度。

7-16　在图 7-31 所示机构中，已知 $AA'=BB'=r=0.25\text{mm}$，且 $AB=A'B'$；连杆 AA' 以匀角速度 $\omega=2\text{rad/s}$ 绕 A' 轴转动，当 $\theta=60°$ 时，槽杆 CE 位置铅直。求此时 CE 的角速度及角加速度。

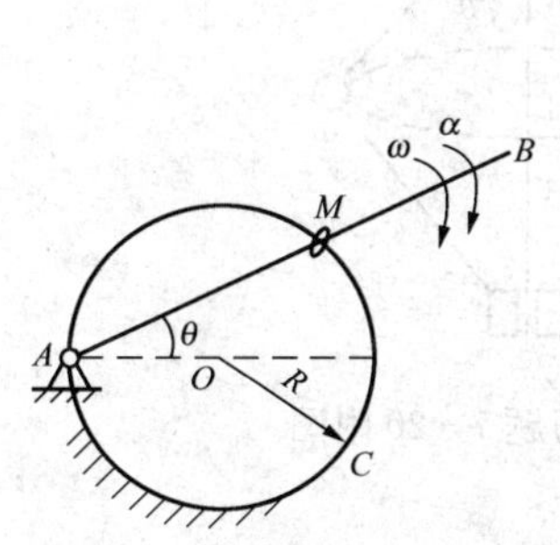

图 7-29　习题 7-14 附图

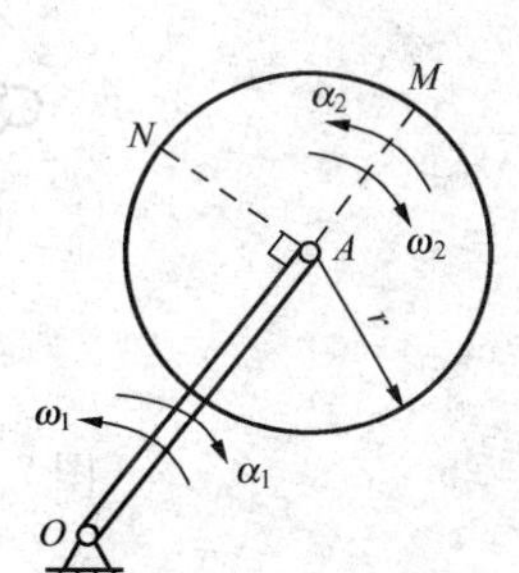

图 7-30　习题 7-15 附图

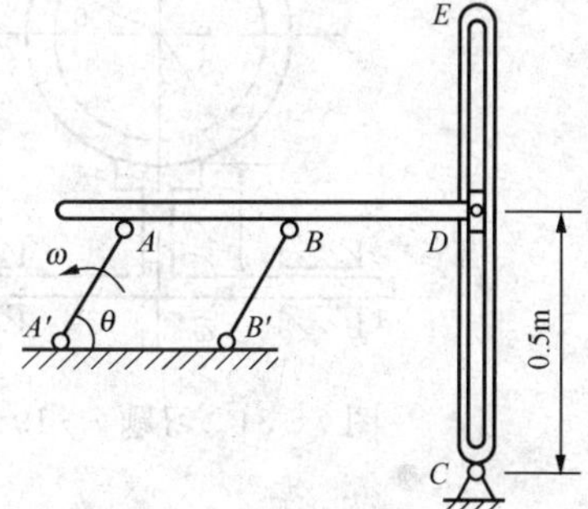

图 7-31　习题 7-16 附图

7-17　销钉 M 可同时在 AB、CD 两滑道内运动，CD 为一圆弧形滑槽，随同板以匀角速 $\omega_0=1\text{rad/s}$ 绕 O 转动。在图 7-32 所示瞬时，T 字杆平移的速度 $v=100\text{mm/s}$，加速度 $a=120\text{mm/s}^2$。试求该瞬时销钉 M 对板的速度与加速度。

7-18 板 $ABCD$ 绕 z 轴以 $\omega=0.5t$（其中 ω 以 rad/s 计，t 以 s 计）的规律转动，见图 7-33，小球 M 在半径 $r=100\text{mm}$ 的圆弧槽内相对于板按规律 $s=\frac{50}{3}\pi t$（s 以 mm 计，t 以 s 计）运动，求 $t=2\text{s}$ 时，小球 M 的速度与加速度。

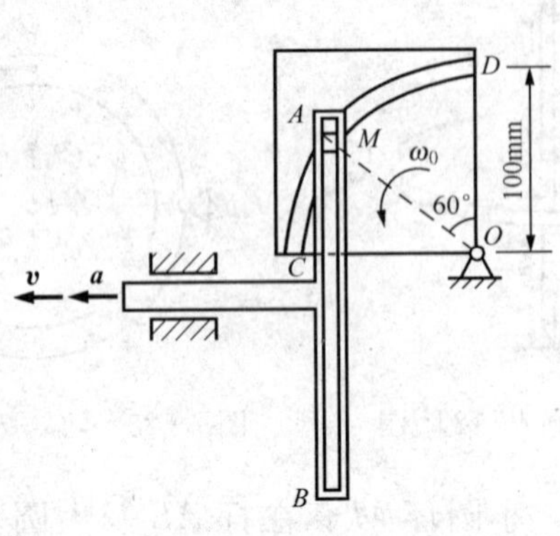

图 7-32 习题 7-17 附图

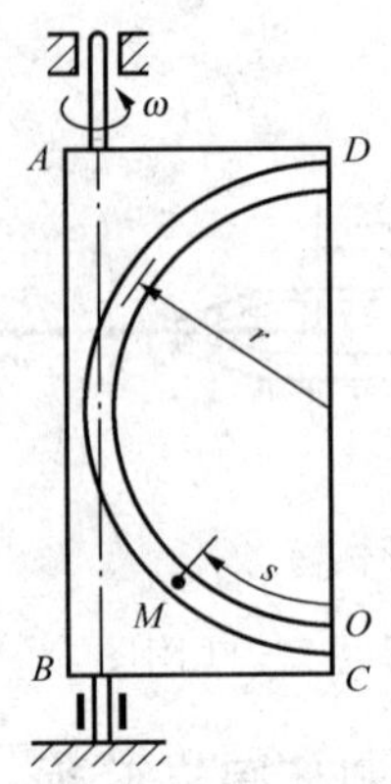

图 7-33 习题 7-18 附图

7-19 半径为 r 的空心圆环刚连在 AB 轴上如图 7-34 所示，AB 的轴线在圆环轴线平面内。圆环内充满液体，并依箭头方向以匀相对速度 $\boldsymbol{u}$ 在环内流动。AB 轴作顺时针方向转动（从 A 向 B 看），其转动的角速度 ω 为常数，求 M 点处液体分子的绝对加速度。

7-20 瓦特离心调速器如图 7-35 所示，在某瞬时以角速度 $\omega=0.5\pi\text{rad/s}$、角加速度 $\alpha=1\text{rad/s}^2$ 绕其铅直轴转动，与此同时悬挂重球 A，B 的杆子以角速度 $\omega_1=0.5\pi\text{rad/s}$、角加速度 $\alpha_1=0.4\text{rad/s}^2$ 绕悬挂点转动，使重球向外分开。设 $l=500\text{mm}$，悬挂点间的距离 $2e=100\text{mm}$，调速器的张角 $\theta=30^\circ$，球的大小略去不计，作为质点看待，求重球 A 的绝对速度和加速度。

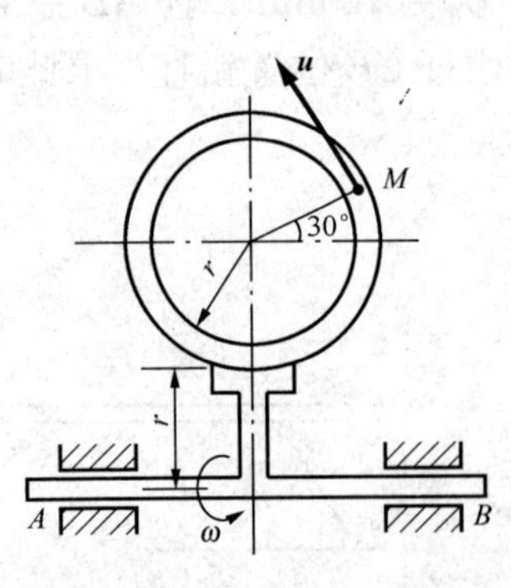

图 7-34 习题 7-19 附图

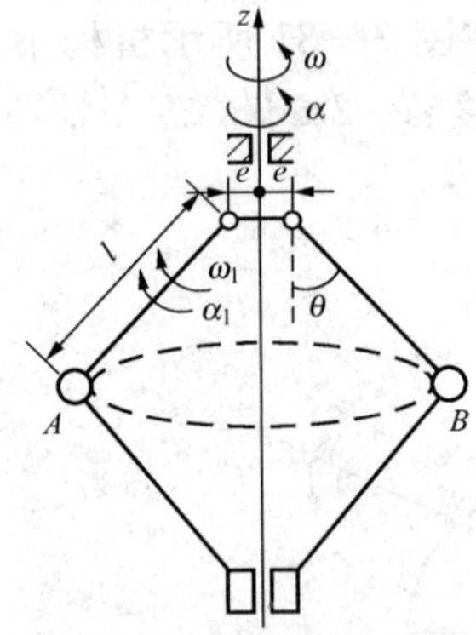

图 7-35 习题 7-20 附图

第八章 刚体的平面运动

刚体除了作平移和定轴转动这两种最简单、最基本的运动之外，还可以有更复杂的运动形式，如刚体的平面运动、刚体的空间运动等。其中，刚体的平面运动是工程实际中较为常见的一种运动。刚体平面运动有一个共同的运动特点：刚体在运动过程中，其上各点都始终保持在与某一固定平面相平行的平面内运动，刚体的这种运动称为平面平行运动，简称**平面运动**。

机器和机械中有很多机构的构件都是作平面运动的，因此平面运动的理论对研究机构的运动具有很重要的意义。对土建工程中的平面结构进行机动分析时，也要以平面运动的理论为依据。

第一节 运动方程 平面运动作为平移和转动的合成

设有一刚体 T 作平面运动，其体内每一点都在平行于固定平面 M 的平面内运动，如图 8-1 所示。另取一个与平面 M 平行的固定平面 N，它与刚体 T 相交截出一平面图形。当刚体运动时，平面图形 S 将始终保持在平面 N 内，而刚体内与 S 垂直的任一条直线 $A'AA''$ 则作平移。于是，只需知道 $A'AA''$ 与 S 的交点 A 的运动，便可知道 $A'AA''$ 线上所有各点的运动；同样只要知道平面图形 S 内各点的运动，就可以知道整个刚体的运动。由此可见，刚体的平面运动可以简化为平面图形在固定平面内的运动来研究。以后将以平面图形 S 的运动来代表刚体的平面运动。

为了描述平面图形 S 在固定平面 N 内的运动，在该平面内取静坐标系 $O_1x_1y_1$，如图 8-2 所示。在图形 S 上任取一点 O，称为**基点**，并任取一线段 OP。由于 S 内各点相对于 OP 的位置是一定的，只要确定了 OP 的位置，S 的位置也可以确定了。而 OP 的位置可用 O 点的坐标 x_O，y_O 及 OP 与 x_1 轴的夹角 φ 来确定。当 S 运动时，x_O，y_O 及 φ 都随时间而改变，都是时间 t 的单值连续函数，可表示为

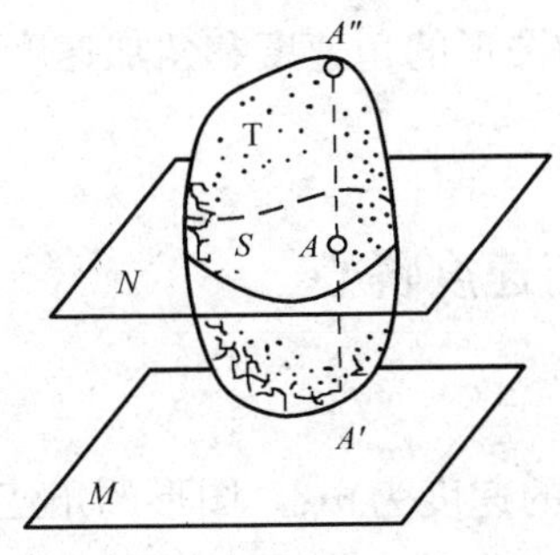

图 8-1 刚体 T 作平面运动

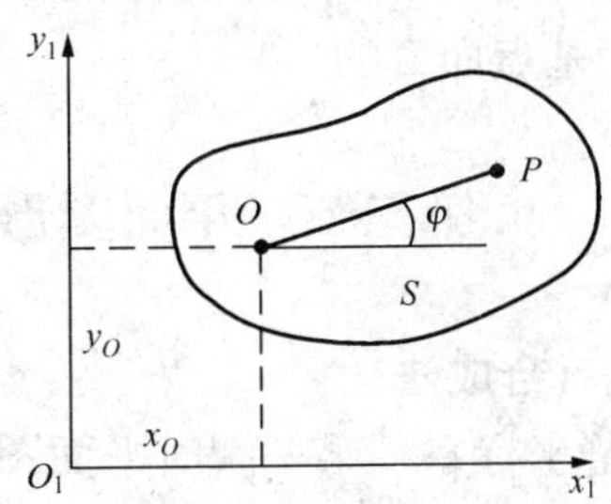

图 8-2 在平面上确定平面图形的位置

$$x_O = f_1(t),\ y_O = f_2(t),\ \varphi = f_3(t) \tag{8-1}$$

式（8－1）即为平面图形 S 的运动方程，也就是刚体平面运动的运动方程。

当平面图形 S 在 $O_1x_1y_1$ 平面内运动时，由式（8－1）可知，若 φ 保持不变，则刚体作平面平移；若 x_O 和 y_O 保持不变，即 O 点不动，则刚体绕 O 点作定轴转动。而一般情况是 x_O，y_O 和 φ 都随时间而变化，可见平面图形在其平面内的运动是由平移和转动组合而成的。

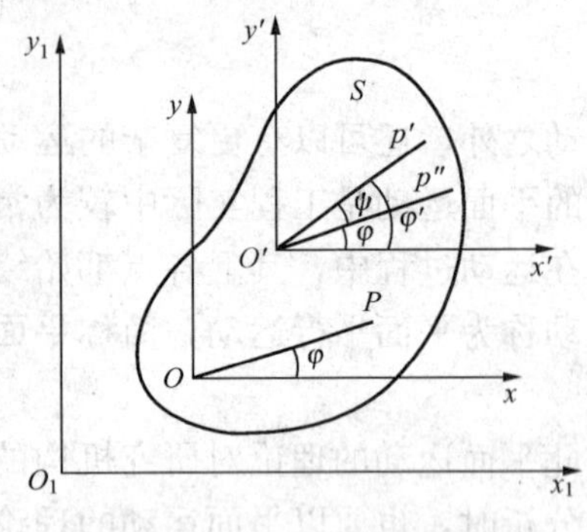

图 8－3 以不同点为基点时平面图形的运动分析

设以基点 O 为原点，作一动坐标系 Oxy（图 8－3），使 O 点与图形 S 相连（可以设想动坐标系在 O 点用销钉与图形 S 相连接）。在运动过程中，轴 x，y 分别与轴 x_1，y_1 保持平行，即动坐标系 Oxy 随同基点 O 作平移。当图形 S 运动时，它一方面随同动坐标系 Oxy（也可以说随同基点 O）作平移，同时，又绕 O 点相对于动坐标系 Oxy 作转动。于是，平面图形 S 在固定平面内的运动可以看成是随同动坐标系 Oxy（或者说，随同基点 O）的平移和绕基点 O 的转动的合成。

以上在选取基点时未加任何限制条件，故基点是可以任意选择的。而平面图形中各点的运动（包括轨迹、速度和加速度等）一般都不相同，因此，**平面图形随同基点平移的速度和加速度随基点选取的不同而不同；而绕基点转动的角速度和角加速度则与基点的选择无关。**证明如下：

设以图 8－3 中平面图形 S 上另一条任意线段 $O'P'$ 的端点 O' 为基点，并以 O' 为原点作一坐标系 $O'x'y'$，使该坐标系在随同基点 O' 运动的过程中，轴 x' 和 y' 始终分别平行于轴 x_1 和 y_1，即 $O'x'y'$ 随同基点 O' 作平移。令 $O'P'$ 与轴 x' 的夹角为 φ'。过 O' 作 $O'P''/\!/OP$。因 S 为一刚体，$\angle P''O'P'=\psi=$常量。由图 8－3 可见

$$\varphi'=\varphi+\psi \qquad ①$$

这一关系在任何瞬时都成立。将式①对 t 求一阶和二阶导数，得

$$\dot{\varphi}'=\dot{\varphi},\ddot{\varphi}'=\ddot{\varphi} \qquad ②$$

$\dot{\varphi}$ 和 $\dot{\varphi}'$ 分别为图形 S 绕基点 O 和 O' 转动的角速度；$\ddot{\varphi}$ 和 $\ddot{\varphi}'$ 分别为 S 绕 O 和 O' 转动的角加速度。故式②表明：在同一瞬时，图形对任取的两个基点转动的角速度相同，角加速度也相同，这就证明了转动的角速度和角加速度与基点的选取无关。既然不论取哪一点为基点，图形转动的角速度和角加速度都相同，故可直接称其为图形的角速度和角加速度，而无须指明是对哪个基点而言的。

第二节 平面图形内各点的速度与速度瞬心

一、基点法（合成法）

选 Oxy 为静坐标系，某一瞬时平面图形 S 上某一点 A 的速度为 $\boldsymbol{v}_A$，图形的角速度为 ω（图 8－4）。设 A 为基点，固结于基点 A 的平移坐标系 $Ax'y'$ 为动坐标系，图形上任一点 B 为动点。则牵连运动为平移，相对运动为 B 点绕 A 点的圆周运动。这样就可用速度合成公式

$$\boldsymbol{v}_B = \boldsymbol{v}_e + \boldsymbol{v}_r \quad ①$$

来求 B 点的速度。

因为牵连运动为平移，所以 B 点的牵连速度 $\boldsymbol{v}_e$ 就等于基点 A 的速度 $\boldsymbol{v}_A$，即

$$\boldsymbol{v}_e = \boldsymbol{v}_A \quad ②$$

B 点的相对速度就是平面图形绕基点 A 转动时点 B 的速度，设以 $\boldsymbol{v}_{BA}$ 表示，即有

$$\boldsymbol{v}_r = \boldsymbol{v}_{BA} \quad ③$$

$\boldsymbol{v}_{BA}$ 的大小等于 $BA \cdot \omega$，其方位垂直于 BA，指向与 $\boldsymbol{\omega}$ 的转向一致。

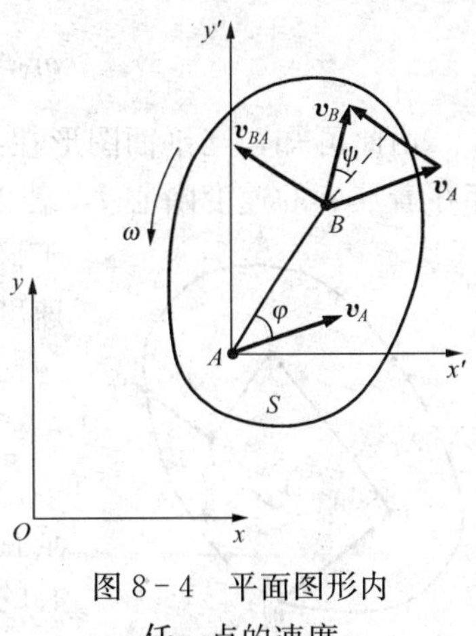

图 8-4 平面图形内任一点的速度

将式②、③代入式①，得点 B 的绝对速度为

$$\boldsymbol{v}_B = \boldsymbol{v}_A + \boldsymbol{v}_{BA} \quad (8-2)$$

于是可得结论：**平面图形上任一点的速度等于基点的速度与该点随图形绕基点转动的速度的矢量和**。由于图形上任一点都可作为基点，故式（8-2）表明了平面图形上任意两点的速度之间的关系，这种求平面图形上任一点的速度的方法称为**基点法（合成法）**。

二、速度投影法

如将式（8-2）投影到 A，B 两点的连线上，并注意到 $\boldsymbol{v}_{BA}$ 垂直于连线 AB，在 AB 上的投影为零，可得

$$[\boldsymbol{v}_B]_{AB} = [\boldsymbol{v}_A]_{AB}$$

即

$$v_B \cos\varphi\psi = v_A \cos\varphi \quad (8-3)$$

式中 φ，ψ——速度 $\boldsymbol{v}_A$，$\boldsymbol{v}_B$ 与 AB 直线的夹角。

因 A，B 两点都是任意的，于是可知：平面图形上任意两点的速度在该两点连线上的投影相等，称为**速度投影定理**。

三、速度瞬心与速度瞬心法

在用基点法求平面图形上任一点 B 的速度时，我们发现：假如在平面图形内或其延伸部分上能找到某瞬时速度为零的一个点，并以它为基点，则在计算其他各点的速度时，由于基点速度为零，就可避免速度矢量合成的步骤。我们把在某一瞬时，图形上速度为零的一点称为图形在该瞬时的**瞬时速度中心**，也称**瞬心**。

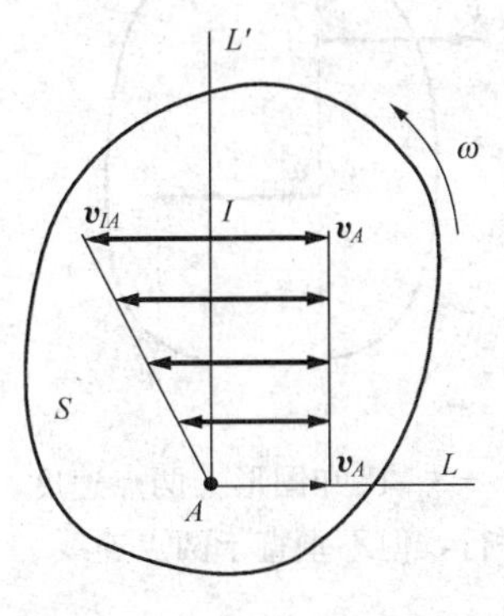

图 8-5 速度瞬心的位置

下面证明在一般情形下刚体作平面运动时速度瞬心确实是存在的，并且是唯一的。

设在某一瞬时，已知图形上一点 A 的速度 $\boldsymbol{v}_A$ 及图形的角速度 ω。沿 $\boldsymbol{v}_A$ 的方向作半直线 AL，将 AL 顺 ω 的转向转过 90°而得半直线 AL'，如图 8-5 所示。在半直线 AL' 上所有各点的牵连速度均等于基点的速度 $\boldsymbol{v}_A$，而相对速度的大小正比于各点至基点的距离，方向与 $\boldsymbol{v}_A$ 相反。因此，在半直线 AL' 上必有且仅有一点，其相对速度与牵连速度大小相等而方向相反，矢量和等于零。若以 I 表示该点，则

$$v_{IA} = IA \cdot \omega = v_A,\ IA = \frac{v_A}{\omega},\ v_I = 0$$

由此可知，当平面图形在某一瞬时的角速度 $\omega \neq 0$ 时，在平面图形上或其扩展部分上总存在着唯一的速度瞬心 I，若以该点为基点，则根据式（8－2），图形内任一点的速度就等于该点随图形绕 I 点转动的速度。据此，图 8－6 中 A、B 两点的速度分别为

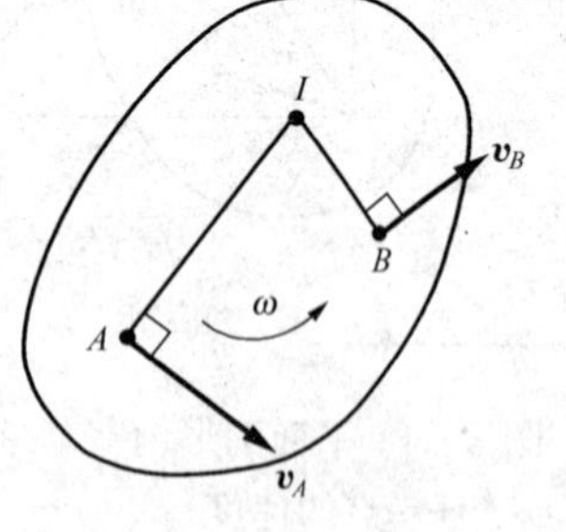

图 8－6　已知图形上两点的速度方位

$$\boldsymbol{v}_A = \boldsymbol{v}_I + \boldsymbol{v}_{AI} = \boldsymbol{v}_{AI},\ v_A = IA \cdot \omega,\ \boldsymbol{v}_A \perp IA$$
$$\boldsymbol{v}_B = \boldsymbol{v}_I + \boldsymbol{v}_{BI} = \boldsymbol{v}_{BI},\ v_B = IB \cdot \omega,\ \boldsymbol{v}_B \perp IB$$

$\boldsymbol{v}_A$ 及 $\boldsymbol{v}_B$ 指向都与 $\boldsymbol{\omega}$ 的转向一致，可见，图形内各点的速度垂直于各点与速度瞬心的连线，各点的速度大小与该点到速度瞬心的距离成正比。以速度瞬心为基点来求作平面运动刚体的各点速度的方法常称为**速度瞬心法**。

应用速度瞬心法求平面图形上各点的速度时，必须先确定速度瞬心的位置，下面介绍几种情况下确定速度瞬心位置的方法。

（1）已知图形上任意两点的速度方位，如图 8－6 所示。从 A，B 点分别作直线与其速度方位垂直，两直线的交点 I 就是速度瞬心。如同时知道其中一点（如 A 点）的速度的大小和指向，则可求出图形在该瞬时角速度 ω 的大小，$\omega = \dfrac{v_A}{IA}$，转向如图 8－6 所示；而图形上所有各点的速度也都可以根据它们到 I 点的距离按比例求得。

（2）已知图形上 A，B 两点的速度平行，且垂直于两点连线，但大小不等，图 8－7 所示。这时，必须知道 $\boldsymbol{v}_A$，$\boldsymbol{v}_B$ 的大小才能确定速度瞬心 I 的位置，确定的方法如图 8－7 所示。

（3）已知图形上 A，B 两点的速度平行，但 A，B 两点连线与速度方位不垂直，如图 8－8 所示。这时，过 A、B 点所作的 $\boldsymbol{v}_A$ 和 $\boldsymbol{v}_B$ 的垂线平行且不相重合，可以认为速度瞬心在无穷远处。而该瞬时图形的角速度等于零，图形上各点的速度都相等，该瞬时图形的运动状态称为**瞬时平移**。必须指出，瞬时平移和平移是不同的：图形作瞬时平移时，其上各点的速度相同，而各点的加速度一般并不相同。

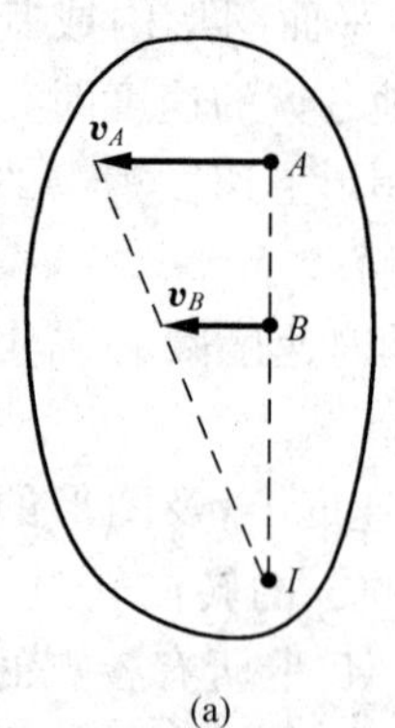

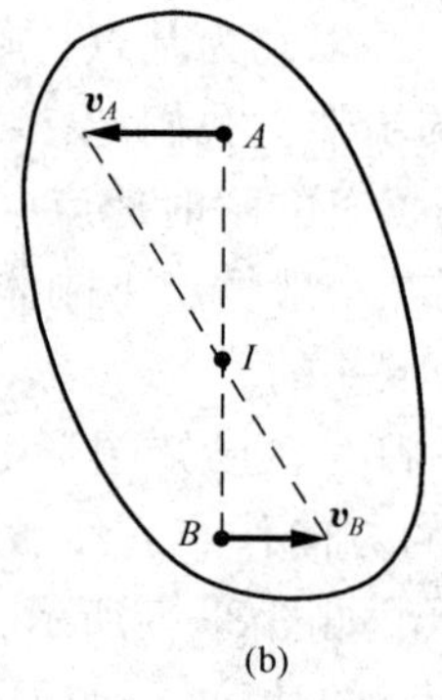

图 8－7　已知图形上两点的速度平行且垂直于两点连线

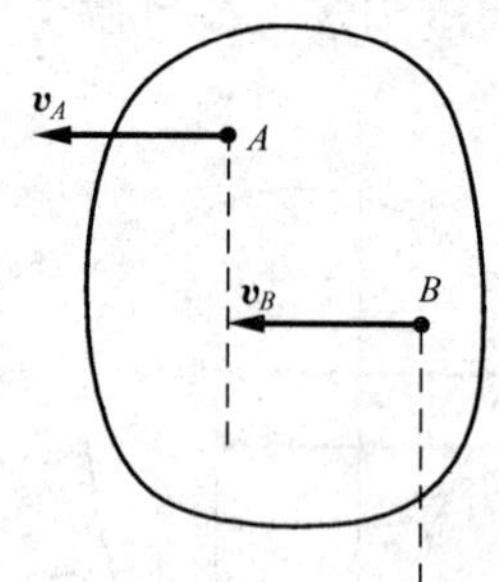

图 8－8　已知图形上两点速度平行，但不垂直于两点连线

（4）平面图形 S 沿某一固定面作纯滚动（只滚动不滑动），如图 8－9 所示。则每一瞬时

图形与固定面相接触的一点 I 的速度为零，该接触点就是该瞬时 S 的速度瞬心。

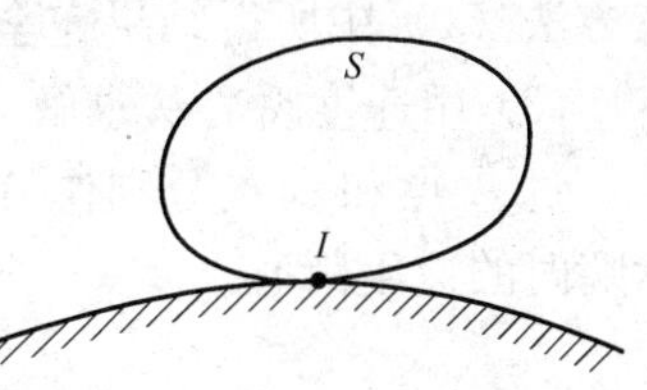

图 8－9　平面图形作纯滚动

以上说明了在几种不同的情况下速度瞬心的求法。还应强调指出，某一瞬时的速度瞬心只是在该瞬时的速度为零，而加速度一般不为零，所以，在下一瞬时其速度就不再为零了。因此，速度瞬心在图形和固定平面上的位置都是随时间而变化的，在不同的瞬时，图形具有不同的速度瞬心。

如图 8－9 所示，图形上的 I 点，在与地面接触时速度为零，但加速度并不为零。而在不同的瞬时，接触点在图形上的位置和在固定面上的位置都是不同的。

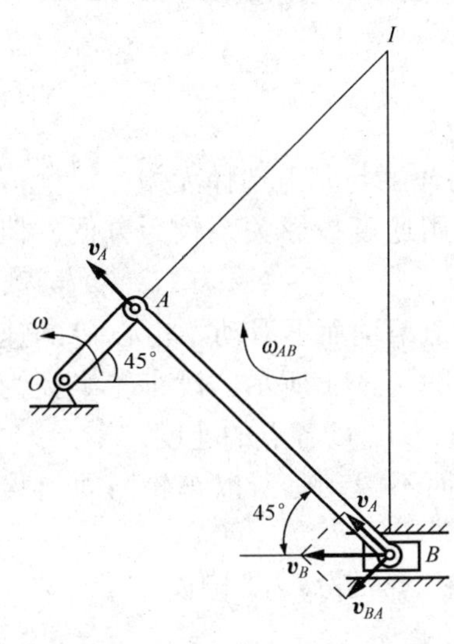

图 8－10　[例 8－1] 附图

【例 8－1】　如图 8－10 所示的曲柄连杆机构中，已知曲柄 OA 长 0.2m，连杆 AB 长 1m，OA 以匀角速 $\omega=10\text{rad/s}$ 绕 O 点转动。求在图示位置滑块 B 的速度及 AB 杆的角速度。

解　AB 杆作平面运动，现要求杆上一点 B 的速度，可以用上面讲过的三种方法。

（1）用基本公式求解。AB 杆上的 A 点也是曲柄 OA 上的一点，由 OA 的转动可以求出 A 点速度 $\boldsymbol{v}_A$ 的大小为

$$v_A = OA \cdot \omega = 0.2 \times 10 = 2\text{m/s}$$

$\boldsymbol{v}_A$ 的方向垂直于 OA，指向与 ω 转向一致。$\boldsymbol{v}_A$ 既已知，可选 A 点为基点，用式（8－2）来求 B 点的速度

$$\boldsymbol{v}_B = \boldsymbol{v}_A + \boldsymbol{v}_{BA}$$

现已知 $\boldsymbol{v}_B$ 沿水平方向，而 $\boldsymbol{v}_{BA}$ 垂直于 AB，在 B 点处按上式作速度平行四边形。由图 8－10 可知

$$v_B = \frac{v_A}{\cos 45^\circ} = \frac{2}{0.707} = 2.83\text{m/s}$$

方向指向左边。

由图 8－10 还可知

$$v_{BA} = v_B \sin 45^\circ = 2.83 \times 0.707 = 2\text{m/s}$$

从而可求出杆 AB 的角速度

$$\omega_{AB} = \frac{v_{BA}}{AB} = \frac{2}{1} = 2\text{rad/s}$$

转向是顺时针向的。

（2）用速度投影关系求解。

按式（8－3）有

$$[\boldsymbol{v}_B]_{AB} = [\boldsymbol{v}_A]_{AB}$$

即

$$v_B \cos 45^\circ = v_A$$

于是

$$v_B = \frac{v_A}{\cos 45^\circ} = \frac{2}{0.707} = 2.83\text{m/s}$$

与方法（1）中所得结果完全相同。

（3）用速度瞬心法求解。

过 A 点和 B 点分别作 $AI\perp \boldsymbol{v}_A$ 和 $BI\perp \boldsymbol{v}_B$，AI 和 BI 的交点 I 就是 AB 杆在图 8－10 所示瞬时的速度瞬心。

$$\frac{v_B}{BI}=\frac{v_A}{AI}$$

所以

$$v_B=\frac{BI}{AI}v_A=\frac{1}{\cos 45^\circ}v_A=2.83\text{m/s}$$

根据 $\boldsymbol{v}_A$ 的方向可以确定 AB 杆绕 I 点的转动是顺时针向的，所以 $\boldsymbol{v}_B$ 的方向是向左的。AB 杆的角速度 ω_{AB} 可以确定

$$\omega_{AB}=\frac{v_A}{IA}=\frac{v_A}{AB}=\frac{2}{1}=2\text{rad/s}$$

转向如图 8－10 所示。结果与前面的一致，说明平面图形的角速度与基点选择无关。

比较以上三种解法，可见在本例所给的条件下，求 v_B 以用速度投影关系较为方便。但若同时要求 ω_{AB}，则以速度瞬心法比较简便。

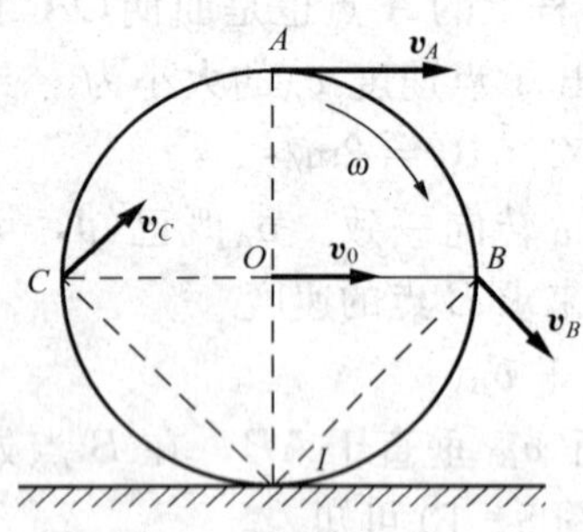

图 8－11 ［例 8－2］附图

【例 8－2】 车轮沿直线轨道滚动而不滑动，轮心 O 的速度（即车行速度）等于 v_0，如图 8－11 所示。设车轮半径为 r，求车轮的角速度和轮边上 A、B、C 各点的速度。

解 因为车轮沿轨道滚动而不滑动，所以车轮与轨道接触的一点就是速度瞬心 I。

设车轮的角速度为 ω，由于 $v_0=IO\cdot\omega$，因而

$$\omega=\frac{v_0}{IO}=\frac{v_0}{r}$$

转向为顺时针方向。

轮边缘 A、B、C 点的速度分别等于绕速度瞬心 I 转动的速度

$$v_A=IA\cdot\omega=2r\frac{v_0}{r}=2v_0,\ \boldsymbol{v}_A\perp \boldsymbol{IA}$$

$$v_B=IB\cdot\omega=\sqrt{2}r\frac{v_0}{r}=\sqrt{2}v_0,\ \boldsymbol{v}_B\perp \boldsymbol{IB}$$

$$v_C=IC\cdot\omega=\sqrt{2}r\frac{v_0}{r}=\sqrt{2}v_0,\ \boldsymbol{v}_C\perp \boldsymbol{IC}$$

$\boldsymbol{v}_A$，$\boldsymbol{v}_B$，$\boldsymbol{v}_C$ 的指向都与 ω 的转向一致。

【例 8－3】 外啮合行星机构如图 8－12 所示。已知固定齿轮 I 的半径为 R_1，动齿轮Ⅱ的半径为 R_2，曲柄 OA 的角速度为 ω_0，试求图示瞬时齿轮Ⅱ轮缘上 B，D 两点的速度。

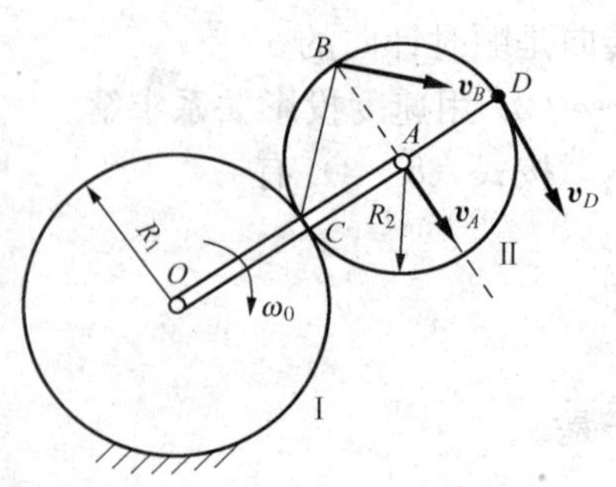

图 8－12 ［例 8－3］附图

解 因为动齿轮Ⅱ的节圆沿固定齿轮Ⅰ的节圆作无滑动的滚动，故两齿轮节圆的接触点 C 就是动齿轮Ⅱ的速度瞬心。动齿轮Ⅱ和曲柄 OA 在 A 处铰接，轮Ⅱ和曲柄 OA 在铰接处 A 具有相同的速度

$$v_A = OA \cdot \omega_0 = (R_1 + R_2)\omega_0$$

依据速度瞬心法，轮Ⅱ的角速度 ω 等于

$$\omega = \frac{v_A}{AC} = \frac{(R_1 + R_2)\omega_0}{R_2}$$

由 C 点的位置与 $\boldsymbol{v}_A$ 的方向可判定 ω 是顺时针转向。同理可分别求出点 B 和点 D 的速度

$$v_B = BC \cdot \omega = \frac{\sqrt{2}R_2 \cdot (R_1 + R_2)\omega_0}{R_2} = \sqrt{2}(R_1 + R_2)\omega_0$$

$$v_D = DC \cdot \omega = \frac{2R_2(R_1 + R_2)\omega_0}{R_2} = 2(R_1 + R_2)\omega_0$$

$\boldsymbol{v}_B$ 和 $\boldsymbol{v}_D$ 的方向如图 8-12 所示。

【例 8-4】 设图 8-13 中刚架的支座 B 有一铅直向下的微小位移（沉陷）$\Delta \boldsymbol{s}_B$，相应地，C，D，E 三点都将发生微小位移。试确定 C，D，E 三点的位移 $\Delta \boldsymbol{s}_C$，$\Delta \boldsymbol{s}_D$，$\Delta \boldsymbol{s}_E$ 的方向以及它们的大小与 $\Delta \boldsymbol{s}_B$ 的比值。

解 由于 $\Delta s = v\Delta t$，即微小位移与速度方向相同，而两者的大小成比例。所以，作平面运动的刚体上各点的微小位移也与各点的速度一样，可以用速度瞬心法来求。

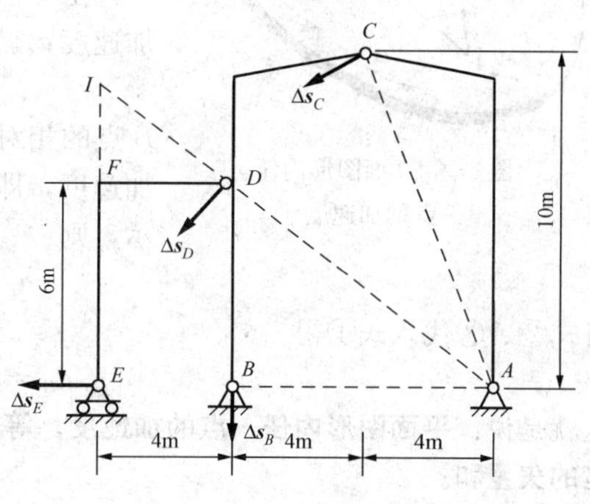

图 8-13 ［例 8-4］附图

当支座 B 发生向下的微小位移时，刚架各部分的位置都将有微小改变。根据所受的约束，AC 部分将绕 A 铰发生微小转动，C 点的位移 $\Delta \boldsymbol{s}_C$（与 C 点的速度 $\boldsymbol{v}_C$ 的方向一致）应垂直于 AC。BC 部分将作平面运动。过 B、C 两点分别作垂直于 Δs_B 与 $\Delta \boldsymbol{s}_C$（也就是垂直于 v_B 与 v_C）的直线 BC、CA 相交于 A 点，A 就是 BC 部分的瞬时转动中心。由 $\Delta \boldsymbol{s}_B$ 的指向可知 BC 绕 A 点的转动是逆时针向的，从而可以确定 $\Delta \boldsymbol{s}_C$ 的指向如图 8-13 所示。而

$$\frac{\Delta s_C}{\Delta s_B} = \frac{v_C \Delta t}{v_B \Delta t} = \frac{v_C}{v_B} = \frac{AC}{AB} = \frac{\sqrt{10^2 + 4^2}}{8} = 1.35$$

D 也是 BC 上的一点，其位移 $\Delta \boldsymbol{s}_D$ 应垂直 AD，指向如图 8-13 所示。按与上式相同的计算方法可得

$$\frac{\Delta s_D}{\Delta s_B} = \frac{AD}{AB} = \frac{\sqrt{8^2 + 6^2}}{8} = 1.25$$

DE 部分也是作平面运动。$\Delta \boldsymbol{s}_D$ 的方向已知，由 E 点所受的约束可知 $\Delta \boldsymbol{s}_E$ 的方位是水平的，于是可定出 DE 部分的瞬时转动中心 I。根据 $\Delta \boldsymbol{s}_D$ 的指向可知 DE 绕 I 点顺时针向转动，所以 $\Delta \boldsymbol{s}_E$ 的指向应向左。利用$\triangle IFD \backsim \triangle DBA$ 可算出 ID=5m，IF=3m。于是

$$\frac{\Delta s_E}{\Delta s_B} = \frac{\Delta s_E \cdot \Delta s_D}{\Delta s_D \cdot \Delta s_B} = \frac{IE}{ID} \times 1.25 = \frac{3+6}{5} \times 1.25 = 2.25$$

第三节 平面图形内各点的加速度

设已知在某一瞬时平面图形 S 内某一点 A 的加速度 $\boldsymbol{a}_A$，以及图形的角速度 ω 和角加速度 α（图 8-14），求图形内任一点 B 的加速度 $\boldsymbol{a}_B$。为此，取 A 点为基点，将连结于基点 A 的坐标系的平移看作牵连运动，将 B 随同图形绕基点 A 的转动看作相对运动。于是，可用牵连运动为平移的加速度合成定理来求 B 点的加速度

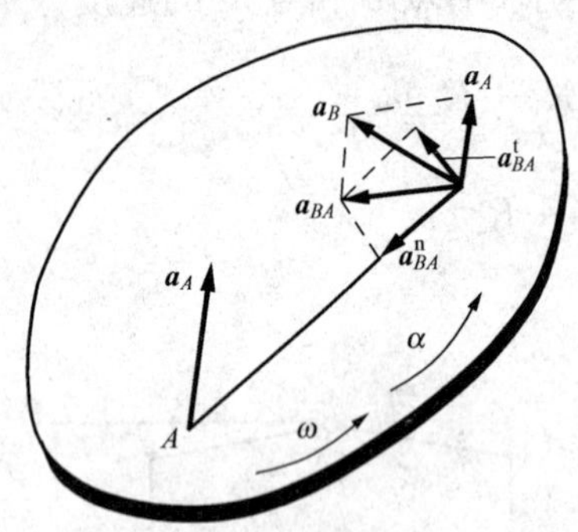

图 8-14 面图形内任一点的加速度

$$\boldsymbol{a}_B = \boldsymbol{a}_e + \boldsymbol{a}_r \quad ①$$

由于牵连运动是随同基点 A 的平移，所以 B 点的牵连加速度 $\boldsymbol{a}_e$ 就等于基点 A 加速度 $\boldsymbol{a}_A$，即

$$\boldsymbol{a}_e = \boldsymbol{a}_A \quad ②$$

B 点的相对加速度 $\boldsymbol{a}_r$ 是由于平面图形绕基点 A 转动而有的加速度，即 B 点随图形绕基点转动的加速度，设以 $\boldsymbol{a}_{BA}$ 表示，则

$$\boldsymbol{a}_r = \boldsymbol{a}_{BA} \quad ③$$

将式②、③代入式①得

$$\boldsymbol{a}_B = \boldsymbol{a}_A + \boldsymbol{a}_{BA} \quad (8-4)$$

这就是说：**平面图形内任一点的加速度，等于基点的加速度与该点随图形绕基点转动的加速度的矢量和。**

B 点随图形绕基点 A 运动的加速度 $\boldsymbol{a}_{BA}$ 由法向加速度 $\boldsymbol{a}_{BA}^n$ 与切向加速度 $\boldsymbol{a}_{BA}^t$，两个分量组成，即

$$\boldsymbol{a}_{BA} = \boldsymbol{a}_{BA}^n + \boldsymbol{a}_{BA}^t \quad ④$$

其中，$\boldsymbol{a}_{BA}^n$ 的大小 $a_{BA}^n = AB \cdot \omega^2$，方向由 B 指向 A；$\boldsymbol{a}_{BA}^t$ 的大小 $a_{BA}^t = AB \cdot |\alpha|$，其方位与 AB 垂直，指向与 $\boldsymbol{\alpha}$ 的转向一致。将式④代入式（8-4）得

$$\boldsymbol{a}_B = \boldsymbol{a}_A + \boldsymbol{a}_{BA}^n + \boldsymbol{a}_{BA}^t \quad (8-5)$$

式（8-4）及式（8-5）是求平面图形上任一点的加速度的基本公式。由于基点 A 是任意选取的，所以式（8-4）、式（8-5）表明了图形内任意两点的加速度之间的关系。

【例 8-5】 求［例 8-1］中的滑块 B 的加速度和杆 AB 的角加速度。

解 由于 OA 杆作匀速转动，故可求得 A 点的加速度 $\boldsymbol{a}_A$ 的大小为

$$a_A = OA \cdot \omega^2 = 0.2 \times 10^2 = 20\text{m/s}^2$$

$\boldsymbol{a}_A$ 的方向由 A 向 O 如图 8-15（a）所示。

以 A 为基点求 B 点的加速度 $\boldsymbol{a}_B$。按式（8-5）有

$$\boldsymbol{a}_B = \boldsymbol{a}_A + \boldsymbol{a}_{BA}^n + \boldsymbol{a}_{BA}^t \quad ①$$

其中，$\boldsymbol{a}_A$ 的大小和方向已知。在［例 8-1］中已求出 $\omega_{AB} = 2\text{rad/s}$，所以 $\boldsymbol{a}_{BA}^n$ 的大小

$$a_{BA}^n = AB \cdot \omega_{AB}^2 = 4\text{m/s}^2$$

$\boldsymbol{a}_{BA}^n$ 的方向由 B 指向 A。$\boldsymbol{a}_{BA}^t$ 的大小未知，其方位垂直于 AB，指向假设如图 8-15（a）所示。$\boldsymbol{a}_B$ 的方位沿滑槽中心线，指向假设向左。因此，在式①中只有 a_B 与 a_{AB}^t 两个未知量，可以用投影法求出。

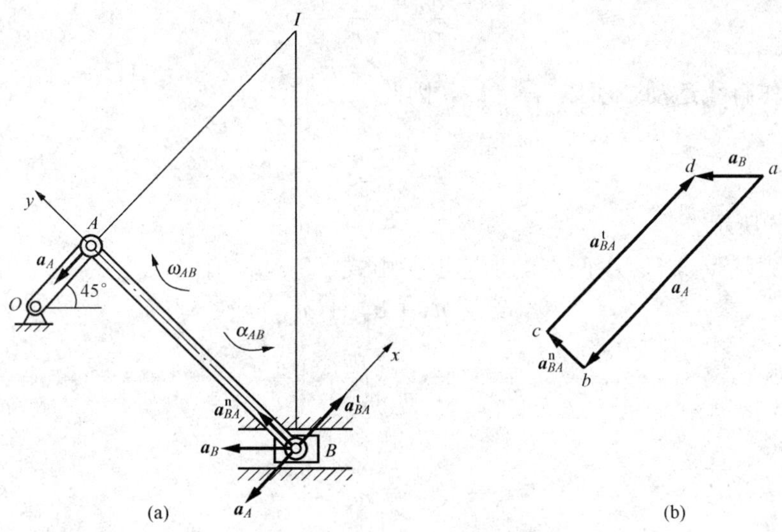

图 8-15 ［例 8-5］附图

取投影轴 x、y 如图 8-15（a）所示。将式①投影到 x，y 轴上得

$$-a_B\cos45^\circ = -a_A + a_{BA}^t = 20 + a_{BA}^t \tag{②}$$

$$a_B\sin45^\circ = a_{BA}^t = 4 \tag{③}$$

由式③、式②解得

$$a_B = 5.66\text{m/s}^2$$

$$a_{BA}^t = 16\text{m/s}^2$$

所得结果都是正的，表示所假设的指向与真实指向相同。

杆 AB 的角加速度 $\boldsymbol{a}_{AB}$ 可按下式求出

$$a_{AB} = \frac{a_{BA}^t}{AB} = \frac{16}{1}\text{rad/s}^2$$

$\boldsymbol{a}_{BA}$ 的转向应与 $\boldsymbol{a}_{BA}^t$ 的指向一致，是逆时针向的。

还可用作图法求解：根据式①，按适当的比例尺作图，如图 8-15（b）所示。先依次画出 $ab=a_A$ 和 $bc=a_{BA}^t$，再分别从 a 和 c 作直线与 $\boldsymbol{a}_B$ 和 $\boldsymbol{a}_{BA}^t$ 平行，并相交于 d，则 $ad=a_B$，$cd=a_{BA}^t$，从图中可量出

$$a_B = 5.66\text{m/s}^2$$

$$a_{BA}^t = 16\text{m/s}^2$$

【例 8-6】 半径为 r 的车轮沿直线轨道滚动而不滑动（图 8-16）。设已知轮心的速度 $\boldsymbol{v}_0$ 及加速度 $\boldsymbol{a}_0$，试求车轮与轨道接触点 I 和轮边上 A 点的加速度。

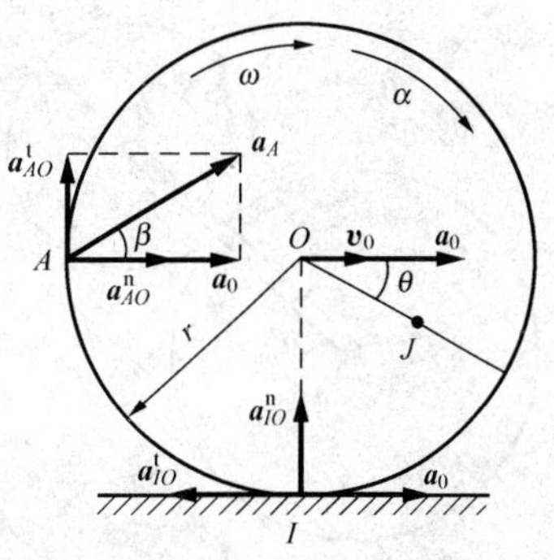

图 8-16 ［例 8-6］附图

解 在［例 8-2］中已求出车轮的角速度 ω 为

$$\omega = \frac{v_0}{r}$$

这关系在任何瞬时都成立。由此可求得车轮的角加速度 α 为

$$\alpha=\frac{d\omega}{dt}=\frac{1}{r}\frac{dv_0}{dt}$$

因轮心 O 作直线运动，所以$\frac{dv_0}{dt}=a_0$，因此

$$\alpha=\frac{a_0}{r}$$

转向如图 8-16 所示。

现以 O 点为基点求 I、A 两点的加速度。由式（8-5）有

$$\boldsymbol{a}_I=\boldsymbol{a}_0+\boldsymbol{a}_{IO}^{n}+\boldsymbol{a}_{IO}^{t}$$

及

$$\boldsymbol{a}_A=\boldsymbol{a}_0+\boldsymbol{a}_{AO}^{n}+\boldsymbol{a}_{AO}^{t}$$

现

$$a_{IO}^{n}=a_{AO}^{n}=r\omega^2=\frac{v_0^2}{r}$$

$$a_{IO}^{t}=a_{AO}^{t}=r\alpha=r\frac{a_0}{r}=a_0$$

$\boldsymbol{a}_{IO}^{n}$，$\boldsymbol{a}_{IO}^{t}$，$\boldsymbol{a}_{AO}^{n}$和$\boldsymbol{a}_{AO}^{t}$的方向如图 8-16 所示。

因 $\boldsymbol{a}_{IO}^{t}$与$\boldsymbol{a}_0$大小相等、方向相反，互相抵消，所以

$$a_I=a_{IO}^{n}=r\omega^2=\frac{v_0^2}{r}$$

$\boldsymbol{a}_I$的方向与$\boldsymbol{a}_{IO}^{n}$的方向相同，由 I 指向O。

由图 8-16 可见

$$a_A=\sqrt{(a_0+a_{AO}^{t})^2+(a_{AO}^{t})^2}+\sqrt{\left(a_0+\frac{v_0}{r}\right)^2+a_0^2}$$

$$\tan\beta=\frac{a_{AO}^{t}}{a_0+a_{AO}^{n}}=\frac{a_0}{a_0+\frac{v_0^2}{r}}$$

由本例可以看出，速度瞬心的加速度并不为零。因此，切不可将速度瞬心作为加速度为零的一点来求图形内其他各点的加速度。

【例 8-7】 如图 8-17 所示，在外啮合行星齿轮机构中，系杆 $OA=l$，以匀角速度 ω_1 绕 O 转动。大齿轮Ⅱ固定，行星轮Ⅰ半径为 r，在轮Ⅱ上只滚动不滑动。设 D 和 B 是轮缘上的两点，点 D 在OA 的延长线上，而点 B 则在垂直于OA 的半径上。试求点 D 和 B 的加速度。

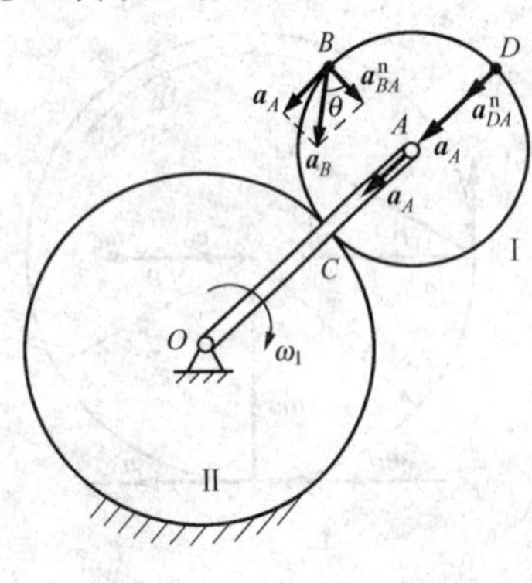

图 8-17 ［例 8-7］附图

解 轮Ⅰ作平面运动，其中心 A 的速度和加速度分别为

$$v_A=l\omega_1$$
$$a_A=l\omega_1^2$$

选点 A 作为基点。由题意知，轮Ⅰ的瞬心在两轮的接触点 C 处。设轮Ⅰ的角速度为 ω，有

$$\omega=\frac{v_A}{r}=\frac{l}{r}\omega_1$$

因为 ω_1 为不变的恒量，所以 ω 也是恒量，则轮Ⅰ的角加速度等于零，于是有

$$a_{DA}^{\mathrm{t}} = a_{BA}^{\mathrm{t}} = 0$$

D，B 两点相对于基点 A 的法向加速度分别沿半径 AD 和 AB，指向中心 A，它们的大小为

$$a_{DA}^{\mathrm{n}} = a_{BA}^{\mathrm{n}} = r\omega^2 = \frac{l^2}{r}\omega_1^2$$

按式（8-4）将这些加速度与 $\boldsymbol{a}_A$ 合成，得点 D 的加速度的方向沿 AD，指向中心 A，其大小为

$$a_D = a_A + a_{DA}^{\mathrm{n}} = l\omega_1^2 + \frac{l^2}{r}\omega_1^2 = l\omega_1^2\left(1+\frac{l}{r}\right)$$

点 B 的加速度大小为

$$a_B = \sqrt{a_A^2 + (a_{BA}^{\mathrm{n}})^2} = l\omega_1^2\sqrt{1+\left(\frac{l}{r}\right)^2}$$

它与半径 AB 间的夹角为

$$\theta = \arctan\frac{a_A}{a_{BA}^{\mathrm{n}}} = \arctan\frac{l\omega_1^2}{\dfrac{l^2}{r}\omega_1^2} = \arctan\frac{r}{l}$$

【例 8-8】 设将一几何形状保持不变的平面结构 P 用连杆支撑在基础上，试就图 8-18 所示的三种情况分析该结构可能发生的运动。

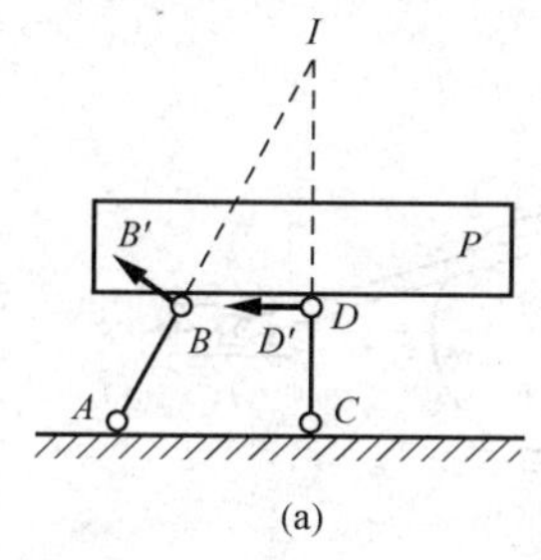

(a)

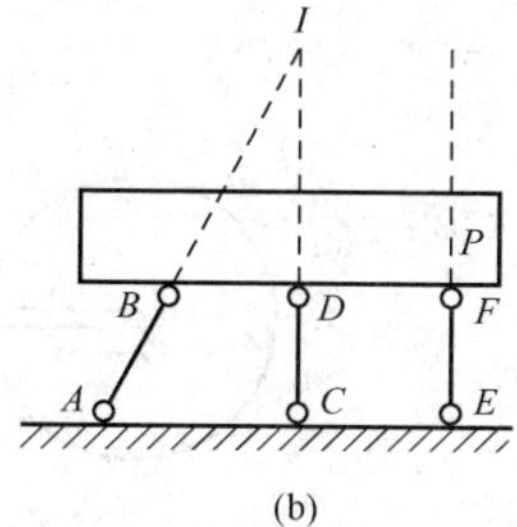

(b)

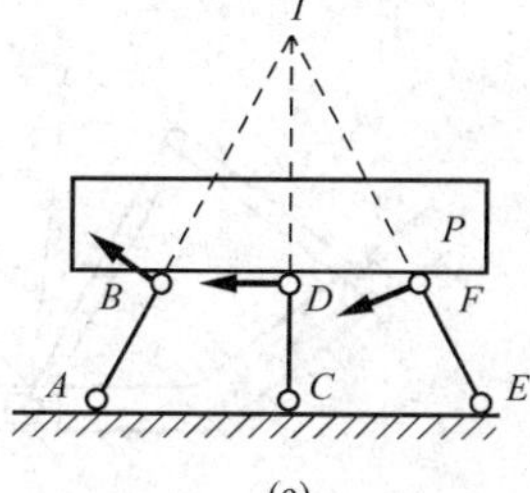

(c)

图 8-18 ［例 8-8］附图

解 在图 8-18（a）中，平面结构 P 用在其平面内的不平行的两根连杆 AB 和 CD 支撑。由图可见，B 点可以有垂直于 AB 方向的位移 BB'，D 点可以有垂直于 CD 方向的位移 DD'。将 AB，CD 延长相交于 I 点，I 就是 P 在图示位置的瞬时转动中心。P 在图示位置可绕 I 点转动，当转到新的位置以后，将不断绕新的瞬时转动中心继续转动。

在图 8-18（b）中，P 用在其平面内的三根连杆 AB，CD，EF 支撑，AB，CD 延长相交于 I 点，EF 的延长线则不通过 I 点。在这种支撑情况下，由于 F 点不可能有垂直于 IF 连线的位移，因此，与图 8-18（a）中的情况不同，P 不再能绕 I 点转动而将保持不动。

图 8-18（c）与（b）不同之处在于 EF 杆的延长线也通过 I 点。在这种情况下，B、D、F 三点都可以有绕 I 点作圆周运动的微小位移，I 点也是瞬时转动中心，但当 P 绕 I 点转过一微小角度以后，AB、CD、EF 三杆的延长线将不再相交于一点，于是 P 不能继续转动。这种结构称为**瞬变结构**。

以上讨论的是平面结构几何组成分析的问题，这问题在结构力学中还将详细研究。

思　考　题

8－1　试判别图 8－19 所示机构的各部分各作什么运动。

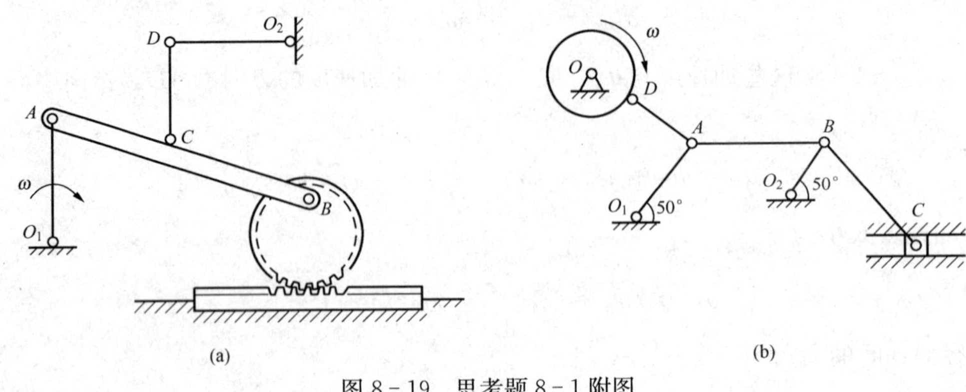

图 8－19　思考题 8－1 附图

8－2　图 8－20 所示两机构，根据 A，B 两点的速度 $\boldsymbol{v}_A$，$\boldsymbol{v}_B$ 的方位可以定出作平面运动的构件的速度瞬心 I 之位置如图所示，对吗？

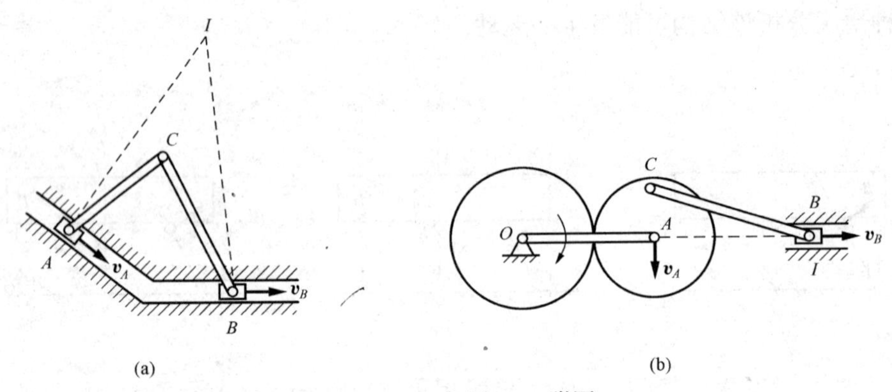

图 8－20　思考题 8－2 附图

8－3　两轮半径均为 r，板 AB 搁置在Ⅰ轮上，并在 O 处与轮Ⅱ铰连如图 8－21 所示。已知板的速度为 $\boldsymbol{v}$，试问两轮角速度是否相等？设各接触处均无相对滑动。

8－4　两个相同的绕线盘，用同一速度 v 拉动，设两轮在水平面上只滚不滑，图 8－22 所示两种情况中哪种情况滚得快？

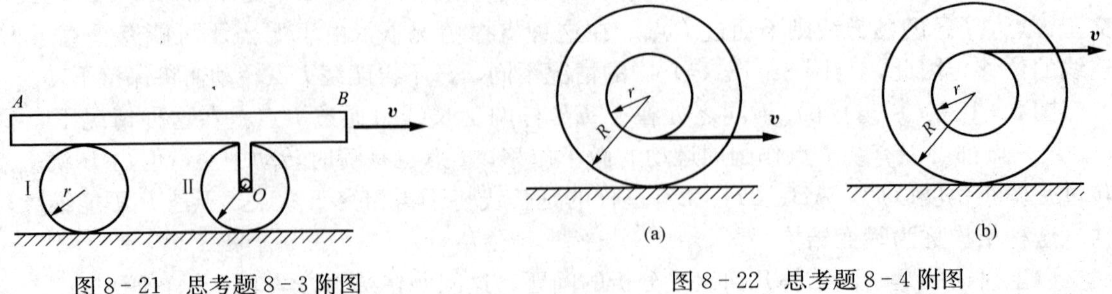

图 8－21　思考题 8－3 附图　　图 8－22　思考题 8－4 附图

8－5　如图 8－23（a）、（b）所示一四连杆机构，在图 8－23（a）中 $O_1A=O_2B$，$AB=O_1O_2$；在图 8－23（b）中 $O_1A\neq O_2B$。若（a）、（b）中的 O_1A 以匀角速 ω_0 转动，则 O_2B 也都以匀角速转动。对吗？

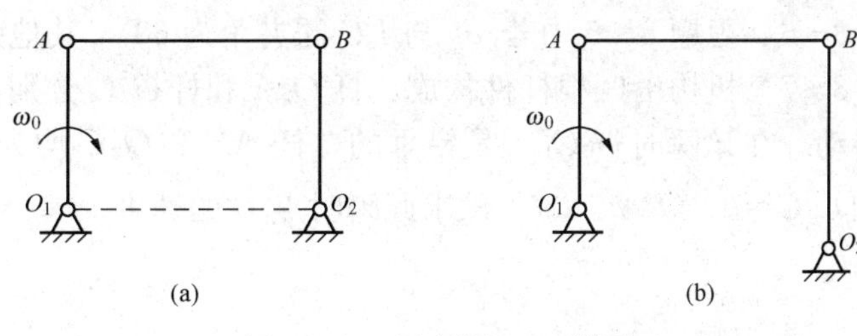

图 8－23　思考题 8－5 附图

习　　题

8－1　已知如图 8－24 所示，椭圆规尺 AB 由曲柄 OC 带动，曲柄以匀角速度 ω_0 绕 O 轴匀速转动。如 $OC=BC=AC=r$，并取 C 为基点，求椭圆规尺 AB 的平面运动方程。

8－2　半径为 r 的齿轮由曲柄 OA 带动，沿半径为 R 的固定齿轮滚动如图 8－25 所示。如曲柄 OA 以匀角加速度 α 绕 O 轴转动，且当运动开始时，角速度 $\omega_0=0$，转角 $\varphi=0$，求动齿轮以中心 A 为基点的平面运动方程。

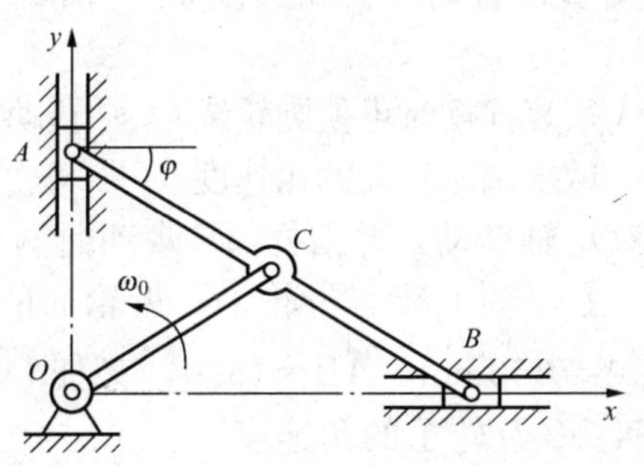

图 8－24　习题 8－1 附图

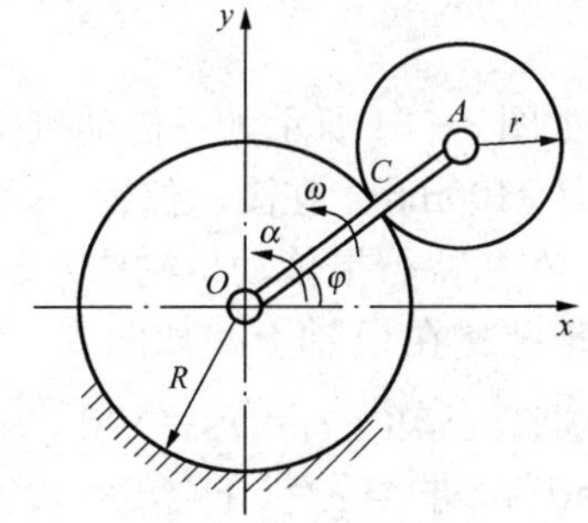

图 8－25　习题 8－2 附图

8－3　两平行条沿相同的方向运动，速度大小不同如图 8－26 所示：$v_1=6\text{m/s}$，$v_2=2\text{m/s}$。齿条之间夹有一半径 $r=0.5\text{m}$ 的齿轮，试求齿轮的角速度及其中心 O 的速度。

8－4　用具有两个不同直径的鼓轮组成的铰车来提升一圆管如图 8－27 所示，设 $BE\,/\!/\,CD$，轮轴的转速 $n=10\text{r/min}$，$r=50\text{mm}$，$R=150\text{mm}$，试求圆管上升的速度。

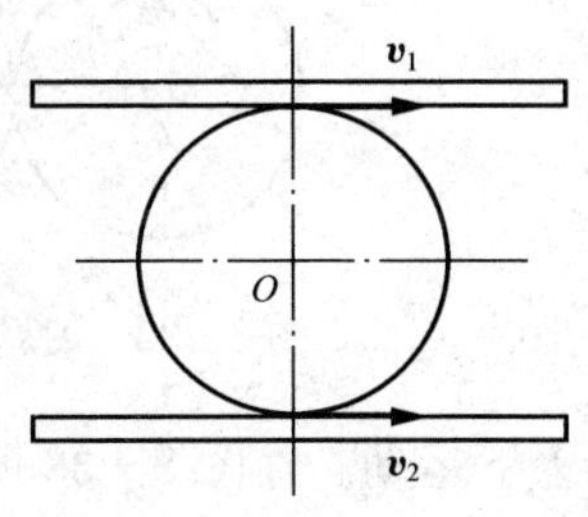

图 8－26　习题 8－3 附图

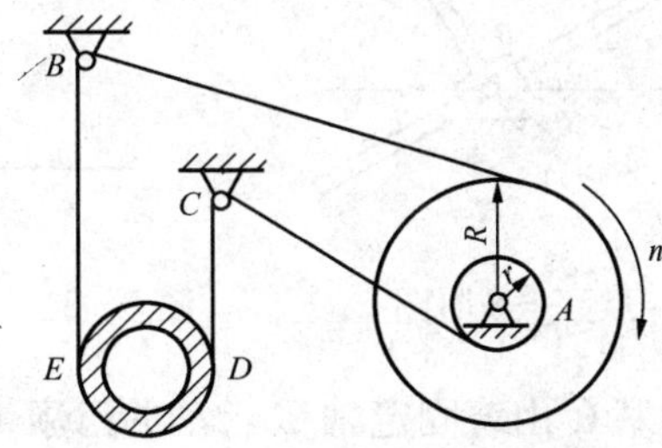

图 8－27　习题 8－4 附图

8－5　两刚体 M，N 用铰 C 连结，作平面平行运动。已知 $AC=BC=600\text{mm}$，在图 8－28 所示位置 $v_A=200\text{mm/s}$，$v_B=100\text{mm/s}$，方向如图所示。试求 C 点的速度。

8-6　习题 8-5 中若 v_B 与 BC 的夹角为 60°，其他条件相同，试求 C 点的速度。

8-7　机构由四根杆件构成，杆 O_1A 和杆 O_2C 分别以角速度 ω_1 和 ω_2 按图 8-29 所示方向转动。在该瞬时杆 O_1A 是铅垂的，杆 AB 和 O_2C 均为水平，而杆 BC 与铅垂线成 30°角。已知 $O_2C=b$，$O_1A=\sqrt{3}b$。试求此瞬时点 B 的速度。

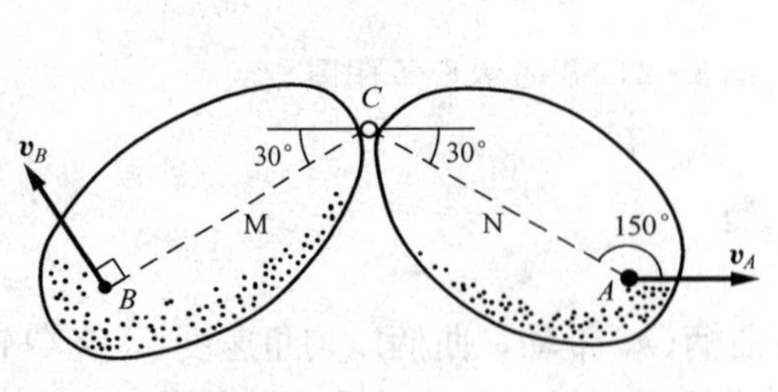

图 8-28　习题 8-5 附图

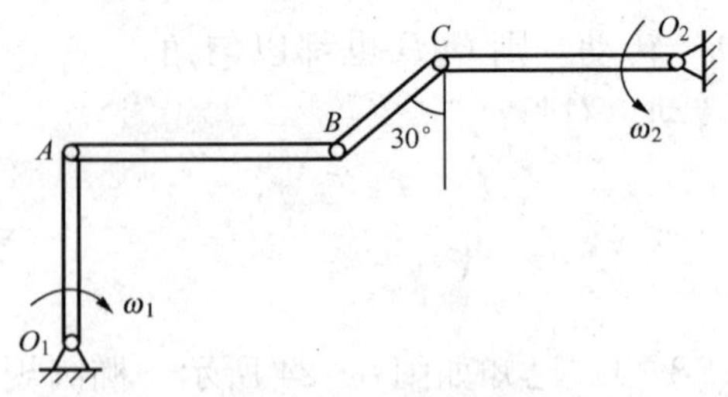

图 8-29　习题 8-7 附图

8-8　如图 8-30 所示为一曲柄机构，曲柄 OA 可绕 O 轴转动，带动杆 AC 在套管 B 内滑动，套管 B 及与其刚连的 BD 杆又可绕通过 B 铰而与图示平面垂直的水平轴运动。已知：$OA=BD=300$mm，$OB=400$mm，当 OA 转至铅直位置时，其角速度 $\omega_0=2$rad/s，试求 D 点的速度。

8-9　如图 8-31 所示为一传动机构，当 OA 往复摇摆时可使圆轮绕 O_1 轴转动。设 $OA=150$mm，$O_1B=100$mm，在图示位置，$\omega=2$rad/s，试求圆轮转动的角速度。

8-10　在瓦特行星传动机构中，杆 O_1A 绕 O_1 轴转动，并借杆 AB 带动曲柄 OB，而曲柄 OB 活动地装置在 O 轴上，如图 8-32 所示。在 O 轴上装有齿轮Ⅰ；齿轮Ⅱ的轴安装在杆 AB 的 B 端。已知：$r_1=r_2=300\sqrt{3}$mm，$O_1A=750$mm，$AB=1500$，又杆 O_1A 的角速度 $\omega O_1=6$rad/s，求当 $\alpha=60°$与 $\beta=90°$时，曲柄 OB 及轮Ⅰ的角速度。

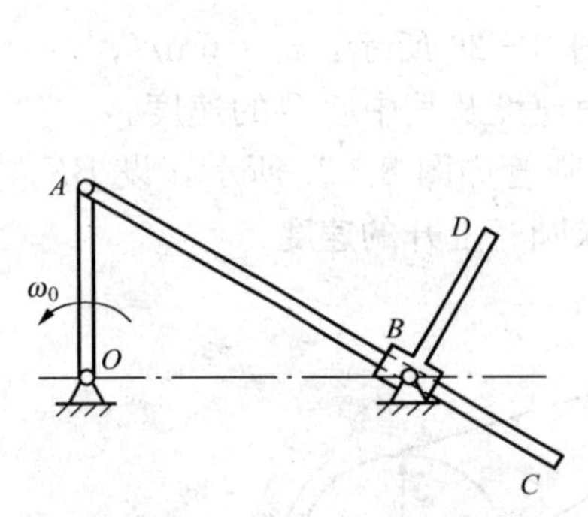

图 8-30　习题 8-8 附图

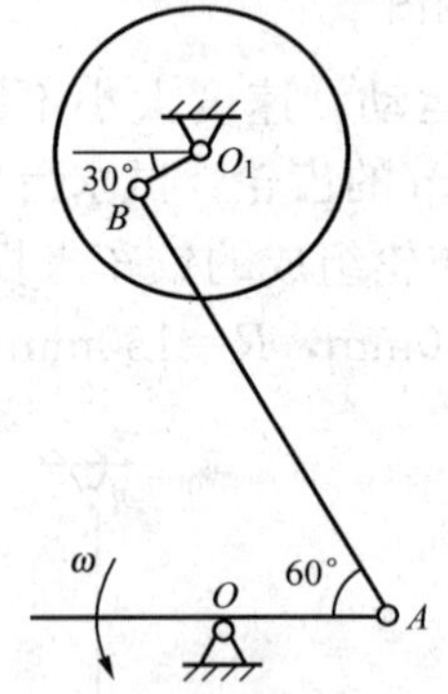

图 8-31　习题 8-9 附图

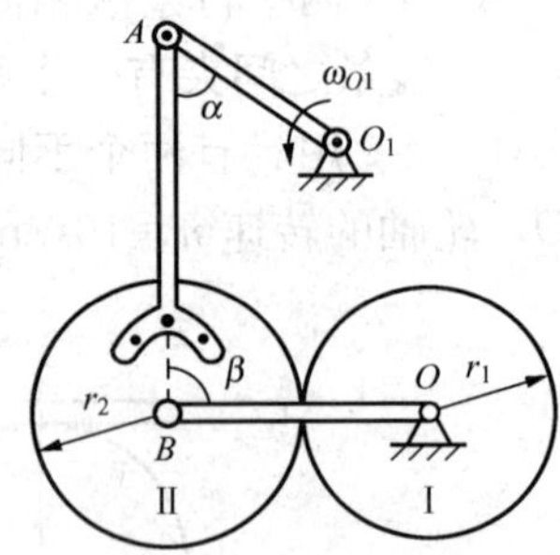

图 8-32　习题 8-10 附图

8-11　活塞 C 由绕固定轴 O'转动的齿扇带动齿条而上下运动。在图 8-33 所示位置，曲柄 OA 的角速度 $\omega_0=3$rad/s，已知 $r=200$mm，$a=100$mm，$b=200$mm，求活塞 C 的速度。

8-12　如图 8-34 所示机构中，套管的铰链 C 和 CD 杆连接并套在 AB 杆上。已知 $OA=200$cm，$AB=40$cm，在图示瞬时 $\alpha=30°$，套管在 AB 的中点，曲柄 OA 的角速度 $\omega=4$rad/s。求此瞬时 CD 杆的速度大小和方向。

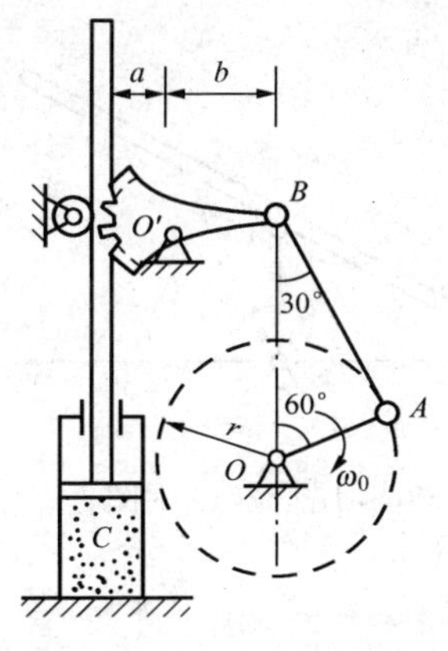

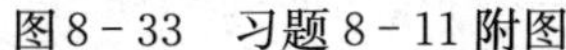

图 8-33　习题 8-11 附图

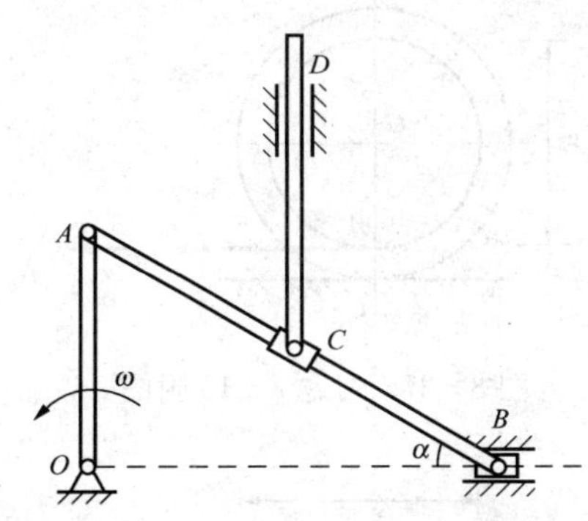

图 8-34　习题 8-12 附图

8-13　如图 8-35 所示矩形板用两根长 0.15m 的连杆悬挂，已知图示瞬时连杆 AB 的角速度为 4rad/s，其方向为顺时针。试求：

(1) 板的角速度；

(2) 板中心 G 的速度；

(3) 板上 F 点的速度；

(4) 找出板中速度等于或小于 0.15m/s 的点。

8-14　如图 8-36 所示为一静定刚架，设 G 支座向下沉陷一微小距离，求各部分的瞬时转动中心的位置及 H 与 G 点微小位移之间的关系。

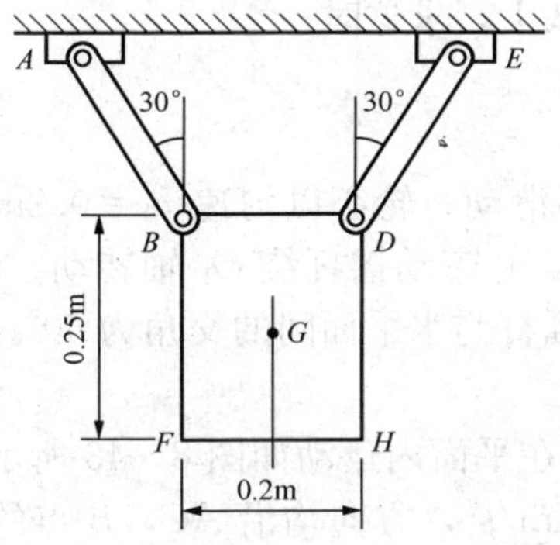

图 8-35　习题 8-13 附图

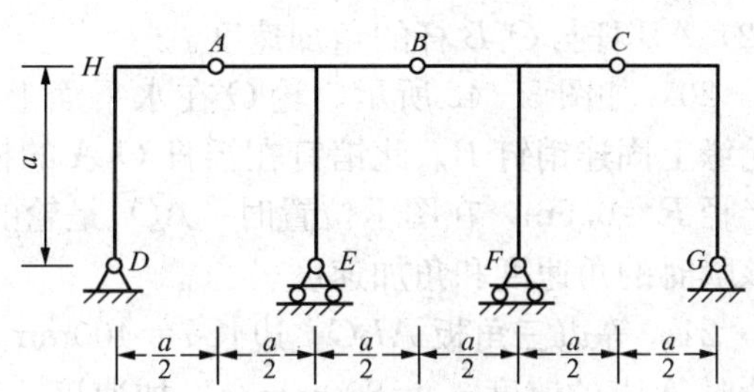

图 8-36　习题 8-14 附图

8-15　绕线轮沿水平面滚动而不滑动如图 8-37 所示，轮的半径为 R，在轮上有圆柱部分，其半径为 r，交线绕于圆柱上，线的 B 端以速度 $\boldsymbol{u}$ 与加速度 $\boldsymbol{a}$ 沿水平方向运动，求绕线轮轴心 O 的速度和加速度。

8-16　如图 8-38 所示机构中，曲柄 OA，长 l，以匀角速 ω_0 绕 O 转动，滑块 B 沿 x 轴滑动。已知 $AB=AC=2l$，在图示瞬时，OA 垂直于 x 轴，求该瞬时 C 点的速度及加速度。

8-17　如图 8-39 所示为一机构的简图，已知轮的转速为一常量 $n=60$r/min，在图示位置 $OA/\!/BC$，$AC\perp BC$，求齿板最下一点 D 的速度和加速度，图中长度单位为 m。

8-18　杆 BC 以 90r/min 的转速逆时针方向匀速旋转。试求系统位于图 8-40 所示位置时，套筒 A 的加速度。

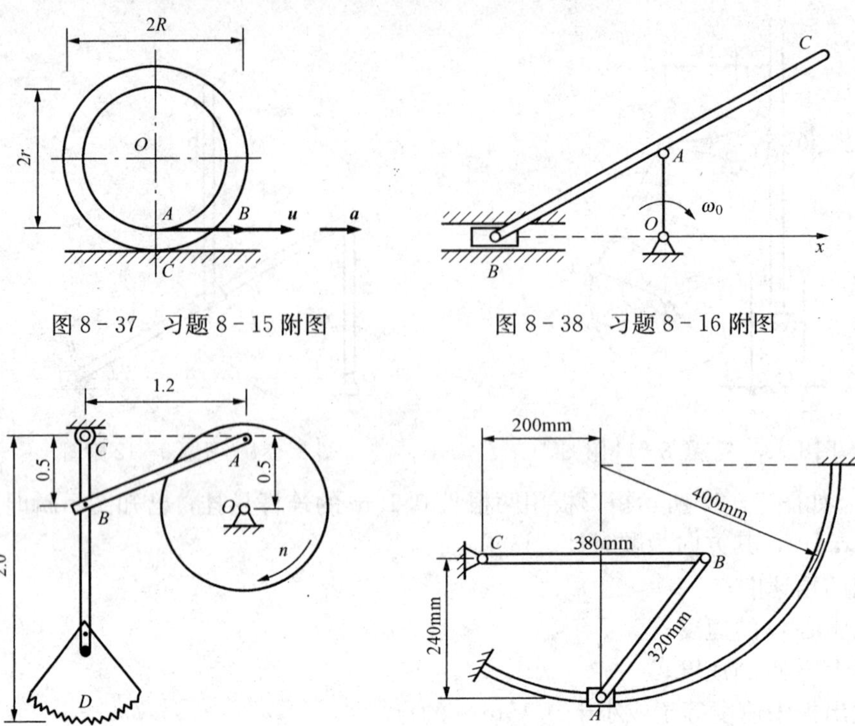

图 8-37　习题 8-15 附图　　　图 8-38　习题 8-16 附图

图 8-39　习题 8-17 附图　　　图 8-40　习题 8-18 附图

8-19　如图 8-41 所示四连杆机构 $OABO_1$ 中，$OO_1=OA=O_1B=100$mm，OA 以匀角速度 $\omega=2$rad/s 转动，当 $\varphi=90°$时，O_1B 与 OO_1 在一直线上，求这时：

（1）AB 及 O_1B 的角速度；

（2）AB 杆与 O_1B 杆的角加速度。

8-20　如图 8-42 所示，轮 O 在水平面上滚动而不滑动，轮心以匀速 $v_0=0.2$m/s 运动。轮缘上固连销钉 B，此销钉在摇杆 O_1A 的槽内游动，并带动摇杆绕 O_1 轴转动。已知：轮的半径 $R=0.5$m，在图示位置时，AO_1 是轮的切线，摇杆与水平面间的交角为 60°。求摇杆在该瞬时的角速度和角加速度。

8-21　等边三角板 ABC，边长 $l=400$mm，在其所在平面内运动如图 8-43 所示。已知某瞬时 A 点的速度 $v_A=800$mm/s，加速度 $a_A=3200\text{mm/s}^2$，方向均沿 AC，B 点的速度大小 $v_B=400$mm/s，加速度大小 $a_B=800\text{mm/s}^2$。试求该瞬时 C 点的速度及加速度。

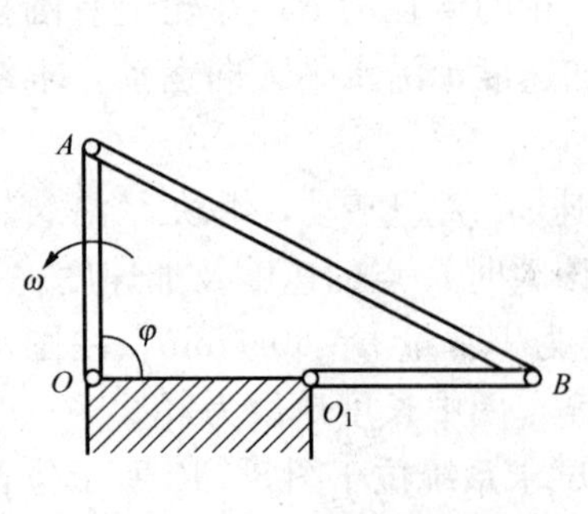

图 8-41　习题 8-19 附图

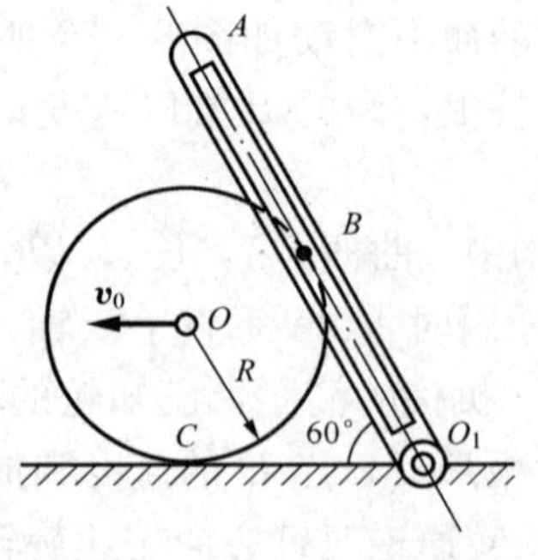

图 8-42　习题 8-20 附图

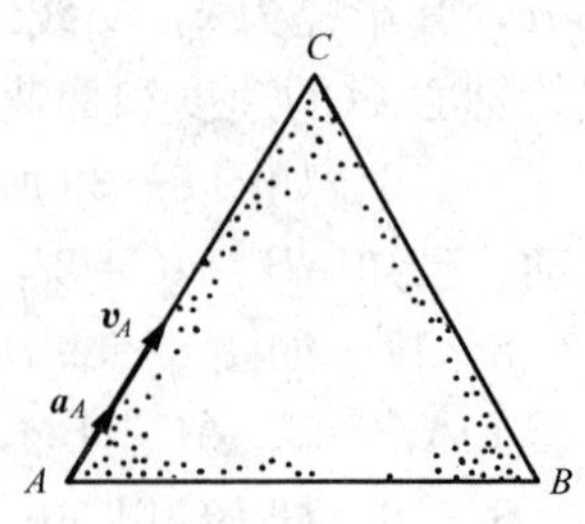

图 8-43　习题 8-21 附图

第三篇 动　力　学

在静力学中，我们只研究了物体在力系作用下的平衡问题；当作用于物体的力系不满足平衡条件时，物体的运动方式则未能研究。在运动学中，我们只研究了物体的运动如何描述、运动方程如何建立以及有关位移、速度、加速度的分析计算问题；也未涉及与物体的运动变化有关的力和质量等物理因素。现在我们将研究物体的运动与作用在物体上的力之间的关系，即**动力学**，从而建立物体机械运动的普遍规律。

随着生产和科学技术的发展，工程技术中的动力学问题愈来愈多。如结构物的振动与抗震，机械的振动与动反力，航天器的发射与运行等，研究和解决这些问题，都要用到动力学的知识。因此，学习和掌握动力学基本理论，对于解决工程实际问题具有十分重要的意义。

第九章 质点动力学

本章将在牛顿运动定律的基础上，建立起质点在惯性坐标系下的运动微分方程，并将其应用于求解质点动力学的两类基本问题。本章还将建立非惯性坐标系下质点相对运动的动力学方程。

第一节 牛顿运动定律 惯性参考系

动力学的理论基础是牛顿在其《自然哲学之数学原理》一书中提出的三个定律，即通称的**牛顿运动定律**。这几个定律是：

第一定律 **任何物体，如不受外力作用，将保持静止或作匀速直线运动。**

第二定律 **质点受到外力作用时，所产生的加速度的大小与力的大小成正比，而与质点的质量成反比，加速度的方向与力的方向相同。**这一定律可用数学公式表为

$$\boldsymbol{F} = m\boldsymbol{a}$$

式中 m——质点的质量；

$\boldsymbol{F}=\sum \boldsymbol{F}_i$——作用于质点的所有力的合力。

第三定律（即作用与反作用定律） **两物体间相互作用的力（作用力与反作用力）同时存在，大小相等，作用线相同而指向相反。**

不受外力作用时，物体将保持静止或匀速直线运动的状态，这是物体的一种属性，这种属性称为**惯性**。所以第一定律也称为**惯性定律**，而匀速直线运动也称为**惯性运动**。

由第二定律可知，在相同的力的作用下，质量愈大的质点加速度愈小，也就是说，质点的质量愈大，保持惯性运动的能力愈强，由此可知，质量是物体惯性的度量。

根据相对论力学，物体的质量将随运动速度而变，但只有当物体运动的速度可与光速相

比时，变化才显著。在古典力学里，所考察物体的运动速度都远小于光速，因而将物体的质量看作常量是足够精确的。

任一物体的质量 m 与其重量 W 之间存在如下关系

$$W = mg \quad 或 \quad m = \frac{W}{g}$$

式中 g——重力加速度。

应当注意，质量与重量是两个不同的概念。一个物体的质量是一定的，而它的重量会随它在地面上的位置和高度而变。在本书中，为了计算简便，取 $g=9.80\text{m/s}^2$。

作用与反作用定律对研究质点系动力学问题具有重要意义。因为第二定律只适用于单个质点，而我们将要研究的问题大多是关于质点系的，第三定律给出了质点系中各质点间相互作用力的关系，从而使质点动力学的理论能推广应用于质点系。

牛顿在提出各定律之前，先引进了"绝对空间"的概念。所谓"绝对空间"，是与物质和时间无关的、绝对不动的空间。按照牛顿的理论，他提出的定律只适用于质点在"绝对空间"内的运动，即质点在绝对静止参考系内的运动。当然，"绝对空间"是不存在的，但牛顿提出"绝对空间"这一概念，就明确指出牛顿定律只适用于特定参考系。

适用牛顿定律的参考系称为**惯性参考系**。但绝对静止不动的参考系在现实中是不存在的，必须靠观察和实验来验证惯性参考系的选定。

实践结果证明，在绝大多数工程问题中，可取固结于地球的坐标系为惯性参考系。对于需考虑地球自转影响的问题（如由地球自转而引起的河流冲刷，落体对铅直线的偏离等）必须选取以地心为原点而三个轴指向三个"恒星"的坐标系作为惯性参考系，即所谓的地心参考系。在天文计算中，则取日心参考系，即以太阳中心为坐标原点，三个轴指向三个"恒星"。后面还将证明，凡是相对惯性参考系作匀速直线平动的参考系，也是惯性参考系。在以后的论述中，如果没有特别指明，则所有运动都是对惯性参考系而言的。并且约定，物体在惯性参考系中的运动称为绝对运动，习惯地将惯性参考系称为固定坐标系或静坐标系，以区别于某些需要考虑其运动的参考系。在实际问题中，除少数特别指明者外，都以固结于地球的坐标系为惯性参考系。

第二节 质点运动微分方程

设有一质点 M，质量为 m，作用于该质点的所有的力的合力为 $\boldsymbol{F}=\sum \boldsymbol{F}_i$，如图 9-1 所示。令质点的加速度为 $\boldsymbol{a}$，则

$$m\boldsymbol{a} = \boldsymbol{F} \tag{9-1}$$

由运动学可知，当采用矢量法时，质点的加速度为

$$\boldsymbol{a} = \frac{\mathrm{d}\boldsymbol{v}}{\mathrm{d}t} = \frac{\mathrm{d}^2\boldsymbol{r}}{\mathrm{d}t^2}$$

式中 $\boldsymbol{r}$——质点的位置矢；

$\boldsymbol{v}$——质点的速度。

于是式（9-1）可改写为

$$m\frac{\mathrm{d}\boldsymbol{v}}{\mathrm{d}t} = \boldsymbol{F} \quad 或 \quad m\frac{\mathrm{d}\boldsymbol{r}^2}{\mathrm{d}t^2} = \boldsymbol{F} \tag{9-2}$$

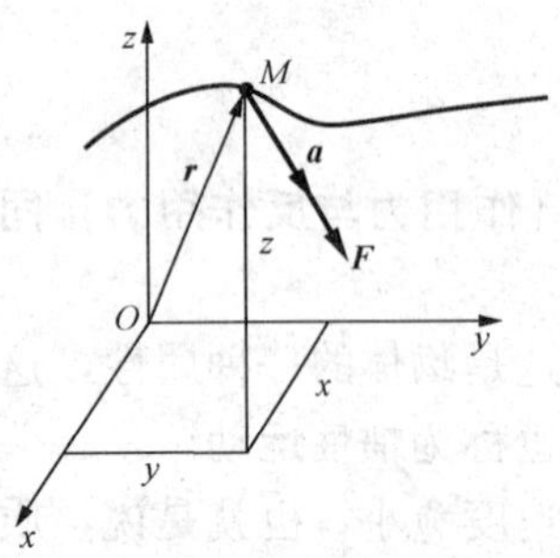

图 9-1 直角坐标系下质点的动力学

这就是矢量形式的质点运动微分方程。

过原点 O 取直角坐标系 $Oxyz$，将式（9－2）投影到各坐标轴上，就得到直角坐标形式的质点运动微分方程

$$m\frac{\mathrm{d}^2x}{\mathrm{d}t^2}=F_x,\ m\frac{\mathrm{d}^2y}{\mathrm{d}t^2}=F_y,\ m\frac{\mathrm{d}^2z}{\mathrm{d}t^2}=F_z \tag{9-3}$$

式中　F_x，F_y，F_z——作用于质点的各力分别在 x，y，z 轴上的投影之和。

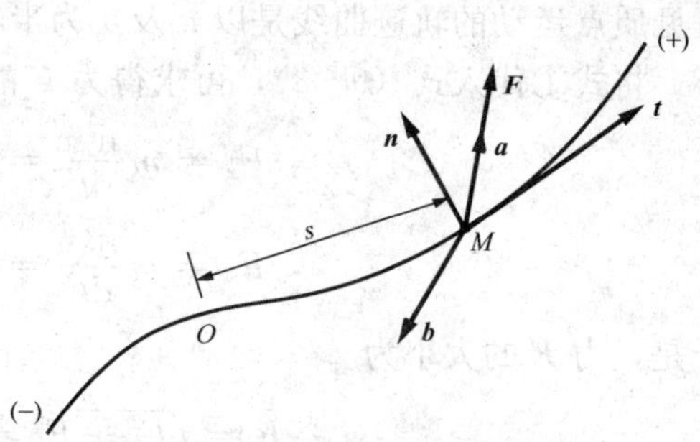

图 9－2　自然轴系下质点的动力学

设已知质点运动的轨迹（图 9－2），以质点所在处为原点，取自然轴系 $\boldsymbol{t}$，$\boldsymbol{n}$，$\boldsymbol{b}$，将式（9－1）投影到自然轴系上，有

$$ma_t=F_t,\ ma_n=F_n,\ ma_b=F_b$$

由运动学可知

$$a_t=\frac{\mathrm{d}^2s}{\mathrm{d}t^2},\ a_n=\frac{v^2}{\rho},\ a_b=0$$

于是

$$m\frac{\mathrm{d}^2s}{\mathrm{d}t^2}=F_t,\ m\frac{v^2}{\rho}=F_n,\ F_b=0 \tag{9-4}$$

这就是自然轴系形式的质点运动微分方程。

应用质点运动微分方程，可以求解质点动力学的两类基本问题：

第一类问题　已知质点的运动规律，求质点所受的力。这类问题可用微分法解答。

第二类问题　已知作用于质点的力，求质点的运动规律。这类问题归结为求解运动微分方程。作用于质点的力可以是常力或变力，变力可能是时间、质点的位置坐标、速度的函数，只有当函数关系较简单时，才能求得微分方程的精确解；如果函数关系复杂，求解将非常困难，有时只能求出近似解。此外，求解微分方程时将出现积分常数，这些积分常数需根据质点运动的**初条件**即初速度和初位置坐标来决定。所以，对于这两类问题，除了需知道作用于质点的力以外，**还必须知道质点运动的初条件**，才能完全确定质点的运动。

工程中的质点常因受到约束而成为非自由质点，微分方程中也因此出现未知的约束力和有关运动的未知量，此时方程的求解往往比上述两类动力学问题更加复杂。对于质点系，原则上可以就每个质点写出运动微分方程。但由于各质点的运动以及所受的力都是有联系的，故所列方程必然是微分方程组。在大多数情况下，求解这些联立微分方程的精确解是非常困难的。因此对于质点系，只有在很简单的情况下才适合应用本节讲述的方法求解，很多问题将用以后各章讲述的定理求解。

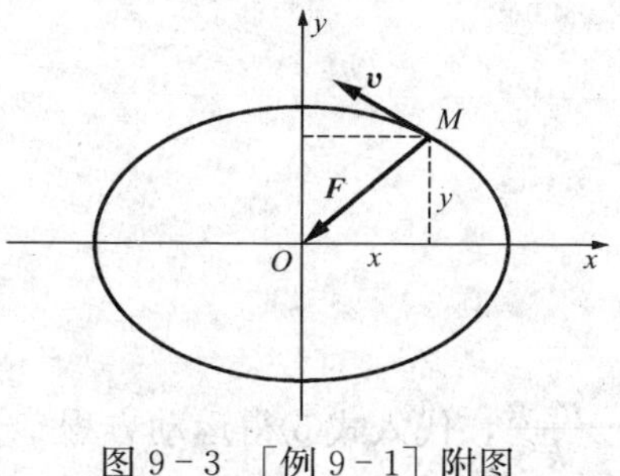

图 9－3　［例 9－1］附图

【例 9－1】　质量为 m 的质点 M 在平面 Oxy 内运动（图 9－3），已知其运动方程为

$$x=a\cos\omega t,\ y=b\sin\omega t \tag*{①}$$

其中 a，b，ω 都是常量，求质点所受的合力 $\boldsymbol{F}$。

解　本题属动力学的第一类问题。将运动方程消去时间 t，得

$$\frac{x^2}{a^2}+\frac{y^2}{b^2}=1$$

可见质点运动的轨迹曲线是以 a 及 b 为半轴的椭圆。

将式①代入式（9-3），可求得力 $\boldsymbol{F}$ 的投影

$$F_x=m\frac{\mathrm{d}^2x}{\mathrm{d}t^2}=-m\omega^2a\cos\omega t=-m\omega^2x$$

$$F_y=m\frac{\mathrm{d}^2y}{\mathrm{d}t^2}=-m\omega^2b\sin\omega t=-m\omega^2y$$

于是，力 $\boldsymbol{F}$ 的大小为

$$F=\sqrt{F_x^2+F_y^2}=m\omega^2\sqrt{x^2+y^2}=m\omega^2r$$

其中 r 是动点 M 的矢径 $\boldsymbol{r}$ 的模。力 $\boldsymbol{F}$ 的方向余弦为

$$\cos(\boldsymbol{F},x)=\frac{F_x}{F}=-\frac{x}{r},\ \cos(\boldsymbol{F},y)=\frac{F_y}{F}=-\frac{y}{r}$$

恰与矢径 $\boldsymbol{r}$ 的方向余弦数值相等且符号相反。所以力 $\boldsymbol{F}$ 与矢径 $\boldsymbol{r}$ 成比例而方向相反（即 $\boldsymbol{F}$ 指向坐标原点 O），可用方程表示为

$$\boldsymbol{F}=-m\omega^2\boldsymbol{r}$$

【例 9-2】 质量为 m 的物体在空气中作自由落体运动，假设空气阻力与物体的速度成正比（设比例系数为 k），方向与速度相反。试求该物体的运动方程和速度方程。

解 本题属动力学的第二类问题。

建立坐标系（图 9-4），x 轴铅直向下。物体受重力 $P=mg$，空气阻力 $F=kv=k\mathrm{d}x/\mathrm{d}t$。由质点运动微分方程得

$$m\frac{\mathrm{d}^2x}{\mathrm{d}t^2}=P-F=mg-k\frac{\mathrm{d}x}{\mathrm{d}t} \quad ①$$

令 $v=\frac{\mathrm{d}x}{\mathrm{d}t}$，式①可改写为

$$\frac{\mathrm{d}v}{\frac{mg}{k}-v}=\frac{k}{m}\mathrm{d}t \quad ②$$

积分得

$$v=C\mathrm{e}^{-\frac{k}{m}t}+\frac{mg}{k} \quad ③$$

图 9-4 ［例 9-2］附图

式③中的系数 C 为积分常数，由初条件 $v|_{t=0}=0$ 得 $C=-\frac{mg}{k}$，代入式③得速度方程

$$v=\frac{mg}{k}(1-\mathrm{e}^{-\frac{k}{m}t}) \quad ④$$

对式④再积分得

$$x=\frac{mg}{k}\left(t+\frac{m}{k}\mathrm{e}^{-\frac{k}{m}t}\right)+D \quad ⑤$$

式⑤中 D 为积分常数，（假设）由初条件 $x|_{t=0}=0$ 得 $D=-\frac{m^2g}{k^2}$，代入式⑤得运动方程

$$x = \frac{mg}{k}\left(t + \frac{m}{k}e^{-\frac{k}{m}t} - \frac{m}{k}\right) \quad ⑥$$

由式④可见，当 $t \to \infty$ 时，$v \to \frac{mg}{k}$。则 $\frac{mg}{k}$ 为质点下降的**极限速度**。由此我们可以理解降落伞为什么下落一段距离后，几乎以匀速下降，从而确保跳伞人员的人身安全。通过调整阻力系数 k（通过调整伞的面积可以改变空气的阻力系数），可以改变降落伞下降的速度。

【例 9-3】 在倾角为 θ 的粗糙斜面上放一重 W 的物块 A［图 9-5（a）］，物块上系一绳，绳与斜面平行，绕过滑轮后，在另一端悬挂一重 P 的物块 B。物块 A 与斜面间的摩擦因数为 f。求物块 A 沿斜面运动的加速度。假设绳子是不可伸长的；绳子的质量不计，滑轮的质量及轮轴处的摩擦也不计。

解 分别考察物块 A、B，作示力图，并标出加速度的方向，如图 9-5（b）、（c）所示。物块 A、B 虽为刚体，但由于均作平动，故可抽象成质点，因此可用质点运动微分方程求解。

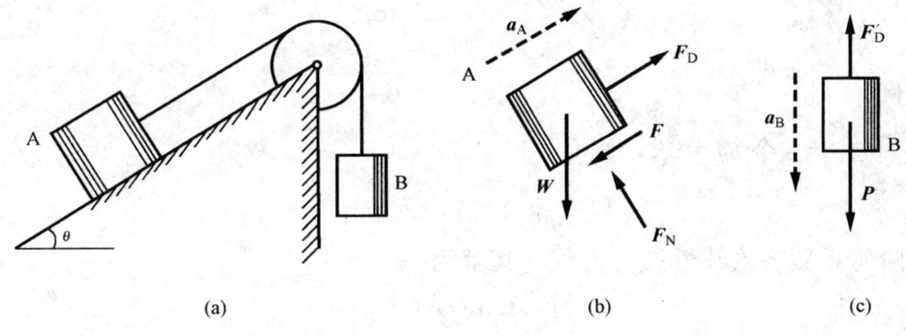

图 9-5 ［例 9-3］附图

对 A、B 两物块分别建立动力学微分方程

$$\frac{W}{g}a_A = F_D - F - W\sin\theta \quad ①$$

$$\frac{W}{g}\cdot 0 = F_N - W\cos\theta \quad ②$$

$$\frac{P}{g}\cdot a_B = P - F'_D \quad ③$$

考虑到绳子不可伸长，且不计滑轮的质量和轮轴处的摩擦，于是有

$$a_B = a_A \quad ④$$

$$F'_D = F_D \quad ⑤$$

而摩擦力 $\boldsymbol{F}$ 的大小为

$$F = fF_N \quad ⑥$$

将式④、⑤、⑥代入式①、②、③，解得

$$a_A = a_B = \frac{P - W(\sin\theta + f\cos\theta)}{P + W}g$$

从式①或③可求出绳子的拉力 $F_D = F'_D = W\sin\theta + F + \frac{Wa_A}{g}$ 或 $F_D = F'_D = P - \frac{Pa_B}{g}$。可见，绳子的拉力包含两部分：一是由 P，W，F 等静力作用引起的，称为**静约束力**或**静反力**；二

是由物体运动引起的，称为**动约束力或动反力**。一般说来，动力学中的约束力，不仅与物体所受的主动力有关，而且与物体的运动有关，这是与静力学中的约束力不同之处。

【例 9-4】 重量为 $W=30\text{kN}$ 的物体悬于钢索下端，以匀速 $v_0=2\text{m/s}$ 下降，若卷筒突然刹车，求钢索的最大伸长。设卷筒刹车时钢索每伸长 10mm 需力 20kN。

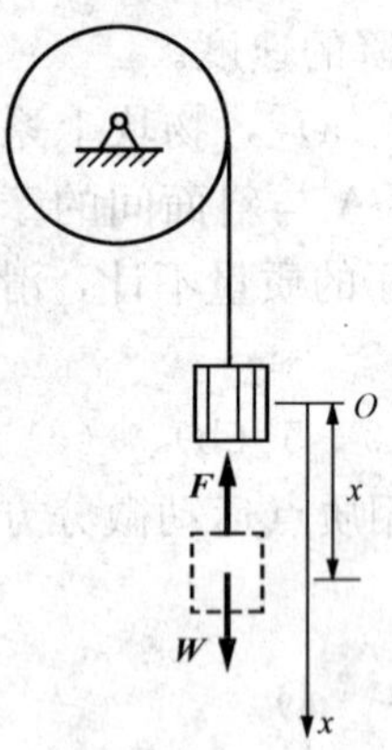

图 9-6 ［例 9-4］附图

解 刹车后物体只有上下运动，只需一个坐标就可确定物体的位置。

取**平衡位置**为坐标原点，x 轴铅直向下，如图 9-6 所示。考虑物体离开平衡位置 x 时的受力情况，物体受重力 $\boldsymbol{W}$ 及钢索的拉力 $\boldsymbol{F}$ 作用，而 $F=k(\delta_{st}+x)$，其中 δ_{st} 是钢索的静伸长，$k=\dfrac{20\times10^3}{10\times10^{-3}}\text{N/m}=2\times10^6\text{N/m}$。在平衡位置钢索的拉力 $k\delta_{st}=W$。由物体的运动微分方程，得

$$\frac{W}{g}\frac{\mathrm{d}^2x}{\mathrm{d}t^2}=W-F$$

即

$$\frac{\mathrm{d}^2x}{\mathrm{d}t^2}=-\frac{kg}{W}x$$

令 $\omega_0^2=\dfrac{kg}{W}$，则有

$$\ddot{x}+\omega_0^2x=0$$

这是一个二阶常系数齐次线性微分方程，其解为

$$x=A\sin(\omega_0t+\beta),$$

其中 A，β 由运动初条件确定。

由 $t=0$ 时，
$$x=0,\ \dot{x}=v_0$$

得
$$A\sin\beta=0,\ A\omega_0\cos\beta=v_0$$

解出
$$A=\frac{v_0}{\omega_0},\ \beta=0$$

所以
$$x=v_0\sqrt{\frac{W}{kg}}\sin\left(\sqrt{\frac{kg}{W}}t\right)$$

钢索的最大伸长 $\delta_{max}=\delta_{st}+x_{max}=\dfrac{W}{k}+v_0\sqrt{\dfrac{W}{kg}}=0.015+0.078=0.093\text{m}$，由运动方程可知，物体作**简谐振动**，**振幅**（amplitude）为 $v_0\sqrt{\dfrac{W}{kg}}$，**周期** $T=2\pi\sqrt{\dfrac{W}{kg}}$。注意，上面的运动方程是以**物体的平衡位置为坐标原点**得到的。如果取其他位置为坐标原点，虽然物体的运动仍然是简谐运动，但微分方程及最后的运动方程都将与上面的形式不同。

从以上例题可以看出，不论是已知质点的运动求作用于质点的力；或已知作用于质点的力求质点的运动；或已知部分运动学的量及部分力，求另一些未知量；都必须先分析质点的受力情况，正确作出示力图，再分析质点的运动情况，然后选择坐标系，建立相应形式的运动微分方程，最后求解。对于质点系问题，还必须特别注意，除根据作用与反作用定律确定各质点相互作用力之间的关系外，还应根据约束条件确定各质点运动之间的关系（位移、速度或加速度之间的关系）。

*第三节 质点在非惯性参考系中的运动

前面讨论了质点（或质点系）在惯性参考系中的运动，即绝对运动。而在自然界和工程技术中有很多问题，需要研究质点相对于非惯性参考系的运动，即相对运动。例如，考虑地球自转时，河中水流的运动或远程炮弹或人造卫星的运动等。为此，我们将建立质点在非惯性参考系中的运动方程。

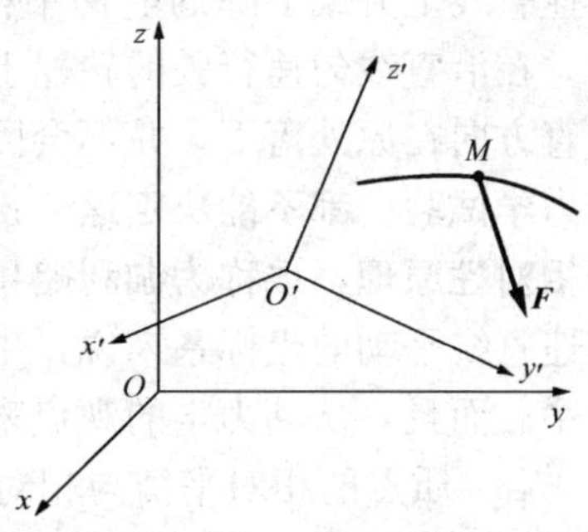

图 9-7 质点相对非惯性参考系的动力

设已知动坐标系 $O'x'y'z'$ 相对于静坐标系 $Oxyz$（惯性坐标系）的运动，试求质点 M 在力 $\boldsymbol{F}$（主动力与约束力的合力）作用下在动坐标系中的相对运动（图 9-7）。当然，我们可以先求出质点在静坐标系中的运动，然后通过坐标变换求其在动坐标系中的运动，但这种方法太复杂。下面讨论直接求质点相对运动的方法。

先写出质点 M 在绝对运动中的动力学方程，即式（9-1）

$$m\boldsymbol{a}=\boldsymbol{F}$$

其中 $\boldsymbol{a}$ 是 M 的绝对加速度。由加速度合成定理（当牵连运动为一般运动时，$\boldsymbol{a}=\boldsymbol{a}_r+\boldsymbol{a}_e+\boldsymbol{a}_C$ 仍然适用）得

$$\boldsymbol{a}=\boldsymbol{a}_r+\boldsymbol{a}_e+\boldsymbol{a}_C \qquad ①$$

其中 $\boldsymbol{a}_r$、$\boldsymbol{a}_e$ 及 $\boldsymbol{a}_C$ 分别为相对加速度、牵连加速度及科氏加速度。

将式①代入式（9-1），可得

$$m\boldsymbol{a}_r=\boldsymbol{F}-m\boldsymbol{a}_e-m\boldsymbol{a}_C \qquad ②$$

令

$$\boldsymbol{F}_{Ie}=-m\boldsymbol{a}_e,\ \boldsymbol{F}_{IC}=-m\boldsymbol{a}_C,$$

则式②成为

$$m\boldsymbol{a}_r=\boldsymbol{F}+\boldsymbol{F}_{Ie}+\boldsymbol{F}_{IC} \qquad (9-5)$$

其中 $\boldsymbol{F}_{Ie}$ 及 $\boldsymbol{F}_{IC}$ 都具有力的量纲，分别称为**牵连惯性力**及**科里奥利力**，后者常简称为**科氏力**。

式（9-5）是质点相对于非惯性参考系 $O'x'y'z'$ 运动的动力学方程，称为**质点相对运动动力学方程**。对比式（9-5）与式（9-1）可见，只需在质点实际受到的力 $\boldsymbol{F}$ 外，加上牵连惯性力 $\boldsymbol{F}_{Ie}$ 及科氏力 $\boldsymbol{F}_{IC}$，则相对运动动力学方程与绝对运动动力学方程具有相同的形式。于是，可以用与解答绝对运动动力学问题相同的方法来解答相对运动的动力学问题。

式（9-5）是动坐标系作任意运动时质点的相对运动动力学方程。现在来讨论几个特殊情况。

（1）动坐标系作平动时质点的相对运动。设动坐标系 $O'x'y'z'$ 在静坐标系 $Oxyz$ 中作平动，科氏加速度 $\boldsymbol{a}_C=0$，科氏力 $\boldsymbol{F}_{IC}=-m\boldsymbol{a}_C=0$，于是质点的相对运动动力学方程为

$$m\boldsymbol{a}_r=\boldsymbol{F}+\boldsymbol{F}_{Ie} \qquad (9-6)$$

这就是说，当动坐标系作平动时，只需在质点实际受力 $\boldsymbol{F}$ 外，加上牵连惯性力 $\boldsymbol{F}_{Ie}$，则质点的相对运动动力学方程与质点在绝对运动中的动力学方程具有相同的形式。

（2）动坐标系作匀速直线平动时质点的相对运动。当动坐标系作匀速直线平动时，牵连加速度 $\boldsymbol{a}_e$ 和科氏加速度 $\boldsymbol{a}_C$ 都等于零，因此，牵连惯性力 $\boldsymbol{F}_{Ie}$ 和科氏力 $\boldsymbol{F}_{IC}$ 也都为零，质点的

相对运动动力学方程为

$$m\boldsymbol{a}_r = \boldsymbol{F} \tag{9-7}$$

这一方程与质点的绝对运动的动力学方程［式（9-1）］完全一样。于是可知，在静坐标中和在相对于静坐标系作匀速直线平动的坐标系中，所观察到的力学现象是相同的。例如，在匀速直线上升或下降的电梯中称物体的重量，与在静止的电梯中所称的结果完全相同。又如，在沿直线匀速行驶的轮船上，向上抛出的物体，和在静止的船上抛出的物体一样，仍沿铅直方向在原处落下，并不会因为船向前运动而落向船尾。因此，**在一个系统内部所作的任何力学试验，都不能决定这一系统是静止的还是在作匀速直线平动**。这一结论称为**古典力学的相对性原理**，也称为**伽利略牛顿相对性原理**。又由式（9-7）可见，就相对于静坐标系作匀速直线平动的坐标系来说，牛顿第二定律并未作任何修正，所以这样的坐标系也是惯性参考系。而且，从动力学的观点来看，所有的惯性参考系都是一样的。

（3）质点的相对平衡与相对静止。若质点在动坐标系中作匀速直线运动，则称该质点处于相对平衡状态。这时，相对加速度 $\boldsymbol{a}_r=0$，于是式（9-5）可写为

$$\boldsymbol{F} + \boldsymbol{F}_{Ie} + \boldsymbol{F}_{IC} = 0 \tag{9-8}$$

由此可知，**质点处于相对平衡状态时，作用于质点的力 $\boldsymbol{F}$ 与牵连惯性力 $\boldsymbol{F}_{Ie}$ 及科氏力 $\boldsymbol{F}_{IC}$ 成平衡**。

若质点在动坐标系中保持相对静止，则不但 $\boldsymbol{a}_r=0$，而且相对速度 $\boldsymbol{v}_r=0$，从而科氏力 $\boldsymbol{F}_{IC}=-m\boldsymbol{a}_C=-2m\boldsymbol{\omega}\times\boldsymbol{v}_r=0$。在这种情况下，式（9-5）可写为

$$\boldsymbol{F} + \boldsymbol{F}_{Ie} = 0 \tag{9-9}$$

这表明，**当质点保持相对静止时，作用于质点的力 $\boldsymbol{F}$ 与牵连惯性力 $\boldsymbol{F}_{Ie}$ 成平衡**。

在以上各式中，我们引进了牵连惯性力和科氏力这两个概念，它们是非惯性参考系的运动的反映。在惯性参考系中的观察者看来，质点只受到其他物体对它作用的主动力和约束力（其合力为 $\boldsymbol{F}$），并没有受到牵连惯性力和科氏力的作用，这两个惯性力都是假想的，不是真实的；附加这两个惯性力，只是为了建立质点的相对加速度与其所受的力之间的正确关系。

由于科氏惯性力而产生的力学现象在自然界中经常可以遇见。如在合成运动中曾讲过，当考虑地球自转的影响时，北半球河流中水体质点的科氏加速度指向左岸，可见科氏力指向右岸。这个力实际上不是作用在水体质点上，而是作用在右岸上。所以北半球的河流，右岸所受的冲刷较左岸厉害。反之，在南半球则左岸冲刷较厉害。一般来说，在必须考虑地球自转影响的一些现象中，都会看到科氏力所产生的效应。又如，在北半球，自由落体有向东的偏移，见［例 9-5］；高空大气向低压中心流动时，会产生偏移，形成逆时针向的环流，这些都是科氏力的效应的表现。

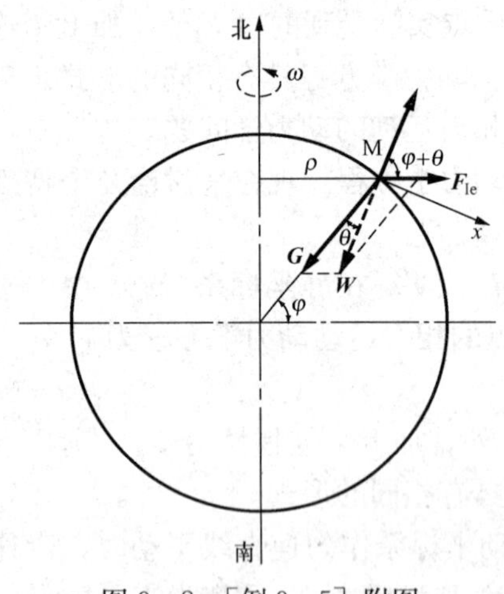

图 9-8 ［例 9-5］附图

【例 9-5】 由于地球自转的影响，地面上各处（除两极及赤道附近外）的铅直线并不沿着地球半径，而是下端偏向赤道。试求偏角 θ 与纬度的关系。

解 假设地球为一圆球，半径为 $\boldsymbol{R}$。今在纬度为 φ 的地面上用绳索悬挂一铅球 M（图 9-8），使其保持静止。铅球很小，可以作为质点看待。考虑到地球的自

转，铅球 M 的静止只是相对静止。作用于铅球 M 上的实际力有沿地球半径指向地心的地球引力 $\boldsymbol{G}$，绳索拉力 $\boldsymbol{F}$。这两个力应与铅球 M 的牵连惯性力 $\boldsymbol{F}_{Ie}$成平衡，即

$$\boldsymbol{F}+\boldsymbol{G}+\boldsymbol{F}_{Ie}=0 \quad ①$$

因地球自转是匀角速的，所以 $\boldsymbol{F}_{Ie}$的大小为

$$F_{Ie}=m\rho\omega^2=m\omega^2R\cos\varphi \quad ②$$

式中　m——铅球的质量；

ρ——铅球至地轴的距离；

φ——地球自转的角速度。

$\boldsymbol{F}_{Ie}$方向垂直并背离地轴，即是离心的（见图 9-8）。

由于绳索拉力 $\boldsymbol{F}$ 与实际量得的重力 $\boldsymbol{W}$ 大小相等，而方向相反，即 $\boldsymbol{F}=-\boldsymbol{W}$。以之代入式①可得

$$\boldsymbol{W}=\boldsymbol{G}+\boldsymbol{F}_{Ie}$$

可见，在地面上量得的重力等于地球引力与离心惯性力的矢量和。

重力 $\boldsymbol{W}$ 的方向就是铅直线的方向。现在来计算铅直线的偏角 θ（即 $\boldsymbol{W}$ 与 $\boldsymbol{G}$ 所成的角）。取 x 轴垂直于铅直线，由 $\sum F_{ix}=0$ 得

$$G\sin\theta=F_{Ie}\sin(\varphi+\theta) \quad ③$$

因 $\omega=\dfrac{2\pi}{86\ 400}$rad/s，可知 $F_{Ie}=m\omega^2R\cos\varphi$ 必远小于地球引力 G，所以可认为 W 与 G 相等，即 $G=W=mg$，其中 g 是重力加速度。又因偏角 θ 极小，故可用 θ 代替 $\sin\theta$，用 φ 代替 $\varphi+\theta$，于是由式②及③有

$$mg\theta=m\omega^2R\cos\varphi\sin\varphi$$

由此得

$$\theta=\frac{R\omega^2}{2g}\sin2\varphi$$

取
$$R=6370\text{km},\ g=9.80\text{m/s}^2$$

则
$$\theta=0.0017\sin2\varphi$$

在纬度 45°处，偏角 θ 有最大值 $\theta_{max}=0.0017\text{rad}\approx0°6'$。可见偏差极小，所以可略去不计，而认为重力是指向地心的，铅直线则沿着地球半径方向。

思　考　题

9-1　分析以下论述是否正确：

（1）一个运动的质点必定受到力的作用；质点运动的方向总是与所受力的方向一致。

（2）质点运动时，速度大则受力也大，速度小则受力也小，速度等于零则不受力。

（3）两质量相同的质点，在相同的力 $\boldsymbol{F}$ 作用下，任一瞬时的速度、加速度均相等。

9-2　小车沿水平轨道作四种不同的运动：

（1）匀速直线运动；

（2）变速直线运动；

（3）匀速率曲线运动；

（4）变速曲线运动。一物块停在车的水平板面上保持不动，试分析其受力情况。

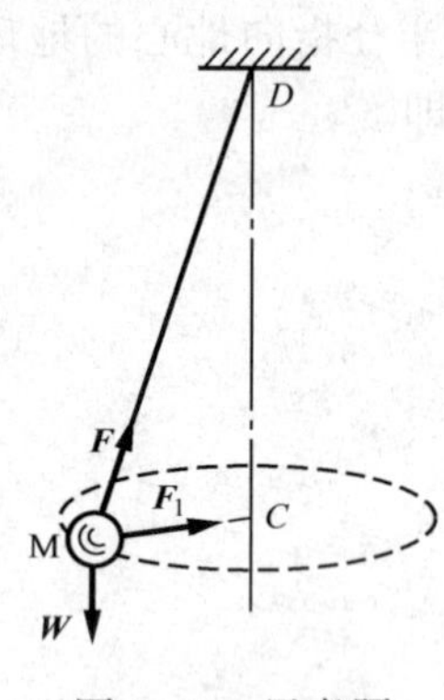

图 9-9　思考题 9-4 附图

9-3　质量相同的两物块 A，B，初速度的大小均为 v_0。今在两物块上分别作用力 $\boldsymbol{F}_A$ 和 $\boldsymbol{F}_B$。若 $F_A>F_B$，试问经过相同的时间间隔 t 后，是否 v_A 必大于 v_B？

9-4　用一细绳将小球 M 悬挂在 D 处，见图 9-9。当小球在水平面内作圆周运动时，有人认为球上受到重力 $\boldsymbol{W}$、绳子张力 $\boldsymbol{F}$、向心力 $\boldsymbol{F}_1$ 的作用，此说法是否正确？错在哪里？

9-5　在封闭的船舱内，能否判断船是否静止，是否作匀速直线运动、加速直线运动、减速直线运动或是转弯？若能，应如何判断？

9-6　在北半球纬度 φ 处将一小球以初速度 v_0 铅直上抛，试问小球回落至地面时在初始位置的哪一边？

习　题

9-1　质量为 m 的球 A，用两根各长为 l 的杆支承如图 9-10 所示。支承架以匀角速 ω 绕铅直轴 BC 转动。已知 $BC=2a$；杆 AB 及 AC 的两端均铰接，杆重忽略不计。求杆所受的力。

9-2　物块 A、B 质量分别为 $m_1=100\text{kg}$，$m_2=200\text{kg}$，用弹簧连结如图 9-11 所示。设物块 A 在弹簧上按规律 $x=20\sin 10t$ 作简谐运动（x 以 mm 计，t 以 s 计），求水平面所受的压力的最大值与最小值。

9-3　球磨机的圆筒转动时，带动钢球一起运动，使球转到一定角度 θ 时下落撞击矿石如图 9-12 所示。已知钢球转到 $\theta=35°20'$ 时脱离圆筒，可得到最大打击力。设圆筒内径 $d=3.2\text{m}$，求圆筒应有的转速 n。

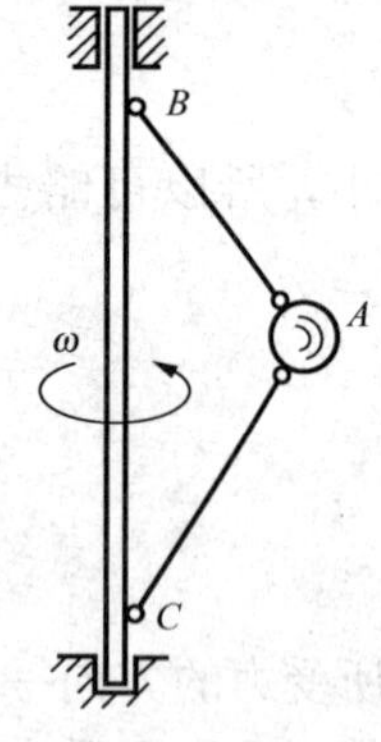

图 9-10　习题 9-1 附图

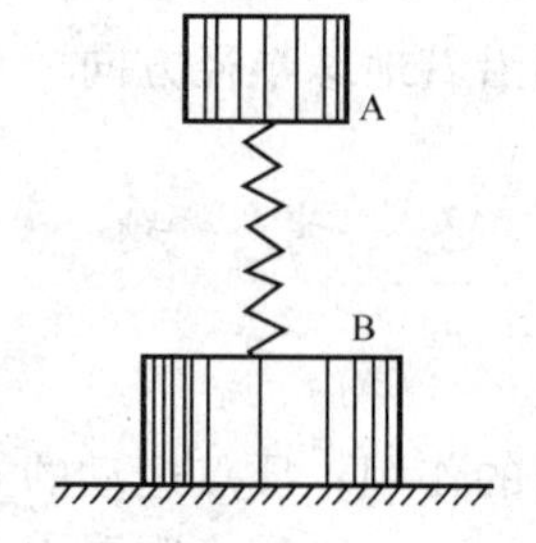

图 9-11　习题 9-2 附图

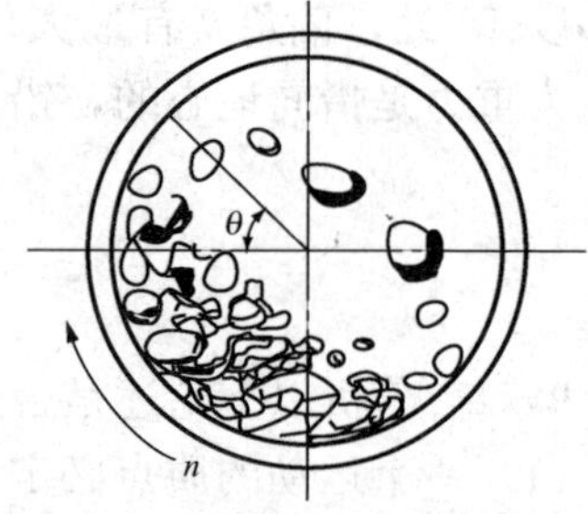

图 9-12　习题 9-3 附图

9-4　图 9-13 所示为一斜坡式升船机构。设升船车 A 连同船只共重 W，平衡车 B 重 P。两车在导轨上运动时，摩擦力各为其重量的 1%；导轨的倾角为 θ，启动时的加速度为 $\boldsymbol{a}$。试求加于鼓轮 C 上的力偶矩 M。鼓轮的半径为 r，质量不计。

9-5　质量各为 10kg 的物块 A，B，放置在水平面上，并用滑轮联系，如图 9-14 所示。设两物块与水平面的摩擦因数 $f=0.2$ 滑轮质量略而不计。在物块 A 上作用一大小为

50N 的水平力 **F**，求 A，B 的加速度。

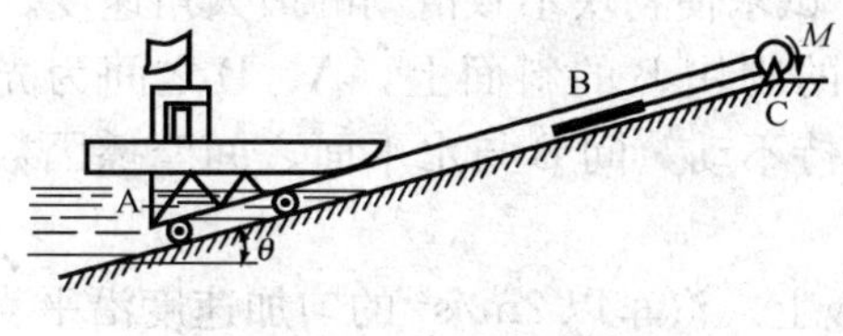

图 9－13　习题 9－4 附图

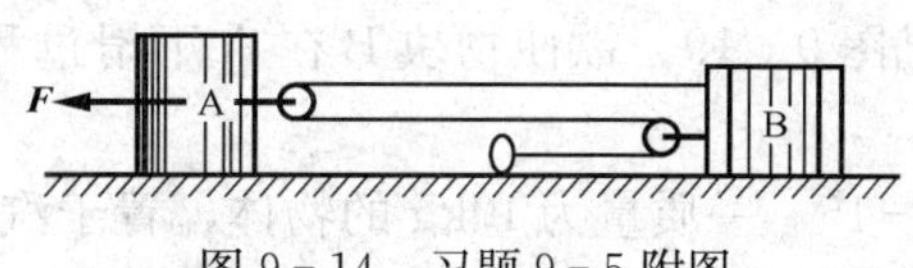

图 9－14　习题 9－5 附图

9－6　质量为 m 的小球，从斜面上 A 点开始运动如图 9－15 所示，初速度 $v_0=5\text{m/s}$，方向与 CD 平行，不计摩擦。试求：

（1）球运动到 B 点所需的时间；

（2）距离 d。

9－7　小球从光滑半圆柱的顶点 A 无初速地下滑，求小球脱离半圆柱时的位置角，见图 9－16。

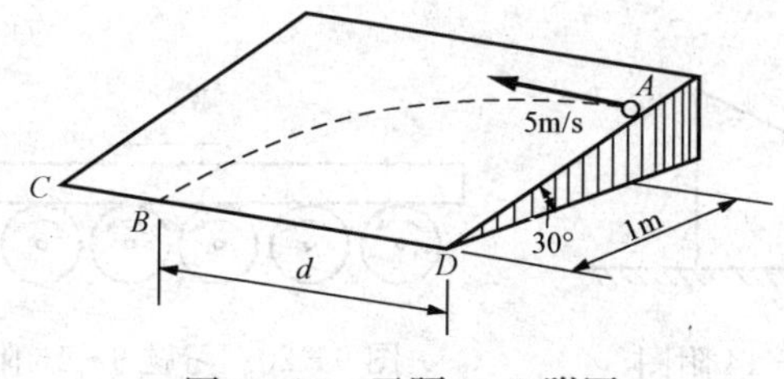

图 9－15　习题 9－6 附图

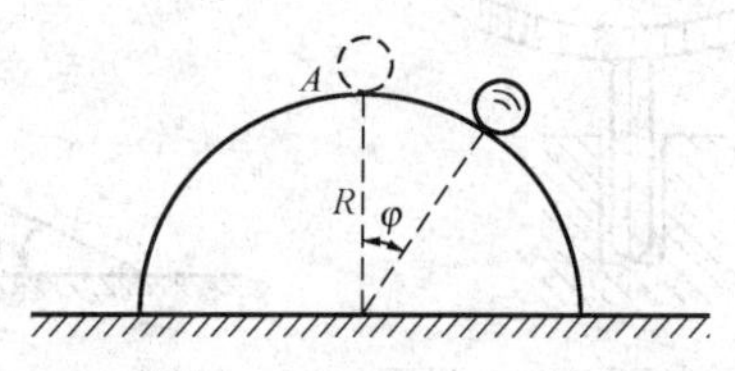

图 9－16　习题 9－7 附图

9－8　质量为 2kg 的滑块在力 **F** 作用下沿杆 AB 运动如图 9－17 所示，杆 AB 在铅直平面内绕 A 转动，已知 $s=0.4t$，$\varphi=0.5t$（s 单位为 m，φ 单位为 rad，t 单位为 s），滑块与杆 AB 的摩擦因数为 0.1，求 $t=2\text{s}$ 时力 **F** 的大小。

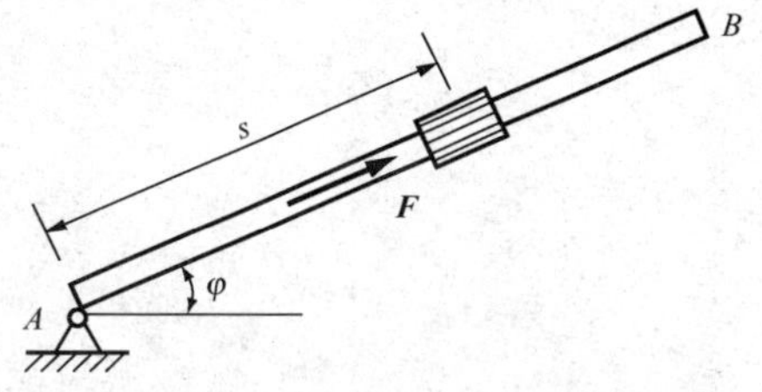

图 9－17　习题 9－8 附图

9－9　一个物体重 $W=10\text{N}$，在变力 $F=10(1-t)$ 作用下作水平直线运动（其中 t 以 s 计，F 以 N 计）。设在初瞬时物体的速度大小为 200mm/s，而方向与力的方向相同。问经过几秒钟后物体速度为零？并求从开始至速度成为零这段时间内经过的路程。

9－10　质量为 m 的质点受固定中心排斥力 $F=\dfrac{\mu m}{x^2}$ 的作用，其中 μ 为常数，x 为质点与固定中心的距离。在初瞬时，$x_0=\text{a}$，$v_0=0$。求质点运动一段路程 $s=a$ 时的速度。

9－11　泥沙在水中下沉时，受到的阻力可用斯托克斯公式计算：$F=6\pi\eta vr$，其中，η 为水的阻力系数；v 为泥沙运动之速度，以 mm/s 计；r 为泥沙的半径，以 mm 计；F 以 N 计。已知细沙半径 $r=0.05\text{mm}$，沙的密度 $\gamma=2.8\times10^{-6}\text{kg/mm}^3$，$\eta=1\times10^{-6}\text{N}\cdot\text{s/mm}^2$。试求细沙在水中下沉的极限速度。

9－12　一物体从地球表面以速度 v_0 铅直上抛，假定空气阻力 $R=mkv^2$，其中 k 为常数，m 为物体的质量，试求该物体返回至地面时的速度 v_1。

9-13 质量为 m 的物块放在匀角速度转动的水平转台上，物块与转轴的距离为 r，如图 9-18 所示。如物块与转台间的摩擦因数为 f。试求使物块不致滑动的最大角速度。

9-14 质量为 m_1 的物块 A 放在质量为 m_2 的物块 B 的斜面上，A、B 之间为光滑接触，见图 9-19。欲使物块 B 在 A 下滑过程中保持不动，问 B 与水平面之间摩擦因数应为多少?

9-15 一质量为 10kg 的物体，置于汽车底板上。汽车以 $2m/s^2$ 的匀加速度沿平直马路行驶。已知物体与车板间动摩擦因数为 0.2，求汽车行驶 5s 后物体在车板上滑动的距离。

9-16 钢厂的运输滚道如图 9-20 所示。当钢料放到转动着的滚子上时，被滚子带动而运动。设钢料与滚子间的动摩擦因数 $f=0.2$。试计算钢料刚放上滚子时的加速度。再问钢料是否以此加速度一直向前运动?

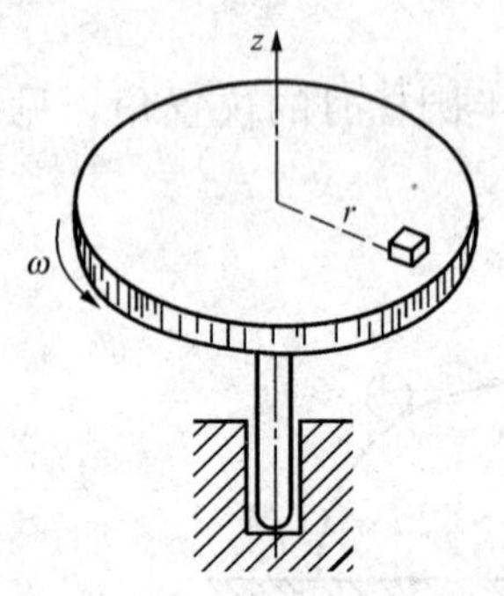

图9-18 习题 9-13 附图

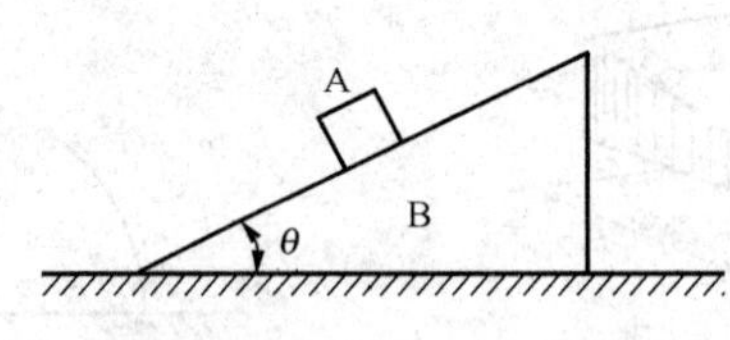

图 9-19 习题 9-14 附图

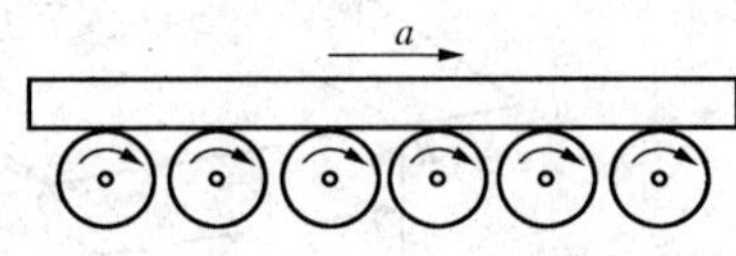

图 9-20 习题 9-16 附图

第十章 质心运动定理 动量定理

通过质点运动微分方程一般只能求解最简单的质点系动力学问题。这是因为在求解微分方程组时，通常会遇到数学上的困难。而在许多工程实际问题中，并不需要求出质点系中每个质点的运动，只要知道整个质点系运动的某些特征就可以了。因此，我们将引入描述整个质点系运动特征的一些物理量（如动量、动量矩、动能等），并建立这些物理量与作用在质点系上的力之间的关系。这些关系统称为**动力学普遍定理**，它包括质心运动定理、动量定理、动量矩定理和动能定理。在一定条件下，用这些定理来解答某些动力学问题，非常方便快捷。

本章将给出有关质点系的质心、动量、冲量等概念，由牛顿第二定律导出质心运动定理和动量定理，并用于求解质点系的动力学问题。

第一节 质心运动定理

一、质量中心

设质点系由 n 个质点 M_1，M_2，…，M_n 组成，各质点的质量分别为 m_1，m_2，…，m_n，质点系的质量为 $m=\sum\limits_{i=1}^{n}m_i$。任取固定点 O，设各质点对 O 点的位置矢分别为 $\boldsymbol{r}_1$，$\boldsymbol{r}_2$，…，$\boldsymbol{r}_n$（图 10-1），质点系质量中心（简称为质心）的位置矢 $\boldsymbol{r}_C$ 定义为

$$m\boldsymbol{r}_C=\sum m_i\boldsymbol{r}_i \tag{10-1}$$

可见，质点系质心的位置与质点系质量的分布有关，是反映质点系质量分布的一个物理量。

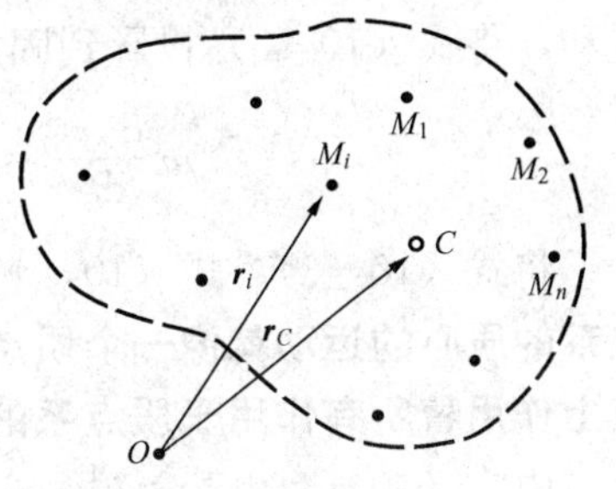

图 10-1 质点系示意图

二、质心运动定理

将式（10-1）两边对时间 t 求导数，得

$$m\frac{\mathrm{d}\boldsymbol{r}_C}{\mathrm{d}t}=\frac{\mathrm{d}}{\mathrm{d}t}\sum m_i\boldsymbol{r}_i=\sum m_i\frac{\mathrm{d}\boldsymbol{r}_i}{\mathrm{d}t} \tag{10-2}$$

式中 $\dfrac{\mathrm{d}\boldsymbol{r}_C}{\mathrm{d}t}$——质心的速度，常用 $\boldsymbol{v}_C$ 表示；

再将式（10-2）两边再对时间 t 求导数，得

$$m\frac{\mathrm{d}^2\boldsymbol{r}_C}{\mathrm{d}t^2}=\sum m_i\frac{\mathrm{d}^2\boldsymbol{r}_i}{\mathrm{d}t^2} \qquad ①$$

式中 $\dfrac{\mathrm{d}^2\boldsymbol{r}_C}{\mathrm{d}t^2}$——质心的加速度，常用 $\boldsymbol{a}_C$ 表示。

由质点动力学微分方程

$$m_i\frac{\mathrm{d}^2\boldsymbol{r}_i}{\mathrm{d}t^2}=\boldsymbol{F}_i \qquad ②$$

$\boldsymbol{F}_i$是作用于质点M_i的所有力的合力，其中既有质点系内其他质点对M_i的作用力，也有质点系以外的物体对M_i作用的力。

质点系内各质点之间的相互作用力称为内力，而质点系以外的物体作用于该质点系中各质点的力称为外力。须指出，内力与外力的区分是相对于所考察的对象而言的，同一个力在这个考察对象中是内力，而在另一个考察对象中则可能是外力。例如，将整列火车作为考察对象，则机车与第一节车厢之间相互作用的力为内力；但如将机车与车厢分作两个质点系来考察，它们之间相互作用的力就成为外力了。内力是成对出现的，而且每一对力都是大小相等、方向相反而且作用线相同。因此，**对整个质点系来说，内力系所有各力的矢量和等于零，内力系对任一点或任一轴的矩之和也等于零。**

如将作用于质点M_i的力分为外力和内力，并用$\boldsymbol{F}_i^{\mathrm{E}}$代表外力之和，$\boldsymbol{F}_i^{\mathrm{I}}$代表内力之和，则式②可写为

$$m_i\frac{\mathrm{d}^2\boldsymbol{r}_i}{\mathrm{d}t^2}=\boldsymbol{F}_i^{\mathrm{E}}+\boldsymbol{F}_i^{\mathrm{I}}$$

代入式①得

$$m\frac{\mathrm{d}^2\boldsymbol{r}_C}{\mathrm{d}t^2}=\sum\boldsymbol{F}_i^{\mathrm{E}}+\sum\boldsymbol{F}_i^{\mathrm{I}} \tag{③}$$

内力系的主矢量等于零，即$\sum\boldsymbol{F}_i^{\mathrm{I}}=0$，从而

$$m\frac{\mathrm{d}^2\boldsymbol{r}_C}{\mathrm{d}t^2}=\sum\boldsymbol{F}_i^{\mathrm{E}}\quad 或\quad m\frac{\mathrm{d}\boldsymbol{v}_C}{\mathrm{d}t}=\sum\boldsymbol{F}_i^{\mathrm{E}} \tag{10-3}$$

式（10-3）表明，**质点系的质量与质心加速度的乘积等于作用在质点系上的外力的矢量和**。将式（10-3）投影到固定直角坐标轴x，y，z上，可得

$$m\frac{\mathrm{d}^2x_C}{\mathrm{d}t^2}=\sum F_{ix}^{\mathrm{E}},\ m\frac{\mathrm{d}^2y_C}{\mathrm{d}t^2}=\sum F_{iy}^{\mathrm{E}},\ m\frac{\mathrm{d}^2z_C}{\mathrm{d}t^2}=\sum F_{iz}^{\mathrm{E}} \tag{10-4}$$

将式（10-3）、式（10-4）与质点运动微分方程式（9-2）、式（9-3）比较可见，**质点系的质心的运动就像一个质点的运动，这个质点的质量等于质点系的质量，而且在这个质点上作用着所有作用于质点系的外力**。这就是**质心运动定理**。

由式（10-3），若$\sum\boldsymbol{F}_i^{\mathrm{E}}=0$，即质点系不受外力，或作用于质点系的外力的矢量和始终等于零，则$\boldsymbol{v}_C=$常量，即质心处于静止（如果原来是静止的）或作匀速直线运动；由式（10-4），若$\sum F_{ix}^{\mathrm{E}}=0$，即作用于质点系的外力在$x$上投影的代数和始终等于零，则$v_{Cx}=$常量，即质心的$x$坐标不变（如果质心的初速度在$x$轴上的投影等于零），或者质心沿$x$轴的运动是匀速的。此结论称为**质点系质心守恒定理**。由此可见，**要改变质点系质心的运动，必须有外力作用**；质点系内部各质点之间相互作用的内力不能改变质心的运动。

例如，在日常生活中，行人在非常光滑的地面上走路很困难；在静止的小船上，人向前走，船往后退等，都是因为水平方向外力很小，人的质心或人与小船的质心趋向于保持静止的缘故。

根据质心运动定理，某些质点系动力学问题可以直接用质点动力学理论来解答。例如，刚体作平行移动时，知道了刚体质心的运动，也就知道了整个刚体的运动，所以刚体平动的问题完全可以转化为质点问题来求解。又如，土建、水利工程中采用定向爆破的施工方法时，要求一次爆破就将大量土石方抛掷到指定的地方。要求根据质心运动定理，控制好质心

的初速度 v_0，使质心的运动轨迹通过指定区域内的适当位置，才可能使大部分土石块落在该区域内，达到预期的效果，如图 10-2 所示。

【例 10-1】 设起重船重 $W_1=200\text{kN}$，起吊物重 $W_2=20\text{kN}$，如图 10-3 所示。求当吊杆从与铅直线成 60°角的位置转到与铅直线成 30°角的位置时起重船的位移。吊杆长 $AB=8\text{m}$，吊杆的重量及水的阻力不计。整个系统原来是静止的。

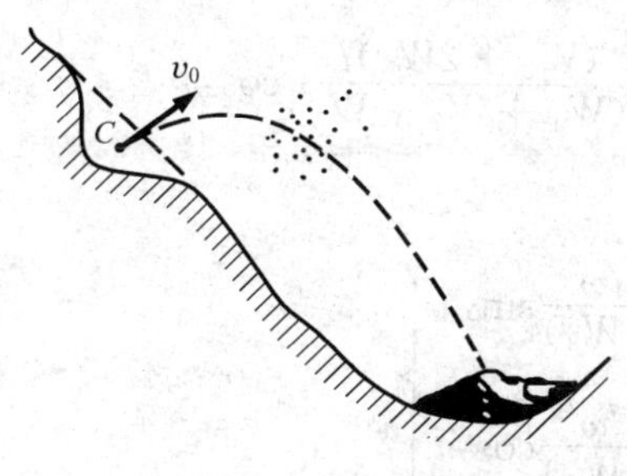

图 10-2　定向爆破

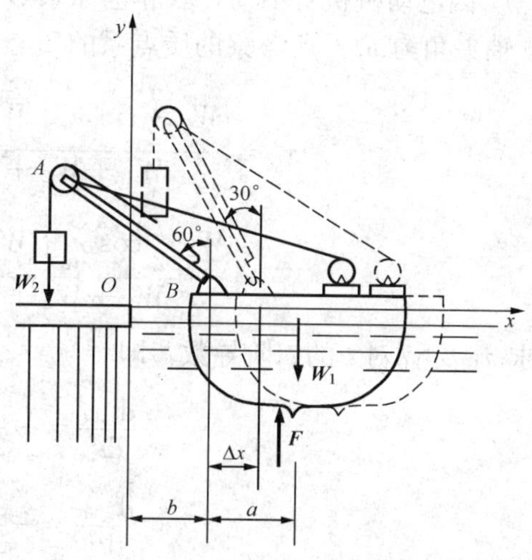

图 10-3　［例 10-1］附图

解　考察起重船与重物所组成的质点系。因不计水的阻力，作用于质点系的外力只有重力 $\boldsymbol{W}_1$，$\boldsymbol{W}_2$ 及水的浮力 $\boldsymbol{F}$。由于整个系统原来是静止的，所有外力又都是铅直的，在水平方向的投影等于零，所以质点系质心的水平位置应保持不变。

以码头上一点 O 为原点，取坐标系 Oxy 如图 10-3 所示。设 B 点至起重船重力作用线的距离为 a，至 y 轴的距离为 b。当吊杆与铅直线成 60°角时，质点系质心的 x 坐标为

$$x_C=\frac{W_1(a+b)+W_2(b-AB\sin60°)}{W_1+W_2}$$

当吊杆转到与铅直位置成 30°角时，设起重船向右移动了 Δx，质点系质心的位置坐标为

$$x'_C=\frac{W_1(a+b+\Delta x)+W_2(b+\Delta x-AB\sin30°)}{W_1+W_2}$$

由质心守恒定理，有 $x_C=x'_C$，求得

$$\Delta x=\frac{W_2\cdot AB(\sin30°-\sin60°)}{W_1+W_2}$$

将各已知值代入，得

$$\Delta x=-0.266\text{m}$$

“－”表示起重船实际上向左（向着岸边）移动。

【例 10-2】 电动机重 W_1，外壳用螺栓固定在基础上，如图 10-4 所示。另有一均质杆，长 l，重 W_2，一端固连在电动机轴上，并与机轴垂直，另一端刚连一重 W_3 的小球。设电动机轴以匀角速 ω 转动，求螺栓和基础作用于电动机的最大总水平力及铅直力。

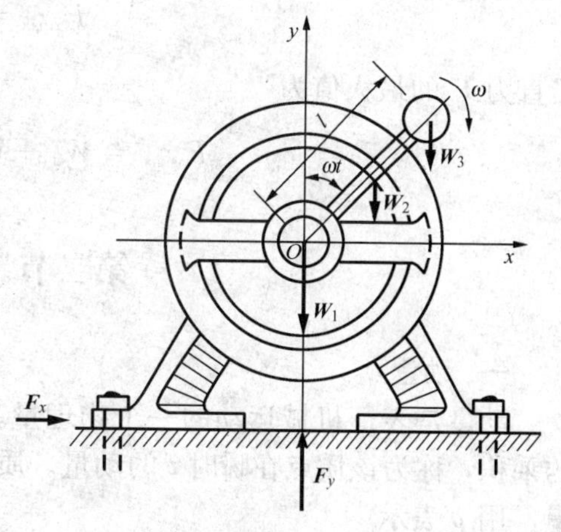

图 10-4　［例 10-2］附图

解 将电动机、均质杆和小球组成的质点系作为考察对象。由题意，各部分运动已知，从而可以求得质心的运动。再由质心运动定理，即可求得螺栓和基础作用于电动机的力。

因电动机机身不动，取静坐标系 Oxy 固结于机身，如图 10-4 所示。任一瞬时 t，杆与 y 轴夹角为 ωt。所考察的质点系的质心的位置坐标为

$$x_C = \frac{W_2 \dfrac{l}{2}\sin\omega t + W_3 l\sin\omega t}{W_1 + W_2 + W_3} = \frac{(W_2 + 2W_3)l}{2(W_1 + W_2 + W_3)}\sin\omega t$$

$$y_C = \frac{W_2 \dfrac{l}{2}\cos\omega t + W_3 l\cos\omega t}{W_1 + W_2 + W_3} = \frac{(W_2 + 2W_3)l}{2(W_1 + W_2 + W_3)}\cos\omega t$$

求 x_C 及 y_C 对 t 的二阶导数，即

$$\left.\begin{aligned}\frac{\mathrm{d}^2 x_C}{\mathrm{d}t^2} &= -\frac{(W_2+2W_3)l\omega^2}{2(W_1+W_2+W_3)}\sin\omega t\\ \frac{\mathrm{d}^2 y_C}{\mathrm{d}t^2} &= -\frac{(W_2+2W_3)l\omega^2}{2(W_1+W_2+W_3)}\cos\omega t\end{aligned}\right\} \quad ①$$

作用于质点系的外力有：重力 $\boldsymbol{W}_1$，$\boldsymbol{W}_2$，$\boldsymbol{W}_3$ 及螺栓和基础对电动机作用的总的水平力 $\boldsymbol{F}_x$ 及铅直力 $\boldsymbol{F}_y$。由式（10-4）有

$$\left.\begin{aligned}\frac{W_1 + W_2 + W_3}{g}\frac{\mathrm{d}^2 x_C}{\mathrm{d}t^2} &= F_x\\ \frac{W_1 + W_2 + W_3}{g}\frac{\mathrm{d}^2 y_C}{\mathrm{d}t^2} &= F_y - W_1 - W_2 - W_3\end{aligned}\right\} \quad ②$$

将式①代入式②，解得

$$F_x = -\frac{W_2 + 2W_3}{2g}l\omega^2\sin\omega t$$

$$F_y = W_1 + W_2 + W_3 - \frac{W_2 + 2W_3}{2g}l\omega^2\cos\omega t$$

水平力 $\boldsymbol{F}_x$ 的最大值为

$$F_{x\max} = \frac{W_2 + 2W_3}{2g}l\omega^2$$

铅直力 $\boldsymbol{F}_y$ 的最大值为

$$F_{y\max} = W_1 + W_2 + W + \frac{W_2 + 2W_3}{2g}l\omega^2$$

第二节 动 量 和 冲 量

一、动量

动量是表征机械运动的一个物理量。我们将质点的质量 m 与它在瞬时 t 具有的速度 $\boldsymbol{v}$ 的乘积，称为该质点在瞬时 t 的动量。质点系中所有质点动量的矢量和，称为该**质点系的动量**，用 $\boldsymbol{p}$ 表示

$$\boldsymbol{p} = \sum m_i \boldsymbol{v}_i \qquad (10-5)$$

根据式（10-2），可将质点系的动量表示为

$$\boldsymbol{p}=\sum m_i \boldsymbol{v}_i=m\boldsymbol{v}_C \tag{10-6}$$

即质点系的质量与其质心速度的乘积就等于质点系的动量。式（10-6）为计算质点系特别是刚体的动量提供了便捷的方法。

动量是矢量，如果我们利用速度的投影来计算动量，式（10-6）又可写成

$$\boldsymbol{p}=\sum m_i v_{ix}\boldsymbol{i}+\sum m_i v_{iy}\boldsymbol{j}+\sum m_i v_{iz}\boldsymbol{k}=mv_{Cx}\boldsymbol{i}+mv_{Cy}\boldsymbol{j}+mv_{Cz}\boldsymbol{k} \tag{10-7}$$

对于刚体系统，设第 i 个刚体的质心 C_i 的速度为 $\boldsymbol{v}_{Ci}$，则整个系统的动量可按式（10-6）求得

$$\boldsymbol{p}=\sum m_i \boldsymbol{v}_{C_i} \tag{10-8}$$

其中 m_i 是第 i 个刚体的质量。动量的国际单位常用 kg·m/s。

【例 10-3】 曲柄连杆机构的曲柄 OA 以匀角速度 ω 转动（图 10-5）。设 $OA=OB=l$，曲柄 OA 及连杆 AB 都是均质杆，质量各为 m，滑块 B 的质量也是 m。求当 $\varphi=45°$ 时系统的动量。

解 曲柄 OA 作定轴转动，它的质心 D 的速度 $v_D=\dfrac{l\omega}{2}$，$\boldsymbol{v}_D\perp OA$，指向如图 10-5 所示。连杆 AB 作平面运动，它的质心 E 的速度 $\boldsymbol{v}_E$ 以及滑块 B 的速度都须根据平面运动理论求得。

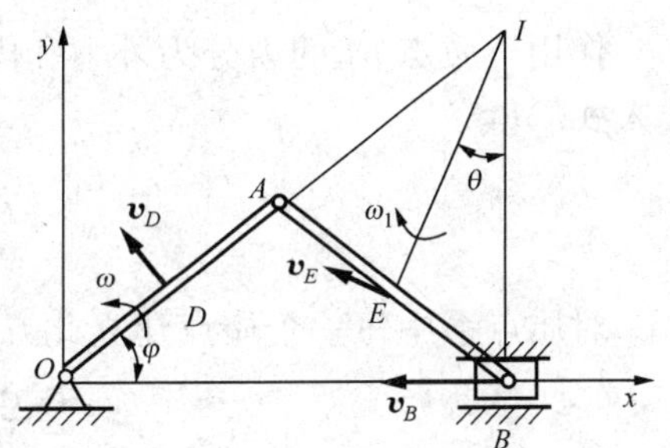

图 10-5　［例 10-3］附图

连杆 AB 的速度瞬心在 I，当 $\varphi=45°$时，$IA=l$，$IB=\sqrt{2}l$，并根据几何关系算得 $IE=\dfrac{\sqrt{5}l}{2}$，$\sin\theta=\dfrac{1}{\sqrt{10}}$，$\cos\theta=\dfrac{3}{\sqrt{10}}$。而 AB 的角速度 $\omega_1=\omega$，所以 $v_E=IE\cdot\omega_1=\dfrac{\sqrt{5}l\omega}{2}$，$\boldsymbol{v}_E\perp IE$，指向如图 10-5 所示；$v_B=\sqrt{2}l\omega$，$\boldsymbol{v}_B$ 水平向左。于是，由式（10-7）可求得系统的动量

$$\begin{aligned}\boldsymbol{p}&=-m[(-v_D\sin\varphi-v_E\cos\theta-v_B)\boldsymbol{i}+(v_D\cos\varphi+v_E\sin\theta)\boldsymbol{j}]\\&=ml\omega\left(-2\sqrt{2}\boldsymbol{i}+\frac{1}{\sqrt{2}}\boldsymbol{j}\right)\end{aligned}$$

二、冲量

物体运动状态的改变，不仅与作用在物体上的力有关，还与力作用的时间长短有关。例如，工人用手推动一辆停在轨道上的小车，推力越大，时间越长，小车获得的速度也越大。我们用力与作用时间的乘积来度量力在某一段时间内的累积效应，并称为该力的冲量，用 $\boldsymbol{I}$ 表示，得

$$\boldsymbol{I}=\int_{t_1}^{t_2}\boldsymbol{F}\mathrm{d}t \tag{10-9}$$

其中 $\boldsymbol{F}\mathrm{d}t$ 是力 $\boldsymbol{F}$ 在 dt 时间内的**元冲量**。

冲量是矢量。将式（10-9）的两边投影到固定坐标轴上，得冲量 $\boldsymbol{I}$ 在三个直角坐标轴上的投影

$$I_x=\int_{t_1}^{t_2}F_x\mathrm{d}t,\ I_y=\int_{t_1}^{t_2}F_y\mathrm{d}t,\ I_z=\int_{t_1}^{t_2}F_z\mathrm{d}t \tag{10-10}$$

如果作用于质点的力有若干个，设为 $\boldsymbol{F}_1$，$\boldsymbol{F}_2$，…，$\boldsymbol{F}_n$，其合力为 $\boldsymbol{F}$，$\boldsymbol{F}=\sum\boldsymbol{F}_i$，则

$$\boldsymbol{I}=\int_{t_1}^{t_2}\boldsymbol{F}\mathrm{d}t=\int_{t_1}^{t_2}(\boldsymbol{F}_1+\boldsymbol{F}_2+\cdots+\boldsymbol{F}_n)\mathrm{d}t=\int_{t_1}^{t_2}\boldsymbol{F}_1\mathrm{d}t+\int_{t_1}^{t_2}\boldsymbol{F}_2\mathrm{d}t+\cdots+\int_{t_1}^{t_2}\boldsymbol{F}_n\mathrm{d}t$$
$$=\boldsymbol{I}_1+\boldsymbol{I}_2+\cdots+\boldsymbol{I}_n=\sum\boldsymbol{I}_i \tag{10-11}$$

即，在任一段时间内，合力的冲量等于所有分力冲量的矢量和。

冲量的国际单位常用 N·s。

第三节 动 量 定 理

设质点系由 n 个质点组成，取其中任一质点 M_i来考察。命 M_i的质量为 m_i，速度为 $\boldsymbol{v}_i$，作用于质点 M_i的所有力的合力为 $\boldsymbol{F}_i$，因 m_i为常量，可将式（9-2）改写成

$$\frac{\mathrm{d}}{\mathrm{d}t}(m_i\boldsymbol{v}_i)=\boldsymbol{F}_i \quad ①$$

作用于质点 M_i的力分为外力和内力，它们的合力分别用 $\boldsymbol{F}_i^{\mathrm{E}}$与 $\boldsymbol{F}_i^{\mathrm{I}}$表示，则 $\boldsymbol{F}_i=\boldsymbol{F}_i^{\mathrm{E}}+\boldsymbol{F}_i^{\mathrm{I}}$，代入式①得

$$\frac{\mathrm{d}}{\mathrm{d}t}(m_i\boldsymbol{v}_i)=\boldsymbol{F}_i^{\mathrm{E}}+\boldsymbol{F}_i^{\mathrm{I}} \quad ②$$

对质点系中每一个质点建立此方程，共得 n 个方程。将 n 个方程相加，则有

$$\sum\frac{\mathrm{d}}{\mathrm{d}t}(m_i\boldsymbol{v}_i)=\sum\boldsymbol{F}_i^{\mathrm{E}}+\sum\boldsymbol{F}_i^{\mathrm{I}} \quad ③$$

根据矢量导数运算法则，有

$$\sum\frac{\mathrm{d}}{\mathrm{d}t}(m_i\boldsymbol{v}_i)=\frac{\mathrm{d}}{\mathrm{d}t}\sum(m_i\boldsymbol{v}_i) \quad ④$$

因$\sum m_i\boldsymbol{v}_i$是质点系的动量 $\boldsymbol{p}$。又式③右边第一项$\sum\boldsymbol{F}_i^{\mathrm{E}}$为作用于质点系的外力的矢量和，第二项$\sum\boldsymbol{F}_i^{\mathrm{I}}$为作用于质点系的内力的矢量和，等于零，即$\sum\boldsymbol{F}_i^{\mathrm{I}}=0$，于是，式③可写为

$$\frac{\mathrm{d}\boldsymbol{p}}{\mathrm{d}t}=\sum\boldsymbol{F}_i^{\mathrm{E}} \tag{10-12}$$

即质点系的动量对于时间的导数，等于作用于质点系的外力的矢量和。这就是**质点系的动量定理**。

任取固定的直角坐标轴 x、y、z，将式（10-12）两边投影到各轴上，并注意矢量导数的投影等于矢量投影的导数，于是有

$$\frac{\mathrm{d}p_x}{\mathrm{d}t}=\sum F_{ix}^{\mathrm{E}},\ \frac{\mathrm{d}p_y}{\mathrm{d}t}=\sum F_{iy}^{\mathrm{E}},\ \frac{\mathrm{d}p_z}{\mathrm{d}t}=\sum F_{iz}^{\mathrm{E}} \tag{10-13}$$

p_x，p_y，p_z分别为质点系的动量 $\boldsymbol{p}$ 在 x、y、z 轴上的投影，据式（10-5），它们分别等于

$$p_x=\sum m_iv_{ix},\ p_y=\sum m_iv_{iy},\ p_z=\sum m_iv_{iz} \tag{10-14}$$

式（10-13）是质点系动量定理的投影形式，它表明：**质点系的动量在任一固定轴上的投影对时间的导数，等于作用于质点系的所有外力在同一轴上投影的代数和。**

将式（10-12）改写成

$$\mathrm{d}\boldsymbol{p}=\sum\boldsymbol{F}_i^{\mathrm{E}}\mathrm{d}t$$

两边求对应的积分，动量 $\boldsymbol{p}$ 从 $\boldsymbol{p}_1$到 $\boldsymbol{p}_2$，时间 t 从 t_1到 t_2，于是得

$$\boldsymbol{p}_2-\boldsymbol{p}_1=\sum\int_{t_1}^{t_2}\boldsymbol{F}_i^{\mathrm{E}}\mathrm{d}t=\sum\boldsymbol{I}_i^{\mathrm{E}} \tag{10-15}$$

即，**质点系的动量在任一段时间内的增量，等于作用于质点系的所有外力在同一段时间内的冲量之和**。这是**质点系动量定理的积分形式，或称质点系的冲量定理**。

将式（10-15）两边投影到固定直角坐标轴上，得

$$\left.\begin{aligned}p_{2x}-p_{1x}&=\sum\int_{t_1}^{t_2}F_{ix}^{\mathrm{E}}\mathrm{d}t=\sum I_{ix}^{\mathrm{E}}\\p_{2y}-p_{1y}&=\sum\int_{t_1}^{t_2}F_{iy}^{\mathrm{E}}\mathrm{d}t=\sum I_{iy}^{\mathrm{E}}\\p_{2z}-p_{1z}&=\sum\int_{t_1}^{t_2}F_{iz}^{\mathrm{E}}\mathrm{d}t=\sum I_{iz}^{\mathrm{E}}\end{aligned}\right. \tag{10-16}$$

即，**在任一段时间内，质点系的动量在任一固定轴上的投影的增量，等于作用于质点系的外力的冲量在同一轴上的投影的代数和**。

如作用于质点系的外力的矢量和等于零，即$\sum\boldsymbol{F}_i^{\mathrm{E}}=0$，则由式（10-12）可得

$$\boldsymbol{p}=\sum m_i\boldsymbol{v}_i=\text{常量} \tag{10-17}$$

可见，**在运动过程中，如作用于质点系的外力的矢量和始终保持为零，则质点系的动量保持为常量**。该结论称为**质点系动量守恒定理**。由该定理可知，要使质点系动量发生变化，必须有外力作用。

又由式（10-13）可知，如$\sum F_{ix}^{\mathrm{E}}=0$，则

$$p_x=\sum m_i v_{ix}=\text{常量} \tag{10-18}$$

即，**如作用于质点系的外力在某一轴上的投影的代数和始终保持为零，则质点系的动量在该轴上的投影保持为常量**。

质点系动量守恒定理是自然界中最普遍的客观规律之一，在工程上应用很广。例如，枪炮的“后坐”，火箭和喷气飞机的反推作用，都可用动量守恒定理加以研究。

【例 10-4】 用动量守恒定理求解［例 10-1］。

解 仍考察起重船与重物组成的质点系。吊杆转动时，质点系在 x 方向不受外力，所以动量在 x 方向的投影应保持为常量。

设起重船在离岸 x 处时，吊杆与水平线成角 φ，而吊杆转动的角速度为 ω，起重船有向右的速度 $\boldsymbol{v}$（图 10-6），由吊杆端点 A 相对于起重船的速度为 $v_{\mathrm{r}}=AB\cdot\omega$，而其绝对速度在 x 方向的投影为 $AB\omega\sin\varphi+v$。起吊的重物作平动，其速度与吊杆端点 A 的速度相同（注意：应当用绝对速度）。于是，由动量守恒条件有

$$p_x=\frac{W_1}{g}v+\frac{W_2}{g}(AB\cdot\omega\sin\varphi+v)=0$$

由此得

$$v=\frac{-W_2}{W_1+W_2}AB\cdot\omega\sin\varphi$$

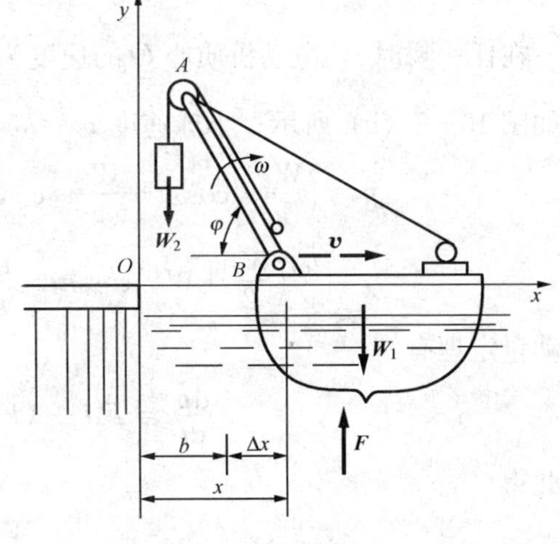

图 10-66 ［例 10-4］附图

据运动学知识，起重船的位置坐标 $x=b+\int_0^t v\mathrm{d}t$，$\omega\mathrm{d}t=\mathrm{d}\varphi$，于是

$$x=b-\frac{W_2\cdot AB}{W_1+W_2}\int_{\varphi_1}^{\varphi_2}\sin\varphi\mathrm{d}\varphi$$

当吊杆与铅直线成角 60°和 30°时，$\varphi_1=30°$及 $\varphi_2=60°$，因而

$$x=b+\frac{W_2\cdot AB}{W_1+W_2}\cos\varphi\Bigg|_{30°}^{60°}=b+\frac{W_2\cdot AB}{W_1+W_2}(\cos60°-\cos30°)$$

而起重船的位移为

$$\Delta x=x-b=\frac{W_2\cdot AB(\cos60°-\cos30°)}{W_1+W_2}$$

可见，此结果与由质心运动定理得到的结果相同。

【例 10-5】 用动量定理求解［例 10-2］。

解 仍以电动机、均质杆和小球组成的质点系为考察对象，并取静坐标系如前（图 10-7）。

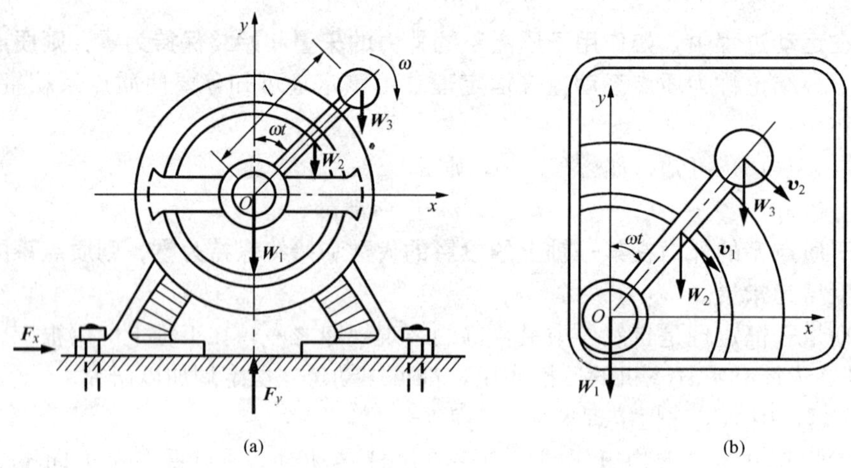

图 10-7 ［例 10-5］附图

在任一瞬时 t，电动机质心 O 的速度为零；均质杆质心的速度 $v_1=\frac{l\omega}{2}$，$\boldsymbol{v}_1$与杆垂直，指向如图 10-7（b）所示；小球速度 $v_2=l\omega$，而 $\boldsymbol{v}_2 /\!/ \boldsymbol{v}_1$。于是，整个质点系的动量为

$$\begin{aligned}\boldsymbol{p}&=\left(\frac{W_2}{g}v_1\cos\omega t+\frac{W_3}{g}v_2\cos\omega t\right)\boldsymbol{i}-\left(\frac{W_2}{g}v_1\sin\omega t+\frac{W_3}{g}v_2\sin\omega t\right)\boldsymbol{j}\\&=\frac{l\omega}{g}\left(\frac{W_2}{2}+W_3\right)\cos\omega t\boldsymbol{i}-\frac{l\omega}{g}\left(\frac{W_2}{2}+W_3\right)\sin\omega t\boldsymbol{j}\end{aligned}$$

由动量定理有

$$\frac{\mathrm{d}\boldsymbol{p}}{\mathrm{d}t}=F_x\boldsymbol{i}+(F_y-W_1-W_2-W_3)\boldsymbol{j}$$

由此得

$$F_x=-\frac{W_2+2W_3}{2g}l\omega^2\sin\omega t$$

$$F_y = W_1 + W_2 + W_3 - \frac{W_2 + 2W_3}{2g} l\omega^2 \cos\omega t$$

与前面求得的结果相同。

以上两例，应用两种方法求解所得结果相同。但是可以看出，［例 10－5］与［例 10－2］的繁简程度大致相同。［例 10－4］求位移较［例 10－1］复杂，而如求起重船的速度与吊杆转速之间关系，则以用［例 10－4］的方法为简捷。本章开头曾指出，在**一定条件下**，用动力学普遍定理解答问题非常方便。初学者应在解题初始就注意根据问题的已知条件和要求，确定用何定理求解，务求灵活掌握。

【例 10－6】 质量为 $m=0.2$kg 的垒球，初速度 $v_1=40.3$m/s，受到垒球棒的打击后，其速度 $v_2=66.7$m/s，方向如图 10－8 所示。已知打击时间为 $t=0.05$s，求垒球受到的平均打击力。

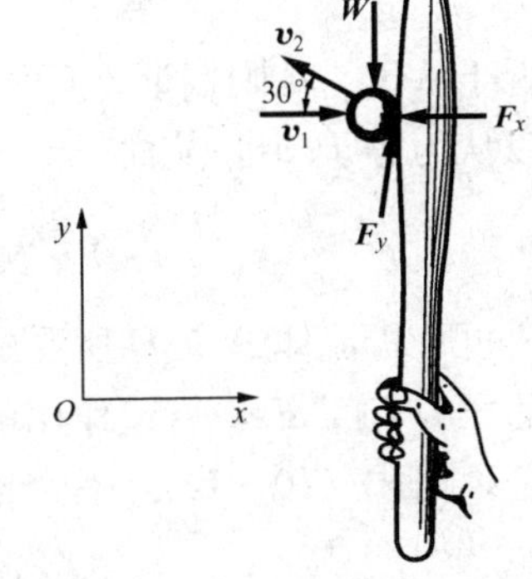

图 10－8 ［例 10－6］附图

解 考察垒球。垒球受到重力 $\boldsymbol{W}$、棒的平均打击力 $\boldsymbol{F}$ 作用。

取固定坐标系 Oxy，由式（10－16）有

$$m(-v_2\cos30°) - mv_1 = -F_x t \quad ①$$

$$mv_2\sin30° - 0 = (F_y - mg)t \quad ②$$

由式①得

$$F_x = \frac{m(v_2\cos30° + v_1)}{t} = 392.26\text{N}$$

由式②得

$$F_y = \frac{mv_2\sin30°}{t} + mg = 133.4 + 1.96 = 135.36\text{N}$$

$$F = \sqrt{F_x^2 + F_y^2} = 414.96\text{N}$$

棒击球的平均打击力是球重的 211 倍。棒击垒球是**碰撞**问题（详见第十七章），它的特点是：在极短的时间内，使物体的速度突然发生有限的改变，同时产生很大的**碰撞力**。若不计重力 $\boldsymbol{W}$，则棒的平均打击力为 414.32N，与考虑重力时的结果相差甚微。可见，在碰撞问题中，重力常可略去不计。

【例 10－7】 水流流过弯管时，在 AB、CD 两断面处平均流速分别为 $\boldsymbol{v}_1$ 及 $\boldsymbol{v}_2$（大小以 m/s 计），如图 10－9 所示，求水流对弯管的动压力（即由于水流改变方向而产生的附加压力）。假设水流是恒定的，即水流流过管内每一点的速度都不随时间而变，因而流量 Q（每秒钟流过一断面的水的体积，以 m³/s 计）是常量，水单位体积重 γ。

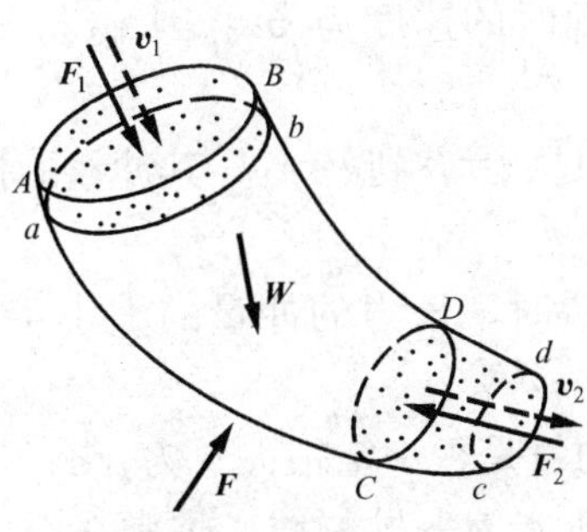

图 10－9 ［例 10－7］附图

解 对于水等流体，分析时总是假想取出其中的一部分作为质点系来考察。现在已知水流在 AB、CD 两断面处的速度，故取 AB、CD 两断面之间的流体 $ABCD$ 作为考察的质点系。根据速度的变化求动压力，所以用动量定理求解。设经过 Δt 时间后，流体由 $ABCD$ 位置运动到 $abcd$ 位置。流体在两位置的速度不同，动量也相应改变，根据动

量的改变，可以求出管壁作用于流体的力，与之相反的力，就是流体作用于管壁的力。

现在首先计算质点系动量的改变

$$\boldsymbol{p}_2-\boldsymbol{p}_1=\boldsymbol{p}_{abcd}-\boldsymbol{p}_{ABCD}$$
$$=[(\boldsymbol{p}_{abCD})_2+\boldsymbol{p}_{CDcd}]-[\boldsymbol{p}_{ABab}+(\boldsymbol{p}_{abCD})_1]$$

因为水流情况不随时间而变，所以 $abCD$ 部分流体在两瞬时的动量相等，即

$$(\boldsymbol{p}_{abCD})_1=(\boldsymbol{p}_{abCD})_2$$

于是

$$\boldsymbol{p}_2-\boldsymbol{p}_1=\boldsymbol{p}_{CDcd}-\boldsymbol{p}_{ABab}$$

因水流是恒定的，流量 Q 是常量，故 Δt 时间内流经 AB、CD 两断面的体积都是 $Q\Delta t$，质量都是 $m=\frac{\gamma}{g}Q\Delta t$，这也就是 $ABab$ 及 $CDcd$ 两部分的质量。由于所取时间间隔 Δt 很小，ab 接近于 AB，cd 则接近于 CD，所以 $ABab$ 部分的速度可以认为等于 $\boldsymbol{v}_1$，$CDcd$ 部分的速度可以认为等于 $\boldsymbol{v}_2$，从而

$$\boldsymbol{p}_2-\boldsymbol{p}_1=\boldsymbol{p}_{CDcd}-\boldsymbol{p}_{ABab}=\frac{\gamma}{g}Q\Delta t(\boldsymbol{v}_2-\boldsymbol{v}_1)$$

再分析流体 $ABCD$ 所受的外力。除重力 $\boldsymbol{W}$ 外，还有其他部分流体作用于断面 AB、CD 上的压力 $\boldsymbol{F}_1$，$\boldsymbol{F}_2$，管壁作用的约束力的合力 $\boldsymbol{F}$。

于是，据式（10-14），有

$$\frac{\gamma}{g}Q\Delta t(\boldsymbol{v}_2-\boldsymbol{v}_1)=(\boldsymbol{W}+\boldsymbol{F}_1+\boldsymbol{F}_2+\boldsymbol{F})\Delta t$$

由此得

$$\boldsymbol{F}=-(\boldsymbol{W}+\boldsymbol{F}_1+\boldsymbol{F}_2)+\frac{\gamma}{g}Q(\boldsymbol{v}_2-\boldsymbol{v}_1)$$

可见，为使流体改变方向，管壁作用于流体的力应为

$$\boldsymbol{F}'=\frac{\gamma}{g}Q(\boldsymbol{v}_2-\boldsymbol{v}_1)$$

与 $\boldsymbol{F}'$ 相反的力就是流体作用于管道的动压力。

思　考　题

10-1　分析下列陈述是否正确：

（1）动量是一个瞬时的量，相应地，冲量也是一个瞬时的量。

（2）将质量为 m 的小球以速度 $\boldsymbol{v}_1$ 向上抛，小球回落到地面时的速度为 $\boldsymbol{v}_2$。因 $\boldsymbol{v}_1$ 与 $\boldsymbol{v}_2$ 的大小相等，所以动量也相等。

（3）力 $\boldsymbol{F}$ 在直角坐标轴上的投影为 F_x、F_y、F_z，作用时间从 $t=0$ 到 $t=t_1$，其冲量的投影应是 $I_x=F_xt_1$，$I_y=F_yt_1$，$I_z=F_zt_1$。

（4）一物体受到大小为 10N 的常力 $\boldsymbol{F}$ 作用，在 $t=3\text{s}$ 的瞬时，该力的冲量的大小 $I=Ft=30\text{N}\cdot\text{s}$。

10-2　当质点系中每一质点都作高速运动时，该系统的动量是否一定很大？为什么？

10-3　炮弹在空中飞行时，若不计空气阻力，则质心的轨迹为一抛物线。炮弹在空中爆炸后，其质心轨迹是否改变？当部分弹片落地后，其质心轨迹是否改变？为什么？

10-4　试求图 10-10 所示各均质物体的动量，设各物体质量均为 m。

10-5　两个半径和质量相同的均质圆盘 A，B，放在光滑的水平面上，分别受到力 $\boldsymbol{F}_A$，$\boldsymbol{F}_B$的作用，如图 10-11 所示，且 $\boldsymbol{F}_A=\boldsymbol{F}_B$。设两圆盘受力后自静止开始运动，在某一瞬时两圆盘的动量分别为 $\boldsymbol{p}_A$，$\boldsymbol{p}_B$。问下列三个关系式哪一个正确？理由何在？（1）$p_A<p_B$；（2）$p_A>p_B$；（3）$p_A=p_B$。

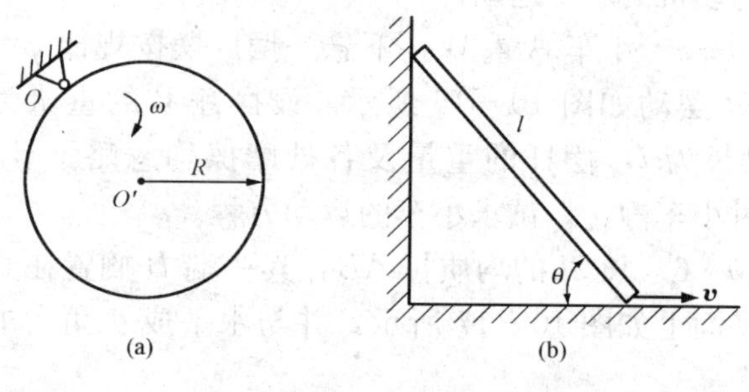

图 10-10　思考题 10-4 附图

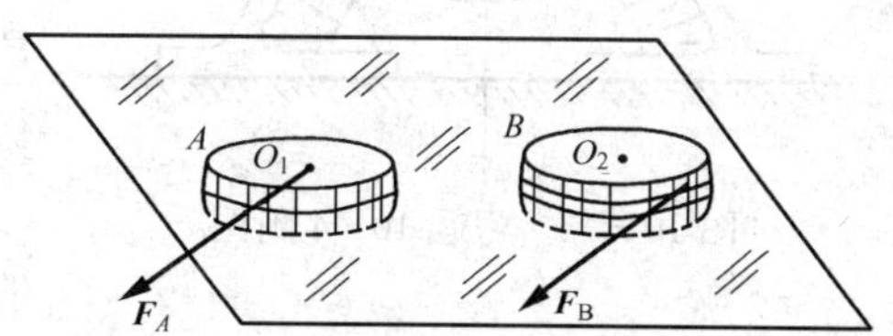

图 10-11　思考题 10-5 附图

习　　题

10-1　两均质杆 AC 及 BC，长均为 l，重各为 W_1，W_2，在 C 处用光滑铰相连如图 10-12 所示。开始时静止直立于光滑的水平地面上，后来在铅直平面内向两边分开倒下。问到达地面时，C 点的位置在哪里？设①$W_1=W_2$；②$W_1=2W_2$；③$W_1=4W_2$。

10-2　船 A、B 的重量分别为 2.4kN 及 1.3kN，两船原处于静止间距 6m 如图 10-13 所示。设船 B 上有一人，重 500N，用绳拉船 A，使两船靠拢。不计水的阻力，求当两船靠拢在一起时，船 B 移动的距离。

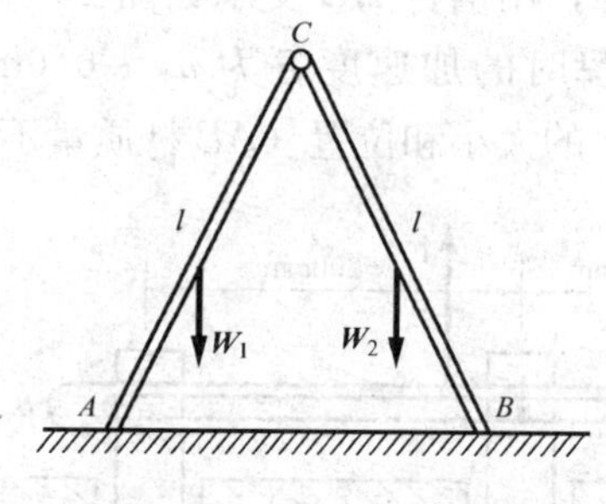

图 10-12　习题 10-1 附图

图 10-13　习题 10-2 附图

10-3　如图 10-14 所示，已知匀速转动的电动机重 W_1，在转动轴上带一重 W_2 的偏心轮，偏心距离为 e，电动机转速为 ω。

（1）设电动机外壳用螺杆固定在基础上，求作用在螺杆上的最大水平剪力；

（2）不用螺杆固定，问角速度 ω 为多大时，电动机会跳离地面？

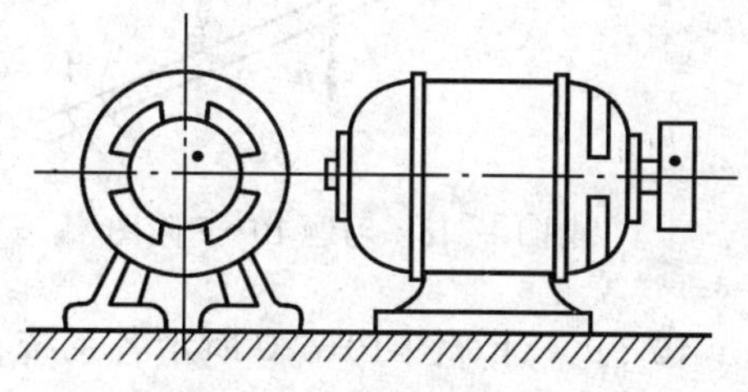

图 10-14　习题 10-3 附图

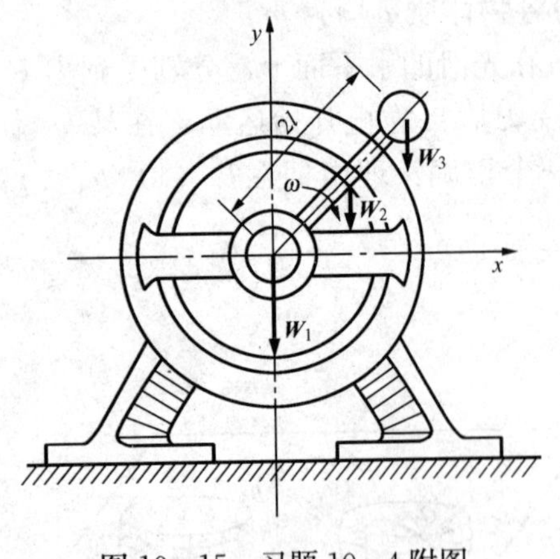

图 10－15　习题 10－4 附图

10－4　电动机重 W_1，放在光滑的水平基础上如图 10－15 所示，另有一均质杆，长 $2l$，重 W_2，一端与电动机的机轴相固结，并与机轴的轴线垂直，另一端则刚连于重 W_3 的物体。设机轴的角速度为 ω（ω 为常量），开始时杆处于铅直位置，整个系统静止。试求电动机的水平运动。

10－5　小车 A 重 W，下悬一摆。摆按规律 $\varphi=\varphi_0\cos kt$ 摆动如图 10－16 所示。设摆锤 B 的重量为 P，摆长为 l，摆杆的重量及各处摩擦均忽略不计，初瞬时小车静止，试求小车的运动方程。

10－6　长 $2l$ 的均质杆 AB，其一端 B 搁置在光滑水平面上如图 10－17 所示，并与水平成 θ_0 角，求当杆倒下时，A 点之轨迹方程。

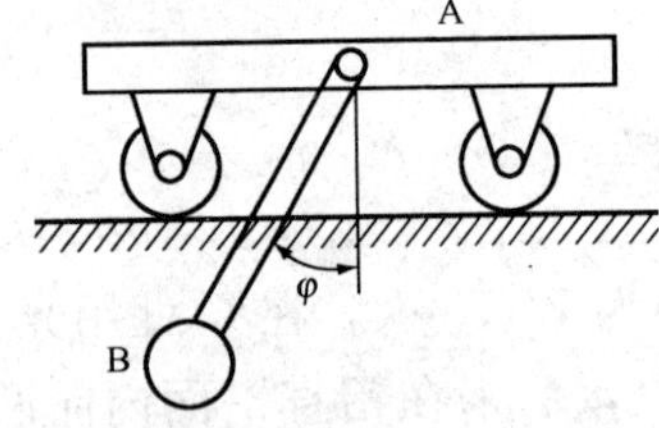

图 10－16　习题 10－5 附图

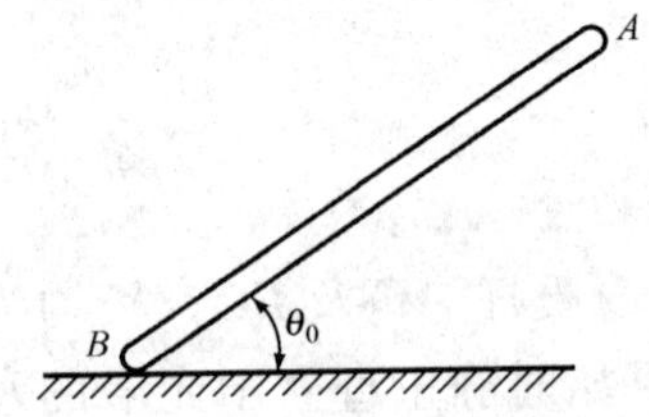

图 10－17　习题 10－6 附图

10－7　均质杆 OA，长 $2l$ 重 W，绕着通过 O 端的水平轴在铅直面内转动如图 10－18 所示，转动到与水平线成角 φ 时，角速度与角加速度分别为 ω 及 α，试求这时 O 端的反力。

10－8　三块条板Ⅰ，Ⅱ和Ⅲ，质量各为 10kg，6kg 和 8kg，用槽杆 AB 支承如图 10－19 所示，可分别沿一光滑铅直槽滑动。设已知三块板在图示瞬时的加速度各为 $a_1=0.6\text{m/s}^2$，$a_2=1\text{m/s}^2$ 和 $a_3=1.2\text{m/s}^2$。试求作用在杆 AB 上的铅直力 $\boldsymbol{F}$ 的大小和位置（AB 杆质量不计）。

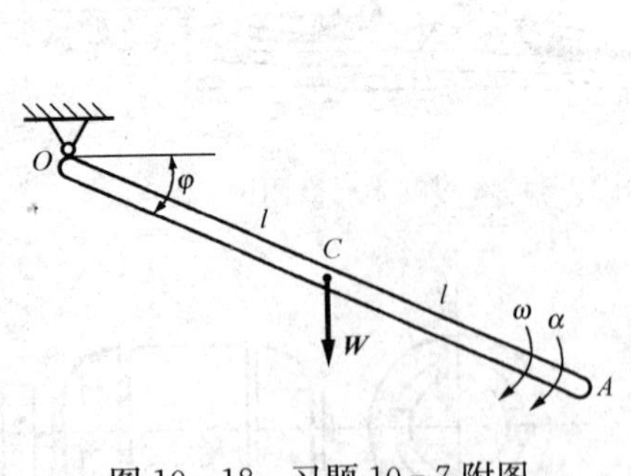

图 10－18　习题 10－7 附图

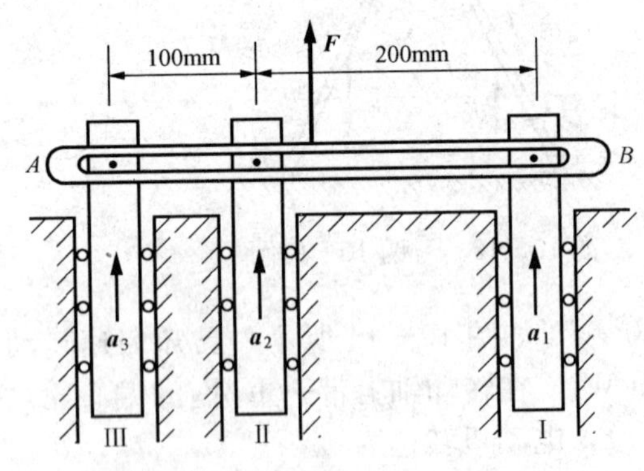

图 10－19　习题 10－8 附图

10－9　计算图 10－20 所示各系统在已知条件下的动量。

(1) 重为 W 的均质圆轮，轮心具有速度 $\boldsymbol{v}_0$；

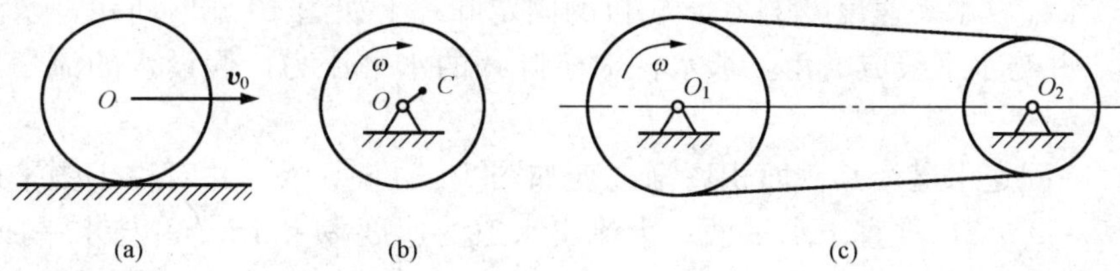

图 10-20　习题 10-9 附图

（2）非均质圆盘以角速度 ω 绕 O 轴转动，圆盘重 W，质心 C 离转动轴的距离 $OC=a$；

（3）两质量分别为 m_1 及 m_2 的均质带轮用质量为 m 的均质胶带相连，其中一个带轮的转动角速度为 ω，带与轮之间没有相对滑动。

10-10　椭圆规之尺 AB 重 $2W_1$，曲柄 OC 重 W_1，套管 A 与 B 各重 W_2，$OC=AC=BC=l$。曲柄与尺为均质杆。设曲柄以匀角速 ω 转动如图 10-21 所示。求此椭圆规机构的动量的大小与方向。

10-11　一个质量为 5kg 的弹头，以速度 60m/s 飞行，在 O 处爆炸成如图 10-22 所示方向两块碎片，Oxy 平面为水平面，碎片 A 的速度 $v_A=90\text{m/s}$。试求：

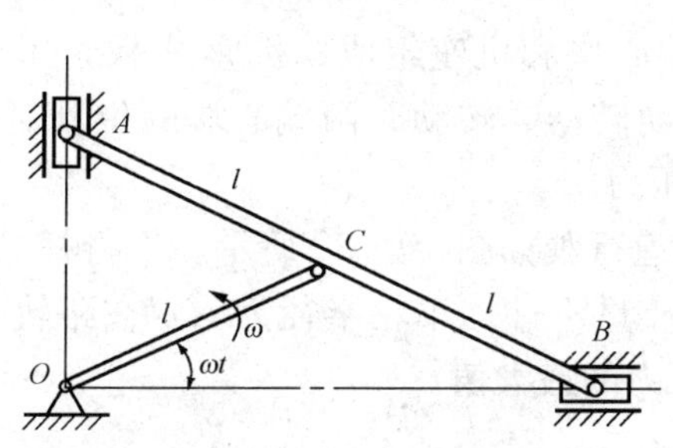

图 10-21　习题 10-10 附图

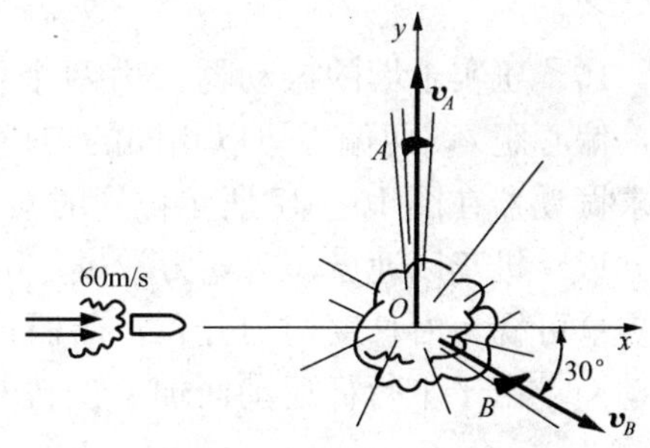

图 10-22　习题 10-11 附图

（1）碎块 A 的质量 m_A；

（2）碎块 B 的速度 $\boldsymbol{v}_B$。

10-12　两小车 A、B 的质量各为 600kg、800kg，在水平轨道上分别以匀速 $v_A=1\text{m/s}$，$v_B=0.4\text{m/s}$ 运动。一质量为 40kg 的重物 C 以俯角 30°、速度 $v_C=2\text{m/s}$ 落入 A 车内，A 车与 B 车相碰后紧接在一起运动如图 10-23 所示。试求两车共同的速度，设摩擦不计。

10-13　图 10-24 所示传送带的运煤量恒为 20kg/s，传送带速度恒为 1.5m/s。求传送带对煤块作用的水平力。

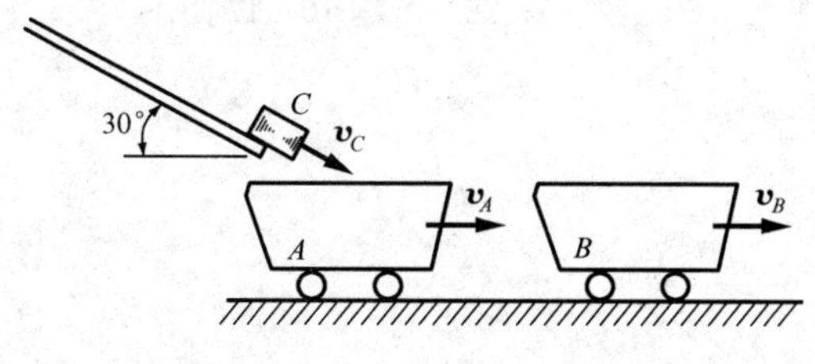

图 10-23　习题 10-12 附图

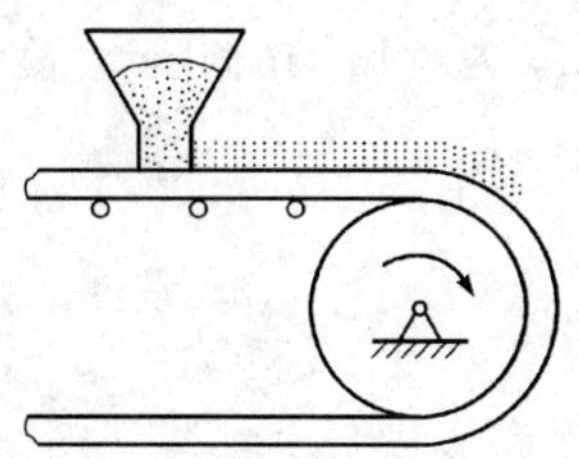

图 10-24　习题 10-13 附图

10－14 水柱以水平速度 v_1 打在水轮机的固定叶片上如图 10－25 所示，水流出叶片时的速度为 $\boldsymbol{v}_2$，并与水平线成 θ 角，求水柱对于叶片的水平压力，假设水的流量等于 Q，单位体积水重 γ。

10－15 一固定水道，其截面积逐渐改变如图 10－26 所示，并对称于图平面。水流入水道的速度 $v_0=2\mathrm{m/s}$，垂直于水平面；水流出水道的速度 $v_1=4\mathrm{m/s}$，与水平成 30°角，已知水道进口处的截面积等于 $0.02\mathrm{m}^2$，求由于水的流动而产生的对水道的附加水平压力。

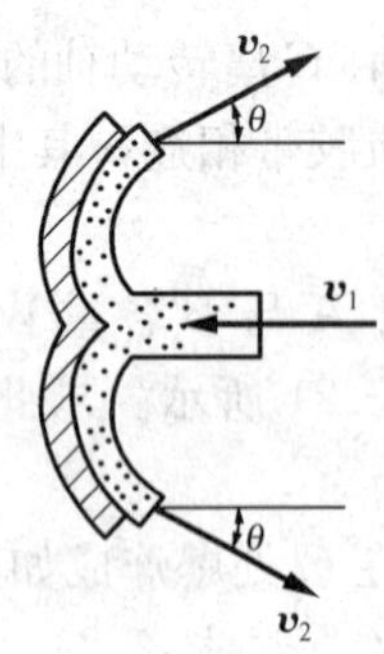

图 10－25 习题 10－14 附图

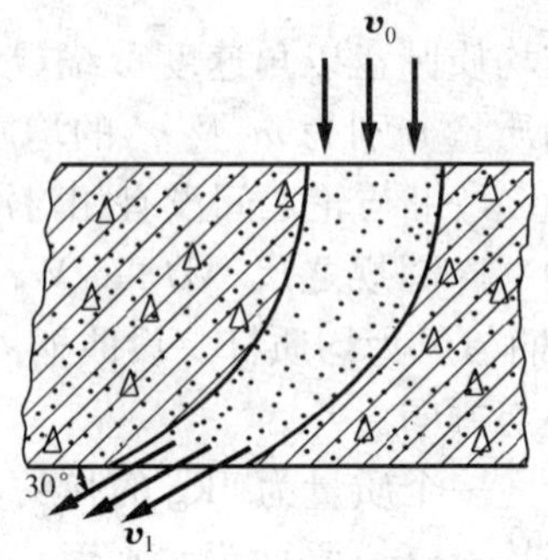

图 10－26 习题 10－15 附图

10－16 压实土壤的振动器，由两个相同的偏心块和机座组成。机座重 W，每个偏心块重 P，偏心距 e，两偏心块以相同的匀角速 ω 反向转动，转动时两偏心块的位置对称于 y 轴。试求振动器在图 10－27 所示位置时对土壤的压力。

10－17 机车以速度 $\boldsymbol{v}$（$\boldsymbol{v}$ 为常量）沿直线轨道行驶如图 10－28 所示。平行杆 ABC 重 W，其质量可视为沿长度均匀分布；曲柄长 r，其质量不计；车轮半径为 R，在路轨上只滚动不滑动。求由于平行杆运动而加于铁轨的附加压力的最大值。

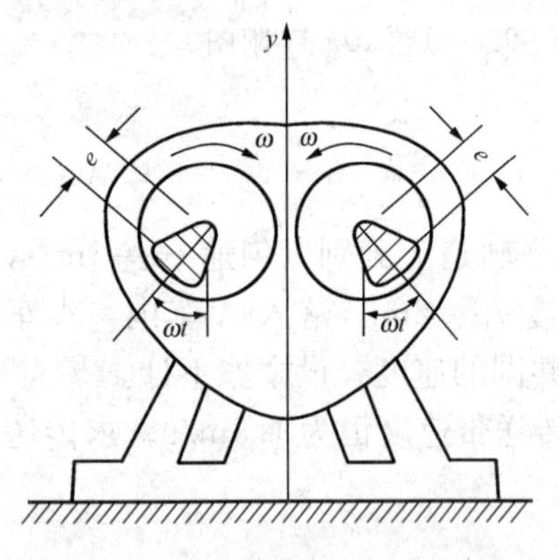

图 10－27 习题 10－16 附图

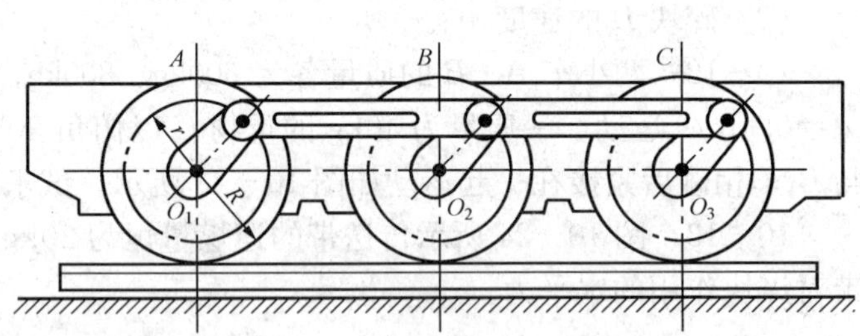

图 10－28 习题 10－17 附图

第十一章 动量矩定理

动量是表征物体机械运动的一个物理量，但是在某些情况下，动量不足以反映物体的运动特征。例如，作定轴转动的刚体，若转轴通过质心，则不论刚体转动快慢如何，由于质心速度 $\boldsymbol{v}_C$总是等于零，所以刚体的动量也恒为零。可见，此时不能再用动量来研究刚体的机械运动。本章将给出另一个表征物体机械运动的物理量——动量矩的概念，并由牛顿运动定律导出动量矩定理。然后将此定理用于刚体的动力学，导出刚体作定轴转动和平面运动时的动力学微分方程。

第一节 质点系的动量矩

一、质点系的动量矩

设质点系由 n 个质点组成，任取固定点 O，见图 11-1。在质点系中任选一个质点 M_i，设其质量为 m_i，速度为 $\boldsymbol{v}_i$，对 O 点的矢径为 $\boldsymbol{r}_i$，则 M_i点的动量为 $m_i\boldsymbol{v}_i$，质点 M_i对 O 点的动量矩 $\boldsymbol{L}_{Oi}$定义为：$\boldsymbol{L}_{Oi}=\boldsymbol{r}_i\times m_i\boldsymbol{v}_i$，而质点系对 O 点的动量矩 $\boldsymbol{L}_O$定义为

$$\boldsymbol{L}_O=\sum\boldsymbol{L}_{Oi}=\sum\boldsymbol{r}_i\times m_i\boldsymbol{v}_i \tag{11-1}$$

以 O 为原点作直角坐标系 $Oxyz$，质点 M_i对 z 轴的动量矩 L_{zi}定义为 $m_i\boldsymbol{v}_i$在 xy 平面上的投影对 O 点的矩。而质点系中所有各质点的动量对任一轴之矩的代数和称为质点系对该轴的动量矩，即

$$L_z=\sum L_{zi} \tag{11-2}$$

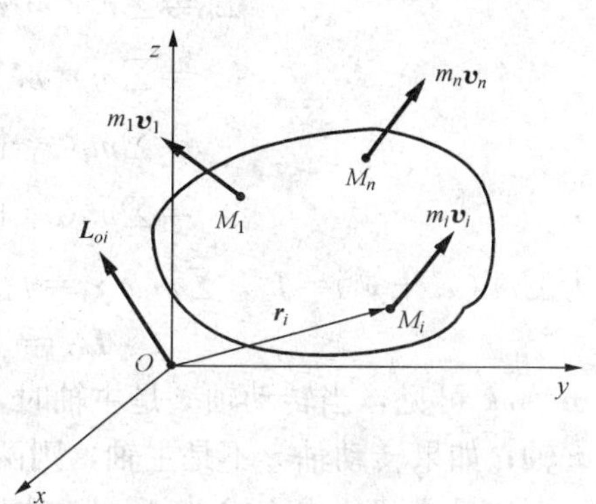

图 11-1 质点系

与“力对于一点的矩”与“力对于经过该点的任一轴的矩”之间的关系相同，质点的动量对于一点的矩在经过该点的任一轴上的投影就等于质点的动量对于该轴的矩。

动量矩的单位为 kg·m²/s。

二、定轴转动刚体的动量矩

设刚体以角速度 ω 绕固定轴 z 转动，如图 11-2 所示。命刚体内任一质点 M_i的质量为 m_i，与转动轴的距离为 ρ_i，速度为 $\boldsymbol{v}_i$。由运动学可知，$\boldsymbol{v}_i$在垂直于转动轴 z 的平面内，而 $v_i=\rho_i\omega$，于是质点 M_i对 z 轴的动量矩为

$$L_{zi}=m_iv_i\rho_i=m_i\rho_i^2\omega$$

而整个刚体对 z 轴的动量矩为

$$L_z=\sum L_{zi}=\sum m_i\rho_i^2\omega=\omega\sum m_i\rho_i^2$$

因 $\sum m_i\rho_i^2=J_z$是刚体对 z 轴的转动惯量（参见附录 B)，故

$$L_z=J_z\omega \tag{11-3}$$

即，作定轴转动的刚体对于转动轴的动量矩，等于刚体对于转动轴的转动惯量与角速度之乘

积。因为转动惯量是正标量，所以动量矩 L_z 的符号与角速度 ω 的符号相同。

为了对定轴转动刚体的动量矩有较全面的了解，下面分析刚体对于转动轴 z 上一点 O 的动量矩及对于坐标系 $Oxyz$ 中各轴的动量矩，如图 11-3。命 M_i 对 O 点的矢径为 $\boldsymbol{r}_i$，M_i 在坐标系中的坐标为 x_i，y_i，z_i。以矢量 $\boldsymbol{\omega}=\omega\boldsymbol{k}$ 表示刚体的角速度，则 M_i 的速度 $\boldsymbol{v}_i=\omega\boldsymbol{k}\times\boldsymbol{r}_i$，而刚体对 O 点的动量矩

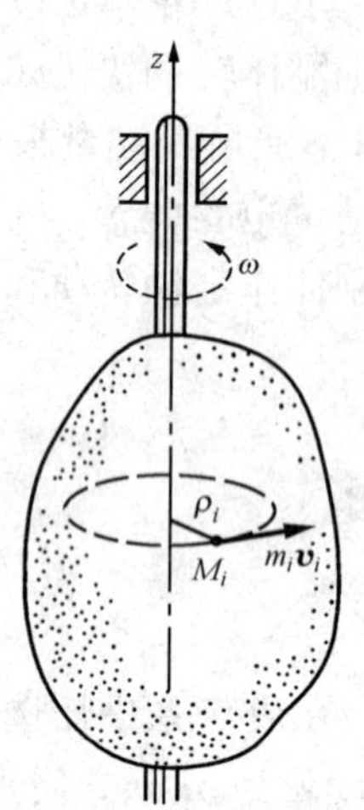

图 11-2 转动刚体对转轴的动量矩

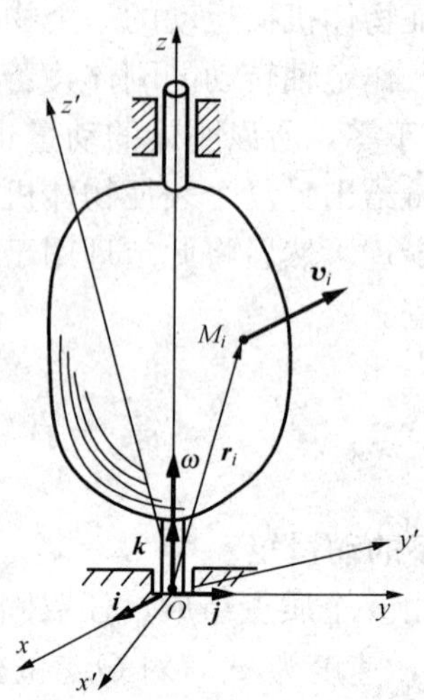

图 11-3 转动刚体对任一轴的动量矩

$$
\begin{aligned}
L_O&=\sum\boldsymbol{r}_i\times m_i\boldsymbol{v}_i=\sum\boldsymbol{r}_i\times m_i(\omega\boldsymbol{k}\times\boldsymbol{r}_i)\\
&=\sum m_i r_i^2\omega\boldsymbol{k}-\sum m_i(\boldsymbol{r}_i\cdot\omega\boldsymbol{k})\boldsymbol{r}_i\\
&=\sum m_i(x_i^2+y_i^2+z_i^2)\omega\boldsymbol{k}-\sum m_i z_i\omega(x_i\boldsymbol{i}+y_i\boldsymbol{j}+z_i\boldsymbol{k})\\
&=\sum m_i(x_i^2+y_i^2)\omega\boldsymbol{k}-\sum m_i x_i z_i\omega\boldsymbol{i}-\sum m_i y_i z_i\omega\boldsymbol{j}
\end{aligned}
$$

因为 $\sum m_i(x_i^2+y_i^2)=J_z$，$\sum m_i x_i z_i=J_{xz}$，$\sum m_i y_i z_i=J_{yz}$（见附录 B），于是上式可写为

$$\boldsymbol{L}_O=J_z\omega\boldsymbol{k}-J_{xz}\omega\boldsymbol{i}-J_{yz}\omega\boldsymbol{j} \tag{11-4}$$

由 $\boldsymbol{\omega}=\omega\boldsymbol{k}$ 可见，当转动轴 z 是主轴时，$J_{xz}=J_{yz}=0$，故 $\boldsymbol{L}_O=J_z\omega\boldsymbol{k}$，因而 $\boldsymbol{L}_O$ 与 $\boldsymbol{\omega}$ 共线，即沿 z 轴；如果转动轴 z 不是主轴，则两者不共线。

据矢量分解公式，式（11-4）中 $\boldsymbol{i}$，$\boldsymbol{j}$，$\boldsymbol{k}$ 前面的系数分别是 $\boldsymbol{L}_O$ 在坐标轴上的投影，亦即刚体对 x，y，z 轴的动量矩 L_x，L_y，L_z。所以

$$L_x=-J_{xz}\omega,\ L_y=-J_{yz}\omega,\ L_z=J_z\omega \tag{11-5}$$

如果不是将动量矩投影到 x，y，z 轴上，而是投影到任取的三个正交坐标轴 x'，y'，z' 上（图 11-3），可以证明

$$\left.\begin{aligned}
L_{x'}&=J_{x'}\omega_{x'}-J_{x'y'}\omega_{y'}-J_{x'z'}\omega_{z'}\\
L_{y'}&=J_{y'}\omega_{y'}-J_{y'z'}\omega_{z'}-J_{y'x'}\omega_{x'}\\
L_{z'}&=J_{z'}\omega_{z'}-J_{z'x'}\omega_{x'}-J_{z'y'}\omega_{y'}
\end{aligned}\right\} \tag{11-6}$$

而如果 x'、y'、z' 是刚体在 O 点的惯性主轴，即 $J_{x'y'}=J_{y'z'}=J_{z'x'}=0$，则有

$$L_{x'}=J_{x'}\omega_{x'},\ L_{y'}=J_{y'}\omega_{y'},\ L_{z'}=J_{z'}\omega_{z'} \tag{11-7}$$

式（11-6）、式（11-7）中的 $\omega_{x'}$，$\omega_{y'}$，$\omega_{z'}$ 是 $\boldsymbol{\omega}$ 在相应轴上的投影。

第二节 质点系的动量矩定理

一、质点系对于固定点的动量矩定理

设质点系由 n 个质点组成，任取一固定点 O。在质点系中任取一质点 M_i，命其质量为 m_i，速度为 $\boldsymbol{v}_i$，对 O 点的矢径为 $\boldsymbol{r}_i$，作用于质点 M_i 的所有力的合力为 $\boldsymbol{F}_i$。仍将作用于质点 M_i的力分为外力和内力，它们的合力分别用 $\boldsymbol{F}_i^{\mathrm{E}}$与 $\boldsymbol{F}_i^{\mathrm{I}}$表示，则 $\boldsymbol{F}_i=\boldsymbol{F}_i^{\mathrm{E}}+\boldsymbol{F}_i^{\mathrm{I}}$。将质点 M_i对 O 点的动量矩$\boldsymbol{L}_{Oi}$对时间求导，得

$$\frac{\mathrm{d}\boldsymbol{L}_{Oi}}{\mathrm{d}t}=\frac{\mathrm{d}(\boldsymbol{r}_i\times m_i\boldsymbol{v}_i)}{\mathrm{d}t}=\frac{\mathrm{d}\boldsymbol{r}_i}{\mathrm{d}t}\times m_i\boldsymbol{v}_i+\boldsymbol{r}_i\times\frac{\mathrm{d}(m_i\boldsymbol{v}_i)}{\mathrm{d}t} \qquad ①$$

但$\dfrac{\mathrm{d}\boldsymbol{r}_i}{\mathrm{d}t}=\boldsymbol{v}_i$，而 $\dfrac{\mathrm{d}\ (m_i\boldsymbol{v}_i)}{\mathrm{d}t}=m_i\dfrac{\mathrm{d}\boldsymbol{v}_i}{\mathrm{d}t}=\boldsymbol{F}_i$

于是式①成为

$$\frac{\mathrm{d}\boldsymbol{L}_{Oi}}{\mathrm{d}r}=\boldsymbol{v}_i\times m_i\boldsymbol{v}_i+\boldsymbol{r}_i\times\boldsymbol{F}_i \qquad ②$$

因为 $\boldsymbol{v}_i$与$m_i\boldsymbol{v}_i$同方向，所以 $\boldsymbol{v}_i\times m_i\boldsymbol{v}_i=0$；而

$$\boldsymbol{r}_i\times\boldsymbol{F}_i=\boldsymbol{r}_i\times\boldsymbol{F}_i^{\mathrm{E}}+\boldsymbol{r}_i\times\boldsymbol{F}_i^{\mathrm{I}}=\boldsymbol{M}_{Oi}^{\mathrm{E}}+\boldsymbol{M}_{Oi}^{I}$$

因而式②成为

$$\frac{\mathrm{d}\boldsymbol{L}_{Oi}}{\mathrm{d}t}=\boldsymbol{M}_{Oi}^{\mathrm{E}}+\boldsymbol{M}_{Oi}^{I} \qquad ③$$

对整个质点系，共可写出 n 个这样的方程，相加得

$$\sum\frac{\mathrm{d}\boldsymbol{L}_{Oi}}{\mathrm{d}t}=\sum\boldsymbol{M}_{Oi}^{\mathrm{E}}+\sum\boldsymbol{M}_{Oi}^{\mathrm{I}}$$

即

$$\frac{\mathrm{d}}{\mathrm{d}t}\sum\boldsymbol{L}_{Oi}=\sum\boldsymbol{M}_{Oi}^{\mathrm{E}}+\sum\boldsymbol{M}_{Oi}^{\mathrm{I}} \qquad ④$$

但$\sum\boldsymbol{L}_{Oi}=\boldsymbol{L}_O$是质点系对于 O 点的动量矩；$\sum\boldsymbol{M}_{Oi}^{\mathrm{E}}$是作用于质点系的所有外力对于 O 点的矩的矢量和；$\sum\boldsymbol{M}_{Oi}^{\mathrm{I}}$是质点系的内力对于 O 点的矩的矢量和。因为内力总是成对出现的，所以它们对于任一点的矩之和必等于零，即$\sum\boldsymbol{M}_{Oi}^{\mathrm{I}}=0$，这样，式④就成为

$$\frac{\mathrm{d}\boldsymbol{L}_O}{\mathrm{d}t}=\sum\boldsymbol{M}_{Oi}^{\mathrm{E}} \qquad (11-8)$$

即，质点系对于任一固定点的动量矩对时间的导数，等于作用于质点系的所有外力对于同一点的矩的矢量和。这就是质点系对于固定点的动量矩定理。

将式（11－8）投影到固定坐标系 $Oxyz$ 的各轴上，得

$$\frac{\mathrm{d}L_x}{\mathrm{d}t}=\sum M_{ix}^{\mathrm{E}},\ \frac{\mathrm{d}L_y}{\mathrm{d}t}=\sum M_{iy}^{\mathrm{E}},\ \frac{\mathrm{d}L_z}{\mathrm{d}t}=\sum M_{iz}^{\mathrm{E}} \qquad (11-9)$$

即，质点系对任一固定轴的动量矩对时间的导数，等于作用于质点系的所有外力对同一轴的矩之和。此结论称为**质点系对于固定轴的动量矩定理。**

将式（11－8）改写成

$$\mathrm{d}\boldsymbol{L}_O=\sum\boldsymbol{M}_{Oi}^{\mathrm{E}}\mathrm{d}t$$

t 从 t_1 到 t_2，两边积分，得

$$\boldsymbol{L}_{O2}-\boldsymbol{L}_{O1}=\sum\int_{t_1}^{t_2}\boldsymbol{M}_{Oi}^{\mathrm{E}}\,\mathrm{d}t \tag{11-10}$$

式中 $\int_{t_1}^{t_2}\boldsymbol{M}_{Oi}^{\mathrm{E}}\,\mathrm{d}t$——外力对 O 点的**冲量矩**。

式（11-10）是动量矩定理的积分形式，它表明：**质点系对固定点 O 的动量矩在一段时间内的增量，等于作用于质点系的外力在同一时间内对 O 点的冲量矩之和**。对于任一固定轴，也可由式（11-9）积分而得到相似的结论。

由式（11-8）及式（11-9）可知，如果 $\sum\boldsymbol{M}_{Oi}^{\mathrm{E}}=0$（或 $\sum M_{ix}^{\mathrm{E}}=0$），则 $\boldsymbol{L}_O=$ 常量（或 $L_x=$ 常量）。即**如果质点系所受的外力对某一固定点（或固定轴）的矩始终等于零，则质点系对该点（或轴）的动量矩保持为常量**。这结论称为**质点系动量矩守恒定理**。

动量矩守恒定理在工程技术中有着广泛的应用。

某些机器或机械使用离合器传动，传动速度可用动量矩守恒定理计算。图 11-4 为摩擦离合器的示意图。在离合器接合之前［图 11-4（a）］，飞轮Ⅰ以角速度 ω_1 转动，而摩擦盘Ⅱ则静止不动。离合器接合以后［图 11-4（b）］，飞轮与摩擦盘则以相同角速度 ω 一起转动。将飞轮与摩擦盘（包括盘后的传动系统）作为一个质点系来考虑。设飞轮对转动轴的转动惯量为 J_1，摩擦盘及其后的传动系统对转动轴的转动惯量为 J_2，则整个系统在离合器接合前后的动量矩分别为 $J_1\omega_1$ 及 $(J_1+J_2)\omega$。因为整个系统不受外力矩（轴承处的摩擦不计），所以对转动轴的动量矩应守恒。于是有

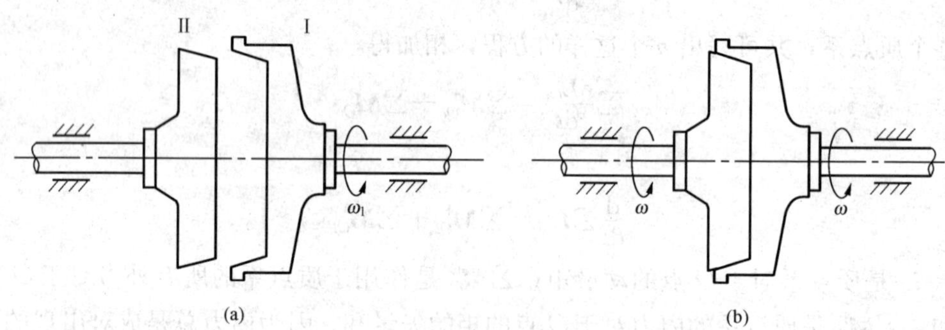

图 11-4 摩擦离合器（Ⅰ）

$$J_1\omega_1=(J_1+J_2)\omega$$

由此可得

$$\omega=\frac{J_1}{J_1+J_2}\omega_1$$

（请考虑：如果离合器以图 11-5 所示的方式接合，ω 与 ω_1 之间是否仍有上面的关系?）

舞蹈演员绕着通过脚尖的铅直轴旋转时，可借着伸张或收缩两臂以调整旋转的角速度，也是动量矩守恒（阻力不计）的例子。

【例 11-1】 人造地球卫星本来位于离地面 $h=600$km 的圆形轨道上运动（图 11-6），为使其进入 $r=10^4$km 的另一圆形轨道，须开动火箭，使卫星在 A 点的速度在很短时间内增加 0.646km/s，然后令其沿椭圆轨道自由飞行到达远地点 B，再进入新的圆形轨道。问：

(1) 卫星在椭圆轨道的远地点 B 处速度是多少?(2) 为使卫星沿新的圆形轨道运行，当它到达远地点 B 时，应如何调整速度？大气阻力及其他星球的影响不计。地球半径 $R=6370\text{km}$。

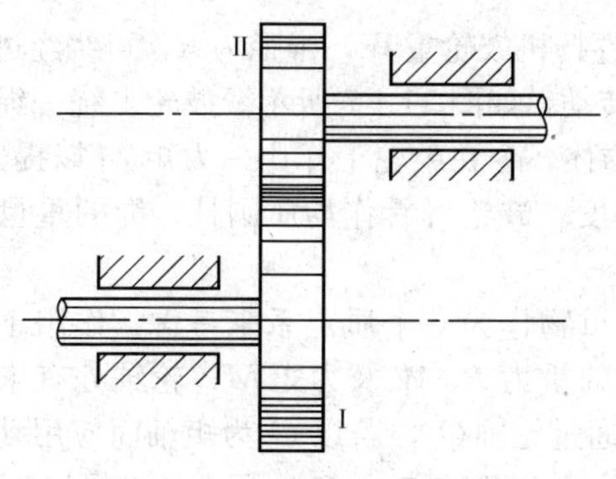

图 11-5 摩擦离合器(Ⅱ)

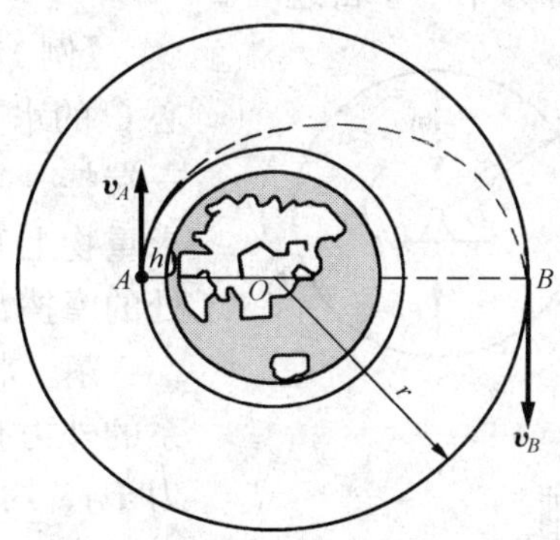

图 11-6 [例 11-1] 附图

解 首先应求出卫星在椭圆轨道上 A 点的速度。为此，应先求出卫星在第一个圆形轨道上运动的速度。

若质点运动过程中受到的力恒指向某一固定点，则称该力为有心力。不考虑大气阻力及其他星球的影响，则卫星运行时只受地球引力的作用，该引力为

$$F = mg\frac{R^2}{(R+h)^2} \tag{①}$$

h 是卫星与地面的距离，当卫星沿圆形轨道运行时，由式 (9-4) 有

$$m\frac{v^2}{(R+h)} = mg\frac{R^2}{(R+h)^2}$$

即

$$v^2=\frac{gR^2}{(R+h)} \tag{②}$$

将 $R=6370\text{km}$，$h=600\text{km}$，$g=9.8\ \text{m/s}^2$ 代入式②，得卫星在原圆形轨道上运动的速度 $v_1=7.553\text{km/s}$。则卫星在椭圆轨道上的 A 点的速度为

$$v_A = 7.533 + 0.646 = 8.199\text{km/s}$$

卫星在椭圆规道上运动时，仍然只受地球引力作用，而该引力始终指向地心 O，对地心 O 的矩等于零，所以卫星对地心 O 的动量矩应保持为常量。设卫星在远地点 B 处的速度为 v_B，则

$$r_A v_A = r_B v_B$$

所以

$$v_B = \frac{r_A}{r_B}\times v_A = \frac{6370+600}{10^4}\times 8.199 = 5.715\text{km/s}$$

卫星沿新的圆形轨道运行时所需的速度设为 v_2，则由式②有

$$v_2^2 = \frac{gR^2}{r}$$

将 g、R 之值及 $r=10^4\text{km}$ 代入，得

$$v_2 = 6.306\text{km/s}$$

由此可见，为使卫星能沿着第二个圆形轨道运行，在它沿椭圆轨道到达 B 点时，应再开动火箭，使其速度迅速增加

$$\Delta v_B = v_2 - v_B = 0.591\text{km/s}$$

在式②中令 $h \to 0$，就得到 $v=7.9\text{km/s}$，这就是为使卫星在离地面不远处作圆周运动所需的速度，称为第一宇宙速度。

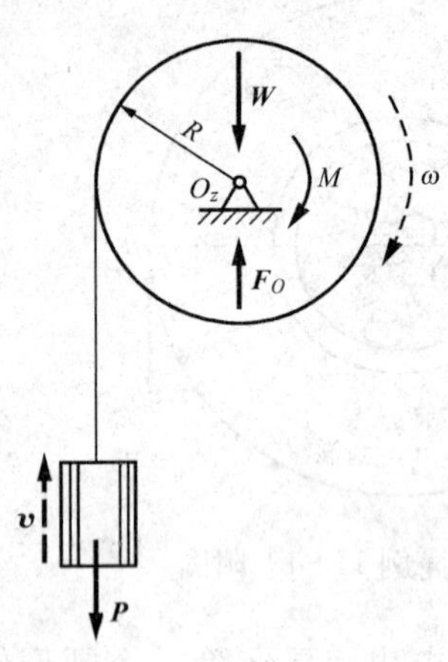

图 11－7 ［例 11－2］附图

【例 11－2】 卷扬机鼓轮重 W，半径为 R，可绕经过鼓轮中心 O 的水平轴 O_z 转动，如图 11－7 所示。鼓轮上绕一绳，绳的一端挂一重 P 的物体。令在鼓轮上作用一力矩 M 以提升重物，求重物上升的加速度。鼓轮可看作均质圆柱，绳的重量及轮轴处的摩擦都不计。

解 将鼓轮与重物作为一个质点系来考虑，作用于该质点系的外力有：已知的重力 $\boldsymbol{P}$、$\boldsymbol{W}$ 及力矩 M；轮轴处有未知约束力 $\boldsymbol{F}_O$。约束力 $\boldsymbol{F}_O$ 通过轮轴 O_z，若以 O_z 为矩轴而应用动量矩定理求解，则方程中将不包含未知力 $\boldsymbol{F}_O$，可直接求得加速度。

设重物上升的速度为 $\boldsymbol{v}$，鼓轮的角速度为 ω，则整个质点系对于 z 轴的动量矩为

$$L_z = \frac{1}{2}\frac{W}{g}R^2\omega + \frac{P}{g}vR$$

但 $\omega=\dfrac{v}{R}$，所以

$$L_z = \frac{W+2P}{2g}Rv$$

外力对 z 轴的矩为

$$\sum M_{iz}^{\mathrm{E}} = M - PR$$

于是由动量矩定理有

$$\frac{R(W+2P)}{2g}\frac{\mathrm{d}v}{\mathrm{d}t} = M - PR$$

由此可得重物上升的加速度

$$a = \frac{\mathrm{d}v}{\mathrm{d}t} = \frac{2(M-PR)}{(W+2P)R}g$$

【例 11－3】 水轮机受水流冲击而以匀角速 ω 绕通过中心 O 的铅直轴（垂直于图平面）转动，如图 11－8 所示。设总流量为 Q，单位体积水重 γ；水流入水轮机的流速为 $\boldsymbol{v}_1$，离开水轮机时的流速为 $\boldsymbol{v}_2$，方向分别与轮缘切线成角 θ_1 及 θ_2（$\boldsymbol{v}_1$ 和 $\boldsymbol{v}_2$ 都是绝对速度）。假设水流是恒定的，求水流作用于水轮机的转动力矩。

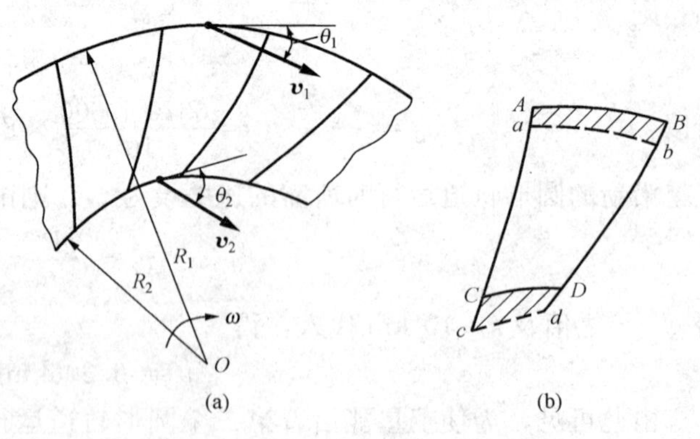

图 11－8 ［例 11－3］附图

解 取两叶片之间的流体作为质点系来考察。水在叶片间流动时，由于叶片的作用，各质点的速度以及与转动轴的距离都随时间而变，故质点系对转动轴的动量矩也随时间而变。求出动量矩对时间的改变率，也就求

得水轮机叶片对质点系作用的力矩（重力沿铅直方向，对动量矩没有影响），根据反作用定律，与该力矩转向相反的力矩就是该质点系作用于水轮机的力矩。所有叶片间的水流作用于水轮机的力矩之和，就是全部水流作用于水轮机的转动力矩。

设在瞬时 t，两叶片间的流体为 $ABCD$［图 11－8（b）］，在瞬时 $t+\Delta t$，流体运动至 $abcd$。用 L_i 代表这部分流体的动量矩，则两瞬时的动量矩之差为

$$\Delta L_i = L_{abcd} - L_{ABCD} = [(L_{abCD})_2 + L_{CDcd}] - [L_{ABab} + (L_{abCD})_1]$$

因为水流是恒定的，$abCD$ 部分水流情况没有改变，所以 $(L_{abCD})_2=(L_{abCD})_1$，从而

$$\Delta L_i = L_{CDcd} - L_{ABcd}$$

命两叶片间的流量为 Q_i，则 $ABab$ 与 $CDcd$ 两部分流体的体积都是 $V_i=Q_i\Delta t$，质量都是$\frac{\gamma Q_i}{g}\Delta t$，而对转动轴的动量矩分别是$\frac{\gamma Q_i}{g}\Delta t\cdot v_1\cos\theta_1\cdot R_1$及$\frac{\gamma Q_i}{g}\Delta t\cdot v_2\cos\theta_2\cdot R_2$，于是

$$\Delta L_i = \frac{\gamma Q_i}{g}\Delta t(R_2 v_2\cos\theta_2 - R_1 v_1\cos\theta_1)$$

由动量矩定理得两叶片间流体所受的力矩为

$$M_i = \frac{\mathrm{d}L_i}{\mathrm{d}t} = \lim_{\Delta t\to 0}\frac{\Delta L_i}{\Delta t} = \frac{\gamma Q_i}{g}(R_2 v_2\cos\theta_2 - R_1 v_1\cos\theta_1)$$

该部分流体作用于水轮机的力矩为 $M_i'=-M_i$，全部水流作用于水轮机的转动力矩则为

$$M'=\sum M_i'=(R_1 v_1\cos\theta_1-R_2 v_2\cos\theta_2)\frac{\gamma\sum Q_i}{g}=\frac{\gamma Q}{g}\ (R_1 v_1\cos\theta_1-R_2 v_2\cos\theta_2)$$

二、质点系相对于质心的动量矩定理

研究表明，取质点系的质心（或随同质心平移的坐标系的轴）为矩心（或矩轴），其动量矩定理与对于**固定点**（或**固定轴**）的动量矩定理具有相同的形式。证明如下。

任取一固定点 O，如图 11－9 所示。设质点系的质心 C 对于固定点 O 的矢径为 $\boldsymbol{r}_C$；质点系中任一质点 M_i 对于 O 点的矢径为 $\boldsymbol{r}_i$，而对于质心 C 的矢径为 $\boldsymbol{r}_i'$。用 $\boldsymbol{F}_i^{\mathrm{E}}$ 代表作用于质点 M_i 的外力。

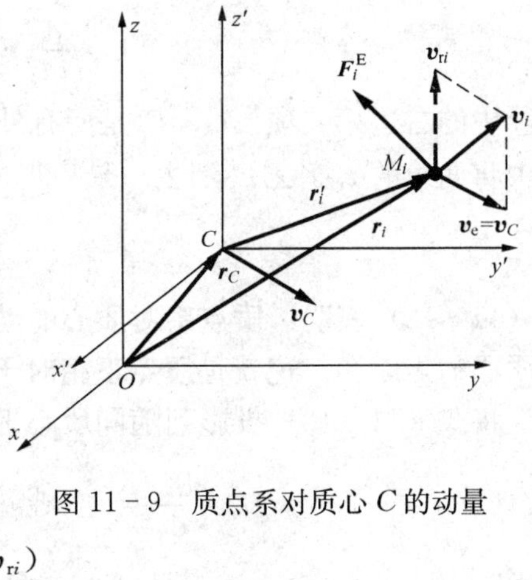

选动坐标系 $Cx'y'z'$ 随同质心 C 作平移。将质点系的运动分解为随同质心 C 的平动与相对于质心的运动（即相对于动坐标系 $Cx'y'z'$ 的运动）。根据速度合成定理，质点 M_i 的绝对速度 $\boldsymbol{v}_i$ 等于其牵连速度 $\boldsymbol{v}_e$ 与相对速度 $\boldsymbol{v}_{ri}$ 之矢量和。因牵连运动是随同质心的平动，所以 $\boldsymbol{v}_e=\boldsymbol{v}_C$。于是，质点 M_i 的绝对速度为

$$\boldsymbol{v}_i = \boldsymbol{v}_C + \boldsymbol{v}_{ri}$$

图 11－9　质点系对质心 C 的动量

命质点 M_i 的质量为 m_i，则质点 M_i 的动量为

$$m_i\boldsymbol{v}_i = m_i(\boldsymbol{v}_C + \boldsymbol{v}_{ri})$$

而 M_i 对于固定点 O 的动量矩为

$$\boldsymbol{L}_{Oi} = \boldsymbol{r}_i \times m_i(\boldsymbol{v}_C + \boldsymbol{v}_{ri}) = (\boldsymbol{r}_C + \boldsymbol{r}_i') \times m_i(\boldsymbol{v}_C + \boldsymbol{v}_{ri})$$

整个质点系对于固定点 O 的动量矩为

$$\begin{aligned}\boldsymbol{L}_O&=\sum(\boldsymbol{r}_C+\boldsymbol{r}_i')\times m_i(\boldsymbol{v}_C+\boldsymbol{v}_{ri})\\&=\sum\boldsymbol{r}_C\times m_i\boldsymbol{v}_C+\sum\boldsymbol{r}_i'\times m_i\boldsymbol{v}_C+\sum\boldsymbol{r}_C\times m_i\boldsymbol{v}_{ri}+\sum\boldsymbol{r}_i'\times m_i\boldsymbol{v}_{ri}\\&=\boldsymbol{r}_C\times m\boldsymbol{v}_C+(\sum m_i\boldsymbol{r}_i')\times\boldsymbol{v}_C+\boldsymbol{r}_C\times\sum m_i\boldsymbol{v}_{ri}+\sum\boldsymbol{r}_i'\times m_i\boldsymbol{v}_{ri}\end{aligned}$$

其中 $m=\sum m_i$ 是整个质点系的质量。据式（10－1）及式（10－6）可得

$$\sum m_i\boldsymbol{r}_i'=m\boldsymbol{r}_C'=0,\ \sum m_i\boldsymbol{v}_{ri}=m\boldsymbol{v}_{rC}=0$$

可得

$$\boldsymbol{L}_O=\boldsymbol{r}_C\times m\boldsymbol{v}_C+\sum\boldsymbol{r}_i'\times m_i\boldsymbol{v}_{ri} \qquad ①$$

令

$$\boldsymbol{L}_C=\sum\boldsymbol{r}_i'\times m_i\boldsymbol{v}_{ri} \qquad ②$$

L_C 是质点系对于质心 C 的相对动量矩。事实上，从推导的过程可以看出，当动坐标系随同质心 C 平动时，不论用相对速度还是绝对速度计算 $\boldsymbol{L}_C$，结果是一样的（因为由于牵连速度 $\boldsymbol{v}_C$ 而有的动量矩 $\sum\boldsymbol{r}'_i\times m_i\boldsymbol{v}_C=0$）。下面将 $\boldsymbol{L}_C$ 称为**质点系对于质心的动量矩**。

将式②代入式①，得

$$\boldsymbol{L}_O=\boldsymbol{r}_C\times m\boldsymbol{v}_C+\boldsymbol{L}_C \qquad (11-11)$$

现在应用对于固定点 O 的动量矩定理，可得

$$\frac{\mathrm{d}\boldsymbol{L}_O}{\mathrm{d}t}=\sum\boldsymbol{r}_i\times\boldsymbol{F}_i^{\mathrm{E}}$$

即

$$\frac{\mathrm{d}}{\mathrm{d}t}(\boldsymbol{r}_C\times m\boldsymbol{v}_C)+\frac{\mathrm{d}\boldsymbol{L}_C}{\mathrm{d}t}=\sum(\boldsymbol{r}_C+\boldsymbol{r}_i')\times\boldsymbol{F}_i^{\mathrm{E}}=\boldsymbol{r}_C\times\sum\boldsymbol{F}_i^{\mathrm{E}}+\sum\boldsymbol{r}_i'\times\boldsymbol{F}_i^{\mathrm{E}} \qquad ③$$

因

$$\frac{\mathrm{d}}{\mathrm{d}t}(\boldsymbol{r}_C\times m\boldsymbol{v}_C)=(\boldsymbol{v}_C\times m\boldsymbol{v}_C)+\boldsymbol{r}_C\times\frac{\mathrm{d}}{\mathrm{d}t}(m\boldsymbol{v}_C)$$

但 $\boldsymbol{v}_C\times m\boldsymbol{v}_C=0$，又由质心运动定理有 $\frac{\mathrm{d}}{\mathrm{d}t}(m\boldsymbol{v}_C)=\sum\boldsymbol{F}_i^{\mathrm{E}}$，所以有

$$\frac{\mathrm{d}}{\mathrm{d}t}(\boldsymbol{r}_C\times m\boldsymbol{v}_C)=\boldsymbol{r}_C\times\sum\boldsymbol{F}_i^{\mathrm{E}}$$

式③中的右边第二项 $\sum\boldsymbol{r}_i'\times\boldsymbol{F}_i^{\mathrm{E}}$ 是所有外力对于质心 C 的矩之和，用 $\sum\boldsymbol{M}_{Ci}^{\mathrm{E}}$ 表示。于是，在式③中将两边的 $\boldsymbol{r}_C\times\sum\boldsymbol{F}_i^{\mathrm{E}}$ 消去，最后得

$$\frac{\mathrm{d}\boldsymbol{L}_C}{\mathrm{d}t}=\sum\boldsymbol{M}_{Ci}^{\mathrm{E}} \qquad (11-12)$$

式（11－12）表明：**质点系对质心的动量矩对时间的导数，等于作用于质点系的所有外力对于质心的矩之和**。这就是**质点系相对于质心的动量矩定理**。

将式（11－12）投影到随同质心平动的坐标轴 x'，y'，z' 上，得到

$$\frac{\mathrm{d}L_{x'}}{\mathrm{d}t}=\sum M_{ix'}^{\mathrm{E}},\ \frac{\mathrm{d}L_{y'}}{\mathrm{d}t}=\sum M_{iy'}^{\mathrm{E}},\ \frac{\mathrm{d}L_{z'}}{\mathrm{d}t}=\sum M_{iz'}^{\mathrm{E}} \qquad (11-13)$$

式中 $L_{x'}$，$L_{y'}$，$L_{z'}$——质点系对于轴 x'、y'、z' 的动量矩。

上述各式表明：**质点系对于随同质心平动的任一轴的动量矩对时间的导数，等于作用于质点系的所有外力对同一轴的矩的代数和**。这是质点系对于质心的动量矩定理的投影形式。

如果 $\sum\boldsymbol{M}_{Ci}^{\mathrm{E}}=0$（或 $\sum M_{ix'}^{\mathrm{E}}=0$），则质点系对于质心（或通过质心的轴）的动量矩守恒。

例如装有太阳板（收集太阳能用）的人造卫星绕 z 轴转动（图 11－10），由于对称，引力通过质心，如不计阻力，则外力对 z 轴的矩等于零，整个质点系对 z 轴的动量矩应保持不变。因此，调整太阳板与 z 轴的夹角 θ，就将改变质点系对 z 轴的转动惯量，卫星绕 z 轴转动的角速度也随着改变。京剧或杂技演员翻跟斗及跳水运动员跳水时，身体都绕着通过重心（质心）的轴转动，将身体和四肢蜷缩或伸展，改变对转动轴的转动惯量，使转动角速度加快或变慢，就可以在落地时或入水时取得必要的位置。这些都是利用相对于质心的动量矩守恒定理的例子。

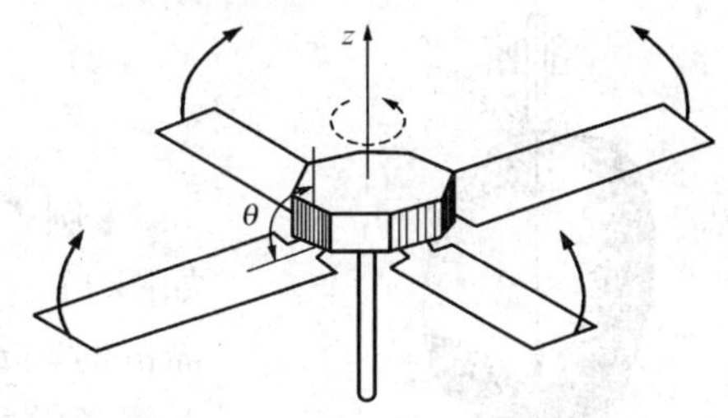

图 11－10　人造卫星的太阳板

第三节　刚体定轴转动微分方程

在第一节中，我们已导出定轴转动刚体对转动轴的动量矩公式 $L_z=J_z\omega$，设作用于刚体的所有外力对 z 轴的矩之和为 $\sum M_{iz}^{E}$，则由式（11－9）有

$$\frac{\mathrm{d}}{\mathrm{d}t}(J_z\omega)=\sum M_{iz}^{E}$$

考虑到刚体对转动轴的转动惯量不随时间而变，又 $\frac{\mathrm{d}\omega}{\mathrm{d}t}=\alpha=\ddot{\varphi}$，所以上式可以写成

$$J_z\alpha=\sum M_{iz}^{E} \quad 或 \quad J_z\ddot{\varphi}=\sum M_{iz}^{E} \tag{11-14}$$

式（11－14）即为**刚体定轴转动微分方程**。可以看出，对于不同的刚体，假设作用于它们的外力对转动轴的矩相同，则转动惯量 J_z 愈大的刚体 α 愈小，即愈不容易改变其运动状态。可见，刚体的转动惯量是刚体转动时的惯性的量度，正如质点质量是质点惯性的量度一样。

式（11－14）与质点作直线运动的微分方程 $m\ddot{x}=F_x$ 相似，因此，刚体定轴转动微分方程的积分也与质点直线运动微分方程的积分相似。

【例 11－4】 将一刚体悬挂于固定轴 O 上，使其在重力作用下绕悬挂轴自由摆动，这种装置称为复摆（或物理摆），如图 11－11 所示。设复摆的质量为 m，C 为其质心，复摆对悬挂轴的转动惯量为 J_O。求复摆的运动规律。

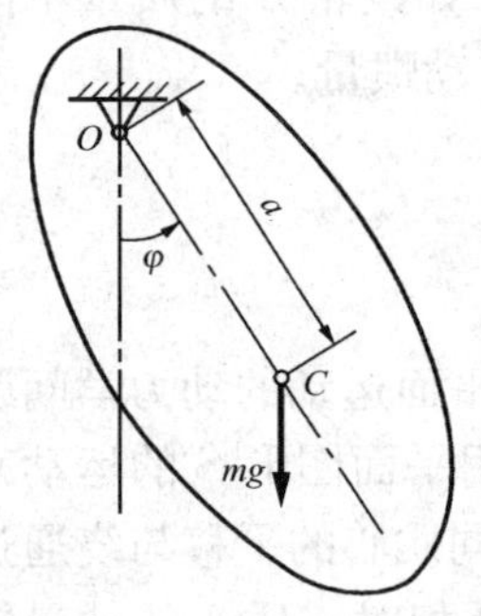

图 11－11　［例 11－4］附图

解　刚体在任一瞬时的位置可由 OC 与铅垂线的夹角 φ 表示，设角 φ 以逆时针方向为正，则有

$$J_O\ddot{\varphi}=-mga\sin\varphi$$

即

$$\ddot{\varphi}+\frac{mga}{J_O}\sin\varphi=0$$

刚体作微幅摆动时，有 $\sin\varphi\approx\varphi$，令 $\frac{mga}{J_O}=\omega_0^2$，上式成为

$$\ddot{\varphi}+\omega_0^2\varphi=0$$

此方程为复摆作微幅摆动的运动微分方程，其通解为

$$\varphi=A\sin(\omega_0 t+\alpha)$$

A 为**振幅**，α 为**初相角**，它们都由运动初条件决定。复摆的周期为

$$T=\frac{2\pi}{\omega_0}=2\pi\sqrt{\frac{J_O}{mga}}$$

【例 11-5】 为了测定物体 A 对转轴 z 的转动惯量，采用如图 11-12 所示的装置。测得重物 B 由静止下落一段距离 h 所需的时间 t，试求物体 A 对转动轴的转动惯量。鼓轮 D、滑轮 C 及绳子等的质量以及各轴承处的摩擦都忽略不计，并假定绳子是不可伸长的。鼓轮半径为 r，重物 B 的质量为 m。

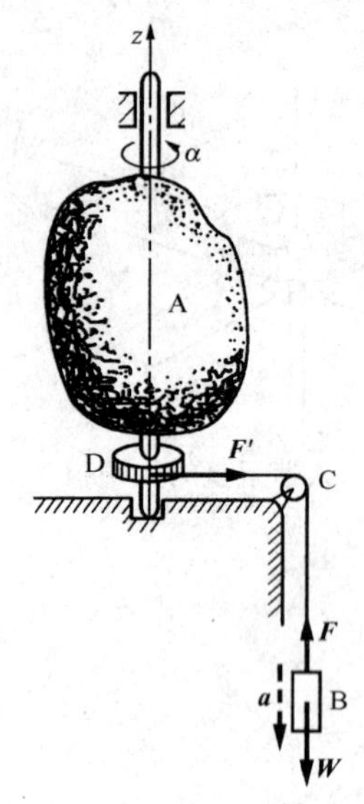

图 11-12 ［例 11-5］附图

解 如将物体 A 及重物 B 作为一个质点系来考察，则不论怎样选取矩轴，在动量矩方程中均会出现 z 轴轴承和滑轮 C 轴承处的约束力。因此，需将重物 B 与物体 A 分开考察。

作用于重物 B 的力有：重力 $\boldsymbol{W}$，$W=mg$；绳子张力 $\boldsymbol{F}$。作用于物体 A 与鼓轮 D 组成的系统上的力有：绳子张力 $\boldsymbol{F}'$（因为不计滑轮 C 的质量，所以 $\boldsymbol{F}'=\boldsymbol{F}$）；物体 A 的重力及 z 轴轴承处的约束力（约束力对 z 轴的矩为零，不出现在动量矩方程中，图上亦未画出）。设物体 A 的角加速度为 α，物体 B 下落的加速度为 $\boldsymbol{a}$，则

$$J_z\alpha=\boldsymbol{F}'r=\boldsymbol{F}r$$

$$ma=W-\boldsymbol{F}=mg-\boldsymbol{F}$$

上两式中消去 $\boldsymbol{F}$，并注意 $r\alpha=a$，就得到

$$a=\frac{mr^2}{mr^2+J_z}g$$

可见物体 B 以匀加速下降，于是由匀加速运动公式可得

$$h=\frac{1}{2}\frac{mr^2}{mr^2+J_z}gt^2$$

由此求得

$$J_z=mr^2\left(\frac{gt^2}{2h}-1\right)$$

实际上，这里求得的是物体 A 和鼓轮 D 对 z 轴的总转动惯量。如鼓轮 D 的质量不能忽略，则应从上式中减去鼓 D 的转动惯量，就得到物体 A 对 z 轴的转动惯量。

第四节 刚体平面运动微分方程

下面应用质心运动定理和相对于质心的动量矩定理来研究刚体平面运动的动力学问题。

设刚体在力 $\boldsymbol{F}_1$，$\boldsymbol{F}_2$，…，$\boldsymbol{F}_n$ 作用下作平面运动，它的运动可用平面图形 S 的运动来表明（图 11-13），而质心 C 位于平面图形 S 内。将平面运动看作随同质心的平移与绕通过质心而垂直于图平面的轴的转动合成的结果，于是由质心运动定理及相对于质心的动量矩定理有

$$\begin{cases} m\boldsymbol{a}_C = \sum \boldsymbol{F}_i \\ \dfrac{\mathrm{d}\boldsymbol{L}_C}{\mathrm{d}t} = \sum \boldsymbol{M}_{Ci}(\boldsymbol{F}_i) \end{cases} \tag{11-15}$$

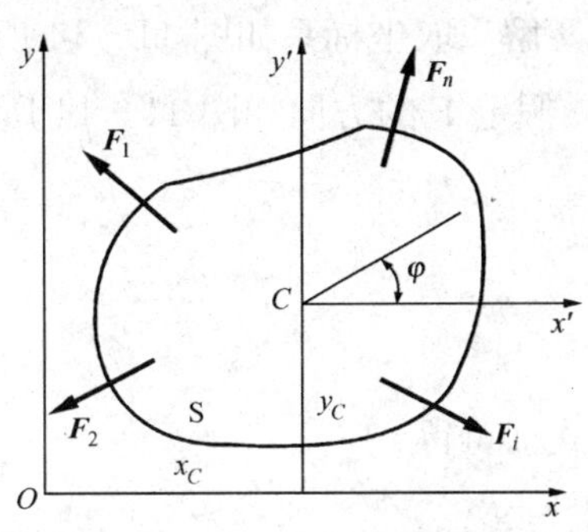

图 11-13 平面运动刚体

式中 m——刚体的质量；

$\boldsymbol{a}_C$——质心的加速度；

$\boldsymbol{M}_{Ci}(\boldsymbol{F}_i)$——力 $\boldsymbol{F}_i$ 对于质心的矩。

取图形 S 的运动平面为 xy 面，通过质心而垂直于图平面的轴为 z' 轴，将式（11-15）中第一式投影于 x、y 轴，第二式投影于 z' 轴，得到

$$\begin{cases} ma_{Cx} = \sum F_{ix} \\ ma_{Cy} = \sum F_{iy} \\ \dfrac{\mathrm{d}L_{z'}}{\mathrm{d}t} = \sum M_{iz'} \end{cases} \tag{①}$$

设刚体绕 z' 转动的角速度为 ω，与定轴转动刚体对转动轴的动量矩相似，可以得到平面运动刚体对 z' 轴的动量矩等于

$$L_{z'} = J_{z'}\omega$$

$J_{z'}$ 是刚体对 z' 轴的转动惯量，于是，式①可写为

$$\begin{cases} ma_{Cx} = m\ddot{x}_C = \sum F_{ix} \\ ma_{Cy} = m\ddot{y}_C = \sum F_{iy} \\ J_{z'}\alpha = J_{z'}\ddot{\varphi} = \sum M_{iz'} \end{cases} \tag{11-16}$$

这就是**刚体平面运动的微分方程**。

需要说明：

（1）式（11-15）在这里虽然只用来研究刚体平面运动，事实上，该方程对刚体以及任意质点系的任何运动都适用。例如，导弹和空间飞行器的运动，都可看作随同质心的运动与相对于质心的运动两者合成的结果，而前者可用质心运动定理加以研究，后者则可用相对于质心的动量矩定理加以研究。知道了质心的运动及相对于质心的运动，也就知道了整个系统的运动。

（2）由式（11-15）可见，如果刚体保持静止或作匀速直线平移，则 $\boldsymbol{a}_C \equiv 0$，$\dfrac{\mathrm{d}\boldsymbol{L}_C}{\mathrm{d}t} \equiv 0$，因而 $\sum \boldsymbol{F}_i = 0$，$\sum \boldsymbol{M}_{Ci} = 0$；如另取任一点 O 为矩心，根据静力学关于力系简化的理论可知，所有各力对 O 点的矩亦必等于零，即 $\sum \boldsymbol{M}_{Oi} = 0$。这就是静力学中已导出过的空间力系的平衡条件，可见，静力学是动力学的特殊情形。在静力学中讲述力的可传性、二力平衡原理、加减平衡力系原理等时，都是从实践经验说明其正确性，现在，由式（11-15）均可得到证明。

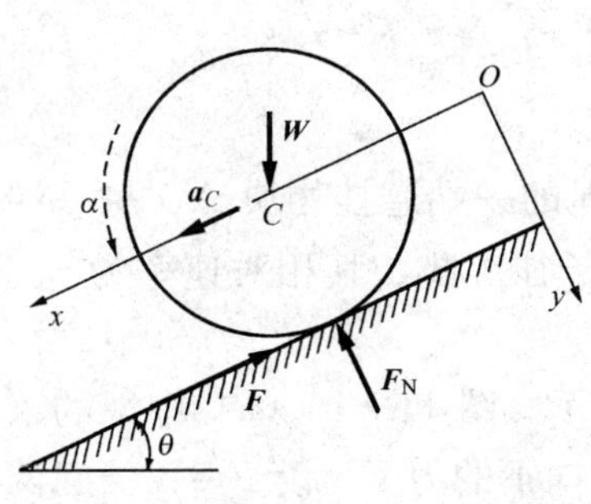

图 11-14 ［例 11-6］附图

【例 11-6】 均质圆轮重 W，半径 R，沿倾角为 θ 的斜面向下运动，如图 11-14 所示。设轮与斜面间的摩擦因数为 f，试求轮心 C 的加速度及斜面对于轮子的约束力。

解 取坐标系如图 11－14 所示。作用于轮的外力计有：重力$\boldsymbol{W}$，法向反力$\boldsymbol{F}_N$及摩擦力$\boldsymbol{F}$。假定$\boldsymbol{F}$的方向如图 11－14 所示，并注意$\ddot{x}_C=a_C$，$\ddot{y}_C=0$，因而轮子的运动微分方程为

$$\begin{cases}\dfrac{W}{g}a_C = W\sin\theta - F & ①\\ 0 = W\cos\theta - F_N & ②\\ J_C\alpha = FR & ③\end{cases}$$

由式②可得

$$F_N = W\cos\theta \quad ④$$

而在式①及式③中，包含三个未知量a_C，α及F，所以必须有一附加条件才能求解。下面分两种情况来讨论：

（1）假定轮子与斜面间无滑动，这时F是静摩擦力，大小、方向都未知，但

$$a_C = R\alpha \quad ⑤$$

于是，联立式①、③及⑤并求解，以$J_C=\dfrac{WR^2}{2g}$代入，即

$$a_C = \frac{2}{3}g\sin\theta,\ \alpha = \frac{2g}{3R}\sin\theta,\ F = \frac{1}{3}W\sin\theta \quad ⑥$$

F为正值，表明其方向如图 11－14 所设。

（2）假定轮子与斜面间有滑动，这时$\boldsymbol{F}$是动摩擦力。因轮子与斜面接触点向下滑动，故$\boldsymbol{F}$向上，应为

$$F = fF_N \quad ⑦$$

于是，联立式①、③及⑦并求解，将$F=W\cos\theta$代入，得

$$a_C = (\sin\theta - f\cos\theta)g,\ \alpha = \frac{2fg\cos\theta}{R},\ F = fW\cos\theta \quad ⑧$$

要判断是否存在滑动，须视摩擦力F是否达到极限值fF_N。当$F\leqslant fF_N$时，轮子只有滚动而无滑动，故由式⑥有

$$\frac{1}{3}W\sin\theta \leqslant fW\cos\theta,\ 即\frac{1}{3}\tan\theta \leqslant f$$

如果$\dfrac{1}{3}\tan\theta\leqslant f$，表示摩擦力未达极限值，轮子只滚不滑，则式⑥为所求；如果$\dfrac{1}{3}\tan\theta>f$，表示轮子既滚且滑，则式⑧为所求。

思 考 题

11－1 一根不能伸长的绳子绕过不计重量的定滑轮，绳的一端悬挂物块 A，另一端有一与物块重量相等的人如图 11－15 所示，从静止开始沿绳子往上爬，其相对速率为v。试问 A 是否保持静止？为什么？

11－2 两相同的均质滑轮各绕以细绳，如图 11－16 所示。图 11－16（a）中绳的末端挂一重为W的物块；图 11－16（b）中绳的末端作用一铅直向下的力F，设$F=W$。问两滑轮的角加速度α是否相同？为什么？

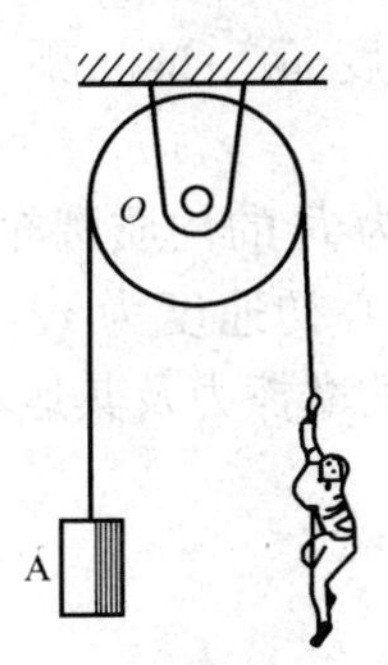

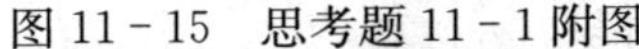
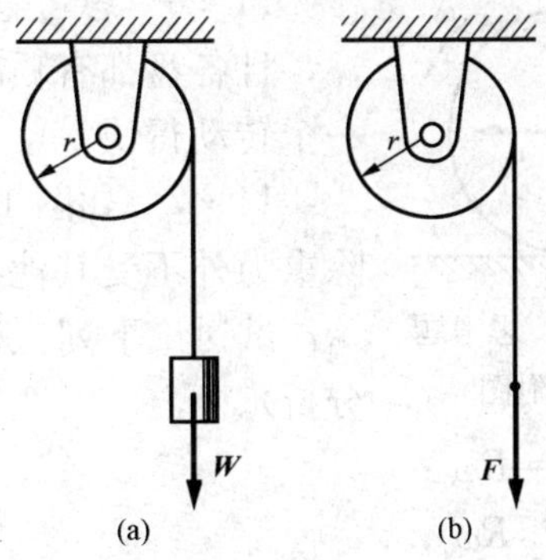

图 11-15 思考题 11-1 附图

图 11-16 思考题 11-2 附图

11-3 一细绳跨过滑轮，绳的两端分别系一物块 A、B，如图 11-17 所示。设圆盘对 O 轴的转动惯量为 J，是否可根据定轴转动微分方程建立如下的关系式：$J\alpha=W_AR-W_Br$? 为什么?

11-4 小球沿粗糙斜面滚下（设无滑动），如图 11-18 所示。试问：小球在斜面上滚动时，是否具有角加速度? 小球离开斜面后将如何运动? 试作定性说明。

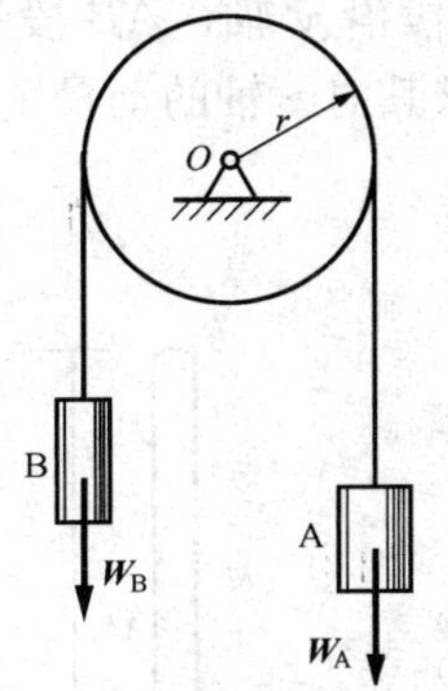

图 11-17 思考题 11-3 附图

图 11-18 思考题 11-4 附图

11-5 质量为 m 的均质圆盘，平放在光滑水平面上。若受力情况分别如图 11-19 所示，$F'=2F$，$F_1=F_2$，又 $R=2r$，试问圆盘各作什么运动?

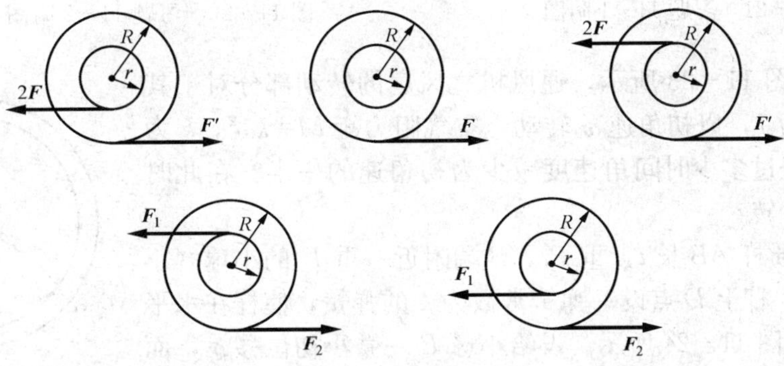

图 11-19 思考题 11-5 附图

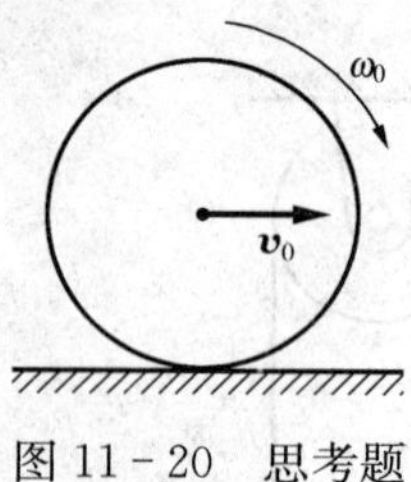

图 11－20　思考题 11－7 附图

11－6　思考题 11－5 中，若圆盘质心开始都具有向右运动的速度 v_C，且各盘都有顺时针转动的初角速度 ω_0。试问哪一个移动得快？哪一个转动得快？

11－7　如图 11－20 所示，半径为 R 的均质圆轮沿直线轨道滚动，除重力外不受其他主动力作用。若轮心初速度为 v_0，轮子初角速度为 ω_0，试讨论下列三种情况下轮子所受的摩擦力及其运动规律（只作定性分析）。

(1) $v_0=R\omega_0$；

(2) $v_0>R\omega_0$；

(3) $v_0<R\omega$。设滑动摩擦因数为 f，滚动摩擦不计。

习　题

11－1　圆轮的辋重 P，外径为 R，内径为 r；轮辐为 6 根均质杆，各重 W。一绳跨过圆轮，两端悬挂重 P_1 及 P_2 的重物。设图 11－21 所示瞬时圆轮以角速度 ω 绕 O 轴转动，求整个系统对 O 的动量矩。

11－2　均质细刚杆弯曲成如图 11－22 所示形状，OA 段沿 y 轴，AB 段平行于 z 轴，两段的质量分别为 m_1、m_2，并以角速度 ω 绕 z 轴转动。试求其对 z 轴的动量矩。

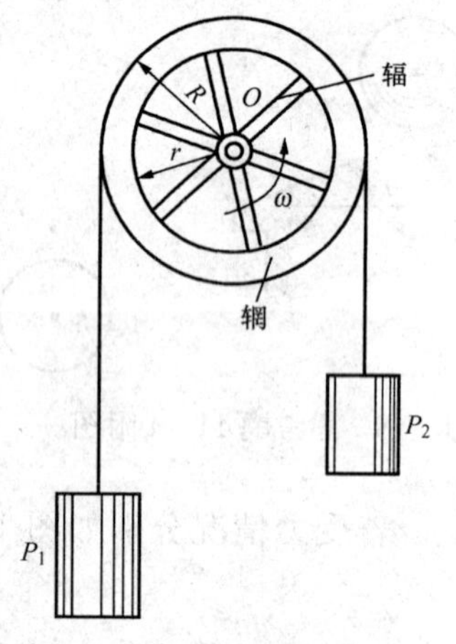

图 11－21　习题 11－1 附图

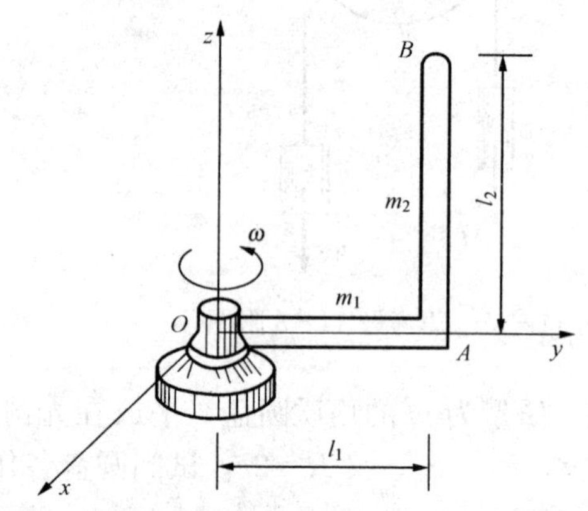

图 11－22　习题 11－2 附图

11－3　如图 11－23 所示，通风机之风扇的转动部分对于其轴的转动惯量为 J，以初角速 ω_0 转动，空气阻力矩 $M=k\omega^2$，k 为比例系数，问经过多少时间角速度减少为初角速的一半？在此时间内共转了多少转？

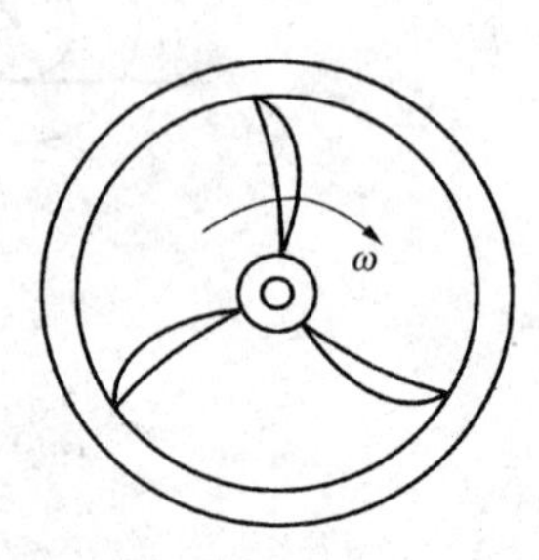

图 11－23　习题 11－3 附图

11－4　均质杆 AB 长 l，重 P_1，B 端附近一重 P_2 的小球（小球可看作质点），杆上 D 点设一弹簧常数为 k 的弹簧，使杆在水平位置保持平衡如图 11－24 所示。设给小球 B 一微小初位移 δ_0，而 $v_0=0$，试求 AB 杆的运动规律。

11－5　已知如图 11－25 所示扭摆 A 的转动惯量为 J_1，扭振周期为 T_1。今将另一物体 B 加于扭摆上，测得扭振周期为 T_2。试求所加物体对扭转轴的转动惯量 J_2。

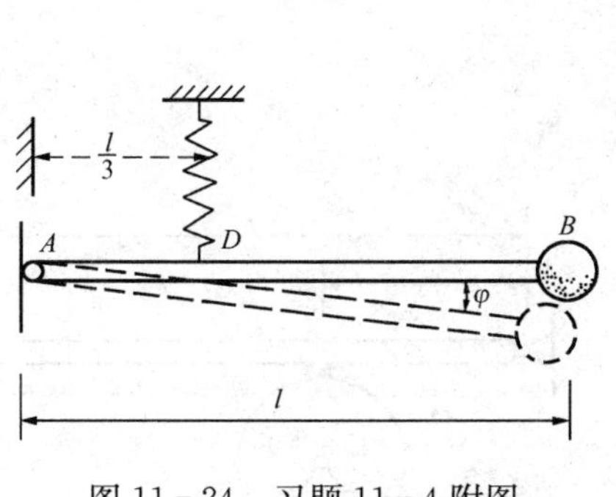

图 11－24　习题 11－4 附图

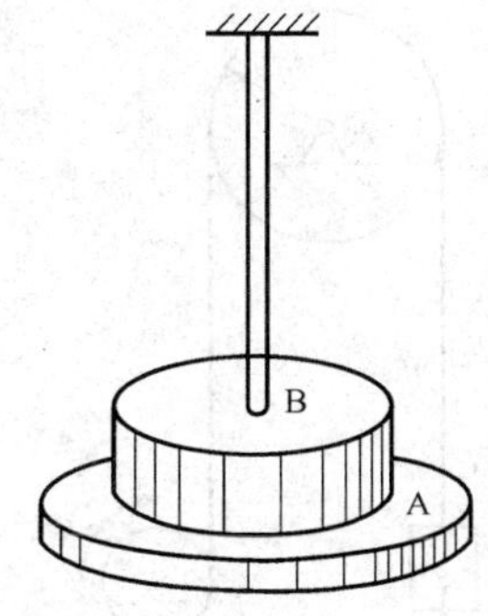

图 11－25　习题 11－5 附图

11－6　一半径为 r、重为 W_1 的均质水平圆形转台如图 11－26 所示，可绕通过中心 O 并垂直于台面的铅直轴转动。重 W_2 的物块 A，按规律 $s=\frac{1}{2}\alpha t^2$ 沿台的边缘运动。开始时，圆台是静止的。求物块运动以后，圆台在任一瞬时的角速度与角加速度。

11－7　水泵叶轮的水流的进、出口速度三角形如图 11－27 所示。设叶轮转速 $n=1450\text{r/min}$，叶轮外径 $D_2=400\text{mm}$，$\beta_2=45°$，$\varphi_2=30°$，$\varphi_1=90°$，流量 $Q=0.02\text{m}^3/\text{s}$，试求水流过叶轮时所产生的力矩。

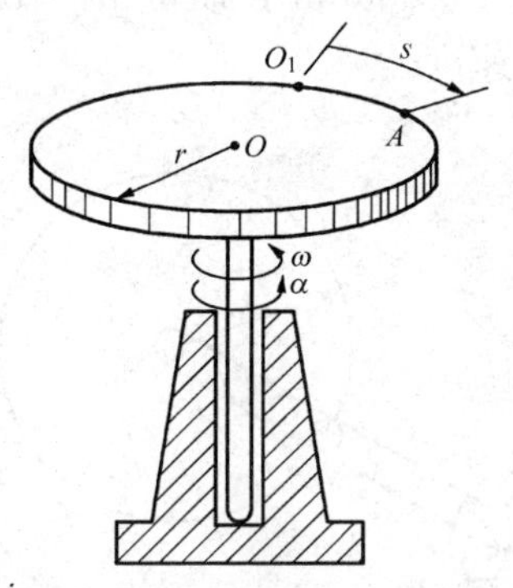

图 11－26　习题 11－6 附图

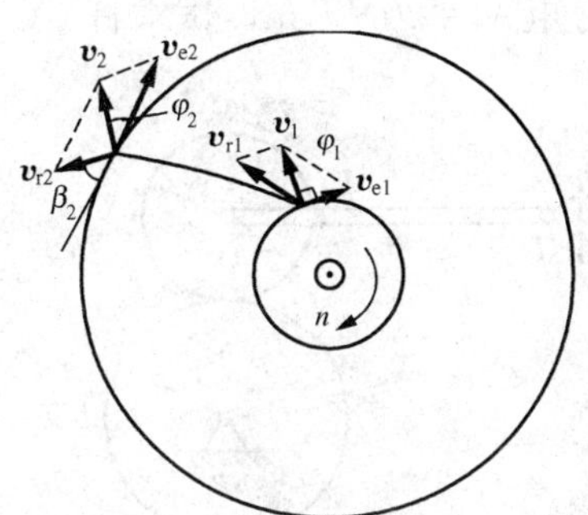

图 11－27　习题 11－7 附图

11－8　两摩擦轮重量各为 W_1、W_2 如图 11－28 所示，在同一平面内分别以角速度 ω_{O1} 与 ω_{O2} 转动。用离合器使两轮啮合，求此后两轮的角速度。设两轮为均质圆盘。

11－9　一卷扬机如图 11－29 所示。轮 B、C 半径分别为 R、r，对水平转动轴的转动惯量为 J_1、J_2，物体 A 重 W。设在轮 C 上作用一常力矩 M，试求物体 A 上升的加速度。

11－10　均质圆盘重 W，半径为 a，以角速度 ω 绕水平轴转动如图 11－30 所示。今在闸杆的一端加

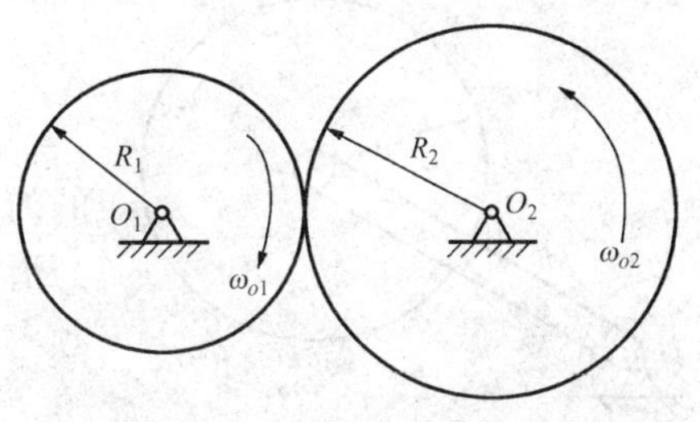

图 11－28　习题 11－8 附图

一铅直力 $\boldsymbol{F}$，以使圆盘停止转动。设杆与盘间的动摩擦因数为 f，问圆盘转动多少周后才停止转动？

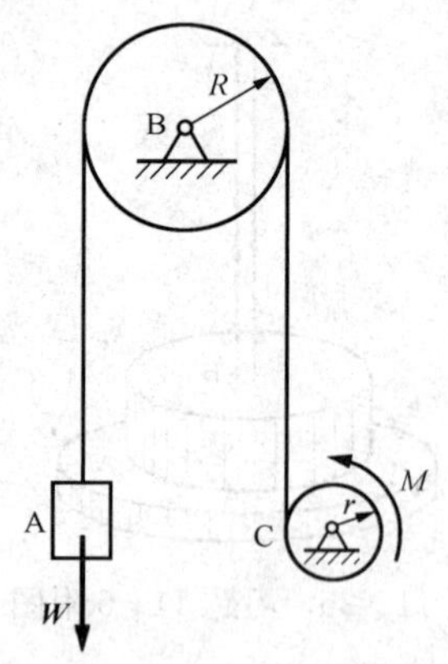

图 11-29 习题 11-9 附图

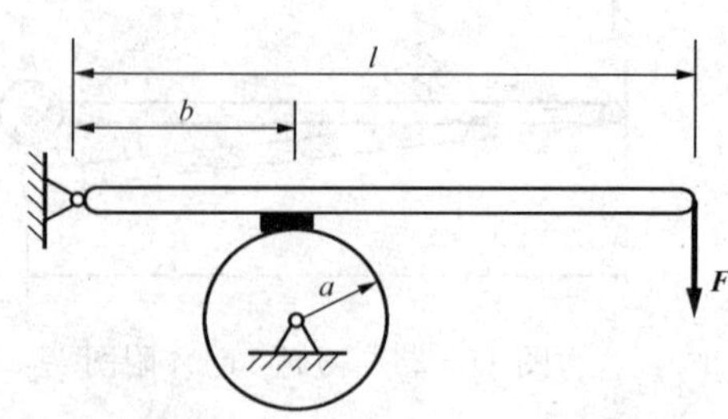

图 11-30 习题 11-10 附图

11-11 已知如图 11-31 所示，均质圆轮 A 质量为 m_1，半径为 r_1，以角速度 ω 绕 OA 杆的 A 端转动，此时将轮放置在质量为 m_2 的均质轮 B 上。B 轮其半径为 r_2，在轮 A 的带动下由静止开始转动，设两轮间的摩擦因数为 f，且不计其他部位的摩擦和杆的重量。试求经过多长时间后，两轮间无相对滑动。

11-12 一均质圆盘刚连于均质杆 OC 上，可绕 O 在水平面内运动如图 11-32 所示。已知圆盘的质量 $m_1=40\text{kg}$，半径 $r=150\text{mm}$；杆 OC 长 $l=300\text{mm}$，质量 $m_2=10\text{kg}$。设在杆上作用一常力矩 $M=20\text{N}\cdot\text{m}$，试求杆 OC 转动的角加速度。

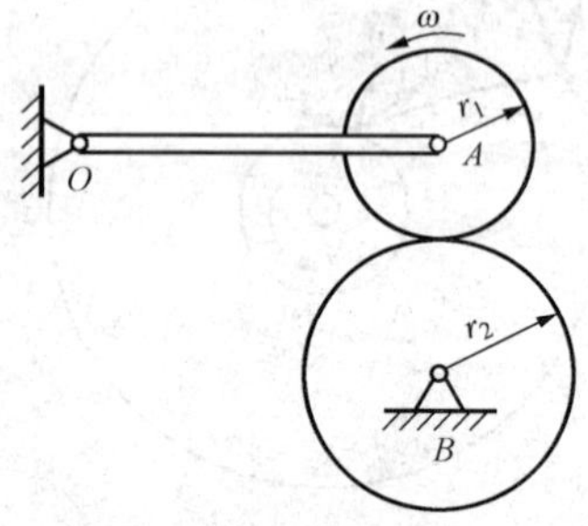

图 11-31 习题 11-11 附图

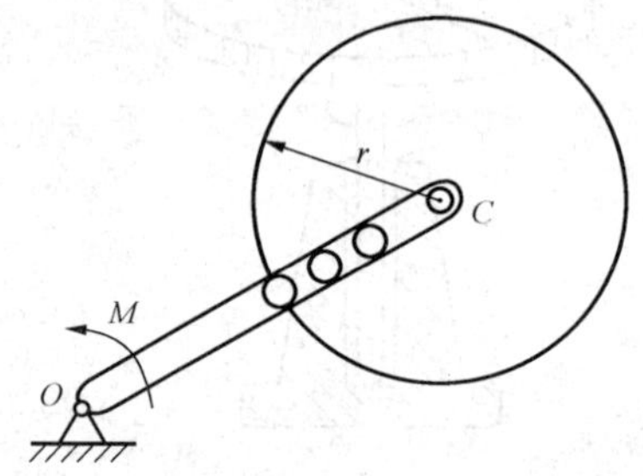

图 11-32 习题 11-12 附图

11-13 习题 11-12 中的圆盘若与杆 OC 用光滑销钉连于 C，见图 11-33，其他条件相同，则杆 OC 的角加速度又是多少？

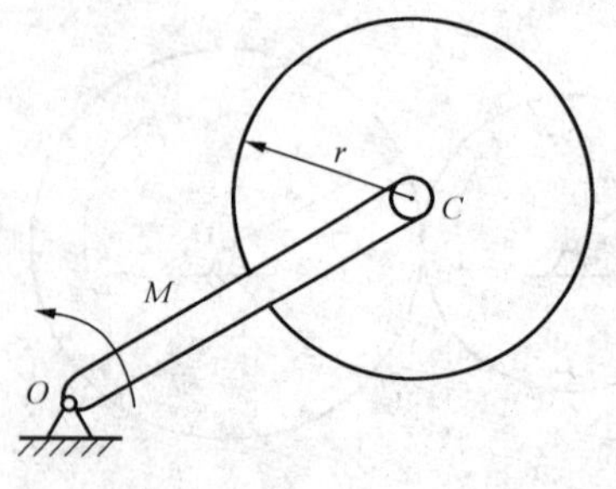

图 11-33 习题 11-13 附图

11-14 图 11-34 所示不可伸长的绳子绕过定滑轮，其一端悬挂一质量为 m 的重物，另一端与一弹簧常数为 c 的弹簧相连。假设滑轮均质，质量为 M，半径为 R。绳子与滑轮间无滑动，且质量不计。试求系统作微小振动时的频率。

11-15 已知如图 11-35 所示滑轮 A，B 重量分别为 W_1，W_2，半径分别为 R，r，且 $R=2r$，物体 C 重 W_3，作

用于 A 轮上的力矩 M 为一常量，试求 C 上升的加速度。设 A，B 轮为均质圆盘。

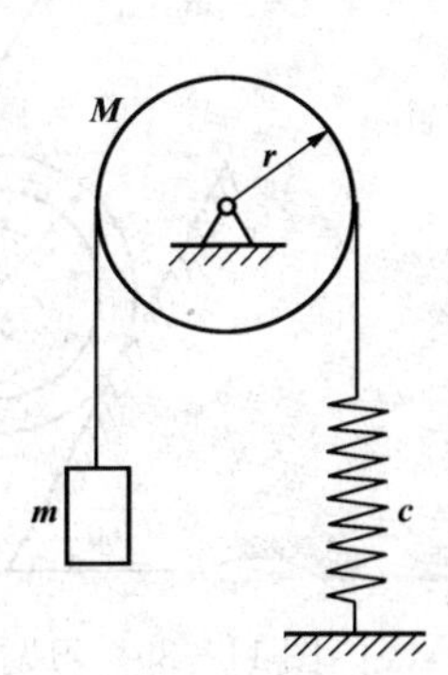

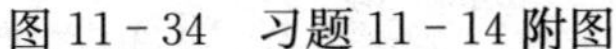
图 11－34　习题 11－14 附图

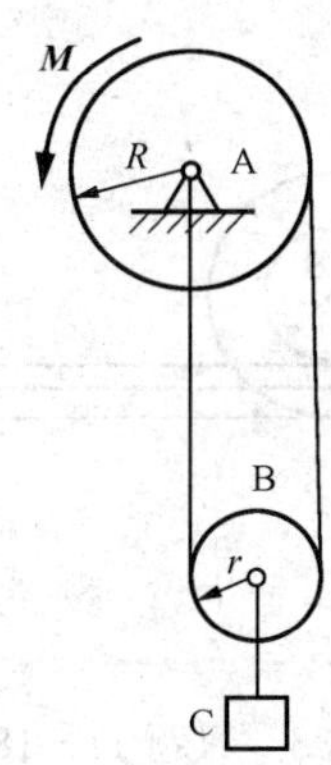

图 11－35　习题 11－15 附图

11－16　图 11－36 所示板的质量为 m_1，在力 $\boldsymbol{F}$ 作用下沿水平面运动，板与水平面间的摩擦因数为 f。在板上放一质量为 m_2 的均质实心圆柱。假设圆柱只滚不滑，试求板的加速度。

11－17　一均质鼓轮，由绕在轮轴上的细绳拉动，如图 11－37（a）、（b）所示。已知轴的半径 $r=40\text{mm}$，轮的半径 $R=80\text{mm}$，总重 $W=98\text{N}$，过轮心垂直于轮中心平面的轴的惯性半径 $\rho=60\text{mm}$，拉力 $F=5\text{N}$，轮与地面的摩擦因数 $f=0.2$。试分别求（a）、（b）两种情况下圆轮的角加速度及轮心的加速度。

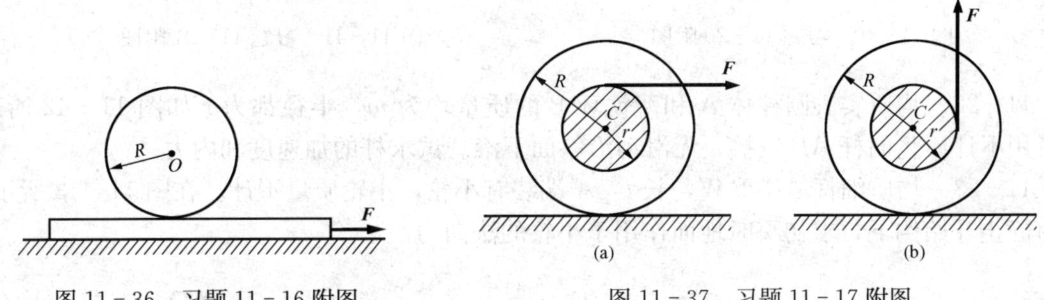

图 11－36　习题 11－16 附图

图 11－37　习题 11－17 附图

11－18　一重为 P 的物块 A 下降时，借助于跨过滑轮 D 的绳子，见图 11－38，使轮子 B 在水平轨道上只滚动而不滑动。已知轮 B 与轮 C 固结在一起，总重为 W，对通过轮心 O 的水平轴的惯性半径为 ρ，试求 A 的加速度。

11－19　一鼓轮上绕有不可伸长的绳子，绳子一端固定如图 11－39 所示。轮子的半径 $R=90\text{mm}$，轮轴的半径 $r=60\text{mm}$，总重量 W（单位为 N），过轮心而垂直于轮中心平面的轴 C 的惯性半径为 $\rho=80\text{mm}$，轮与斜面的摩擦因数 $f=0.4$。求当轮子沿斜面向下运动时轮心的加速度。

11－20　一半径为 r 的均质圆轮，在半径为 R 的圆弧上只滚动而不滑动如图 11－40 所示。初瞬时 $\varphi=\varphi_0$（为一微小角度），而 $\dot{\varphi}=0$，求圆轮的运动规律。

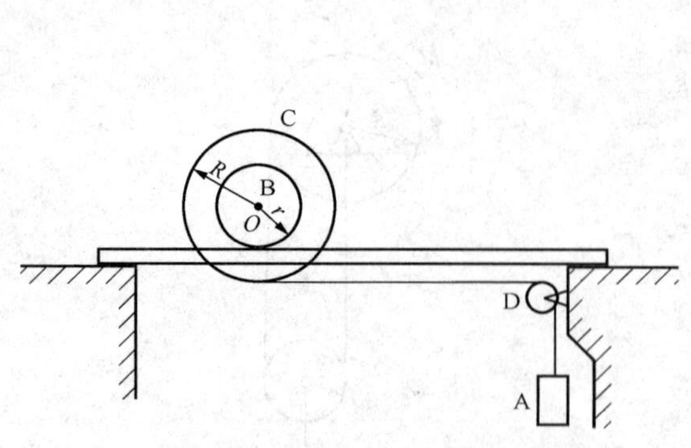

图 11-38 习题 11-18 附图

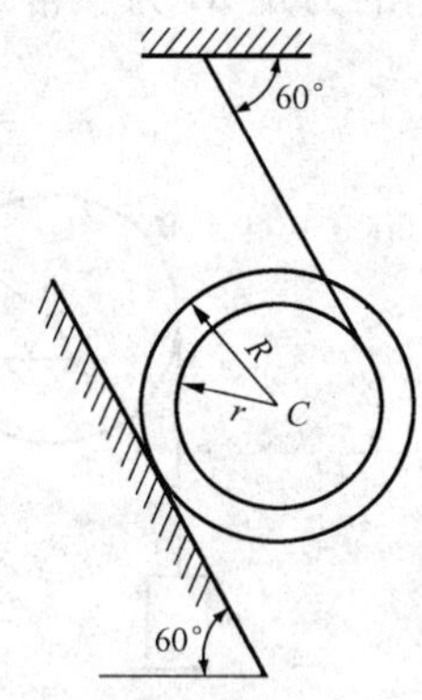

图 11-39 习题 11-19 附图

11-21 一半径为 r 的均质圆轮，在半径为 R 的圆弧面上只滚动而不滑动如图 11-41 所示。初瞬时 $\theta=\theta_0$，而 $\dot{\theta}=0$。求圆弧面作用在圆轮上的法向反力（表示为 θ 的函数）。

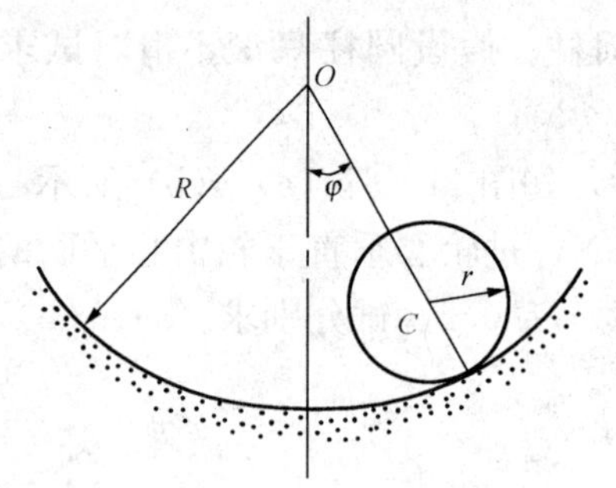

图 11-40 习题 11-20 附图

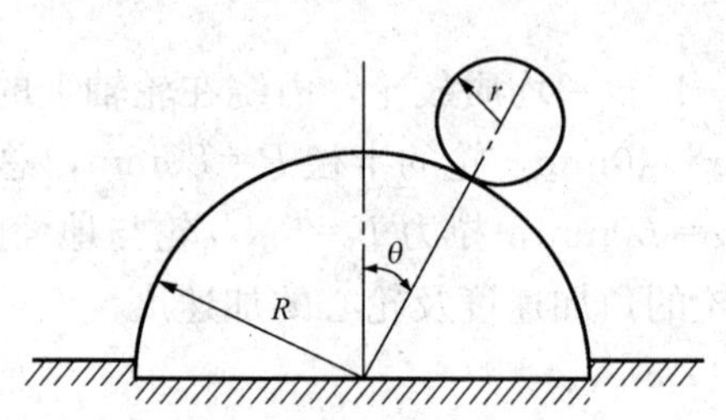

图 11-41 习题 11-21 附图

11-22 均质实心圆柱体 A 和薄铁环 B 的质量均为 m，半径都为 r 如图 11-42 所示，两者用不计质量的杆 AB 铰接，无滑动沿斜面下滚。试求杆的加速度和内力。

11-23 均质细杆 AB 重 W，长 l，A 端装有小轮，小轮质量不计。在图 11-43 所示位置由静止开始倒下，求初瞬时地面作用于小轮的法向力。

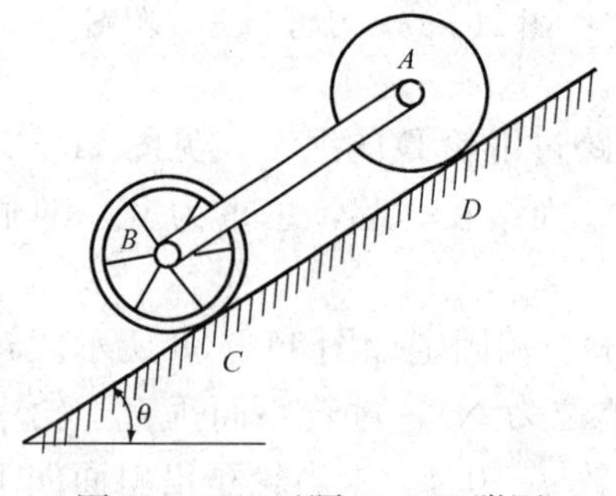

图 11-42 习题 11-22 附图

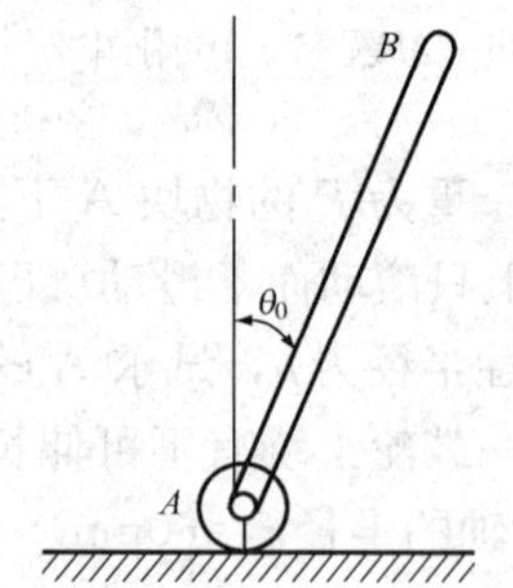

图 11-43 习题 11-23 附图

11-24 均质圆柱体 A 和 B 的重量均为 W，半径均为 r，如图 11-44 所示。一绳绕于可绕固定轴 O 转动的圆柱 A 上，绳的另一端绕在圆柱 B 上。求 B 下落时质心的加速度。摩擦不计。

11－25　习题 11－24 中若 A 轮上作用一逆时针向的转矩 M，试问在什么条件下圆柱 B 的质心将上升？

11－26　质量为 m、回转半径为 ρ 的塔轮上作用一转矩 M，带动质量分别为 m_1 与 m_2 的齿条 AB，CD 在水平滑槽内运动如图 11－45 所示。试求塔轮中心 O 的加速度。摩擦不计。

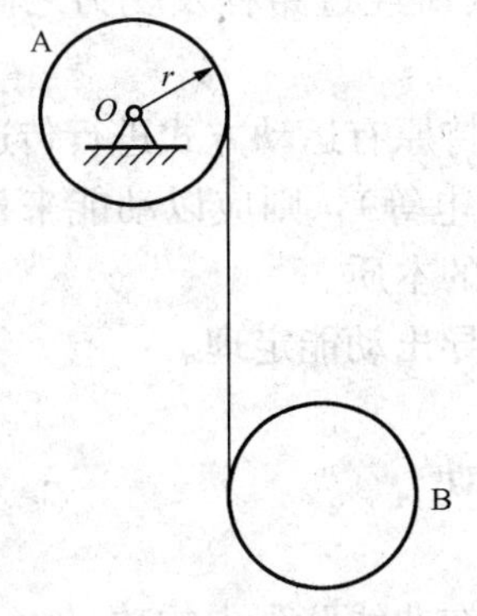

图 11－44　习题 11－24 附图

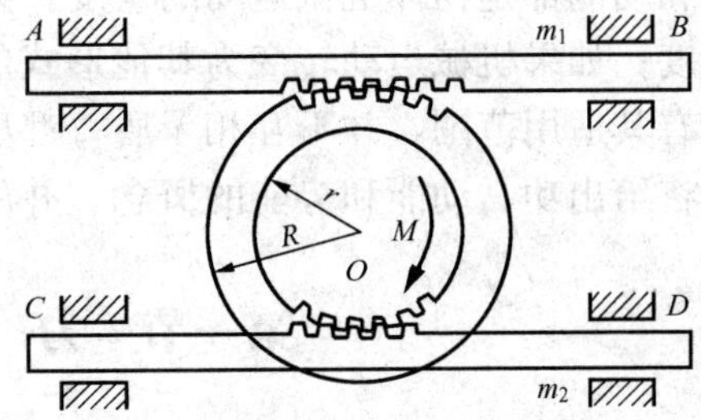

图 11－45　习题 11－26 附图

第十二章　动　能　定　理

动量定理和动量矩定理，表明了质点系速度的变化与作用于质点系的力及其作用时间的关系。当我们需要知道质点系在运动过程中速度的变化与其所经过路程及受力之间的关系时，应用动能定理来分析更为方便。

动量和动能都是物体机械运动的量度。如果机械运动保持原有运动方式进行传递，宜用动量来量度；如果机械运动转变为其他形式的运动（如热、电等），则应以动能来量度。两种量度各有其适用范围，并不互相矛盾，都反映了机械运动的本质。

本章将给出功、动能和势能的概念，并由牛顿运动定律导出动能定理。

第一节　力与力偶的功

物理学中定义了常力在直线路程中的功，现在讨论变力在曲线路程中的功。

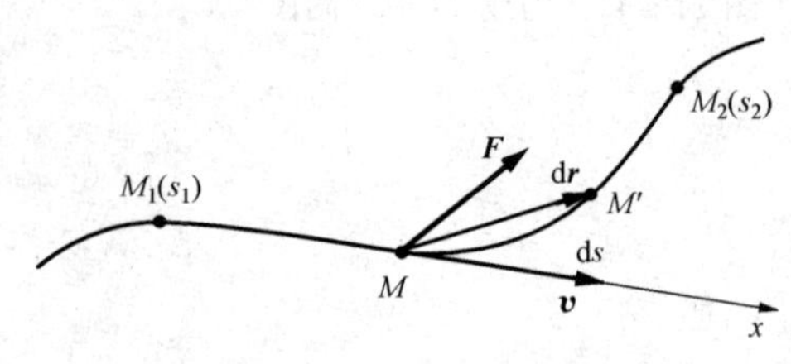

图 12-1　变力的功

设质点 M 在变力 $\boldsymbol{F}$ 的作用下作曲线运动（图 12-1），在某微小时段 dt 内产生的位移为 d$\boldsymbol{r}$，路程为 ds。由于 d$\boldsymbol{r}$ 非常微小，可以认为其大小与 ds 的大小相等，且方向与速度方向（轨迹的切线方向）一致。因此，$\boldsymbol{F}$ 在 ds 上所做的元功（微小路段上力的功称为元功）可以看成常力 $\boldsymbol{F}$ 在路程 $|\mathrm{d}\boldsymbol{r}|$ 上所做的功，即

$$\delta W = F_t \mathrm{d}s = |\boldsymbol{F}| \cdot |\mathrm{d}\boldsymbol{r}| \cos(\boldsymbol{F}, \boldsymbol{v}) = \boldsymbol{F} \cdot \mathrm{d}\boldsymbol{r} \tag{12-1}$$

而力 $\boldsymbol{F}$ 在由 M_1 至 M_2 的一段路程中所做的功为

$$W = \int_{M_1}^{M_2} \boldsymbol{F} \cdot \mathrm{d}\boldsymbol{r} \tag{12-2}$$

功的单位为焦耳，简称焦（J），$1\mathrm{J}=1\mathrm{N}\times 1\mathrm{m}=1\mathrm{N}\cdot\mathrm{m}=1\mathrm{kg}\cdot\mathrm{m}^2/\mathrm{s}^2$。

设质点同时受 n 个力 $\boldsymbol{F}_1$，$\boldsymbol{F}_2$，…，$\boldsymbol{F}_n$ 作用，这 n 个力的合力是 $\boldsymbol{F}$，则当质点由 M_1 运动到 M_2，合力 $\boldsymbol{F}$ 所做的功为

$$\begin{aligned} W &= \int_{M_1}^{M_2} \boldsymbol{F} \cdot \mathrm{d}\boldsymbol{r} = \int_{M_1}^{M_2} \boldsymbol{F}_1 \cdot \mathrm{d}\boldsymbol{r} + \int_{M_1}^{M_2} \boldsymbol{F}_2 \cdot \mathrm{d}\boldsymbol{r} + \cdots + \int_{M_1}^{M_2} \boldsymbol{F}_n \cdot \mathrm{d}\boldsymbol{r} \\ &= W_1 + W_2 + \cdots + W_n = \sum W_i \end{aligned}$$

即，合力在任一段路程中做的功等于各分力在同一段路程中做的功之和。

取直角坐标系 $Oxyz$，命力 $\boldsymbol{F}$ 在坐标轴上的投影为 F_x，F_y，F_z，位移 d$\boldsymbol{r}$ 在坐标轴上的投影为 dx，dy，dz，则力 $\boldsymbol{F}$ 的元功又可表示为

$$\delta W = \boldsymbol{F} \cdot \mathrm{d}\boldsymbol{r} = F_x \mathrm{d}x + F_y \mathrm{d}y + F_z \mathrm{d}z \tag{12-3}$$

而在由 $M_1(x_1, y_1, z_1)$ 至 $M_2(x_2, y_2, z_2)$ 一段路程中力 $\boldsymbol{F}$ 的总功为

$$W = \int_{M_1}^{M_2} (F_x \mathrm{d}x + F_y \mathrm{d}y + F_z \mathrm{d}z) \tag{12-4}$$

式（12-3）及式（12-4）即为常用的计算力的元功及总功的公式，下面推导几种常见力的功的计算公式。

1. 重力的功

质点系在地面附近运动时，所受重力可看作是不变的。取直角坐标系 $Oxyz$ 的 z 轴铅直向上（图 12-2），则质点系中任一质点 M_i 所受的重力 $\boldsymbol{P}_i$ 在各坐标轴上的投影为 $F_{ix}=0$，$F_{iy}=0$，$F_{iz}=-P_i$，当质点系由第一位置运动到第二位置时，质点系重力 $\boldsymbol{P}$ 所做的功等于

$$W=\sum -\int_{z_{i1}}^{z_{i2}} P_i \mathrm{d}z_i=\sum P_i(z_{i1}-z_{i2})=(\sum P_i z_i)_1-(\sum P_i z_i)_2$$

但 $\sum P_i z_i=Pz_C$，其中 $P=\sum P_i$ 是整个质点系的重量，z_C 是质点系重心 C 的纵坐标。于是

$$W=P(z_{C1}-z_{C2})=\pm Ph \tag{12-5}$$

$h=|z_{C1}-z_{C2}|$，是质点系在两位置重心的高度差。就是说，**质点系所受重力的功，等于质点系的重量与其重心的高度差之乘积**。正负号依下述原则决定：当质点系重心由高处运动到低处时，取"+"号，反之取"−"号。

从式（12-5）可见，重力所做的功只与质点系重心的起始位置与终了位置的高度差有关，而与所经的路径无关。例如，在图 12-2 中，不论重心的路径为 C_1CC_2 或 $C_1C'C_2$，重力所做的功相同。

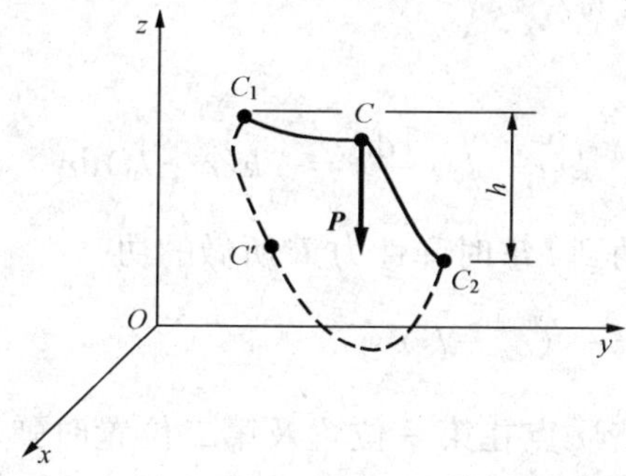

图 12-2 重力的功

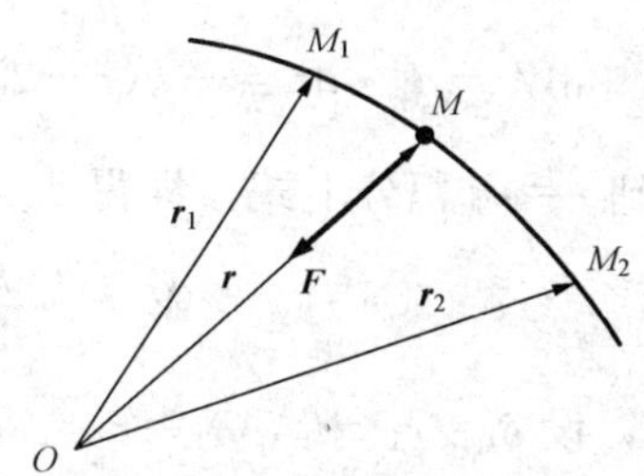

图 12-3 牛顿引力的功

2. 牛顿引力的功

设位于固定中心 O 而质量为 m_1 的物体对于质量为 m 的质点 M 作用有引力 $\boldsymbol{F}$（图 12-3），而 $\boldsymbol{F}$ 服从牛顿万有引力定律，即

$$F=G\frac{m_1 m_2}{r^2}$$

式中 r——质点 M 与引力中心点 O 的距离；

G——引力常数。

以 O 为原点，取矢径 $\boldsymbol{r}$，则

$$\boldsymbol{F}=-G\frac{m_1 m_2}{r^2}\left(\frac{\boldsymbol{r}}{r}\right)$$

于是

$$\delta W=\boldsymbol{F}\cdot \mathrm{d}\boldsymbol{r}=-G\frac{m_1 m_2}{r^2}\left(\frac{\boldsymbol{r}\cdot \mathrm{d}\boldsymbol{r}}{r}\right)$$

利用 $\boldsymbol{r}\cdot\mathrm{d}\boldsymbol{r}=\frac{1}{2}\mathrm{d}(\boldsymbol{r}\cdot\boldsymbol{r})=\frac{1}{2}\mathrm{d}r^2=r\mathrm{d}r$，从 $r=r_1$ 到 $r=r_2$ 积分上式，即得质点由 M_1 运动到 M_2 时引力 $\boldsymbol{F}$ 所做的功

$$W = Gm_1m\left(\frac{1}{r_2}-\frac{1}{r_1}\right) \tag{12-6}$$

可见，牛顿引力所做的功也只与质点的起始位置及终了位置有关，而与质点运动的路径无关。

3. 弹性力的功

设有一弹簧，一端固定于 O 点，另一端系一质点 M，如图 12-4 所示。质点运动时，弹簧将伸长或缩短，因而对质点作用一力 $\boldsymbol{F}$，称为**弹性力**。在弹性极限内，根据虎克定律，弹性力的大小是

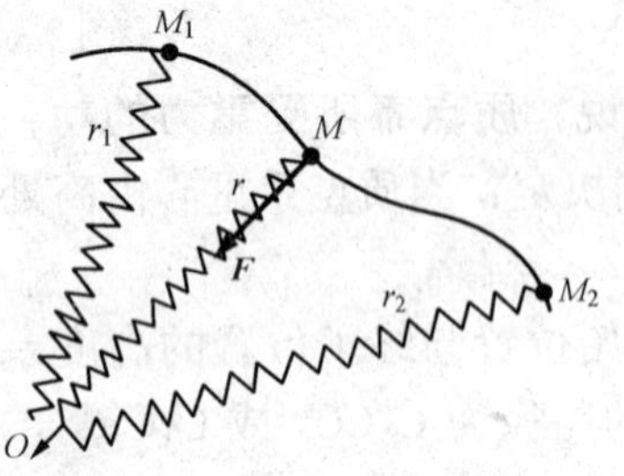

$$F = k(r-l_0)$$

式中 k——弹簧常数（或称弹簧的刚度）；

l_0——弹簧的自然长度（即未伸长或缩短时的长度）。

图 12-4 弹性力的功

弹簧伸长时，弹性力 $\boldsymbol{F}$ 指向固定点 O。以固定点为原点，取矢径 $\boldsymbol{r}$，则

$$\boldsymbol{F} = -k(r-l_0)\frac{\boldsymbol{r}}{r}$$

于是，弹性力 $\boldsymbol{F}$ 的元功为

$$\delta W = \boldsymbol{F}\cdot\mathrm{d}\boldsymbol{r} = -k(r-l_0)\frac{\boldsymbol{r}\cdot\mathrm{d}\boldsymbol{r}}{r} = -k(r-l_0)\frac{r\mathrm{d}r}{r} = -k(r-l_0)\mathrm{d}r$$

从 $r=r_1$ 到 $r=r_2$ 积分上式，即得质点由 M_1 运动到 M_2 时弹性力 $\boldsymbol{F}$ 所做的功

$$W = -\frac{k}{2}\left[(r_2-l_0)^2-(r_1-l_0)^2\right]$$

为了简便，设 $\delta_1=r_1-l_0$，$\delta_2=r_2-l_0$，分别代表质点在第一位置及第二位置时弹簧的伸长（或缩短）量，则上式成为

$$W = \frac{k}{2}(\delta_1^2-\delta_2^2) \tag{12-7}$$

由此可见，弹性力所做的功只与质点的起始及终了位置有关，而与质点运动的路径无关。

4. 作用于转动刚体的力及力偶的功

在绕 z 轴转动的刚体上的 M 点作用有一力 $\boldsymbol{F}$（图 12-5），试求刚体转动时力 $\boldsymbol{F}$ 所做的功。为此，将力 $\boldsymbol{F}$ 分解成为三个分力：平行于 z 轴的轴向力 $\boldsymbol{F}_z$，沿 M 点运动路径（圆周）的切向力 $\boldsymbol{F}_t$ 及圆周半径的径向力 $\boldsymbol{F}_r$。若刚体转动一微小角度 $\mathrm{d}\varphi$，则 M 点运动一微小弧段 $\mathrm{d}s=r\mathrm{d}\varphi$，$r$ 为 M 点与转动轴的距离。由于 $\boldsymbol{F}_z$ 及 $\boldsymbol{F}_r$ 都垂直于 M 点的运动路径，故不做功，只有切向力 $\boldsymbol{F}_t$ 做功。而切向力 $\boldsymbol{F}_t$ 的元功为

$$\delta W = F_t\mathrm{d}s = F_t r\mathrm{d}\varphi$$

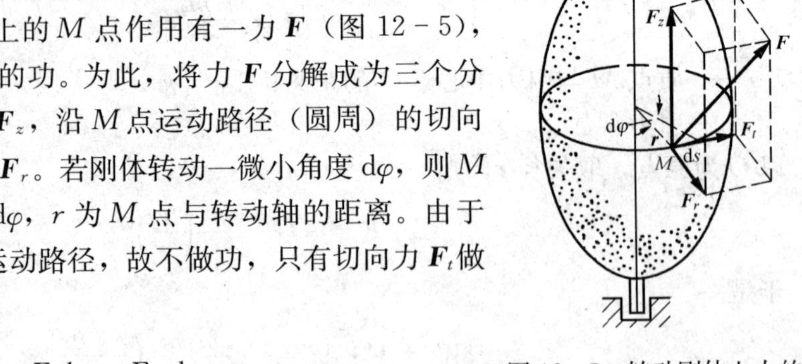

图 12-5 转动刚体上力的功

$F_t r$ 是力 $\boldsymbol{F}_t$ 对于 z 轴的矩，亦即力 $\boldsymbol{F}$ 对于 z 轴的矩（因 $\boldsymbol{F}_z$ 及 $\boldsymbol{F}_r$ 对于 z 轴的矩等于零），用 M_z 表示，则

$$\delta W = M_z \mathrm{d}\varphi$$

积分上式，从 $\varphi=\varphi_1$ 到 $\varphi=\varphi_2$，即得刚体转动一角度（即发生角位移）$\varphi_2-\varphi_1$ 时力 $\boldsymbol{F}$ 所做的功

$$W = \int_{\varphi_1}^{\varphi_2} M_Z \mathrm{d}\varphi \tag{12-8}$$

设有力偶矩为 m 的力偶作用于转动的刚体，而力偶作用面垂直于轴 z，则力偶对 z 轴的矩 $M_z=m$。于是，当刚体转动一角度 $\varphi_2-\varphi_1$ 时，力偶所做的功为

$$W = \int_{\varphi_1}^{\varphi_2} m \mathrm{d}\varphi \tag{12-9}$$

（请考虑：如力偶作用面与转动轴不垂直，应如何计算力偶的功?）

当刚体作平面运动（如车轮滚动）时，作用于刚体的力偶所做的功，可同样计算。

5. 摩擦力的功

一般情况下，摩擦力总是起着阻碍运动的作用，即摩擦力方向总与其作用点的运动方向相反，所以摩擦力做负功（有时摩擦力对某物体起着阻力的作用，而对另一物体起着主动力的作用。当摩擦力起主动力作用时，力的方向与作用点运动方向相同，则为正功），大小等于摩擦力与滑动距离之乘积。如果摩擦力作用点没有位移，即 $\mathrm{d}\boldsymbol{r}=0$ 或 $\boldsymbol{v}=0$（例如轮子在地面上只滚动不滑动的情形），则摩擦力不做功。滚动摩擦力偶的功，与一般力偶的功计算方法相同。

以上讨论了几种常见力的功。对于非自由物体，运动时还受到约束力的作用。一般常见约束的约束力，或者作用点不动（如铰支座），或者作用点只能沿着垂直于约束力的方向运动（如辊轴支座、光滑接触），因此它们的约束力都不做功。

在以上的讨论中，我们只考虑了力做功多少，却没有考虑做功是在多少时间之内完成的。而在实际工作中，常常需要计算力**在单位时间内所做的功，即功率**。通常用 P 表示功率。

设力在 Δt 时间内做的功为 ΔW，则在这段时间内的平均功率为

$$\overline{P} = \frac{\Delta W}{\Delta t}$$

令 Δt 趋近于零，则 $\overline{P}$ 趋近于某一极限值，这一极限值就是瞬时功率，通常简称功率。于是

$$P = \lim_{\Delta t \to 0} \frac{\Delta W}{\Delta t} = \frac{\boldsymbol{F} \cdot \mathrm{d}\boldsymbol{r}}{\mathrm{d}t} = \boldsymbol{F} \cdot \frac{\mathrm{d}\boldsymbol{r}}{\mathrm{d}t} = \boldsymbol{F} \cdot \boldsymbol{v} = F_t v \tag{12-10}$$

可见，**功率等于力与速度的标积，亦即等于力在速度方向上的投影与速度之乘积**。由此可见，P 一定时，F_t 越大，则 v 越小；反之，F_t 越小，则 v 越大。汽车速度所以有几“档”，就是因为汽车的功率是一定的，而在不同情况下，需要不同的牵引力，所以必须改变速度。在平地上，所需牵引力较小，速度可以大些；上坡时，所需牵引力随坡度增大而增大，所以必须“换挡”，使速度相应减小。

有时，作用于物体（如电机或水轮机的转子）的是转矩 M 而不是力。在这种情况下，可设物体在 $\mathrm{d}t$ 时间内转过角度 $\mathrm{d}\varphi$，则力矩 M 的元功是 $\delta W=M\mathrm{d}\varphi$，所以功率为

$$P = M\frac{\mathrm{d}\varphi}{\mathrm{d}t} = M\omega \tag{12-11}$$

功率的单位为瓦特，简称瓦（W），1W=1J/s=1N·m/s=1kg·m^2/s^3。

目前工程上还采用马力作为功率的单位，即

$$1\text{马力} = 75\times 9.8\text{J/s} = 735\text{W} = 735\text{N}\cdot\text{m/s}\ 。$$

机器工作时，必须输入功率。输入的功率中，一部分用于克服摩擦力之类的阻力而损耗掉，只有一部分输出成为用来做功的有效功率。输出功率与输入功率之比称为机器的机械效率，它是衡量机器质量的指标之一。用 η 表示机械效率，则

$$\eta = \text{输出功率}/\text{输入功率} \tag{12-12}$$

第二节 质点系的动能

设质点系由 n 个质点组成，其中任一质点 M_i 的质量为 m_i，在某一位置的速度为 $\boldsymbol{v}_i$，则质点 M_i 在该位置的动能为 $\frac{1}{2}m_i v_i^2$，而质点系在该位置的动能即为质点系中各质点的动能之和。用 T 表示动能，则

$$T = \sum\frac{1}{2}m_i\boldsymbol{v}_i^2 \tag{12-13}$$

由式（12-13）可知，动能是正标量，动能的单位与功的单位相同。

在计算质点系动能时，可将质点系的运动看作随同其质心的平移与相对于质心的运动的组合，据此计算动能常较为方便。

设质点系质心的速度为 $\boldsymbol{v}_C$，任一质点 M_i 相对于质心运动的速度为 $\boldsymbol{v}'_i$，则质点 M_i 的绝对速度为

$$\boldsymbol{v}_i = \boldsymbol{v}_C + \boldsymbol{v}'_i$$

于是

$$\begin{aligned} v_i^2 &= \boldsymbol{v}_i\cdot\boldsymbol{v}_i = (\boldsymbol{v}_C + \boldsymbol{v}'_i)\cdot(\boldsymbol{v}_C + \boldsymbol{v}'_i) \\ &= \boldsymbol{v}_C\cdot\boldsymbol{v}_C + \boldsymbol{v}'_i\cdot\boldsymbol{v}'_i + 2\boldsymbol{v}_C\cdot\boldsymbol{v}'_i = v_C^2 + v_i'^2 + 2\boldsymbol{v}_C\cdot\boldsymbol{v}'_i \end{aligned}$$

将上式代入式（12-13），得质点系的动能

$$T = \sum\frac{1}{2}m_i v_i^2 = \frac{1}{2}\sum m_i v_C^2 + \frac{1}{2}\sum m_i v_i'^2 + \sum m_i\boldsymbol{v}_C\cdot\boldsymbol{v}'_i$$

由 $\sum m_i v_C^2 = m v_C^2$，$\sum m_i\boldsymbol{v}_C\cdot\boldsymbol{v}'_i = \boldsymbol{v}_C\cdot\sum m_i\boldsymbol{v}'_i = \boldsymbol{v}_C\cdot m\boldsymbol{v}'_C = 0$（$\boldsymbol{v}'_C = 0$）

于是上式可写为

$$T = \frac{m v_C^2}{2} + \frac{1}{2}\sum m_i v_i'^2 \tag{12-14}$$

式（12-14）中右边第一项是质点系随同其质心平移的动能；第二项则是质点系相对于其质心运动的动能。式（12-14）所表示的关系可陈述为：**质点系的动能等于随同其质心平动的动能与相对于其质心运动的动能之和**。此结论称为**柯尼希定理**。

下面来计算刚体运动时的动能。

1. 刚体作平移

刚体平移时，在同一瞬时，所有各点的速度都等于刚体平移的速度 $\boldsymbol{v}$，因此，刚体的动

能等于

$$T=\sum\frac{1}{2}m_i v^2=\frac{v^2}{2}\sum m_i=\frac{mv^2}{2} \tag{12-15}$$

$m=\sum m_i$，为整个刚体的质量。

2. 刚体作定轴转动

设刚体绕固定轴 z 转动，角速度为 ω，则与 z 轴相距 ρ_i 的一点的速度大小为 $v_i=\rho_i\omega$，因此，刚体的动能等于

$$T=\sum\frac{1}{2}m_i v_i^2=\frac{1}{2}\sum m_i\rho_i^2\omega^2=\frac{\omega^2}{2}\sum m_i\rho_i^2=\frac{1}{2}J_z\omega^2 \tag{12-16}$$

$J_z=\sum m_i\rho_i^2$，为刚体对于 z 轴的转动惯量。

3. 刚体作平面运动

因为刚体的平面运动可以看作随同质心的平移与绕着通过质心而垂直于运动平面的轴 z' 的转动的合成，所以可利用式（12－14）求其动能。设质心速度为 $\boldsymbol{v}_C$，刚体绕 z' 转动的角速为 ω。于是，结合式（12－15）和式（12－16），即得刚体作平面运动时的动能

$$T=\frac{1}{2}mv_C^2+\frac{1}{2}J_{z'}\omega^2 \tag{12-17}$$

式中 m——刚体的质量；

$J_{z'}$——刚体对于**通过质心**而垂直于运动平面的轴的转动惯量。

第三节 动 能 定 理

一、质点系的动能定理

设质点系由 n 个质点组成，考察某质点 M_i，设其质量为 m_i，速度为 $\boldsymbol{v}_i$，作用于 M_i 的所有力的合力为 $\boldsymbol{F}_i$。将该质点的运动微分方程

$$m_i\frac{\mathrm{d}\boldsymbol{v}_i}{\mathrm{d}t}=\boldsymbol{F}_i$$

两边点乘微小位移 $\mathrm{d}\boldsymbol{r}$，得

$$m_i\frac{\mathrm{d}\boldsymbol{v}_i}{\mathrm{d}t}\cdot\mathrm{d}\boldsymbol{r}=\boldsymbol{F}_i\cdot\mathrm{d}\boldsymbol{r}$$

上式左边项可改写为 $\mathrm{d}\left(\frac{1}{2}m_i v_i^2\right)$，右边项为力 $\boldsymbol{F}_i$ 所做的元功。故有

$$\mathrm{d}\left(\frac{1}{2}m_i v_i^2\right)=\delta W_i$$

对每一个质点都可以写出这样一个方程，然后叠加得

$$\sum\mathrm{d}\left(\frac{m_i v_i^2}{2}\right)=\sum\delta W_i$$

即

$$\mathrm{d}\sum\frac{m_i v_i^2}{2}=\sum\delta W_i$$

$\sum\frac{m_i v_i^2}{2}=T$ 是质点系的动能，于是上式成为

$$\mathrm{d}T=\sum\delta W_i \tag{12-18}$$

式（12－18）为质点系**动能定理的微分形式**。将式（12－18）两边求积分，积分的上、下限对应于质点系的第二位置及第一位置，可得到

$$T_2 - T_1 = \sum W_i \tag{12-19}$$

即，**当质点系从第一位置运动到第二位置时，质点系动能的改变等于所有作用于质点系的力的功之和**。这是质点系**动能定理的积分形式**，即通常所说的**动能定理**。

应当注意，在式（12－18）及式（12－19）中，力的功包括作用于质点系的所有的力的功。如将作用于质点系的力分为主动力与约束力，则二式包括主动力与约束力的功。不过，如本章第一节中所述，对于一般常见的约束，如铰约束及辊轴支座等，对应的约束力不做功。如果质点系所受的约束都是这样的约束，则方程中只包括主动力的功。

如果将作用于质点系的力分为外力与内力，则方程中包括所有外力与内力的功。内力虽然是成对出现的，但它们的功之和一般并不等于零。例如，蒸汽机车汽缸中的蒸汽压力、自行车刹车时闸块对钢圈作用的摩擦力，对机车或自行车来说，都是内力，但它们的功之和都不等于零，所以才能使机车加速运动，使自行车减慢乃至停止运动。但是，也有一些内力的功之和等于零，下面就一般情况加以考察，具体分析。

考察质点系中的任意两质点 A、B，其矢径分别为 $\boldsymbol{r}_A$ 及 $\boldsymbol{r}_B$，如图 12－6 所示。设两质点相互作用的力（内力）为 $\boldsymbol{F}$ 及 $\boldsymbol{F}'$，显然 $\boldsymbol{F}=-\boldsymbol{F}'$。当质点 A 及 B 各发生位移 $\mathrm{d}\boldsymbol{r}_A$ 及 $\mathrm{d}\boldsymbol{r}_B$ 时，内力 $\boldsymbol{F}$ 及 $\boldsymbol{F}'$ 的功之和等于

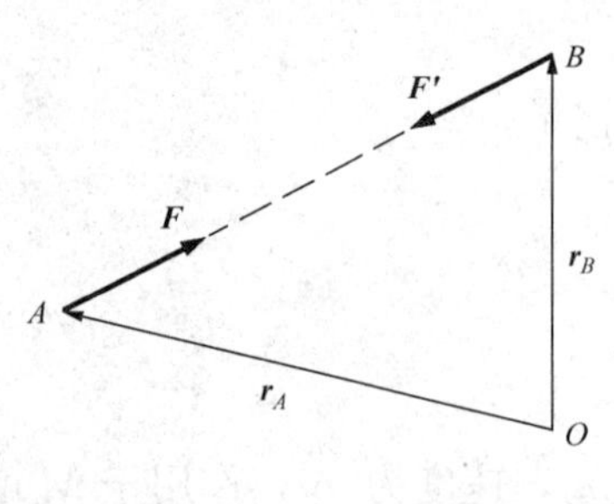

图 12－6 内力的功

$$\begin{aligned}\boldsymbol{F}\cdot\mathrm{d}\boldsymbol{r}_A + \boldsymbol{F}'\cdot\mathrm{d}\boldsymbol{r}_B &= \boldsymbol{F}\cdot\mathrm{d}\boldsymbol{r}_A - \boldsymbol{F}\cdot\mathrm{d}\boldsymbol{r}_B = \boldsymbol{F}\cdot(\mathrm{d}\boldsymbol{r}_A - \mathrm{d}\boldsymbol{r}_B)\\ &= \boldsymbol{F}\cdot\mathrm{d}(\boldsymbol{r}_A - \boldsymbol{r}_B) = \boldsymbol{F}\cdot\mathrm{d}\boldsymbol{r}_{BA}\end{aligned}$$

其中 $\boldsymbol{r}_{BA}=\boldsymbol{r}_A-\boldsymbol{r}_B$，$\mathrm{d}\boldsymbol{r}_{BA}$ 是矢量 $\boldsymbol{r}_{BA}$ 的改变，包括大小的改变和方向的改变。乘积 $\boldsymbol{F}\cdot\mathrm{d}\boldsymbol{r}_{BA}$ 一般不等于零，可见内力的功之和一般是不等于零的。但若 $\boldsymbol{r}_{BA}$ 的大小、方向都不变，则 $\mathrm{d}\boldsymbol{r}_{BA}=0$，故 $\boldsymbol{F}\cdot\mathrm{d}\boldsymbol{r}_{BA}=0$；若 $\boldsymbol{r}_{BA}$ 只改变方向而不改变大小，则 $\mathrm{d}\boldsymbol{r}_{BA}$ 垂直于 $\boldsymbol{r}_{BA}$，亦即垂直于 $\boldsymbol{F}$，因此 $\boldsymbol{F}\cdot\mathrm{d}\boldsymbol{r}_{BA}$ 也等于零。总之，只要 A、B 两点间的距离保持不变，内力的功之和就等于零。由此可知，刚体内各质点相互作用的内力所作功之和恒等于零，不可伸长的绳索内的力的功之和，连接两刚体的光滑铰处的力的功之和也等于零。所以应用动能定理时，这些力的功都不需考虑。

【例 12－1】 不可伸长的绳子，绕过半径为 r 的均质滑轮 B，一端悬挂物体 A，另一端连接于放在光滑水平面上的物块 C；物块 C 又与一端固定于墙壁的弹簧相连，如图 12－7 所示。已知物体 A 重 P_1，滑轮 B 重 P_2，物块 C 重 P_3，弹簧常数为 k，绳子与滑轮之间无滑动。设系统原来静止于平衡位置，现给 A 以向下的初速度 v_{A0}，求 A 下降一段距离 h 时的速度。滑轮轴处的摩擦不计。

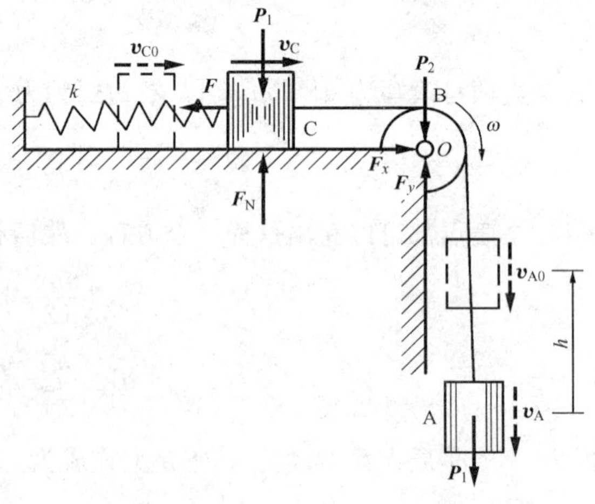

图 12－7 ［例 12－1］附图

解 本题要求的是速度大小与位置之关系，故用动能定理求解较方便。

系统在运动过程中的受力情况如图 12－7 所示，其中弹性力 $F=k(\delta_0+h)$，而 δ_0 是弹簧的静伸长，且 $k\delta_0=P_1$。在这些力中，重力 $\boldsymbol{P}_2$、$\boldsymbol{P}_3$ 及约束力 $\boldsymbol{F}_x$，$\boldsymbol{F}_y$，$\boldsymbol{F}_N$都不做功，其余的力在系统从初始位置运动到新位置时所做的功之和等于

$$W=P_1h+\frac{k}{2}[\delta_0^2-(\delta_0+h)^2]=-\frac{k}{2}h^2$$

再计算动能，因绳子不可伸长，故 $v_{C0}=v_{A0}$，$\omega_0=\frac{v_{A0}}{r}$；设物体 A 下降距离 h 时的速度为 $\boldsymbol{v}_A$，这时 C 的速度为 $\boldsymbol{v}_C$，滑轮角速度为 ω，则 $v_C=v_A$，$\omega=\frac{v_A}{r}$；而系统在两位置的动能分别是

$$T_1=\frac{P_1}{2g}v_{A0}^2+\frac{1}{2}\cdot\frac{P_2r^2}{2g}\left(\frac{v_{A0}}{r}\right)^2+\frac{P_3}{2g}v_{A0}^2=\frac{v_{A0}^2}{4g}(2P_1+P_2+2P_3)$$

$$T_2=\frac{P_1}{2g}v_A^2+\frac{1}{2}\cdot\frac{P_2r^2}{2g}\left(\frac{v_A}{r}\right)^2+\frac{P_3}{2g}v_A^2=\frac{v_A^2}{4g}(2P_1+P_2+2P_3)$$

据动能定理 $T_2-T_1=W$，解得

$$v_A=\sqrt{\frac{v_{A0}^2-2kgh^2}{2P_1+P_2+2P_3}}$$

【例 12－2】 位于水平面内的行星机构中，曲柄 OO_1 受力矩作用而绕固定铅直轴 O 转动，并带动齿轮 O_1 在固定水平齿轮 O 上滚动，如图 12－8 所示。设曲柄 OO_1 为均质杆，长 l，重 P_1；齿轮 O_1 为均质圆盘，半径为 r，重 P_2。设轮曲柄由静止开始转动，试求曲柄运动到任一位置的角速度、角加速度。

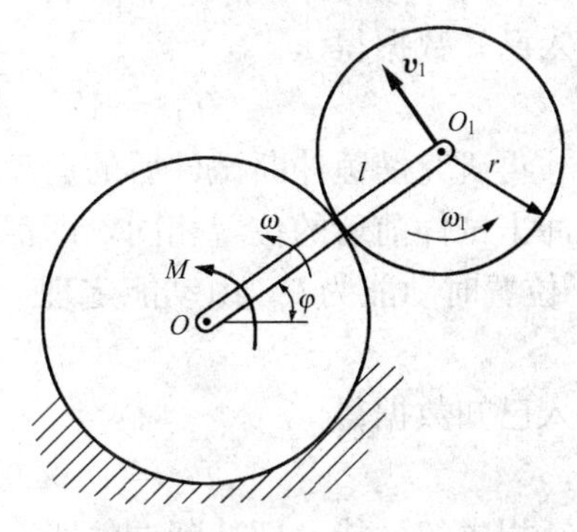

图 12－8 ［例 12－2］附图

解 本题用动能定理求解角速度很方便。而于角加速度，只要把得到的角速度方程对时间求导即可求得。

开始时，整个系统处于静止，所以 $T_1=0$。

当曲柄转过任一角 φ 时，设曲柄角速度为 ω，动齿轮中心 O_1 的速度为$\boldsymbol{v}_1$，动齿轮转动的角速度为 ω_1，则系统在此位置时的动能为

$$T_2=\frac{1}{2}\frac{P_1l^2}{3g}\omega^2+\frac{1}{2}\frac{P_2}{g}v_1^2+\frac{1}{2}\frac{P_2r^2}{2g}\omega_1^2$$

因为 $v_1=l\omega$，$\omega_1=\frac{v_1}{r}=\frac{l}{r}\omega$，所以可将动能 T_2 表示为 ω 的函数

$$T_2=\frac{2P_1+9P_2}{12g}l^2\omega^2$$

在作用于系统的力及力偶中，重力及所有的约束力（图中未画出）都不做功，只有转矩 M 做功，其值为 $W=M\varphi$。于是，由动能定理有

$$\frac{2P_1+9P_2}{12g}l^2\omega^2=M\varphi \qquad ①$$

由此解得

$$\omega=\frac{2}{l}\sqrt{\frac{3gM\varphi}{2P_1+9P_2}}$$

将式①对 t 求导数，并注意 $\frac{d\omega}{dt}=\alpha$，$\frac{d\varphi}{dt}=\omega$，从而求得

$$\alpha=\frac{6gM}{(2P_1+9P_2)l^2}$$

【例 12-3】 材料抗冲击的能力可由冲击试验机测定，如图 12-9 所示。试验机摆锤质量为 18kg，重心到转轴的距离 $l=84$cm，杆重不计。实验开始时将摆锤抬至 $\varphi_1=70°$位置后释放，转至铅直位置冲击试件，试件断裂后，摆锤上升至 $\varphi_2=29°$的位置。求冲断试件需用的能量。

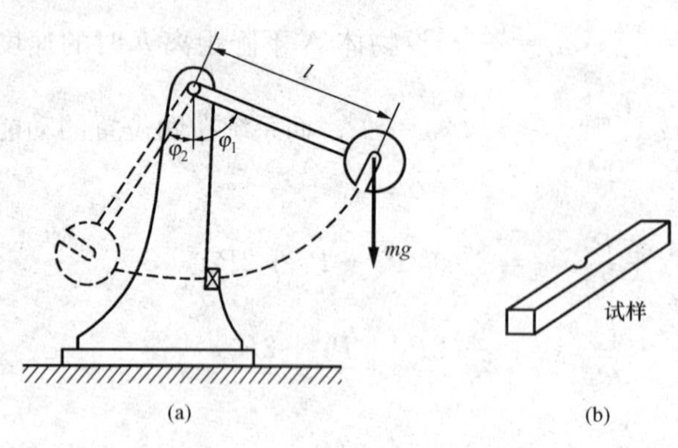

图 12-9 ［例 12-3］附图

解 摆锤冲击试件前后的角速度发生了显著的变化，其减少的动能被试件吸收，即为冲击试件所需的能量。

先研究冲击前摆锤的运动过程。摆锤初始动能为 0，设摆锤转至铅直位置（冲击前瞬时）的动能为 T_1，则由动能定理

$$T_1-0=mgl(1-\cos\varphi_1)$$

代入已知数据得

$$T_1=18\times9.8\times0.84\times(1-\cos70°)=97.5\text{J}$$

再研究摆锤冲断试件后的运动。由于冲击是在击断时间内完成，所以可以近似认为摆锤在冲击试件前后的位置相同，即都在铅直位置。设摆锤冲击后具有的动能为 T_2，摆至 $\varphi_2=29°$位置时动能为 0。由动能定理

$$0-T_2=-mgl(1-\cos\varphi_2)$$

代入已知数据得

$$T_2=18\times9.8\times0.84\times(1-\cos29°)=18.58\text{J}$$

摆锤损失的动能，即冲断试件所需的能量 W_k 为

$$W_k=T_1-T_2=78.92\text{J}$$

设试件冲击处最小横截面面积为 A，在材料力学中定义 $\alpha_k=W_k/A$ 为材料的冲击韧度，它是衡量材料抗冲击能力的一个指标。

二、功率方程

将动能定理的微分形式（12-18）改写成

$$dT=\sum\boldsymbol{F}_i\cdot d\boldsymbol{r}_i=\sum\boldsymbol{F}_i\cdot\boldsymbol{v}_i dt$$

两边除以 dt，注意 $\boldsymbol{F}_i\cdot\boldsymbol{v}_i=P_i$是功率，于是

$$\frac{dT}{dt}=\sum P_i \tag{12-20}$$

式（12-20）称为功率方程。

式（12-20）右边包括所有作用于质点系的力的功率。就机器而言，包括：输入功率，即作用于机器的主动力（如电机的转矩）的功率；输出功率，即有用阻力（如机床加工时工件作用于机床的力）的功率；损耗功率，即无用阻力（如摩擦力）的功率。后两项显然应取

负值。分别用 P_i，P_o，P_l 代表三种功率，则式（12-20）可改写为

$$\frac{\mathrm{d}T}{\mathrm{d}t}=P_i-P_o-P_l \tag{12-21}$$

式（12-21）是机器的功率方程，它表明机器动能的变化与各种功率之关系。机器起动时，$\frac{\mathrm{d}T}{\mathrm{d}t}>0$，$P_i>P_o+P_l$；平稳运转动，$\frac{\mathrm{d}T}{\mathrm{d}t}=0$，$P_i=P_o+P_l$；停车时（关闭电动机），$P_i=0$，如机器同时停止工作，则 $P_0=0$，$\frac{\mathrm{d}T}{\mathrm{d}t}<0$，此时机器受到无用阻力的作用而逐渐停止运转。

三、质点相对运动的动能定理

将质点相对运动微分方程式（9-7）改写为

$$m\frac{\tilde{\mathrm{d}}\boldsymbol{v}_{\mathrm{r}}}{\mathrm{d}t}=\boldsymbol{F}+\boldsymbol{F}_{\mathrm{Ie}}+\boldsymbol{F}_{\mathrm{IC}} \qquad ①$$

其中$\frac{\tilde{\mathrm{d}}\boldsymbol{v}_{\mathrm{r}}}{\mathrm{d}t}$是$\boldsymbol{v}_{\mathrm{r}}$在动坐标系中对时间 t 的改变率，称为对 t 的相对导数。将这方程的两边投影到相对轨迹的切线上，得到自然轴系形式的相对运动微分方程

$$m\frac{\tilde{\mathrm{d}}v_{\mathrm{r}}}{\mathrm{d}t}=F_{\mathrm{t}}+F_{\mathrm{Ie}}^{\mathrm{t}}+F_{\mathrm{IC}}^{\mathrm{t}} \qquad ②$$

将式②两边分别乘以 $v_{\mathrm{r}}\mathrm{d}t=\mathrm{d}s'$（其中 s' 是相对运动弧坐标），得

$$mv_{\mathrm{r}}\tilde{\mathrm{d}}v_{\mathrm{r}}=F_{\mathrm{t}}\mathrm{d}s'+F_{\mathrm{Ie}}^{\mathrm{t}}\mathrm{d}s'+F_{\mathrm{IC}}^{\mathrm{t}}\mathrm{d}s' \qquad ③$$

式③左边 $mv_{\mathrm{r}}\tilde{\mathrm{d}}v_{\mathrm{r}}=\tilde{\mathrm{d}}\left(\frac{mv_{\mathrm{r}}^2}{2}\right)$，是质点在相对运动中的动能，而右边各项是作用于质点的力 $\boldsymbol{F}$ 及惯性力 $\boldsymbol{F}_{\mathrm{Ie}}$ 和 $\boldsymbol{F}_{\mathrm{IC}}$ 在相对运动中的元功。由于 $\boldsymbol{F}_{\mathrm{IC}}$ 垂直于 $\boldsymbol{v}_{\mathrm{r}}$（因 $\boldsymbol{a}_{\mathrm{C}}\perp\boldsymbol{v}_{\mathrm{r}}$），即与相对运动轨迹相垂直，所以 $\boldsymbol{F}_{\mathrm{IC}}$ 的元功等于零，这样，式③就成为

$$\tilde{\mathrm{d}}\left(\frac{mv_{\mathrm{r}}^2}{2}\right)=\delta W+\delta W_{\mathrm{e}} \tag{12-22}$$

沿相对轨迹积分，得

$$\frac{1}{2}mv_{\mathrm{r2}}^2-\frac{1}{2}mv_{\mathrm{r1}}^2=W+W_{\mathrm{e}} \tag{12-23}$$

即，**质点在相对运动中的动能的改变，等于作用于质点的力及牵连惯性力在相对位移中的功之和。**

【例 12-4】 光滑细管 AB，弯成半径为 R 的半圆形，以匀角速 ω 绕铅直轴 z 转动，如图 12-10 所示。质量为 m 的质点 M 自初位置 M_0 开始，沿管向下运动，且 $v_{\mathrm{r0}}=0$，求 $\boldsymbol{v}_{\mathrm{r}}$ 随位置变化的规律。

解 用角 φ 表示质点相对管的位置，初瞬时，$\varphi=\varphi_0$。因求 $\boldsymbol{v}_{\mathrm{r}}$ 与位置 φ 之关系，故用质点相对运动动能定理求解。首先计算 W 及 W_{e}。

实际作用于质点的力有重力及管壁的约束力。但管壁约束力始终与相对路径垂直，不做功，而重力所做的功是

$$W=mg(R\cos\varphi_0-R\cos\varphi)$$

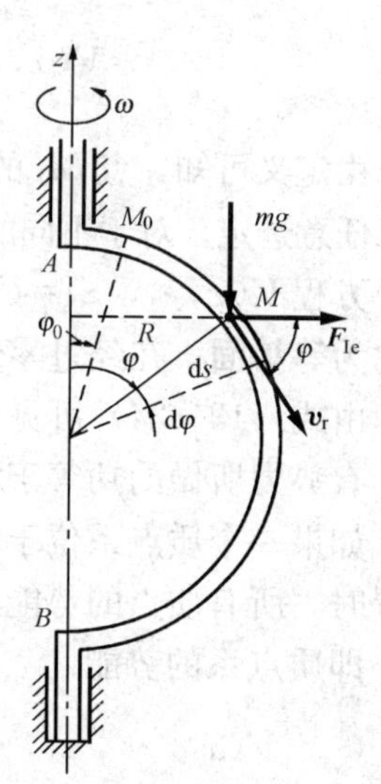

图 12-10 [12-4] 附图

牵连惯性力的功是

$$W_e=\int F_{Ie}\cos\varphi \mathrm{d}s=\int_{\varphi_0}^{\varphi} m(R\sin\varphi)\omega^2\cos\varphi\cdot R\mathrm{d}\varphi=\frac{m}{2}R^2\omega^2(\sin^2\varphi-\sin^2\varphi_0)$$

又 $v_{r0}=0$，于是由式（12－23）有

$$\frac{1}{2}mv_r^2=mgR(\cos\varphi_0-\cos\varphi)+\frac{m}{2}R^2\omega^2(\sin^2\varphi-\sin^2\varphi_0)$$

解得
$$v_r=\sqrt{2gR(\cos\varphi_0-\cos\varphi)+R^2\omega^2(\sin^2\varphi-\sin^2\varphi_0)}$$

第四节 势力场和势能 机械能守恒定律

一、势力场

设有一空间（有限大或无限大），当质点占据其中一定的位置时，就受到一个力的作用，而这个力的大小和方向决定于质点在此空间所处的位置，则这部分空间称为**力场**。例如，在地面附近，质点受到重力作用，而重力的大小和方向完全决定于质点的位置，所以重力在地面附近形成一个力场，常称为**重力场**。用弹簧系住一质点，当质点运动时会受到弹性力的作用，而弹性力的大小和方向也完全决定于质点的位置，所以弹性力在弹性极限内弹簧所能达到的这部分空间形成**弹性力场**。

当质点在力场中运动时，如果作用于质点的力所做的功只与质点的起始位置及终了位置有关，而与质点运动的路径无关，则该力场称为**势力场**。质点在势力场中所受的力称为**有势力**。由本章第一节可知重力、万有引力及弹性力的功都与质点运动路径无关，所以这些力都是有势力，对应的力场都是势力场。

二、势能

在势力场中，质点从 M 点运动到任意选定的点 M_0 时，有势力所做的功称为质点在 M 位置相对于 M_0 位置的**势能**，也可称为**位能**，用 V 来表示

$$V(x,y,z)=W_{M\to M_0}=\int_M^{M_0}(F_x\mathrm{d}x+F_y\mathrm{d}y+F_z\mathrm{d}z) \tag{12-24}$$

由定义可知，点 M_0 的势能等于零，称为**零势能点**。它是计算其他位置势能的参考位置，可以任意选定。对于不同的零势能点，势力场中同一点的势能也将不同，所以势能是相对的。

方程 $V(x,y,z)=C$ 代表一个面，不论质点位于该面上任何位置，势能都相同，此平面称为**等势面**。在经过零势能点的等势面上各点，势能都是零。

由式（12－24）可见，当质点沿一条闭合的路径曲线运动一周（由 M 出发又回到 M）时，有势力所做的功等于零。所以有势力也称为**保守力**，势力场也称为**保守力场**。

如果一个质点系位于势力场中，则每一质点都受到有势力的作用；而当质点系位于某一位置时，所有质点的势能之总和就是质点系在该位置的势能，它必将是各质点位置坐标的函数，即质点系的势能

$$V(x_1,y_1,z_1,\cdots,x_n,y_n,z_n)=\sum\int_{M_i}^{M_0}(F_{ix}\mathrm{d}x_i+F_{iy}\mathrm{d}y_i+F_{iz}\mathrm{d}z_i) \tag{12-25}$$

下面计算质点或质点系在几种常见的势力场中的势能。

1. 重力场

任取一坐标原点，z 轴铅直向上，由式（12－5）可得质点系在任一位置的势能

$$V=P(z_C-z_{C0})=\pm Ph \tag{12-26}$$

其中 z_C 及 z_{C0} 分别为质点系在给定位置及零位置时重心的坐标；$h=|z_C-z_{C0}|$ 是在两位置时重心的高度差。正负号视给定位置重心在零位置重心的上下而定。由此可见，重力场中的等势面是水平面。

2. 万有引力场

以与引力中心相距 r_0 处为零位置，则由式（12－6）可得质点在与引力中心相距 r 处时的势能

$$V=Gm_1m\left(\frac{1}{r_0}-\frac{1}{r}\right) \tag{12-27}$$

3. 弹性力场

以弹簧自然长度末端为零势能位置，质点在指定位置时弹簧的伸长（或缩短）量为 δ，于是由式（12－7），令 $\delta_1=\delta$，$\delta_2=0$，得质点在指定位置的势能

$$V=\frac{k\delta^2}{2} \tag{12-28}$$

应指出，这里虽然只以弹簧为例，事实上，任何弹性体变形时都具有势能，而且线性弹性体计算势能的公式都与式（12－28）相似。例如，设一弹性杆的扭转刚度（扭转一弧度所需的力矩）为 k（N·m/rad），则在扭转角为 φ（rad）处，该杆的势能（以扭转角 $\varphi=0$ 的位置为零位置）为 $V=\frac{k\varphi^2}{2}$。

三、用势能对坐标的偏导数表示有势力

质点势能函数 $V(x, y, z)$ 的微分（微小量）可表示为

$$dV=\frac{\partial V}{\partial x}dx+\frac{\partial V}{\partial y}dy+\frac{\partial V}{\partial z}dz \tag{①}$$

而由式（12－24）可知

$$dV=-(F_x dx+F_y dy+F_z dz) \tag{②}$$

比较上两式可知

$$F_x=-\frac{\partial V}{\partial x},\ F_y=-\frac{\partial V}{\partial y},\ F_z=-\frac{\partial V}{\partial z} \tag{12-29}$$

相似地，对于质点系则有

$$F_{ix}=-\frac{\partial V}{\partial x_i},\ F_{iy}=-\frac{\partial V}{\partial y_i},\ F_{iz}=-\frac{\partial V}{\partial z_i} \tag{12-30}$$

式中 F_{ix}，F_{iy}，F_{iz}——作用于质点 M_i 的有势力的投影。

以上两式表明，**质点的有势力在各坐标轴上的投影，等于势能对于相应坐标的偏导数冠以负号。**

四、机械能守恒定律

设质点系运动时只受到有势力的作用（或同时受到不做功的约束力的作用），当质点系从第一位置运动到第二位置时，根据动能定理应有

$$T_2-T_1=W \tag{①}$$

但
$$W=\sum\int_{M_{i1}}^{M_{i2}}(F_{ix}\mathrm{d}x_i+F_{iy}\mathrm{d}y_i+F_{iz}\mathrm{d}z_i)\qquad ②$$

考虑到有势力所做的功与其作用点运动的路径无关，则可以认为 M_{i1} 到 M_{i2} 的路径与先从 M_{i1} 运动到势能零位置 M_{i0}，再运动到 M_{i2} 的路径一致，于是式②可写为

$$\begin{aligned}W&=\sum\int_{M_{i1}}^{M_{i0}}(F_{ix}\mathrm{d}x_i+F_{iy}\mathrm{d}y_i+F_{iz}\mathrm{d}z_i)+\sum\int_{M_{i0}}^{M_{i2}}(F_{ix}\mathrm{d}x_i+F_{iy}\mathrm{d}y_i+F_{iz}\mathrm{d}z_i)\\&=\sum\int_{M_{i1}}^{M_{i0}}(F_{ix}\mathrm{d}x_i+F_{iy}\mathrm{d}y_i+F_{iz}\mathrm{d}z_i)-\sum\int_{M_{i2}}^{M_{i0}}(F_{ix}\mathrm{d}x_i+F_{iy}\mathrm{d}y_i+F_{iz}\mathrm{d}z_i)\\&=V_1-V_2\end{aligned}$$

代入式①，得

$$T_1+V_1=T_2+V_2\qquad(12-31)$$

由此可知，**质点系受有势力作用而运动时，在任意两位置的动能与势能之和相等**，因为此定理对于任意两位置都成立，所以一般可写为

$$T+V=\text{常量}\qquad(12-32)$$

即**质点系在势力场中运动时，其动能与势能之和保持不变**。因为动能和势能都是机械能，而质点系的动能与势能之和称为质点系的机械能，所以该结论称为**机械能守恒定理**。

根据这一定理，质点系在势力场中运动时，动能与势能可以互相转换。动能的减少（或增加），必然伴随着势能的增加（或减少），而且减少和增加的量相等，机械能保持不变，这样的系统称为**保守系统**。机械能守恒定理是能量守恒的一个特殊情况，能量守恒是自然界的普遍原理，故机械能守恒定理有时也直接称为机械能守恒定律。

能量守恒定律表明，能量不会消失，也不能被创造，而只能从一种形式转换为另一种形式。如运动着的物体由于受摩擦阻力的作用而减小速度，是动能转换成了热能；水流冲击水轮机带动发电机发电，是动能转换成了电能；电动机带动机器运转，则是电能转换成了机械能等等。

第五节 普遍定理的综合应用

从前面各章节关于普遍定理的讨论可以看出，各定理研究的都是物体（质点系）运动的变化与所受的力之间的关系，但每一定理又只反映了这种关系的一个方面。这表明它们既有共性，又各有其特殊性。例如，动量定理和动量矩定理都是既反映速度大小的变化，又反映速度方向的变化，而动能定理则只反映速度大小的变化；动量定理和动量矩定理涉及所有外力（包括约束力），却与内力无关，而动能定理则涉及所有做功的力（不论是内力、外力）等等，这些都是特殊性的反映。前面各章节中所举的一些例子，有些可用不同的定理求解，这是各定理共性的表现；而有些只能用某一定理求解，则是各自特殊性的表现。一般来说，在求解具体问题时，应根据质点系的受力情况、约束情况、给定的条件及所求的未知量等，判定应用某一定理求解最为简捷。有时应用恰当的定理可避免求解多个未知量；但也正因为如此，只用某一定理，往往不可能求得问题的全部解答。例如，应用动能定理可以方便地求出物体在两个位置的速度大小变化，但一般不能确定速度的方向，也不能确定中间的运动过程；因为不考虑不做功的约束力，自然也就不能用来求解约束力。有的问题甚至不能单独应用某一定理求解，而必须同时并用其他定理才能求解。因此，我们必须首先对各定理有透彻的了解，弄清楚何种问题宜用何种定理求解（请读者自己根据各定理特点作一小结）。

【例 12-5】 绕在鼓轮 C 上的绳子，分别连结物块 A 及 B，如图 12-11（a）所示。已知 A、B、C 的质量分别为 m_1、m_2、m_3，鼓轮对转动轴的惯性半径为 ρ，绳子通过 B 的质心。所有的摩擦都不计。求物块 A 的加速度及轮轴 O 处的约束力。

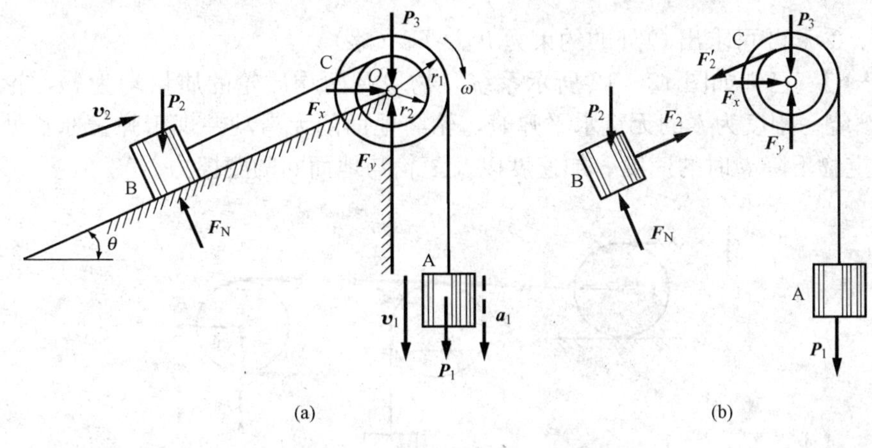

图 12-11 ［例 12-5］附图

解　系统受力如图 12-11（a）所示，求 A 的加速度有以下几种方法：1）应用动能定理或机械能守恒定理求出 A 在任一位置的速度 $\boldsymbol{v}_1$，对 t 求导数，即得加速度 a_1；2）对 O 点应用动量矩定理可求得 a_1；3）将 A、B、C 三物体分开考虑，分别写出动力学方程，并找出各有关未知量之间的关系，联立求解。（请考虑，为什么不能用动量定理求 a_1？）。下面采用第 2）种方法求解，第 1）、3）两种解法，请读者自己完成，并将三种方法进行比较。

取整个系统作为考察对象，并以鼓轮中心 O 为矩心，应用动量矩定理。因 $v_2=\dfrac{v_1 r_2}{r_1}$，$\omega=\dfrac{v_1}{r_1}$，所以动量矩和力矩分别为

$$L_O=-m_1 v_1 r_1-\frac{m_2 v_1 r_2^2}{r_1}-\frac{m_3\rho^2 v_1}{r_1}$$

$$\sum M_{o_i}^{\mathrm{E}}=-P_1 r_1+P_2\sin\theta\cdot r_2$$

于是，由 $\dfrac{\mathrm{d}L_O}{\mathrm{d}t}=\sum M$ 求得

$$a_1=\frac{\mathrm{d}v_1}{\mathrm{d}t}=\frac{r_1(m_1 r_1-m_2 r_2\sin\theta)}{m_1 r_1^2+m_2 r_2^2+m_3\rho^2}g$$

（如物块 B 与斜面之间有摩擦，需计入上摩擦力 $\boldsymbol{F}$。因 $\boldsymbol{F}$ 通过 O，对 O 的矩是零，按上面的方法计算，将得到与无摩擦时相同的结果，这显然是错误的。请考虑：错在哪里？由此得出什么结论？）

求得 a_1 后，可用以下几种方法求轮轴 O 处的约束力 $\boldsymbol{F}_x$，$\boldsymbol{F}_y$：①对整个系统应用质心运动定理（此时 $F_{\mathrm{N}}=P_2\cos\theta$ 作为已知的）；②分别以 B、A 和 C 作为考察对象，应用质心运动定理；③分别写出三个物体的动力学方程，等等。下面采用第②种方法求解，其他方法请读者自己完成。

以 B 作为考察对象，有

$$m_2\frac{a_1}{r_1}r_2=F_2-P_2\sin\theta \qquad ①$$

以 A 和 C 作为考察对象，有

$$m_1 \cdot 0 + m_2 \cdot 0 = F_x - F'_2\cos\theta \qquad ②$$

$$-m_1 a_1 + m_3 \cdot 0 = -P_1 - P_3 + F_y - F'_2\sin\theta \qquad ③$$

由式①、②和③可求出 O 处的约束力 F_x、F_y（略）。

【例 12-6】 已知如图 12-12 所示系统，物块及两均质轮的质量均为 m，轮半径均为 R。滚轮上缠绕一刚度为 k 的无重水平弹簧，轮与地面间无滑动。现于弹簧原长处自由释放重物。试求重物下降 h 时的速度、加速度以及滚轮与地面间的摩擦力。

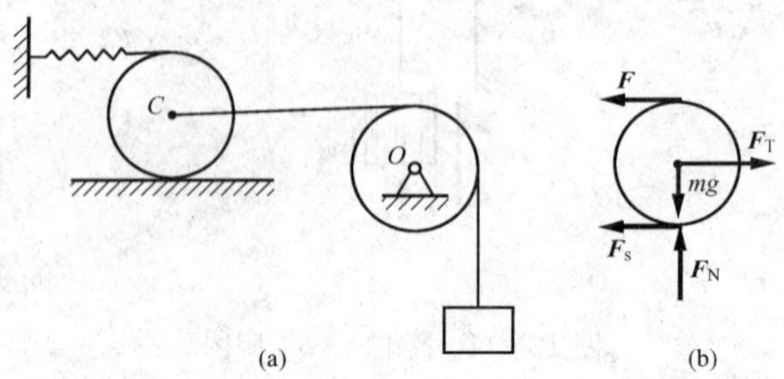

图 12-12 ［例 12-6］附图

解 求物块在运动过程中的速度，用动能定理较为方便。系统初始时动能为零，设物块下降 h 时的速度为 v，则两轮的角速度皆为 $\omega=v/R$，系统动能为

$$T = \frac{1}{2}mv^2 + \frac{1}{2}\cdot\frac{1}{2}mR^2\omega^2 + \frac{1}{2}(mv^2 + \frac{1}{2}mR^2\omega^2) = \frac{3}{2}mv^2$$

做功的力有重力和弹性力，做功和为

$$W = mgh - \frac{1}{2}k(2h)^2 = mgh - 2kh^2$$

由动能定理

$$\frac{3}{2}mv^2 - 0 = mgh - 2kh^2 \qquad ①$$

求得重物速度

$$v = \sqrt{\frac{2(mg-2kh)h}{3m}}$$

在求出速度 v 与下降距离 h 之间的关系后，可以通过求导得出加速度。为方便，对式①两边对时间求导得

$$3mv\frac{\mathrm{d}v}{\mathrm{d}t} = (mg-4kh)\frac{\mathrm{d}h}{\mathrm{d}t}$$

从而求得重物加速度

$$a = \frac{g}{3} - \frac{4kh}{3m}$$

为求地面摩擦力，取滚轮研究，受力分析见图 12-12（b）所示，其中弹簧力 $F=2kh$。

由对质心的动量矩定理得

$$\frac{\mathrm{d}}{\mathrm{d}t}\left(\frac{1}{2}mR^2\cdot\frac{v}{R}\right)=(F_s-F)R \qquad ②$$

求得地面摩擦力

$$F_s=F+\frac{1}{2}ma \qquad ③$$

代入 F 和 a 的值，得地面摩擦力

$$F_s=\frac{mg}{6}+\frac{4}{3}kh$$

本题的求解也可以先分别对两轮和物块建立相应的动力学微分方程，求得加速度，然后通过积分求得速度，读者不妨一试。

思　考　题

12－1　分析下述论点是否正确：

(1) 力的功总是等于 $Fs\cos(\boldsymbol{F},\boldsymbol{S})$；

(2) 力偶的功的正负号取决于力偶的转向，逆时针转为正，顺时针转为负；

(3) 弹性力的功总是等于 $-\frac{k}{2}\delta^2$，δ 是弹簧的伸长或缩短量；

(4) 元功 $\delta W=F_x\mathrm{d}x+F_y\mathrm{d}y+F_z\mathrm{d}z$，在直角坐标 x，y，z 轴上的投影分别为 $F_x\mathrm{d}x$，$F_y\mathrm{d}y$，$F_z\mathrm{d}z$；

(5) 如图 12－13 所示，楔块 A 向右移动速度为 v_1，质量为 m 的物块 B 沿斜面下滑，相对于楔块的速度为 v_2，故物块的动能为 $\frac{m}{2}v_1^2+\frac{m}{2}v_2^2$。

12－2　质量为 m 的均质圆盘作平面运动如图 12－14 所示，不论轮子有无滑动，它的动能总是等于 $\frac{1}{2}J_I\omega^2$，此种说法是否正确？（J_I 为圆盘对通过圆盘与地面接触点 I 而垂直于图平面的轴的惯矩）。

12－3　已知如图 12－15 所示弹簧的自然长度为 OA，弹簧常数为 k，使 O 端固定，A 端沿半径为 R 的圆弧运动，求在由 A 到 B 及由 B 到 D 的过程中弹性力所做的功。

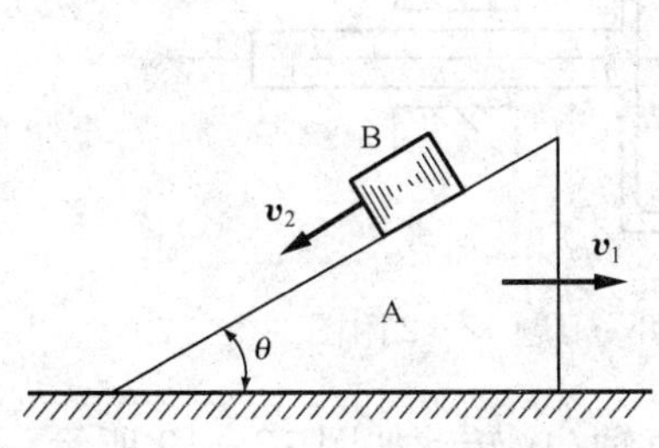

图 12－13　思考题 12－1 附图

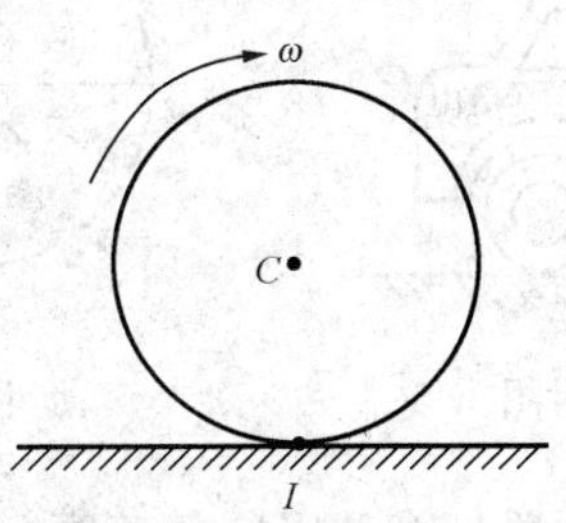

图 12－14　思考题 12－2 附图

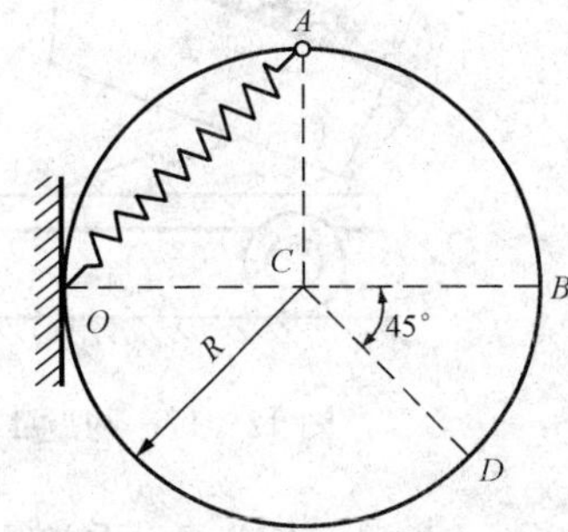

图 12－15　思考题 12－3 附图

12-4 质点在常力 $\boldsymbol{F}=3\boldsymbol{i}+4\boldsymbol{j}+5\boldsymbol{k}$ 作用下运动，其运动方 $x=2+t+\frac{3}{4}t^2$，$y=t^2$，$z=t+\frac{5}{4}t^2$（F 以 N 计，x、y、z 以 m 计，t 以 s 计）。求在 $t=0$ 至 $t=2$s 时间内 $\boldsymbol{F}$ 所做的功。

12-5 设质点系所受外力的主矢量和主矩都等于零。试问该质点系的动量、动量矩、动能、质心的速度和位置是否会改变？质点系中各质点的速度和位置是否会改变？

12-6 杆 AB 铰连于小滑轮中心，从图 12-16（a）、（b）所示的位置自静止运动。试判断：在（a）、（b）两种情况下，杆 AB 各做何种运动。小滑轮质量不计。

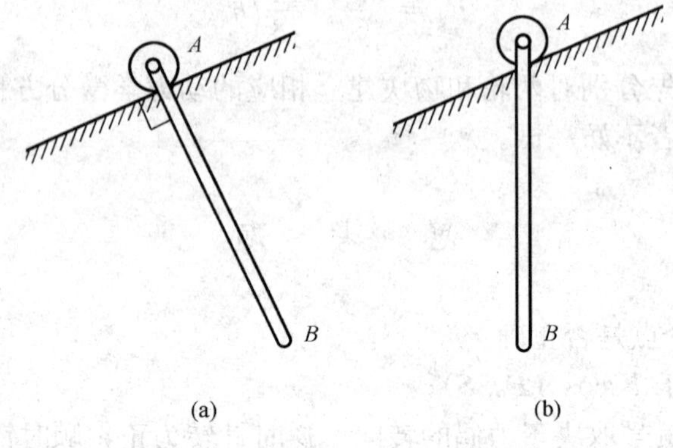

图 12-16 思考题 12-6 附图

习 题

12-1 已知如图 12-17 所示，汽车上装有一可翻转车厢，内装有 5m^3 的砂石，砂石的容重为 2.3t/m^3，车厢装砂石后重心 B 与翻转轴 A 之水平距离为 1m。如欲使车厢绕 A 轴翻转的角速度为 0.05rad/s，问所需的最大功率为多少？

12-2 滑道连杆机构之曲柄长为 r，以匀角速 ω 绕 O 轴转动如图 12-18 所示，曲柄对转动轴的转动惯量等于 J_O，滑道连杆之质量为 m，不计滑块 A 的质量，试求此机构之动能，并求 φ 为多大时，动能有最大值与最小值？

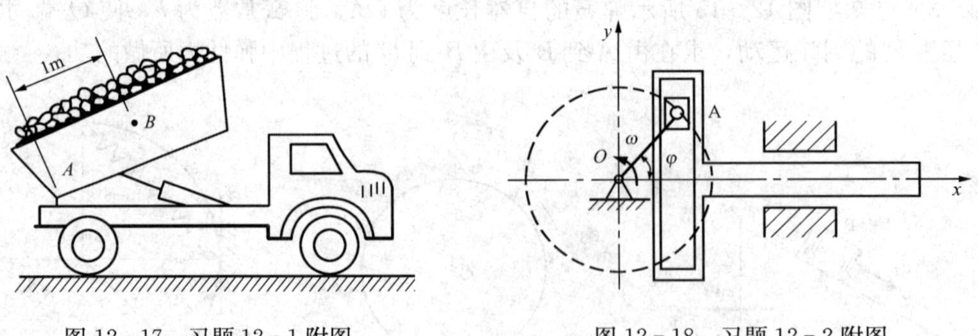

图 12-17 习题 12-1 附图　　图 12-18 习题 12-2 附图

12-3 长为 l、重为 P 的均质杆 OA 以匀角速度 ω 绕铅直轴 Oz 转动如图 12-19 所示，杆与 O_Z 轴的夹角 β 保持不变，求杆 OA 的动能。

12－4 履带式推土机前进速度为$\boldsymbol{v}$如图 12－20 所示。已知车架总重W_1，两条履带各重W_2，四轮各重W_3，半径为R，其惯性半径为ρ。试求整个系统的动能。

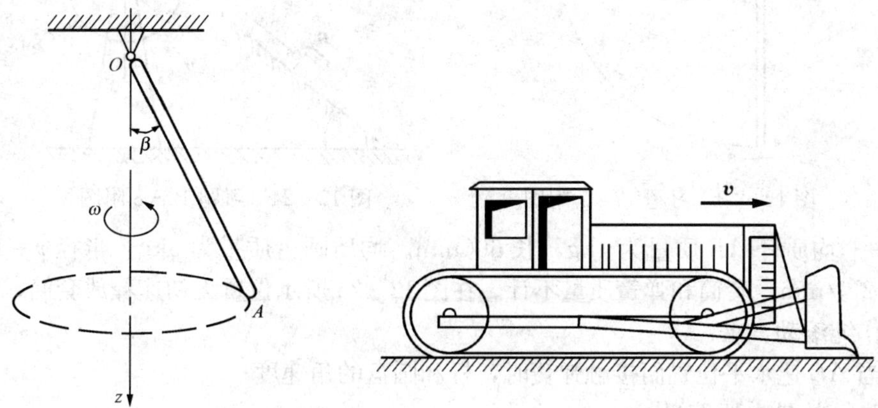

图 12－19 习题 12－3 附图　　图 12－20 习题 12－4 附图

12－5 铁链长为l，放在光滑的桌面上，由桌边下垂一长度a如图 12－21 所示 。由于下垂段的作用，铁链自静止开始运动，求铁链全部离开桌面时的速度。

12－6 已知如图 12－22 所示升降机带轮 C 上作用一转矩M；提升重物 A 的重量为P_1；平衡锤 B 的重量为P_2；带轮 C 及 D 的半径为r，重量各为P_3，均为均质圆柱体，传送带的质量忽略不计，求重物 A 的加速度。

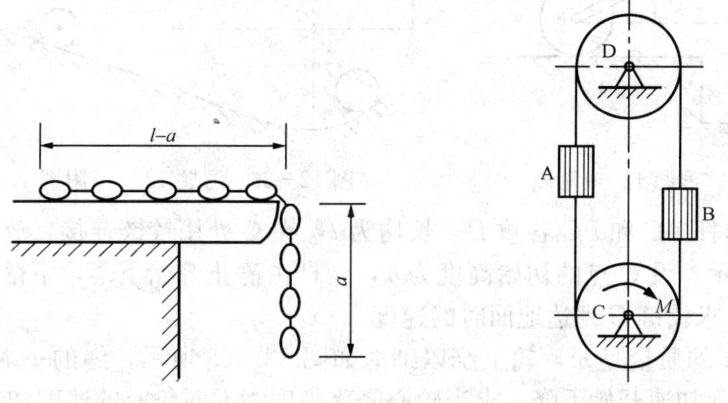

图 12－21 习题 12－5 附图　　图 12－22 习题 12－6 附图

12－7 均质细杆质量为m，长度为l，可绕水平轴转动，如图 12－23 所示。

（1）为使杆能从铅直位置转到水平位置，杆在铅直位置的初角速度ω_0至少应有多大？

（2）若杆在铅直位置获得初角速度$\omega_0=\sqrt{6g/l}$，求杆在初始铅直位置和通过水平位置的瞬时O轴处的约束力。

12－8 一不变转矩M作用在绞车的鼓轮上，轮的半径为r，重量为P_1如图 12－24 所示，绕在鼓轮上的吊索拉动重P的重物沿着与水平成θ角的斜面上升。重物对斜面的滑动摩擦因数是f，吊索的质量不计，鼓轮可看成均质圆柱。开始时该系统为静止状态。求绞车的鼓轮在转过φ弧度后的角速度。

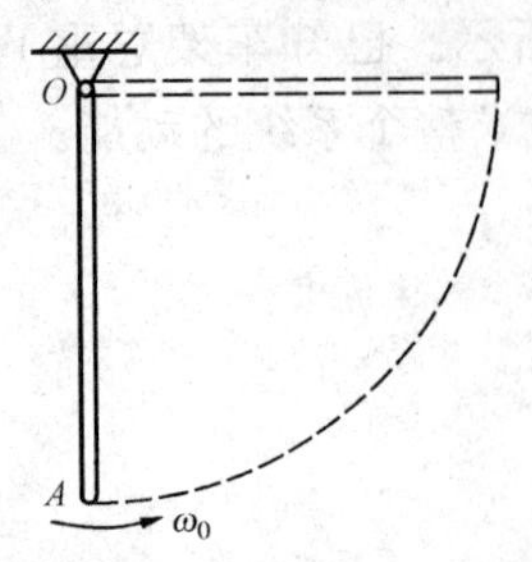

图 12-23 习题 12-7 附图

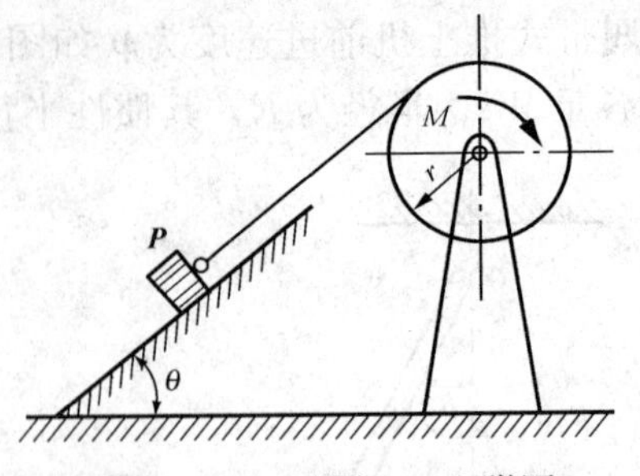

图 12-24 习题 12-8 附图

12-9 均质杆 AB 质量为 4kg，长 600mm。均质圆盘质量为 6kg，半径 $r=100$mm。弹簧刚度为 2N/mm，套筒和弹簧质量不计。在图 12-25 所示位置无初速释放套筒，沿光滑杆下滑，圆盘作纯滚动。求：

(1) 当 AB 达水平位置而接触弹簧时，杆和圆盘的角速度；

(2) 弹簧的最大压缩量。

12-10 质量为 m、半径为 r 的均质圆柱如图 12-26 所示，在其质心 C 位于与 O 同一高度时由静止开始滚动而不滑动。求圆柱运动至半径为 R 的圆弧 AB 上时，作用于圆柱上的法向反力及摩擦力（表示为 θ 的函数）。

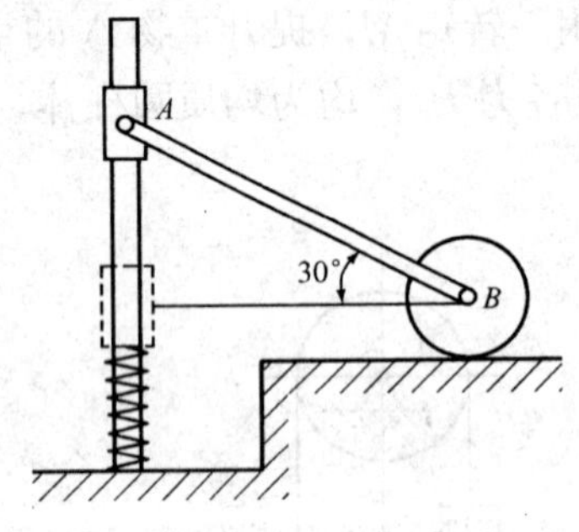

图 12-25 习题 12-9 附图

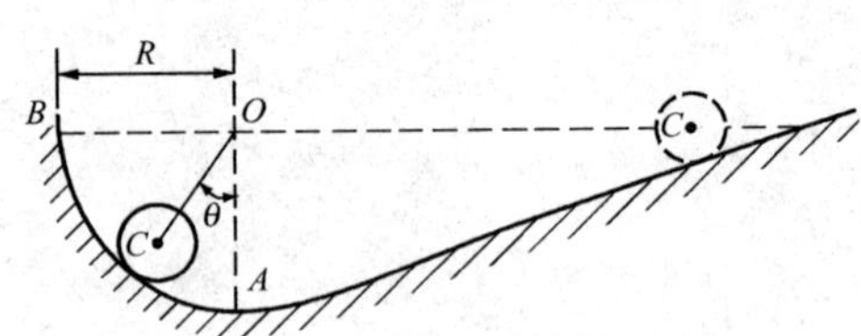

图 12-26 习题 12-10 附图

12-11 两均质杆 AC 和 BC 各重 P，长均为 l，在 C 处用铰链连接，放在光滑的水平面上如图 12-27 所示。设 C 点的初始高度为 h，两杆由静止开始下落，下落时，两杆轴线保持在铅直平面内。求铰链 C 到达地面时的速度。

12-12 圆轮 A 的质量是 m，轮上绕以细绳如图 12-28 所示，绳的一端 B 固定不动。圆轮从初始位置 A_0 无初速开始下降，求当轮心降落高度为 h 时轮心的速度和绳子的拉力。

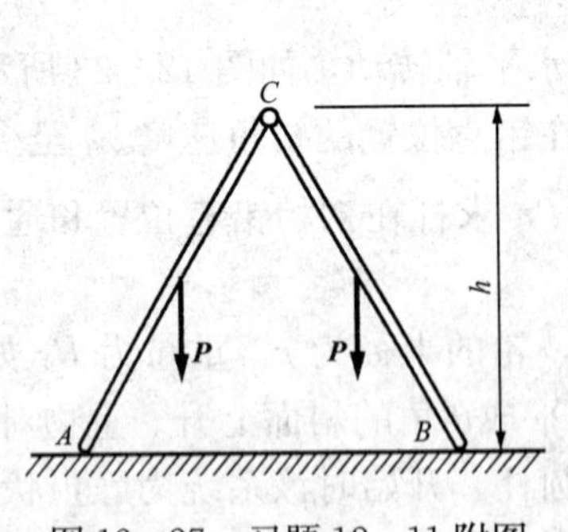

图 12-27 习题 12-11 附图

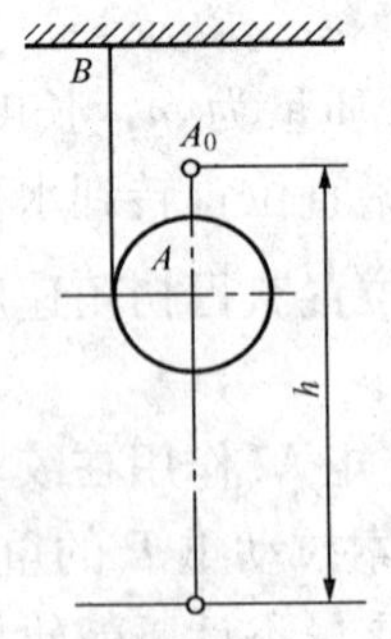

图 12-28 习题 12-12 附图

12－13 图 12－29 所示均质板 D 的重量为 W，放置在两个滚子 A、B 上。滚子重量各为 $W/2$，半径为 R，按均质圆柱体考虑。在板上作用一水平拉力 $\boldsymbol{F}$。设滚子与水平面和板之间都没有相对滑动，试求平板 D 的加速度。

12－14 重物 A 重 P，连在一根无重量的、不能伸长的绳子上如图 12－30 所示，绳子经过固定滑轮 D 绕在鼓轮 B 上。由于重物下降，带动轮 C 沿水平轨道滚动而不滑动。鼓轮 B 的半径为 r，轮 C 的半径为 R，两者固连在一起，总重量为 W，对于水平轴 O 的惯性半径为 ρ，轮 D 的质量不计。求重物 A 的加速度。

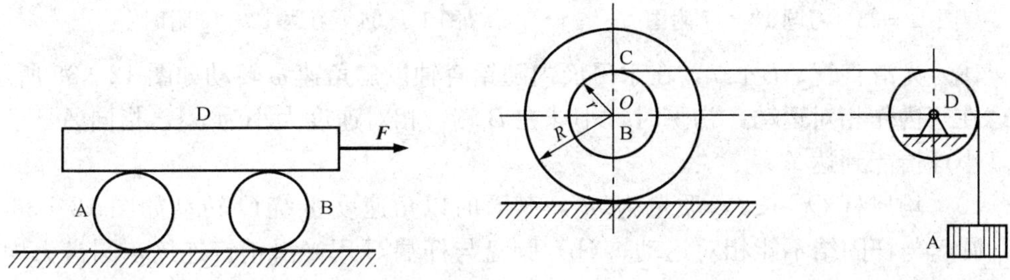

图 12－29 习题 12－13 附图　　图 12－30 习题 12－14 附图

12－15 在图 12－31 所示系统中，均质杆 OA、AB 各长 l，质量均为 m_1；均质圆轮的半径为 r，质量为 m_2。当 $\theta=60°$ 时，系统由静止开始运动，设轮在水平面上只滚动不滑动，求当 $\theta=30°$ 时轮心的速度。

12－16 均质杆的质量为 10kg，两端分别铰接滑块 A、B，滑块 B 可在铅直槽内滑动，滑块 A 用弹簧常数 $k=360\text{N/m}$ 的弹簧系住，在图 12－32 所示位置，弹簧已伸长 200mm，由于弹性力作用，滑块 A 将向左运动。摩擦以及滑块 A、B 的质量不计，求杆通过垂直位置时的角速度。

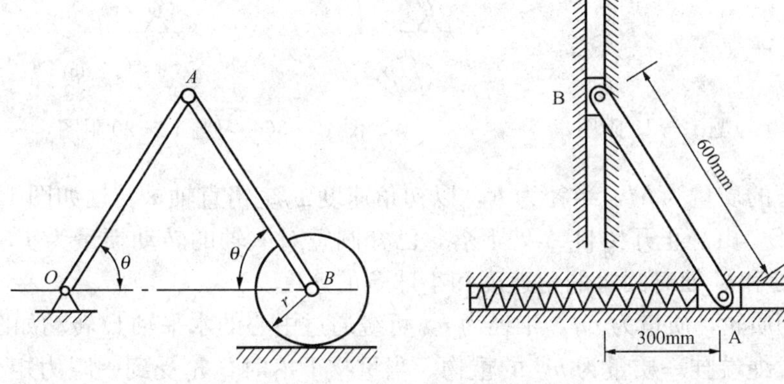

图 12－31 习题 12－15 附图　　图 12－32 习题 12－16 附图

12－17 图 12－33 所示，沿斜面作纯滚动的圆柱体 O' 和鼓轮 O 为均质物体，质量均为 m，半径均为 R。绳子不可伸缩，且质量不计。不计滚动摩擦，如在鼓轮上作用一常力偶 M。求鼓轮的角加速度和 O 处的水平约束力。

12－18 均质杆 AC 的质量为 m，长为 $2l$ 如图 12－34 所示。开始时，$\theta=180°$，杆 AC 静止。设在 A 端作用一大小不变且始终垂直于杆的力 $\boldsymbol{F}$，求 B 点到达 O 点时（即 $\theta=0$ 时）杆的角速度。杆 OC 和滑块 B 的质量和摩擦均不计。

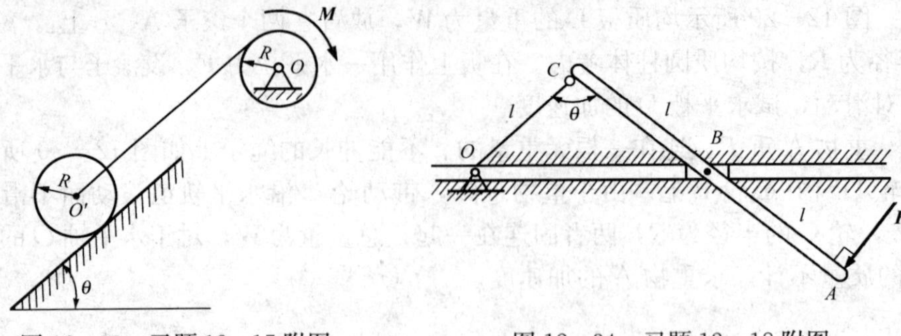

图 12-33 习题 12-17 附图　　图 12-34 习题 12-18 附图

12-19 光滑直管 AB 长 l，在水平面内随铅直轴以匀角速 ω 转动如图 12-35 所示。另有一小球在管内作相对运动，初瞬时，小球在 B 端，相对速度大小为 v_{r0}，指向 A，求 $\boldsymbol{v}_{r0}$ 为多少时，小球恰能到达 A 端？

12-20 均质杆 OC 长 l，质量为 m_1，某瞬时以角速度 ω 绕 O 转动如图 12-36 所示。设：(a) 圆盘与杆固结不能相对运动；(b) 圆盘与杆端 C 用光滑销钉连接，圆盘为均质的，质量为 m_2，半径为 R，初始角速度为零。试求 (a)、(b) 两种情况下系统的动量、动能及对 O 的动量矩。

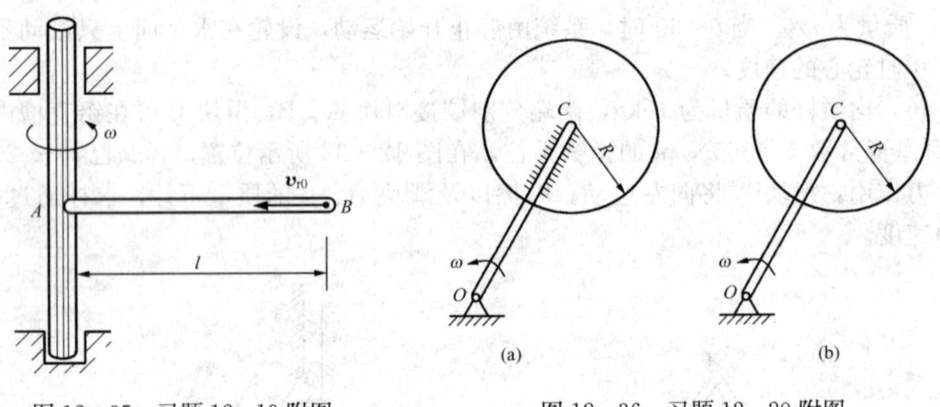

图 12-35 习题 12-19 附图　　图 12-36 习题 12-20 附图

12-21 圆管的质量为 M，半径为 R，以初角速度 ω_0 绕铅直轴 z 转动如图 12-37 所示。质量为 m 的小球 S，由静止开始自 A 处下落，已知圆管对 z 轴的转动惯量为 J，摩擦不计。试求小球到达 B 处和 C 处时圆管的角速度和小球 S 的速度。

12-22 一均质轮，质量为 m_1，半径为 r，可绕通过中心的水平轴 O 转动如图 12-38 所示，其上绕一绳，绳端挂一质量为 m_2 的重物。当重物下落时，轮受到一阻力矩 M_f。设 M_f 为常量，求轮的角加速度。当转轮转过 θ 角后，轮与绳脱离，并在转过 φ 角后停止运动。设飞轮由静止开始转动，求轮所受阻力矩 M_f 的大小。

12-23 如图 12-39 所示机构在铅直平面内，已知均质杆 AB 长 $2l$，重 P；曲柄 OA 长 l，其上作用一常力矩 M。开始时机构处于静止，且曲柄 OA 处于水平位置。不计摩擦，不计曲柄 OA 与滑块 C 的质量，求当杆 AB 运动到铅直位置时，求：

(1) 杆 AB 的角速度、角加速度；

(2) 导槽对滑块 C 的反力和铰 A 处的约束力。

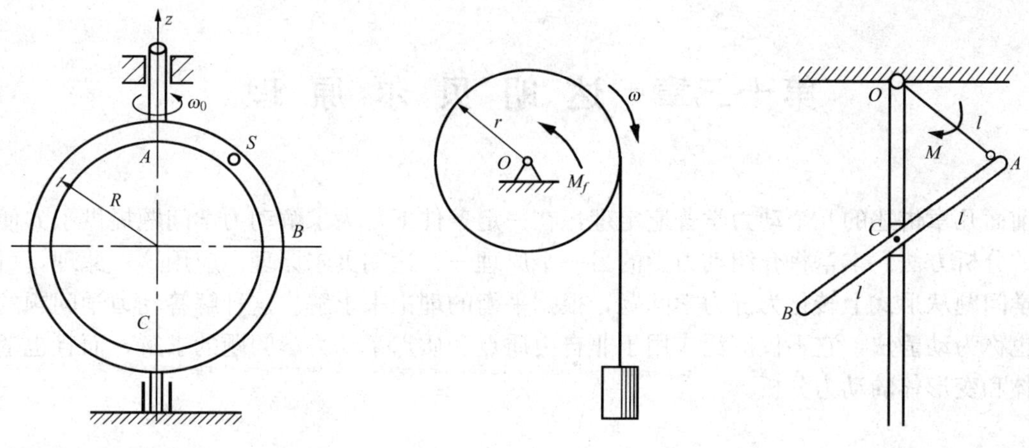

图 12-37 习题 12-21 附图 图 12-38 习题 12-22 附图 图 12-39 习题 12-23 附图

12-24 鼓轮可绕通过中心 O 的水平轴转动如图 12-40 所示，其上作用一常力矩 M，以牵引质量为 m_1 的料斗沿倾角为 θ 的斜坡上升。已知鼓轮的半径为 r，质量为 m_2，对 O 轴的转动惯量为 J。各处摩擦都略去不计，试求料斗的加速度和轴承 O 处的约束力。

12-25 图 12-41 所示均质杆 AB 长 l，质量为 m，由静止于直立为位置沿墙和地面开始下滑，不计摩擦。求杆在任意位置的角速度、角加速度和 A、B 处的约束力。

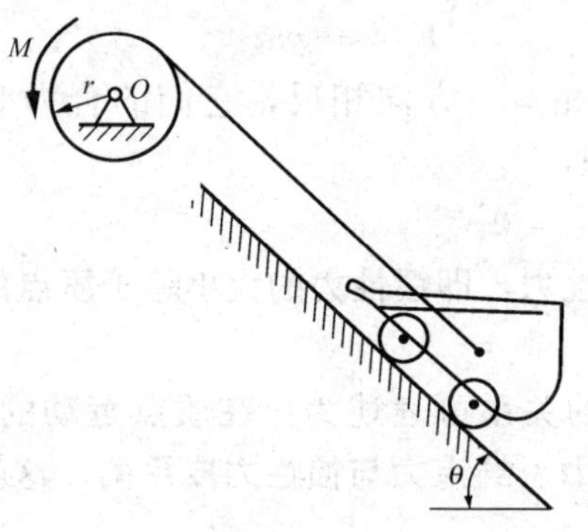

图 12-40 习题 12-24 附图

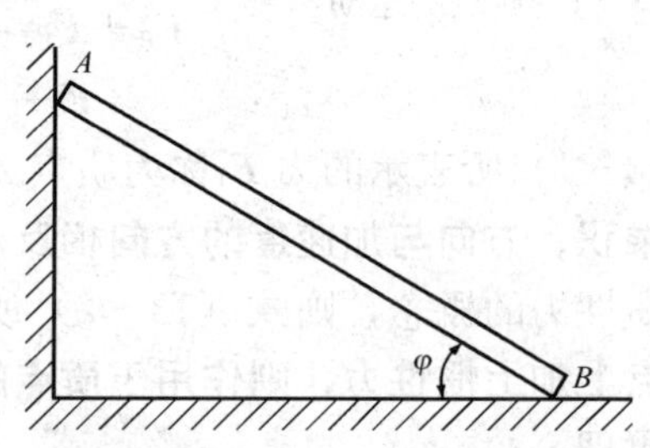

图 12-41 习题 12-25 附图

第十三章　达 朗 贝 尔 原 理

前面几章讲述的几个动力学普遍定理，在一定条件下，为求解动力学问题提供了方便而有效的分析方法。本章将介绍动力学的另一个原理——达朗贝尔原理。应用这一原理，可将动力学问题从形式上转化为静力学问题，根据平衡的理论来求解。这种解答动力学问题的方法，也称为**动静法**，它不仅广泛应用于非自由质点和质点系动力学问题的求解，而且也适用于刚体和变形体的动力分析。

第一节　惯性力　质点的达朗贝尔原理

设质量为 m 的非自由质点 A，在主动力 $\boldsymbol{F}$ 及约束力 $\boldsymbol{F}_{\mathrm{N}}$ 的作用下运动，加速度为 $\boldsymbol{a}$，如图 13-1 所示。令 $\boldsymbol{F}$ 与 $\boldsymbol{F}_{\mathrm{N}}$ 的合力为 $\boldsymbol{F}_{\mathrm{R}}$，则由牛顿第二定律有

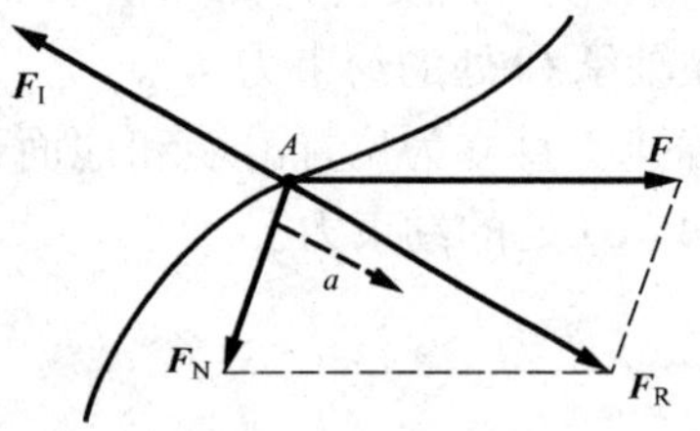

$$m\boldsymbol{a} = \boldsymbol{F}_{\mathrm{R}} = \boldsymbol{F} + \boldsymbol{F}_{\mathrm{N}}$$

图 13-1　质点的运动

假如在质点 A 上加上一个力

$$\boldsymbol{F}_{\mathrm{I}} = -m\boldsymbol{a} \tag{13-1}$$

则 $\boldsymbol{F}_{\mathrm{I}}$ 与 $\boldsymbol{F}_{\mathrm{R}}$ 大小相等，方向相反，它们的合力等于零，即 $\boldsymbol{F}_{\mathrm{R}}+\boldsymbol{F}_{\mathrm{I}}=0$，亦即

$$\boldsymbol{F} + \boldsymbol{F}_{\mathrm{N}} + \boldsymbol{F}_{\mathrm{I}} = 0 \tag{13-2}$$

式（13-1）所表示的力 $\boldsymbol{F}_{\mathrm{I}}$ 称为质点 A 的**惯性力，即惯性力的大小等于质点的质量与其加速度的乘积，方向与加速度的方向相反**。

引进惯性力的概念，则式（13-2）所表示的关系可表述为：**在质点运动的每一瞬时，如果在质点上加上惯性力，则作用于质点的主动力、约束力与惯性力成平衡**。这就是质点的达朗贝尔原理。

应当注意，质点并非真正处于平衡状态。这里所说的"平衡"只是就式（13-2）的数学形式来说的。这样假设后就能根据静力学的平衡理论来求解动力学问题，且这种方法容易掌握，在许多情况下，又颇为方便，所以应用广泛。

在第九章讨论质点在非惯性坐标系中的运动时，也曾引进惯性力的概念，那是非惯性坐标系运动的反映。而在应用达朗贝尔原理时，惯性力完全是人为地加于质点的，实际上质点**并未受到**惯性力的作用。引入惯性力，目的是为用较为熟悉的平衡理论来解答动力学问题。

第二节　质点系的达朗贝尔原理

设有质点系 A_1，A_2，…，A_n，命质点 A_i 的质量为 m_i，作用于质点 A_i 的主动力的合力为 $\boldsymbol{F}_i$，约束力的合力为 $\boldsymbol{F}_{\mathrm{N}i}$。若质点 $\boldsymbol{A}_i$ 的加速度为 $\boldsymbol{a}_i$，则根据质点的达朗贝尔原理，质点 $\boldsymbol{A}_i$ 的惯性力 $\boldsymbol{F}_{\mathrm{I}i}=-m_i\boldsymbol{a}_i$ 与主动力 $\boldsymbol{F}_i$ 及约束力 $\boldsymbol{F}_{\mathrm{N}i}$ 成平衡，即

$$\boldsymbol{F}_i + \boldsymbol{F}_{Ni} + \boldsymbol{F}_{Ii} = 0$$

同样，对于其他各个质点，只需加上相应的惯性力，则作用于质点的主动力、约束力与质点的惯性力成平衡。将所有作用于质点的主动力、约束力以及所有质点的惯性力合并考虑，这些力自然也是一个平衡力系。于是可知，**在质点系中的每一个质点上加上相应的惯性力，则作用于质点系的所有主动力、约束力与所有质点的惯性力成平衡。**这就是质点系的达朗贝尔原理。

一般说来，作用于质点系的主动力、约束力与人为加入的惯性力将构成一个平面或空间任意力系。实际应用时，与在静力学中一样，仍然是用投影方程和力矩方程，并可选取不同的考察对象来建立平衡方程求解。

【例 13-1】 瓦特调速器以匀角速 ω 绕铅直轴 y 转动，如图 13-2（a）所示。飞球 A，B 各重 W_1；套筒 C 重 W_2，可沿 y 轴上下移动；各杆长均为 l，重量可略去不计。试求杆张开的角度 α。

解 图 13-2 所示是由飞球 A，B 和套筒 C 组成的质点系。为应用达朗贝尔原理求解，先分析各物体的运动，并在每一物体上加上惯性力。

当调速器以匀角速转动时，角 α 将保持不变，飞球 A，B 在水平面内作匀速圆周运动，其向心加速度为

$$a_A = a_B = \omega^2 l\sin\alpha$$

而套筒 C 的加速度为零。在 A，B 上加上相应的惯性力

$$F_{IA} = F_{IB} = \frac{W_1}{g}\omega^2 l\sin\alpha \qquad ①$$

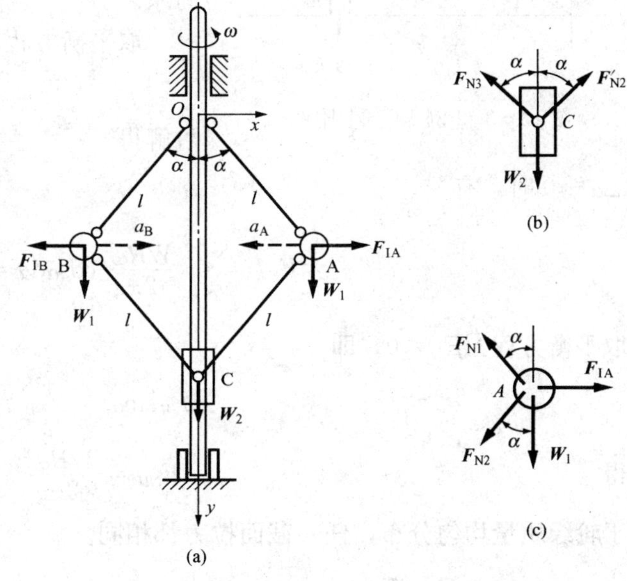

图 13-2 ［例 13-1］附图

所有主动力、约束力（未画出）与惯性力组成一平衡力系。但如整体考虑，平衡方程中将包含约束力，却不包含 α，自然就无法求得 α。因此，须将三物体分开考察。由于对称，飞球 A 与 B 的受力情况完全相同，故可只考察 C 及 A。作 C，A 的示力图如图 13-2（b）及 13-2（c）所示。由图 13-2（b），由 $\sum F_{ix}=0$，得 $F'_{N2}=F_{N3}$，再由

$$\sum F_{iy} = 0,\ -F'_{N2}\cos\alpha - F_{N3}\cos\alpha + W_2 = 0$$

得

$$F'_{N2} = F_{N3} = \frac{W_2}{2\cos\alpha} \qquad ②$$

再由图 13-2（c），得平衡方程

$$\sum F_{ix} = 0,\ F_{IA} - F_{N2}\sin\alpha - F_{N1}\sin\alpha = 0$$
$$\sum F_{iy} = 0,\ W_1 + F_{N2}\cos\alpha - F_{N1}\cos\alpha = 0 \qquad ③$$

将式①、②代入式③，且 $F_{N1}=F'_{N2}$，联立解得

$$\cos\alpha = \frac{W_1 + W_2}{W_1 l\omega^2}g$$

由此可见 ω 愈大，则 $\cos\alpha$ 愈小，而角 α 愈大，套筒 C 将上升；反之，则套筒将下降。由套筒的升降带动调节机构，即可达到调速目的。

【例 13-2】 如图 13-3 所示，飞轮重 W，半径为 R，以匀角速度 ω 转动。设轮缘较薄，质量均匀分布，轮辐质量不计。若不考虑重力的影响，求轮缘横截面上的拉力。

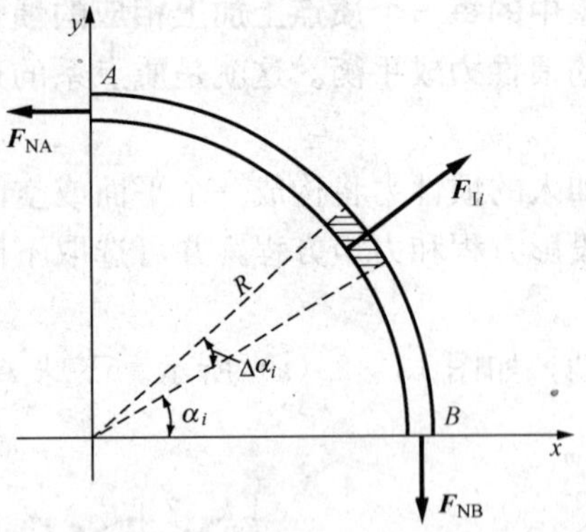

图 13-3 ［例 13-2］附图

解 取四分之一轮缘为研究对象。将轮缘分成无数微小的弧段，每段加惯性力 $\boldsymbol{F}_{\mathrm{I}i}=-m_i\boldsymbol{a}_{ni}$，即

$$F_{\mathrm{I}i}=\frac{W}{2\pi Rg}R\Delta\alpha_i\cdot R\omega^2$$

此惯性力系与 A，B 两断面的拉力 $\boldsymbol{F}_{\mathrm{NA}}$ 和 $\boldsymbol{F}_{\mathrm{NB}}$ 组成平衡力系。

取平衡方程 $\sum F_{ix}=0$，即

$$\sum F_{\mathrm{I}i}\cos\alpha-F_{\mathrm{NA}}=0$$

可解得

$$F_{\mathrm{NA}}=\sum F_{\mathrm{I}i}\cos\alpha_i$$

令 $\Delta\alpha_i\to 0$ 时，有

$$F_{\mathrm{NA}}=\int_0^{\frac{\pi}{2}}\frac{WR\omega^2}{2\pi g}\cos\alpha\mathrm{d}\alpha=\frac{WR\omega^2}{2\pi g}$$

再取平衡方程 $\sum F_{iy}=0$，即

$$\sum F_{\mathrm{I}i}\sin\alpha_i-F_{\mathrm{NB}}=0$$

解得

$$F_{\mathrm{NB}}=\frac{WR\omega^2}{2\pi g}$$

由于轮缘质量均匀分布，任一截面拉力都相同。

第三节 运动刚体惯性力系的简化及应用

对于一般质点系，在应用达朗贝尔原理时，可在每一质点上加相应的惯性力，据此进行计算。但应用达朗贝尔原理研究刚体动力学时，由于各质点的加速度可用表征刚体运动的几个量（质心加速度、刚体的角速度与角加速度）来表明，因而可应用力系简化的理论，将由所有质点的惯性力组成的力系简化成为简单的形式，并以表征刚体运动的量来表示。这样，应用达朗贝尔原理研究刚体的运动时，就可以直接利用简化结果，无须分别考虑各单个质点的惯性力了。下面就刚体作平移、定轴转动及平面运动的情形，分别讨论惯性力系简化的结果。

一、刚体作平移

设刚体作平行移动，某瞬时的加速度为 $\boldsymbol{a}$。根据平移的特点，体内各点的加速度也都是 $\boldsymbol{a}$，因而由各质点的惯性力

$$\boldsymbol{F}_{\mathrm{I}i}=-m_i\boldsymbol{a}$$

组成的惯性力系为一同向平行力系，可合成为一个合力

$$\boldsymbol{F}_{\mathrm{I}}=\sum\boldsymbol{F}_{\mathrm{I}i}=-\sum m_i\boldsymbol{a}=-(\sum m_i)\boldsymbol{a}=-m\boldsymbol{a} \tag{13-3}$$

其中，$m=\sum m_i$是刚体的质量。设合力$\boldsymbol{F}_{\mathrm{I}}$通过坐标为$x$，$y$，$z$的点，则由合力矩定理得

$$x=\frac{\sum F_{\mathrm{I}i}x_i}{\sum F_{\mathrm{I}i}}=\frac{-\sum m_i x_i a}{-\sum m_i a}=\frac{\sum m_i x_i}{m}=x_C$$

同样可以证明：$y=y_C$，$z=z_C$。这表明，$\boldsymbol{F}_{\mathrm{I}}$通过刚体的质心。

二、刚体作定轴转动

这里讨论刚体具有对称面且转动轴垂直于对称面的情形，至于一般情形，将在第三节中研究。

由于刚体具有垂直于转动轴的对称面，在垂直于对称面任一直线（AB）上的所有各点加速度相同，它们的惯性力可以合成为在对称面内的一个力$\boldsymbol{F}_{\mathrm{I}i}$，而$\boldsymbol{F}_{\mathrm{I}i}=-m_i\boldsymbol{a}_i=\boldsymbol{F}_{\mathrm{I}i}^{\mathrm{t}}+\boldsymbol{F}_{\mathrm{I}i}^{\mathrm{n}}$，此处的$m_i$是直线$AB$上所有质点的质量之和，如图13-4（a）所示。于是由刚体各质点的惯性力组成的空间力系，就可简化为在对称面内的平面力系。再将该平面力系向转动轴与对称面的交点O简化，最后可得到一个力$\boldsymbol{F}_{\mathrm{I}}$和一个矩为$M_{\mathrm{IO}}$的力偶，如图13-4（b）所示。

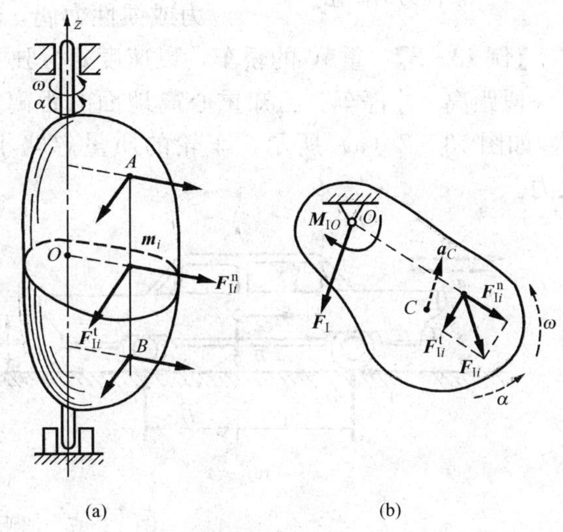

图13-4 定轴转动刚体惯性力的简化

设刚体质量为m，某瞬时绕Oz轴转动的角速度为ω，角加速度为α，刚体质心的加速度为$\boldsymbol{a}_C$，则

$$\boldsymbol{F}_{\mathrm{I}}=\sum\boldsymbol{F}_i=-\sum m_i\boldsymbol{a}_i=-m\boldsymbol{a}_C$$

$$M_{\mathrm{IO}}=\sum M_O(\boldsymbol{F}_{\mathrm{I}i})=\sum M_O(\boldsymbol{F}_{\mathrm{I}i}^{\mathrm{t}})=\sum -m_i r_i\alpha\cdot r_i=-(\sum m_i r_i^2)\alpha=-J_z\alpha \tag{13-4}$$

其中，**惯性主矢量**$\boldsymbol{F}_{\mathrm{I}}$应加在转动轴与对称面的交点$O$，大小为$ma_C$，方向与质心加速度的方向相反；**惯性主矩**$M_{\mathrm{IO}}$应加在对称面内，大小为$J_z\alpha$，转向与角加速度的转向相反。

如不取O点而取质心C为简化中心（图13-5），将惯性力系向C点简化，就得到在质心C的$\boldsymbol{F}_{\mathrm{I}}=-m\boldsymbol{a}_C$和在对称面内的$M_{\mathrm{IC}}=-J_C\alpha$，其中$J_C$是刚体对于通过质心而与转动轴$z$平行的轴的转动惯量（此结果请读者自己用力系简化理论加以证明）。

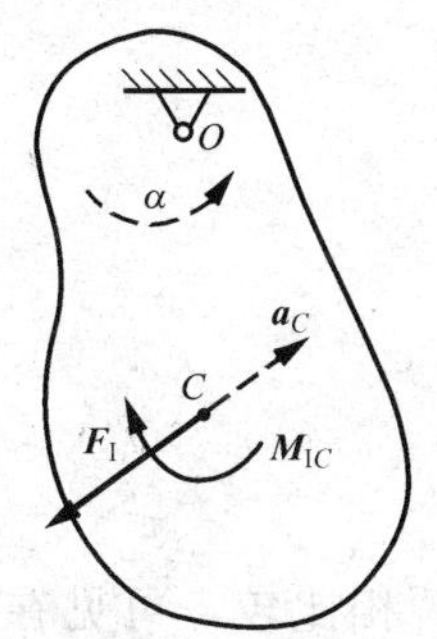

图13-5 惯性力向质心简化的结果

实际应用时，可将质心加速度分解成切向和法向两个分量，相应的惯性力也可用两个分量来表示。如果固定轴通过质心C，则$\boldsymbol{F}_{\mathrm{I}}=0$，只需加一惯性力偶，力偶矩$M_{\mathrm{IC}}=-J_C\alpha$。

三、刚体作平面运动

现讨论刚体有一对称平面，且对称面在质心运动平面内的情形。与刚体作定轴转动的情形相似，先将刚体的惯性力系简化为在对称面内的平面力系，再进一步将此平面力系向质心C简化为一个力$\boldsymbol{F}_{\mathrm{I}}$和一

个力偶 M_{IC}，如图 13－6 所示。将平面运动分解为随同质心的平动和绕质心的转动，设质心的加速度为 $\boldsymbol{a}_C$，转动的角加速度为 α，不难导出

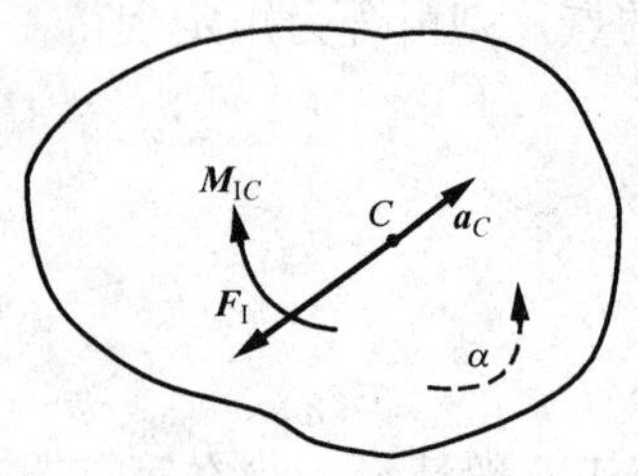

图 13－6 平面运动刚体惯性力的简化

$$\boldsymbol{F}_I = \sum \boldsymbol{F}_i = -m\boldsymbol{a}_C$$

$$M_{IC} = \sum M_C(F_{Ii}) = -J_C\alpha \tag{13-5}$$

式中 J_C——刚体对于通过质心 C 且垂直于对称面的轴的转动惯量。

由以上的讨论可知，刚体的运动形式不同，惯性力系简化结果也不同。因此在应用质点系达朗贝尔原理解答刚体动力学问题时，应首先分析刚体的运动形式，正确地加上惯性力或惯性力偶，然后再写出平衡方程求解。

【例 13－3】 重 W 的轿车，以速度 $\boldsymbol{v}$ 行驶于直线公路上，因故紧急制动，制动后还滑行了一段距离 s 才停车。已知重心离地面的距离为 h，到前轴和后轴的水平距离分别为 l_1 和 l_2，如图 13－7（a）所示，车轮的质量忽略不计。求在制动过程中地面对前后轮的法向反力。

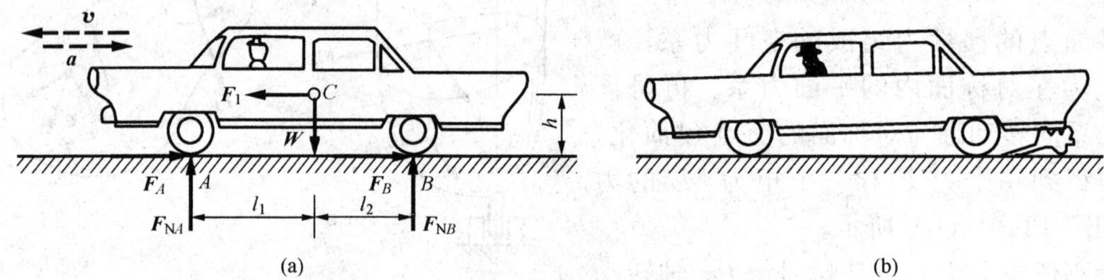

图 13－7 ［例 13－3］附图

解 设轿车在制动过程中作匀减速直线平动，质心加速度的大小

$$a = \left|\frac{v^2 - v_0^2}{2s}\right| = \left|\frac{0 - v_0^2}{2s}\right| = \frac{v_0^2}{2s}$$

加速度的方向与速度方向相反，即指向车后方。

由于轿车作平动，只需在质心 C 加一惯性力 $\boldsymbol{F}_I$，指向车前方，而作用在车上的主动力有重力 $\boldsymbol{W}$；约束力有地面对前后轮的法向反力 $\boldsymbol{F}_{NA}$，$\boldsymbol{F}_{NB}$ 及摩擦力 $\boldsymbol{F}_A$，$\boldsymbol{F}_B$。因制动时车轮向前滑动，所以前后轮的摩擦力都向后。

应用达朗贝尔原理，有

$$\sum M_{Bi} = 0,\ F_{NA}(l_1 + l_2) - Wl_2 - F_I h = 0$$

$$F_{NA} = \frac{1}{l_1 + l_2}(Wl_2 + F_I h) = \frac{W}{l_1 + l_2}\left(l_2 + \frac{a}{g}h\right)$$

$$\sum F_{iy} = 0,\ F_{NA} + F_{NB} - W = 0$$

$$F_{NB} = W - F_{NA} = \frac{W}{l_1 + l_2}\left(l_1 - \frac{a}{g}h\right)$$

与轿车静止或作匀速直线运动时的反力 $F'_{NA} = \dfrac{l_2}{l_1 + l_2}W$ 及 $F'_{NB} = \dfrac{l_1}{l_1 + l_2}W$ 相比较，可见在紧急制动时，前轮反力增大，而后轮反力减小。这表明前轮压紧而后轮放松，所以车头将有明显下倾的现象，如图 13－7（b）所示。

【例 13-4】 涡轮机的转轮具有对称面，并有偏心距 $e=0.5\text{mm}$，已知轮重 $W=2\text{kN}$，并以 6000r/min 的匀角速转动。设 $AB=h=1\text{m}$，$BD=\dfrac{h}{2}=0.5\text{m}$，转动轴垂直于对称面，如图 13-8 所示。试求止推轴承 A 及环轴承 B 处的反力。

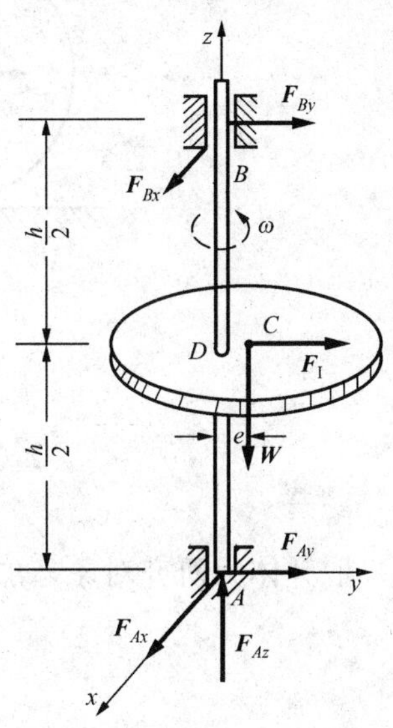

图 13-8 ［例 13-4］附图

解 转轮作匀速转动时，因为没有角加速度，质心 C 只有向心加速度，而无切向加速度，且 $M_{Iz}=0$，所以只需在质心 C 加一离心惯性力 F_{Iz}，其大小为

$$F_I=\frac{We\omega^2}{g}$$

方向如图 13-8 所示。于是 A，B 两处的反力与重力 $\boldsymbol{W}$ 及惯性力 $\boldsymbol{F}_I$ 成平衡。为了简化计算，取质心 C 在 yz 平面内，即 $x_C=0$。于是可写成平衡方程

$$\sum F_{ix}=0,\ F_{Ax}+F_{Bx}=0$$

$$\sum F_{iy}=0,\ F_{Ay}+F_{By}+F_I=0$$

$$\sum F_{iz}=0,\ F_{Az}-W=0$$

$$\sum M_{ix}=0,\ -hF_{By}-eW-\frac{h}{2}F_I=0$$

$$\sum M_{iy}=0,\ F_{Bx}=0$$

因各力都与 z 轴相交或平行，所以 $\sum M_{iz}=0$。

求解以上 5 个方程式，并将 $F_I=\dfrac{We\omega^2}{g}$ 代入，得

$$F_{Ax}=F_{Bx}=0,\ F_{Az}=W$$

$$F_{By}=-We\left(\frac{1}{h}+\frac{\omega^2}{2g}\right),\ F_{Ay}=We\left(\frac{1}{h}-\frac{\omega^2}{2g}\right)$$

将 $\omega=6000\text{r/min}=2\pi\times100\text{rad/s}$ 及其他数据代入，解得

$$F_{Ax}=2\text{kN},\ F_{Ay}=-20\text{kN},F_{Az}=-20\text{kN}$$

在 F_{Ay} 及 F_{By} 的表达式中，$\dfrac{We}{2g}\omega^2$ 一项是由于转动而引起的，称为动反力。计算数值时，$\dfrac{1}{h}$ 一项因远比 $\dfrac{\omega^2}{2h}$ 小而被略去了，所以 F_{Ay} 及 F_{By} 几乎完全是由于转轮的动力作用而产生的。

从计算结果可以看出，虽然只有 0.5mm 的偏心距，转速也不是很高，但动反力却达到轮重的 10 倍。所以对于由高速旋转的物体而引起的动反力，必须予以足够的重视。还应注意，为了简化计算，我们是就质心 C 位于 yz 平面内这一特定位置进行讨论的。事实上，质心位置是随着时间改变的，因此轴承反力的方向也随时间而变。

【例 13-5】 均质圆盘质量为 m_1，半径为 R。均质细杆 AB 长 $l=2R$，质量为 m_2。杆端 A 与轮心为光滑铰接。如在 A 处加一水平拉力 $\boldsymbol{F}$，使轮沿水平面纯滚动。问：力 $\boldsymbol{F}$ 为多大时方能使杆的 B 端刚好离开地面？为保证纯滚动，轮与地面间的静摩擦因数应为多大？

解 细杆刚好离开地面时仍为平移，则地面约束力为零，设其加速度为 $\boldsymbol{a}$，取杆为研究对象，加上惯性力后的示力图见图 13-9（b），其中 $F_{IC}=m_2a$。由达朗贝尔原理

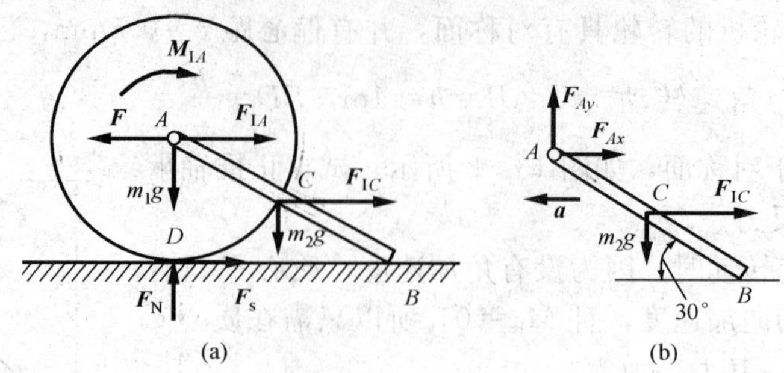

图 13-9 ［例 13-5］附图

$$\sum M_{Ai}=0 \quad m_2aR\sin 30^\circ - m_2gR\cos 30^\circ = 0$$

解得

$$a=\sqrt{3}g$$

取整体为研究对象，加上惯性力后的示力图见图 13-9（a），其中

$$F_{IA}=m_1a,\ M_{IA}=\frac{1}{2}m_1R^2\frac{a}{R}$$

由达朗贝尔原理

$$\sum M_{Di}=0 \quad FR-F_{IA}R-M_{IA}-F_{IC}R\sin 30^\circ-m_2gR\cos 30^\circ=0$$

解得

$$F=\left(\frac{3}{2}m_1+m_2\right)\sqrt{3}g$$

由

$$\sum F_{ix}=0 \quad F-F_s-(m_1+m_2)a=0$$

解得

$$F_s=\frac{\sqrt{3}}{2}m_1g$$

为保证纯滚动，则应满足

$$F_s \leqslant f_sF_N=f_s(m_1+m_2)g$$

从而得

$$f_s \geqslant \frac{F_s}{F_N}=\frac{\sqrt{3}m_1}{2(m_1+m_2)}$$

第四节 非对称转动刚体的轴承动反力 静平衡与动平衡

机器或机械中转动的零部件，由于制造或安装不精确，或其他一些不可避免的因素，转动时出现的惯性力将使轴承处产生附加反力，这种附加反力称为**动反力**。

在［例 13-4］中已讨论过一个关于动反力的特例。从该例可以看出，动反力不仅数值可能很大，而且方向在不断变化，这就会引起振动，影响机器或机械的平稳运行和正常工作，甚至造成破坏。因此，如何消除动反力，或将其控制在一定范围内，具有重要意义。

设刚体（如机器上的转动部件）在主动力 $\boldsymbol{F}_1$，$\boldsymbol{F}_2$，…，$\boldsymbol{F}_n$ 的作用下绕固定轴 z 转动，某瞬时有角速度 ω，角加速度 α（图 13-10），应用达朗贝尔原理求两轴承处的反力；首先计算刚体各质点的惯性力组成的力系简化的结果。

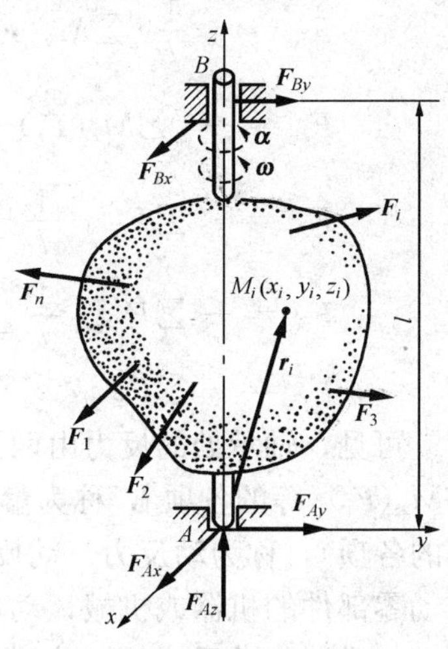

图 13-10 非对称转动刚体的动反力示意图

取坐标系如图 13-10 所示。命刚体内任一质点 M_i 的质量为 m_i，相对于 A 点的矢径为 $\boldsymbol{r}_i$，其坐标为 x_i，y_i，z_i。则 M_i 的加速度

$$\boldsymbol{a}_i = \boldsymbol{\alpha} \times \boldsymbol{r}_i + \boldsymbol{\omega} \times \boldsymbol{v}_i = \boldsymbol{\alpha} \times \boldsymbol{r}_i + \boldsymbol{\omega} \times (\boldsymbol{\omega} \times \boldsymbol{r}_i)$$

而 $\boldsymbol{F}_{\mathrm{I}i} = -m_i[\boldsymbol{\alpha} \times \boldsymbol{r}_i + \boldsymbol{\omega} \times (\boldsymbol{\omega} \times \boldsymbol{r}_i)]$

以 A 点为简化中心，将惯性力系向 A 点简化，分别求其主矢量与主矩。主矢量

$$\boldsymbol{F}_{\mathrm{I}} = \sum \boldsymbol{F}_{\mathrm{I}i} = -\sum m_i \boldsymbol{a}_i = -m\boldsymbol{a}_C \tag{13-6}$$

其中 m 是刚体的质量。因 $\boldsymbol{a}_C = (-\alpha y_C - \omega^2 x_C)\boldsymbol{i} + (\alpha x_C - \omega^2 y_C)\boldsymbol{j} + 0$，故 $\boldsymbol{F}_{\mathrm{I}}$ 在各坐标轴上的投影分别为

$$F_{\mathrm{I}x} = m y_C \alpha + m x_C \omega^2,\ F_{\mathrm{I}y} = -m x_C \alpha + m y_C \omega^2,\ F_{\mathrm{I}z} = 0 \tag{13-7}$$

为求惯性力系对 A 点的主矩，先求 $\boldsymbol{F}_{\mathrm{I}i}$ 对 A 点的矩

$$\begin{aligned}\boldsymbol{M}_{\mathrm{I}A_i} &= \boldsymbol{r}_i \times \boldsymbol{F}_{\mathrm{I}i} = -\boldsymbol{r}_i \times (\boldsymbol{\alpha} \times m_i \boldsymbol{r}_i) - \boldsymbol{r}_i \times (\boldsymbol{\omega} \times m_i \boldsymbol{v}_i) \\ &= -m_i r_i^2 \boldsymbol{\alpha} + (\boldsymbol{\alpha} \cdot m_i \boldsymbol{r}_i)\boldsymbol{r}_i - (\boldsymbol{r}_i \cdot m_i \boldsymbol{v}_i)\boldsymbol{\omega} + (m_i \boldsymbol{r}_i \cdot \boldsymbol{\omega})\boldsymbol{v}_i\end{aligned}$$

因 $\boldsymbol{\omega} = \omega\boldsymbol{k}$，$\boldsymbol{\alpha} = \alpha\boldsymbol{k}$，$\boldsymbol{r}_i = x_i\boldsymbol{i} + y_i\boldsymbol{j} + z_i\boldsymbol{k}$，而 $\boldsymbol{v}_i = -\omega y_i \boldsymbol{i} + \omega x_i \boldsymbol{j} + 0$，故

$$\boldsymbol{M}_{\mathrm{I}A_i} = (m_i x_i z_i \alpha - m_i y_i z_i \omega^2)\boldsymbol{i} + (m_i y_i z_i \alpha + m_i x_i z_i \omega^2)\boldsymbol{j} - m_i(x_i^2 + y_i^2)\alpha\boldsymbol{k}$$

于是得惯性力系对 A 点的主矩

$$\boldsymbol{M}_{\mathrm{I}A} = (\alpha \sum m_i x_i z_i - \omega^2 \sum m_i y_i z_i)\boldsymbol{i} + (\alpha \sum m_i y_i z_i + \omega^2 \sum m_i x_i z_i)\boldsymbol{j} + \alpha \sum m_i (x_i^2 + y_i^2)\boldsymbol{k}$$

$\sum m_i(x_i^2 + y_i^2) = J_z$，$J_z$ 为刚体对 z 轴的转动惯量；而 $\sum m_i x_i z_i = I_{xz}$，$\sum m_i y_i z_i = I_{yz}$，$I_{xz}$，$I_{yz}$ 分别是刚体对 x，z 轴及对 y，z 轴的惯性积（进一步讨论见附录 B），于是

$$\boldsymbol{M}_{\mathrm{I}A} = (I_{xz}\alpha - I_{yz}\omega^2)\boldsymbol{i} + (I_{yz}\alpha + I_{xz}\omega^2)\boldsymbol{j} - J_z\alpha\boldsymbol{k} \tag{13-8}$$

而惯性力系对各坐标轴的矩分别是

$$M_{\mathrm{I}x} = I_{xz}\alpha - I_{yz}\omega^2,\ M_{\mathrm{I}y} = I_{yz}\alpha + I_{xz}\omega^2,\ M_{\mathrm{I}z} = -J_z\alpha \tag{13-9}$$

现应用达朗贝尔原理求轴承反力。设轴承 A，B 间的距离为 l，而轴承处的反力分别为 $\boldsymbol{F}_{Ax}$，$\boldsymbol{F}_{Ay}$，$\boldsymbol{F}_{Az}$ 及 $\boldsymbol{F}_{Bx}$，$\boldsymbol{F}_{By}$；主动力在各坐标轴上的投影之和为 $\sum F_{ix}$，$\sum F_{iy}$，$\sum F_{iz}$；对各坐标轴的矩之和为 $\sum M_x(\boldsymbol{F}_i)$，$\sum M_y(\boldsymbol{F}_i)$ 及 $\sum M_z(\boldsymbol{F}_i)$，则

$$\left.\begin{aligned}&\sum F_{ix} = 0,\ \sum F_{ix} + F_{Ax} + F_{Bx} + F_{\mathrm{I}x} = 0 \\ &\sum F_{iy} = 0,\ \sum F_{iy} + F_{Ay} + F_{By} + F_{\mathrm{I}y} = 0 \\ &\sum F_{iz} = 0,\ \sum F_{iz} + F_{Az} = 0 \\ &\sum M_{xi} = 0,\ \sum M_x(\boldsymbol{F}_i) - F_{By}l + M_{\mathrm{I}x} = 0 \\ &\sum M_{yi} = 0,\ \sum M_y(\boldsymbol{F}_i) + F_{Bx}l + M_{\mathrm{I}y} = 0 \\ &\sum M_{zi} = 0,\ \sum M_z(\boldsymbol{F}_i) + M_{\mathrm{I}z} = 0\end{aligned}\right\} \tag{13-10}$$

将式（13-7）及式（13-9）中 $F_{\mathrm{I}x}$，$F_{\mathrm{I}y}$，$F_{\mathrm{I}z}$ 及 $M_{\mathrm{I}x}$，$M_{\mathrm{I}y}$，$M_{\mathrm{I}z}$ 代入式（13-10），可得到刚体定轴转动微分方程，以及轴承反力

$$\left.\begin{aligned}
F_{Bx} &= -\frac{1}{l}\left[\sum M_y(\boldsymbol{F}_i) + I_{yz}\alpha + I_{xz}\omega^2\right] \\
F_{By} &= \frac{1}{l}\left[\sum M_x(\boldsymbol{F}_i) + I_{xz}\alpha - I_{yz}\omega^2\right] \\
F_{Ax} &= -\sum F_{ix} + \frac{1}{l}\left[\sum M_y(\boldsymbol{F}_i) + I_{yz}\alpha + I_{xz}\omega^2\right] - my_C\alpha - mx_C\omega^2 \\
F_{Ay} &= -\sum F_{iy} - \frac{1}{l}\left[\sum M_x(\boldsymbol{F}_i) + I_{xz}\alpha - I_{yz}\omega^2\right] + mx_C\alpha - my_C\omega^2 \\
F_{Az} &= -\sum F_{iz}
\end{aligned}\right\} \quad (13-11)$$

可见，轴承处的反力由两部分组成：一是直接由主动力的静力作用引起的［包含$\sum F_{ix}$，$\sum M_x(\boldsymbol{F}_i)$ 等的各项］，称为**静反力**；二是由刚体转动时的惯性力引起的（包含 $I_{yz}\omega^2$，$I_{xz}\alpha$ 等的各项），称为**动反力**。动反力中与角速度有关的各项都与 ω^2 成正比。因此，对于有高速转动零部件的机器或机械，动反力可能很大，应设法减小直至消除，以免产生不良后果。

怎样消除动反力呢？由式（13－11）可知，要使动反力等于零，必须 $x_C=y_C=0$ 及 $I_{xz}=I_{yz}=0$。前一条件要求转动轴通过刚体的质心，后一条件则要求转动轴是刚体的惯性主轴。就是说，欲使动反力为零，转动轴必须是刚体的**中心惯性主轴**。如果转动刚体的轴通过刚体质心（不一定是主轴），那么，当只有重力而无其他主动力时，不论刚体位置如何，总能平衡，这种情况称为**静平衡**。如果刚体的转动轴是中心惯性主轴，刚体转动时也不会引起轴承的动反力，这种情况称为**动平衡**。显然，要满足动平衡条件，必须首先满足静平衡条件；而满足静平衡条件，却不一定能满足动平衡条件。由于材料不十分均匀，或者由于制造、安装不够精确，动平衡条件往往不易满足。对于某些高速转动的转子，为了达到动平衡目的，通常都在安装好之后，用动平衡机进行动平衡试验，并根据试验结果在转子的适当位置附加或挖去一小部分质量，以使转动轴成为中心惯性主轴。

思　考　题

13－1　已知如图 13－11 所示均质矩形板重 W，长 a，宽 b，绕通过板的质心 C 并垂直于板面的 z 轴以角速度 ω 及角加速度 α 转动，试加惯性力。如该板绕通过板上的 A 点并垂直于板面的 z' 轴以角速度 ω 及角加速度 α 转动，试加惯性力。

13－2　已知均质圆轮质量为 m，半径为 r。如图 13－12（a）中绳端作用拉力为 $\boldsymbol{W}$，

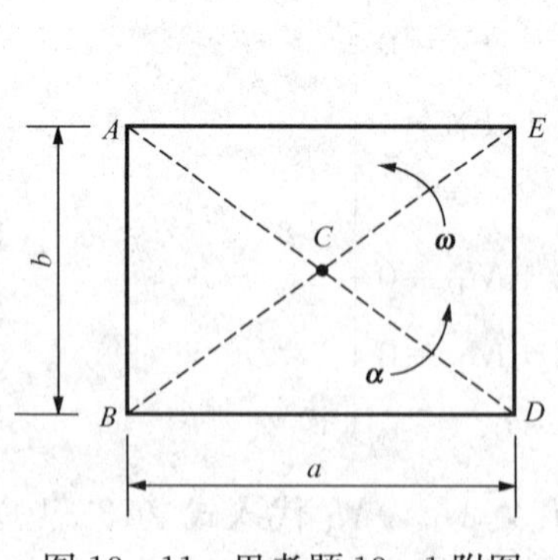

图 13－11　思考题 13－1 附图

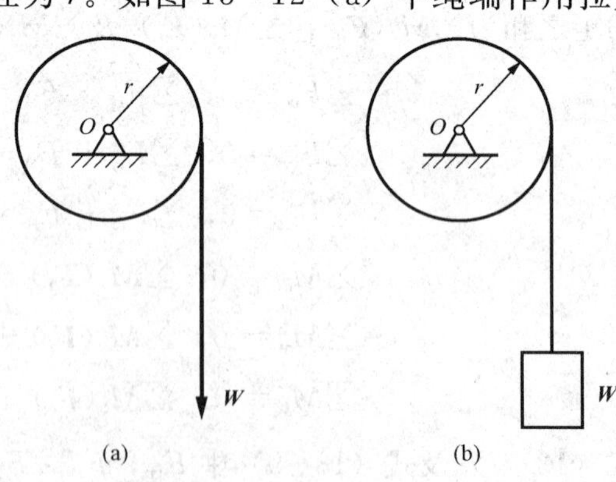

图 13－12　思考题 13－2 附图

图 13-12（b）中物块重为 W，试分析两种情况下绳子的张力和定滑轮轴承处的约束力是否相同。

13-3 判断如图 13-13 所示各系统上施加的惯性力是否正确。

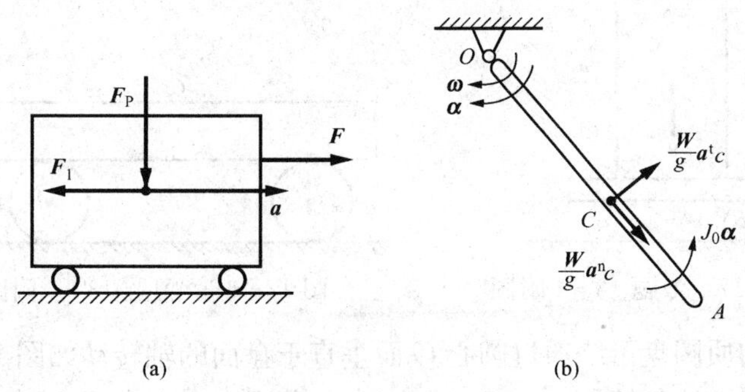

图 13-13 思考题 13-3 附图

13-4 试述第九章中的牵连惯性力、科氏惯性力与本章的惯性力有何异同。

习 题

13-1 已知均质圆盘 D，质量为 m，半径为 R。设在如图 13-14 所示瞬时绕轴 O 转动的角速度为 ω，角加速度为 α。试求惯性力系向 C 点及向 A 点简化的结果。

13-2 已知均质杆 AB 的质量为 4kg，置于光滑的水平面上，如图 13-15 所示。在杆的 B 端作用一水平推力 $F=60$N，使杆 AB 沿 $\boldsymbol{F}$ 力方向作直线平移。试求 AB 杆的加速度和角 θ 之值。

13-3 已知均质杆 AB 重 140N，铰 A 和绳 BC 与水平杆 AD 连接，使其保持铅直如图 13-16 所示。整个系统绕铅直轴转动。若绳子可以承受的最大拉力为 500N，求允许的最大转动角速度。

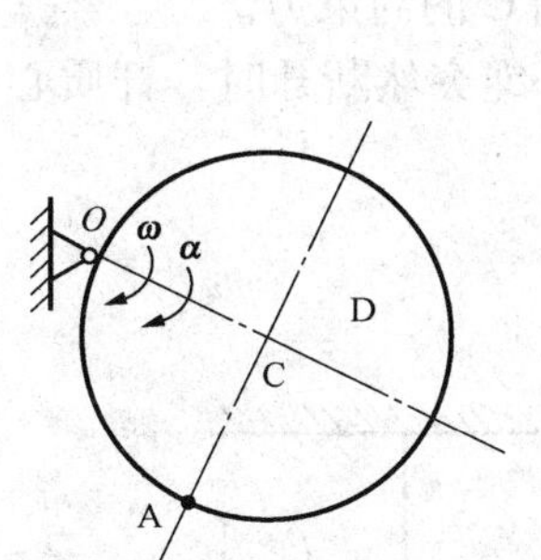

图 13-14 习题 13-1 附图

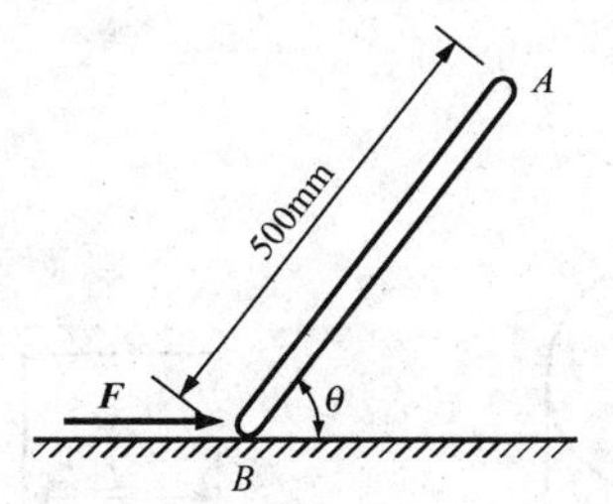

图 13-15 习题 13-2 附图

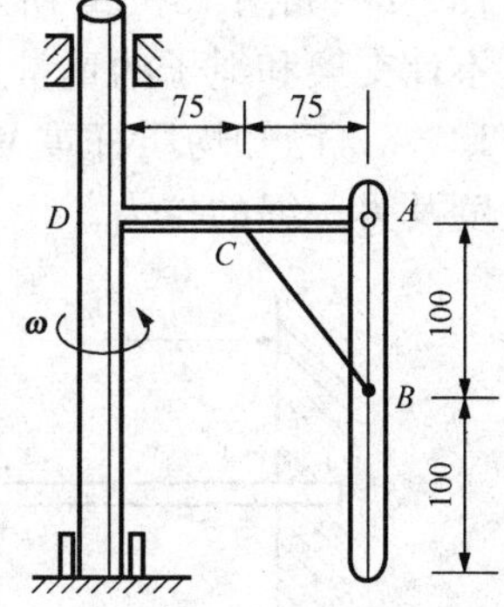

图 13-16 习题 13-3 附图

13-4 如图 13-17 所示货箱可以看作均质长方体，装在运货小车上。货箱宽 $b=1$m，高 $h=2$m，货箱与小车间的静摩擦因数 $f=0.35$。试求安全运送时所容许的小车的最大加速度。

13－5　图 13－18 所示均质板质量为 m，置于两个均质圆柱滚子上，滚子质量均为$m/2$，半径均为 r。若在板上作用一水平力 $\boldsymbol{F}$，并设滚子作纯滚动。试求板的加速度。

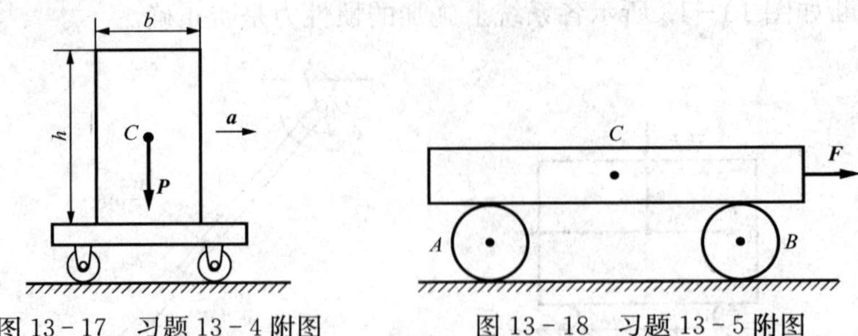

图 13－17　习题 13－4 附图　　图 13－18　习题 13－5 附图

13－6　已知一均质圆盘可绕通过圆心 O 而垂直于盘面的轴转动如图 13－19 所示，在 $r=100\text{mm}$ 的圆周上 A、B 处各钻有 $a=40\text{mm}$ 的孔。设圆盘单位体积重 $\gamma=78\times10^{-6}\text{N/mm}^3$，求当圆盘以匀角速度 $\omega=28\pi\text{rad/s}$ 转动时，轴承 D，E 处的动反力。为了消除动反力，需在 $r=100\text{mm}$ 圆周上再钻一孔，求此孔的直径及位置。

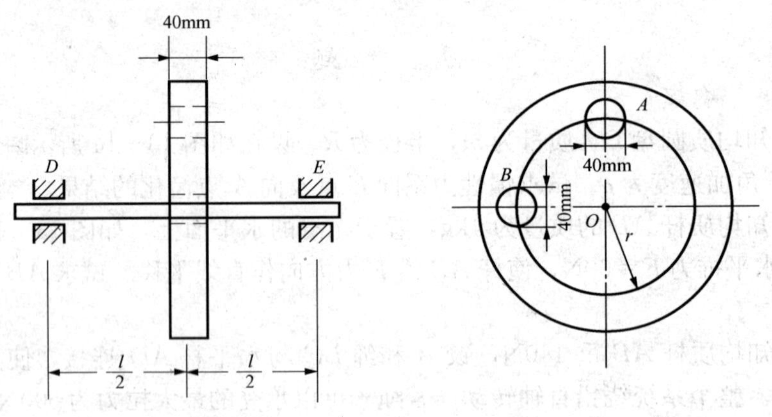

图 13－19　习题 13－6 附图

13－7　如图 13－20 所示质量为 m_1 的物体 A 下落时，带动质量为 m_2 的均质圆盘 B 转动，不计支架和绳子的重量及轴处的摩擦，轮半径为 R。求固定端 C 的约束力。

13－8　已知均质杆重 W，长 l，悬挂如图 13－21 所示。求一绳突然断开时，杆质心的加速度及另一绳的拉力。

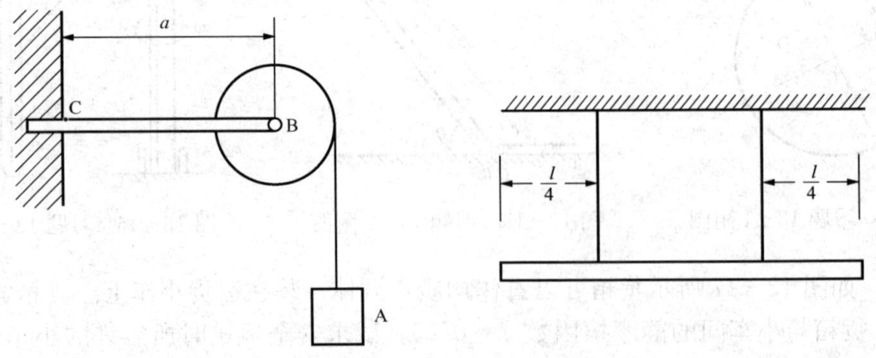

图 13－20　习题 13－7 附图　　图 13－21　习题 13－8 附图

13-9 一轮子半径为R，重为W，其中心轴O的惯性半径为ρ，置于水平面上如图13-22所示。轮轴的半径为r，轴上绕以绳索，并在绳端施加拉力$\boldsymbol{F}_T$，力$\boldsymbol{F}_T$与水平线的夹角α保持不变。设轮子只滚不滑，求轴心O的加速度。

13-10 滚子A重W_1，沿倾角为α的斜面滚动而不滑动如图13-23所示。滑轮B与滚子A有相同的重量和半径，且均可看作均质圆盘。物体C重W_2，设绳子不可伸长，其重量可忽略不计，绳与滑轮B之间无滑动。求滚子中心的加速度。

13-11 已知均质杆长$2l$，重W如图13-24所示，以匀角速ω绕铅直轴转动，杆与轴交角为α。求轴承A，B处的动反力。

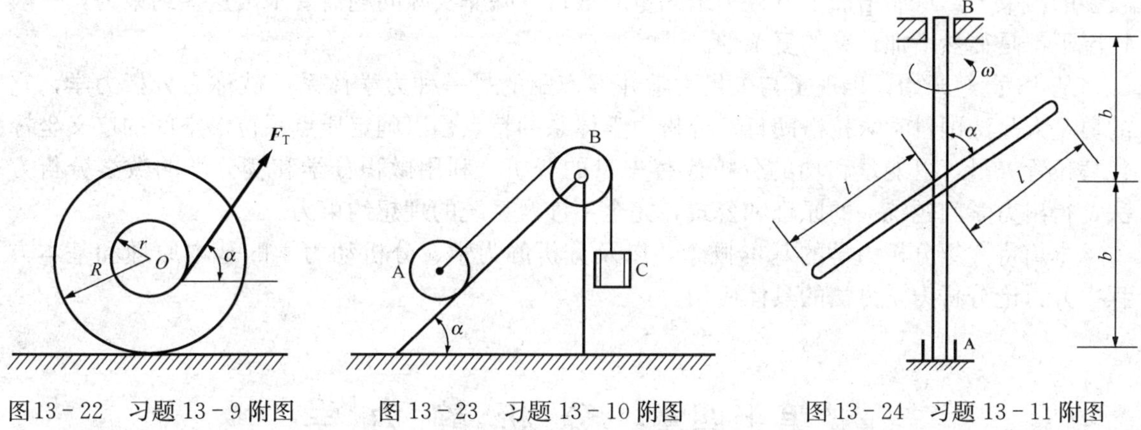

图13-22 习题13-9附图　　图13-23 习题13-10附图　　图13-24 习题13-11附图

13-12 已知均质长方体木浪重P，悬挂在等长的绳子上，浪木尺寸如图13-25所示，单位为m。设浪木从$\alpha=30°$位置无初速度开始摆下，求以下两个瞬时浪木的加速度和绳子的拉力。

(1) 初瞬时；

(2) 浪木通过最低位置瞬时。

13-13 质量为m的轮与轴置于倾角为α的斜面上如图13-26所示，轮的半径为R，轴的半径为r，轮与轴对通过轮中心的轴线的惯性半径为ρ。今在轴上作用一力$\boldsymbol{F}$，设力作用线与轴相切，并与水平线成β角，使轮沿斜面向上运动。设轮与斜面之间的摩擦因数为f_s。试分别讨论轮与地面接触点无滑动及有滑动两种情况下轮心$\boldsymbol{C}$的加速度。

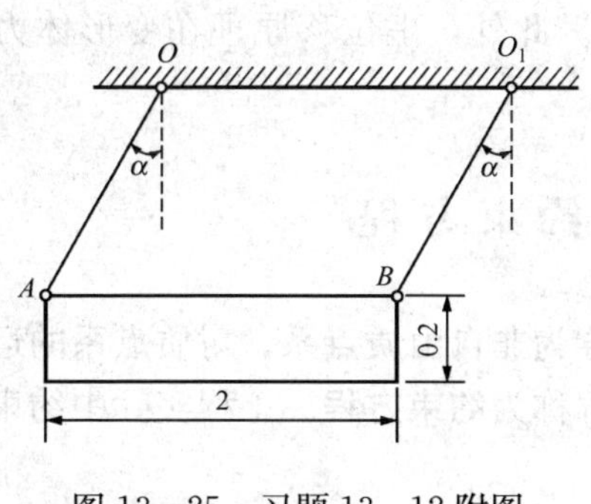

图13-25 习题13-12附图

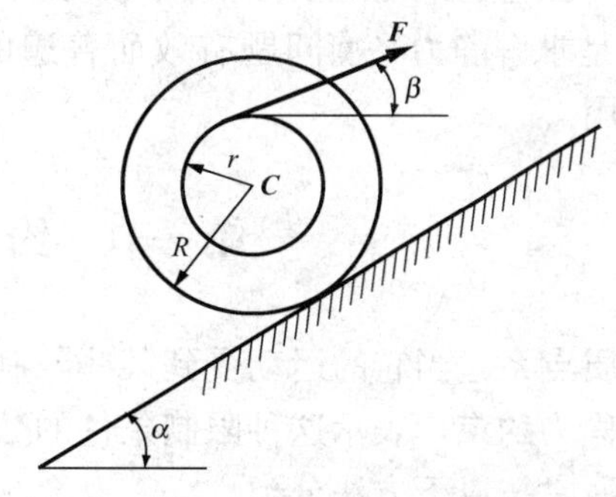

图13-26 习题13-13附图

第四篇　分析力学基础

以牛顿基本定律为基础建立起来的力学体系，被称为**矢量力学**。矢量力学理论严密，表述直观，可以解决许多实际问题，特别是用以研究不受约束的自由物体最为便利。随着科学技术的发展，各种工程机械和工程结构广泛应用，应用矢量力学方法分析这些问题，将涉及较多的约束力，从而增加了方程中未知量的数目，除非实际问题需要求出这些约束力，一般情况下都是徒然增加计算的复杂性。

从 18 世纪开始，出现了与矢量力学并驾齐驱的另一种力学体系，被称为**分析力学**，它的奠基人是法国科学家拉格朗日。分析力学体系的特点是以确定质点系位形空间的广义坐标代替位置矢量，以能量和功的分析代替矢量的分析，利用微积分学和变分学的数学分析方法，得出力学问题统一的原理和公式，完全不涉及系统的理想约束力。

本篇将介绍分析力学的基本概念，以及分析静力学、分析动力学的基本原理和基本方程，并讨论分析力学方法的具体应用。

*第十四章　分析静力学

在第一篇静力学里，主要用矢量方法研究了刚体和刚体系统的平衡问题，这部分内容也称为**矢量静力学**。由矢量静力学建立的平衡条件，对于刚体的平衡是必要和充分的，但对于变形体来说，就不一定总是充分的；而且应用这些平衡条件，在求解非自由质点系（包括刚体和刚体系）的某些平衡问题时会显得不够简便，例如，对于一些机构的平衡问题就是如此。

本章是用数学分析的方法来研究非自由质点系（包括刚体和刚体系）的平衡规律，称为**分析静力学**。本章首先介绍一些基本概念，然后阐述分析静力学中的重要原理，即虚位移原理。由虚位移原理给出的平衡条件，对于任意非自由质点系的平衡都是必要和充分的，它是求解静力平衡问题有效而普遍的方法。此外，虚位移原理在变形体力学中也有广泛的应用。

第一节　约束与约束方程

一个质点系，当它的运动受到某些限制时，称为非自由质点系。对质点系的运动所加的限制条件称为**约束**，表示这种限制条件的数学方程称为**约束方程**。工程实际中约束的形式多种多样，通常按以下方法分类。

一、几何约束与运动约束

限制质点系几何位置的约束称为**几何约束**，其约束方程的一般形式为

$$f_r(x_1, y_1, z_1, \cdots, x_n, y_n, z_n, t) = 0 \quad (r = 1, 2, \cdots, s) \tag{14-1}$$

式中　n——质点系中质点的数目；

x_i，y_i，z_i——第 i 个质点的坐标；

t——时间；

s——约束方程的数目。

限制质点系中各质点速度的约束称为**运动约束**，其约束方程的一般形式为

$$f_r(x_1, y_1, z_1, \cdots, x_n, y_n, z_n, \dot{x}_1, \dot{y}_1, \dot{z}_1, \cdots, \dot{x}_n, \dot{y}_n, \dot{z}_n t) = 0 \quad (r = 1, 2, \cdots, s) \tag{14-2}$$

例如，曲柄连杆机构［图 14-1（a）］的曲柄销 A 只能作圆周运动，滑块 B 只能沿滑槽运动，其中铰 O、两杆、滑槽都是几何约束，质点系的约束方程为

$$\left.\begin{aligned} & x_1^2 + y_1^2 = r^2 \\ & (x_2 - x_1)^2 + (y_2 - y_1)^2 = l^2 \\ & y_2 = 0 \end{aligned}\right\}$$

图 14-1（b）所示为滑冰运动员在冰面上运动时使用的冰刀，滑冰运动时要求冰刀中心速度的方向恒与冰刀刀刃的方向一致，因此构成运动约束。设以冰刀中心的坐标为 x，y 及冰刀的方向角 θ 描述冰刀的位形，则约束方程为

$$\frac{\dot{y}}{\dot{x}} = \tan\theta, \quad 或 \quad \dot{y} - \dot{x}\tan\theta = 0$$

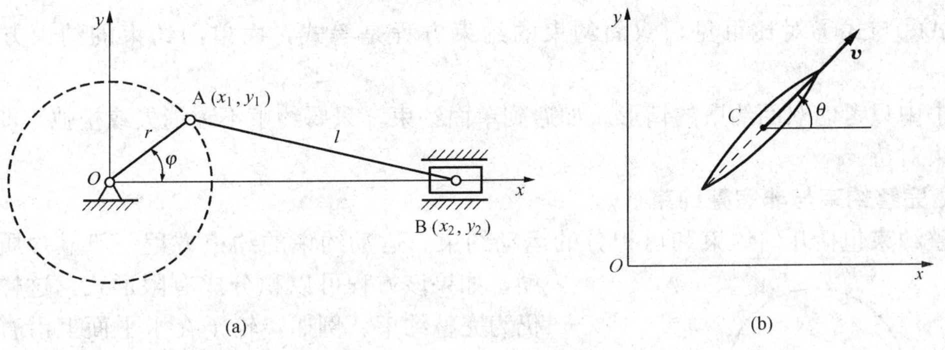

图 14-1　几何约束与运动约束

二、定常约束与非定常约束

约束条件不随时间而变的约束称为**定常约束**，这时约束方程中不显含时间 t；约束条件随时间而改变的约束称为**非定常约束**，非定常约束的约束方程中将显含时间 t。图 14-2（a）中的小球 B 受刚杆 AB 的约束，被限制在铅直平面内绕固定点 A 作圆弧运动，刚杆 AB 为定常约束；图 14-2（b）中的小球系于绳端，绳子的另一端穿过小环 O，设初瞬时小球与小环 O 的距离为 l_0，今以匀速率 $\boldsymbol{v}$ 拉动绳子，则在任一瞬时 t，小球与小环的距离为 $l=l_0-vt$，显然，绳子为非定常约束。对应的约束方程为

$$x^2 + y^2 = l^2 \quad ①$$

$$x^2 + y^2 + z^2 = (l_0 - vt)^2 \quad ②$$

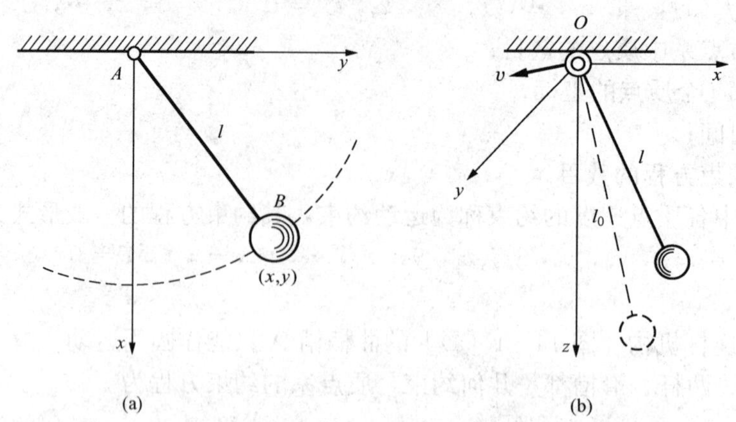

图 14-2 定常约束与非定常约束

三、双面约束与单面约束

如果约束既能限制质点沿某一方向的运动，又能限制沿相反方向的运动，则称为**双面约束**。如果约束只能限制质点某一方向的运动，而不能限制相反方向的运动，则称为**单面约束**。图 14-2（a）中小球 B 所受的刚杆约束是双面约束。但如将刚杆改为绳子，因绳子不能限制小球沿着使绳子松弛的方向运动，所以约束为单面约束，其约束方程为

$$x^2+y^2\leqslant l^2 \qquad ③$$

将式③与式①对比可见，双面约束的约束方程是等式，而单面约束的约束方程是不等式。

本书中只考虑双面约束的情形，如遇到单面约束，只要约束不致消失或松弛，即可当作双面约束对待。

四、完整约束与非完整约束

完整约束包括几何约束和可积分的运动约束。运动约束的约束方程一般显含质点的速度，如果该方程可以积分成有限形式，这样的约束仍为完整约束。例如，轮子在水平面上沿直线（取为 x 轴）滚动而不滑动（图 14-3），接触点的速度为零，这一运动约束可用方程表示为

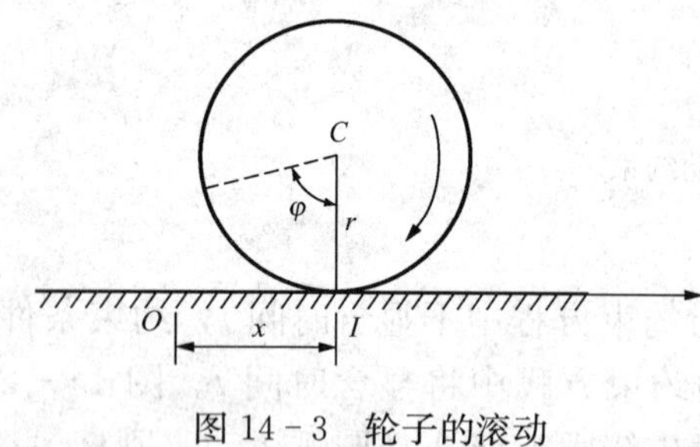

图 14-3 轮子的滚动

$$\dot{x}_C-r\dot{\varphi}=0 \qquad ④$$

式中 $\dot{x}_C$——轮心的速度；

$\dot{\varphi}$——轮子的角速度；

r——轮子的半径。

约束方程式④可以积分成为（假设积分常数为 0）

$$x_C-r\varphi=0$$

所以，地面对轮子的约束仍是完整约束。

如果约束中包含不可积分的运动约束，则称为**非完整约束**。本书只讨论完整约束的情形，对非完整约束不作进一步论述。

第二节　自由度和广义坐标

一个自由质点在空间的位置，须用3个独立坐标来确定。设有由n个质点组成的质点系，其中每个质点都是自由的，则确定该质点系位置的$3n$个坐标都是独立的。

对一个非自由质点系来说，由于受到约束，质点系中各质点的位置坐标因需满足几何约束条件，故不是完全独立的。

例如，在图14－3（a）中，确定曲柄连杆机构位置的4个坐标x_1，y_1，x_2，y_2须满足3个约束方程，所以只有1个坐标是独立的。

又如，图14－4所示的双锤摆，设只在铅直面内摆动，则确定该系统的位置需4个坐标x_1，y_1，x_2，y_2，但各坐标须满足约束方程

$$x_1^2 + y_1^2 = a^2,$$
$$(x_2 - x_1)^2 + (y_2 - y_1)^2 = b^2$$

因此只有2个坐标是独立的。

一般来说，由n个质点组成的质点系受到s（$<3n$）个几何约束，则确定该质点系位置的$3n$个坐标中，只有$k=3n-s$个是独立的，即给定k个坐标，质点系的位置即可完全确定，其余s个坐标则可通过约束方程表示为给定坐标的函数。

确定一个受完整约束的质点系的位置所需的独立坐标的数目，称为该质点系自由度的数目，简称为**自由度**。由这一定义可知，曲柄连杆机构有1个自由度；双锤摆有2个自由度；受到s个约束、由n个质点组成的质点系，其自由度为$k=3n-s$。

通常质点系的质点和约束条件都很多，而自由度的数目却很少，即n与s很大而k很小。因此，为了确定质点系的位置，应用适当选择的k个独立参数，要比应用$3n$个直角坐标和s个约束方程方便得多。用来确定质点系位置的独立参数称为**广义坐标**。在完整约束情形下，广义坐标的数目就等于自由度的数目。例如，图14－1（a）中的曲柄连杆机构有1个自由度，可用1个广义坐标φ来确定其位置。图14－4中的双锤摆有两个自由度，可用两个广义坐标φ与θ来确定其位置。

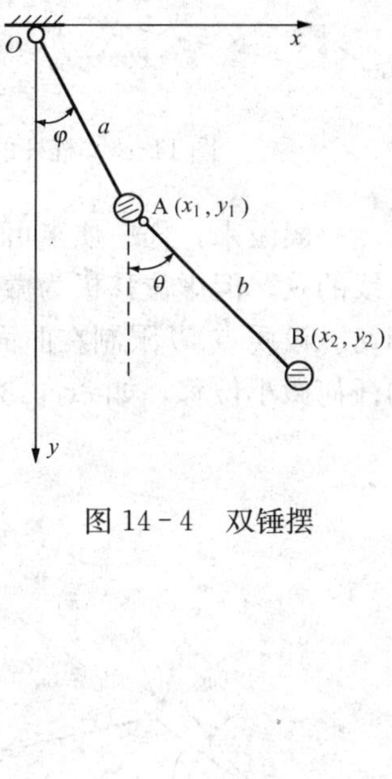

图14－4　双锤摆

当一个质点系的广义坐标选定以后，质点系中每一质点的直角坐标都可以表示为广义坐标的函数。例如，曲柄连杆机构中曲柄销A及滑块B的直角坐标可用广义坐标φ表示为

$$x_1 = r\cos\varphi,\ y_1 = r\sin\varphi$$
$$x_2 = r\cos\varphi + \sqrt{l^2 - r^2\sin^2\varphi},\ y_2 = 0$$

双锤摆的摆锤A及B的直角坐标可用广义坐标φ及θ表示为

$$x_1 = a\sin\varphi,\ y_1 = r\cos\varphi$$
$$x_2 = a\sin\varphi + b\sin\theta,\ y_2 = a\cos\varphi + b\cos\theta$$

一般地，设有由n个质点组成的质点系，具有k个自由度，取q_1，q_2，…，q_k为其广义坐标，当受到定常约束时，则质点系内任一质点M_i的直角坐标及矢径可表示为广义坐标的

函数

$$
\left.\begin{aligned}
x_i &= x_i(q_1, q_2, \cdots, q_k) \\
y_i &= y_i(q_1, q_2, \cdots, q_k) \\
z_i &= z_i(q_1, q_2, \cdots, q_k)
\end{aligned}\right\} \tag{14-3}
$$

$$
\boldsymbol{r}_i = \boldsymbol{r}_i(q_1, q_2, \cdots, q_k) \quad (i = 1, 2, \cdots, n) \tag{14-4}
$$

若所受的约束是非定常的，则各质点的直角坐标及矢径不但与广义坐标有关，还将包含时间 t。

第三节 虚位移原理

一、虚位移

一个质点或质点系，由于受到约束，其位移必须是约束所容许的。**在给定瞬时，质点或质点系为约束所容许的任何微小位移**，称为该质点或质点系的**虚位移**，并以 $\delta\boldsymbol{r}_i$（$i=1, 2, \cdots, n$）表示，以区别于真实位移 $\mathrm{d}\boldsymbol{r}_i$，$\delta$ 为变分符号。

例如，图 14-5 中杠杆 AB 在水平位置的虚位移是绕 O 点的微小转动，即由 AB 转过一微小角度 $\delta\theta$ 到 $A'B'$。相应地，杠杆上任一点 M 的虚位移 $\delta\boldsymbol{r}_M$ 是以 O 为圆心、OM 为半径的圆上一段微小的弦 MM'，由于 $\delta\theta$ 是微小的，所以可以认为 $\delta\boldsymbol{r}_M$ 垂直于 AB。同样，A、B 两点的虚位移 $\delta\boldsymbol{r}_A$，$\delta\boldsymbol{r}_B$ 也垂直于 AB。各点虚位移的方向如图 14-5 所示。又如图 14-6 所示的曲柄连杆机构在给定瞬时的虚位移，可由曲柄 OA 转过一微小角度 $\delta\varphi$ 而得到，即由位置 OAB 到 $OA'B'$。曲柄销 A 的虚位移 $\delta\boldsymbol{r}_A$ 垂直于 OA；滑块 B 的虚位移 $\delta\boldsymbol{r}_B$ 则沿导槽，各方向如图 14-6 所示。以上两例中的杠杆 AB 或曲柄 OA，如向相反方向转动一微小角度，也是约束所容许的，在这种情况下，整个系统及其中各点将有相反方向的虚位移。

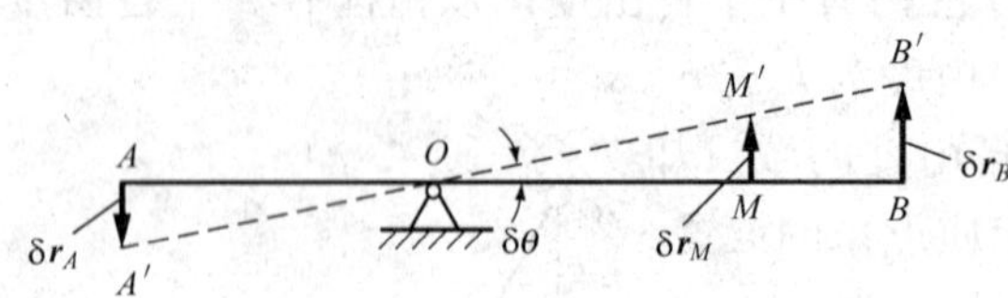

图 14-5 杠杆的虚位移

一般说来，任一质点可能有的运动轨迹是一曲线，因而一质点的虚位移是对应于一极短弧线的弦。但虚位移极为微小，如略去高阶微量，则可认为虚位移与质点可能有的运动轨迹相切。设质点 M 限制在曲面 S 上，如图 14-7 所示，则在质点所在处，在曲面的切面 T 内的任何微小位移，如 $\delta\boldsymbol{r}_1$，$\delta\boldsymbol{r}_2$ 或 $\delta\boldsymbol{r}_3$ 都是质点的虚位移。

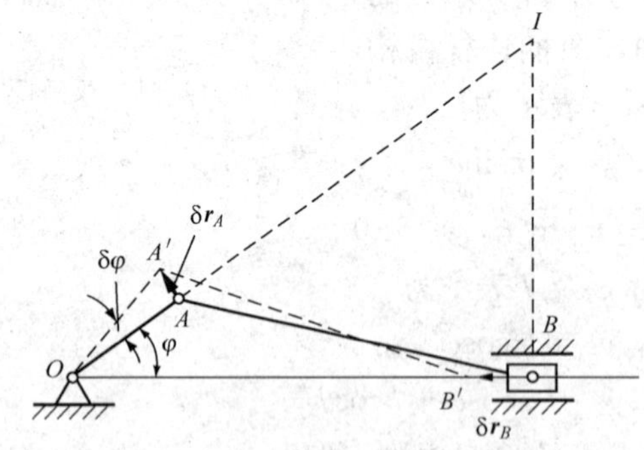

图 14-6 曲柄连杆机构的虚位移

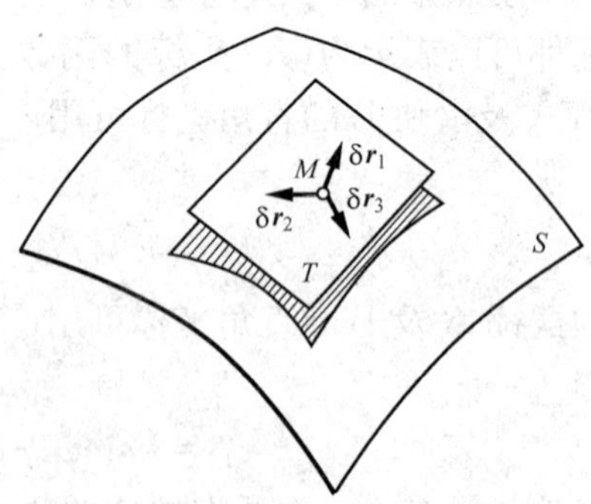

图 14-7 曲面上质点的虚位移

虚位移与真正运动时发生的实位移是有区别的。实位移是在一定力的作用下和在给定的初始条件下运动而实际发生的；虚位移则是在约束容许的条件下可能发生的。一个静止的质点或质点系不会发生实位移，但可以使其有虚位移。实位移具有确定的方向，可能是微小值，也可能是有限值；虚位移则是微小位移，视约束情况可能有几种不同的方向（如图 14-6 中滑块 B 的虚位移 $\delta \boldsymbol{r}_B$ 可以向左，也可以向右）。实位移是在一定的时间内发生的；虚位移只是纯几何的概念，完全与时间无关。

应当指出，在完整定常约束的情形下，微小的实位移必然是虚位移之一。这是因为，只有约束所容许的位移才是实际上可能发生的；而约束所容许的任何微小位移都是虚位移。

在完整非定常约束情形下，所谓虚位移，是指在给定瞬时将约束看作不变，而为约束所容许的任何微小位移。这样，微小实位移就不再是虚位移之一。例如，在图 14-8 中，质点 M 被限制在转动着的直槽内，在瞬时 t，不考虑直槽的运动，M 的虚位移 $\delta \boldsymbol{r}$ 应沿着直槽；而因受槽运动的影响，M 在 Δt 时间内的实位移 $\mathrm{d}\boldsymbol{r}$ 应如图 14-8 中虚线所示，与虚位移不同。

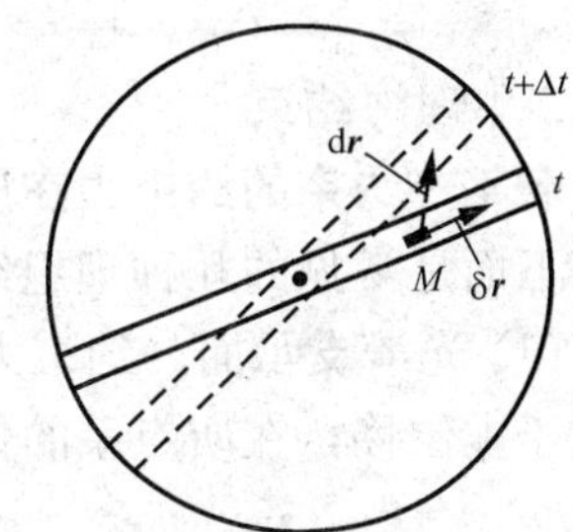

图 14-8　虚位移与实位移的区别

一个质点系中各质点的虚位移，必须满足约束条件，因此它们之间存在一定的关系。下面说明如何求导它们的关系。

1. 几何法

对于刚体和刚体系统，常可运用几何学或运动学来求得各点虚位移之间的关系。例如，在图 14-5 中

$$\left|\frac{\delta \boldsymbol{r}_A}{\delta \boldsymbol{r}_B}\right| = \frac{OA}{OB}$$

在图 14-6 中，I 点为连杆 AB 的速度瞬心，命 $\delta\theta$ 为连杆 AB 绕 I 点转过的微小角度，则

$$\left|\frac{\delta \boldsymbol{r}_A}{\delta \boldsymbol{r}_B}\right| = \frac{AI\delta\theta}{BI\delta\theta} = \frac{AI}{BI}$$

或者利用 $\delta \boldsymbol{r}_A$ 及 $\delta \boldsymbol{r}_B$ 在 AB 上投影相等的条件，也可求得 $|\delta \boldsymbol{r}_A|$ 与 $|\delta \boldsymbol{r}_B|$ 之间的关系。

2. 解析法

设由 n 个质点组成的质点系有 k 个自由度，以 q_1，q_2，…，q_k 为广义坐标。使任一广义坐标 q_i 有一微小改变 δq_i——称为 q_i 的变分，则系统有一与之对应的虚位移。因广义坐标是彼此独立的，如使 k 个广义坐标分别有变分 δq_1，δq_2，…，δq_k，则可得到系统中 k 个独立的虚位移。

如质点系受定常约束，质点系中各质点的直角坐标可按式（14-3）表示为广义坐标的函数，而任一质点 M_i 的虚位移 $\delta \boldsymbol{r}_i$ 在 x，y，z 轴上的投影，即坐标 x_i，y_i，z_i 的变分，可用类似求微分的方法求得，为

$$\left.\begin{aligned}
\delta x_i &= \frac{\partial x_i}{\partial q_1}\delta q_1 + \frac{\partial x_i}{\partial q_2}\delta q_2 + \cdots + \frac{\partial x_i}{\partial q_k}\delta q_k \\
\delta y_i &= \frac{\partial y_i}{\partial q_1}\delta q_1 + \frac{\partial y_i}{\partial q_2}\delta q_2 + \cdots + \frac{\partial y_i}{\partial q_k}\delta q_k \\
\delta z_i &= \frac{\partial z_i}{\partial q_1}\delta q_1 + \frac{\partial z_i}{\partial q_2}\delta q_2 + \cdots + \frac{\partial z_i}{\partial q_k}\delta q_k
\end{aligned}\right\} \tag{14-5}$$

$$(i = 1, 2, 3, \cdots, n)$$

相似地，应有

$$\delta \boldsymbol{r}_i = \frac{\partial \boldsymbol{r}_i}{\partial q_1}\delta q_1 + \frac{\partial \boldsymbol{r}_i}{\partial q_2}\delta q_2 + \cdots + \frac{\partial \boldsymbol{r}_i}{\partial q_k}\delta q_k \tag{14-6}$$

若质点系所受的约束是非定常约束，则求虚位移时应不考虑时间 t 的改变，因此，δx_i，δy_i，δz_i 及 δr_i 与 δq_1，δq_2，…，δq_k 的关系仍用式（14-5）及式（14-6）来表示。

如果已知的是约束方程

$$f_r(x_1, y_1, z_1, \cdots x_n, y_n, z_n, t) = 0 \quad (r = 1, 2, \cdots, s)$$

则各虚位移投影之间应有如下关系

$$\frac{\partial f_r}{\partial x_1}\delta x_1 + \cdots + \frac{\partial f_r}{\partial z_n}\delta z_n = 0 \quad (r = 1, 2, \cdots, s) \tag{14-7}$$

二、理想约束

若某一约束的约束力在质点系的任何虚位移中的元功之和等于零，则该约束称为理想约束。 下面是常见的几种理想约束。

(1) 光滑支承面。约束力总是沿法线方向，而虚位移总出现在切面内，因此，约束力恒垂直于虚位移，在质点系的任何虚位移中约束力的元功都等于零。

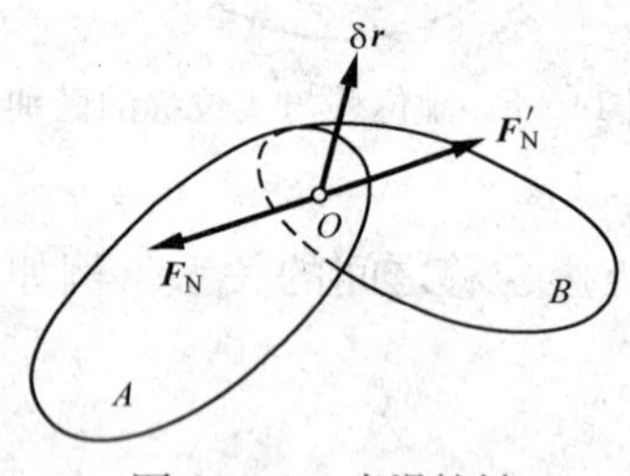

图 14-9 光滑铰链

(2) 刚体的固定支点。约束力的作用点固定不动，不可能有虚位移，所以在刚体的任何虚位移中，约束力的元功都等于零。

(3) 连接两刚体的光滑铰链。设两刚体 A 与 B 在 O 点用光滑铰链相连接，如图 14-9 所示。铰链作用于两刚体的力 F_{N} 与 F'_{N} 大小相等且方向相反，即 $F_{\mathrm{N}} = -F'_{\mathrm{N}}$。当 O 点有虚位移 $\delta \boldsymbol{r}$ 时，这两个力的元功之和为

$$\sum \delta W = \boldsymbol{F}_N \cdot \delta \boldsymbol{r} + \boldsymbol{F}'_N \cdot \delta \boldsymbol{r} = \boldsymbol{F}'_N \cdot \delta \boldsymbol{r} - \boldsymbol{F}_N \cdot \delta \boldsymbol{r} = 0$$

(4) 连接两质点的无重刚杆。设有两质点 A 与 B，用无重刚杆相连，如图 14-10 所示。$\boldsymbol{F}_A$ 及 $\boldsymbol{F}_B$ 为刚杆作用于 A 和 B 的约束力，显然，$F_A = -F_B$，且 $\boldsymbol{F}_A$ 与 $\boldsymbol{F}_B$ 都沿 AB 作用。令质点 A 及 B 各发生虚位移 $\delta \boldsymbol{r}_A$ 及 $\delta \boldsymbol{r}_B$，并以 $\delta \boldsymbol{r}'_A$ 及 $\delta \boldsymbol{r}'_B$ 代表 A，B 两点的虚位移沿 AB 方向的分量。由于刚杆的长度保持不变，应有 $\delta \boldsymbol{r}'_A = \delta \boldsymbol{r}'_B$。于是 $\boldsymbol{F}_A$ 与 $\boldsymbol{F}_B$ 在虚位移中的元功之和为

$$\sum \delta W = \boldsymbol{F}_A \cdot \delta \boldsymbol{r}_A + \boldsymbol{F}_B \cdot \delta \boldsymbol{r}_B = F_A |\delta \boldsymbol{r}'_A| - F_B |\delta \boldsymbol{r}'_B| = 0$$

(5) 不可伸长的绳索。设将绳索的一端固定，另一端系住一质点（图 14-11），则在不

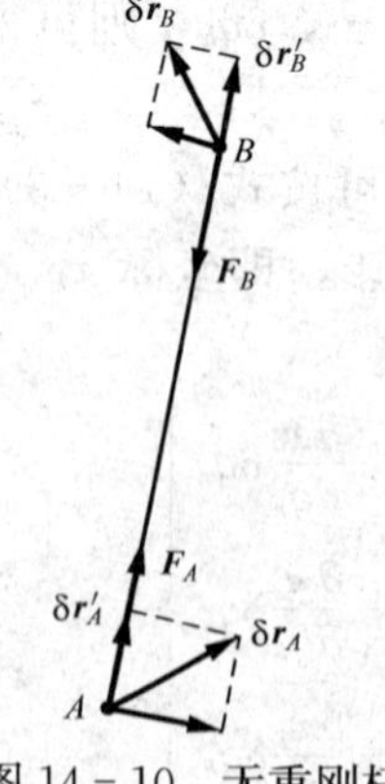

图 14-10 无重刚杆

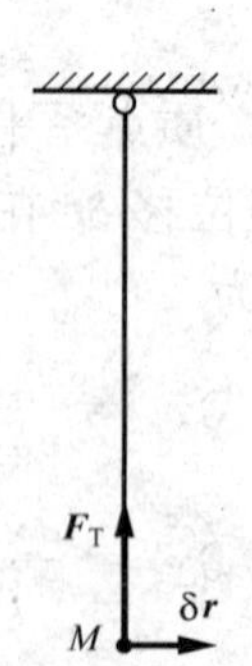

图 14-11 不可伸长的绳索

破坏约束（绳索不松弛或蜷曲）的条件下，质点的虚位移 $\delta \boldsymbol{r}$ 必与绳索拉力 $\boldsymbol{F}_T$ 垂直，因而拉力 $\boldsymbol{F}_T$ 的元功等于零。

三、虚位移原理

虚位移原理可表述如下：**受理想、双面、定常约束的质点系在某一位置保持平衡的必要与充分条件是作用于质点系的所有主动力在任何虚位移中的元功之和等于零。**

设用 $\boldsymbol{F}_i$ 代表作用于任一质点 M_i 的主动力的合力，以 $\delta \boldsymbol{r}_i$ 代表该点的虚位移，则上述原理可用数学公式表示为

$$\sum \boldsymbol{F}_i \cdot \delta \boldsymbol{r}_i = 0 \tag{14-8}$$

现在来证明上述原理。

首先证明必要性，即证明质点系平衡时，式（14－8）成立。

当质点系平衡时，系中任一质点 M_i 都成平衡，因此作用于 M_i 的主动力的合力 $\boldsymbol{F}_i$ 与约束力的合力 $\boldsymbol{F}_{Ni}$ 之和必为零，即

$$\boldsymbol{F}_i + \boldsymbol{F}_{Ni} = 0$$

设 M_i 有虚位移 $\delta \boldsymbol{r}_i$，则 $\boldsymbol{F}_i$ 与 $\boldsymbol{F}_{Ni}$ 在虚位移中的元功之和为

$$\boldsymbol{F}_i \cdot \delta \boldsymbol{r}_i + \boldsymbol{F}_{Ni} \cdot \delta \boldsymbol{r}_i = (\boldsymbol{F}_i + \boldsymbol{F}_{Ni}) \cdot \delta \boldsymbol{r}_i = 0$$

对质点系中每一质点都能写出这样一个等式。将这些等式相加，得

$$\sum \boldsymbol{F}_i \cdot \delta \boldsymbol{r}_i + \sum \boldsymbol{F}_{Ni} \cdot \delta \boldsymbol{r}_i = 0$$

因质点系所受的约束都为理想约束，约束力在任何虚位移中的元功之和等于零，于是得到

$$\sum \boldsymbol{F}_i \cdot \delta \boldsymbol{r}_i = 0$$

其次证明充分性，即证明等式（14－8）成立时，质点系必成平衡。

应用反证法，假设等式（14－8）成立，但质点系不平衡，有一个以上的质点由静止开始运动。这时，作用于运动质点 M_i 的主动力 $\boldsymbol{F}_i$ 与约束力 $\boldsymbol{F}_{Ni}$ 必有一个合力 $\boldsymbol{F}_{Ri} = \boldsymbol{F}_i + \boldsymbol{F}_{Ni}$，如图 14－12 所示。质点 M_i 在 $\boldsymbol{F}_{Ri}$ 的作用下必有与 $\boldsymbol{F}_{Ri}$ 同方向的微小实位移，而微小实位移必为虚位移之一，设以 $\delta \boldsymbol{r}_i$ 表示，于是

$$\boldsymbol{F}_{Ri} \cdot \delta \boldsymbol{r}_i = \boldsymbol{F}_{Ri} \left| \delta \boldsymbol{r}_i \right| > 0$$

即

$$\boldsymbol{F}_i \cdot \delta \boldsymbol{r}_i + \boldsymbol{F}_{Ni} \cdot \delta \boldsymbol{r}_i = \boldsymbol{F}_{Ri} \cdot \delta \boldsymbol{r}_i > 0$$

对于每一个运动质点都可以写出这样一个不等式，而对于仍保持静止的质点则该式的右边等于零。将质点系中所有质点的主动力与约束力在虚位移中的元功总加起来，将有

$$\sum \boldsymbol{F}_i \cdot \delta \boldsymbol{r}_i + \sum \boldsymbol{F}_{Ni} \cdot \delta \boldsymbol{r}_i > 0$$

而 $\sum \boldsymbol{F}_{Ni} \cdot \delta \boldsymbol{r}_i = 0$，因此

$$\sum \boldsymbol{F}_i \cdot \delta \boldsymbol{r}_i > 0$$

结果与假设的条件相矛盾。所以，质点系不可能进入运动，而必定成平衡。

虚位移原理的数学式，除式（14－8）外，还可表示为解析式

$$\sum (F_{ix} \delta x_i + F_{iy} \delta y_i + F_{iz} \delta z_i) = 0 \tag{14-9}$$

或

$$F_i \left| \delta \boldsymbol{r}_i \right| \cos\alpha_i = 0 \tag{14-10}$$

式中　α_i——$\boldsymbol{F}_i$ 与 $\delta \boldsymbol{r}_i$ 的夹角。

前面已经说明，具有 k 个自由度的质点系，可以有 k 个独立的虚位移。若该系统成平衡，对应于每一个独立的虚位移，都可以应用虚位移原理建立一个独立的平衡方程。于是，对于具有 k 个自由度的平衡系统来说，可以建立 k 个独立的平衡方程，即：**独立平衡方程的数目与系统的自由度的数目相等。**

虚位移原理是解答平衡问题的一般性原理，对任何质点系都适用。对于受理想约束的复杂系统的平衡问题，应用虚位移原理求解比用静力学方法求解更为方便。这是因为虚位移原理不必考虑约束力，可以避免解联立方程，使计算过程大为简化。

【例 14-1】 图 14-12 所示为一平面机构。已知各杆与弹簧原长均为 l，重量均可略去不计，弹簧常数为 k，铅直导槽是光滑的。求平衡时，$\boldsymbol{F}_P$的大小与角度 θ 之间的关系。

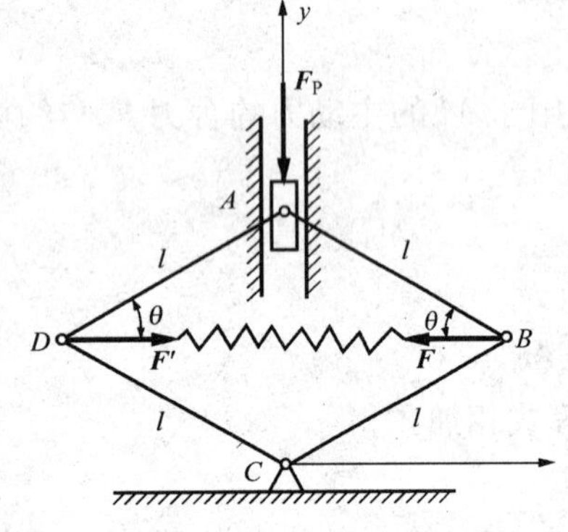

图 14-12 [例 14-1] 附图

解 作用于机构上的力除主动力 $\boldsymbol{F}_P$外尚有弹性力 $\boldsymbol{F}$ 及 $\boldsymbol{F}'$，它们的元功之和不等于零，故应计及。

以 θ 为广义坐标。在图 14-12 所示位置，弹簧的伸长量为

$$\delta = 2l\cos\theta - l = l(2\cos\theta - 1)$$

故

$$F = F' = k\delta = kl(2\cos\theta - 1) \quad ①$$

应用虚位移原理，按式（14-9）可写出

$$-F_P\delta y_A - F\delta x_B + F'\delta x_D = 0 \quad ②$$

而

$$y_A = 2l\sin\theta,\ \delta y_A = 2l\cos\theta\delta\theta \quad ③$$

$$x_B = l\cos\theta,\ \delta x_B = -l\sin\theta\delta\theta \quad ④$$

$$x_D = -l\cos\theta,\ \delta x_D = l\sin\theta\delta\theta \quad ⑤$$

将式①、③、④、⑤代入式②，得

$$-F_P \cdot 2l\cos\theta\delta\theta - kl(2\cos\theta - 1)(-l\sin\theta\delta\theta) + kl(2\cos\theta - 1)(l\sin\theta\delta\theta) = 0$$

约去 $\delta\theta$ 并化简后，得

$$F_P = kl(2\sin\theta - \tan\theta)$$

【例 14-2】 均质杆 OA 及 AB 在 A 点用铰连接，并在 O 点用铰支承，如图 14-13（a）所示。两杆各长 $2a$ 及 $2b$，各重 $\boldsymbol{F}_{P1}$及 $\boldsymbol{F}_{P2}$。设在 B 点加水平力 $\boldsymbol{F}$ 以维持平衡，求两杆与铅直线所成的角 φ 及 θ。

解 这是一个具有 2 个自由度的系统，取角 φ 及 θ 为广义坐标。

由于 φ 及 θ 是彼此独立的，为计算方便，可使 φ 保持不变，而使 θ 获得变分 $\delta\theta$，得到系统的一种虚位移，如图 14-13（b）所示。由式（14-10）有

$$F\delta r_B\cos\theta - F_{P2}\delta r_D\sin\theta = 0 \quad ①$$

而

$$\delta r_B = 2b\delta\theta,\ \delta r_D = b\delta\theta$$

代入式①后求得

$$\tan\theta = \frac{F \cdot 2b\delta\theta}{F_{P2} \cdot b\delta\theta} = \frac{2F}{F_{P2}}$$

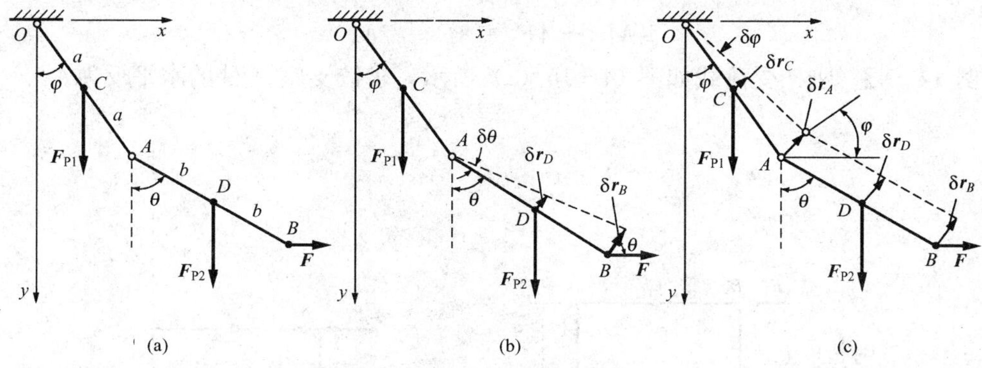

图 14-13 [例 14-2] 附图

再使 θ 保持不变，而使 φ 获得变分 $\delta\varphi$，得到系统的另一种虚位移，如图 14-13（c）所示。图中 A，B，D 各点虚位移相互平行，且 $\delta r_A=\delta r_D=\delta r_B$。

由式（14-10）可写出

$$F\delta r_B\cos\varphi-F_{P1}\delta r_C\sin\varphi-F_{P2}\delta r_D\sin\varphi=0 \quad ②$$

而

$$\delta r_B=\delta r_D=\delta r_A=2a\delta\varphi,\ \delta r_C=a\delta\varphi$$

代入式②后，解得

$$\tan\varphi=\frac{2F}{F_{P1}+2F_{P2}}$$

前面曾经指出，虚位移原理的优点是理想约束的约束力不出现在方程中。事实上，虚位移原理也可用来求约束力，而且一般较用平衡方程求解更为简便。这时，只需把相应的约束解除，代以所要求的约束力，并将该约束力作为主动力看待就行了。举例说明如下。

【例 14-3】 图 14-14（a）所示为一两跨静定梁，试求固定端 A 处的约束力偶。

解 原结构是不能发生位移的。为了应用虚位移原理求固定端 A 处的约束力偶，可将 A 处的转动约束解除，代以约束力偶 M_A，如图 14-14（b）所示，这时，整个结构有一个自由度。使结构发生如图 14-14（b）所示的虚位移，根据虚位移原理可以写出

$$M_A\delta\theta_A-F_1\delta r_D-F_2\delta r_B+M\delta\theta_C=0$$

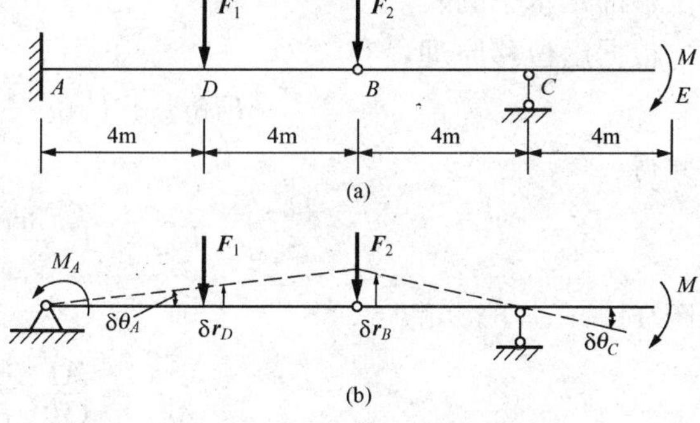

图 14-14 [例 14-3] 附图

由几何关系

$$\frac{\delta r_D}{\delta r_A}=\frac{4}{8}=\frac{1}{2},$$

$$\delta\theta_A=\frac{\delta r_B}{8},\ \delta\theta_C=\frac{\delta r_B}{4}$$

可得

$$M_A\cdot\frac{\delta r_B}{8}-F_1\cdot\frac{\delta r_B}{2}-F_2\cdot\delta r_B+M\cdot\frac{\delta r_B}{4}=0$$

所以

$$M_A = 4F_1 + 8F_2 - 2M$$

【例 14-4】 刚架受荷载如图 14-15（a）所示，求铰支座 A 处的水平反力。

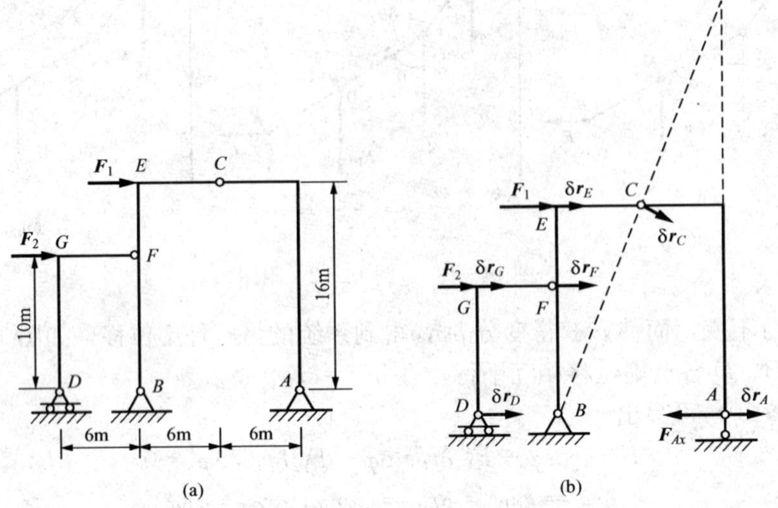

图 14-15 ［例 14-4］附图

解 将 A 处的水平约束解除，代以对应的水平反力 $\boldsymbol{F}_{Ax}$，并将该力作为主动力看待；A 处的铅直约束仍保留，可用一铅直连杆表示，如图 14-15（b）所示。

这时刚架具有 1 个自由度。BEC 部分可绕 B 点转动，设沿顺时针方向转过一微小角度，则 C，E，F 三点的虚位移如图 14-15（b）所示。CA 部分可作平面运动，由 C，A 两点虚位移的方位，可确定其瞬时转动中心在 I 点。至于 DGF 部分则作瞬时平移（因 D，F 两点虚位移都是水平的）。

根据虚位移原理，有

$$F_1\delta r_E + F_2\delta r_C - F_{Ax}\delta r_A = 0$$

由此得

$$F_{Ax} = F_1\frac{\delta r_E}{\delta r_A} + F_2\frac{\delta r_C}{\delta r_A} \tag{①}$$

由图 14-15（b）可见

$$\frac{\delta r_A}{\delta r_C} = \frac{AI}{CI},\ \frac{\delta r_E}{\delta r_C} = \frac{BE}{BC}$$

因 $BC=CI$，故

$$\frac{\delta r_E}{\delta r_A} = \frac{BE}{BC}\cdot\frac{CI}{AI} = \frac{BE}{AI} = \frac{1}{2} \tag{②}$$

又

$$\delta r_C = \delta r_F = \frac{BF}{BE}\delta r_E = \frac{10}{16}\delta r_E$$

故

$$\frac{\delta r_C}{\delta r_A} = \frac{10\delta r_E}{16\delta r_A} = \frac{5}{16} \tag{③}$$

将式②、③代入式①后，得

$$F_{Ax}=\frac{1}{2}F_1+\frac{5}{16}F_2$$

作为练习，请读者自行求出 A 处的铅直反力。

第四节　广义力与以广义力表示的质点系平衡条件

一、广义力

有一质点系，由 n 个质点组成，其中第 i 个质点 M_i 对坐标原点的矢径为 $\boldsymbol{r}_i$，所受的主动力的合力为 $\boldsymbol{F}_i$。该质点系具有 k 个自由度，设以 q_1，q_2，…，q_k 为广义坐标，并设系统所受的约束为非定常约束，则

$$\boldsymbol{r}_i=\boldsymbol{r}_i(q_1,q_2,\cdots,q_k,t) \tag{14-11}$$

使系统有虚位移，即令 q_j 改变 δq_j，则 M_i 的虚位移为

$$\delta\boldsymbol{r}_i=\frac{\partial\boldsymbol{r}_i}{\partial q_1}\delta q_1+\frac{\partial\boldsymbol{r}_i}{\partial q_2}\delta q_2+\cdots+\frac{\partial\boldsymbol{r}_i}{\partial q_k}\delta q_k=\sum_{j=1}^{k}\frac{\partial\boldsymbol{r}_i}{\partial q_j}\delta q_j \tag{14-12}$$

在该虚位移中，作用于质点系的所有主动力的元功之和为

$$\delta W=\sum_{i=1}^{n}\boldsymbol{F}_i\cdot\delta\boldsymbol{r}_i=\sum_{i=1}^{n}\boldsymbol{F}_i\cdot\sum_{j=1}^{k}\frac{\partial\boldsymbol{r}_i}{\partial q_j}\delta q_j=\sum_{j=1}^{k}\left(\sum_{i=1}^{n}\boldsymbol{F}_i\cdot\frac{\partial\boldsymbol{r}_i}{\partial q_j}\right)\delta q_j \tag{14-13}$$

令

$$F_{Qj}=\sum_{i=1}^{n}\boldsymbol{F}_i\cdot\frac{\partial\boldsymbol{r}_i}{\partial q_j} \tag{14-14}$$

则

$$\delta W=\sum_{i=1}^{n}\boldsymbol{F}_i\cdot\delta\boldsymbol{r}_i=\sum_{j=1}^{k}F_{Qj}\delta q_j \tag{14-15}$$

由式（14－14）所定义的 F_{Qj} **称为对应于广义坐标** q_j 的广义力。据此可知，广义力的数目与广义坐标的数目相等。

如采用直角坐标系，将 M_i 的坐标 x_i，y_i，z_i 用广义坐标表示为

$$\left.\begin{aligned}x_i&=x_i(q_1,q_2,\cdots,q_k,t)\\y_i&=y_i(q_1,q_2,\cdots,q_k,t)\\z_i&=z_i(q_1,q_2,\cdots,q_k,t)\end{aligned}\right\} \tag{14-16}$$

因，$\boldsymbol{r}_i=x_i\boldsymbol{i}+y_i\boldsymbol{j}+z_i\boldsymbol{k}$，故

$$\frac{\partial\boldsymbol{r}_i}{\partial q_j}=\frac{\partial x_i}{\partial q_j}\boldsymbol{i}+\frac{\partial y_i}{\partial q_j}\boldsymbol{j}+\frac{\partial z_i}{\partial q_j}\boldsymbol{k}$$

又 $\boldsymbol{F}_i=F_{ix}\boldsymbol{i}+F_{iy}\boldsymbol{j}+F_{iz}\boldsymbol{k}$，因而广义力 F_{Qj} 的表达式（14－14）可写成解析式

$$F_{Qj}=\sum_{i=1}^{n}\left(F_{ix}\frac{\partial x_i}{\partial q_j}+F_{iy}\frac{\partial y_i}{\partial q_j}+F_{iz}\frac{\partial z_i}{\partial q_j}\right) \tag{14-17}$$

如作用于质点系的力是有势力，质点系在任一位置的势能为 V，由式（12－30）知

$$F_{ix}=-\frac{\partial V}{\partial x_i},\ F_{iy}=-\frac{\partial V}{\partial y_i},\ F_{iz}=-\frac{\partial V}{\partial z_i}$$

代入式（14－17），得

$$F_{Qj}=-\sum_{i=1}^{n}\left(\frac{\partial V\partial x_i}{\partial x_i\partial q_j}+\frac{\partial V\partial y_i}{\partial y_i\partial q_j}+\frac{\partial V\partial z_i}{\partial z_i\partial q_j}\right)=-\frac{\partial V}{\partial q_j} \tag{14-18}$$

式（14－8）表明，如将质点系的势能表示为广义坐标的函数，则**对应于某一广义坐标的广**

义力，等于势能对该广义坐标的偏导数冠以负号。

实际应用时，除有势力情况下可用式（14-18）计算广义力外，对于一般的力，可用式（14-17）计算；而更多的是用如下的方法计算广义力。

在式（14-14）中，$\frac{\partial \boldsymbol{r}_i}{\partial q_j}$表示$\boldsymbol{r}_i$对于$q_j$的改变率，而式（14-13）中的$\frac{\partial \boldsymbol{r}_i}{\partial q_j}\delta q_j$则表示因$q_j$改变$\delta q_j$（其他广义坐标不变）而有的虚位移$\delta \boldsymbol{r}_i^{(j)}$，$\sum_{i=1}^{n}\boldsymbol{F}_i \cdot \frac{\partial \boldsymbol{r}_i}{\partial q_j}\delta q_j$表示各主动力在该虚位移中的元功之和，以$\delta W^{(j)}$表示。因此，为求对应于某一广义坐标$q_j$的广义力$F_{Qj}$，可令$q_j$改变$\delta q_j$，而其他广义坐标不变，找出各点相应的虚位移$\delta \boldsymbol{r}_i^{(j)}$，据此求出各主动力的元功之和$\delta W^{(j)}$，然后除以$\delta q_j$即得。

$$F_{Qj} = \frac{\delta W^{(j)}}{\delta q_j} \tag{14-19}$$

广义力并不一定具有力的量纲。因为功的量纲是FL，如q_j为长度，则F_{Qj}的量纲为F；如q_j为角度，则F_{Qj}的量纲为FL（同力矩量纲）。所以广义力的量纲随广义坐标的量纲而变。

二、以广义力表示的质点系平衡条件

根据虚位移原理，受理想、双面、定常约束的质点系的平衡条件是

$$\sum_{i=1}^{n}\boldsymbol{F}_i \cdot \delta \boldsymbol{r}_i = \delta W = 0$$

由式（14-15），该条件可以写成

$$\sum_{j=1}^{n} F_{Qj}\,\delta q_j = 0$$

由于各δq_j是彼此独立的，要使该关系式在各δq_j取任意值时都成立，必须使

$$F_{Qj} = 0 \quad (j = 1, 2, \cdots, k) \tag{14-20}$$

式（14-20）表明**受理想、双面、定常约束的质点系，在某一位置成平衡的必要与充分条件是所有的广义力都等于零，**这就是用广义力表示的质点系平衡条件。

如果作用于质点系的力都是有势力，则由式（14-18）及式（14-20），平衡条件成为

$$\frac{\partial V}{\partial q_j} = 0 \quad (j = 1, 2, \cdots, k) \tag{14-21}$$

【例 14-5】 伸缩仪上作用着两个力$\boldsymbol{F}_1$及$\boldsymbol{F}_2$（图 14-16），求平衡时两力大小之关系。

解 该系统有1个自由度。以x_C为广义坐标，则

$$x_A = 5x_C, \quad \frac{\partial x_A}{\partial x_C} = 5$$

由式（14-17），对应于广义坐标的广义力

$$F_{Q1} = -F_2\frac{\partial x_C}{\partial x_C} + F_1\frac{\partial x_A}{\partial x_C} = -F_2 + 5F_1$$

令$F_{Q1}=0$，即得两力大小之关系为

$$F_2 = 5F_1$$

【例 14-6】 等长、等重的两根均质杆，各长$2l$，重$\boldsymbol{W}$，用铰连接，跨在半径为r的水平光滑圆柱体上，并位于同一铅直平面内，如图 14-17 所示。求杆的平衡位置。

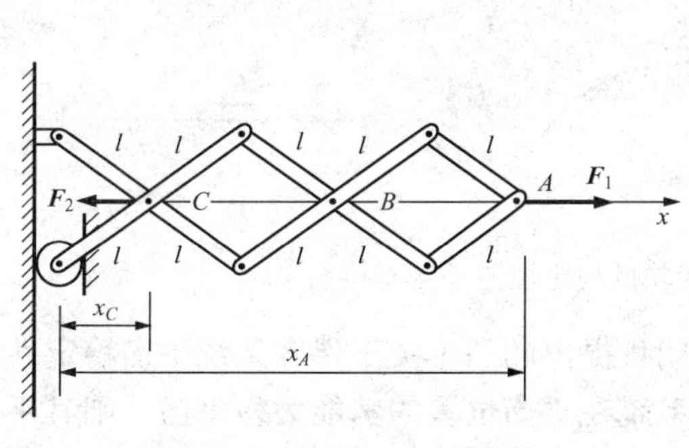

图 14－16　［例 14－5］附图

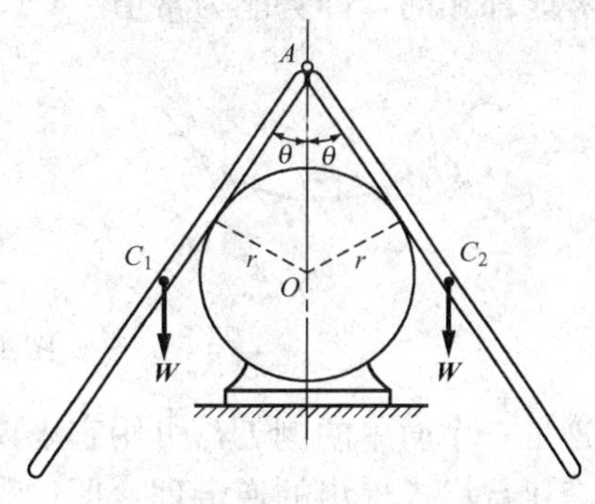

图 14－17　［例 14－6］附图

解　由于两杆等长、等重，平衡时它们的位置必对称于过圆心 O 的铅直线，即 OA 为铅直线，这样，系统就只有 1 个自由度。以 θ 为广义坐标，过点 O 的水平面为零势面，两杆重心与过点 O 的水平面的距离为 $h=\dfrac{r}{\sin\theta}-l\cos\theta$，则系统的势能为

$$V=2W\left(\frac{r}{\sin\theta}-l\cos\theta\right)$$

由式（14－21），系统的平衡条件为

$$\frac{\partial V}{\partial\theta}=2W\left(\frac{-r\cos\theta}{\sin^2\theta}+l\sin\theta\right)=0$$

即

$$l\sin^3\theta-r\cos\theta=0$$

将此式写成

$$l\sin^2\theta-\frac{r(\sin^2\theta+\cos^2\theta)\cos^2\theta}{\cos^2\theta}=0$$

可得

$$l\tan^3\theta-r\tan^2\theta-r=0$$

由此解出 θ，即得系统的平衡位置。

第五节　保守系统平衡的稳定性

设一质点系原处于平衡状态，因受轻微扰动而偏离平衡位置。若此后质点系只在其平衡位置附近运动，则其平衡是**稳定的**；若此后质点系逐渐远离平衡位置，则其平衡是**不稳定的**。

考察如图 14－18 所示滑块（作为质点）在铅直平面内 3 个不同的位置处于平衡的情况。假设接触面都是光滑的。在图 14－18（a）中，滑块稍稍偏离平衡位置 A 点后，重力将使其返回平衡位置，滑块在 A 点的平衡是稳定的。在图 14－18（b）中，当滑块稍稍偏离平衡位置 B 点后，重力将使其离 B 点愈来愈远，滑块在 B 点的平衡是不稳定的。在图 14－18（c）中，滑块在任何位置 C 都能平衡，这种平衡称为随遇平衡，而一旦受到扰动（如给以初速度），物块就不再能回到原来的平衡位置，故其平衡也是不稳定的。容易看出，滑块在 A 点时，其势能具有极小值；在 B 点时，其势能具有极大值；在图 14－18（c）中，滑块在各位置的势能都相同，即势能为常值。

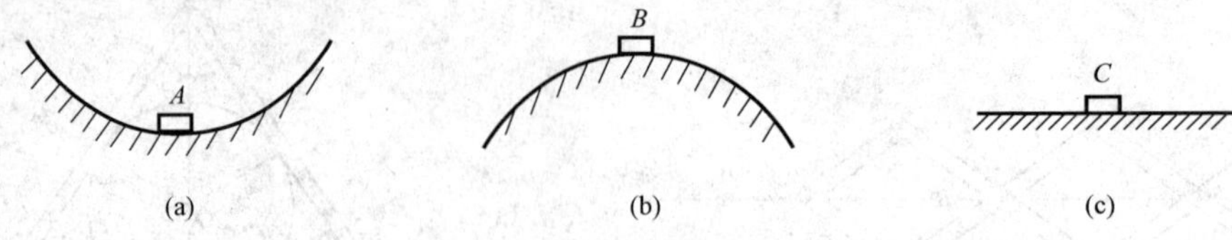

图 14－18　滑块的稳定性

这是一个简单的例子，可用它来说明拉格朗日提出的一个关于保守系统平衡稳定性的定理和李亚普诺夫提出的逆定理，即：①**若保守系统在平衡位置的势能为极小值，则其平衡是稳定的；**②**若势能非极小值，则其平衡是不稳定的。**

对于单自由系统，以 q 为广义坐标，则势能 $V=V(q)$。据式（14－21），在平衡位置应有

$$\frac{\mathrm{d}V}{\mathrm{d}q}=0$$

若

$$\frac{\mathrm{d}^2V}{\mathrm{d}q^2}>0$$

势能将具有极小值，平衡是稳定的；

若

$$\frac{\mathrm{d}^2V}{\mathrm{d}q^2}<0$$

则势能具有极大值，平衡是不稳定的；

若

$$\frac{\mathrm{d}^2V}{\mathrm{d}q^2}=0$$

则要根据更高阶的导数来判断是否稳定。

如果各阶导数均为零，表明 V 是常量，平衡将是随遇的。如果在各阶导数中，第一个非零导数是偶数阶的，且该非零导数的值是正的，则势能为极小，平衡是稳定的；若该非零导数的值是负的，则势能为极大，平衡是不稳定的。

【例 14－7】 图 14－19 所示一倒置的摆，摆锤重 $\boldsymbol{W}$，摆杆长为 l。在摆杆的 A 点连有一刚度为 k 的水平弹簧，摆在铅直位置时弹簧未变形。设 $OA=a$，摆杆重量不计，试问在什么条件下，系统的平衡是稳定的？

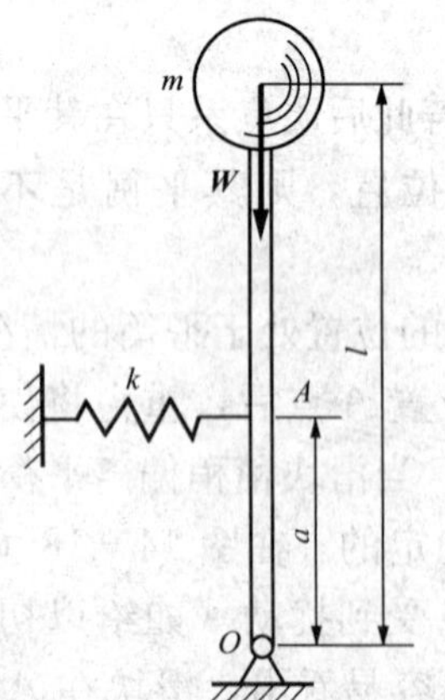

图 14－19［例 14－7］附图

解　该系统是一个自由度系统，选择摆角 φ 为广义坐标，摆的铅直位置为摆锤和弹簧的零势能点。系统在任一位置的势能等于摆锤的重力势能与弹簧弹性势能的和，即

$$\begin{aligned}V&=Wl(1-\cos\varphi)+\frac{1}{2}la^2\varphi^2\\&=-2Wl\sin^2\frac{\varphi}{2}+\frac{1}{2}ka^2\varphi^2\end{aligned}$$

假设只允许系统偏离一个很小的 φ 角，则 $\sin\frac{\varphi}{2}\approx\frac{\varphi}{2}$。上

述势能表达式成为

$$V=-\frac{1}{2}Wl\varphi^2+\frac{1}{2}ka^2\varphi^2=\frac{1}{2}(ka^2-Wl)\varphi^2$$

将势能 V 对 φ 求一阶导数，有

$$\frac{\mathrm{d}V}{\mathrm{d}\varphi}=(ka^2-Wl)\varphi$$

系统在 $\varphi=0$ 处平衡。若要判别系统是否处于稳定平衡，则将势能对 φ 求二阶导数

$$\frac{\mathrm{d}^2V}{\mathrm{d}\varphi^2}=ka^2-Wl$$

对于稳定平衡，要求 $\frac{\mathrm{d}^2V}{\mathrm{d}\varphi^2}>0$，即

$$ka^2-Wl>0$$

或

$$a>\sqrt{\frac{Wl}{k}}$$

思 考 题

14-1 确定图 14-20 所示各系统的自由度：

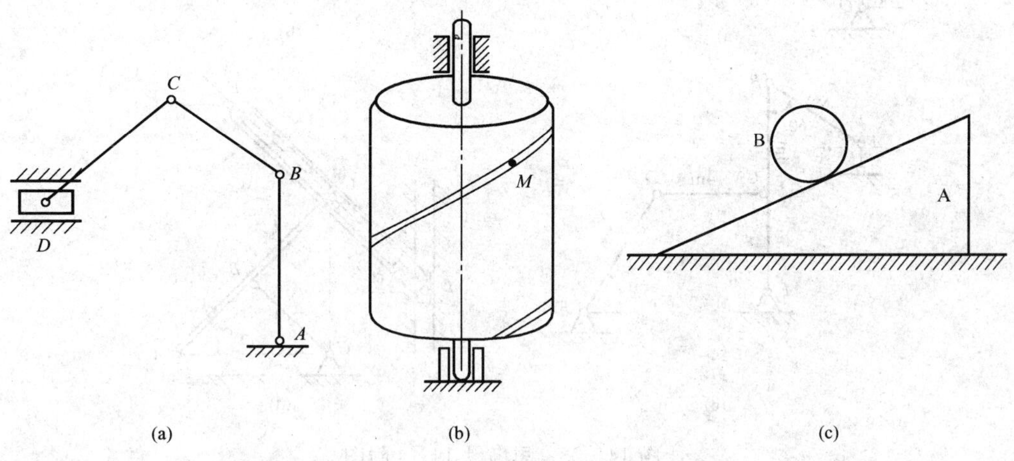

图 14-20 思考题 14-1 附图

(a) 滑块 D 可在水平槽内运动。

(b) 圆柱可绕固定铅直轴转动，小物块 M 在圆柱表面的槽内滑动。

(c) 系统由楔块 A 及轮 B 组成，A 可在水平面上滑动，试分别讨论轮 B 只滚动不滑动和又滚动又滑动两种情况。

14-2 判断如图 14-21 所示的虚位移有无错误。

14-3 物体 A 在重力、摩擦力和弹性力作用下平衡，如图 14-22 所示。设给 A 一个水平向右的虚位移 $\delta\boldsymbol{r}$，问：弹性力的虚功是否等于 $\frac{k}{2}[(l_1-l_0)^2-(l_2-l_0)^2]$？为什么？摩擦

力的虚功是正还是负？

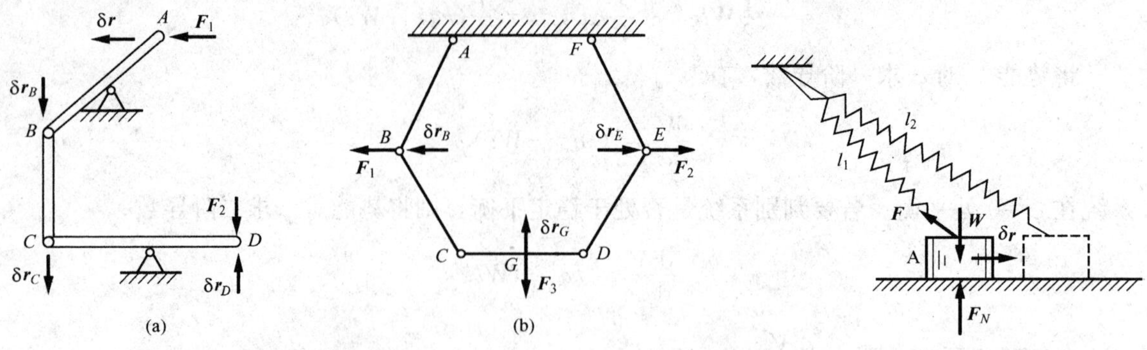

图 14－21　思考题 14－2 附图　　　　图 14－22　思考题 14－3 附图

14－4　给图 14－23 所示各系统以虚位移，画出图示位置 B，C，D 各点的虚位移，并找出 B，C，D 3 点的虚位移与 A 点虚位移之间的关系。

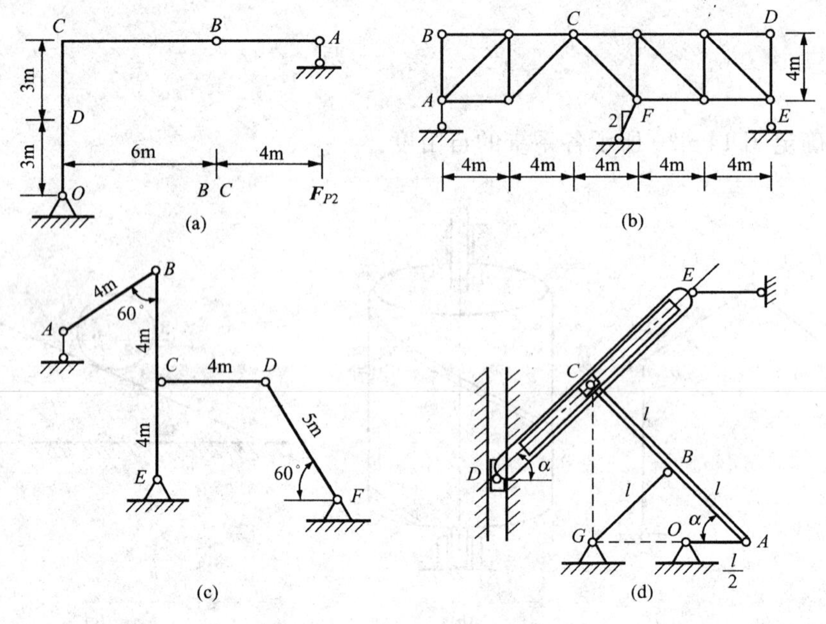

图 14－23　思考题 14－4 附图

习　　题

14－1　一台秤的构造简图如图 14－24 所示，已知 $BC \equiv OD$，$BC=\dfrac{AB}{10}$。设秤锤重 $W_1=$ 1kN，问秤台上的物重 W_2 为多少？

14－2　图 14－25 所示为一千斤顶机构，当长为 R 的手柄转动时，齿轮 1，2，3，4 与 5 也随之转动，并带动千斤顶的齿条 BC 运动。齿轮的半径分别为 $r_1=30\text{mm}$，$r_2=120\text{mm}$，

$r_3=40\text{mm}$，$r_4=160\text{mm}$，$r_5=30\text{mm}$，手柄的半径 $R=180\text{mm}$。问在手柄的 A 端并沿垂直于手柄的方向作用多大的力时，才能使千斤顶的台子产生 4.8kN 的压力？

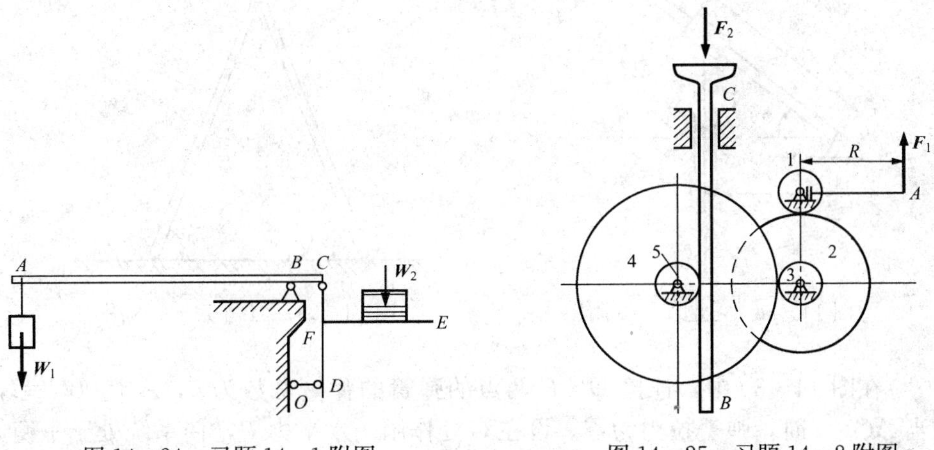

图 14-24　习题 14-1 附图　　图 14-25　习题 14-2 附图

14-3　在螺旋压榨机手轮上作用一矩为 M 的力偶，手轮装在螺杆上，螺杆两端刻有螺距为 h 的相反螺纹，螺杆上套有两螺母，螺母与菱形杆框连接如图 14-26 所示。求当菱形的顶角为 2α 时，压榨机对物体的压力。

14-4　在压榨机构的曲柄 OA 上作用一力偶如图 14-27 所示，其矩 $M=50\text{N}\cdot\text{m}$。若 $OA=r=0.1\text{m}$，$BD=DC=DE=l=0.3\text{m}$，$\angle OAB=90°$，$\alpha=15°$，各杆自重不计，求压榨力 $\boldsymbol{F}$ 的大小。

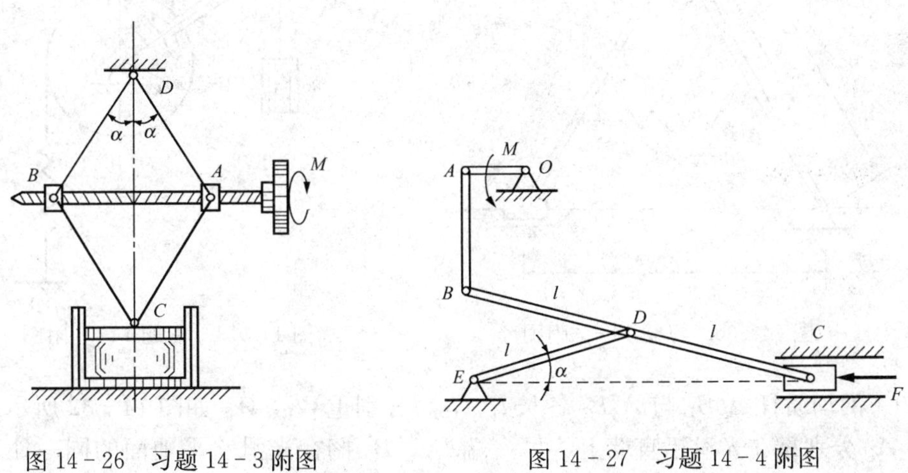

图 14-26　习题 14-3 附图　　图 14-27　习题 14-4 附图

14-5　在图 14-28 所示机构中，当曲柄 OC 绕水平轴 O 摆动时，滑块 A 可沿曲柄 OC 滑动，并带动一沿铅垂导槽 K 运动的杆子 AB。已知 $OC=R$，$OK=l$，问在 C 点沿垂直于曲柄 OC 的方向应作用多大的力 $\boldsymbol{F}_1$，才能平衡沿杆 AB 作用并朝上的力 $\boldsymbol{F}$？

14-6　一折梯放在粗糙水平地面上如图 14-29 所示，设梯子与地面之间的滑动摩擦因数为 f_s，求平衡时梯子与水平面所成的最小的角度 φ（设梯子 AC 与 BC 两部分为均质杆）。

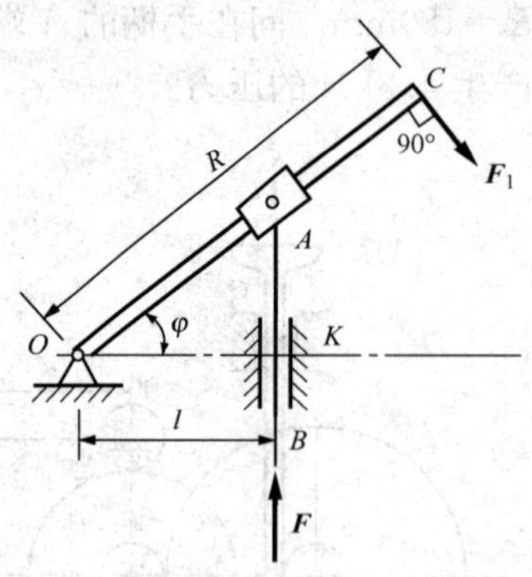

图 14-28 习题 14-5 附图

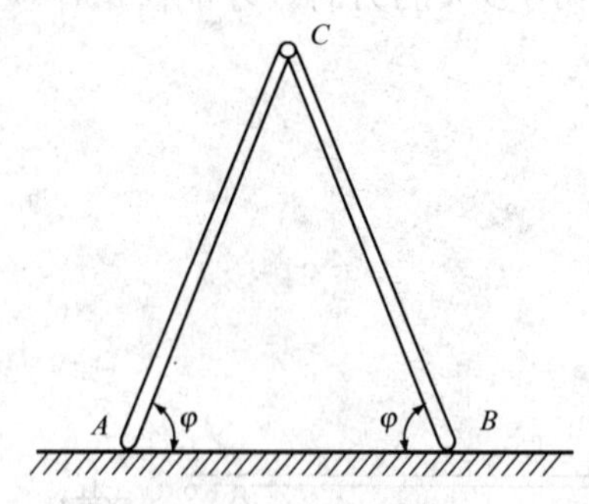

图 14-29 习题 14-6 附图

14-7 在图 14-30 中，连接 D，E 两点的弹簧的弹簧常数为 k，$AB=BC=l$，$BD=BE=b$。当 $AC=a$ 时，弹簧拉力为零。设在 C 处作用一水平力 $\boldsymbol{F}$，使系统处于平衡，求 A、C 间的距离 x（杆 AB，BC 的质量不计，摩擦不计）。

14-8 一半径为 R 的均质圆轮可绕固定轴 O 转动，如图 14-31 所示。杆 AB 固结在轮上，杆端 A 悬挂一重为 $\boldsymbol{W}$ 的物体，当 OA 在铅直位置时弹簧处于自然状态。设 AB 与铅直线的角为 θ 时系统平衡，试求弹簧常数 k。设杆 AB 质量不计。

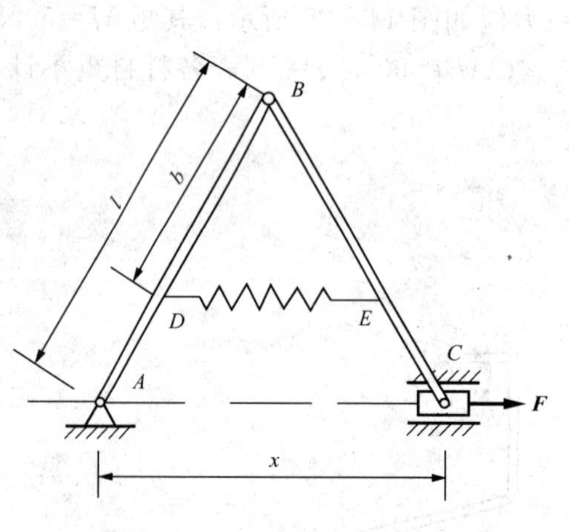

图 14-30 习题 14-7 附图

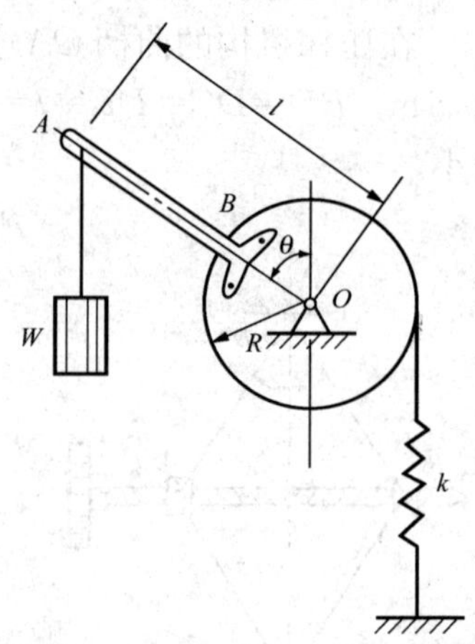

图 14-31 习题 14-8 附图

14-9 两均质杆 A_1B_1 与 A_2B_2 各长 l_1，l_2，分别重 $\boldsymbol{W}_1$，$\boldsymbol{W}_2$ 如图 14-32 所示，两杆的一端 A_1，A_2 分别靠在光滑铅直墙上，另一端 B_1，B_2 搁在光滑水平地面的同一处。求平衡时，两杆与水平面所成夹角 φ_1 与 φ_2 之间的关系。

14-10 静定联合梁由 AG，GD，DE 组成，如图 14-33 所示（图中尺寸单位为 m）。已知 $q=1.5\text{kN/m}$，$F=4\text{kN}$，$M=2\text{kN}\cdot\text{m}$，求 A，B，C，E 四处的反力。

14-11 由 AB 和 BC 在 B 点铰连而成的梁如图 14-34 所示，用铰支座 A 及杆 EF 和 CG 支承，受力 $\boldsymbol{F}$ 及力偶 M 作用。已知 $F=1\text{kN}$，$M=4\text{kN}\cdot\text{m}$，梁的重量不计，求杆 EF 和 CG 的内力。

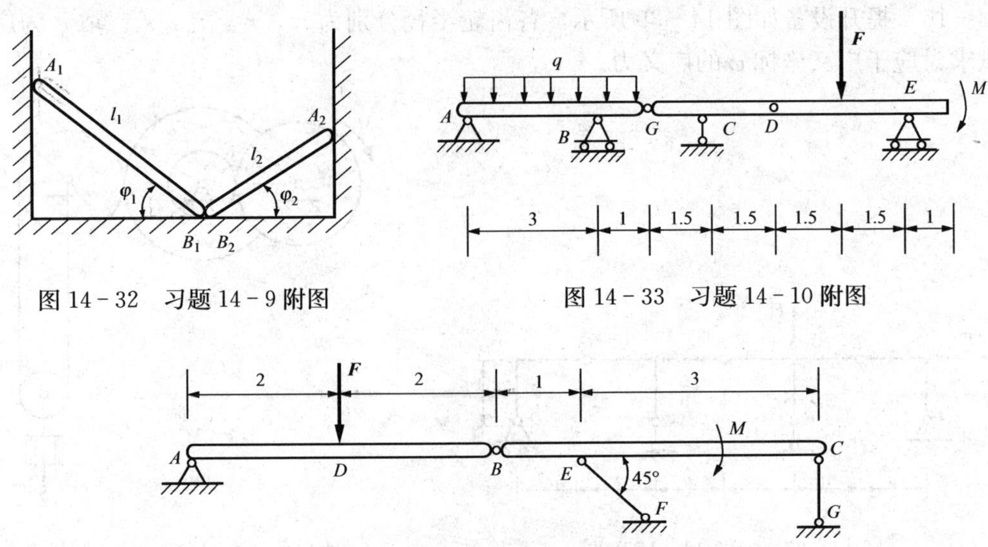

图 14 - 32　习题 14 - 9 附图

图 14 - 33　习题 14 - 10 附图

图 14 - 34　习题 14 - 11 附图

14 - 12　三铰拱受水平力 **F** 的作用如图 14 - 35 所示，求支座 A，B 两处的反力。拱的重量不计。

14 - 13　如图 14 - 36 所示的一组合结构，已知 $F_1=4\text{kN}$，$F_2=5\text{kN}$，求杆 1 的内力。

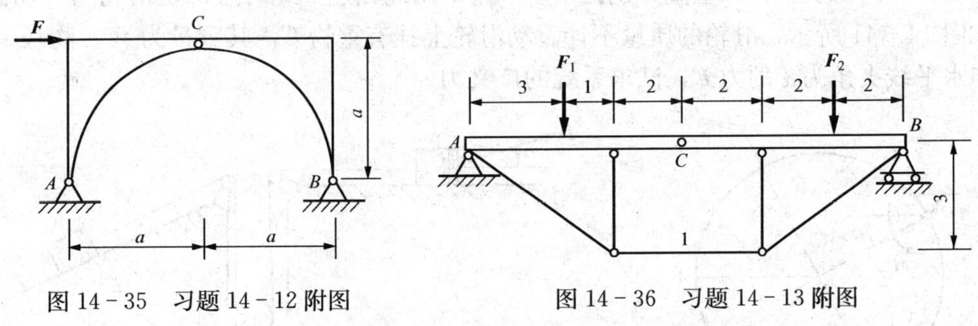

图 14 - 35　习题 14 - 12 附图

图 14 - 36　习题 14 - 13 附图

14 - 14　试用虚位移原理求如图 14 - 37 所示桁架中 1，2 两杆件的内力。

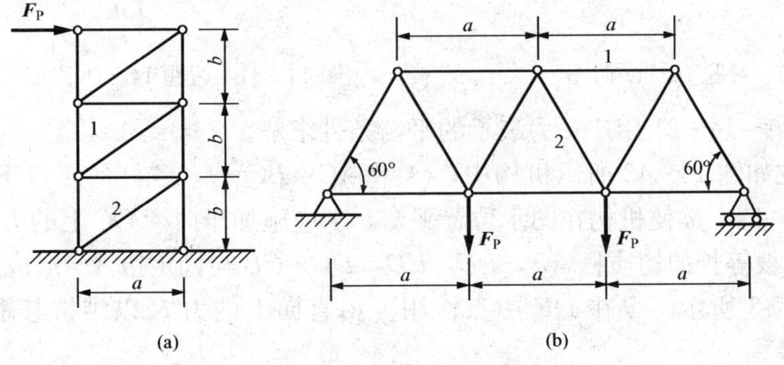

图 14 - 37　习题 14 - 14 附图

14 - 15　静定刚架由 AE，EBF，FCG 及 GD 四部分组成，尺寸及荷载如图 14 - 38 所示。试用虚位移原理求 A，B 两支座的反力。

14－16 提升设备如图 14－39 所示，各齿轮半径分别为 r_1，r_2，r_3，r_4。取 φ 为广义坐标，试求对应于广义坐标 φ 的广义力。

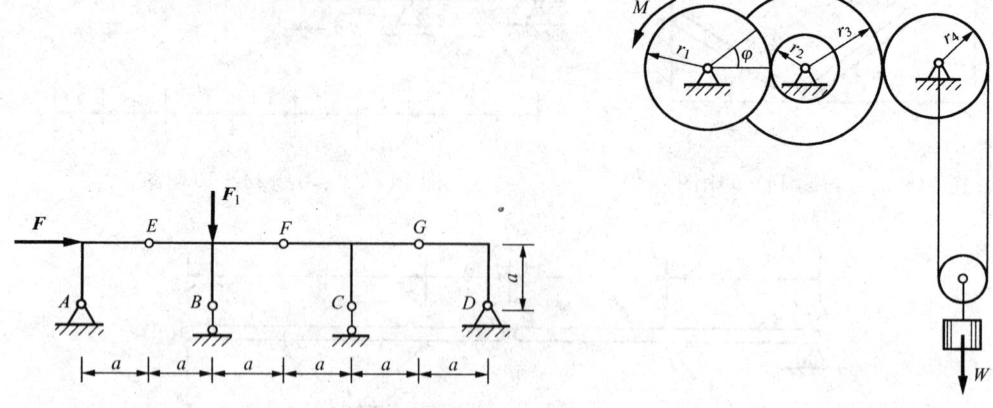

图 14－38 习题 14－15 附图　　图 14－39 习题 14－16 附图

14－17 圆环的质量为 m_1，半径为 R，可绕通过 O 点的水平轴在铅直面内转动，如图 14－40所示；质量为 m_2 的质点 A 可沿环运动；另有一常力矩 M 作用于环上。取 φ 及 θ 为广义坐标，求相应的广义力。摩擦不计。

14－18 两物块 A，B 重量分别为 W_1，W_2，用绳相连，绳跨过两定滑轮与一动滑轮相连，如图 14－41 所示，滑轮的质量不计。动滑轮上挂有重物 C，其重量为 W。物块 A 上作用一与水平线夹角为 α 的力 $\boldsymbol{F}$，试求系统的广义力。

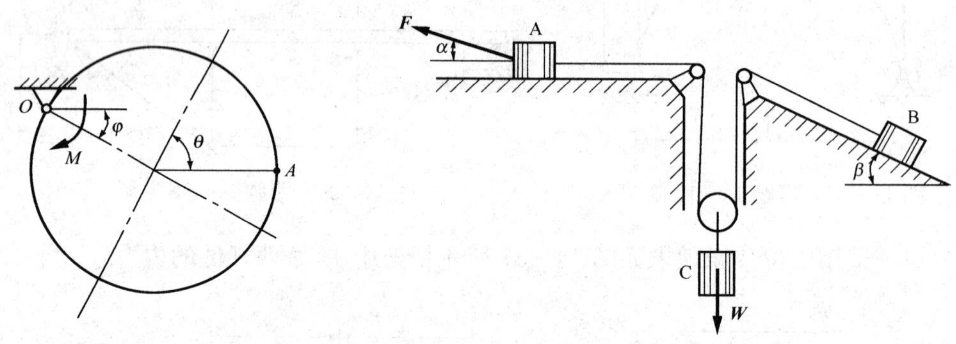

图 14－40 习题 14－17 附图　　图 14－41 习题 14－18 附图

习题 14－19～14－21 用广义力表示的平衡条件求解。

14－19 在如图 14－42 所示机构中，$OC=AC=BC=l$，各杆的质量不计。在滑块 A，B 上作用力 $\boldsymbol{F}_1$，$\boldsymbol{F}_2$，欲使机构在图示位置平衡，求应施加于曲柄 OC 上的力矩 M。

14－20 5 根等长的均质杆 AF，FE，ED，DC，CB 与固定边 AB 形成正六边形，各杆重 $\boldsymbol{W}$ 如图 14－43 所示。今在 DE 中点作用一铅直向上的力 $\boldsymbol{F}$ 以维持其平衡，试求 $\boldsymbol{F}$ 的大小。

14－21 如图 14－44 所示机构位于铅直平面内，$AB=CD$，$AC=BD$。在 C 点作用一铅直力 $\boldsymbol{F}_1$，在 D 点作用一水平力 $\boldsymbol{F}_2$ 使机构平衡，各杆的质量不计。试求杆 AB、AC 与水平线的夹角 φ_1，φ_2。

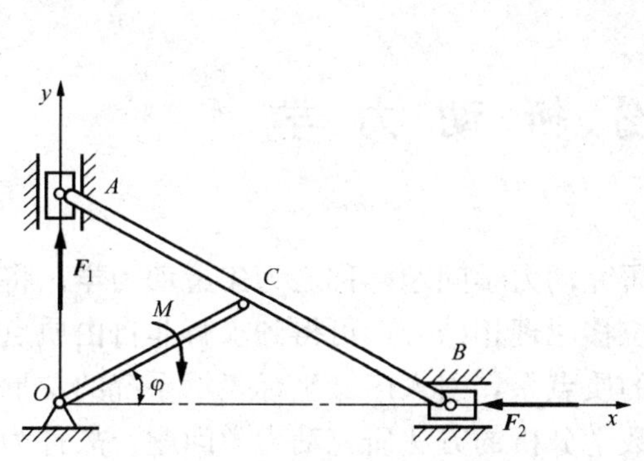

图 14-42 习题 14-19 附图

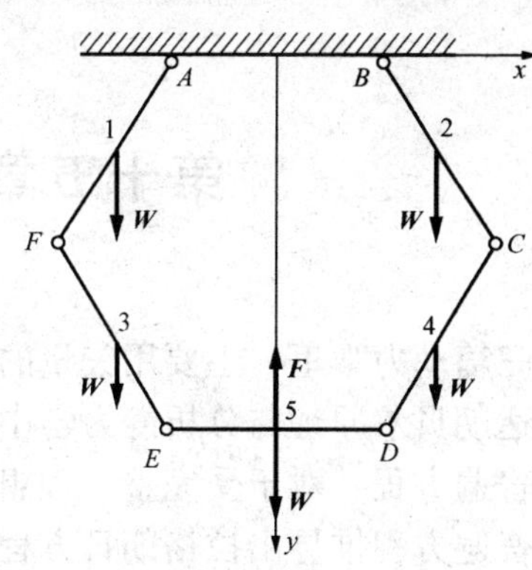

图 14-43 习题 14-20 附图

14-22 均质杆 AB 长 l，重 W，搁置在宽 a 的槽内如图 14-45 所示，设 A，D 处为光滑接触，试求平衡位置的 θ 角，并讨论其平衡的稳定性。

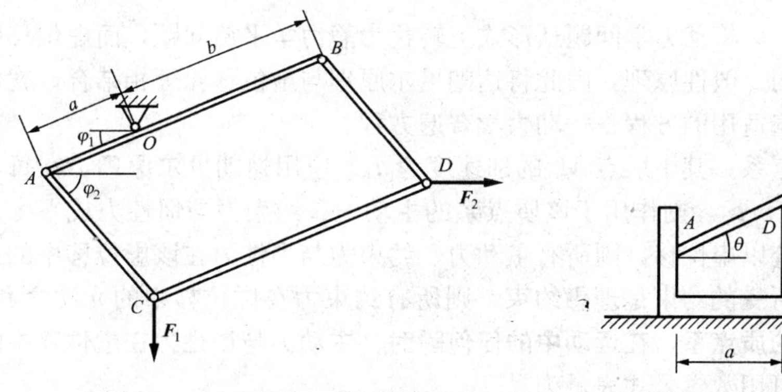

图 14-44 习题 14-21 附图

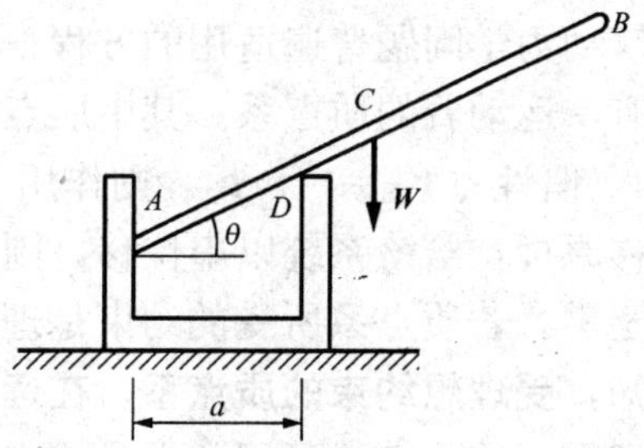

图 14-45 习题 14-22 附图

14-23 杆 AB，长 l，一端铰连重为 W_1 的滑块 A，一端与重 W 的滑块 B 及弹簧 OB 相连，如图 14-46 所示，弹簧的自然长度 $l_0=OC$，弹簧常数为 k。求系统平衡位置的 φ 值，并讨论平衡位置的稳定性，设 $kl>W_1$。

14-24 均质杆 AB 重 W，长 l，A 端用铰支承，B 端系于绳的一端，绳的另一端与弹簧常数为 k 的弹簧连接，如图 14-47 所示。当 $\theta=0°$时，弹簧无伸缩。求平衡位置的 θ 角，并讨论平衡位置的稳定性。设 $k>\dfrac{W}{2l}$。

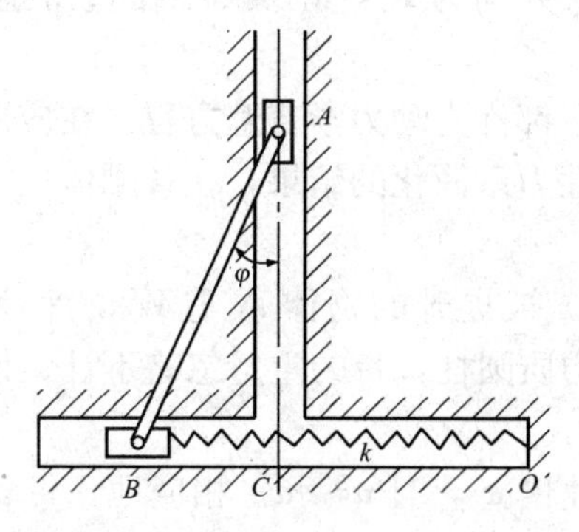

图 14-46 习题 14-23 附图

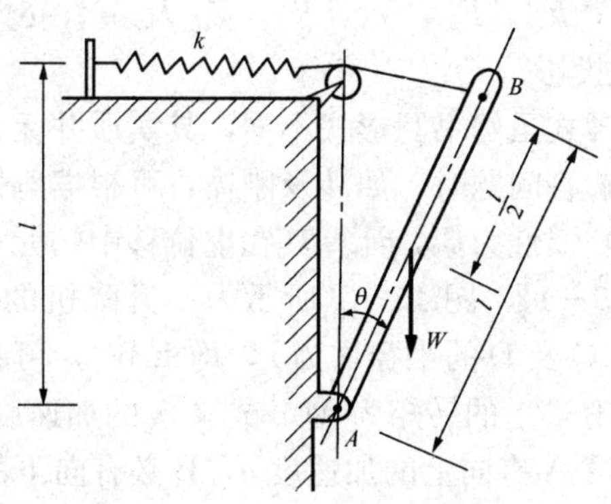

图 14-47 习题 14-24 附图

*第十五章　分 析 动 力 学

在第三篇动力学里，主要用矢量的方法研究动力学问题，称之为**矢量动力学**。将矢量动力学中的达朗贝尔原理与分析静力学中的虚位移原理相结合，可得到求解非自由质点系动力学问题的普遍方程。对于受完整、理想约束的质点系，引入广义坐标表示系统的位形，并可从动力学普遍方程推导出拉格朗日方程，用数学分析的方法研究动力学问题，故称为**分析动力学**。

第一节　动力学普遍方程

应用达朗贝尔原理，可将动力学问题从形式上转化为静力学平衡问题，而虚位移原理则是求解静力学平衡问题的一般性原理，因此将达朗贝尔原理与虚位移原理相结合，就可以推导出求解动力学问题普遍适用的方程——动力学普遍方程。

设有一运动着的质点系，其中质点 M_i 的加速度为 $\boldsymbol{a}_i$。应用达朗贝尔原理，在每一质点 M_i 上加上惯性力 $\boldsymbol{F}_{\mathrm{I}i}=-m_i\boldsymbol{a}_i$，则作用于该质点系的主动力、约束力与惯性力成平衡。再应用虚位移原理，给该系统以虚位移，则所有主动力、约束力与惯性力在该虚位移中的元功之和应等于零。若质点系所受的约束是理想约束，则所有约束力在虚位移中的元功之和为零。于是可知，**受理想约束的质点系，在运动中的任何瞬时，主动力与惯性力在虚位移中的元功之和等于零。**这一结论可用数学公式表示为

$$\sum(\boldsymbol{F}_i+\boldsymbol{F}_{\mathrm{I}i})\cdot\delta\boldsymbol{r}_i=0 \qquad (15-1)$$

或

$$\sum(\boldsymbol{F}_i-m\boldsymbol{a}_i)\cdot\delta\boldsymbol{r}_i=0 \qquad (15-2)$$

式中　$\boldsymbol{F}_i$——作用于质点 M_i 的主动力的合力；

$\delta\boldsymbol{r}_i$——M_i 的虚位移。

如采用直角坐标系，则可将式（15－1）和式（15－2）写成

$$\sum[(F_{ix}+F_{\mathrm{I}ix})\cdot\delta x_i+(F_{iy}+F_{\mathrm{I}iy})\delta y_i+(F_{iz}+F_{\mathrm{I}iz})\delta z_i]=0 \qquad (15-3)$$

和

$$\sum[(F_{ix}-m_i\ddot{x}_i)\cdot\delta x_i+(F_{iy}-m_i\ddot{y}_i)\delta y_i+(F_{iz}-m_i\ddot{z}_i)\delta z_i]=0 \qquad (15-4)$$

其中，F_{ix}，F_{iy}，F_{iz}，$\ddot{x}_i$，$\ddot{y}_i$，$\ddot{z}_i$ 及 δx_i，δy_i，δz_i 分别为 $\boldsymbol{F}_i$，$\boldsymbol{a}_i$ 及 $\delta\boldsymbol{r}_i$ 在直角坐标轴 x，y，z 上的投影。

以上各式虽然书写形式不同，其实质并无差别，都称为**动力学普遍方程**。在应用动力学普遍方程解答问题时，如涉及刚体，可根据刚体惯性力系简化的结果，在各刚体上加上惯性力或（和）惯性力偶，计算其在虚位移中的元功。

【例 15－1】 图 15－1 所示为一升降机的简图。被提升的物体 A 重 W_1，平衡锤 B 重 W_2，带轮 C 及 D 的半径均为 r，均重 W_3，可看作均质圆柱，带的重量忽略不计。设电动机作用于带轮 C 上的转矩为 M，试求 A 的加速度。

解　设 A 有向上的加速度 $\boldsymbol{a}$，B 必有向下的加速度 $\boldsymbol{a}'$，且 $\boldsymbol{a}'=\boldsymbol{a}$。相应地，带轮 C 及 D 有顺时针转向的角加速度 α_1 及 α_2，且

$$\alpha_1 = \alpha_2 = \alpha = \frac{a}{r}$$

在A，B，C，D上分别加上惯性力及惯性力偶（如图15-1所示），其中

$$F_{I1} = \frac{W_1}{g}a,\ F_{I2} = \frac{W_2}{g}a$$

$$M_{I1} = M_{I2} = \frac{W_3 r^2}{2g}\alpha = \frac{W_3 r^2 a}{2gr} = \frac{W_3 r}{2g}a$$

应用虚位移原理，令A有向上的虚位移 $\delta \boldsymbol{r}_A$，则B有向下的虚位移 $\delta r_B = \delta r_A$，而两带轮都有顺时针转向的虚位移 $\delta\varphi = \frac{\delta r_A}{r}$，于是有

$$-(W_1 + F_{I1})\delta r_A + (W_2 - F_{I2})\delta r_B + M\delta\varphi - (M_{I1} + M_{I2})\delta\varphi = 0$$

即

$$\left(-W_1 - \frac{W_1}{g}a + W_2 - \frac{W_2}{g}a\right)\delta r_A + \left(M - 2\times\frac{W_3 r}{2g}a\right)\frac{\delta r_A}{r} = 0$$

消去 δr_A，可解得

$$a = \frac{M + (W_2 - W_1)r}{(W_1 + W_2 - W_3)r}g$$

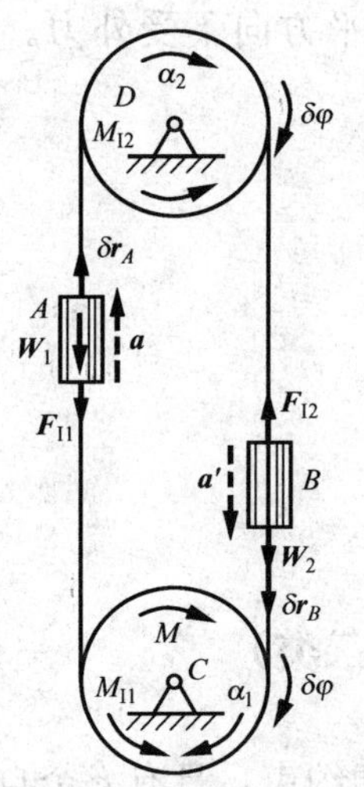

图15-1 ［例15-1］附图

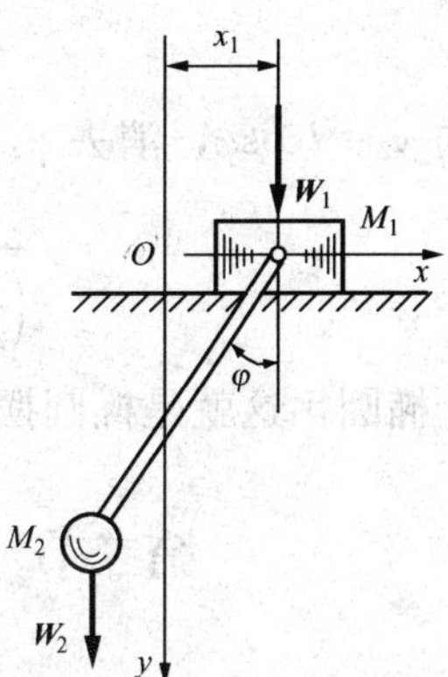

图15-2 ［例15-2］附图

【例15-2】 椭圆摆由物块 M_1 和摆锤 M_2 用直杆铰连而成（图15-2）。M_2 可沿光滑水平面滑动，摆杆则可在铅直面内摆动。设 M_1，M_2 的质量分别为 m_1，m_1；杆长为 l，质量不计。试建立系统的运动微分方程。

解 物块作平移，摆锤尺寸不计，两者都可看作质点。整个系统的位置决定于 x_1 及 φ 两个广义坐标，故有两个自由度。

现用解析法求解。由图15-2可见

$$x_2 = x_1 - l\sin\varphi,\ y_2 = l\cos\varphi \qquad ①$$

对 t 求两次导数，得

$$\ddot{x}_2 = \ddot{x}_1 - l\ddot{\varphi}\cos\varphi + l\dot{\varphi}^2\sin\varphi,\ \ddot{y}_2 = -l\ddot{\varphi}\sin\varphi - l\dot{\varphi}^2\cos\varphi$$

而

$$\delta x_2 = \delta x_1 - l\cos\varphi\delta\varphi,\ \delta y_2 = -l\sin\varphi\delta\varphi,$$

又 $\delta y_i=0$，而 $F_{1x}=F_{2x}=0$，$F_{2y}=W_2=m_2g$，将以上各关系代入式（15－4），得

$$-m_1\ddot{x}_1\delta x_1-m_2(\ddot{x}_1-l\ddot{\varphi}\cos\varphi+l\dot{\varphi}^2\sin\varphi)(\delta x_1-l\cos\varphi\delta\varphi)+$$
$$[m_2g-m_2l(-\ddot{\varphi}\sin\varphi-\dot{\varphi}^2\cos\varphi)](-l\sin\varphi\delta\varphi)=0$$

整理后得

$$[-(m_1+m_2)\ddot{x}_1+m_2l\ddot{\varphi}\cos\varphi-m_2l\dot{\varphi}^2\sin\varphi]\delta x_1+$$
$$(m_2l\ddot{x}_1\cos\varphi-m_2l^2\ddot{\varphi}-m_2gl\sin\varphi)\delta\varphi=0$$

因为 δx_1 与 $\delta\varphi$ 彼此独立，欲使上式成立，必须有

$$(m_1+m_2)\ddot{x}_1-m_2l\ddot{\varphi}\cos\varphi+m_2l\dot{\varphi}^2\sin\varphi=0 \quad ②$$
$$m_2\ddot{x}_1\cos\varphi-m_2l\ddot{\varphi}-m_2g\sin\varphi=0 \quad ③$$

这就是系统的运动微分方程。可见，有几个自由度，就可得几个微分方程。

将式②改写成

$$\frac{\mathrm{d}}{\mathrm{d}t}[(m_1+m_2)\dot{x}-m_2l\dot{\varphi}\cos\varphi]=0$$

积分两次，并设 $(\dot{x}_1)_0=\dot{\varphi}_0=0$，得

$$(m_1+m_2)x_1-m_2l\sin\varphi=m_1x_1+m_2(x_1-l\sin\varphi)=m_1x_1+m_2x_2=C \quad ④$$

式④表示质心运动守恒。该结果是必然的，因为系统在水平方向不受外力。设 $(x_C)_0=0$，则式④中的积分常数 $C=0$，因而由式④及①有

$$x_2=-\frac{m_1l}{m_1+m_2}\sin\varphi \quad ⑤$$

由式⑤及①中的 $y_2=l\cos\varphi$，消去 φ，得 M_2 的轨迹方程

$$\frac{x_2^2}{\left(\frac{m_1l}{m_1+m_2}\right)^2}+\frac{y_2^2}{l^2}=1$$

该方程表示一个椭圆，这就是椭圆摆名称的由来。

第二节 拉格朗日方程（第二类）

设有由 n 个质点组成的质点系，受非定常、完整、理想约束，具有 k 个自由度，其位置可用 k 个广义坐标 q_1，q_2，…，q_k 来确定。质点系中各质点的矢径 $\boldsymbol{r}_i$ 可表示为广义坐标与时间的函数

$$\boldsymbol{r}_i=\boldsymbol{r}_i(q_1,q_2,\cdots,q_k,t)\quad(i=1,2,\cdots,n) \quad (15-5)$$

由动力学普遍方程式（15－1）有

$$\sum_{i=1}^{n}(\boldsymbol{F}_i+\boldsymbol{F}_{\mathrm{I}i})\cdot\delta\boldsymbol{r}_i=0$$

或

$$\sum_{i=1}^{n}\boldsymbol{F}_i\cdot\delta\boldsymbol{r}_i+\sum_{i=1}^{n}\boldsymbol{F}_{\mathrm{I}i}\cdot\delta\boldsymbol{r}_i=0 \quad ①$$

其中，第一项及第二项分别是主动力及惯性力在虚位移中的元功之和。由式（14－15）已知

$$\sum_{i=1}^{n}\boldsymbol{F}_i\cdot\delta\boldsymbol{r}_i=\sum_{j=1}^{k}F_{Qj}\delta q_j \quad (15-6)$$

其中，F_{Qj} 是对应于广义坐标 q_j 的广义力。相似地，第二项可写作

$$\sum_{i=1}^{n} \boldsymbol{F}_{\mathrm{I}i} \cdot \delta \boldsymbol{r}_i = \sum_{j=1}^{k} F_{\mathrm{IQ}j} \delta q_j \tag{15-7}$$

其中

$$F_{\mathrm{IQ}j} = \sum_{i=1}^{n} \left(F_{\mathrm{I}ix} \frac{\partial x_i}{\partial q_j} + F_{\mathrm{I}iy} \frac{\partial y_i}{\partial q_j} + F_{\mathrm{I}iz} \frac{\partial z_i}{\partial q_j} \right) = \sum_{i=1}^{n} \boldsymbol{F}_{\mathrm{I}i} \cdot \frac{\partial \boldsymbol{r}_i}{\partial q_j} \tag{15-8}$$

称为对应于广义坐标 q_j 的**广义惯性力**。

将式（15－6）及式（15－7）代入式①后，得到

$$\sum_{j=1}^{k} (F_{\mathrm{Q}j} + F_{\mathrm{IQ}j}) \delta q_j = 0 \tag{15-9}$$

由于 δq_1，δq_2，…，δq_k 是彼此独立的，要使它们取任意值时式（15－9）均成立，必须有

$$F_{\mathrm{Q}j} + F_{\mathrm{IQ}j} = 0 \quad (j = 1, 2, \cdots, k) \tag{15-10}$$

式（15－10）中的广义惯性力 $F_{\mathrm{IQ}j}$ 可用质点系的动能来表示，为此，先写出

$$F_{\mathrm{IQ}j} = \sum_{i=1}^{n} \boldsymbol{F}_{\mathrm{I}i} \cdot \frac{\partial \boldsymbol{r}_i}{\partial q_j} = -\sum_{i=1}^{n} m \, \dot{\boldsymbol{v}}_i \cdot \frac{\partial \boldsymbol{r}_i}{\partial q_j} \tag{②}$$

而

$$m \, \dot{\boldsymbol{v}}_i \cdot \frac{\partial \boldsymbol{r}_i}{\partial q_j} = \frac{\mathrm{d}}{\mathrm{d}t}\left(m_i \boldsymbol{v}_i \cdot \frac{\partial \boldsymbol{r}_i}{\partial q_j} \right) - m \boldsymbol{v}_i \cdot \frac{\mathrm{d}}{\mathrm{d}t} \frac{\partial \boldsymbol{r}_i}{\partial q_j} \tag{③}$$

为了简化式③，需要用到以下两个关系式

$$\frac{\partial \boldsymbol{r}_i}{\partial q_j} = \frac{\partial \boldsymbol{v}_i}{\partial \dot{q}_j} \tag{④}$$

$$\frac{\mathrm{d}}{\mathrm{d}t} \frac{\partial \boldsymbol{r}_i}{\partial q_j} = \frac{\partial \boldsymbol{v}_i}{\partial q_j} \tag{⑤}$$

这两个关系式可由式（15－5）导出，步骤如下。

将式（15－5）两边对时间 t 求导数，有

$$\boldsymbol{v}_i = \frac{\mathrm{d}\boldsymbol{r}_i}{\mathrm{d}t} = \sum_{j=1}^{k} \frac{\partial \boldsymbol{r}_i}{\partial q_j} \dot{q}_j + \frac{\partial \boldsymbol{r}_i}{\partial t} \tag{⑥}$$

其中，$\dot{q}_j = \frac{\mathrm{d}q_j}{\mathrm{d}t}$ 称为**广义速度**，$\frac{\partial \boldsymbol{r}_i}{\partial q_j}$ 及 $\frac{\partial \boldsymbol{r}_i}{\partial t}$ 都是广义坐标及时间的函数，与广义速度无关。所以速度 $\boldsymbol{v}_i$ 是广义速度的线性函数。

将式⑥两边对 $\dot{q}_j$ 求偏导数，便得到式④。

再将式⑥对任一广义坐标 q_l 求偏导数，有

$$\frac{\partial \boldsymbol{v}_i}{\partial q_l} = \sum_{j=1}^{k} \frac{\partial^2 \boldsymbol{r}_i}{\partial q_l \, \partial q_j} \dot{q}_j + \frac{\partial^2 \boldsymbol{r}_i}{\partial q_l \, \partial t} \tag{⑦}$$

而将式（15－5）两边先对 q_l 求偏导数，再对 t 求导数，可得到

$$\frac{\mathrm{d}}{\mathrm{d}t}\left(\frac{\partial \boldsymbol{r}_i}{\partial q_l} \right) = \sum_{j=1}^{k} \frac{\partial^2 \boldsymbol{r}_i}{\partial q_j \, \partial q_l} \dot{q}_j + \frac{\partial^2 \boldsymbol{r}_i}{\partial q_l \, \partial t} \tag{⑧}$$

比较式⑦、⑧，得

$$\frac{\mathrm{d}}{\mathrm{d}t} \frac{\partial \boldsymbol{r}_i}{\partial q_l} = \frac{\partial \boldsymbol{v}_i}{\partial q_l}$$

下标 l 换成 j 后，即为式⑤。

引用关系式④和⑤，可将式③变换成为

$$m_i \dot{\boldsymbol{v}}_i \cdot \frac{\partial \boldsymbol{r}_i}{\partial q_j} = \frac{\mathrm{d}}{\mathrm{d}t}\left(m_i \boldsymbol{v}_i \cdot \frac{\partial \boldsymbol{v}_i}{\partial \dot{q}_j}\right) - m_i \boldsymbol{v}_i \cdot \frac{\partial \boldsymbol{v}_i}{\partial q_j}$$

$$= \frac{\mathrm{d}}{\mathrm{d}t} \frac{\partial\left(\frac{1}{2} m_i v_i^2\right)}{\partial \dot{q}_j} - \frac{\partial}{\partial q_j}\left(\frac{1}{2} m_i v_i^2\right) \quad ⑨$$

将式⑨代入式②，并注意 $\sum_{i=1}^{n} \frac{1}{2} m_i v_i^2$ 即为质点系的动能 T，便得到 $F_{\mathrm{IQ}j}$ 用 T 表示的关系式

$$F_{\mathrm{IQ}j} = -\frac{\mathrm{d}}{\mathrm{d}t} \frac{\partial T}{\partial \dot{q}_j} + \frac{\partial T}{\partial q_j} \tag{15-11}$$

于是，由式（15-10）可得

$$\frac{\mathrm{d}}{\mathrm{d}t} \frac{\partial T}{\partial \dot{q}_j} - \frac{\partial T}{\partial q_j} = F_{\mathrm{Q}j} \quad (j = 1, 2, \cdots, k) \tag{15-12}$$

这一组 k 个方程就是广义坐标形式的质点系运动微分方程，即**拉格朗日方程**，简称**拉氏方程**。

如果作用于质点系的力是有势力，则

$$F_{\mathrm{Q}j} = -\frac{\partial V}{\partial q_j}$$

而拉氏方程成为

$$\frac{\mathrm{d}}{\mathrm{d}t} \frac{\partial T}{\partial \dot{q}_j} - \frac{\partial T}{\partial q_j} = -\frac{\partial V}{\partial q_j} \quad (j = 1, 2, \cdots, k) \tag{15-13}$$

现将动能 T 与势能 V 之差用 L 表示，即令

$$L = T - V \tag{15-14}$$

L 称为**拉格朗日函数**。注意到势能 V 是广义坐标的函数，不包含广义速度，因此 $\frac{\partial V}{\partial \dot{q}_j} = 0$，于是，式（15-13）可改写成

$$\frac{\mathrm{d}}{\mathrm{d}t} \frac{\partial (T-V)}{\partial \dot{q}_j} - \frac{\partial (T-V)}{\partial q_j} = 0 \quad (j = 1, 2, \cdots, k)$$

即

$$\frac{\mathrm{d}}{\mathrm{d}t} \frac{\partial L}{\partial \dot{q}_j} - \frac{\partial L}{\partial q_j} = 0 \quad (j = 1, 2, \cdots, k) \tag{15-15}$$

这就是质点系所受的力为有势力时拉格朗日方程的形式。

如果系统所受的力中既有有势力，又有非有势力，令 V 为系统对应于有势力的势能，$F'_{\mathrm{Q}j}$ 为与非有势力相应的广义力，则拉氏方程可写为

$$\frac{\mathrm{d}}{\mathrm{d}t} \frac{\partial T}{\partial \dot{q}_j} - \frac{\partial T}{\partial q_j} = -\frac{\partial V}{\partial q_j} + F'_{\mathrm{Q}j} \quad (j = 1, 2, \cdots, k) \tag{15-16}$$

据式⑥，已知速度 $\boldsymbol{v}_i$ 是广义速度的线性函数，各广义速度前的系数与广义坐标有关，故动能 T 是广义速度的二次函数，动能 T 算式中各项系数也与广义坐标有关。可见，拉格朗日方程左边包含着广义坐标对时间的一阶和二阶导数；所以，拉格朗日方程是一组 k 个二阶常微分方程。求出这组微分方程的积分，将广义坐标 q_1，q_2，…，q_k 表示为时间 t 的函数，并由运动初条件（初瞬时的广义坐标与广义速度）确定 $2k$ 个积分常数，则质点系的运动完全确定。

由式（15-12）可以看出，拉氏方程的数目与广义坐标的数目相等，也就是与质点系自由度的数目相等。所以，对于约束多而自由度少的复杂系统的动力学问题，应用拉氏方程求解要比用其他方法方便得多。拉氏方程中不包含约束力（设约束为理想约束），其形式不随坐标的选择而改变，这些也都是它的优点。

应用拉氏方程解题时，可以按照以下的步骤进行：

(1) 判定质点系的自由度 k，选取适宜的广义坐标。必须注意，不能遗漏独立的坐标，也不能有多余的（不独立的）坐标。

(2) 计算质点系的动能 T，表示为广义速度和广义坐标的函数。

(3) 计算广义力 $F_{Qj}(j=1,2,\cdots,k)$。一般可应用式（14-20）或式（14-18）计算，前者比较方便。当主动力是有势力时，则可用式（14-19），这时须将势能 V 表示为广义坐标的函数。

(4) 建立拉氏方程并加以整理，得出 k 个二阶常微分方程。

(5) 求出上述一组微分方程的积分。

【例 15-3】 矩形板在铅直平面内以匀角速 ω 绕铅直轴转动（图 15-3），质量为 m 的小球 M（作为质点）沿着板上的直槽运动，试用拉氏方程建立小球沿直槽运动的微分方程。摩擦不计。

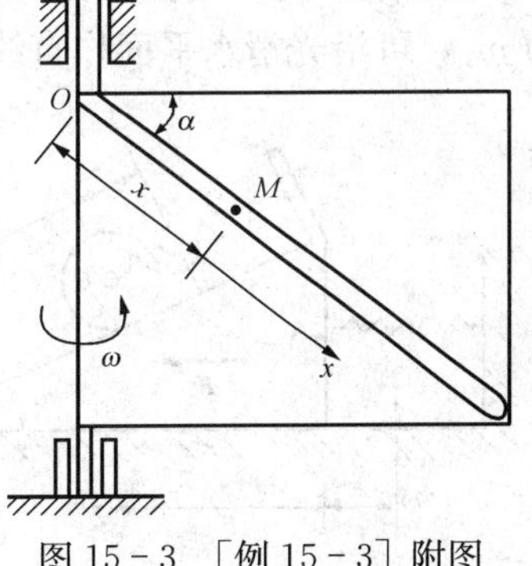

图 15-3 ［例 15-3］附图

解 小球受直槽约束，在槽内的位置可用坐标 x 确定，所以这是受非定常约束的单自由度系统。

小球速度之平方为

$$v^2=(x\cos\alpha\cdot\omega)^2+\dot{x}^2$$

故

$$T=\frac{1}{2}m(\dot{x}^2+x^2\omega^2\cos^2\alpha)$$

小球所受的主动力只有重力，其势能（以过 O 的水平面为零位置）为

$$V=-mgx\sin\alpha$$

将 T，V 代入拉氏方程，得

$$m\ddot{x}-mx\omega^2\cos^2\alpha=mg\sin\alpha$$

即

$$\ddot{x}-x\omega^2\cos^2\alpha=g\sin\alpha$$

（请读者按质点相对运动理论求解，作为校核。）

【例 15-4】 用拉格朗日方程建立［例 15-2］中椭圆摆的运动微分方程。

解 在［例 15-2］中已说明系统的自由度是 2，以 x_1 及 φ 为广义坐标，且

$$x_2=x_1-l\sin\varphi,\ y_2=l\cos\varphi$$

$$\dot{x}_2=\dot{x}_1-l\dot{\varphi}\sin\varphi,\ \dot{y}_2=l\dot{\varphi}\cos\varphi$$

于是可求得系统的动能

$$\begin{aligned}T&=\frac{m_1}{2}\dot{x}_1^2+\frac{m_2}{2}(\dot{x}_2^2+\dot{y}_2^2)\\&=\frac{m_1}{2}\dot{x}_1^2+\frac{m_2}{2}[(\dot{x}_1-l\dot{\varphi}\cos\varphi)^2+(-l\dot{\varphi}\sin\varphi)^2]\\&=\frac{1}{2}(m_1+m_2)\dot{x}_1^2+\frac{1}{2}m_2l^2\dot{\varphi}^2-m_2l\dot{x}_1\dot{\varphi}\cos\varphi\end{aligned}$$

主动力只有重力，是有势力，系统具有势能

$$V=-m_2gy_2=-m_2gl\cos\varphi$$

将 T 与 V 的表达式代入拉格朗日方程式（15-13）

$$\frac{\mathrm{d}}{\mathrm{d}t}\frac{\partial T}{\partial \dot{x}_1}-\frac{\partial T}{\partial x_1}=-\frac{\partial V}{\partial x_1}$$

$$\frac{\mathrm{d}}{\mathrm{d}t}\frac{\partial T}{\partial \dot{\varphi}}-\frac{\partial T}{\partial \varphi}=-\frac{\partial V}{\partial \varphi}$$

得

$$\frac{\mathrm{d}}{\mathrm{d}t}[(m_1+m_2)\dot{x}_1-m_2l\dot{\varphi}\cos\varphi]-0=0$$

$$\frac{\mathrm{d}}{\mathrm{d}t}(m_2l^2\dot{\varphi}-m_2l\dot{x}_1\cos\varphi)-m_2l\dot{x}_1\dot{\varphi}\sin\varphi=-m_2gl\sin\varphi$$

即

$$(m_1+m_2)\ddot{x}_1-m_2l\ddot{\varphi}\cos\varphi+m_2l\dot{\varphi}^2\sin\varphi=0$$

$$m_2l^2\ddot{\varphi}-m_2l\ddot{x}_1\cos\varphi=-m_2gl\sin\varphi$$

与［例 15-2］中得到的方程相同。

【例 15-5】 用拉氏方程建立如图 15-4 所示系统的运动微分方程。已知物块 A 的质量为 m_1，可沿光滑水平面作直线运动；均质轮 C 的质量为 m_2，可沿直线 BD 滚动而不滑动；力 $\boldsymbol{F}$ 按 $F=H\sin\omega t$ 的规律变化（H 和 ω 都是常量）。

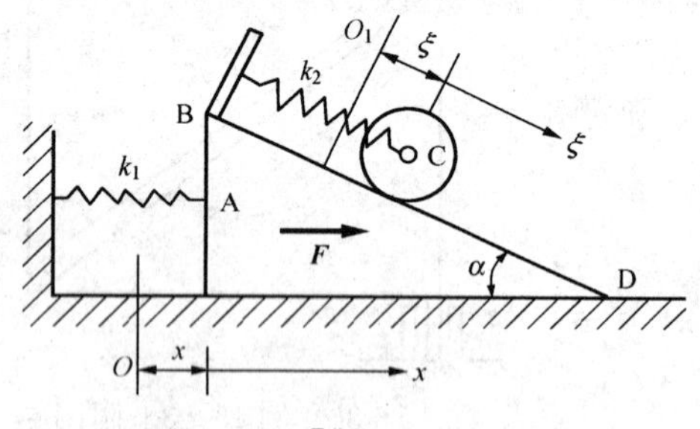

图 15-4 ［例 15-5］附图

解 该系统的自由度 $k=2$，取广义坐标 $q_1=x$，$q_2=\xi$（都以静平衡位置为原点）。

物块 A 作平移，其速度为 $\dot{x}$。轮 C 作平面运动，其质心速度之平方为 $v_C^2=\dot{x}^2+\dot{\xi}^2+2\dot{x}\dot{\xi}\cos\alpha$，角速度为 $\omega=\frac{\dot{\xi}}{r}$（$r$ 为轮的半径）。于是得系统动能

$$T=\frac{1}{2}m_1\dot{x}^2+\frac{1}{2}m_2(\dot{x}^2+\dot{\xi}^2+2\dot{x}\dot{\xi}\cos\alpha)+\frac{1}{2}\cdot\frac{1}{2}m_2r^2\left(\frac{\dot{\xi}}{r}\right)^2$$

$$=\frac{1}{2}(m_1+m_2)\dot{x}^2+\frac{3}{4}m_2\dot{\xi}^2+m_2\dot{x}\dot{\xi}\cos\alpha \quad ①$$

系统所受的力中，重力及弹性力为有势力。分别以过平衡位置的水平面及弹簧自然长度末端为零位置，则势能为

$$V=-m_2g\xi\sin\alpha+\frac{k_1}{2}(x+\delta_{10})^2+\frac{k_2}{2}(\xi+\delta_{20})^2 \quad ②$$

其中，δ_{10} 及 δ_{20} 是平衡时两弹簧的静伸长。因平衡时

$$\left.\frac{\partial V}{\partial x}\right|_{\substack{x=0\\ \xi=0}}=k_1(x+\delta_{10})=0，故\ \delta_{10}=0$$

$$\left.\frac{\partial V}{\partial \xi}\right|_{\substack{x=0\\ \xi=0}}=-m_2g\sin\alpha+k_2(\xi+\delta_{20})=0，故\ -m_2g\sin\alpha+k_2\delta_{20}=0$$

于是式②写为

$$V=\frac{k_1}{2}x^2+\frac{k_2}{2}(\xi^2+\delta_{20}^2) \quad ③$$

与非有势力 $\boldsymbol{F}$ 相对应的广义力为

$$F'_{Q1} = F = H\sin\omega t,\ F'_{Q2} = 0 \tag{④}$$

将式①、③、④代入式（15-16），经过运算整理后得

$$\left.\begin{aligned}&(m_1+m_2)\ddot{x}+m_2\ddot{\xi}\cos\alpha+k_1x=H\sin\omega t\\&m_2\ddot{x}\cos\alpha+\frac{3}{2}m_2\ddot{\xi}+k_2\xi=0\end{aligned}\right\} \tag{⑤}$$

式⑤即为系统的运动微分方程。

第三节　拉格朗日方程的第一积分

一般情况下，拉格朗日方程是关于广义坐标的二阶非线性微分方程组，要求它们的积分是很困难的。但在特殊情况下，可方便地找到一个或几个第一积分。

一、能量积分

设质点系受非定常、完整、理想约束，其中任一质点对坐标原点的矢径及速度为

$$\boldsymbol{r}_i = \boldsymbol{r}_i(q_1, q_2, \cdots, q_k, t) \tag{①}$$

$$\boldsymbol{v}_i = \frac{\mathrm{d}\boldsymbol{r}_i}{\mathrm{d}t} = \sum_{j=1}^{k}\frac{\partial \boldsymbol{r}_i}{\partial q_j}\dot{q}_j + \frac{\partial \boldsymbol{r}_i}{\partial t} \tag{②}$$

于是

$$\begin{aligned}v_i^2 = \boldsymbol{v}_i\cdot\boldsymbol{v}_i &= \Big(\sum_{j=1}^{k}\frac{\partial \boldsymbol{r}_i}{\partial q_j}\dot{q}_j + \frac{\partial \boldsymbol{r}_i}{\partial t}\Big)\cdot\Big(\sum_{l=1}^{k}\frac{\partial \boldsymbol{r}_i}{\partial q_l}\dot{q}_l + \frac{\partial \boldsymbol{r}_i}{\partial t}\Big)\\&= \sum_{j=1}^{k}\sum_{l=1}^{k}\frac{\partial \boldsymbol{r}_i}{\partial q_j}\cdot\frac{\partial \boldsymbol{r}_i}{\partial q_l}\dot{q}_j\dot{q}_l + 2\sum_{j=1}^{k}\frac{\partial \boldsymbol{r}_i}{\partial q_j}\cdot\frac{\partial \boldsymbol{r}_i}{\partial t}\dot{q}_j + \frac{\partial \boldsymbol{r}_i}{\partial t}\cdot\frac{\partial \boldsymbol{r}_i}{\partial t}\end{aligned} \tag{③}$$

而

$$\begin{aligned}T = \frac{1}{2}\sum_{i=1}^{n}m_iv_i^2 &= \frac{1}{2}\sum_{j=1}^{k}\sum_{l=1}^{k}\Big(\sum_{i=1}^{n}m_i\frac{\partial \boldsymbol{r}_i}{\partial q_j}\cdot\frac{\partial \boldsymbol{r}_i}{\partial q_l}\Big)\dot{q}_j\dot{q}_l\\&\quad+\sum_{j=1}^{k}\Big(\sum_{i=1}^{n}m_i\frac{\partial \boldsymbol{r}_i}{\partial q_j}\cdot\frac{\partial \boldsymbol{r}_i}{\partial t}\Big)\dot{q}_j + \frac{1}{2}\sum_{i=1}^{n}m_i\frac{\partial \boldsymbol{r}_i}{\partial t}\cdot\frac{\partial \boldsymbol{r}_i}{\partial t}\end{aligned} \tag{④}$$

显然，$\dfrac{\partial \boldsymbol{r}_i}{\partial q_j}$，$\dfrac{\partial \boldsymbol{r}_i}{\partial t}$都是广义坐标及时间的函数。令

$$\left.\begin{aligned}A_{jl}(q_1, q_2, \cdots, q_k, t) &= A_{lj}(q_1, q_2, \cdots, q_k, t)\\&= \sum_{i=1}^{n}m_i\frac{\partial \boldsymbol{r}_i}{\partial q_j}\cdot\frac{\partial \boldsymbol{r}_i}{\partial q_l}\\B_j(q_1, q_2, \cdots, q_k, t) &= \sum_{i=1}^{n}m_i\frac{\partial \boldsymbol{r}_i}{\partial q_j}\cdot\frac{\partial \boldsymbol{r}_i}{\partial t}\\C(q_1, q_2, \cdots, q_k, t) &= \frac{1}{2}\sum_{i=1}^{n}m_i\frac{\partial \boldsymbol{r}_i}{\partial t}\cdot\frac{\partial \boldsymbol{r}_i}{\partial t}\end{aligned}\right\} \tag{15-17}$$

则动能 T 的表达式④成为

$$T = \frac{1}{2}\sum_{j=1}^{k}\sum_{l=1}^{k}A_{jl}\,\dot{q}_j\,\dot{q}_l + \sum_{j=1}^{k}B_j\,\dot{q}_j + C \tag{15-18}$$

或写成
$$T = T_2 + T_1 + T_0 \tag{15-19}$$

其中
$$\left.\begin{aligned} T_2 &= \frac{1}{2}\sum_{j=1}^{k}\sum_{l=1}^{k} A_{jl}\,\dot{q}_j\,\dot{q}_l \\ T_1 &= \sum_{j=1}^{k} B_j\,\dot{q}_j \\ T_0 &= C \end{aligned}\right\} \tag{15-20}$$

因 A_{jl}，B_j 及 C 只是广义坐标和时间的函数，所以 T_2 是广义速度的齐二次式，T_1 是广义速度的齐一次式，T_0 中不含广义速度。

现在来求拉格朗日的积分。设系统所受的主动力是有势力，且拉格朗日函数 $L=T-V$ 中不显含 t，则

$$\begin{aligned} \frac{\mathrm{d}L}{\mathrm{d}t} &= \sum_{j=1}^{k}\frac{\partial L}{\partial q_j}\dot{q}_j + \sum_{j=1}^{k}\frac{\partial L}{\partial \dot{q}_j}\ddot{q}_j \\ &= \frac{\mathrm{d}}{\mathrm{d}t}\left[\sum_{j=1}^{k}\frac{\partial L}{\partial \dot{q}_j}\dot{q}_j - \sum_{j=1}^{k}\left(\frac{\mathrm{d}}{\mathrm{d}t}\frac{\partial L}{\partial \dot{q}_j} - \frac{\partial L}{\partial q_j}\right)\right]\dot{q}_j \end{aligned}$$

但据式（15-15），$\dfrac{\mathrm{d}}{\mathrm{d}t}\dfrac{\partial L}{\partial \dot{q}_j}-\dfrac{\partial L}{\partial q_j}=0$，因此上式成为

$$\frac{\mathrm{d}}{\mathrm{d}t}\left(\sum_{j=1}^{k}\frac{\partial L}{\partial \dot{q}_j}\dot{q}_j - L\right) = 0 \tag{15-21}$$

于是有

$$\sum_{j=1}^{k}\frac{\partial L}{\partial \dot{q}_j}\dot{q}_j - L = \text{const} \tag{⑤}$$

注意：$L=T-V=T_2+T_1+T_0-V$，而 T_2，T_1 分别是广义速度的齐二次式、齐一次式，T_0 和 V 不含广义速度（或者说是广义速度的零次式），于是，由欧拉齐次函数定理（齐次函数对各变量的偏导数乘以对应的变量相加，就等于该函数乘以它的次数。）

$$\sum_{j=1}^{k}\frac{\partial L}{\partial \dot{q}_j}\dot{q}_j = 2T_2 + T_1$$

而式⑤成为

$$2T_2 + T_1 - (T_2 + T_1 + T_0 - V) = \text{const}$$

即
$$T_2 - T_0 + V = \text{const} \tag{15-22}$$

该结果称为**广义能量积分**。

如果质点系**所受的力是有势力，而约束是定常的**，则在式（15-19）中，$T_1=T_0=0$，而 $T=T_2$，即

$$T = \frac{1}{2}\sum_{j=1}^{k}\sum_{l=1}^{k} A_{jl}\,\dot{q}_j\dot{q}_l \quad (A_{jl} = A_{lj}) \tag{15-23}$$

这时，A_{jl} 只是广义坐标的函数，而式（15-22）成为

$$T + V = \text{const} \tag{15-24}$$

这就是**能量积分**，实际上就是保守系统的机械能守恒定理。

二、循环积分

如果系统是保守系统，并且拉格朗日函数 L 不显含某一广义坐标 q_r，则该坐标称为**循**

环坐标。当 q_r 为循环坐标时，则

$$\frac{\partial L}{\partial q_r} = 0$$

于是拉氏方程式（15-15）成为

$$\frac{\mathrm{d}}{\mathrm{d}t}\frac{\partial L}{\partial \dot{q}_r} = 0$$

积分上式得

$$\frac{\partial L}{\partial \dot{q}_r} = \text{const} \tag{15-25}$$

式（15-25）称为**循环积分**。因 $L=T-V$，而 V 不含 $\dot{q}_r$，故式（15-25）可写成

$$\frac{\partial L}{\partial \dot{q}_r} = \frac{\partial T}{\partial \dot{q}_r} = p_r = \text{const} \tag{15-26}$$

p_r 称为**广义动量**，有时，广义动量表示的是系统的动量或动量矩，而循环积分则表示动量守恒或动量矩守恒。例如，在［例 15-4］中，L 不显含 x_1，故 x_1 为循环坐标，并有对应的循环积分。这时，广义动量 $p_{x1}=\dfrac{\partial T}{\partial \dot{x}_1}=(m_1+m_2)\dot{x}_1-m_2 l\dot{\varphi}\cos\varphi$ 是椭圆摆的动量在 x 方向上的投影，而 $p_{x1}=\text{const}$ 则表示系统在 x 方向动量守恒。但是，只是在一些特殊情况下系统才具有这种明显的物理意义，而并非总是如此。

一个系统的能量积分只可能有一个；而循环积分可能不止一个——有几个循环坐标，便有几个相应的循环积分。

能量积分和循环积分都是由原来的二阶微分方程积分一次得到的，它们都是一阶微分方程。应用拉氏方程解题时，应注意分析有无能量积分和循环积分存在。若有，可以直接写出，这样可以减少一些求二阶微分方程的积分，使求解过程简化。

*第四节 哈密顿原理

哈密顿原理是力学中一个重要的原理。为了说明此原理，需要先介绍变分的概念和有关变分运算的一些最基本的法则。

设有一个以 t 为基本变量的函数

$$x = f(t)$$

当 t 有无穷小增量 $\mathrm{d}t$ 时，x 的相应的增量 $\mathrm{d}x$ 称为函数 x 的微分，并有

$$\mathrm{d}x = f'(t)\mathrm{d}t$$

其中，$f'(t)$ 是 $f(t)$ 对于 t 的一阶导数。

现在给函数 $f(t)$ 的形式一个微小的改变，即改变为

$$f(t)+\varepsilon\eta(t)$$

其中，ε 为一个无穷小量；$\eta(t)$ 为 t 的任意函数。由于函数 $f(t)$ 的这一改变，x 将改变为

$$x_1 = f(t)+\varepsilon\eta(t)$$

对应于这一改变，当 t 有一确定值时，x 存在一个增量，设以 δx 表示，则

$$\delta x = x_1 - x = \varepsilon\eta(t) \tag{①}$$

δx 称为函数 $f(t)$ 的**等时变分**，简称为变分。这就是说，**当基本变量不变时，由于函数本身形式的改变所引起的函数的任意改变量，称为函数的变分**。

由以上的定义可以看出，微分 $\mathrm{d}x$ 与变分 δx 是性质完全不同的两种增量。此原理还可以用图线来说明。

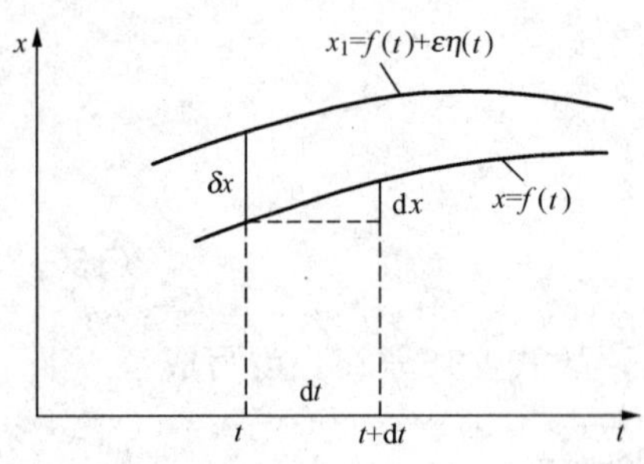

图 15－5 微分 $\mathrm{d}x$ 与变分 δx 的示意图

设将 $x=f(t)$ 及 $x_1=f(t)+\varepsilon\eta(t)$ 用图线表示（图 15－5）。从图上可以清楚地看到：微分 $\mathrm{d}x$ 是当 t 改变到 $t+\mathrm{d}t$ 时 x 的增量；变分 δx 是当 t 不变时，由于函数形式发生改变而产生的 x 的增量，这两者是根本不同的。

变分与微分在概念上虽不同，其计算方法却是一样的。但要注意，在计算变分时，基本变量是保持不变的。例如，设质点系中某一质点的 x 坐标是广义坐标 q 和时间 t 的函数

$$x = x(q, t)$$

其中，q 是基本变量 t 的函数，于是，x 的微分

$$\mathrm{d}x = \frac{\partial x}{\partial q}\mathrm{d}q + \frac{\partial x}{\partial t}\mathrm{d}t$$

而在计算 x 的变分时，t 应保持不变，所以

$$\delta x = \frac{\partial x}{\partial q}\delta q$$

下面介绍关于变分运算的两个法则：

（1）由于微分和变分的运算彼此无关，可以得到如下的关系式

$$\delta\dot{x} = \frac{\mathrm{d}}{\mathrm{d}t}\delta x = \delta\,\frac{\mathrm{d}x}{\mathrm{d}t} \qquad ②$$

现证明如下。由变分的定义式①有

$$x_1 = x + \delta x = f(t) + \varepsilon\eta(t)$$

而根据导数的定义

$$\dot{x} = \lim_{\Delta t\to 0}\frac{f(t+\Delta t)-f(t)}{\Delta t}$$

$$\dot{x}_1 = \lim_{\Delta t\to 0}\frac{[f(t+\Delta t)+\varepsilon\eta(t+\Delta t)]-[f(t)+\varepsilon\eta(t)]}{\Delta t}$$

由此可得

$$\delta\dot{x} = \dot{x}_1 - \dot{x} = \lim_{\Delta t\to 0}\frac{\varepsilon\eta(t+\Delta t)-\varepsilon\eta(t)}{\Delta t} = \frac{\mathrm{d}}{\mathrm{d}t}\delta x$$

此即为式②。该式表明：**变分与微分的运算次序是可以互换的。**

（2）用同样的方法可以证明

$$\delta\int_{t_1}^{t_2} x(t)\,\mathrm{d}t = \int_{t_1}^{t_2}\delta x(t)\,\mathrm{d}t \qquad ③$$

即：**当积分的上下限不变时，函数对于基本变量的积分的变分，等于函数的变分对于同一基本变量的积分。**这就是说，**变分与积分的运算次序也是可以互换的。**

现在来说明哈密顿原理：

设一由 n 个质点组成的质点系，从瞬时 t_1 到瞬时 t_2，自位置Ⅰ运动到位置Ⅱ。系统在位置Ⅰ的运动情况，由系中各质点在该位置的坐标和速度来表征，称为形相Ⅰ；在位置Ⅱ的则称为形相Ⅱ。在系统的形相由Ⅰ改变到Ⅱ的过程中，设系统中的各质点 M_i（$i=1$，2，…，n）由位置 A_i 运动到位置 B_i。质点 M_i 的真实轨迹，即所谓的**正路**，为曲线 $A_iK_iB_i$，如图 15-6 所示。除了这条真实轨迹外，还可以有与正路非常接近的、为约束条件所容许的其他的可能轨迹，如曲线 $A_iL_iB_i$ 等，这些可能轨迹称为**弯路**，或“比较轨迹”。弯路与正路具有相同的起点 A_i 与终点 B_i，各质点在弯路上所经的时间假定与在正路上所经的时间相同。各质点在弯路上的运动称为可能运动或比较运动。

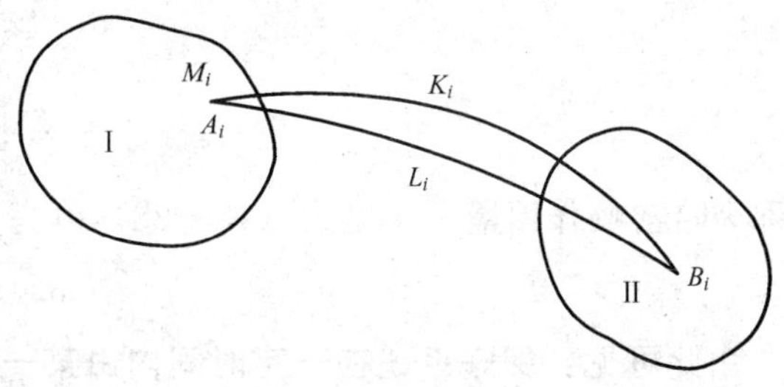

图 15-6 质点 M_i 的真实轨迹和可能轨迹示意图

哈密顿原理给我们提供一条准则，使我们能够在所有的可能运动中找出它的真实运动，或者说，在所有的弯路中决定质点的真实运动所沿的正路。

下面将应用变分的概念，以拉格朗日方程为基础，推导出哈密顿原理。

设有一保守的质点系，具有 k 个自由度，受双面、完整的理想约束。由上节已知，表明该系统运动的拉格朗日方程为

$$\frac{\mathrm{d}}{\mathrm{d}t}\frac{\partial L}{\partial \dot{q}_j}-\frac{\partial L}{\partial q_j}=0 \quad (j=1, 2, \cdots, k) \tag{15-27}$$

其中，$L=T-V=L(q_1, q_2, \cdots, q_k; \dot{q}_1, \dot{q}_2, \cdots, \dot{q}_k; t)$ 是拉格朗日函数。

将每一方程乘以对应坐标的变分 δq_j，然后相加，可得

$$\sum_{j=1}^{k}\left[\frac{\mathrm{d}}{\mathrm{d}t}\left(\frac{\partial L}{\partial \dot{q}_j}\right)\delta q_j-\frac{\partial L}{\partial q_j}\delta q_j\right]=0 \tag{④}$$

但

$$\frac{\mathrm{d}}{\mathrm{d}t}\left(\frac{\partial L}{\partial \dot{q}_j}\right)\delta q_j=\frac{\mathrm{d}}{\mathrm{d}t}\left(\frac{\partial L}{\partial \dot{q}_j}\delta q_j\right)-\frac{\partial L}{\partial \dot{q}_j}\delta \dot{q}_j$$

将其代入式④，整理并移项后，得

$$\frac{\mathrm{d}}{\mathrm{d}t}\sum_{j=1}^{k}\left(\frac{\partial L}{\partial \dot{q}_j}\right)\delta q_j=\sum_{j=1}^{k}\left(\frac{\partial L}{\partial \dot{q}_j}\delta \dot{q}_j+\frac{\partial L}{\partial q_j}\delta q_j\right)=\delta L$$

因此

$$\mathrm{d}\sum_{j=1}^{k}\left(\frac{\partial L}{\partial \dot{q}_j}\delta q_j\right)=\delta L\cdot \mathrm{d}t \tag{⑤}$$

现在来研究该系统自瞬时 t_1 到瞬时 t_2，即从形相Ⅰ改变到形相Ⅱ的运动。

将式⑤两边积分，从 t_1 到 t_2，得

$$\left[\sum_{j=1}^{k}\left(\frac{\partial L}{\partial \dot{q}_j}\delta q_j\right)\right]_{t_1}^{t_2}=\int_{t_1}^{t_2}\delta L\mathrm{d}t \tag{⑥}$$

因为从形相Ⅰ改变到形相Ⅱ，各点的起始位置 A_i 与终了位置 B_i 是一定的，即正路与弯路的起点是重合的，终点也是重合的，因此在这两瞬时，坐标的变化为零，即

$$(\delta q_j)_{t_1}=0,\ (\delta q_j)_{t_2}=0\quad (j=1,2,\cdots,k)$$

所以，式⑥的左边为零。故

$$\int_{t_1}^{t_2}\delta L\mathrm{d}t=0 \tag{⑦}$$

根据变分运算法则，变分和积分运算的先后次序可以互换，因而有

$$\delta\int_{t_1}^{t_2}L\mathrm{d}t=0 \tag{15-28}$$

令

$$S=\int_{t_1}^{t_2}L\mathrm{d}t \tag{15-29}$$

S 称为**哈密顿作用量**。于是式（15-28）可写为

$$\delta S=0 \tag{15-30}$$

由此可见：**保守系统在一定时间内由某一形相改变到另一形相的一切可能运动中，对应于真实运动的哈密顿作用量的变分为零。或者说，系统的真实运动与其他可能运动的区别是，真实运动使哈密顿作用量的变分为零。**这就是**哈密顿原理**。

对于哈密顿原理，应注意以下几点：

(1) 系统中任一点的正路（真实轨迹）和弯路（可能轨迹或比较轨迹）在起点和终点是重合的。

(2) 弯路是约束条件所容许的，且与正路无限接近（即相差极少）。

(3) 弯路与正路是在同一时间内被通过的。

在哈密顿原理中，作用量 $S=\int_{t_1}^{t_2}L\mathrm{d}t=\int_{t_1}^{t_2}(T-V)\mathrm{d}t$。对于一些复杂的力学问题，计算动能 T 和势能 V 往往比建立运动微分方程更为方便，在这种情况下，应用哈密顿原理求解比用运动微分方程求解要方便得多。至于一些简单的问题，则用哈密顿原理求解反而不便（见以下的例题）。

【例 15-6】 单摆的摆长为 l，摆锤的质量为 m，试用哈密顿原理来建立摆的运动微分方程。

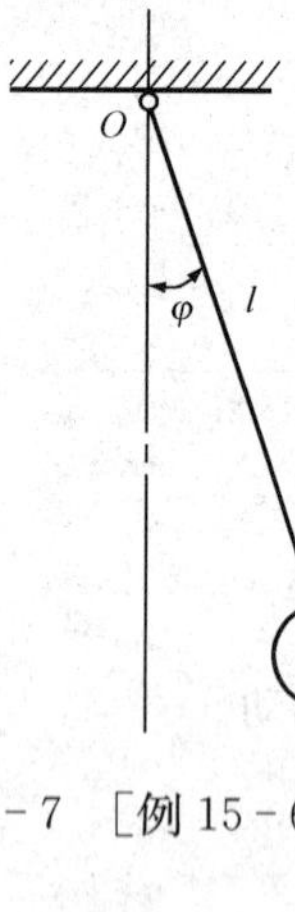

解 单摆具有 1 个自由度，取摆与铅直线夹角 φ 为广义坐标（图 15-7），则摆的动能为

$$T=\frac{1}{2}m(l\dot{\varphi})^2$$

以悬挂点 O 为势能零点，则摆的势能为

$$V=-mgl\cos\varphi$$

于是，得摆的拉格朗日函数

$$L=T-V=\frac{1}{2}ml^2\dot{\varphi}^2+mgl\cos\varphi$$

图 15-7 ［例 15-6］附图

根据哈密顿原理

$$\int_{t_0}^{t_1}\delta L\mathrm{d}t=0$$

即

$$\int_{t_0}^{t_1}[ml^2\dot{\varphi}\delta\dot{\varphi}-mgl\sin\varphi\delta\varphi]\mathrm{d}t=0 \tag{①}$$

因变分与微分的运算次序可交换，故有

$$\int_{t_0}^{t_1} ml^2\dot{\varphi}\,\delta\dot{\varphi}\mathrm{d}t = \int_{t_0}^{t_1} ml^2\dot{\varphi}\left(\frac{\mathrm{d}}{\mathrm{d}t}\delta\varphi\right)\mathrm{d}t$$

应用分部积分，可得

$$\int_{t_0}^{t_1} ml^2\dot{\varphi}\left(\frac{\mathrm{d}}{\mathrm{d}t}\delta\dot{\varphi}\right)\mathrm{d}t = [ml^2\dot{\varphi}\delta\varphi]_{t_0}^{t_1} - ml^2\int_{t_0}^{t_1}\ddot{\varphi}\delta\varphi\mathrm{d}t \quad ②$$

由于 $[\delta\varphi]_{t_0}=0$ 及 $[\delta\varphi]_{t_1}=0$，因此，式②右边第一项为零。将式②代入式①，得

$$\int_{t_0}^{t_1} -[ml^2\ddot{\varphi}+mgl\sin\varphi]\delta\varphi\mathrm{d}t = 0$$

对于 φ 的任何变更，若使上式均成立，故必有

$$ml^2\ddot{\varphi}+mgl\sin\varphi = 0$$

即

$$\ddot{\varphi}+\frac{g}{l}\sin\varphi = 0$$

这就是所要求的运动微分方程。

思　考　题

15－1　用拉格朗日方程建立单摆的运动微分方程时，取 φ 为广义坐标，则动能 $T=\frac{1}{2}\frac{F_P}{g}(l\dot{\varphi})^2$，给 $\delta\varphi$ 如图 15－8 所示，则广义力 $F_Q=\frac{\delta A}{\delta\varphi}=lF_P\sin\varphi$。于是由拉格朗日方程得 $\ddot{\varphi}-\frac{g}{l}\sin\varphi=0$，这与动量矩定理所得的 $\ddot{\varphi}+\frac{g}{l}\sin\varphi=0$ 不一样，试问错在哪里？

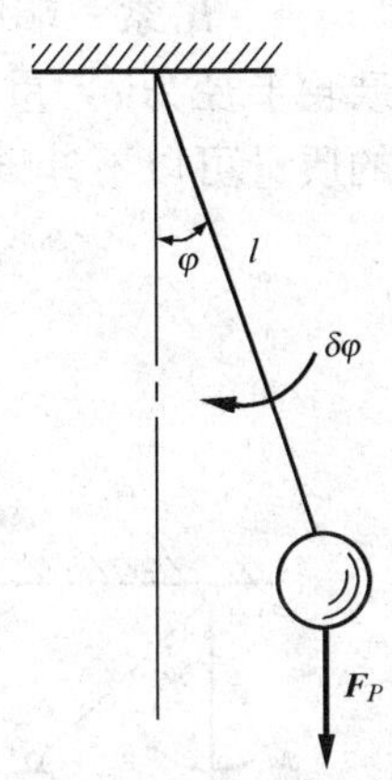

图 15－8　思考题 15－1 附图

15－2　若研究的系统中有摩擦力，如何应用拉格朗日方程？

15－3　试用拉格朗日方程推导刚体平面运动的运动微分方程。

习　　题

用动力学普遍方程求解习题 15－1～习题 15－6。

15－1　在起重机鼓轮Ⅰ上作用一不变的转动力矩 M 如图 15－9 所示，轮Ⅰ，Ⅱ，Ⅲ，Ⅳ，Ⅴ的半径分别为 r_1，r_2，r_3，r_4，r_5，若物体 A 重 W，试求其上升的加速度（各鼓轮的重量及摩擦均不计）。

15－2　卷扬机拖曳料斗沿倾角为 α 的斜坡上升如图 15－10 所示。已知料斗重 W，鼓轮 A 的半径为 r，对转动轴的转动惯量为 J。设在鼓轮 A 上作用一力矩 M，不计料斗的轮子及滑轮 B，C 的质量，且轮子只滚不滑，求料斗上升的加速度。

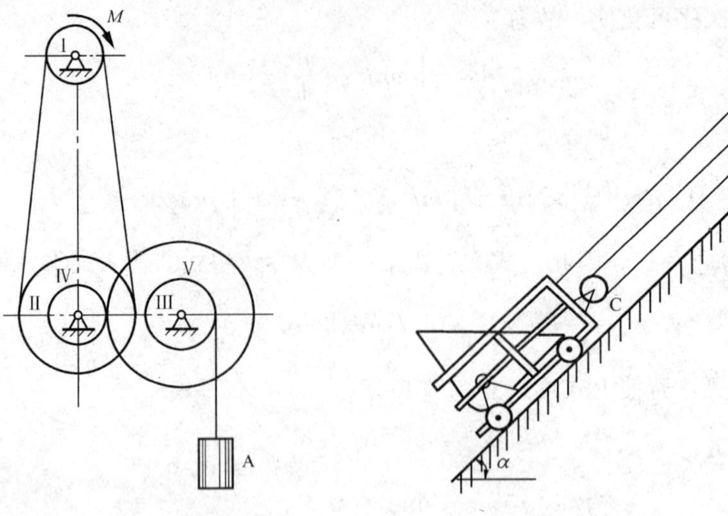

图 15-9　习题 15-1 附图　　　　图 15-10　习题 15-2 附图

15-3　铰接平行四边形机构 O_1O_2AB 位于铅直平面内如图 15-11 所示，杆 O_1A，O_2B 各长 l，质量不计；杆 AB 为均质杆，重 W。设在 O_1A 杆上作用一常力矩 M，求 O_1A 转动至任意位置时的角加速度，并求 $\varphi=90°$时角加速度的值。

15-4　吊索一端绕在鼓轮Ⅱ上，另一端绕过滑轮Ⅰ系于重 W_1 的平台上如图 15-12 所示，鼓轮半径为 r，重为 W，电动机给鼓轮Ⅱ的转矩为 M，设鼓轮Ⅱ可看作为均质圆盘，滑轮Ⅰ的质量可以不计试求平台上升的加速度。

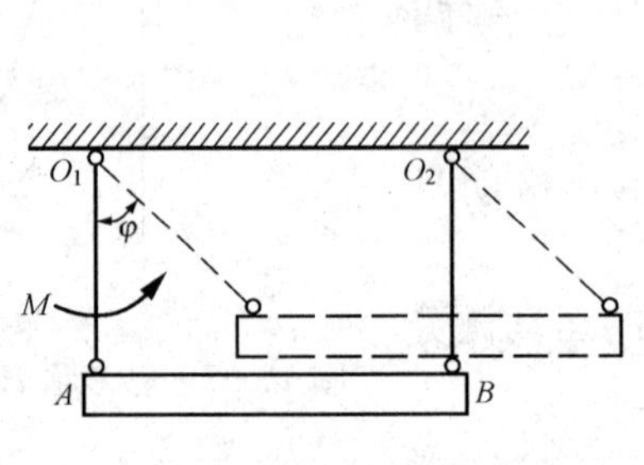

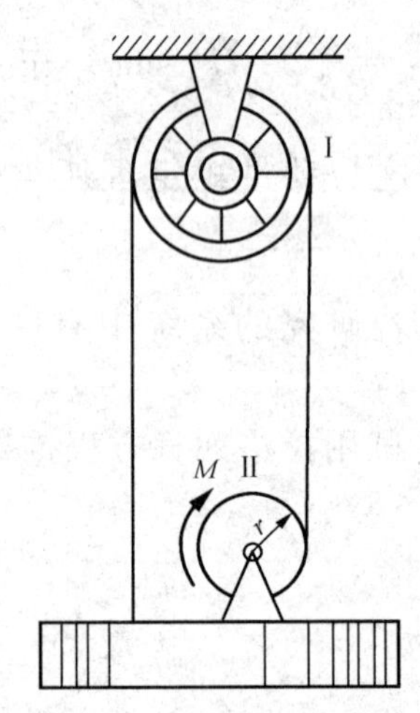

图 15-11　习题 15-3 附图　　　　图 15-12　习题 15-4 附图

15-5　在图 15-13 所示机构中，AB 及 OC 为均质杆，AB 重 $2W$，OC 重 W；$OC=AC=BC=l$；滑块 A，B 各重 W_1。设在曲柄 OC 上作用一力矩 M，如不计摩擦，试求曲柄的角加速度。

15-6　绞车鼓轮的半径为 R，转动惯量为 J，其上作用一转动力矩 M 如图 15-14 所示。在滑轮组上悬挂重物 A，B，其质量分别为 m_1，m_2。设绳与轮之间无滑动，滑轮的质量及摩擦不计，试求绞车鼓轮的角加速度。

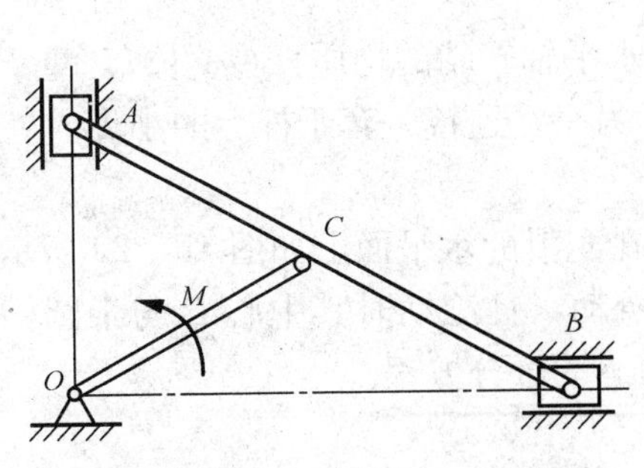

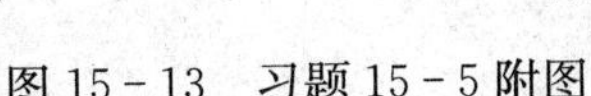
图 15－13　习题 15－5 附图

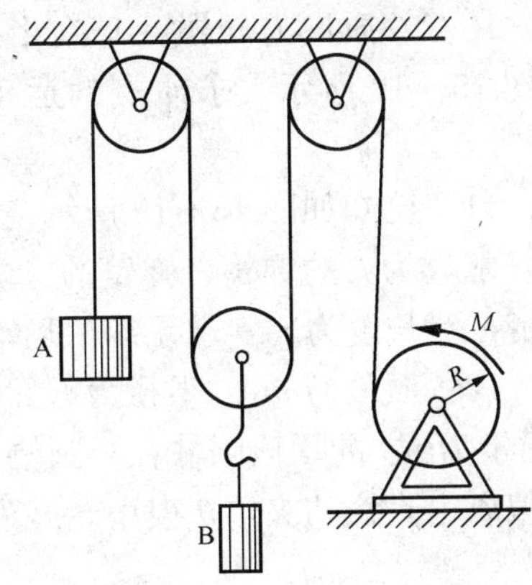

图 15－14　习题 15－6 附图

用拉格朗日方程求解题 15－7 至 15－12。

15－7　一重 W_1 的板搁置在 3 个各重 W 的滚子上如图 15－15 所示。今在板上作用一水平力 $\boldsymbol{F}$，设滚子只滚不滑，滚动摩擦不计，求板的加速度。

15－8　一均质杆 AB 长 l，两端可沿半径为 R 的光滑圆弧的表面滑动如图 15－16 所示。设在运动过程中杆 AB 始终保持在一铅直平面内，试求杆在其平衡位置附近作微幅摆动的周期。

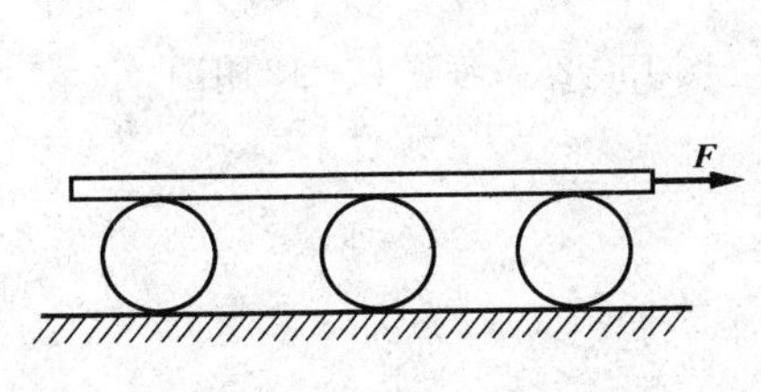

图 15－15　习题 15－7 附图

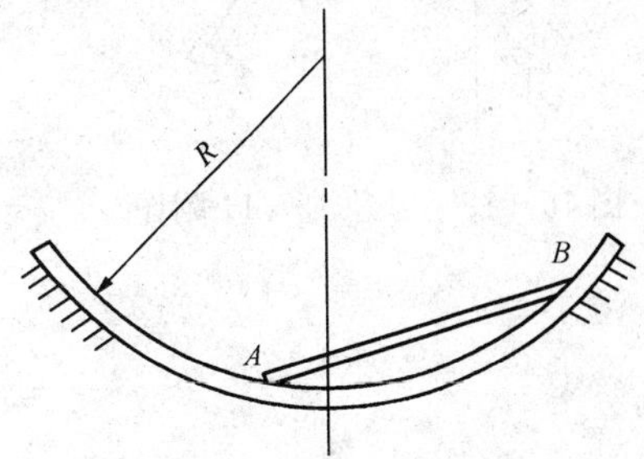

图 15－16　习题 15－8 附图

15－9　质量为 m 的质点 M 悬挂在细绳上，绳的另一端绕在半径为 r 的固定圆柱体上，构成一摆如图 15－17 所示。设在平衡位置时绳的下垂部分长 l，不计绳的质量，试求摆的运动微分方程。

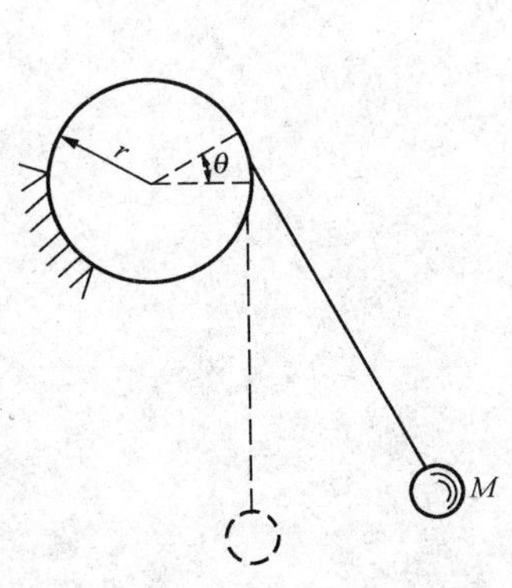

图 15－17　习题 15－9 附图

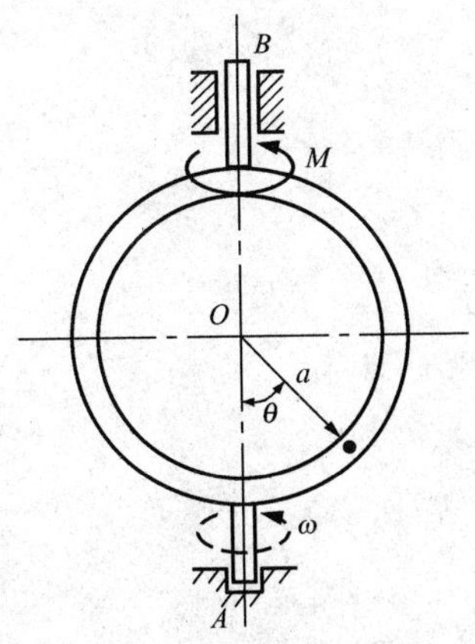

图15－18　习题 15－10 附图

15－10　一质量为 m 的小球在半径为 a 的圆管内运动，此圆管以匀角速 ω 绕铅直轴 AB 转动如图 15－18 所示。求质点的运动微分方程，以及使圆管的转动角速度保持不变的转矩 M。

15－11　已知如图 15－19 所示绕通过 O 点的水平轴转动的均质杆 OA 长 l，重 P，其上绕一弹簧常数为 k 的弹簧，弹簧的一端固定于 O，另一端连接一套于杆上的小环 M，小环重 W，弹簧自然长度为 l_0。求系统的运动微分方程。

15－12　质量为 m_1、半径为 R 的半圆槽放置在光滑的水平面上如图 15－20 所示。半径为 r、质量为 m_2 的均质圆柱在半圆槽内滚动而不滑动，且滚动时其中心 B 与半圆槽中心 O 的连线偏离铅直线的夹角 θ 很小。试列出该系统的运动微分方程。

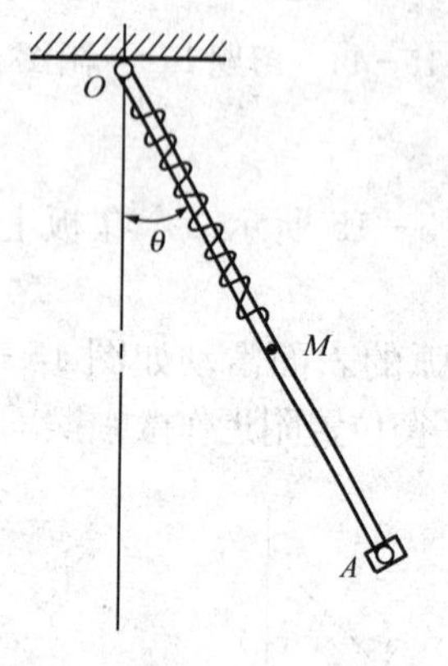

图 15－19　习题 15－11 附图

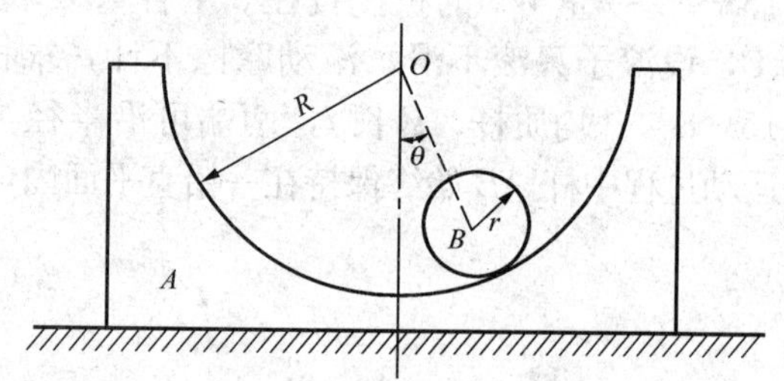

图 15－20　习题 15－12 附图

第五篇　动力学应用专题

在第三篇中，已经用动力学的几个定理研究了一些简单的动力学问题，但是实际的工程问题往往是很复杂的。研究具体工程问题时，除了进行认真细致的分析并抽象出合适的力学模型外，有时还需进一步作出假设，以建立一个便于分析计算的力学模型。本篇讨论振动和碰撞两个动力学专题。振动部分主要讨论单自由度系统的自由振动和受迫振动，并将分析一些具体的工程问题。碰撞部分主要研究两物体间的对心碰撞和偏心碰撞问题。通过这两个专题的讨论，可以进一步了解用动力学的理论分析研究具体工程问题的方法。

*第十六章　线性振动理论基础

振动是自然界、工程上和日常生活中常见的现象之一。车辆、机器、房屋、桥梁、闸坝等具有弹性的系统，受到扰动以后，都会在平衡位置附近振动。在许多情况下，振动会造成危害。如工厂中机器的强烈振动会引起厂房的振动，干扰人们的工作，降低仪表的精确度，缩短厂房的寿命等。严重的地震会引起建筑物剧烈振动以致倒塌破坏，造成生命财产的巨大损失。但当我们掌握了振动的规律以后，就可以设法避免或减轻振动所造成的危害，并可利用振动特性制造各种机械或仪表来为我们服务。例如，混凝土振捣器、振动打桩机、振动筛分机、地震仪等都是应用振动原理制成的。因此，研究振动理论对指导生产实践有着重要意义。现在，振动理论已经发展成为力学学科的一个重要分支，并在继续发展着。在这一章里，我们将介绍单自由度系统的线性振动理论。掌握这些理论，一方面可用来解决一些简单的实际问题；另一方面，也为今后深入学习振动理论打下基础。

第一节　单自由度系统的自由振动

不少振动问题属于单自由度系统的振动。有些实际问题虽较复杂，也常可近似地简化为单自由度系统的问题来研究。如图 16－1（a）所示一电动机连同基础支撑于弹性地基上。由于转子不平衡，电动机运转时将发生振动。如只考虑铅直方向的振动，则该系统可以简化为用弹簧（代表弹性地基）支撑一质体（代表电动机连同基础）这样一个质量—弹簧系统[图 16－1（b）]。质体 M 的位置只需用一个坐标 x 来确定，所以这是一个单自由度的振动系统。在图 16－2 中，一集中质体 M 安置于梁上，梁的作用相当于一个弹簧。若梁的质量比集中质体 M 的质量小得很多，则整个系统也可近似地简化为图 16－1（b）所示的质量—弹簧系统。

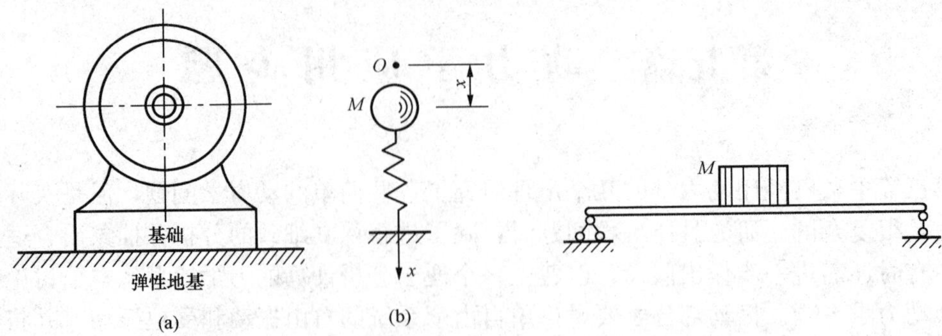

图 16-1　电动机及其振动力学模型　　　　图 16-2　质体振动系统

设一单自由度系统可以简化为如图 16-3 所示的质量—弹簧系统，下面建立其运动微分方程，并分析其运动规律。

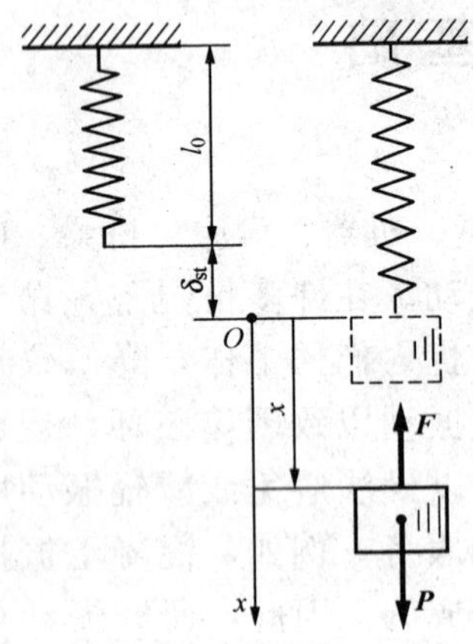

图 16-3　单自由度系统的自由振动

设弹簧原长为 l_0，弹簧常数为 k。在重力 $P=mg$ 作用下弹簧的静伸长为 δ_{st}，该位置称为静平衡位置。平衡时重力 $\boldsymbol{P}$ 和弹性力 $\boldsymbol{F}$ 大小相等，即 $P=k\delta_{st}$，于是有 $\delta_{st}=P/k$。

为研究方便，取质体的静平衡位置为坐标原点，x 轴的正向铅直向下，则质体在任意位置 x 处，弹性力 $\boldsymbol{F}$ 在 x 轴上的投影为

$$F_x = -k\delta = -k(\delta_{st} + x)$$

其运动微分方程为

$$m\ddot{x} = P - k(\delta_{st} + x)$$

应用静平衡条件，上式简化为

$$m\ddot{x} = -kx \tag{16-1}$$

式（16-1）表明，物体偏离平衡位置于坐标 x 处，将受到与偏离距离成正比且与偏离方向相反的合力，这样的力称为**线性恢复力**。由于这种力的作用，物体就在其平衡位置附近往复运动（即振动）。物体只受恢复力作用而发生的振动称为**自由振动**。

将式（16-1）两边除以 m，并令

$$\omega_0 = \frac{k}{m} \tag{16-2}$$

即得自由振动微分方程的标准形式

$$\ddot{x} + \omega_0^2 x = 0 \tag{16-3}$$

这是一个二阶常系数齐次线性微分方程，它的解是

$$x = A\sin(\omega_0 t + a) \tag{16-4}$$

其中 A 及 a 是两个积分常数。此式表明，**自由振动是简谐振动。**常数 A 是**振幅**，$(\omega_0 t + a)$ 是**相角或位相**，而 a 是**初相角**。

常数 A 及 a 由运动初条件确定，设 $t=0$ 时，$x=x_0$，$\dot{x}=\dot{x}_0$，则可得

$$A = \sqrt{x_0^2 + \frac{\dot{x}_0^2}{\omega_0^2}},\ \tan\alpha = \frac{\omega_0 x_0}{\dot{x}_0} \tag{16-5}$$

有时，将式（16-3）的解写成如下形式较为方便

$$x = C_1\cos\omega_0 t + C_2\sin\omega_0 t \tag{16-6}$$

常数 C_1 及 C_2 可根据运动初条件确定为

$$C_1 = x_0,\ C_2 = \dot{x}_0/\omega_0。 \tag{16-7}$$

从而得式（16-3）的解为

$$x = x_0\cos\omega_0 t + \frac{\dot{x}_0}{\omega_0}\sin\omega_0 t, \tag{16-8}$$

物体作自由振动时，每隔一段时间

$$T = 2\pi/\omega_0, \tag{16-9}$$

所有运动学量（x、$\dot{x}$、$\ddot{x}$）都重复一次。T 称为**振动周期**。周期的倒数代表单位时间内振动的次数，称为**频率**，通常用 f 表示，即

$$f = 1/T = \omega_0/2\pi \tag{16-10}$$

由式（16-10）可见，$2\pi f=\omega_0$，即 ω_0 代表 2π 时间内的振动次数，所以 ω_0 称为**圆频率**（有时也简称为频率）。因 ω_0 只与系统的物理参数 m、k 等有关，故又称为系统的**固有频率**。

总结以上的讨论可知，**系统的自由振动是简谐运动，振幅及初相角决定于运动初条件，而周期及频率与运动初条件无关，只决定于系统的物理参数**。

【例 16-1】 用两根串联的弹簧悬挂一重物［图 16-4（a）］，试求此系统振动的圆频率。设弹簧常数分别为 k_1 及 k_2，重物的质量为 m，弹簧的质量不计。

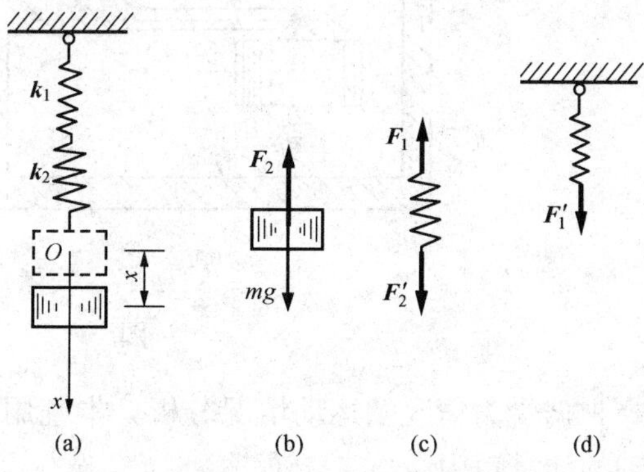

图 16-4　［例 16-1］附图

解　分析重物和两根弹簧的受力情况，作受力图如图 16-4（b）、（c）、（d）所示。设平衡时弹簧 1 伸长 δ_{st1}，弹簧 2 伸长 δ_{st2}，则

$$k_1\delta_{st1} = k_2\delta_{st2} = mg \quad ①$$

同样，设运动时两弹簧各再伸长 x_1 及 x_2，则由 $F_1=F_2$ 有

$$k_1(\delta_{st1} + x_1) = k_2(\delta_{st2} + x_2)，即\ k_1x_1 = k_2x_2。 \quad ②$$

又物体的位移 x 应等于两弹簧伸长之和，即

$$x = x_1 + x_2 \quad ③$$

由式②及③解得

$$x_2 = \frac{k_1}{k_1 + k_2}x \quad ④$$

现在建立重物的微分方程

$$m\ddot{x} = mg - F_2 = mg - k_2(\delta_{st2} + x_2)$$

由式①及式②，得

$$m\ddot{x} = -\frac{k_1k_2}{k_1 + k_2}x，即\ \ddot{x} + \frac{k_1k_2}{m(k_1 + k_2)}x = 0$$

于是

$$\omega_0^2=\frac{k_1k_2}{m(k_1+k_2)}$$

此频率比单独用两根弹簧中的任一根悬挂重物时的频率低，从而向我们提供了一种降低系统固有频率的途径。

【例 16-2】 图 16-5 所示为一种振动仪的简图。已知振子 M 重 Q；曲杠杆 AOB 重 P（设 $\boldsymbol{P}$ 的作用点非常接近 AO 的中点），对 O 轴的转动惯量为 J；弹簧 1 及 2 的弹簧常数分别为 k_1 及 k_2。试求系统的固有频率。弹簧的质量不计。

解 以整个系统为考察对象，作受力图如图 16-5（b）。设系统平衡时 OA 处于水平位置，取在任一瞬时 t，OA 与水平线夹角 φ 为广义坐标，设系统作微幅振动，各力作用线到 O 点的距离的改变是高阶微量，可以不计。而 $F_1=k_1(a\varphi-\delta_{st1})$，$F_2=k_2(b\varphi-\delta_{st2})$，其中 δ_{st1} 及 δ_{st2} 是两弹簧的静压缩。

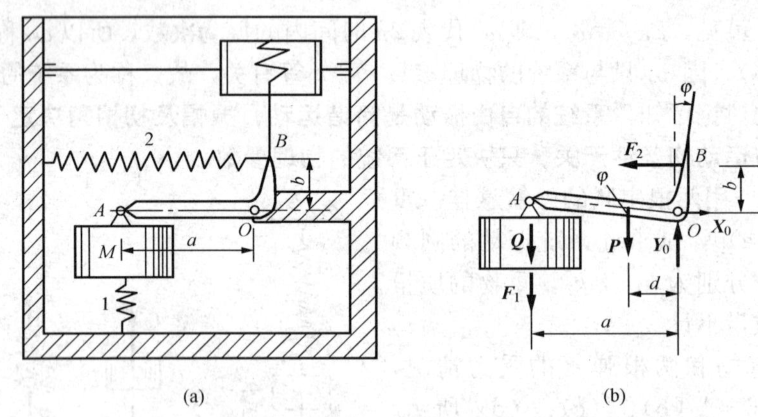

图 16-5 ［例 16-2］附图

根据受力情况及运动情况分析，本题用动量矩定理建立运动微分方程较为方便。系统对 O 轴的动量矩为

$$L_O=\frac{Q}{g}a^2\dot{\varphi}+J\dot{\varphi}=\left(\frac{Qa^2}{g}+J\right)\dot{\varphi}。\tag{①}$$

而
$$M_O=-Qa-Pd-k_1(a\varphi-\delta_{st1})a-k_2(b\varphi-\delta_{st2})b\tag{②}$$

平衡时由 $\sum M_O=0$ 得

$$Qa+Pd-(k_1\delta_{st1})a-(k_2\delta_{st2})b=0$$

因而
$$M_O=-(k_1a^2+k_2b^2)\varphi\tag{③}$$

据动量矩定理有

$$\left(\frac{Qa^2}{g}+J\right)\ddot{\varphi}=-(k_1a^2+k_2b^2)\varphi，即\ \ddot{\varphi}+\frac{k_1a^2+k_2b^2}{Qa^2/g+J}\varphi=0\tag{④}$$

令
$$\omega_0^2=\frac{k_1a^2+k_2b^2}{Qa^2/g+J}\tag{⑤}$$

就得到标准形式的运动微分方程

$$\ddot{\varphi}+\omega_0^2\varphi=0。$$

而系统的固有频率为

$$f=\frac{\omega_0}{2\pi}=\frac{1}{2\pi}\sqrt{\frac{k_1a^2+k_2b^2}{Qa^2/g+J}}$$

【例 16－3】 写出如图 16－6 所示系统的微振动微分方程，并求其固有频率。假设轮子无侧向摆动，且轮子与绳子之间无滑动；不计绳子与弹簧的质量；轮子是均质的，半径为 R，质量为 M。

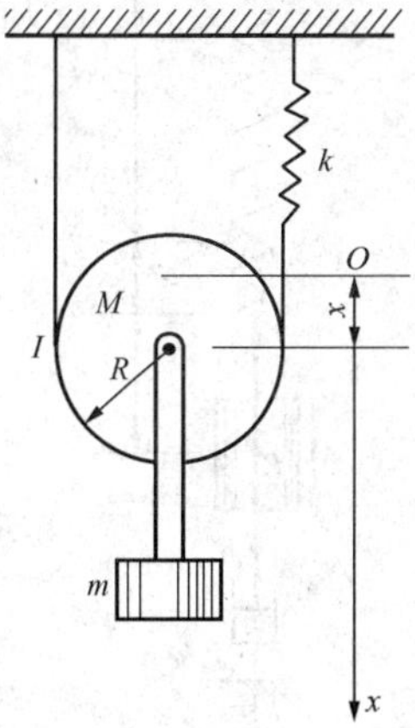

图 16－6 ［例 16－3］附图

解 以 x 为广义坐标（取静平衡位置为原点）。用机械能守恒定理建立运动微分方程，系统的动能为

$$T=\frac{1}{2}M\dot{x}^2+\frac{1}{2}\frac{MR^2}{2}\left(\frac{\dot{x}}{R}\right)^2+\frac{1}{2}m\dot{x}^2=\frac{1}{2}\left(\frac{3}{2}M+m\right)\dot{x}^2 \quad ①$$

以静平衡位置为计算势能的零位置，并注意轮心位移 x 时，弹簧伸长 $2x$，故

$$\begin{aligned}V&=\frac{k}{2}[(\delta_{st}+2x)^2-\delta_{st}{}^2]-(M+m)gx\\&=2kx^2+2k\delta_{st}x-(M+m)gx\end{aligned}$$

其中 δ_{st} 是平衡时弹簧的静伸长。因平衡时 $2k\delta_{st}=(M+m)g$，于是

$$V=2kx^2 \quad ②$$

由机械能守恒定理，有

$$\frac{1}{2}\left(\frac{3}{2}M+m\right)\dot{x}^2+2kx^2=\text{const}$$

对时间 t 求导并整理，得

$$\left(\frac{3}{2}M+m\right)\ddot{x}+4kx=0。$$

令

$$\omega_0^2=8k/(3M+2m),$$

则

$$\ddot{x}+\omega_0^2x=0 \quad ③$$

这就是系统的运动微分方程。而系统的固有频率是 $\omega_0=\sqrt{8k/(3M+2m)}$。

事实上，单自由系统作微幅自由振动时，动能及势能的表达式总可写成 $m\dot{x}^2/2$ 及 $kx^2/2$ 的形式，而运动方程为 $x=A\sin(\omega_0t+\alpha)$，故 $T_{max}=m\omega_0^2A^2/2$，$V_{max}=kA^2/2$，由机械能守恒定理 $T_{max}=V_{max}$，即可得 $\omega_0^2=k/m$。这种计算固有频率的方法称为**能量法**。

第二节　单自由度系统的有阻尼自由振动

上节所研究的振动是不受阻力作用时单自由度系统的自由振动，其振幅不随时间而变，振动可以永不停息地持续下去。然而，实际观察到的振动的振幅几乎都是随时间逐渐减小，最后趋于停止。这是因为振动系统实际上受到阻力的作用，使机械能逐渐转化为其他能量，因而振动不断衰减，直致停止。

振动过程中的阻力习惯上称为**阻尼**。产生阻尼的原因很多，常见的有流体（如空气、水、油等）介质阻尼、结构变形在材料内部产生的内阻尼和在接触面上产生的摩擦阻尼等。根据实验，物体在流体介质中运动时所受的阻尼，在物体速度较低时，与速度的一次方成正比，而当速度较高时，则与速度的平方或高次方成正比。与速度一次方成正比的阻尼常称为

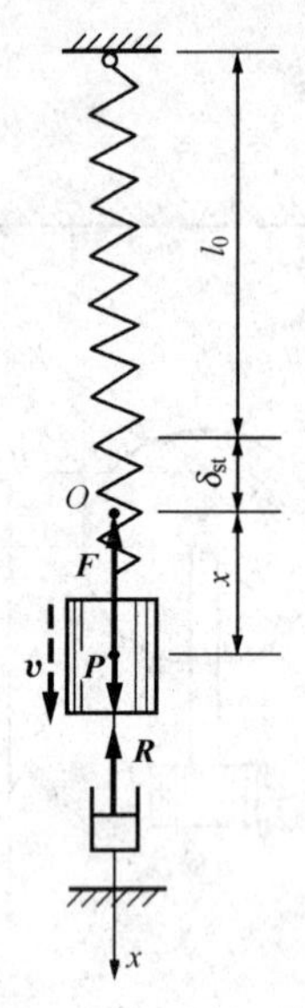

图 16-7 单自由度系统的有阻尼自由振动

粘滞阻尼，本书内只讨论这种情况。

仍以简化了的质量—弹簧系统为例。设该系统受到粘滞阻尼的作用，如图 16-7 所示（图的下部为粘滞阻尼器的简化模型）。因为阻尼力总是与物体运动速度的方向相反，所以，阻尼器作用于物体的阻力 $\boldsymbol{R}$ 可表示为

$$\boldsymbol{R}=-\mu\boldsymbol{v}$$

其中比例常数 μ 称为**阻尼系数**，它的量纲是 $[M][T]^{-1}$，值与介质的密度、粘性以及运动物体的形状有关，须由实验确定。

以物体的静平衡位置 O 为坐标原点，选 x 轴铅直向下。物体在任一瞬时的受力情况如图 16-7 所示。$\boldsymbol{R}$ 在 x 轴上的投影为

$$R_x=-\mu\dot{x}$$

而物体的运动微分方程为

$$m\ddot{x}=P+F_x+R_x=P-k(\delta_{\mathrm{st}}+x)-\mu\dot{x}=-kx-\mu\dot{x}。$$

这方程可改写成

$$\ddot{x}+\frac{\mu}{m}\dot{x}+\frac{k}{m}x=0$$

令 $\frac{k}{m}=\omega_0^2$，$\frac{\mu}{m}=2n$，则上式成为

$$\ddot{x}+2n\dot{x}+\omega_0^2x=0 \tag{16-11}$$

式（16-11）为有粘滞阻尼力作用时，单自由度系统自由振动微分方程的标准形式。它是一个二阶常系数齐次线性微分方程，其解可取为 e^{rt}，代入原方程可得特征方程为

$$r^2+2nr+\omega_0^2=0 \quad ①$$

这特征方程的两个根是

$$r_1=-n+\sqrt{n^2-\omega_0^2},\ r_2=-n-\sqrt{n^2-\omega_0^2} \quad ②$$

随着 n 与 ω_0 的相对值不同，式（16-11）的解也不同，下面将分别加以讨论。

1. 小阻尼（$n<\omega_0$）情况

这时，特征式①的两个根（式②）是一对共轭复根

$$r_1=-n+i\sqrt{\omega_0^2-n^2},\ r_2=-n-i\sqrt{\omega_0^2-n^2};$$

而式（16-11）的解为

$$x=\mathrm{e}^{-nt}(C_1\cos\sqrt{\omega_0^2-n^2}\,t+C_2\sin\sqrt{\omega_0^2-n^2}\,t)$$

其中 C_1 及 C_2 是积分常数，应由运动初条件确定。设 $t=0$ 时，$x=x_0$，$\dot{x}=\dot{x}_0$，则

$$C_1=x_0,\ C_2=\frac{\dot{x}_0+nx_0}{\sqrt{\omega_0^2-n^2}};$$

于是

$$x=\mathrm{e}^{-nt}\left(x_0\cos\sqrt{\omega_0^2-n^2}\,t+\frac{\dot{x}_0+nx_0}{\sqrt{\omega_0^2-n^2}}\sin\sqrt{\omega_0^2-n^2}\,t\right) \tag{16-12}$$

经过三角变换，也可将式（16-12）写成

$$x=A\mathrm{e}^{-nt}\sin(\sqrt{\omega_0^2-n^2}\,t+a), \tag{16-13}$$

其中

$$A=\sqrt{x_0^2+\frac{(\dot{x}_0+nx_0)^2}{\omega_0^2-n^2}},\ a=\arctan\frac{(\sqrt{\omega_0^2-n^2})x_0}{\dot{x}_0+nx_0}. \tag{16-14}$$

式（16－13）表明，物体在其平衡位置附近作往复运动，但因 e^{-nt} 的值随时间增加而迅速减小，所以物体偏离其平衡位置的距离也迅速减小。这种振动常称为**衰减振动**，其位移—时间曲线如图 16－8 所示。由图可见，物体偏离其平衡位置的距离被限制在 $x=Ae^{-nt}$ 及 $x=-Ae^{-nt}$ 两曲线之间。

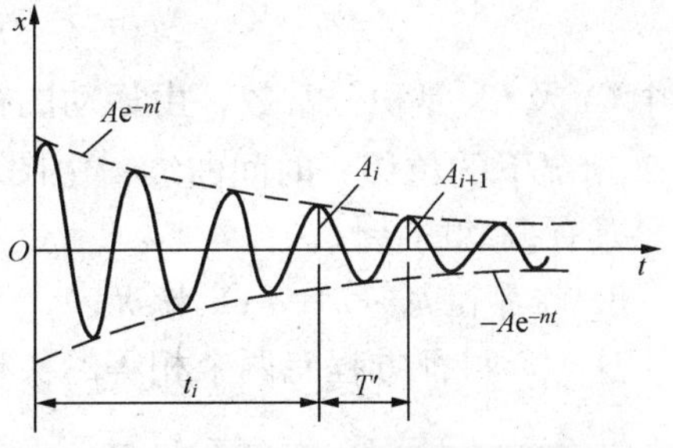

图 16－8　位移—时间曲线（小阻尼）

将式（16－13）对时间 t 求一次导数，得速度方程

$$\dot{x}=Ae^{-nt}[\sqrt{\omega_0^2-n^2}\cos(\sqrt{\omega_0^2-n^2}t+a)-n\sin(\sqrt{\omega_0^2-n^2}t+a)] \tag{16-15}$$

从式（16－13）、式（16－15）及图 16－8 可见，设在某一瞬时 t_i，物体的速度 $v=0$，物体在平衡位置某一边的最远处；经过时间 $T'=2\pi/\sqrt{\omega_0^2-n^2}$ 以后，即在 t_i+T' 瞬时，物体的速度又等于零，物体又处在同一边的最远处。这一段时间 T' 称为**衰减振动的周期**，即

$$T'=\frac{2\pi}{\sqrt{\omega_0^2-n^2}} \tag{16-16}$$

与无阻尼的自由振动的周期 $T=2\pi/\omega_0$ 相比可知，如 ω_0 相同，则衰减振动的周期 T' 比 T 略长。但当阻尼很小，即 n 很小时，周期的增长并不显著。例如，当 $n=0.05\omega_0$ 时，$T'=1.001\,25T$，即 T' 只比 T 增加 0.125%。因此，在阻尼很小的情况下，衰减振动的周期可近似地认为与无阻尼的自由振动周期相等。

现在研究振幅衰减的情况。所谓振幅，是指每次振动中偏离平衡位置的最远距离，它是随时间而变的。设在某一瞬时 t_i，物体在平衡位置某一边的最远处，振幅为

$$A_i=\left|Ae^{-nt_i}\sin(\sqrt{\omega_0^2-n^2}t_i+a)\right|$$

经过一个周期 T' 以后，即在 t_i+T' 瞬时，物体的振幅为

$$A_{i+1}=\left|Ae^{-n(t_i+T')}\sin(\sqrt{\omega_0^2-n^2}t_i+2\pi+a)\right|=e^{-nT'}A_i;$$

于是，相邻两振幅之比为

$$\frac{A_{i+1}}{A_i}=e^{-nT'}. \tag{16-17}$$

对于一定的系统来说，n、T' 都有确定的值，$e^{-nT'}$ 为一常量。可见，在衰减振动中，振幅按几何级数递减，其公比为 $e^{-nT'}$。比值 $e^{-nT'}$ 称为**减幅系数**，其自然对数的绝对值 nT' 称为**对数减幅系数**。

例如，设 $n=0.05\omega_0$，则 $e^{-nT'}=0.73$。即每经过一个周期，振幅减小 27%，在经过十个周期后，振幅只有原振幅的 4.3%。由此可见，即使阻尼很小，振幅的衰减也很迅速。

利用式（16－17），可用试验方法来确定表征阻尼的 n 值。其方法是，通过试验，得到如图 16－8 所示的衰减振动记录，确定出相邻两振幅之比，然后由式（16－17）计算出 n。为了得到比较精确的结果，应多取几个相邻振幅之比，分别求出 n 值后，取其平均值作为 n 的值。

2. 大阻尼（$n>\omega_0$）情况

这时，特征方程的根为两个不相等的实根（如式②所示），式（16－11）的通解为

$$x=\mathrm{e}^{-nt}(C_1\mathrm{e}^{\sqrt{n^2-\omega_0^2}t}+C_2\mathrm{e}^{-\sqrt{n^2-\omega_0^2}t}) \tag{16-18}$$

其中 C_1 及 C_2 是积分常数，由运动的初始条件确定。图 16－9 所示是在相同的 x_0 和几个不同的 $\dot{x}_0$ 情况下的位移—时间曲线。由图示曲线可见，随着时间的增大，x 逐渐趋近于零，系统不再具有振动的特性。

3. 临界阻尼（$n=\omega_0$）情况

这时，特征方程有两个相等的实根

$$r_1=r_2=-n,$$

而式（16－11）的通解为

$$x=\mathrm{e}^{-nt}(C_1+C_2t) \tag{16-19}$$

其中 C_1 及 C_2 是积分常数，由运动的初始条件确定。

临界阻尼情况的位移—时间曲线与图 16－9 相似，物体的运动是随时间的增长而无限地趋向平衡位置，因此运动也不具有振动的特点。当 $n=\omega_0$ 时，称为**临界阻尼状态**，这时的阻尼系数则称为**临界阻尼系数**。

总结以上讨论可知：**物体受有粘滞阻尼力作用时，只有在 $n<\omega_0$ 的情况下才发生振动，振动的周期较无阻尼的自由振动周期略长，而振幅按几何级数递减。**

【例 16－4】 库伦曾用下述方法来测定液体的粘滞系数 η：在弹簧上悬挂一薄板 A（图 16－10），先测出薄板在空气中的振动周期 T_1，然后测出薄板在粘滞系数待测的液体中的振动周期 T_2。设液体对薄板的阻力等于 $2S\eta v$，其中 $2S$ 为薄板的表面面积，v 为薄板的速度。如薄板重 P，试由测得的数据 T_1 及 T_2 求出粘滞系数 η。空气对薄板的阻力不计。

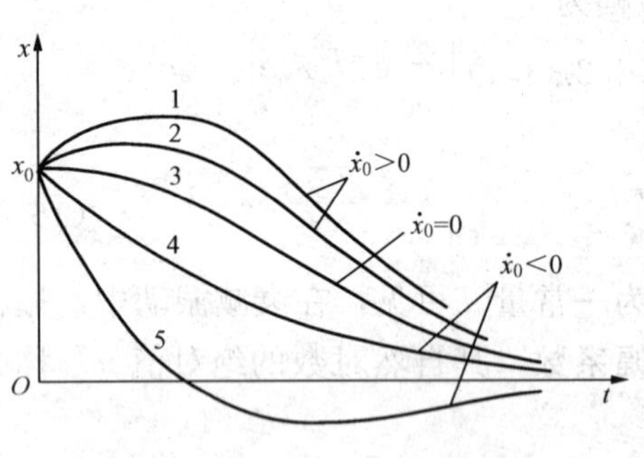

图 16－9　位移—时间曲线（大阻尼）

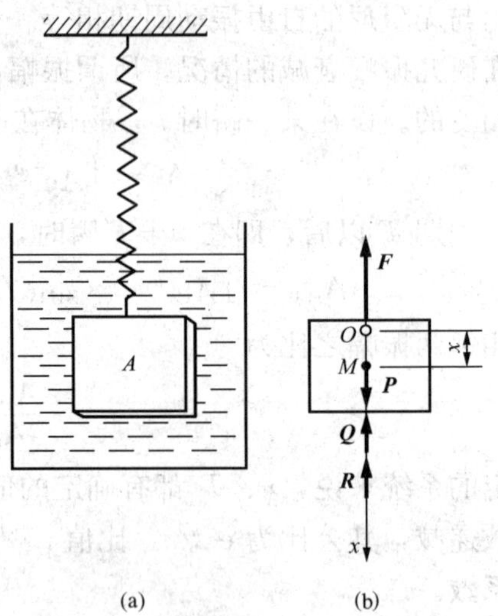

图 16－10　［例 16－4］附图

解　设悬挂薄板的弹簧常数为 k，则当薄板在空气中振动时，有

$$T_1=2\pi\sqrt{\frac{m}{k}}=2\pi\sqrt{\frac{P}{kg}},$$

因而
$$k=\frac{4\pi^2 P}{gT_1^2}. \qquad ①$$

现在考虑薄板在液体中的振动。当薄板在平衡位置时，受到重力 $\boldsymbol{P}$、液体浮力 $\boldsymbol{Q}_0$ 及弹性力 $\boldsymbol{F}_0$。设弹簧静伸长为 δ_{st}，则 $F_0=k\delta_{st}$。于是有
$$P=F_0+Q_0=k\delta_{st}+Q_0 \qquad ②$$

取薄板平衡时的重心位置为坐标原点 O，x 轴铅直向下［图 16－10（b)］，可得薄板的运动微分方程为
$$\frac{P}{g}\ddot{x}=P-F-Q-R=P-k(\delta_{st}+x)-Q_0-2S\eta v.$$
应用关系式②，得
$$\frac{P}{g}\ddot{x}=-kx-2S\eta v.$$
令$\dfrac{kg}{P}=\omega_0^2$，$\dfrac{2S\eta g}{P}=2n$，并用关系式 $v=\dot{x}$，即得
$$\ddot{x}+2n\dot{x}+\omega_0^2 x=0,$$
可见薄板作衰减振动。

由式（16－16)，薄板在液体中的振动周期为
$$T_2=\frac{2\pi}{\sqrt{\omega_0^2-n^2}},$$
故
$$\omega_0^2-n^2=\frac{4\pi^2}{T_2^2} \qquad ③$$
由式①有
$$\omega_0^2=\frac{kg}{P}=\frac{4\pi^2}{T_1^2} \qquad ④$$
又
$$n^2=S^2\eta^2 g^2/P^2 \qquad ⑤$$
将式④、⑤代入③，得
$$\frac{4\pi^2}{T_1^2}-\frac{S^2\eta^2 g^2}{P^2}=\frac{4\pi^2}{T_2^2}$$
故
$$\frac{S^2\eta^2 g^2}{P^2}=\frac{4\pi^2}{T_1^2}-\frac{4\pi^2}{T_2^2}=4\pi^2\frac{T_2^2-T_1^2}{T_2^2 T_1^2}$$
解得
$$\eta=\frac{2\pi P}{gST_1T_2}\sqrt{T_2^2-T_1^2}$$

【例 16－5】 试分析图 16－11（a）所示系统受到轻微扰动时的运动。已知 OA 为均质杆，质量为 m_1；集中质体 M 的质量为 m_2；弹簧的弹簧常数为 k；阻尼器的粘滞阻尼系数为 μ。

解　以 φ 为广义坐标，作系统的受力图［图 16－11（b)］。

以 O 为矩心，应用动量矩定理建立系统的运动微分方程，有
$$L_O=\frac{1}{3}m_1 l^2\dot{\varphi}+m_2\left(\frac{l}{2}\right)^2\dot{\varphi}=\frac{l^2}{12}(4m_1+3m_2)\dot{\varphi}$$
$$M_O=(m_1+m_2)g\times\frac{l}{2}-R\times\frac{l}{2}-Fl=(m_1+m_2)g\times\frac{l}{2}-\mu\frac{l}{2}\dot{\varphi}\times\frac{l}{2}-k(\delta_{st}+l\varphi)l$$

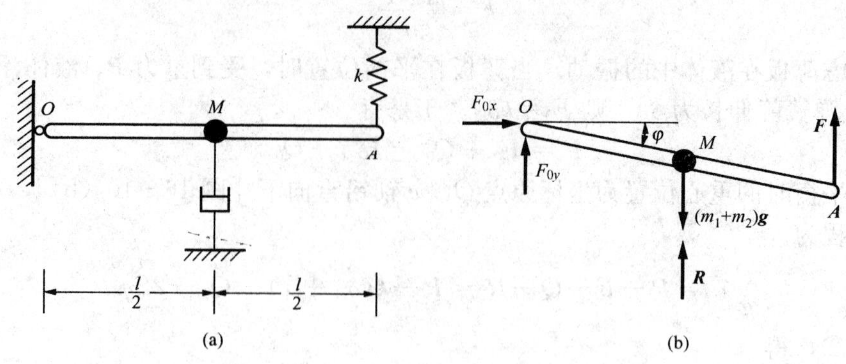

图 16-11 ［例 16-5］附图

因平衡时 $(m_1+m_2)gl/2-k\delta_{st}l=0$，所以

$$M_O=-\frac{l^2}{4}\mu\dot{\varphi}-kl^2\varphi$$

于是，由动量矩定理得

$$\frac{l^2}{12}(4m_1+3m_2)\ddot{\varphi}=-\frac{l^2}{4}\mu\dot{\varphi}-kl^2\varphi.$$

令 $\frac{12k}{4m_1+3m_2}=\omega_0^2$，$\frac{3\mu}{4m_1+3m_2}=2n$，则上式成为

$$\ddot{\varphi}+2n\dot{\varphi}+\omega_0^2\varphi=0.$$

可见，当 $\frac{1.5\mu}{4m_1+3m_2}<\sqrt{\frac{12k}{4m_1+3m_2}}$ 时，系统作衰减振动。

第三节　单自由度系统的受迫振动

现在讨论单自由度系统在干扰力作用下的受迫振动问题。

所谓**干扰力**是指对系统起着激振作用的力，它不依赖于系统的运动，但不断给系统输入能量，使其持续振动。干扰力一般都是随时间而变化的，有各种不同的变化规律。例如，图 16-12（a）中的机器作匀速转动时，偏心质量 m 作用在机器上的力在铅直方向的投影 $S=mr\omega^2\sin(\omega t+\varphi_0)$ 是随时间按简谐规律变化的周期性干扰力，其变化如图 16-12（b）所示。图 16-13（a）、（b）、（c）所示是另外几种干扰力随时间变化的图形，其中（a）中的干扰力是周期性的但不是简谐的；（b）和（c）中的干扰力则不是周期性的。这里只讨论简谐干扰力

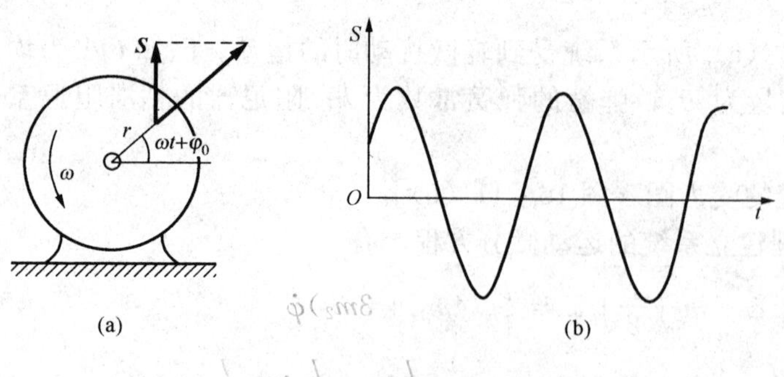

图 16-12　具有偏心质量的电动机

所引起的受迫振动。

一、有阻尼情形

设物体除受弹性力 **F** 与粘滞阻尼力 **R** 作用外，还受到简谐干扰力 **S** 的作用，如图 16-14 所示。已知

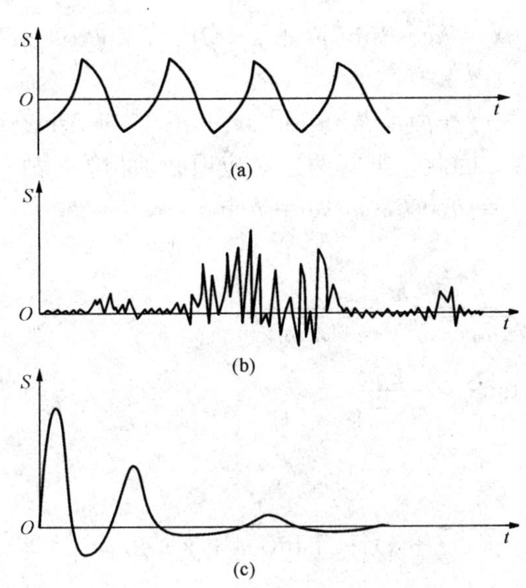

图 16-13　几种类型的干扰力

(a) 具有不对称凸轮的机器所产生的干扰力；(b) 地震引起的干扰力；(c) 爆炸的气体压力形成的干扰力

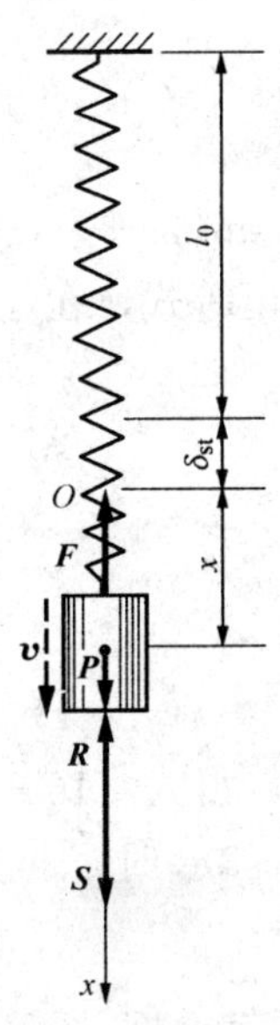

图16-14　单自由度系统受简谐干扰力作用

$$S = H\sin(\omega t + \gamma),$$

式中　H——干扰力的最大值，称为**力幅**；

ω——干扰力变化的圆周率；

γ——干扰力的初相角。试求物体的运动规律。

物体的运动微分方程为

$$m\ddot{x} = P - k(\delta_{st} + x) - \mu\dot{x} + H\sin(\omega t + \gamma) = -kx - \mu\dot{x} + H\sin(\omega t + \gamma).$$

同以前一样，令 $\dfrac{k}{m}=\omega_0^2$，$\dfrac{\mu}{m}=2n$，并且令 $\dfrac{H}{m}=h$，则上式可写成

$$\ddot{x} + 2n\dot{x} + \omega_0^2 x = h\sin(\omega t + \gamma) \tag{16-20}$$

式（16-20）是一个二阶常系数非齐次线性微分方程。它的解由两部分叠加而成：一部分是式（16-20）中的齐次方程

$$\ddot{x} + 2n\dot{x} + \omega_0^2 x = 0 \quad ①$$

的解 $x_1(t)$，另一部分是式（16-20）的特解 $x_2(t)$。

由上节已知，齐次方程①的解有以下三种情况：

(1) $n<\omega_0$ 时，$x_1 = Ae^{-nt}\sin(\sqrt{\omega_0^2-n^2}t+a)$，

(2) $n=\omega_0$ 时，$x_1 = e^{-nt}(C_1+C_2t)$，

(3) $n>\omega_0$ 时，$x_1 = e^{-nt}(C_1e^{\sqrt{n^2-\omega_0^2}t}+C_2e^{-\sqrt{n^2-\omega_0^2}t})$

现在来求特解 x_2。设特解形式为

$$x_2 = B\sin(\omega t+\gamma-\beta) \qquad ②$$

代入式（16-20），得

$$-B\omega^2\sin(\omega t+\gamma-\beta)+2nB\omega\cos(\omega t+\gamma-\beta)+\omega_0^2 B\sin(\omega t+\gamma-\beta)=h\sin(\omega t+\gamma) \qquad ③$$

将

$$h\sin(\omega t+\gamma)=h\sin(\omega t+\gamma-\beta+\beta)=h\cos\beta\sin(\omega t+\gamma-\beta)+h\sin\beta\cos(\omega t+\gamma-\beta)$$

代入式③，得

$$B(\omega_0^2-\omega^2)\sin(\omega t+\gamma-\beta)+2nB\omega\cos(\omega t+\gamma-\beta)=h\cos\beta\sin(\omega t+\gamma-\beta)+h\sin\beta\cos(\omega t+\gamma-\beta)$$

这是一个恒等式，在任何瞬时都应成立，因此，上式两边对应项必须相等，故

$$B(\omega_0^2-\omega^2)=h\cos\beta,\ 2nB\omega=h\sin\beta$$

由此求得

$$B=\frac{h}{\sqrt{(\omega_0^2-\omega^2)^2+4n^2\omega^2}}, \qquad (16-21)$$

$$\tan\beta=\frac{2n\omega}{\omega_0^2-\omega^2} \qquad (16-22)$$

于是，得式（16-20）的通解为：

（1）$n<\omega_0$ 时

$$x=Ae^{-nt}\sin(\sqrt{\omega_0^2-n^2}\,t+a)+B\sin(\omega t+\gamma-\beta) \qquad (16-23)$$

（2）$n=\omega_0$ 时

$$x=e^{-nt}(C_1+C_2t)+B\sin(\omega t+\gamma-\beta) \qquad (16-24)$$

（3）$n>\omega_0$时

$$x=e^{-nt}(C_1e^{\sqrt{n^2-\omega_0^2}\,t}+C_2e^{-\sqrt{n^2-\omega_0^2}\,t})+B\sin(\omega t+\gamma-\beta) \qquad (16-25)$$

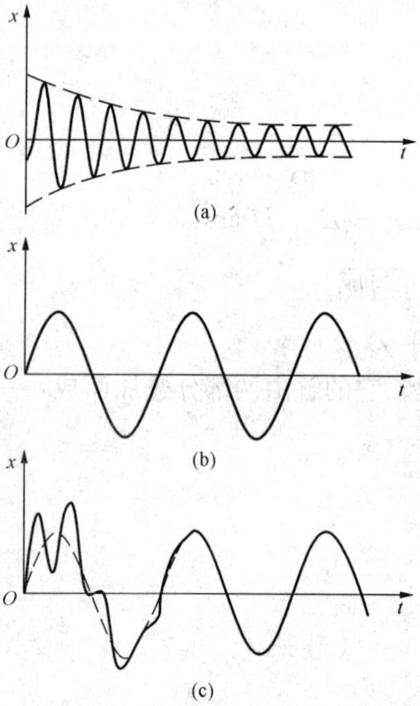

由式（16-23）可知，有阻尼（$n<\omega_0$）受迫振动由两部分合成，如图 16-15（c）所示。第一部分是衰减振动［图 16-15（a）］；第二部分是受迫振动［图 16-15（b）］。由于阻尼的存在，第一部分振动随时间增加迅速衰减，最终消失。第一部分消失以前的运动称为**暂态响应**，第一部分消失以后的运动称为**稳态响应**。

式（16-24）及式（16-25）右边的第一部分是非周期运动，它们都随时间增加而迅速消失。通常所说的受迫振动就是指稳态响应，即

$$x_2=B\sin(\omega t+\gamma-\beta) \qquad (16-26)$$

综上所述，**有线性阻尼时，在简谐干扰力作用下的受迫振动是简谐振动，不因有阻尼力而随时间衰减，且与运动初条件无关；振动频率与干扰力的频率相同，不受阻尼的影响。**

(a)

(b)

(c)

图 16-15 受迫振动（$n<\omega_0$）

二、无阻尼情形

如果振动系统不受阻尼，即 $n=0$，则运动微分方

程为

$$\ddot{x}+\omega_0^2 x=h\sin(\omega t+\gamma) \tag{16-27}$$

式（16-27）的解仍然是齐次方程的解 x_1 与特解 x_2 叠加而成。而

$$x_1=A\sin(\omega_0 t+a) \quad ④$$

至于 x_2，只需在式（16-21）、式（16-22）中令 $n=0$，即得

$$B=\frac{h}{\omega_0^2-\omega^2},\ \beta=0, \tag{16-28}$$

从而

$$x_2=B\sin(\omega t+\gamma) \tag{16-29}$$

可见，无阻尼时，受迫振动是简谐运动，且与干扰力同位相。

将式④与式（16-29）叠加，即得式（16-27）的通解

$$x=A\sin(\omega_0 t+a)+B\sin(\omega t+\gamma) \tag{16-30}$$

三、幅—频曲线与共振现象

由式（16-21）、（16-22）及（16-28）可见，n、ω_0、ω 之相对值变化时，受迫振动的振幅 B 及其与干扰力的位相差 β 也随之变化。为研究受迫振动的特性，引入量纲为 1 的参数 ν、ζ

$$\nu=B/B_0,\ \zeta=n/\omega_0$$

其中 $B_0=\frac{h}{\omega_0^2}$，是在干扰力最大值的静力作用下物体偏离平衡位置的距离，称为**静偏离**；ν 表示受迫振动的振幅 B 与静偏离 B_0 之比，通常称为**放大系数或动力系数**；ζ 称为**阻尼比**。将式（16-21）改写为

$$B=B_0\cdot\frac{1}{\sqrt{\left[1-\left(\frac{\omega}{\omega_0}\right)^2\right]^2+4\zeta^2\left(\frac{\omega}{\omega_0}\right)^2}}$$

于是，可得

$$\nu=\frac{B}{B_0}=\frac{1}{\sqrt{\left[1-\left(\frac{\omega}{\omega_0}\right)^2\right]^2+4\zeta^2\left(\frac{\omega}{\omega_0}\right)^2}} \tag{16-31}$$

令 $\zeta=0$，即得无阻尼情况下的放大系数。

对应于不同的 ζ 值，根据式（16-31）绘出了 ν 随 ω/ω_0 变化的曲线（图 16-16），这种曲线称为**振幅—频率特性曲线**，简称为**幅—频曲线**，它是表明受迫振动特征的非常重要的曲线。由于在式（16-31）中 ζ 和 ω/ω_0 的量纲为 1，所以，不论采用什么单位，曲线的形状不变。下面对照曲线来说明受迫振动振幅的一些特征。

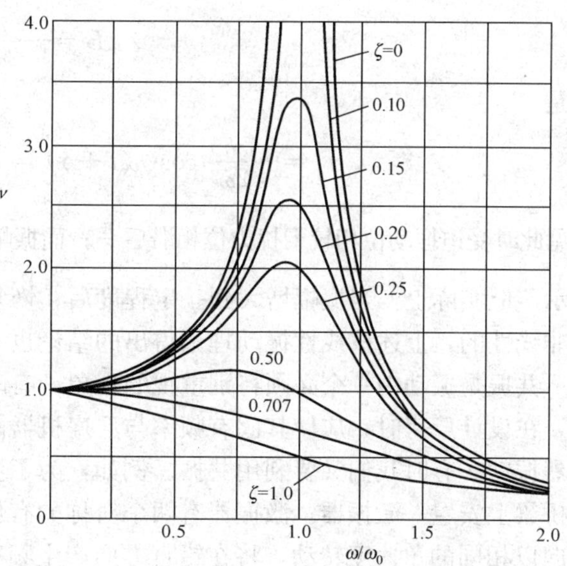

图 16-16　幅—频特性曲线

（1）当干扰力的频率很低，即 $\omega/\omega_0\rightarrow$

0时，不论ζ为何值，即不论阻尼大或小，$\nu\approx1$，受迫振动的振幅B与静偏离B_0很接近。

(2) 当干扰力的频率远大于系统的固有频率，即$\omega/\omega_0\gg1$时，不论ζ为何值，即不论阻尼的大小，都有$\nu\to0$，从而$B\to0$。这就是说，当干扰力频率很高时，物体将保持静止不动。

(3) 当$\zeta\ll0.707$，而干扰力的频率ω与系统的固有频率ω_0接近时，ν的值急剧增长。在$\omega/\omega_0=1$的附近，ν有一极大值，此时振幅B具有很大的峰值。这一现象称为**共振**，而$\omega/\omega_0=1$附近称为**共振区**。

在有阻尼情况下，利用式（16-31）可以证明，当

$$\omega=\sqrt{\omega_0^2-2n^2}=\omega_0\sqrt{1-2\zeta^2} \quad ⑤$$

ν的值为最大，亦即B到达极大值。该极大值为

$$B_{\max}=\frac{B_0}{2\zeta\sqrt{1-\zeta^2}} \quad ⑥$$

在许多实际问题中，阻尼比$\zeta\ll1$，由式⑤确定的ω非常接近于ω_0。因此，可以认为共振频率$\omega=\omega_0$，即当干扰力频率等于系统固有频率时，系统发生共振。共振的振幅为

$$B_{\max}\approx\frac{B_0}{2\zeta} \quad ⑦$$

式⑦表明，$B_{\max}$与ζ成反比，增大阻尼，可以减小共振时的振幅。

由图16-16还可以看出，当$\zeta>0.707$时，ν将随ω/ω_0增大而单调下降，振幅B不再有峰值，也就不会发生共振。

如果$\zeta=0$，由式⑤及⑥可知，共振时$\omega=\omega_0$，而$B_{\max}=\infty$。但是应当注意，并非一开始系统就有$B=\infty$，B是随时间逐渐增大的。因为当$\omega=\omega_0$时，式（16-27）的特解不再是式（16-29），而具有如下的形式

$$x_2=Bt\cos(\omega_0t+\gamma) \quad ⑧$$

代入式（16-27），求得

$$B=-\frac{h}{2\omega_0}$$

于是

$$x_2=-\frac{h}{2\omega_0}t\cos(\omega_0t+\gamma)=\frac{h}{2p}t\sin\left(\omega_0t+\gamma-\frac{\pi}{2}\right) \quad (16-32)$$

可见此时受迫振动位相较干扰力位相滞后$\frac{\pi}{2}$；而振幅则随时间t的增大而无限增大，如图16-17所示。但实际上，当振幅增大到一定程度后，恢复力的线性假设将不再成立，系统的振动成为非线性的，上述按线性振动理论得出的结论也不再适用。

共振是振动中一个必须特别重视的现象。有时我们要避免共振以防止共振造成危害。例如，在设计厂房时，应使其固有频率与厂房机器的转速不相近，以免厂房建筑因共振而发生强烈振动。有时我们又要利用共振。例如，为了测定桥梁（或其他结构物）的固有频率，可在桥梁上安置一激振器。激振器有两个对称的有偏心的转盘（图16-18），使两转盘按相反方向以相同的角速度转动，将在铅直方向产生频率为ω的干扰力。改变转速ω，直到桥梁发生剧烈振动，表示发生了共振，这时的ω就等于桥梁的固有频率ω_0。

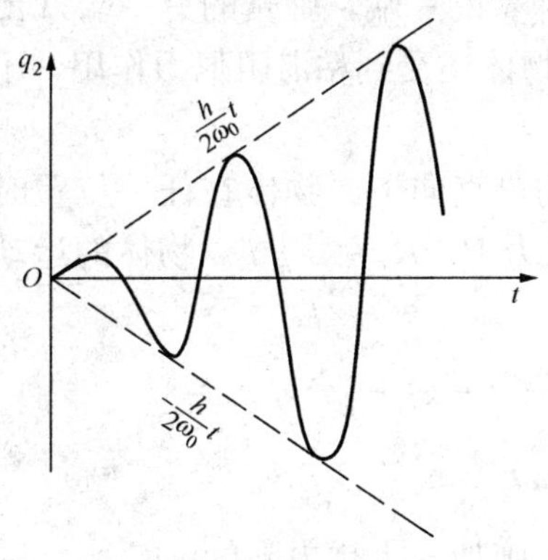

图 16－17　振幅的变化

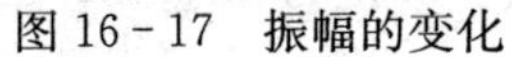

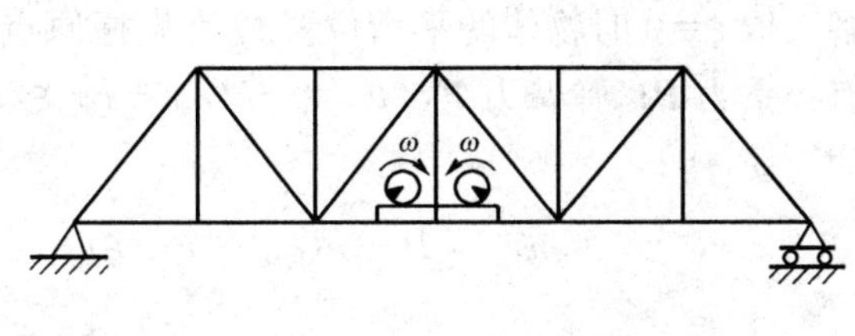

图 16－18　测结构的固有频率

四、相—频曲线

下面讨论位相差 β 随 ω/ω_0 而变化的规律。将式（16－22）改写成

$$\beta=\arctan\frac{2\zeta\cdot\omega/\omega_0}{1-\omega^2/\omega_0^2}$$

对应于不同的 ζ 值，图 16－19 绘出了 β 随 ω/ω_0 变化的曲线。这种曲线称为**相—频曲线**。由图可见，位相差 β 的变化范围为 0 到 π。当 $\omega/\omega_0\to 0$ 时，$\beta\to 0$，即受迫振动与干扰力基本上是同相的。随着 ω/ω_0 的增大，β 也增大。在 $\omega/\omega_0\approx 1$ 附近，β 的变化非常剧烈。当 $\omega/\omega_0=1$ 时，不论 ζ 之值如何，都有 $\beta=\pi/2$，表明受迫振动的位相比干扰力的位相滞后 $\pi/2$。ω/ω_0 继续增大时，$\beta\to\pi$，即受迫振动与干扰力趋于反相。

在以上的讨论中，假设振动系统只受到一个简谐干扰力。如系统同时受到几个干扰力，根据微分方程理论，我们可以分别求出对应于每个干扰力的解，再叠加求得全解。假设干扰力不是简谐的，而是周期性的，并满足狄利克雷条件，即可将其展开为傅里叶级数后求解。

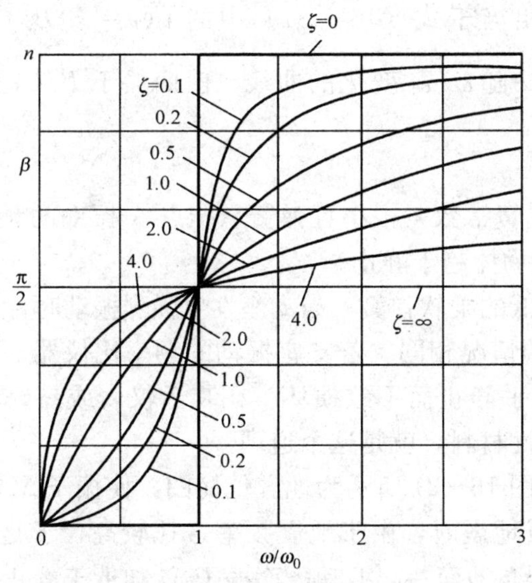

图 16－19　相—频特性曲线

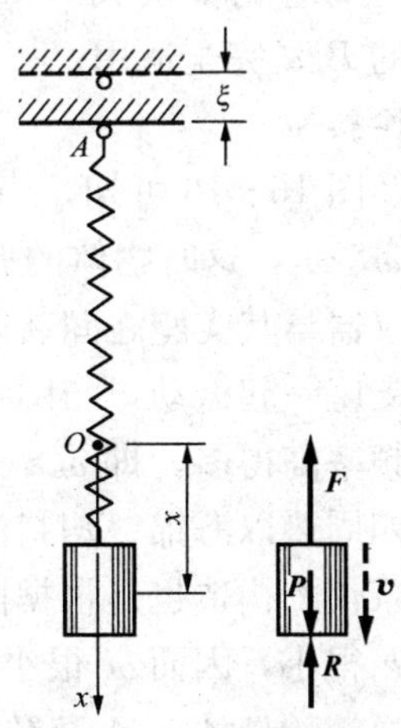

图 16－20　［例 16－6］附图

【例 16-6】 质量为 m 的物体挂在弹簧常数为 k 的弹簧的一端，弹簧的另一端 A 沿铅直线按规律 $\xi=d\sin\omega t$ 作简谐运动，如图 16-20 所示。设物体还受到粘滞阻尼力作用，不计弹簧的质量，试求物体的运动规律。

解 取 $\xi=0$ 时物体的平衡位置 O 为坐标原点，x 轴铅直向下。物体在任一位置时所受的力有：重力 $\boldsymbol{P}$；弹簧力 $\boldsymbol{F}$，$F_x=-k(\delta_{st}+x-\xi)$；阻尼力 $\boldsymbol{R}$，$R_x=-\mu\dot{x}$。物体的运动微分方程为

$$m\ddot{x}=P-k(\delta_{st}+x-\xi)-\mu\dot{x}=-kx+k\xi-\mu\dot{x},$$

即

$$m\ddot{x}+\mu\dot{x}+kx=kd\sin\omega t \quad ①$$

可见，弹簧悬挂点有位移 $\xi=d\sin\omega t$ 时，相当于在物体上施加一干扰力 $kd\sin\omega t$。

如令 $\frac{k}{m}=\omega_0^2$，$\frac{\mu}{m}=2n$，并且令 $\frac{kd}{m}=h$，则式①可以变换成与式（16-20）一样的标准形式。于是可知，物体受迫振动的规律为

$$x=B\sin(\omega t-\beta)$$

其中

$$B=\frac{h}{\omega_0^2}\cdot\frac{1}{\sqrt{\left[1-\left(\frac{\omega}{\omega_0}\right)^2\right]^2+4\zeta^2\left(\frac{\omega}{\omega_0}\right)^2}},\ \beta=\arctan\frac{2n\omega}{\omega_0^2-\omega^2},$$

而

$$\frac{h}{\omega_0^2}=\frac{kd/m}{k/m}=d,$$

即 $\frac{h}{\omega_0^2}$ 等于 A 点位移的最大值。因此，有

$$\frac{B}{d}=\frac{1}{\sqrt{\left[1-\left(\frac{\omega}{\omega_0}\right)^2\right]^2+4\left(\frac{n}{\omega_0}\right)^2\left(\frac{\omega}{\omega_0}\right)^2}} \quad ②$$

将式②与式（16-31）对比，可见这里 $\frac{B}{d}$ 相当于式（16-31）中的 $\nu(\nu=B/B_0)$。将图 16-16 中的纵坐标 ν 换成 B/d，便得到 B/d 随 ω/ω_0 变化的曲线。前面关于 B/B_0 的讨论，对这里的 B/d 完全适用。

减振讨论：

由式②及图 16-16 可知，当物体较重、弹簧常数 k 很小且弹簧悬挂点 A 振动的频率 ω 很高时，有 $\omega\gg\omega_0$，这时物体的振幅 $B\to0$，即物体趋于静止。

在精密仪器与其支座之间装以弹簧常数很低的柔软弹簧，当支座发生强烈振动时，弹簧的一端随同支座一起振动，与图 16-20 所示的情况相同。若支座振动的频率比仪器—弹簧系统的固有频率高得多，即 $\omega\gg\omega_0$，仪器将近乎静止而不致损坏。在装运仪表或易碎物品时，在箱的四周垫以海绵、塑料泡沫或其他柔性材料，就是这个道理。

地震记录仪的构造也是根据同样的道理。图 16-21 所示为地震仪简图，使振子 M 较重而弹簧常数 k 很小，因而 ω_0 很小。当发生铅直地震时，由于地震频率 ω 比较高，于是 $\omega\gg\omega_0$。这时，弹簧的悬挂点 A 及转筒 B 随同支架与地面一起振动，而振子 M 却近于静止，因此附在振子上的笔尖 E 在记录纸上画出的曲线非常接近于地震的实际情况。

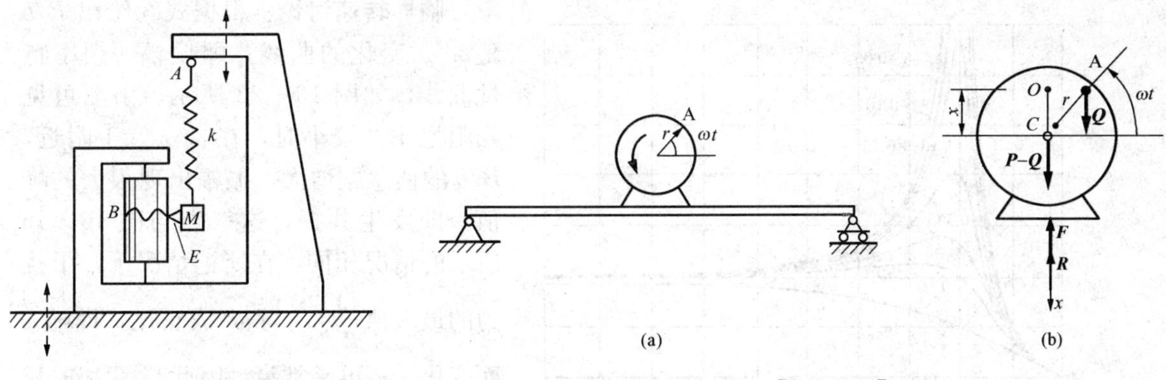

图 16-21　地震记录仪

图 16-22 ［例 16-7］附图

【例 16-7】 重 $\boldsymbol{P}$ 的电动机安装在筒支梁的中央，如图 16-22（a）所示。由于转子不均衡，相当于在与转动轴相距 r 处有一重 Q 的偏心物块 A。设转子以匀角速 ω 转动，梁的作用相当于弹簧，其弹簧常数 k 可由在 $\boldsymbol{P}$ 作用下的静挠度 δ_{st} 求得，即 $k=P/\delta_{st}$。设阻尼力 $\boldsymbol{R}$ 与速度成正比，梁本身重量略而不计。试求电动机的运动。

解　取电动机为考察对象，以电动机在平衡位置时的中心 O 为原点，x 轴铅直向下，如图 16-22（b）所示。

在任一瞬时，作用在电动机上的力有重力 $\boldsymbol{P}$，弹性力 $\boldsymbol{F}$ 及阻尼力 $\boldsymbol{R}$，其中

$$F_x=-k(\delta_{st}+x)=-\frac{P}{\delta_{st}}(\delta_{st}+x)=-P-\frac{P}{\delta_{st}}x \tag{①}$$

$$R_x=-\mu\dot{x} \tag{②}$$

电动机质心 C 的坐标

$$x_C=\frac{\dfrac{P-Q}{g}x+\dfrac{Q}{g}(x-r\sin\omega t)}{\dfrac{P}{g}}$$

由质心运动定理有

$$\frac{P}{g}\ddot{x}_C=\frac{P-Q}{g}\ddot{x}+\frac{Q}{g}(\ddot{x}+r\omega^2\sin\omega t)=P+F_x+R_x$$

将式①、②代入上式，化简后，得

$$\ddot{x}_C+\frac{\mu g}{P}\dot{x}+\frac{g}{\delta_{st}}x=-\frac{Qr}{P}\omega^2\sin\omega t \tag{③}$$

令 $\dfrac{g}{\delta_{st}}=\omega_0^2$，$\dfrac{\mu g}{P}=2n$，$\dfrac{Qr}{P}=b$（为质心 C 到中心轴的距离），则式③可写为

$$\ddot{x}+2n\dot{x}+\omega_0^2x=b\omega^2\sin(\omega t+\pi) \tag{④}$$

式④中的 $b\omega^2$ 与标准形式式（16-20）中的 h 相当。可见，电动机作受迫振动，其方程为

$$x_2=B\sin(\omega t+\pi-\beta) \tag{⑤}$$

其中

$$B=\frac{b\omega^2/\omega_0^2}{\sqrt{[1-(\omega/\omega_0)^2]^2+4\zeta^2(\omega/\omega_0)^2}}$$

$$\beta=\arctan\frac{2n\omega}{\omega_0^2-\omega^2} \tag{⑥}$$

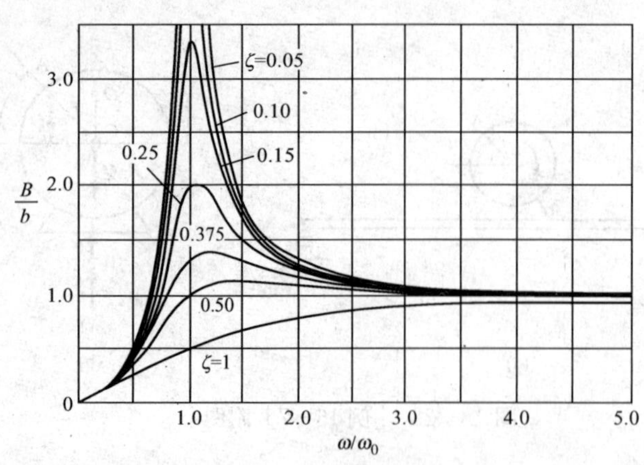

图 16-23 临界转速幅—频特性曲线

临界转速讨论：根据式⑤绘出 B/b 随 ω/ω_0 变化的曲线，即振幅—频率特性曲线，如图 16-23 所示。由图可见当阻尼比 ζ 较小时，在 $\omega/\omega_0=1$ 附近，B/b 的值急剧增大，振幅出现很大的峰值，即发生共振，这一点与图 16-16 所示的情况相同。在所论情况下，干扰力的最大值 $\dfrac{Q}{g}r\omega^2$ 与 ω^2 成正比，即随 ω 而变化，不再是常量。因此与图 16-16 又有不同之处。如当 $\omega/\omega_0\rightarrow 0$ 时，$B/b\approx 0$，振幅 $B\rightarrow 0$；当 $\omega/\omega_0\gg 1$ 时，$B/b\rightarrow 1$，振幅 $B\rightarrow b$。

凡有转子的系统，发生共振时的转速称为**临界转速**。对于 ω 一定的转子，设计时应注意选择安装参数，使 ω 远离系统的临界转速。

第四节 隔 振

在工程中，振动现象是不可避免的。例如，机器中的转动部件（如电动机、发电机、水轮机等的转子）不可能达到绝对的“均衡”，地震对结构物的作用等，都是产生振动的源头。对这些不可避免的振动，只能采用各种方法将振源隔离，即在振源与需要防振的物体之间安装隔振器，以减小振动对周围物体的影响。将振源隔离的措施称为**隔振**。

隔振可分为主动隔振和被动隔振两类。**主动隔振**是将振源与支持振源的基础隔离开来，防止振源将激励力直接传至基础；**被动隔振**是将需要防振的物体与振源隔开，防止振源将激励位移直接传至物体。对同一个振动系统而言，不论采用何种隔振，只要设置的隔振器相同，得到的隔振效果是一样的。下面简要介绍主动隔振的基本理论及有关结论。

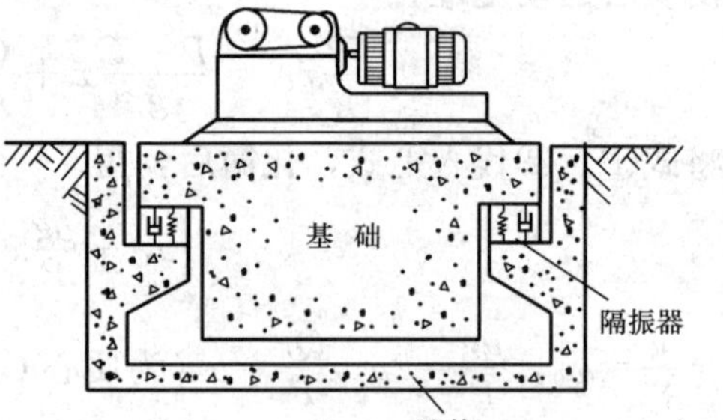

在图 16-24 中，机器固定在基础上，与地基之间装有隔振器（由金属弹簧、橡皮或软木做成）。设机器连同基础的质量为 m，由于不均衡所产生的铅直干扰力为 $S=H\sin\omega t$，隔振器的弹簧常数为 k，阻尼系数为 μ。此系统可简化为图 16-14 所示的振动模型，其受迫振动方程为

$$x=B\sin(\omega t-\beta)$$

图 16-24 被动隔振装置

振幅

$$B=\frac{B_0}{\sqrt{[1-(\omega/\omega_0)^2]^2+4\zeta^2(\omega/\omega_0)^2}}\quad\left(其中\ B_0=\frac{H}{k}\right) \qquad ①$$

机器通过隔振器作用于地基上的动反力为

$$N=F+R=kx+\mu\dot{x}$$

$$= kB\sin(\omega t-\beta)+\mu B\omega\cos(\omega t-\beta) \quad ②$$

令

$$kB = A\cos\varepsilon,\ \mu B\omega = A\sin\varepsilon$$

则

$$A=\sqrt{(kB)^2+(\mu B\omega)^2}$$

而式②则可化为

$$N=\sqrt{(kB)^2+(\mu B\omega)^2}\sin(\omega t-\beta+\varepsilon)$$

由此可知，动反力的最大值为

$$N_{\max}=\sqrt{(kB)^2+(\mu B\omega)^2}$$

如果没有隔振器，机器直接安装在地基上，则动反力的最大值等于干扰力 S 的最大值 H。

$N_{\max}$ 与 H 之比值称为**隔振系数**，设以 η 表示，则

$$\eta=\frac{N_{\max}}{H}=\frac{\sqrt{(kB)^2+(\mu B\omega)^2}}{H}=\frac{kB\sqrt{1+(\mu\omega/k)^2}}{H}$$

将式①代入，并注意到 $B_0=H/k$，$\mu\omega/k=\dfrac{\mu\omega}{m\omega_0^2}=2\zeta\dfrac{\omega}{p}$，则上式可写为

$$\eta=\frac{\sqrt{1+4\zeta^2(\omega/\omega_0)^2}}{\sqrt{[1-(\omega/\omega_0)^2]^2+4\zeta^2(\omega/\omega_0)^2}}$$

对于不同的 ζ 值，η 随 ω/ω_0 变化的曲线如图 16-25 所示。

隔振的目的是要尽量降低传到地基的动反力。为了达到此目的，η 必须小于 1，而且越小越好。由图 16-25 可见：

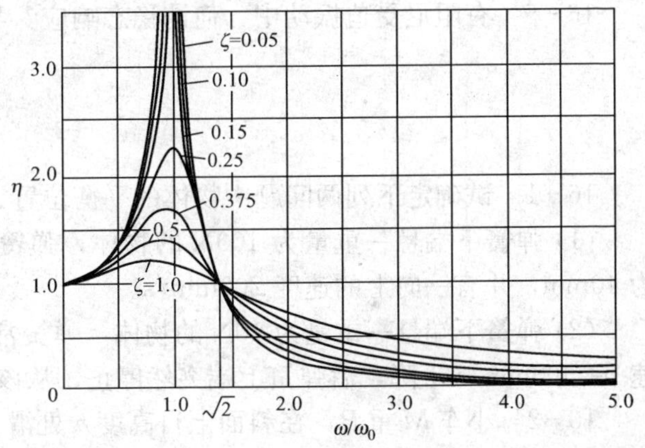

图 16-25　η 随 ω/ω_0 变化曲线

（1）不论 ζ 的值如何，只有当 $\omega/\omega_0>\sqrt{2}$ 时，η 才小于 1，才有隔振效果。ω/ω_0 的值越大，效果越好。从图中可以看出，$\omega/\omega_0>5$ 以后，η 的值递减很慢，即通过减小 k 或增大 m 改善隔振效果的作用不大。因此，实际上常采用 $\omega/\omega_0=2.5\sim5$。

（2）当 $\omega/\omega_0>\sqrt{2}$ 时，对同一 ω/ω_0 值，η 随 ζ 的减小而减小。这表明，减小阻尼对隔振是有利的。因此，在进行各种设计时，不要盲目增大阻尼。

（3）当 $\omega/\omega_0<\sqrt{2}$ 时，$\eta>1$，即隔振器反而使传到地基的动反力增大。特别是 $\omega/\omega_0\approx1$ 而 ζ 较小时，η 达到很大的峰值，此时隔振器会起完全相反的作用。这是在设计时必须特别注意的。

思　考　题

16-1　如图 16-26 所示的水平摆和铅垂摆都处于重力场中，杆重不计，摆长 l、弹簧常数 k 以及摆锤质量 m 均相同。试问两个摆微幅摆动的固有频率是否相同？如果二者都脱离了重力场，其固有频率是否相同？

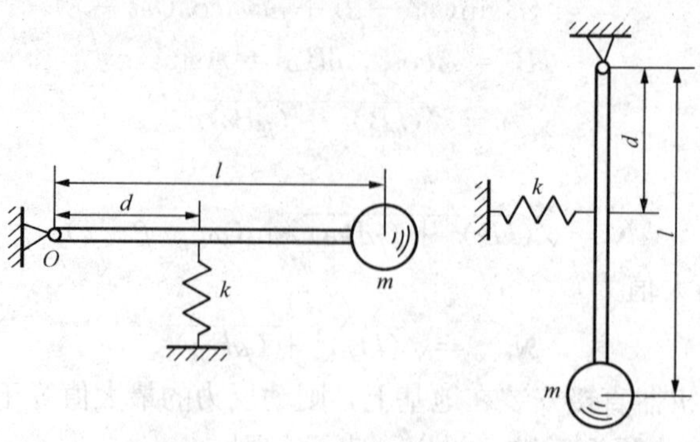

图 16-26 思考题 16-1 附图

16-2 同一个单摆在空中和在水中振动的周期是否相同？设单摆在水中振动时，只计水的浮力，不计水的阻力。

16-3 均质细杆长 l，质量为 m。问以哪一点为悬挂点做成复摆，其摆动频率最大；以哪一点为悬挂点其摆动频率最小。

16-4 试证明在大阻尼情况下，物体以任意的起始位置和起始速度运动，其越过平衡位置不能超过一次。

16-5 有阻尼受迫振动中，何谓稳态响应？与刚开始的一段运动有什么不同？

习 题

16-1 试确定下列两问题中物体的平衡位置、运动初条件、周期和振幅。

（1）弹簧下端悬一重量为 100N 的物体，弹簧常数为 5N/mm，在开始时弹簧总的伸长为 40mm，并有一向上的速度 200mm/s。

（2）弹簧下端悬一重量为 10N 的物体，弹簧常数为 2N/mm，原来弹簧与物体一起以匀速 v=400mm/s 下降，后弹簧上端突然停止，从该时刻起物体发生振动。

16-2 小车 M 重 P，在斜面上自高度 h 处滑下，与缓冲器相碰如图 16-27 所示。缓冲器的弹簧的弹簧常数为 k，斜面倾角为 α。求小车碰着缓冲器后作自由振动的周期与振幅。

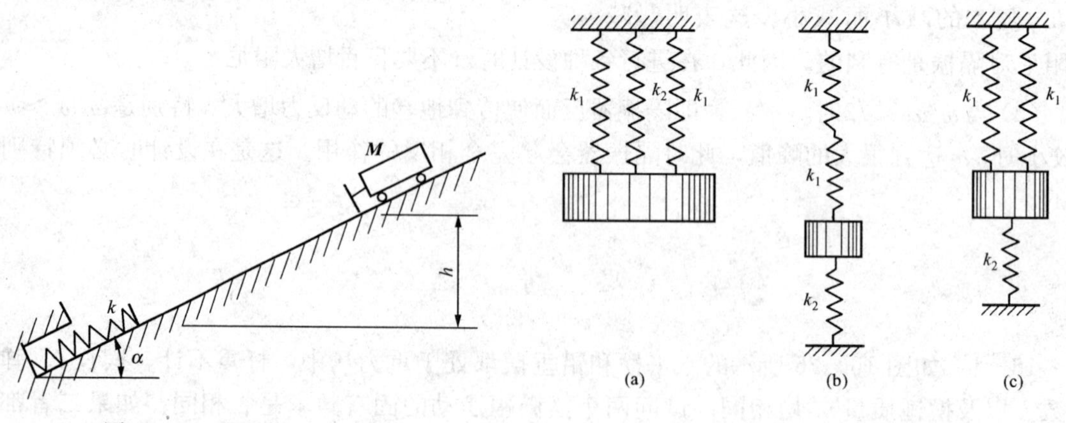

图 16-27 习题 16-2 附图

图 16-28 习题 16-3 附图

16-3　三个弹簧与重 P 的物体按图 16-28 所示的方式连接。设物体只沿铅直线作平移，弹簧常数分别为 k_1 和 k_2，求各自的自由振动周期。

16-4　有一弹簧秤，称盘重 W 为未知如图 16-29 所示。当盘上放重 P 的物体时，测得振动周期为 T_1，换一重 Q 的物体时，其振动周期为 T_2，求弹簧的刚性系数 k。

16-5　一角尺由长度各为 l 与 $2l$ 的两均质杆构成，两杆夹角 90°如图 16-30 所示，此角尺可绕水平轴 O 转动，求角尺在其平衡位置附近作微小摆动的周期。

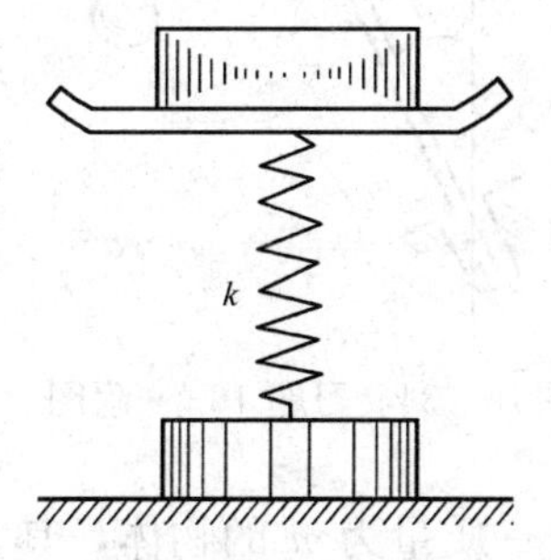

图 16-29　习题 16-4 附图

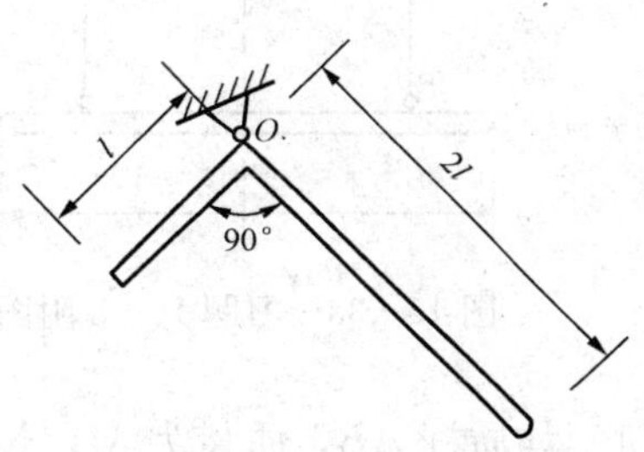

图 16-30　习题 16-5 附图

16-6　重 P 的物体悬挂如图 16-31 所示。如杆 AB 的重量不计，两个弹簧的弹簧常数分别为 k_1 和 k_2，又 $AC=a$，$AB=b$。求物体自由振动的频率。

16-7　振动系统由弹簧常数分别为 k_1、k_2、k_3的三弹簧和质量为 m 的物块 M 组成如图 16-32 所示。设 $AC=BC$，杆 AB 的质量不计，试求 M 铅垂方向微幅振动的固有频率。

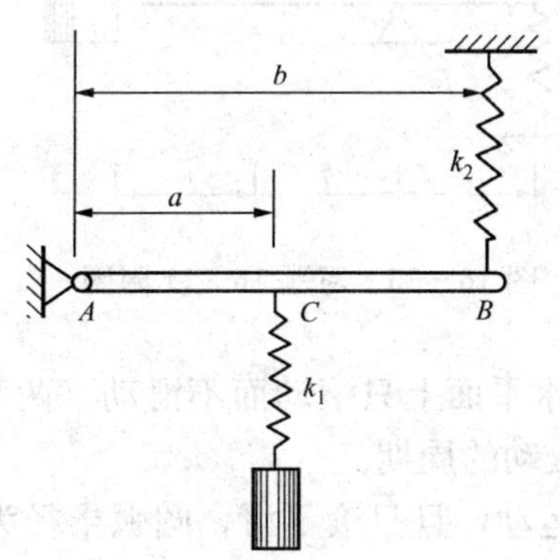

图 16-31　习题 16-6 附图

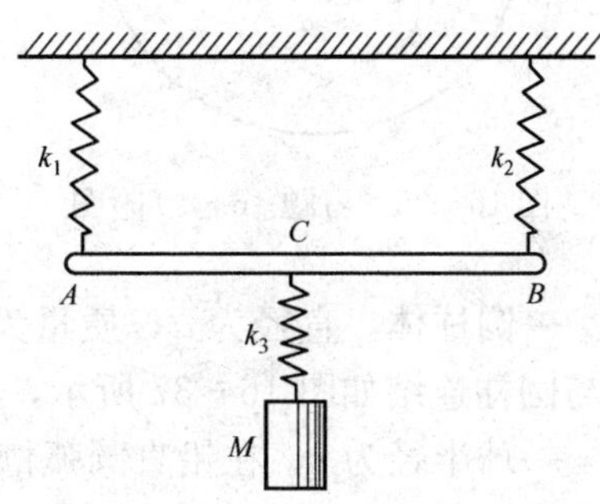

图 16-32　习题 16-7 附图

16-8　双线悬挂的水平均质杆 AB，长为 $2a$ 如图 16-33 所示。两根铅直的绳长为 l，相距 $2b$。假定杆绕铅直中心轴作微小扭转时保持水平，试求杆作扭振的周期。

16-9　在记录地震的仪器中，装有一物理摆如图 16-34 所示，其悬挂轴与铅直线成 α 角，悬挂轴与摆的重心的距离为 a，摆对于 AB 轴的转动惯量为 J，摆重为 P。试求此摆作微幅振动的周期。

16-10　水平圆盘绕过盘心 O 的铅直轴以匀角速度 ω_0转动，圆心至槽的距离为 h。质量为 m 的物块 S 用弹簧常数为 k 的两弹簧连接如图 16-35 所示。设物块在 AB 中点时，两弹簧处于自然状态，摩擦不计，且 $k>\frac{1}{2}m\omega_0^2$。求物块 S 在盘内的运动微分方程。

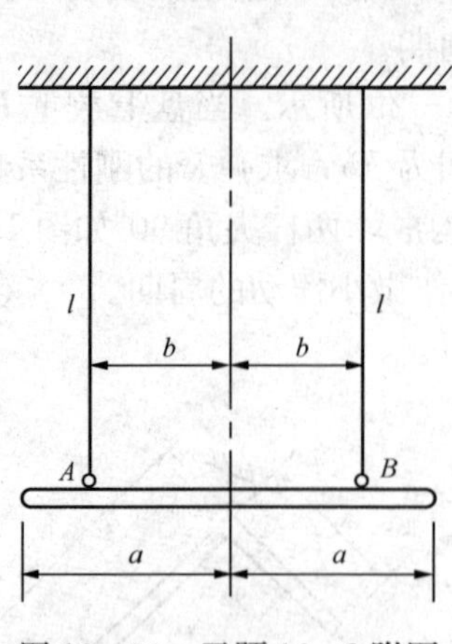

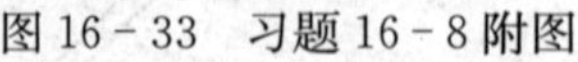

图 16－33　习题 16－8 附图

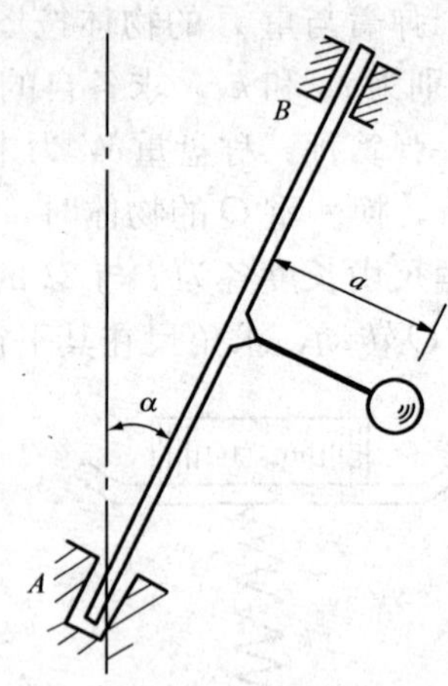

图 16－34　习题 16－9 附图

16－11　均质杆 AB，质量为 M，长 $3l$，B 端刚连一质量为 m 的物体，其大小可略而不计。AB 杆在 O 处用铰支承，并用两弹簧常数均为 k 的弹簧加以约束，如图 16－36 所示。试求系统自由振动的频率。

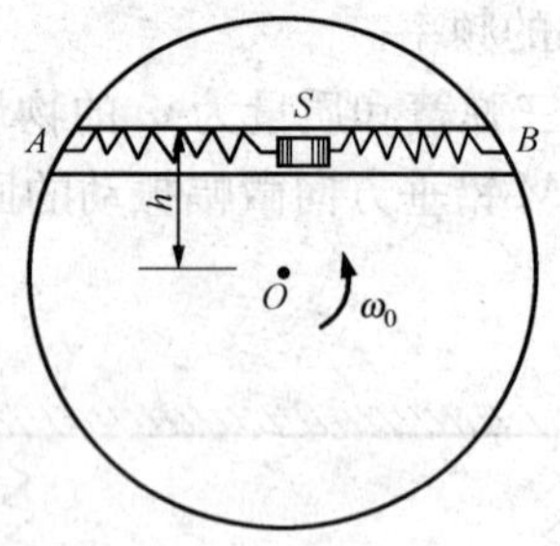

图 16－35　习题 16－10 附图

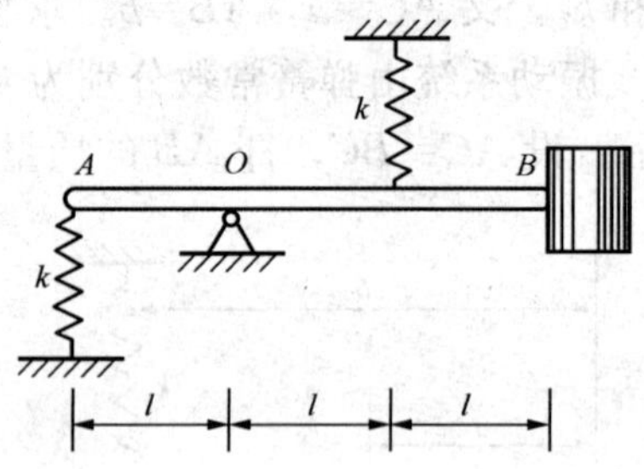

图 16－36　习题 16－11 附图

16－12　一圆柱体，直径为 d，质量为 m，可在水平面上只滚动而不滑动。两弹簧常数为 k 的弹簧与圆柱连结如图 16－37 所示，求圆柱微振动的周期。

16－13　一球半径为 r，在铅直圆弧槽内作平面运动，且只滚不滑，圆弧半径为 R 如图 16－38 所示。试求小球在圆弧槽作来回微小滚动的周期。

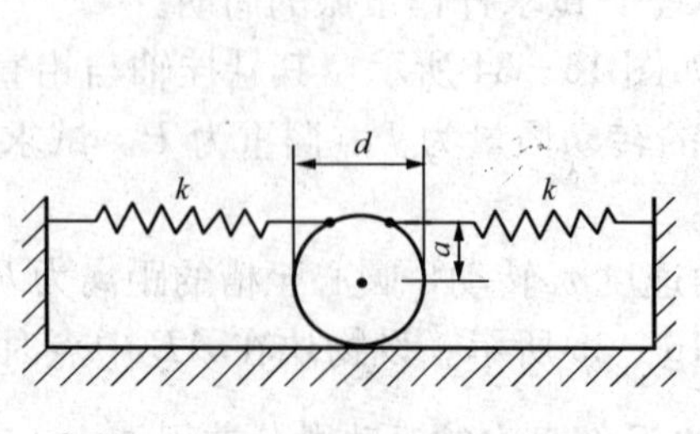

图 16－37　习题 16－12 附图

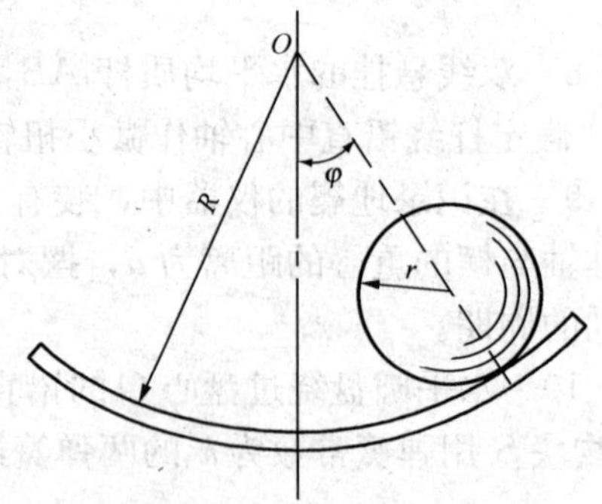

图 16－38　习题 16－13 附图

16－14　重为 P 的杆水平地放在两个半径相同的轮子上，两轮的中心在同一水平线上，距离为 $2a$。两轮以大小相同但方向相反的角速度各绕其中心轴转动如图 16－39 所示。杆 AB 借助与轮接触点的摩擦力的牵带而运动，此摩擦力与杆对轮的压力成正比，摩擦系数为 f。使杆的重心 C 偏离 O 点，然后释放，试证明重心 C 的运动为简谐振动，并求其周期。

16－15　一等截面悬臂梁 OA，长为 l，抗弯刚度为 EI 如图 16－40 所示，当其自由端 A 放置一重为 P 的物块时，A 端的静挠度为 $\delta_{st}=\dfrac{Pl^3}{3EI}$。试求此系统的固有频率，设梁的质量不计。

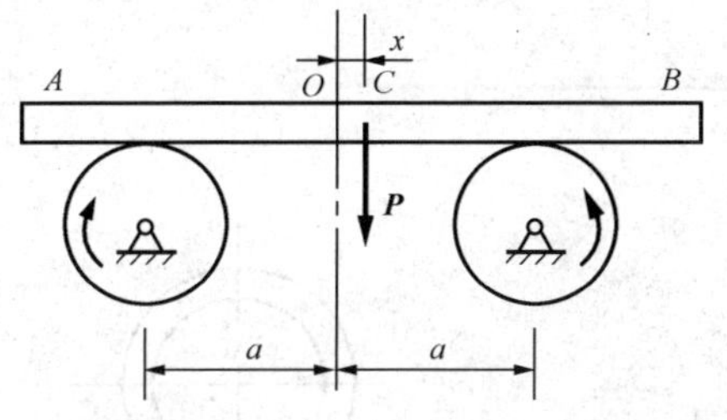

图 16－39　习题 16－14 附图

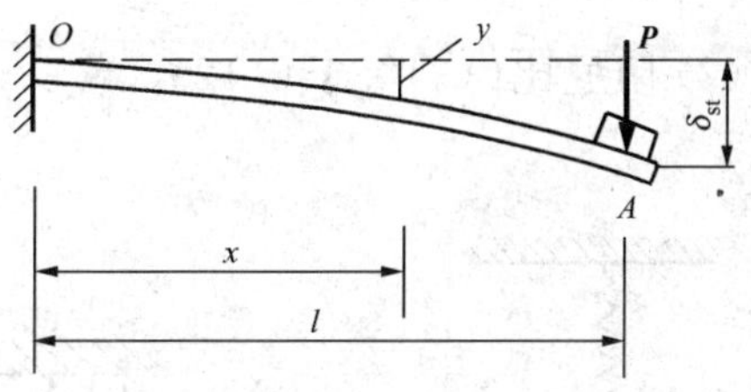

图 16－40　习题 16－15 附图

16－16　圆柱体重 P，半径为 r，高为 h，悬挂在弹簧 AB 的下端，弹簧的上端 B 固定，而圆柱则浸在水中如图 16－41 所示。当圆柱在其静平衡位置时，其浸在水中的部分为其高度之半。运动开始时，圆柱的高度有 2/3 被浸没于水中，此后即沿铅垂线作上下振动，其初速度等于零。设弹簧常数为 k，水的阻尼力等于 μv，水的比重为 γ，求圆柱的振动规律。

16－17　弹性金属杆一端固定，另一端固连一圆盘，圆盘在液体（图中未画出）中作扭转振动如图 16－42 所示。圆盘对杆轴线的转动惯量为 J，扭转一弧度所需的力偶矩为 k。转动时所受的阻力矩为 $\mu A\omega$，其中 μ 为液体的粘滞系数，A 为圆盘上、下底面积的和，ω 为圆盘的角速度。试求圆盘在液体中的扭振周期。

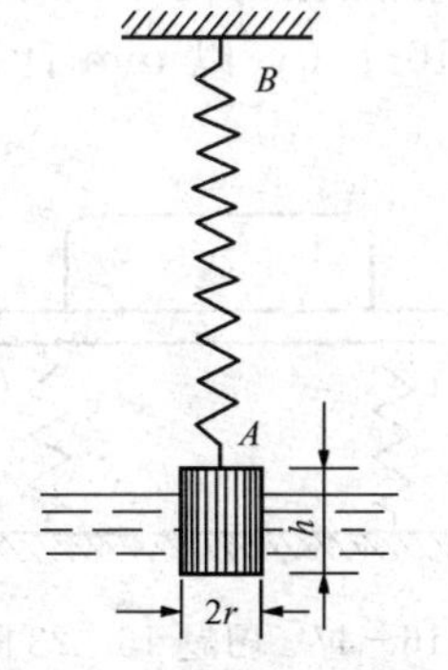

图 16－41　习题 16－16 附图

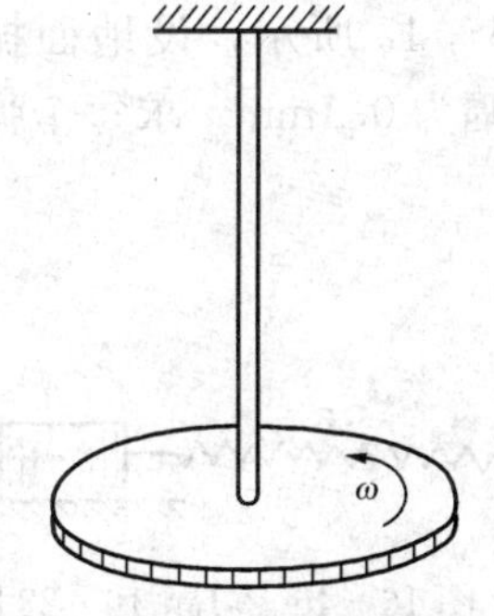

图 16－42　习题 16－17 附图

16－18　在弹簧上悬挂重 490N 的物体。在没有阻力时，物体振动的周期 $T=0.4\pi$s，而当阻力与速度一次方成比例时，其周期 $T_1=0.5\pi$s。如在开始时，弹簧从其平衡位置被拉长 40mm，而初速度为零，试求当阻力与速度成比例时物体的运动，并求当速度等于 10mm/s 时的阻力。

16－19 弹簧常数 $k=0.2\text{N/mm}$ 的弹簧与重 4.9N 的活塞连接如图 16－43 所示，设作用在活塞上的力 $F=2.3\sin\pi t$（t 以 s 计，F 以 N 计），求活塞强迫振动的规律。

16－20 一物体重 800N，悬挂在弹簧常数为 20N/mm 的弹簧上如图 16－44 所示，在物体上作用有一周期干扰力 $\boldsymbol{S}$，其幅值为 20N，其频率 $f=3\text{Hz}$。已知阻尼系数为 1N·s/mm。求稳态强迫振动的振幅。

16－21 电动机的质量 20kg，支承在弹簧常数各为 0.14kN/mm 的两弹簧上如图 16－45 所示。电动机不均衡相当于在离转动轴 12mm 处有一质量为 0.3kg 的重物。电动机的转速 1400r/min，求强迫振动的振幅。

（1）假定无阻尼；

（2）阻尼比 $\left(\dfrac{\mu}{\mu_k}\right)$ 等于 0.125。

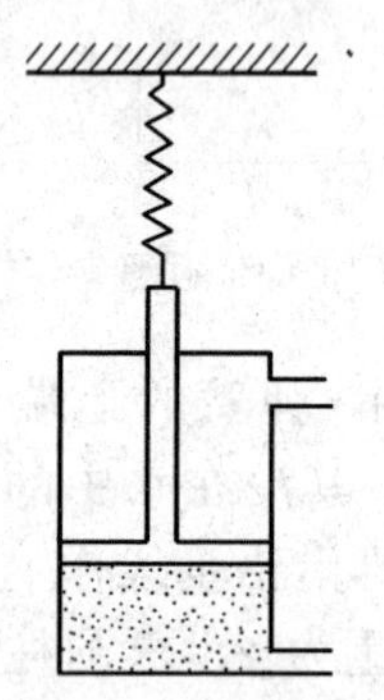

图 16－43 习题 16－19 附图

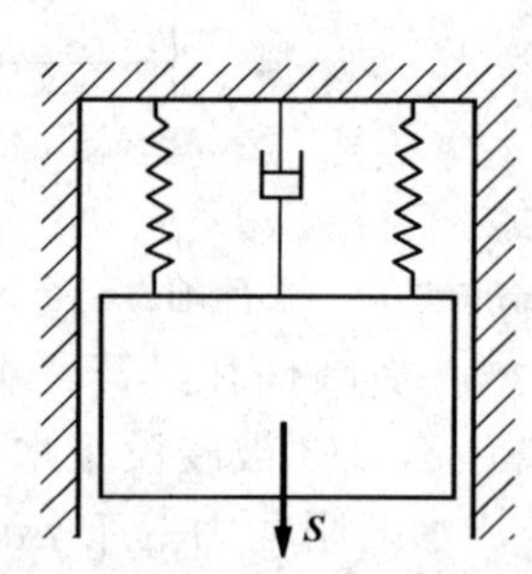

图 16－44 习题 16－20 附图

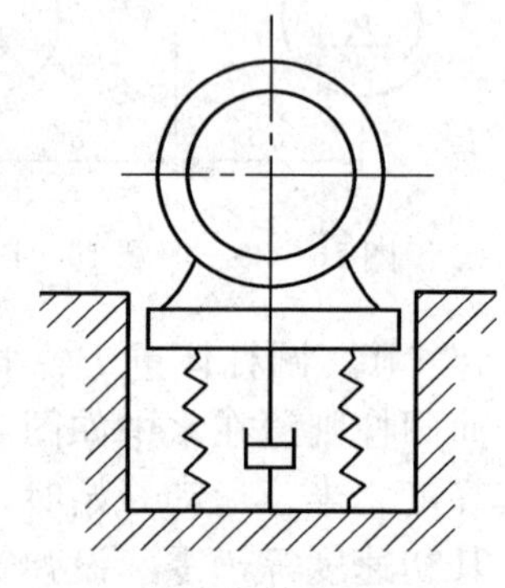

图 16－45 习题 16－21 附图

16－22 一系统由重物 B 和弹簧组成如图 16－46 所示，已知重物 $P=1.96\text{N}$，弹簧的弹性常数 $k=0.2\text{N/mm}$；作用在物体上的干扰力 $S=1.6\sin(60t)$，式中 t 以 s 计，S 以 N 计；物体所受阻力 $R=\beta v$，其中 $\beta=2.56\text{N·s/mm}$。求物体的受迫振动方程和动力放大系数。

16－23 精密仪器在使用时应避免地面振动的干扰。为了隔振，在 AB 两端下边安装 8 个弹簧如图 16－47 所示，设地面振动可表示为 $y_1=1\sin 10\pi t$（y_1 以 mm 计），仪器重为 8kN，容许振幅为 0.1mm，求每个弹簧应有的弹簧常数。

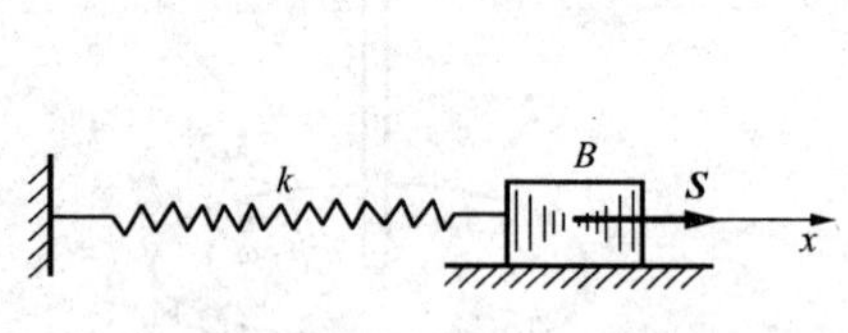

图 16－46 习题 16－22 附图

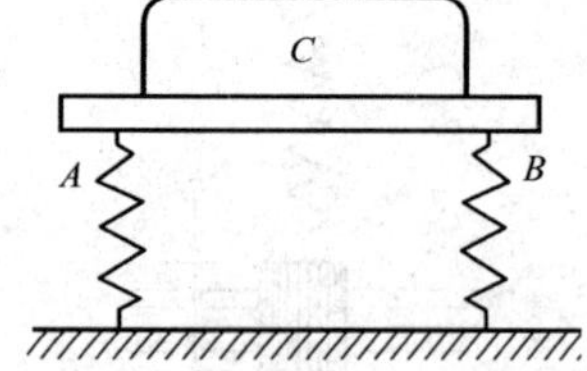

图16－47 习题 16－23 附图

16－24 电动机的转速 $n=1200\text{r/min}$，重 980N，今将此电动机安装在隔振装置上，欲使传到地基上的干扰力为不装隔振装置时的 1/10，求隔振装置的弹簧常数。

16－25 电动机由于机轴偏心相当于在基础 M 上作用一干扰力 $S=500\sin 15t$（N）。设基础 M 的质量为 $m=100\text{kg}$。为使地面受到的动反力的最大值小于干扰力幅值的 30%，在基础下垫以弹簧常数 $k=10\text{N/mm}$ 的垫层。问应放上几层才能达到上述要求。

*第十七章　碰　　撞

在以前讨论的动力学问题里，物体在力的作用下，运动速度都是连续地、逐渐地改变的。本章将研究另外一种情况，即物体由于受到冲击，或者由于运动受到阻碍，以致在非常短促的时间里，速度突然发生有限的改变，这种现象称为**碰撞**。碰撞是工程实际中常见而又复杂的动力学问题。本章将根据碰撞问题的特征，运用动量定理和动量矩定理的积分形式研究碰撞问题的动力学规律，并介绍恢复因数和撞击中心的概念。

第一节　碰撞问题及其分类

在日常生活和工程实际中，碰撞问题的例子很多。例如：生活中常见的锤锻、打桩、击球等都是碰撞的实例；航空航天工程中飞机着陆、飞船对接等也存在碰撞问题；一个静止的物体被冲击而开始运动或一个运动着的物体突然受到约束等，也属于碰撞问题。由于发生碰撞的时间非常短促，通常是千分之一秒甚至万分之一秒，物体的速度发生急剧的变化，加速度很大，因而作用于物体的力的数值也必然很大。这种在碰撞过程中出现的数值很大的力，称为**碰撞力**；由于其作用时间非常短促，所以也称为**瞬时力**。

碰撞力不但数值很大，而且随时间而变化——两物体开始接触时是零，随即迅速增大到最大值，然后又很快减小，到碰撞结束时又成为零，其变化情况大致如图 17－1 所示。碰撞力在碰撞期间的冲量称为**碰撞冲量**。显然，图 17－1 所示的阴影面积就等于碰撞冲量之值。由于碰撞力变化规律复杂，很难精确测定，而且在碰撞过程中，物体的动量改变量只取决于碰撞冲量。因此，在研究碰撞问题时，一般并不考虑碰撞力本身，而只考虑它的冲量及其产生的效果。

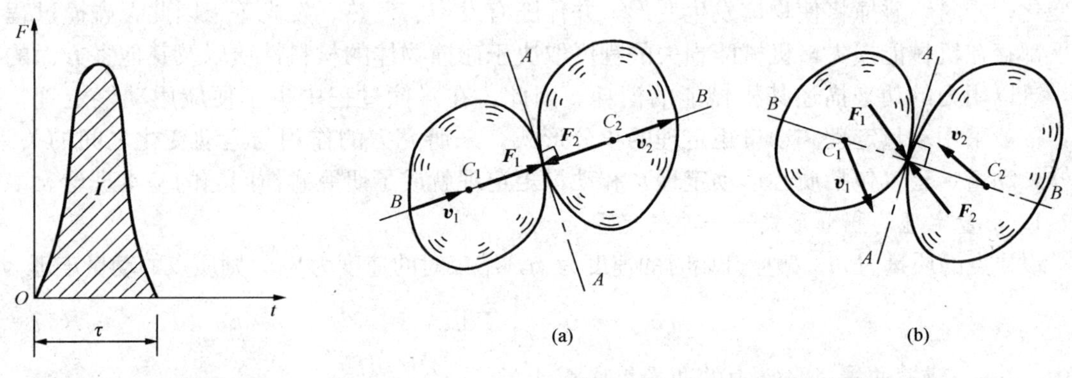

图 17－1　碰撞冲量　　图 17－2　对心碰撞与偏心碰撞

两物体相碰时，按其相处的位置和运动的情况，可分为对心碰撞与偏心碰撞、正碰撞与斜碰撞。若碰撞力的作用线通过两物体的质心，称为**对心碰撞**，否则称为**偏心碰撞**，如图 17-2（a）、（b）所示。图 17－2 中，直线 AA 表示两物体在接触点处的公切面，直线 BB

为其在接触点处的公法线。若碰撞时两物体质心的速度均沿公法线，称为**正碰撞**，否则称为**斜碰撞**。按此分类还有**对心正碰撞、对心斜碰撞**等，图 17－2（a）所示为对心正碰撞。

两物体相碰时，按其接触处有无摩擦，还可分为光滑碰撞与非光滑碰撞。

两物体碰撞时将产生变形。如果物体是完全弹性的，则变形可以完全恢复；如果物体是部分弹性的，则有一部分不能恢复，成为永久变形，称为塑性变形，在此过程中将有一部分动能转化为热能、光能、声能而散失。按物体碰撞后变形的恢复程度（或能量有无损失），碰撞可分为**完全弹性碰撞、弹性碰撞与塑性碰撞**（详见本章第 3 节）。

第二节 基本假设与基本理论

一、基本假设

根据碰撞现象的特点：碰撞时间极短（一般为 $10^{-4}\sim10^{-3}$ s），速度变化为有限值，加速度变化相当巨大，碰撞力极大。在研究碰撞问题时，通常做如下假设：

（1）在碰撞过程中，由于碰撞力极大，平常力（如重力、弹性力等）远远不能与之相比，因此，碰撞力的冲量比平常力的冲量大得多。所以，**在碰撞过程中，平常力的冲量可以忽略不计。**

（2）由于碰撞时间 t 非常短促，而速度是有限量，所以两者的乘积，即物体在 t 时间内的位移，也是非常小的，可以忽略不计。也就是说，**可以认为物体在碰撞开始时与碰撞结束时处于同一位置。**

（3）采用准刚体模型。参与碰撞的物体仍考虑为刚体，但在碰撞点附近区域允许产生变形，所以，可以认为物体内各质点在同一瞬时发生速度改变。

碰撞问题实际上是相当复杂的，利用上述假设，将使对碰撞问题的研究得以简化。

二、基本理论

由于碰撞过程时间短而碰撞力的变化规律复杂，因此不宜直接用力来量度碰撞的作用，也不宜用运动微分方程描述碰撞力与运动变化的关系，常用的方法是只分析碰撞前、后运动的变化。同时，碰撞将使物体发生变形，并伴随有发声、发热、发光等，因此在碰撞过程中几乎都存在机械能损失。机械能损失的程度取决于碰撞物体的材料性质以及其他多方面的因素，难以用力的功来描述其机械能的消耗。因此，在碰撞过程中也不便应用动能定理。所以，一般采用动量定理和动量矩定理的积分形式，来研究力的作用与运动变化之间的关系。这样，动量定理（包括质心运动定理）和动量矩定理就成了研究碰撞问题的基本理论。

1. *动量定理的积分形式——冲量定理*

设质点的质量为 m，碰撞开始时的速度为 $\boldsymbol{v}$，结束时的速度为 $\boldsymbol{v}'$，则质点的动量定理为

$$m\boldsymbol{v}'-m\boldsymbol{v}=\int_0^t \boldsymbol{F}\mathrm{d}t=\boldsymbol{I} \tag{17-1}$$

式中 $\boldsymbol{I}$——**碰撞冲量**，平常力的冲量忽略不计。

对于质点系，有

$$\sum m_i\boldsymbol{v}_i'-\sum m_i\boldsymbol{v}_i=m\boldsymbol{v}_C'-m\boldsymbol{v}_C=\sum \boldsymbol{I}_i^{\mathrm{E}} \tag{17-2}$$

这里只计及外碰撞冲量 $\boldsymbol{I}_i^{\mathrm{E}}$，因为质点系各质点相互碰撞（内碰撞）时，内碰撞力成对出现，所以它们的冲量之和等于零。式（17－2）表明：**在碰撞前后，质点系动量的改变等于作用**

于质点系的外碰撞冲量的矢量和。

2. 动量矩定理的积分形式——冲量矩定理

对于质点，考虑到上面的假设（2），命碰撞前后质点对某固定点 O 的矢径为 $\boldsymbol{r}$，则由式（17－1）可得

$$\boldsymbol{r}\times m\boldsymbol{v}'-\boldsymbol{r}\times m\boldsymbol{v}=\boldsymbol{r}\times\boldsymbol{I}$$

$\boldsymbol{r}\times m\boldsymbol{v}=\boldsymbol{l}_O$ 与 $\boldsymbol{r}\times m\boldsymbol{v}'=\boldsymbol{l}'_O$ 分别为碰撞前后质点对 O 的动量矩，$\boldsymbol{r}\times\boldsymbol{I}=\boldsymbol{M}_O(\boldsymbol{I})$ 是碰撞冲量对 O 点的矩，于是上式成为

$$\boldsymbol{l}'_O-\boldsymbol{l}_O=\boldsymbol{M}_O(\boldsymbol{F}) \tag{17-3}$$

即，**在碰撞前后，质点对任一固定点的动量矩的改变，等于作用于该质点的碰撞冲量对同一点的矩。**

相似地，对于质点系，应有

$$\boldsymbol{L}'_O-\boldsymbol{L}_O=\sum\boldsymbol{M}_O(\boldsymbol{I}_i^{\mathrm{E}}) \tag{17-4}$$

$\boldsymbol{L}_O$，$\boldsymbol{L}'_O$ 分别是碰撞前后质点系对固定点 O 的动量矩，$\sum\boldsymbol{M}_O(\boldsymbol{I}_i^{\mathrm{E}})$ 为质点系外碰撞冲量对点 O 的矩。这里也不计内碰撞冲量的矩，因为它们的和等于零。这方程表明，**在碰撞前后，质点系对任一固定点的动量矩的改变，等于作用于质点系的外碰撞冲量对同一点的矩的矢量和。**

当然，对于质心 C，式（17－4）也成立。

以上各方程都可以改写成投影形式。例如，将式（17－4）投影到通过 O 点的任一轴 x 上，得到

$$L'_x-L_x=\sum M_x(I_i^{\mathrm{E}}) \tag{17-5}$$

即，**在碰撞前后，质点系对任一轴的动量矩的改变，等于作用于质点系的外碰撞冲量对同一轴的矩之和。**

其他方程的投影形式就不一一列举了。

第三节　两物体的对心碰撞

一、恢复因数

现在考察对心斜碰撞问题。设 A、B 两物体发生碰撞，以通过接触点的表面法线为 x 轴（图 17－3）。图 17－3（a）表示碰撞开始，图 17－3（b）表示在碰撞过程中，图 17－3（c）表示碰撞结束（事实上，三个图形位于同一位置，只是为了清楚起见，才将它们分开），并假设沿切线方向（y 方向）无摩擦作用。整个碰撞过程可分为两各阶段：第一阶段是**变形阶**

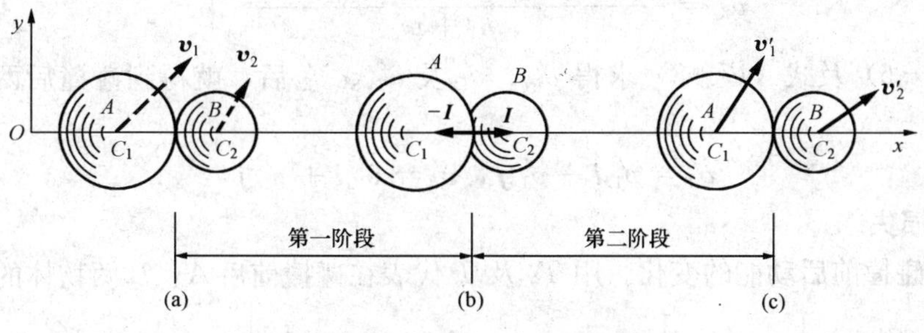

图 17－3　碰撞过程

段。两物体从开始接触时起，沿 x 轴互相挤压，产生局部变形，而它们之间相互作用的碰撞冲量，则使得物体 B 的速度增大，物体 A 的速度减少，直至两物体沿 x 轴方向的速度相等，第一阶段就告结束，而第二阶段开始。第二阶段是**恢复阶段**，由于弹性作用，两物体逐渐恢复其形状（并不一定能完全恢复），同时，沿 x 轴方向，物体 B 的速度继续增大，物体 A 的速度继续减小，直到彼此分离，碰撞也就结束。

命物体 A、B 的质量分别为 m_1 及 m_2，碰撞前的质心速度分别为 $\boldsymbol{v}_1$ 及 $\boldsymbol{v}_2$，现在求碰撞后的质心速度 $\boldsymbol{v}_1'$ 及 $\boldsymbol{v}_2'$。

将两物体作为一质点系来考察。因为两物体相互作用的冲量 $\boldsymbol{I}$ 及 $-\boldsymbol{I}$ 是内碰撞冲量，且别无外碰撞冲量作用。所以，质点系的动量守恒。于是

$$m_1\boldsymbol{v}_1+m_2\boldsymbol{v}_2=m_1\boldsymbol{v}_1'+m_2\boldsymbol{v}_2' \qquad ①$$

写出式①的投影式。首先注意，由于 $\boldsymbol{I}$ 及 $-\boldsymbol{I}$ 沿 x 轴作用，两物体在 y 方向都不受碰撞力，它们各自的动量在 y 方向的投影应分别守恒，从而

$$v_{1y}=v_{1y}',\ v_{2y}=v_{2y}' \qquad (17-6)$$

这样式①在 y 轴上的投影自然得到满足。至于式①在 x 轴上的投影，则为

$$m_1v_{1x}+m_2v_{2x}=m_1v_{1x}'+m_2v_{2x}' \qquad ②$$

式②不能求解两个未知数 v_{1x}' 及 v_{2x}'，但根据碰撞实验可补充如下的一个关系式

$$e=\frac{v_{2x}'-v_{1x}'}{v_{1x}-v_{2x}} \qquad (17-7)$$

e 是与碰撞物体的材料、形状等有关的系数，称为**恢复因数**。恢复因数之值介于 0 与 1 之间，应由实验测定。下面给出几种材料的恢复因数的大约值（表 17-1）。

表 17-1 几种材料的恢复因数

碰撞物体的材料	铁对铅	铅对铅	木对胶木	木对木	钢对钢	象牙对象牙	玻璃对玻璃
恢复因数	0.14	0.20	0.26	0.50	0.56	0.89	0.94

当 $0<e<1$ 时，两物体的碰撞称为**弹性碰撞**；如 $e=1$，则称为**完全弹性碰撞**；如 $e=0$，则称为**塑性碰撞**或**非弹性碰撞**。

二、弹性碰撞

对于弹性碰撞情况，将式（17-7）与式②联立求解，得

$$\left.\begin{aligned} v_{1x}'&=\frac{m_1v_{1x}+m_2v_{2x}-em_2(v_{1x}-v_{2x})}{m_1+m_2}\\ v_{2x}'&=\frac{m_1v_{1x}+m_2v_{2x}+em_1(v_{1x}-v_{2x})}{m_1+m_2}\end{aligned}\right\} \qquad (17-8)$$

由式（17-6）及式（17-8）求得 v_{1y}'、v_{1x}' 及 v_{2y}'、v_{2x}' 后，就得到碰撞后两物体的质心速度

$$\boldsymbol{v}_1'=v_{1x}'\boldsymbol{i}+v_{1y}'\boldsymbol{j},\ \boldsymbol{v}_2'=v_{2x}'\boldsymbol{i}+v_{2y}'\boldsymbol{j}$$

三、动能损失

下面讨论碰撞前后动能的变化。用 T_0 及 T 代表在碰撞前后 A，B 两物体的总动能，则

$$T_0=\frac{1}{2}m_1v_1^2+\frac{1}{2}m_2v_2^2=\frac{1}{2}m_1(v_{1x}^2+v_{1y}^2)+\frac{1}{2}m_2(v_{2x}^2+v_{2y}^2)$$

$$T=\frac{1}{2}m_1v_1'^2+\frac{1}{2}m_2v_2'^2=\frac{1}{2}m_1(v_{1x}'^2+v_{1y}'^2)+\frac{1}{2}m_2(v_{2x}'^2+v_{2y}'^2)$$

考虑到式（17-6），有

$$T=\frac{1}{2}m_1(v_{1x}'^2+v_{1y}^2)+\frac{1}{2}m_2(v_{2x}'^2+v_{2y}^2)$$

于是

$$T_0-T=\frac{1}{2}m_1(v_{1x}^2-v_{1x}'^2)+\frac{1}{2}m_2(v_{2x}^2-v_{2x}'^2)$$

将式（17-8）中 v_{1x}' 及 v_{2x}' 之值代入，整理后得

$$T_0-T=(1-e^2)\frac{m_1m_2}{2(m_1+m_2)}(v_{1x}-v_{2x})^2 \tag{17-9}$$

差值 T_0-T 永远是正值，即 $T<T_0$，可见碰撞时动能有损失。这正是前面所说的碰撞时一般都有机械能损失这一论断的印证。

四、完全弹性碰撞与塑性碰撞

在式（17-8）及式（17-9）中令 $e=1$ 或 $e=0$，就得到适用于完全弹性碰撞或塑性碰撞的公式。

对于完全弹性碰撞，得到

$$\left.\begin{aligned}v_{1x}'&=\frac{(m_1-m_2)v_{1x}+2m_2v_{2x}}{m_1+m_2}\\v_{2x}'&=\frac{2m_1v_{1x}-(m_1-m_2)v_{2x}}{m_1+m_2}\end{aligned}\right\} \tag{17-10}$$

而 $T_0-T=0$，即 $T=T_0$。

式（17-10）表明虽然在变形阶段，一部分动能转变成变形能，但在恢复阶段，变形能又全部转变为动能，所以碰撞后动能无损失。因此，对于完全弹性碰撞问题，就可以利用动量守恒与机械能守恒两个关系式求得碰撞后的速度式（17-10），请读者自行推导。

对于塑性碰撞，得到

$$v_{1x}'=v_{2x}'=\frac{m_1v_{1x}+m_2v_{2x}}{m_1+m_2} \tag{17-11}$$

而

$$T_0-T=\frac{m_1m_2}{2(m_1+m_2)}(v_{1x}-v_{2x})^2 \tag{17-12}$$

以上两式表明，塑性碰撞只有变形阶段，没有恢复阶段，到质心沿 x 方向的速度成为相同时，碰撞即告结束，而一部分动能转变成为变形能后，也不再能恢复。

以上讨论的是斜碰撞问题。对于正碰撞，如仍取过接触点的表面法线为 x 轴，则

$$v_{1y}=v_{2y}=v_{1y}=v_{2y}=0,$$

而式（17-7）～式（17-12），全都适用。

【例 17-1】 试由小球对固定面的碰撞测定恢复系数。假定碰撞是：

(1) 正碰撞；

(2) 斜碰撞。

解　(1) 正碰撞情况。设小球从高 h 处自由降落与固定面碰撞，碰撞后回跳高度为 h'，如图 17-4 所示。命碰撞前后的速度为 $\boldsymbol{v}$ 及 $\boldsymbol{v}'$，则

$$v=\sqrt{2gh},\ v'=\sqrt{2gh'}$$

在式（17-7）中，令 $v_{1x}=v'_{1x}=0$，

$$v_{2x}=-v=-\sqrt{2gh}\,,\ v'_{2x}=v'=\sqrt{2gh'}$$

于是

$$e=\frac{v'}{v}=\sqrt{\frac{h'}{h}}$$

（2）斜碰撞情况。设小球以速度 $\boldsymbol{v}$ 与固定平面碰撞，入射角为 α；碰撞结束时小球速度为 $\boldsymbol{v}'$，反射角为 β，如图 17-5 所示。假设固定面是光滑的。

取坐标轴如图。因固定面是光滑的，所以

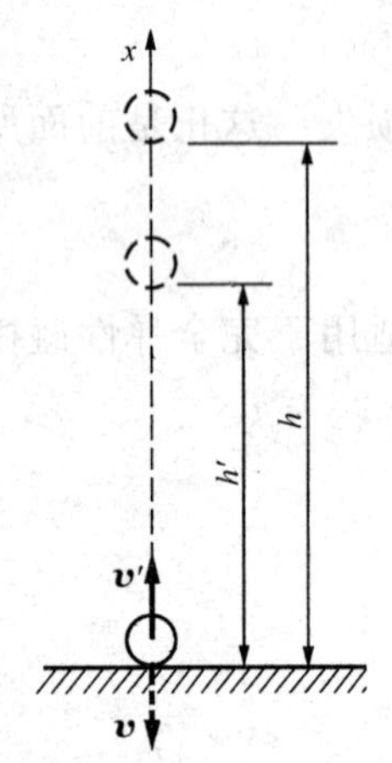

图 17-4　［例 17-1］附图 1

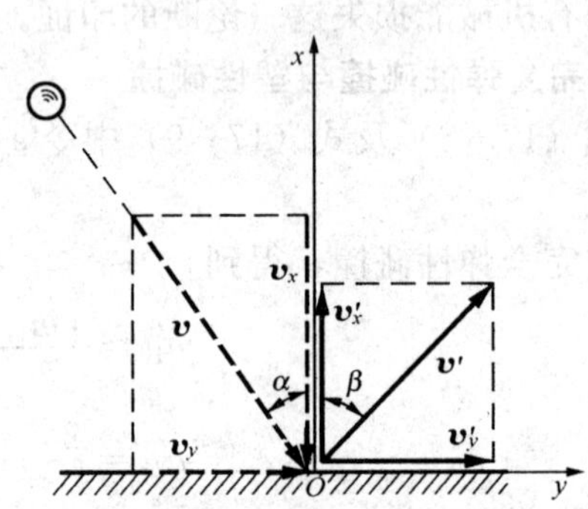

图 17-5　［例 17-1］附图 2

$$v_y=v'_y\quad 即\quad v\sin\alpha=v'\sin\beta \qquad ①$$

又，在式（17-7）中，$v_{1x}=v'_{1x}=0$，$v'_{2x}=v'\cos\beta$，$v_{2x}=-v\cos\alpha$，于是，由 $-ev_{2x}=v'_{2x}$ 有

$$ev\cos\alpha=v'\cos\beta \qquad ②$$

以式①除以式②，得到

$$e=\tan\alpha/\tan\beta$$

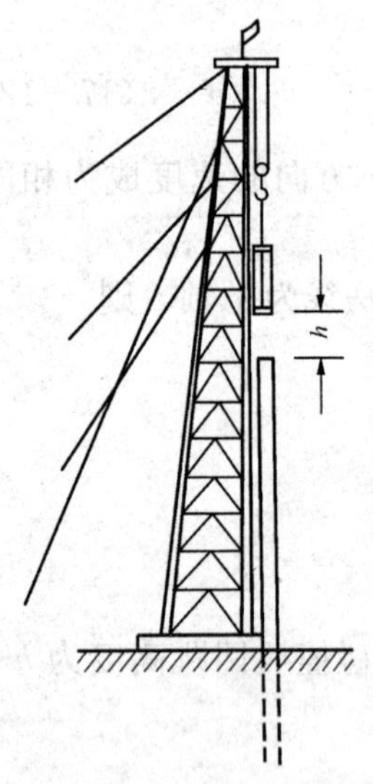

图 17-6　［例 17-2］附图

【例 17-2】　木桩质量为 m_2，下部已打入泥土。铁锤质量为 m_1，从桩顶铅直上方高 h 处自由落下打桩，如图 17-6 所示。已知锤在某次下落打桩时，使桩下沉 δ。试求泥土对木桩的平均阻力 $\boldsymbol{R}$ 的大小。假设锤与桩的碰撞为塑性。

解　锤与桩碰撞时，锤的速度为 $v_1=\sqrt{2gh}$，而桩的速度 $v_2=0$。在碰撞过程中，桩没有位移，可不计泥土阻力，即无外碰撞冲量作用。于是，由式（17-11）得碰撞后锤与桩的共同速度

$$v'=\frac{m_1}{m_1+m_2}\sqrt{2gh}$$

碰撞结束后，锤与桩一同开始下降。从开始下降到停止下降这一过程，已不是碰撞过程而是通常的运动过程，应用动能定理，可得

$$0-\frac{m_1+m_2}{2}\left(\frac{m_1}{m_1+m_2}\sqrt{2gh}\right)^2=(m_1g+m_2g-R)\delta$$

由此得

$$R = m_1 g + m_2 g + \frac{m_1^2 gh}{(m_1 + m_2)\delta} = P_1 + P_2 + \frac{P_1^2 h}{(P_1 + P_2)\delta}$$

其中 $P_1 = m_1 g$ 及 $P_2 = m_2 g$ 分别是锤与桩的重量。通常 $P_1 + P_2$ 远较第三项之值小，往往可以不计。于是，应用如下的简化公式，能求得足够精确得 R 之值

$$R = \frac{P_1^2 h}{(P_1 + P_2)\delta}$$

例如，设 $P_1 = 2\text{kN}$，$P_2 = 1\text{kN}$，$h = 2\text{m}$，$\delta = 15\text{mm}$，则

$$R = \frac{2^2 \times 2}{3 \times 0.015} = 178\text{kN}$$

若计及锤与桩的质量，则 $R = 178 + 3 = 181\text{kN}$。可见，略去 $P_1 + P_2$ 之值，R 的误差尚不及 2%。

将阻力 R 的近似公式改写成

$$R\delta = \frac{P_1}{P_1 + P_2} P_1 h = \frac{P_1}{P_1 + P_2} \times \frac{P_1 v_1^2}{2g} = \frac{P_1}{P_1 + P_2} T_0$$

$T_0 = m_1 v_1^2 / 2$ 是碰撞前锤的动能。可见，锤的动能 T_0 仅有一部分保持为机械能，在量上等于使桩下沉的有用的功 $R\delta$，而另一部分动能则在碰撞时转变成了非机械能。

第四节　刚体的偏心碰撞

一般情况下，刚体偏心碰撞的问题非常复杂，这里只讨论刚体具有对称面，而且碰撞前后物体始终保持在包含物体对称面的平面内运动的情形。

对于偏心碰撞问题，若碰撞是塑性的，则只需运用冲量定理和冲量矩定理即可求出全部未知量；若碰撞是弹性的，则除了运用上述定理外，还需补充列出恢复因数关系式，才能求出全部未知量。

一、碰撞对定轴转动刚体的作用　撞击中心

设有可绕固定轴 z 转动的刚体，受碰撞冲量 $\boldsymbol{I}$ 的作用，求刚体角速度的改变。

刚体作定轴转动时，是以对转动轴的动量矩表征其运动的，动量矩的改变，就反映出角速度的改变。而动量矩的改变与冲量 $\boldsymbol{I}$ 的关系，由式（17-5），为

$$L_z' - L_z = M_z(\boldsymbol{I}) \tag{①}$$

需要说明，由于碰撞冲量 $\boldsymbol{I}$ 的作用，将在轴承处引起相应的碰撞反力。反力的冲量也是外碰撞冲量，冲量对 z 轴的矩等于零，所以不出现在式①中。

设刚体在碰撞前、后的角速度分别为 ω_0 及 ω，则

$$L_z = J_z \omega_0,\ L_z = J_z \omega$$

于是式①成为

$$J_z(\omega - \omega_0) = M_z(\boldsymbol{I}) \tag{17-13}$$

式（17-13）表明了角速度的改变与碰撞冲量之间的关系。当然，如果刚体同时受到几个碰撞冲量作用，则右边应为所有碰撞冲量对转动轴的矩之和。

现在研究一下由于碰撞而在轴承处引起的碰撞反力的冲量。这里只讨论刚体具有对称面，且转动轴垂直于对称面，碰撞冲量也在对称面内的情况（实际上大多如此），并不计轴

承处摩擦。

设图示平面为刚体的对称面，转动轴 O_Z 垂直于图平面（图 17－7）；刚体的质量为 m，其质心 C 至转动轴的距离 $OC=c$。假设碰撞冲量 $\boldsymbol{I}$ 在图平面内，其作用点 A 与转动轴的距离 $OA=a$，于是

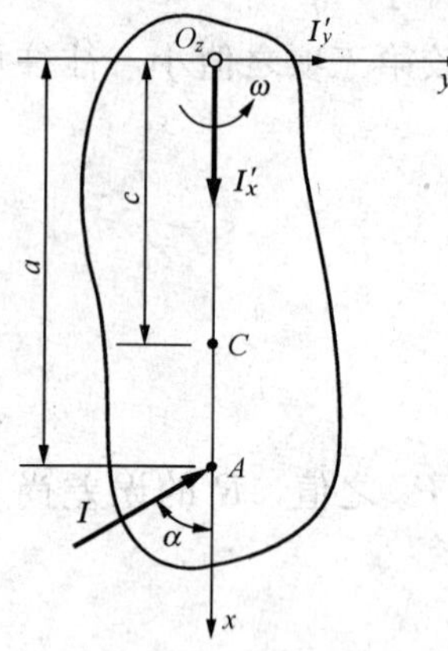

图 17－7 撞击中心

$$M_Z(\boldsymbol{I}) = Ia\sin\alpha$$

由式（17－13）求得碰撞后的角速度

$$\omega = \omega_0 + \frac{Ia\sin\alpha}{J_z}$$

取坐标轴 x、y 如图。碰撞前后质心的速度在 x 及 y 轴上的投影为

$$\left.\begin{aligned} &v_{Cx}=0,\ v_{Cy}=c\omega_0 \\ &v'_{Cx}=0,\ v'_{Cy}=c\left(\omega_0+\frac{Ia\sin\alpha}{J_z}\right) \end{aligned}\right\} \quad ②$$

设转动轴轴承处的碰撞反力的冲量沿 x 及 y 方向的分量为 $\boldsymbol{I}'_x$ 及 $\boldsymbol{I}'_y$，由式（17－2）有

$$m(v'_{Cx}-v_{Cx}) = I'_x - I\cos\alpha$$

$$m(v'_{Cy}-v_{Cy}) = I\sin\alpha + I'_y$$

将式②中 v_{Cx}、v_{Cy} 及 v'_{Cx}、v'_{Cy} 之值代入，即得

$$I'_x = I\cos\alpha,\ I'_y = \left(\frac{mIac}{J_z} - I\right)\sin\alpha = I\left(\frac{mac}{J_z}-1\right)\sin\alpha$$

由此可见，如欲使轴承处不致因碰撞而引起碰撞反力，即欲使 $I'_x=0$，$I'_y=0$，则必须

$$\cos\alpha = 0,\ 即\ \alpha = \pi/2 \quad ③$$

及

$$mac = J_z,\ 即\ a = J_z/mc \quad ④$$

由式④决定的一点称为**撞击中心**。式③及④表明，**欲使轴承处的碰撞反力等于零，必须使碰撞冲量垂直于 O 与质心 C 的连线（即 x 轴）并作用于撞击中心。**

转动刚体的撞击，在实践上有不少应用。如用撞击机作材料实验，用冲击摆测定枪弹速度，都是利用转动碰撞的例子。凡是用于转动碰撞的机械或仪器，都应尽可能使碰撞冲量的方向和作用点满足条件③及④，以避免因轴承处产生碰撞反力而招致机械损坏。

二、碰撞对平面运动刚体的作用

设作平面运动的刚体受到碰撞冲量 $\boldsymbol{I}$ 作用，在碰撞后仍保持平面运动。于是，在质心运动平面内取直角坐标轴 x 及 y，由式（17－2）得投影方程

$$\left.\begin{aligned} mv'_{Cx}-mv_{Cx} &= I_x \\ mv'_{Cy}-mv_{Cy} &= I_y \end{aligned}\right\} \quad (17-14)$$

其中 m 是刚体的质量。

设刚体对于通过质心且垂直于运动平面的轴 z' 的转动惯量为 $J_{z'}$，刚体在碰撞前后的角速度为 ω_0 及 ω，则由式（17－4）有

$$J_{z'}(\omega-\omega_0) = M_{z'}(I) \quad (17-15)$$

如果不是已知碰撞冲量 $\boldsymbol{I}$，而是一个物体 A 与另一个物体 B 相撞（图 17－8），除对每一物体可写出上面三个方程外，还可补充一个关系式。设碰撞时物体 A 的 D 点与物体 B 的 E 点接触，仍以过接触点的表面公法线为 x 轴，则，根据实验，有

$$e=\frac{v'_{Ex}-v'_{Dx}}{v_{Dx}-v_{Ex}} \tag{17-16}$$

其中 v_{Dx}、v_{Ex} 及 v'_{Dx}、v'_{Ex} 分别代表碰撞前后 D、E 两点的速度 $\boldsymbol{v}_D$、$\boldsymbol{v}_E$ 及 $\boldsymbol{v}'_D$、$\boldsymbol{v}'_E$ 在 x 轴上的投影。e 仍称为恢复系数。至于 D、E 两点的速度，则可应用刚体平面运动的理论分析求解。

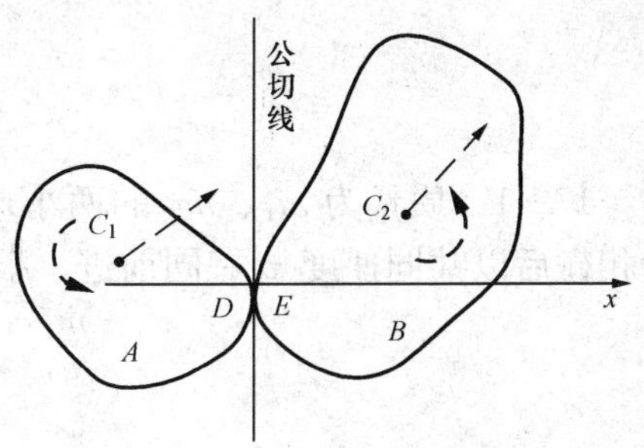

图 17－8　平面运动刚体的碰撞

【例 17－3】 均质杆 AB 长 $l=4\text{m}$，质量 $m=20\text{kg}$，在图 17－9（a）所示的约束条件下以速度 $\boldsymbol{v}_0$ 向右运动，杆 AB 与水平面的夹角 $\alpha=45°$，不计摩擦。设杆在运动过程中突然撞击到石坎 D 而使 B 端停止运动，试求：

（1）作用于 B 端的碰撞冲量；

（2）恰使杆 AB 运动到铅直位置的速度 $\boldsymbol{v}_0$。

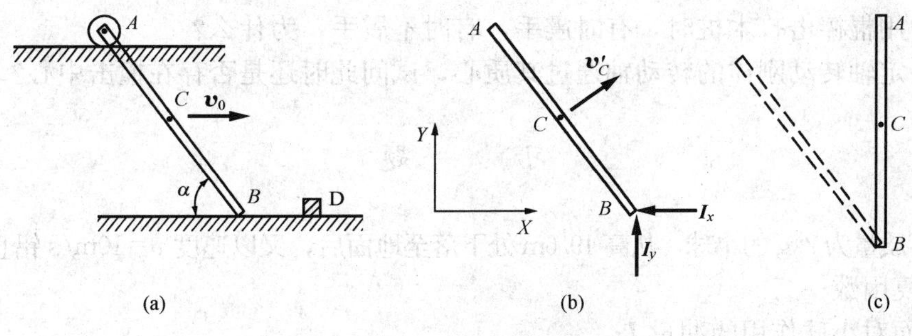

图 17－9　[例 17－3] 附图

解　杆的 B 端撞击到石坎 D 后突然停止运动，此过程为塑性碰撞。根据碰撞问题的假设，在碰撞过程中，平常力（如重力、弹性力等）的冲量均忽略不计，所以仅考虑杆 AB 在 B 端的碰撞冲量 $\boldsymbol{I}_x$、$\boldsymbol{I}_y$ [图 17－9（b）]。由于 $\sum M_B(\boldsymbol{I}_i)=0$，故该杆对 B 点的动量矩守恒，有

$$mv_0\left(\frac{l}{2}\sin 45°\right)=\frac{ml^2}{3}\omega$$

可得

$$\omega=0.265v_0$$

应用动量定理求解作用于 B 点的碰撞冲量，设碰撞后杆 AB 质心的速度为 $\boldsymbol{v}'_C$，则有 $v'_C=\frac{l}{2}\omega=2\times 0.265v_0=0.53v_0$，得到

$$mv'_C\cos 45°-mv_0=-I_x,\ I_x=12.5v_0$$

$$mv'_C\sin 45°-0=I_y,\ I_y=7.5v_0$$

碰撞之后，应用动能定理计算恰使杆 AB 运动到铅直位置的速度 $\boldsymbol{v}_0$，在这一过程中，只有重力做功 [图 17－9（c）]，于是有

$$-\frac{1}{2}\frac{ml^2}{3}(0.265v_0)^2=-mg\frac{l}{2}(1-\sin 45°)$$

解得

$$v_0=5.54\text{m/s}$$

思 考 题

17－1 质量为 m_1、m_2 的两小球各以速度 $\boldsymbol{v}_1$，$\boldsymbol{v}_2$（$v_1>v_2$）在光滑平面上同向运动，设相碰后以共同速度 $\boldsymbol{v}$ 一同前进，根据动量守恒定理得

$$m_1v_1+m_2v_2=(m_1+m_2)v$$

$$v=\frac{m_1v_1+m_2v_2}{m_1+m_2}$$

又根据机械能守恒定理得

$$\frac{1}{2}m_1v_1^2+\frac{1}{2}m_2v_2^2=\frac{1}{2}(m_1+m_2)v^2$$

$$v^2=\sqrt{\frac{m_1v_1^2+m_2v_2^2}{m_1+m_2}}$$

为何以上两个 v 的值不同？

17－2 在不同碰撞情况下，恢复因数的定义将有所不同，试问在分析碰撞问题中恢复因数起何作用？

17－3 如何提高锤锻和打桩的效率？为什么？

17－4 用棍棒击打木桩时，有时震手，有时不震手，为什么？

17－5 定轴转动刚体的转动轴通过其质心，试问此时还是否存在撞击中心？

习 题

17－1 质量为 2kg 的小球，从高 19.6m 处下落至地面后，又以速度 $v=10\text{m/s}$ 铅直回跳，求：

（1）恢复因数；

（2）地面对小球作用的冲量 $\boldsymbol{I}$；

（3）地面作用于小球的力的平均值，设球与地面接触时间为 0.001s。

17－2 有一可绕 O 点在铅直平面内转动的杆，重量不计，杆端带一物块 A 如图 17－10 所示。设杆从水平位置开始运动，初速度为零。杆转到铅直位置时，物块 A 与固定面 B 碰撞。碰撞后，杆回复到与铅直线成偏角 φ 的位置，试求恢复因数。

17－3 物块 A 自高 h 处落下，打在用弹簧支撑的板 B 上如图 17－11 所示。弹簧常数为 k，A 重 P，B 重 Q。如碰撞后，物块 A 和板 B 一起运动，试求弹簧的最大压缩。

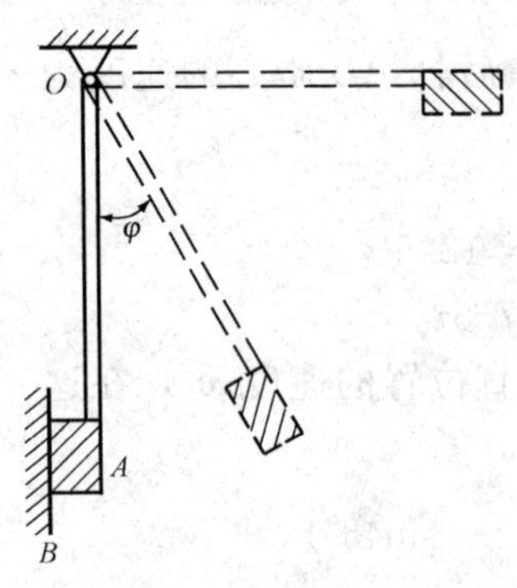

图 17－10 习题 17－2 附图

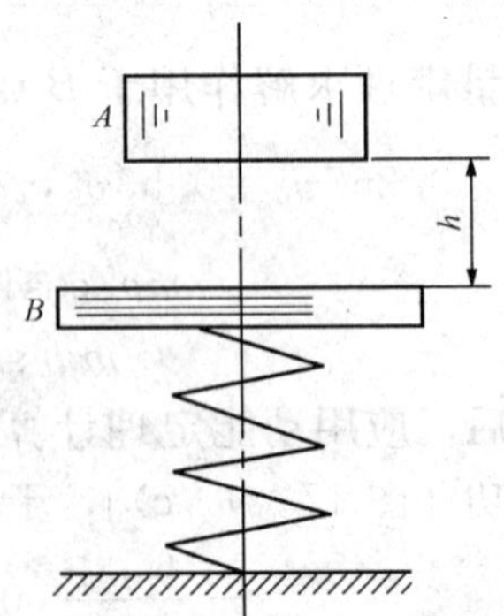

图 17－11 习题 17－3 附图

17－4 一钢球从高 2m 处下落到一光滑的钢板上如图 17－12 所示，钢板的倾角为 30°，碰撞的恢复因数为 0.7，求小球回跳的最大高度 $h_{\max}$。

17－5 小球与台边缘 AB 上的 D 处相碰如图 17－13 所示，碰前的速度为 $v=2\text{m/s}$，$BD=60\text{cm}$，碰撞的恢复因数为 0.6。设摩擦不计，求第二次碰撞的位置 E 及碰撞后的速度。

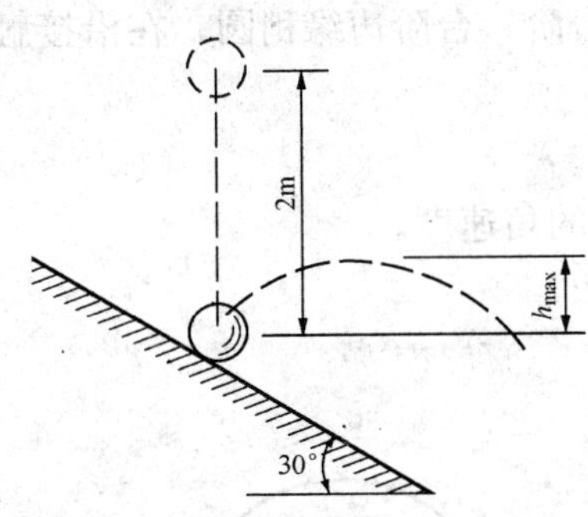

图 17－12 习题 17－4 附图

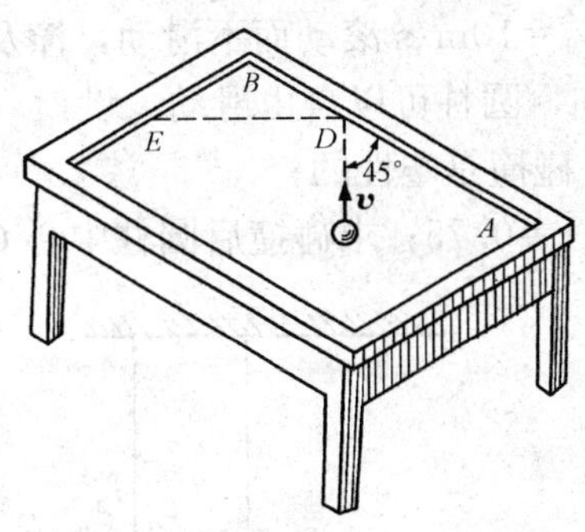

图 17－13 习题 17－5 附图

17－6 一均质杆质量 M，长 l，其上端用铰链固定如图 17－14 所示。设杆从水平位置无初速地落下，到铅直位置时撞及一质量为 m 的物体，使其沿水平面滑动。已知恢复因数为 e，动摩擦因数为 f，试求物体停止运动前滑行的距离。

17－7 质量为 0.2kg 的小球，以速度 $v=8\text{m/s}$ 撞在质量为 2kg 的滑块上如图 17－15 所示，碰撞的恢复因数为 0.75。摩擦不计，求碰撞后两者的速度。

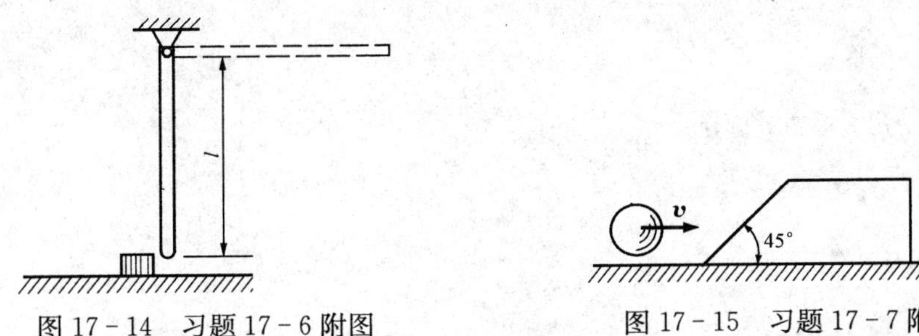

图 17－14 习题 17－6 附图

图 17－15 习题 17－7 附图

17－8 一边长为 $a\times b$ 的货箱，质量为 m，装在速度为 $\boldsymbol{v}$ 的汽车上如图 17－16 所示。若骤然刹车，假设碰撞时接触点保持不动，货箱的重心在其中心 C 上。求箱绕 A 转动的角速度及 A 处的碰撞冲量。

17－9 质量为 m、长为 l 的均质杆，自如图 17－17 所示虚线位置下落一段距离 h 后，其 B 端与固定物体相碰。假设碰撞是塑性的，求碰撞后的角速度 ω 及碰撞冲量。

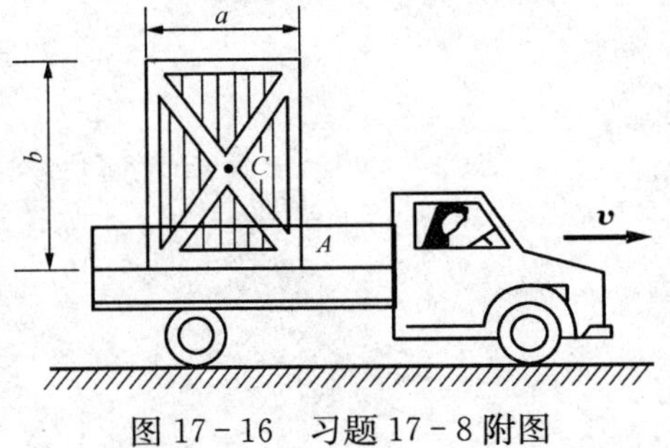

图 17－16 习题 17－8 附图

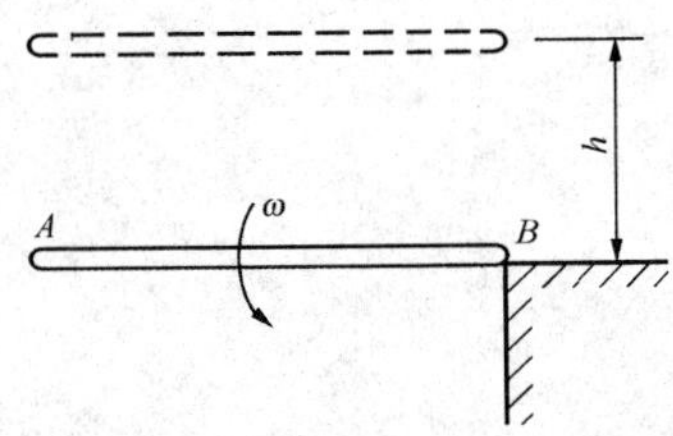

图 17－17 习题 17－9 附图

17-10 长 $l=0.6$m、重 $Q=65$N 的板悬挂在长 $l=0.6$m 的绳索上（绳索质量不计）如图 17-18 所示。一子弹重 $P=0.4$N，以水平速度 $v=450$m/s 射入板中。求子弹打进板内时，板质心的速度及板的角速度。

17-11 已知如图 17-19 所示，均质圆柱的半径 $R=25$cm，质量 $m=200$kg，沿水平面以速度 $v_0=10$m/s 滚动而不滑动，撞及高 $h=5$cm 的台阶，台阶边缘稍圆，在沿接触点的公切线方向，圆柱可以自由滑动。设：

(1) 碰撞是塑性的；

(2) $e=0.75$；求碰撞后圆柱中心 C 的速度及圆柱的角速度。

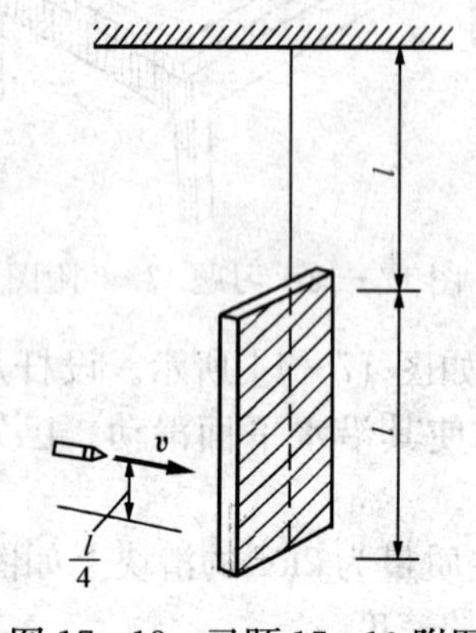

图 17-18 习题 17-10 附图

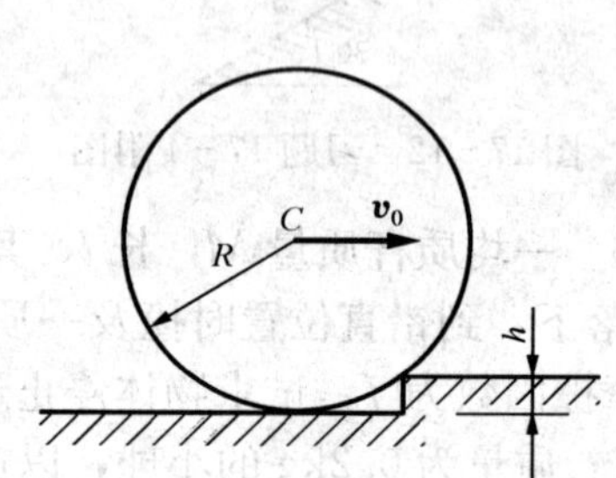

图 17-19 习题 17-11 附图

附录A 矢函数的导数

设有矢量 $\boldsymbol{a}$，它的模与方向都按一定的规律随某一变数 t（标量）而变化，则矢量 $\boldsymbol{a}$ 称为自变数 t 的**矢函数**，可用矢量方程表示为

$$\boldsymbol{a}=\boldsymbol{a}(t) \tag{A-1}$$

当自变数 t 取 t_1，t_2，t_3，…数值时，变矢量 $\boldsymbol{a}$ 等于 $\boldsymbol{a}_1$，$\boldsymbol{a}_2$，$\boldsymbol{a}_3$…，为了表明 $\boldsymbol{a}$ 的变化情况，从某一定点 O 画出这些矢量［图 A-1 (a)］。这些矢量的端点 A_1，A_2，A_3，…可连成一条曲线，称为变矢量 $\boldsymbol{a}$ 的**矢端线**。可以看出，当变矢量 $\boldsymbol{a}$ 的方向保持不变时，它的矢端线为一直线；若变矢量 $\boldsymbol{a}$ 的大小不变，则它的矢端线是一条球面曲线。

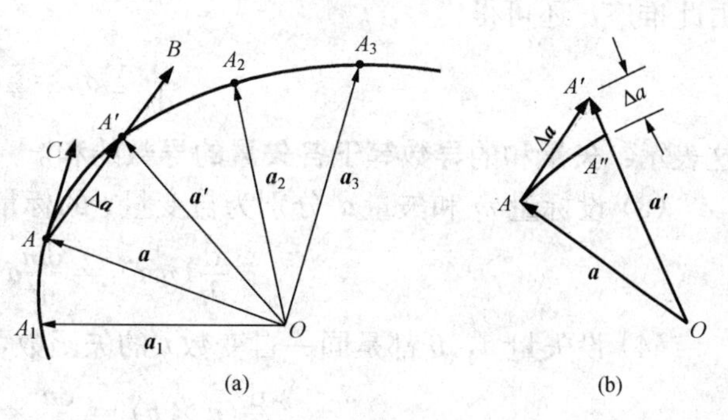

图 A-1

设当自变数 t 有增量 Δt 而成为 $t+\Delta t$ 时，变矢量由 $\boldsymbol{a}=\boldsymbol{OA}$ 变为 $\boldsymbol{a}'=\boldsymbol{OA}'$。由三角形 OAA' 可得 $\boldsymbol{a}$ 的相应的增量为

$$\Delta\boldsymbol{a}=\boldsymbol{AA}'=\boldsymbol{a}'-\boldsymbol{a}$$

由矢量代数可知，比值 $\dfrac{\Delta\boldsymbol{a}}{\Delta t}$ 是一个矢量，设以 $\boldsymbol{AB}$ 表示，即

$$\boldsymbol{AB}=\frac{\Delta\boldsymbol{a}}{\Delta t}$$

它的方向与矢量 $\Delta\boldsymbol{a}$（即 $\boldsymbol{AB}$）的方向相同，而它的模等于弦长 AB 乘以 $\dfrac{1}{\Delta t}$。当 $\Delta t\to 0$ 时，若比值 $\dfrac{\Delta\boldsymbol{a}}{\Delta t}$ 趋于一极限，则此极限称为矢函数 $\boldsymbol{a}$ 对于自变数 t 的导数，用 $\dfrac{\mathrm{d}\boldsymbol{a}}{\mathrm{d}t}$ 代表，于是

$$\frac{\mathrm{d}\boldsymbol{a}}{\mathrm{d}t}=\lim_{\Delta t\to 0}\frac{\Delta\boldsymbol{a}}{\Delta t} \tag{A-2}$$

极限值 $\dfrac{\mathrm{d}\boldsymbol{a}}{\mathrm{d}t}$ 也是一个矢量，设以 $\boldsymbol{AC}$ 表示。它的方向是 $\Delta t\to 0$ 时 $\Delta\boldsymbol{a}$（即 $\boldsymbol{AA}'$）的极限方向。当 $\Delta t\to 0$ 时，A' 点无限趋近于 A 点，$\boldsymbol{AA}'$ 的极限方向，即 $\boldsymbol{AC}$ 的方向，将沿 $\boldsymbol{a}$ 的矢端线在 A 点的切线方向。由此可知，**矢函数 $\boldsymbol{a}(t)$ 的导数是一个矢量，它的方向沿该矢量矢端线的切线方向。**

导数 $\dfrac{\mathrm{d}\boldsymbol{a}}{\mathrm{d}t}$ 的模（大小）用 $\left|\dfrac{\mathrm{d}\boldsymbol{a}}{\mathrm{d}t}\right|$ 表示。由图 A-1（b）可见，$\Delta\boldsymbol{a}=\boldsymbol{AA}'$ 包括了 $\boldsymbol{a}$ 的大小和方向两者的改变量，而 $\Delta a=A'A''=a'-a$ 仅仅是 $\boldsymbol{a}$ 的大小的改变量，因此在一般情况下 $|\Delta\boldsymbol{a}|\neq\Delta a$。相应地

$$\left|\frac{\mathrm{d}\boldsymbol{a}}{\mathrm{d}t}\right|\neq\frac{\mathrm{d}a}{\mathrm{d}t}$$

即矢量导数的大小不等于矢量大小的导数，对此应予以注意。

矢量导数的定义和标量导数的定义是相似的。根据矢量导数的定义和矢量运算法则，应用和标量导数中相似的方法，可以导出矢量导数的性质如下：

(1) 对于大小和方向都保持不变的常矢量 $\boldsymbol{a}$，有$\frac{\mathrm{d}\boldsymbol{a}}{\mathrm{d}t}=0$，即常矢量的导数等于零。

(2) 设矢量 $\boldsymbol{a}$，$\boldsymbol{b}$ 都是同一自变数 t 的矢函数，则有

$$\frac{\mathrm{d}}{\mathrm{d}t}(\boldsymbol{a}\pm\boldsymbol{b})=\frac{\mathrm{d}\boldsymbol{a}}{\mathrm{d}t}\pm\frac{\mathrm{d}\boldsymbol{b}}{\mathrm{d}t}$$

由此推广，还可得

$$\frac{\mathrm{d}}{\mathrm{d}t}\sum\boldsymbol{a}_i=\sum\frac{\mathrm{d}\boldsymbol{a}_i}{\mathrm{d}t} \tag{A-3}$$

这表示：**矢量和的导数等于各矢量的导数的和。**

(3) 设标量 m 和矢量 $\boldsymbol{a}$ 分别为自变量 t 的标量函数和矢函数，则有

$$\frac{\mathrm{d}}{\mathrm{d}t}(m\boldsymbol{a})=\frac{\mathrm{d}m}{\mathrm{d}t}\boldsymbol{a}+m\frac{\mathrm{d}\boldsymbol{a}}{\mathrm{d}t} \tag{A-4}$$

(4) 设矢量 $\boldsymbol{a}$，$\boldsymbol{b}$ 都是同一自变数 t 的矢函数，则

$$\frac{\mathrm{d}}{\mathrm{d}t}(\boldsymbol{a}\times\boldsymbol{b})=\frac{\mathrm{d}\boldsymbol{a}}{\mathrm{d}t}\times\boldsymbol{b}+\boldsymbol{a}\times\frac{\mathrm{d}\boldsymbol{b}}{\mathrm{d}t} \tag{A-5}$$

$$\frac{\mathrm{d}}{\mathrm{d}t}(\boldsymbol{a}\cdot\boldsymbol{b})=\frac{\mathrm{d}\boldsymbol{a}}{\mathrm{d}t}\cdot\boldsymbol{b}+\boldsymbol{a}\cdot\frac{\mathrm{d}\boldsymbol{b}}{\mathrm{d}t} \tag{A-6}$$

(5) 将变矢量 $\boldsymbol{a}(t)$ 沿直角坐标轴分解，得

$$\boldsymbol{a}=a_x\boldsymbol{i}+a_y\boldsymbol{j}+a_z\boldsymbol{k}$$

其中，a_x，a_y，a_z 是矢量 $\boldsymbol{a}$ 在坐标轴上的投影，也都是自变量 t 的函数；而 $\boldsymbol{i}$，$\boldsymbol{j}$，$\boldsymbol{k}$ 是沿坐标轴方向的单位矢量，它们的大小和方向不变。利用公式（A-3）和（A-4）及矢量导数的性质（1），可得

$$\frac{\mathrm{d}\boldsymbol{a}}{\mathrm{d}t}=\frac{\mathrm{d}a_x}{\mathrm{d}t}\boldsymbol{i}+\frac{\mathrm{d}a_y}{\mathrm{d}t}\boldsymbol{j}+\frac{\mathrm{d}a_z}{\mathrm{d}t}\boldsymbol{k}$$

可见矢量导数在直角坐标轴上的投影是

$$\left(\frac{\mathrm{d}\boldsymbol{a}}{\mathrm{d}t}\right)_x=\frac{\mathrm{d}a_x}{\mathrm{d}t},\ \left(\frac{\mathrm{d}\boldsymbol{a}}{\mathrm{d}t}\right)_y=\frac{\mathrm{d}a_y}{\mathrm{d}t},\ \left(\frac{\mathrm{d}\boldsymbol{a}}{\mathrm{d}t}\right)_z=\frac{\mathrm{d}a_z}{\mathrm{d}t} \tag{A-7}$$

式（A-7）表明：**变矢量的导数在坐标轴上的投影等于该矢量在对应轴上投影的导数。**

附录B 转动惯量 惯性积与惯性主轴

一、转动惯量

（一）转动惯量的一般公式

设有一刚体及任一轴 u（图 B-1），刚体上的任一点 M_i，质量为 m_i，与轴 u 的距离为 ρ_i，则刚体对 u 轴的转动惯量定义为

$$J_u = \sum m_i \rho_i^2 \tag{B-1}$$

由式（B-1）可见，刚体的转动惯量决定于刚体质量的分布情况，刚体内各质点离轴越远，它对该轴的转动惯量越大。因 $m_i\rho_i^2$ 是正值，所以转动惯量总是正标量。转动惯量的单位是 $kg \cdot m^2$。

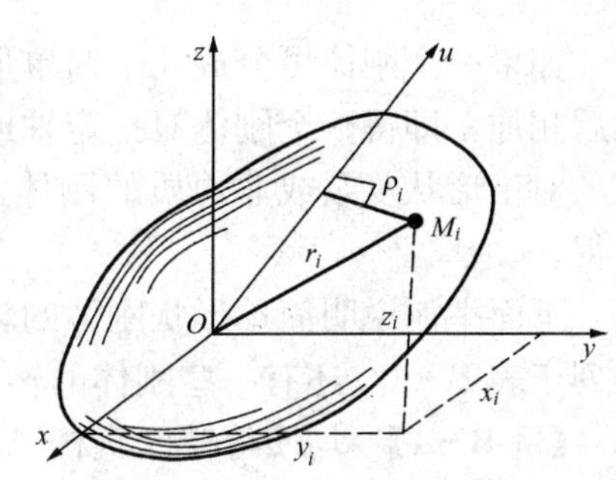

图 B-1 刚体对 u 轴的转动惯量

有时也将刚体对 u 轴的转动惯量写成

$$J_u = m\rho_u^2 \tag{B-2}$$

其中 m 是整个刚体的质量，而 ρ_u 则称为刚体对 u 轴的**回转半径或惯性半径**。显然，ρ_u 是具有长度的量纲。如已知 J_u 及 m，则

$$\rho_u = \sqrt{\frac{J_u}{m}} \tag{B-3}$$

与刚体对于一轴的转动惯量相关联的，还有刚体对于一点的转动惯量。设刚体上任一点 M_i 的质量为 m_i，到 O 点的距离为 r_i，则刚体对 O 点的转动惯量定义为

$$J_0 = \sum m_i r_i^2 \tag{B-4}$$

取直角坐标系 $Oxyz$。设刚体内任一质点 M_i 的坐标为（x_i，y_i，z_i），该质点与原点 O 的距离为 r_i，而 $r_i^2 = x_i^2 + y_i^2 + z_i^2$，如图 B-1 所示。于是，该刚体对于各坐标轴的转动惯量分别为

$$\left.\begin{aligned} J_x &= \sum m_i(y_i^2 + z_i^2) \\ J_y &= \sum m_i(z_i^2 + x_i^2) \\ J_z &= \sum m_i(x_i^2 + y_i^2) \end{aligned}\right\} \tag{B-5}$$

该刚体对于坐标原点 O 的转动惯量是

$$J_O = \sum m_i r_i^2 = \sum m_i(x_i^2 + y_i^2 + z_i^2) \tag{B-6}$$

比较式（B-5）和（B-6），可见

$$J_O = \frac{1}{2}(J_x + J_y + J_z) \tag{B-7}$$

即，物体对一点的转动惯量，等于对通过该点的 3 个相互垂直的轴的转动惯量之和的一半。有时，求物体对点的转动惯量较方便，而在求出对点的转动惯量之后，即可据以求得对轴的转动惯量。

若所考察的刚体为平面薄板，其厚度可以不计（图B-2），取薄板平面为 xy 面，则在以上各公式中 $z_i=0$，因此

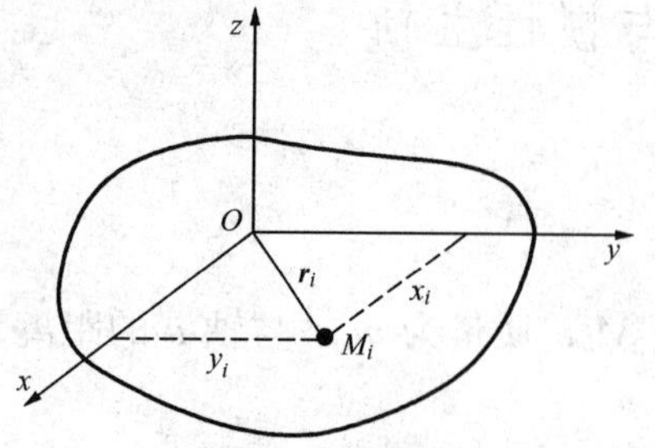

图B-2 刚体对坐标轴的惯性矩

$$\left.\begin{aligned} J_x &= \sum m_i y_i^2 \\ J_y &= \sum m_i x_i^2 \\ J_z &= \sum m_i (x_i^2 + y_i^2) = J_x + J_y \end{aligned}\right\} \qquad (B-8)$$

对于简单形状的刚体，可将以上各公式中的 m_i 改为 dm，而将求和改为求积分。例如，将式（B-1）改为

$$J_u = \int \rho^2 \mathrm{d}m$$

如果一个刚体可分成几个简单形体，则可先求出各简单形体对指定轴或点的转动惯量，然后相加，即得整个刚体对指定轴或点的转动惯量。

对于形状复杂或非均质的刚体，不便于用计算法求它的转动惯量时，可用实验方法来求得。

下面举例说明简单形状刚体的转动惯量的计算，并将一些常见刚体的转动惯量及回转半径列于表B-1，还有一些刚体的转动惯量及回转半径，可在有关手册中查到。

【例B-1】 均质等截面直杆 AB（图B-3），长为 l，质量为 m，试求其对于通过中点而与杆垂直的轴 y 的转动惯量。

解 取 x 轴沿着杆轴线。设杆 AB 每单位长度的质量为 ρ，则长度 dx 的质量为 $dm=\rho dx$，于是

$$J_y = \int_{-\frac{l}{2}}^{\frac{l}{2}} x^2 \rho \mathrm{d}x = \frac{1}{12}\rho l^3 = \frac{1}{12} m l^2$$

【例B-2】 均质等厚度圆板 O（图B-4），半径为 r，质量为 m，求圆板对于过中心 O 且垂直于圆板的轴的转动惯量；并据此求出圆板对沿其直径的轴的转动惯量。

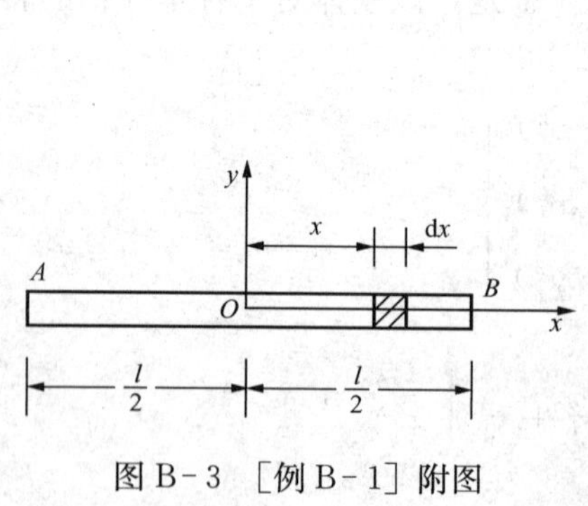

图B-3 ［例B-1］附图

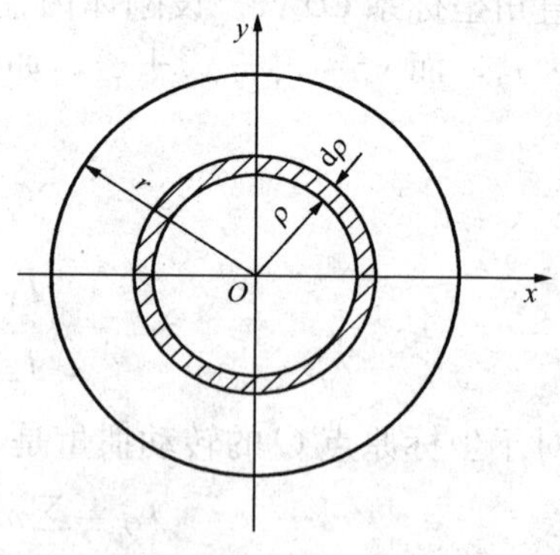

图B-4 ［例B-2］附图

解 取坐标系如图（z 轴垂直于图平面向外）。在半径为 ρ 处取微圆环，宽度为 $d\rho$。设板的单位面积的质量为 γ，则微圆环的质量 $dm=\gamma \cdot 2\pi\rho \cdot d\rho$，于是

$$J_{Oz} = \int_0^r \rho^2 \mathrm{d}m = \int_0^r \gamma \cdot 2\pi\rho^3 \mathrm{d}\rho = \frac{1}{2} m r^2$$

根据对称性及式（B-8），可得

$$J_x=J_y=\frac{1}{2}J_{Oz}=\frac{1}{4}mr^2$$

表 B-1　若干均质刚体的转动惯量及回转半径

刚体形状	简图	转动惯量	回转半径
细　杆	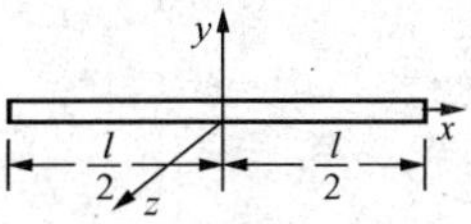	$J_y=J_z=\frac{1}{12}ml^2$ $J_x=0$	$\frac{1}{\sqrt{12}}l$ 0
矩形薄板	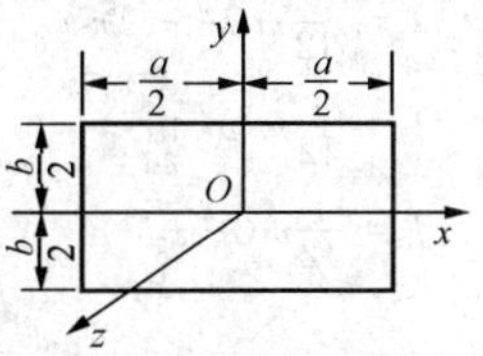	$J_x=\frac{1}{12}mb^2$ $J_y=\frac{1}{12}ma^2$ $J_z=\frac{1}{12}m(a^2+b^2)$	$\frac{1}{\sqrt{12}}b$ $\frac{1}{\sqrt{12}}a$ $\sqrt{\frac{a^2+b^2}{12}}$
细圆环	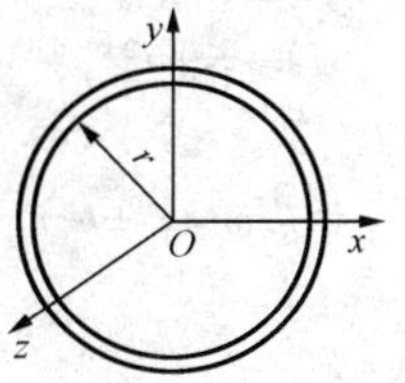	$J_x=J_y=\frac{1}{2}mr^2$ $J_z=mr^2$	$\frac{1}{\sqrt{2}}r$ r
薄圆板	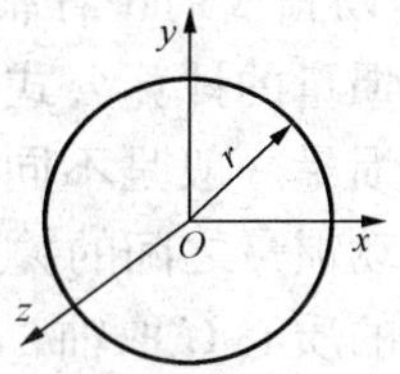	$J_x=J_y=\frac{1}{4}mr^2$ $J_z=\frac{1}{2}mr^2$	$\frac{1}{2}r$ $\frac{1}{\sqrt{2}}r$
圆　柱	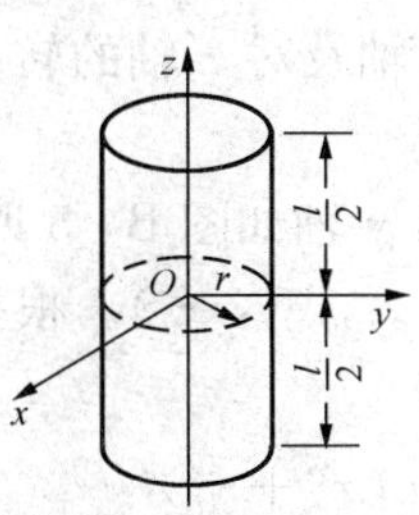	$J_x=J_y=m\left(\frac{r^2}{4}+\frac{l^2}{12}\right)$ $J_z=\frac{1}{2}mr^2$	$\sqrt{\frac{3r^2+l^2}{12}}$ $\frac{1}{\sqrt{2}}r$
厚度很小的球形薄壳	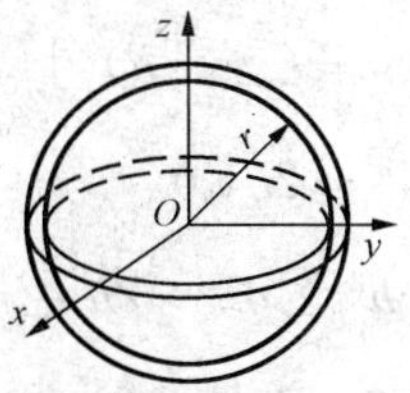	$J_x=J_y=J_z=\frac{2}{3}mr^2$	$\sqrt{\frac{2}{3}}r$

续表

刚体形状	简图	转动惯量	回转半径
球　体		$J_x = J_y = J_z = \frac{2}{5}mr^2$	$\sqrt{\frac{2}{5}}r$
平行六面体		$J_x = \frac{1}{12}m(b^2 + c^2)$ $J_y = \frac{1}{12}m(a^2 + c^2)$ $J_z = \frac{1}{12}m(a^2 + b^2)$	$\sqrt{\frac{b^2 + c^2}{12}}$ $\sqrt{\frac{a^2 + c^2}{12}}$ $\sqrt{\frac{a^2 + b^2}{12}}$
正圆锥体		$J_z = \frac{3}{10}mr^2$ $J_z = J_y$ $= \frac{3}{80}m(4r^2 + h^2)$	$\sqrt{\frac{3}{10}}r$ $\sqrt{\frac{3(4r^2 + h^2)}{80}}$

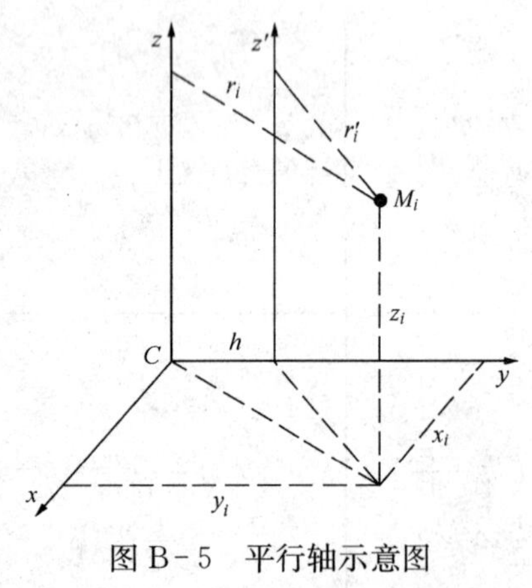

图 B-5　平行轴示意图

（二）转动惯量的平行轴定理

由转动惯量的计算公式可见，同一个刚体对不同的轴的转动惯量一般是不同的。下面讨论刚体对两个平行轴的转动惯量之间的关系。

过刚体的质心 C 取轴 z，如图 B-5 所示。另取一轴 z' 平行于 z 轴，轴 z' 与 z 之间的距离为 h。现在计算刚体对 z 轴及对 z' 轴的转动惯量，并找出它们之间的关系。

取 x 及 y 轴如图 B-5 所示。刚体的任一质点 M_i 的坐标为（x_i，y_i，z_i）。根据定义，刚体对于 z 轴的转动惯量为

$$J_z = \sum m_i r_i^2 = \sum m_i (x_i^2 + y_i^2) \quad ①$$

而刚体对 z' 轴的转动惯量为

$$\begin{aligned} J_{z'} &= \sum m_i r_i'^2 = \sum m_i [x_i^2 + (y_i - h)^2] \\ &= \sum m_i (x_i^2 + y_i^2 + h^2 - 2hy_i) \\ &= \sum m_i (x_i^2 + y_i^2) + h^2 \sum m_i - 2h \sum m_i y_i \quad ② \end{aligned}$$

但 $\sum m_i = m$ 是整个刚体的质量，而 $\sum m_i y_i = m y_C = 0$，于是式②成为

$$J_{z'}=J_z+mh^2 \tag{B-9}$$

即：**刚体对某一轴的转动惯量，等于刚体对通过其质心并与这一轴平行的轴的转动惯量加上刚体的质量与两轴间距离的平方之乘积**。这一关系称为**转动惯量的平行轴定理**。从这一定理可见，对一组平行轴而言，刚体对通过其质心的轴的转动惯量具有最小值。

应当注意，公式（B-9）中的 z 轴，必须是**通过质心**的轴。

【例 B-3】 求均质细杆对于通过其一端并与杆垂直的轴 y' 的转动惯量，如图 B-6 所示。

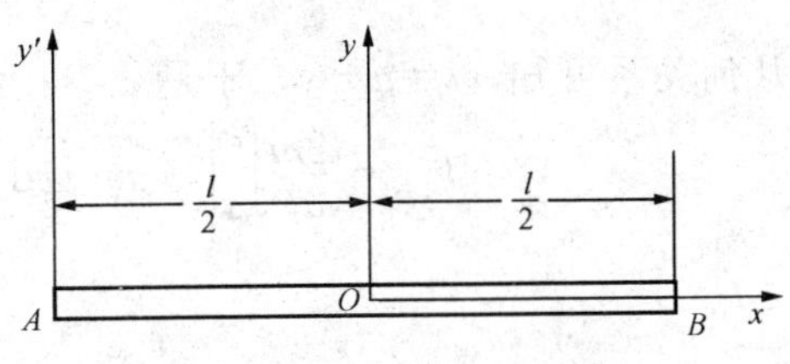

图 B-6 ［例 B-3］附图

解 已知细杆对于通过质心而与 y' 平行的轴 y 的转动惯量为

$$J_y=\frac{1}{12}ml^2$$

所以由式（B-9），有

$$J_{y'}=J_y+m\left(\frac{l}{2}\right)^2=\frac{1}{12}ml^2+\frac{1}{4}ml^2=\frac{1}{3}ml^2$$

二、惯性积与惯性主轴

对于图 B-1 所示的刚体，其对于通过 O 点的两个相互垂直的轴的惯性积定义为

$$\left.\begin{aligned}J_{xy}&=J_{yx}=\sum m_i x_i y_i\\J_{xz}&=J_{zx}=\sum m_i x_i z_i\\J_{yz}&=J_{zy}=\sum m_i y_i z_i\end{aligned}\right\} \tag{B-10}$$

如果刚体是简单形体，则可将式（B-10）中的 m_i 改为 $\mathrm{d}m$，而将式（B-10）由求和改成为求积分，如：$J_{xy}=J_{yx}=\int xy\mathrm{d}m$。如果刚体由几个简单形体组成，可分别求出各简单形体的惯性积，再相加得出整个刚体的惯性积。

惯性积的量纲与转动惯量的量纲相同。但是，在式（B-10）中，刚体各点的坐标 x_i，y_i，z_i 可能为正，也可能为负，因此求得的惯性积可以是正值或负值，也可以是零。

如果 $J_{xy}=J_{xz}=0$，则 x 轴称为刚体在 O 点的**惯性主轴**，而这时的 J_x 是刚体对主轴的转动惯量，称为**主转动惯量**。

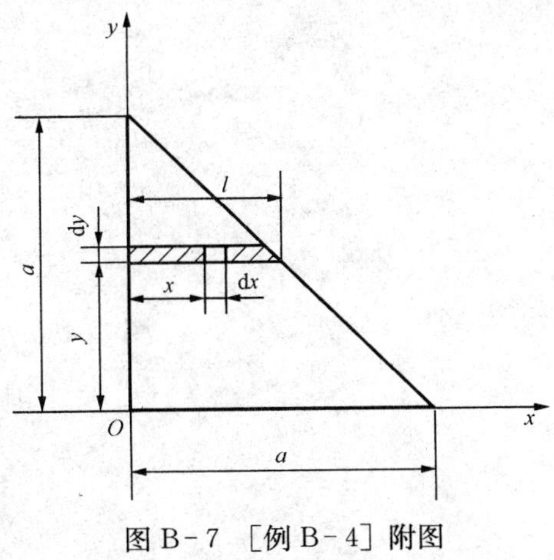

图 B-7 ［例 B-4］附图

应当注意，主轴是对某一点而言的，对于不同的点，一般说来，主轴的方向也不相同。但是，不论在哪一点，总能找到 3 个互相垂直的主轴。通过刚体质心的主轴称为**中心惯性主轴**。

在一般情况下，求惯性主轴需经过较繁的计算。但是，如果刚体具有对称面，则垂直于对称面的轴即为该轴与对称面交点的主轴之一；如果刚体具有对称轴，则对称轴必是轴上任意一点的主轴之一。

【例 B-4】 等腰直角三角形的均质薄板

(图 B-7)，腰长为 a，质量为 m，求其对两直角边的惯性积。

解 取坐标轴如图 B-7 所示。均质薄板微元 $\mathrm{d}x\mathrm{d}y$ 的质量为 $\mathrm{d}m=\frac{2m}{a^2}\mathrm{d}x\mathrm{d}y$，根据惯性积的定义，有

$$J_{xy}=\int_0^a\int_0^l xy\,\frac{2m}{a^2}\mathrm{d}x\mathrm{d}y$$

由几何关系可知，$l=a-y$，于是

$$J_{xy}=\frac{2m}{a^2}\int_0^a\int_0^{a-y}xy\,\mathrm{d}x\mathrm{d}y=\frac{2m}{a^2}\int_0^a y\,\frac{(a-y)^2}{2}\mathrm{d}y=\frac{1}{12}ma^2$$

习题参考答案

1-1 $|\boldsymbol{F}_x|=8.66\text{kN}$，$|\boldsymbol{F}_y|=5\text{kN}$，$|\boldsymbol{F}_{x'}|=10\text{kN}$，$|\boldsymbol{F}_{y'}|=5.17\text{kN}$；
$F_x=8.66\text{kN}$，$F_y=5\text{kN}$，$F_{x'}=8.66\text{kN}$，$F_{y'}=-2.59\text{kN}$

1-2 $F_{1x}=86.6\text{N}$，$F_{1y}=50\text{N}$，$F_{2x}=30\text{N}$，$F_{2y}=-40\text{N}$，$F_{3x}=0$，$F_{3y}=60\text{N}$，
$F_{4x}=-56.6\text{N}$，$F_{4y}=56.6\text{N}$

1-3 $F_{1x}=-1.2\text{kN}$，$F_{1y}=1.6\text{kN}$，$F_{1z}=0$，$F_{2x}=0.424\text{kN}$，$F_{2y}=0.566\text{kN}$，
$F_{2z}=0.707\text{kN}$，$F_{3x}=F_{3y}=0$，$F_{3z}=3\text{kN}$

1-4 $F_x=6.51\text{N}$，$F_y=3.91\text{N}$，$F_z=-6.51\text{N}$

1-5 $F_{0\text{N}}=83.8\text{N}$

1-6 $F_{\text{T}}=7.25\text{N}$

1-8 $M_A=-15\text{N}\cdot\text{m}$

1-9 $M_A=5\text{kN}\cdot\text{m}$，$M_B=-12.3\text{kN}\cdot\text{m}$

1-10 $\boldsymbol{M}_0=\dfrac{cF}{\sqrt{a^2+b^2+c^2}}(b\boldsymbol{i}-a\boldsymbol{j})$

1-11 $\boldsymbol{M}_0=-9.43\boldsymbol{i}+9.43\boldsymbol{j}-4.71\boldsymbol{k}(\text{kN}\cdot\text{m})$

1-12 $\boldsymbol{M}_B=10\boldsymbol{i}+4\boldsymbol{j}-8\boldsymbol{k}(\text{N}\cdot\text{m})$

1-13 $F=150\text{N}$

2-1 $F_{\text{R}}=1\text{kN}$，铅直向下

2-2 $F_{\text{R}}=6.93\text{N}$，$\angle(F_{\text{R}}, x)=\angle(F_{\text{R}}, y)=\angle(F_{\text{R}}, z)=54°44'$

2-6 $F_A=0.35F_{\text{P}}$，$F_{\text{P}}=0.79\text{F}$

2-7 $F_{\text{T}}=114\text{kN}$，$F_A=76.8\text{kN}$

2-8 $F_A=0$，$F_B=14.1\text{kN}$

2-9 $F_D=69.3\text{kN}$，$F_E=20\text{kN}$，$F_F=20\text{kN}$

2-10 $F_{AB}=242\text{kN}$，$F_{AC}=137\text{kN}$

2-11 $F=15\text{kN}$，$F_{\min}=12\text{kN}$，$\alpha=37°$

2-12 $\alpha=\cos^{-1}\sqrt{\dfrac{a}{l}}$

2-13 $F_A=\dfrac{\sqrt{5}}{2}F$，$F_C=F_E=2F$

2-14 $F_{AB}=4.62\text{kN}$，$F_{AC}=3.46\text{kN}$，$F_{AD}=11.6\text{kN}$

2-15 $F_{AC}=F_{AD}=77.8\text{kN}$，$F_B=187\text{kN}$

2-17 $N_{AB}=25\text{kN}$，$T_{BC}=34.6\text{kN}$，$T_{BE}=T_{BF}=30.2\text{kN}$

2-18 $M=9.88\text{N}\cdot\text{m}$

2-19 $M=4.37\text{N}\cdot\text{m}$

2-20 $F=173\text{N}$

2-21 $M_2=400\text{N}\cdot\text{m}$，$F_O=F_{O1}=1155\text{N}$

2-22 $F=200\text{N}$，$x=0.732\text{m}$

2-23 $M_B=60\text{N}\cdot\text{m}$

3-1 $OB=\dfrac{a}{\cos\alpha}$

3-2 $F_R=1.5\text{N}$，$x=-6\text{m}$

3-3 $F_R=280\text{kN}$，$M=-33\text{kN}\cdot\text{m}$

3-4 $F_R=609\text{kN}$，$\angle(\boldsymbol{F}_R, x)=96°30'$，$x=-0.488\text{m}$（在 O 点左边）

3-5 $F_R=8030\text{kN}$，$\angle(\boldsymbol{F}_R, x)=92°23'$，$x=-0.762\text{m}$（在 O 点左边）

3-6 $F=40\text{N}$

3-7 $F=10\text{N}$，$BC=2.31\text{m}$

3-8 $F_{Ax}=-1.41\text{kN}$，$F_{Ay}=-1.08\text{kN}$，$F_B=2.49\text{kN}$

3-9 (a) $F_{Ax}=3\text{kN}$，$F_{Ay}=5\text{kN}$，$F=-1\text{kN}$，
(b) $F_{Ax}=-3\text{kN}$，$F_{Ay}=-0.25\text{kN}$，$F_B=4.25\text{kN}$

3-10 $F_T=60\text{kN}$，$F_{Ax}=-2600\text{kN}$，$F_{Ay}=-1410\text{kN}$

3-11 $F_T=30.2\text{kN}$

3-12 $F_{Ax}=-11.2\text{kN}$，$F_{Ay}=46\text{kN}$，$F_B=62.4\text{kN}$

3-13 $F_{Ax}=4\text{kN}$，$F_{Ay}=17\text{kN}$，$M_A=43\text{kN}\cdot\text{m}$

3-14 (1) $F_A=22.5\text{kN}$，$F_B=27.5\text{kN}$，(2) $x=4.5\text{m}$

3-15 $F_A=55.6\text{kN}$，$F_B=24.4\text{kN}$，$F_{Q\max}=46.7\text{kN}$

3-16 $q_A=33.3\text{kN/m}$，$q_B=167\text{kN/m}$

3-17 $F_{AC}=-153\text{kN}$（压），$F_{BC}=33.3\text{kN}$（拉），$F_{BD}=-193\text{kN}$（压）

3-18 $M=F_P\sin\alpha\left(1+\dfrac{r\cos\alpha}{\sqrt{l^2-r^2\sin^2\alpha}}\right)$

3-19 $M=\dfrac{FR}{4}$

3-20 $x=\dfrac{F_Q a}{F_W}$

3-21 $F_{Ax}=-F_{Bx}=13\text{kN}$，$F_{Ay}=55\text{kN}$，$F_{By}=45\text{kN}$，$F_{Cx}=13\text{kN}$，$F_{Cy}=5\text{kN}$

3-22 $F_{Cx}=33.8\text{kN}$，$F_{Cy}=0$，$F_{AB}=33.8\text{kN}$

3-23 $F=343\text{N}$

3-24 $M=F_Q\dfrac{rr_1r_3}{\eta r_2r_4}$

3-25 10.3kN

3-26 $F_A=2.5\text{kN}$，$F_B=1.5\text{kN}$，$M_A=10\text{kN}\cdot\text{m}$

3-27 $F_{Ax}=0.3\text{kN}$，$F_{Ay}=0.538\text{kN}$，$F_B=3.54\text{kN}$

3-28 $F_{AD}=F_{BD}=3.35\text{kN}$，$F_{CD}=-3\text{kN}$

3-29 $F_{Ax}=20\text{kN}$，$F_{Ay}=70\text{kN}$，$F_{Bx}=-20\text{kN}$，$F_{By}=50\text{kN}$，$F_{Cx}=20\text{kN}$，$F_{Cy}=10\text{kN}$

3-30 $F_{Ax}=0.67\text{kN}$，$F_{Ay}=3.67\text{kN}$，$F_{Bx}=-4.67\text{kN}$，$F_{By}=15.3\text{kN}$，$F_E=5\text{kN}$

3-31 $F_1=14.6\text{kN}$，$F_2=-8.75\text{kN}$，$F_3=11.7\text{kN}$

3-33 $F_{Ax}=-7.2\text{kN}$，$F_{Ay}=11.2\text{kN}$，$F_{Bx}=-2.8\text{kN}$，$F_{By}=-1.16\text{kN}$，$F_C=18\text{kN}$

4-1 $F_R=190kN$，$M_x=3.5kN\cdot m$，$M_y=1.7kN\cdot m$

4-2 $M=11.1kN\cdot m$

4-3 $x=6m$，$y=4m$

4-4 $F_R=638N$，$M_A=163kN\cdot m$

4-5 $x_A=119mm$，$y_A=146mm$，$M_A=4810N\cdot mm$

4-6 $F_A=8.4kN$，$F_B=78.3kN$，$F_C=43.3kN$

4-7 $F_T=200N$，$F_{Ax}=86.6N$，$F_{Ay}=150N$，$F_{Az}=100N$，$F_{Bx}=F_{Bz}=0$

4-8 (1) $M=22.5kN\cdot mm$，(2)、(3) $F_{Az}=50N$，$F_{Bx}=F_{Ax}=-75N$，$F_{By}=F_{Ay}=0$

4-9 $F_{Ox}=0.6kN$，$F_{Oy}=0.8kN$，$F_{Oz}=8.13kN$，$M_z=-2.13kN\cdot m$，
$M_y=-8.8kN\cdot m$，$M_z=0$

4-10 $F_T=4.5kN$，$F_{Ax}=F_{Ay}=F_{By}=0$，$F_{Az}=2.67kN$，$F_{Bz}=2.83kN$

4-11 $F_T=0.144W$，$F_{NA}=0.25W$，$F_{Bx}=-0.144W$，$F_{By}=-0.25W$，$F_{Bz}=W$

4-12 $F_G=F_H=28.3kN$，$F_{Ax}=0$，$F_{Ay}=20kN$，$F_{Az}=69kN$

4-13 $F_1=-F_3=-F_6=F$，$F_2=-F_4=-F_5=-1.41F$

4-14 $F_{CI}=200N$（拉），$F_{DE}=0$，$F_{GH}=990N$（拉），$F_{Ax}=120N$，$F_{Ay}=-560N$，
$F_{Az}=1500N$

4-15 $F=12.6kN$，作用线过圆弧对称轴离 O 点 3.6m 处，$F_{Az}=12.6kN$，$M_{Ax}=32kN\cdot m$，$M_{Ay}=18.2kN\cdot m$

4-16 (a) $x_C=110mm$，(b) $x_C=y_C=77.6mm$，(c) $x_C=0.7m$，$y_C=0.88m$，
(d) $y_C=2.21m$，(e) $y_C=0.919m$，(f) $x_C=6.93m$

（除有对称轴者外，其余均以取过图形最下边一点的水平线为 x 轴，过最左边一点的铅直线为 y 轴。）

4-17 $y_C=40mm$

4-18 该孔中心和 O 点连结与 x 轴的夹角为 63.2°，与 y 轴的夹角为 26.8°，半径为 1.33r

4-19 (a) $x_C=2.05m$，$y_C=1.15m$，$z_C=0.95m$；
(b) $x_C=0.512m$，$y_C=1.41m$，$z_C=0.717m$

5-1 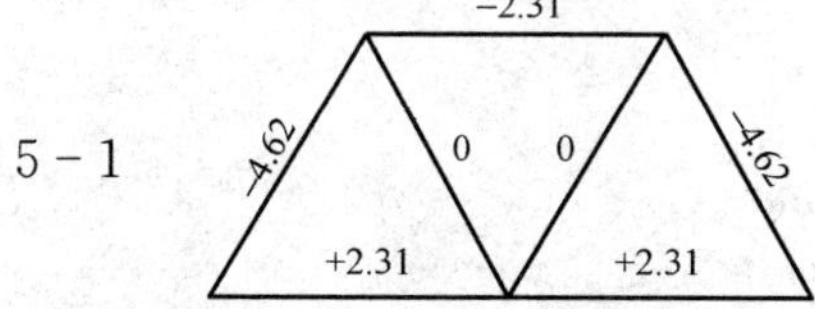

5-2 $F_1=1.73F_P$

5-3 (a) $F_1=0$；(b) $F_1=-47.13kN$，$F_2=6.67kN$，$F_3=0$

5-4 (a) $F_{Na}=-100kN$；$F_{Nb}=0$；$F_{Nc}=0$；$F_{Nd}=0$

5-5 $F_{AC}=-50kN$，$F_{A'C}=F_{AB'}=83.3kN$，$F_{CC'}=F_{AA'}=-66.7kN$，其余各杆内力为零

5-6 $F_1=F_6=0$，$F_2=F_3=F_{P2}$，$F_4=-1.73F_{P2}$，$F_5=-F_{P1}+F_{P2}$

5-7 (1) $F=2N$，(2) $F=0.66N$

5-8 $F_T=210kN$

5-9 $F=620\text{N}$

5-10 $F_{上}=26.1\text{kN}$，$F_{下}=20.9\text{kN}$

5-11 $F_{水平}=4019\text{kN}$

5-12 $b\leqslant d\left(1-\sqrt{\dfrac{1}{1+f^2}}\right)+a$

5-13 $0.246l\leqslant x\leqslant 0.977l$

5-14 $b_{\max}=150\text{mm}$

5-15 $f_s=0.577$，$F_{BC}=0.577\dfrac{M}{l}$

5-16 $M=\dfrac{2F_N f_s(r_1^2+r_1r_2+r_2^2)}{3(r_1+r_2)}$

5-17 (1) $F_P=\dfrac{\sin\alpha+f_s\cos\alpha}{\cos\alpha-f_s\sin\alpha}F_Q$；(2) $F_P=\dfrac{\sin\alpha-f_s\cos\alpha}{\cos\alpha+f_s\sin\alpha}F_Q$

5-18 $f_s\geqslant 0.12$

5-20 $F_{T\min}=222\text{N}$

5-21 $F=57.2\text{N}$

6-1 $y_B=\sqrt{64+t^2}-8$，$v_B=\dfrac{t}{\sqrt{64+t^2}}$，15s

6-2 $y_B=\sqrt{64+t^2}+l$，$v_B=\dfrac{-t}{\sqrt{64+t^2}}$

6-3 $v=279\text{mm/s}$，$a=169\text{mm/s}^2$

6-4 $v=u\sqrt{(\omega t)^2+1}$，$a=u\omega\sqrt{(\omega t)^2+4}$

6-5 $\boldsymbol{v}=(-1.46\boldsymbol{i}+3.33\boldsymbol{j})\text{m/s}$，$\boldsymbol{a}=(5.21\boldsymbol{i}-4.48\boldsymbol{j})\text{m/s}^2$

6-6 $x=3t$，$y=\dfrac{1}{2}(1-\cos4\pi t)$；$y=\dfrac{1}{2}\left(1-\cos\dfrac{4\pi}{3}x\right)$

6-7 $x=4\cos2t$，$y=5+5\sin2t$；$\left(\dfrac{x}{4}\right)^2+\left(\dfrac{y-5}{5}\right)^2=1$

6-8 (1) 13m；(2) 2.83m/s^2

6-9 $x=R(1+\cos\omega t)$，$y=R\sin2\omega t$；$s=2R\omega t$；$v=2R\omega$；$a=4R\omega^2$

6-10 $\rho=6.94\text{m}$

6-11 $v=707\text{mm/s}$，$a=3330\text{mm/s}^2$

6-12 $\varphi=\arctan\dfrac{r\sin\omega_0 t}{a+r\cos\omega_0 t}$，$\omega=\dfrac{r^2\omega_0+ar\omega_0\cos\omega_0 t}{r^2+a^2+2ar\cos\omega_0 t}$

6-13 $v=200\text{mm/s}$，$a=50\text{mm/s}^2$；$v_C=200\text{mm/s}$，$a_C=271\text{mm/s}^2$

6-14 $v=1680\text{mm/s}$，$a_{AB}=a_{CD}=0$，$a_{AD}=32.9\text{m/s}^2$，$a_{BC}=13.2\text{mm/s}^2$

6-15 (1) $\alpha_{11}=\dfrac{5000\pi}{d^2}\text{rad/s}^2$；(2) $a=300\pi\sqrt{40\,000\pi^2+1}\text{mm/s}^2$

6-16 (1) $\omega=1\text{rad/s}$，$\alpha=1.73\text{rad/s}^2$；(2) $a_B=1300\text{m/s}^2$

6-17 (略)

7-1 (1) 下游 500m，16min40s；(2) 北偏西 30°，19min15s

7-2 $v_r=3.98\text{m/s}$，$v_B=1.04\text{m/s}$

7-3 $v_B = v\tan\alpha$

7-4 $v=\frac{\sqrt{3}}{3}r\omega$，向左；$v=0$；$v=\frac{\sqrt{3}}{3}r\omega$，向右

7-5 $\omega=5.33\text{rad/s}$

7-6 $v=1.155\omega_0 l$

7-7 $v=1040\text{mm/s}$，$a=8210\text{mm/s}^2$

7-8 $v=100\text{mm/s}$，$a=346\text{mm/s}^2$

7-9 $v_{CD}=1.26\text{mm/s}$，$a_{CD}=27.4\text{mm/s}^2$

7-10 $v=100\text{mm/s}$，$a=22.4\text{mm/s}^2$

7-11 $v=\sqrt{v_1^2+r^2\omega^2}$，$a=\sqrt{(a_1-r\omega^2)^2+4\omega^2 v_1^2}$

7-12 $a_C=2\omega^2 r$，$a_r=r\sqrt{\omega^4+\varepsilon^2}$

7-13 $v=894\text{mm/s}$，$a=2890\text{mm/s}^2$

7-14 (1) 2m/s；(2) 1m/s；(3) 8.25m/s^2

7-15 $v_M=600\text{mm/s}$，$a_M=3630\text{mm/s}^2$，$v_N=825\text{mm/s}$，$a_N=3450\text{mm/s}^2$

7-16 $\omega_{CE}=0.866\text{rad/s}$，$a_{CE}=0.134\text{rad/s}^2$

7-17 $v_r=100\text{mm/s}$，$\alpha_r=1015\text{mm/s}^2$

7-18 $v=54\text{mm/s}$，$a=48.8\text{mm/s}^2$

7-19 $a=\sqrt{\frac{3u^4}{4r^2}+\frac{1}{4}\left(\frac{u^2}{r}+5\omega^2 r\right)^2+3u^2\omega^2}$

7-20 $v=917\text{mm/s}$，$a=2950\text{mm/s}^2$

8-1 $x_C=r\cos\omega_0 t$，$y_C=r\sin\omega_0 t$，$\varphi=-\omega_0 t$

8-2 $x_A=(R+r)\cos\frac{\alpha t^2}{2}$，$y_A=(R+r)\sin\frac{\alpha t^2}{2}$，$\varphi_A=\frac{1}{2r}(R+r)\alpha t^2$

8-3 $\omega=4\text{rad/s}$，$v_0=4\text{m/s}$

8-4 $v=52.4\text{mm/s}$

8-5 $v_C=200\text{mm/s}$

8-6 $v_C=178\text{mm/s}$

8-7 $v_C=b\sqrt{4\omega_1^2+\omega_2^2+2\omega_1\omega_2}$

8-8 $v_D=216\text{mm/s}$

8-9 $\omega=2.6\text{rad/s}$

8-10 $\omega_{OB}=3.75\text{rad/s}$，$\omega_I=6\text{rad/s}$

8-11 $v_C=346\text{mm/s}$

8-12 $v=0.462\text{m/s}(\downarrow)$

8-13 (1) $\omega=3\text{rad/s}$；(2) $v_G=0.14\text{m/s}$；(3) $v_F=0.38\text{m/s}$；
(4) 以瞬心为圆心，半径 $R\leqslant 0.05\text{m}$ 的圆

8-14 $\delta S_H=\delta S_G$

8-15 $v_0=\frac{R}{R-r}u$，$a_0=\frac{R}{R-r}a$

8-16 $v_C=\omega_0 l$，$a_C=2.08\omega_0^2 l$

8-17 $v_D=12.6\text{m/s}$，$a_D=103\text{m/s}^2$

8-18 $\boldsymbol{a}_A=88.18\boldsymbol{i}+57.01\boldsymbol{j}\text{m/s}^2$

8-19 (1) $\omega_{AB}=2\text{rad/s}$，$\omega_{O_1B}=4\text{rad/s}$；(2) $a_{AB}=8\text{rad/s}^2$，$a_{O_1B}=16\text{rad/s}^2$

8-20 $\omega=0.2\text{rad/s}$，$\alpha=0.046\text{rad/s}^2$

8-21 有两个解：$a_C=2.88\text{m/s}^2$，$a_C=4\text{m/s}^2$，$v_C=1058\text{mm/s}$

9-1 $F_{AB}=\dfrac{ml}{2a}(\omega^2a+g)$，$F_{AC}=\dfrac{ml}{2a}(\omega^2a-g)$

9-2 $F_{\max}=3.14\text{kN}$，$F_{\min}=2.74\text{kN}$

9-3 $n=18\text{r/min}$

9-4 $M=\left[(W+P)\left(\dfrac{a}{g}+0.01\right)+(W-P)\sin\theta\right]r$

9-5 $a_A=1.2\text{m/s}^2$，$a_B=0.8\text{m/s}^2$

9-6 $t=0.686\text{s}$，$d=3.43\text{m}$

9-7 $\varphi=48.2°$

9-8 $F=17.24\text{kN}$

9-9 $t=2.02\text{s}$，$L=6.92\text{m}$

9-10 $v=\sqrt{\dfrac{\mu}{a}}$

9-11 $v_L=9.8\text{mm/s}$

9-12 $v_1=\sqrt{\dfrac{gv_0^2}{g+kv_0^2}}$

9-13 $\omega_{\max}=\sqrt{fgr}$

9-14 $f=\dfrac{m_1\sin\theta\cos\theta}{m_1\cos^2\theta+m_2}$

9-15 $s=0.5\text{m}$

9-16 $a=f'g=1.961\text{m/s}^2$

10-1 (1) $\Delta x=0$；(2) $\Delta x=\dfrac{1}{6}$；(3) $\Delta x=\dfrac{3}{10}l$（Δx 为 C 点移动的距离）

10-2 $\Delta x=3.43\text{m}$

10-3 (1) $F_{H\max}=\dfrac{W_2}{g}\omega^2e$；(2) $\omega\geqslant\sqrt{\dfrac{(W_1+W_2)g}{W_2e}}$

10-4 简谐振动，振幅$\dfrac{l(W_2+2W_3)}{W_1+W_2+W_3}$，周期$\dfrac{2\pi}{\omega}$

10-5 $x=\dfrac{Pl}{W+P}\sin(\varphi_0\cos kt)-\dfrac{Pl\sin\varphi_0}{W+P}$

10-6 $(x_A-l\cos\theta_0)^2+\left(\dfrac{y_A}{2}\right)^2=l^2$

10-7 $F_{Ox}=\dfrac{W}{g}(\omega^2l\cos\varphi+al\sin\varphi)$，$F_{Oy}=W+\dfrac{W}{g}(\omega^2l\sin\varphi-al\cos\varphi)$

10-8 $F=256.8\text{N}$

10-9 (1) $p=\frac{W}{g}v_0$，$\boldsymbol{p}$方向与v_0方向相同；(2) $p=\frac{W}{g}\omega a$，$\boldsymbol{p}\perp OC$；(3) $p=0$

10-10 $p=\frac{\omega l(5W_1+4W_2)}{2g}$，$p\perp OC$

10-11 (1) $m_A=1.92\text{kg}$；(2) $v_B=112.6\text{m/s}$

10-12 $v=0.687\text{m/s}$

10-13 $F_x=30\text{N}$

10-14 $F_x=\frac{Q\gamma}{g}(v_1+v_2\cos\theta)$

10-15 $F_x=138\text{N}$

10-16 $F_N=2P+W+\frac{2P}{g}\omega^2 e\cos\omega t$

10-17 $F_N=\frac{Wv^2 r}{gR^2}$

11-1 $L_O=[(4W+P)r^2+(P+2P_1+2P_2)R^2]\frac{\omega}{2g}$

11-2 $L_z=\left(\frac{m_1}{3}+m_2\right)l_1^2\omega$

11-3 $t=\frac{J}{k\omega_0}$，$n=\frac{J\ln 2}{2\pi k}$转

11-4 $\varphi=\frac{\delta_0}{l}\sin\left(\sqrt{\frac{gk}{3(W_1+3W_2)}}t+\frac{\pi}{2}\right)$

11-5 $J_2=\left(\frac{T_2^2}{T_1^2}-1\right)J_1$

11-6 $\omega=\frac{2aW_2 t}{(W_1+2W_2)r}$，$\alpha=\frac{2aW_2}{(W_1+2W_2)r}$

11-7 $M=76.9\text{N}\cdot\text{m}$

11-8 $\omega_1=\frac{W_1R_1\omega_{O1}+W_2R_2\omega_{O2}}{(W_1+W_2)R_1}$，$\omega_2=\frac{W_1R_1\omega_{O1}+W_2R_2\omega_{O2}}{(W_1+W_2)R_2}$

11-9 $a=\frac{(M-Wr)R^2 rg}{(J_1r^2+J_2R^2)g+WR^2r^2}$

11-10 $n=\frac{\omega^2 Wab}{8g\pi lfF}$

11-11 $t=\frac{r_1\omega}{2fg\left(1+\frac{m_1}{m_2}\right)}$

11-12 $\alpha=4.6\text{rad/s}^2$

11-13 $\alpha=5.13\text{rad/s}^2$

11-14 $f=\frac{1}{2\pi}\sqrt{\frac{2c}{M+2m}}$

11-15 $a_C=\frac{2g(2M-W_3R-W_2R)}{(4W_1+3W_2+2W_3)R}$

11-16 $a=\dfrac{F-f(m_1+m_2)g}{m_1+m_2/3}$

11-17 (a) $a_C=4.8\text{m/s}^2$，$\alpha=60\text{rad/s}^2$；(b) $a_C=0.96\text{m/s}^2$，$\alpha=34.2\text{rad/s}^2$

11-18 $a=\dfrac{P(R-r)^2g}{W(\rho^2+r^2)+P(R-r)^2}$

11-19 $a_C=1.29\text{m/s}^2$

11-20 $\varphi=\varphi_0\sin\left(\sqrt{\dfrac{2g}{3(R-r)}}t+\dfrac{\pi}{2}\right)$

11-21 $F_N=\dfrac{mg}{3}(7\cos\theta-4\cos\theta_0)$

11-22 $a=\dfrac{4}{7}g\sin\theta$，$F_N=\dfrac{1}{7}mg\sin\theta$

11-23 $F_N=\dfrac{W}{3\sin^2\theta_0+1}$

11-24 $a=\dfrac{4g}{5}$

11-25 $M>2Pr$

11-26 $a_0=\dfrac{M(m_2r-m_1R)}{(m\rho^2+m_1R^2+m_2r^2)(m+m_1+m_2)-(m_2r-m_1R)^2}$

12-1 5.75kW

12-2 $T=\dfrac{\omega^2}{2}(J_0+mr^2\sin^2\varphi)$；$\varphi=\dfrac{\pi}{2}$或$\dfrac{\pi}{3}$，$T_{\max}=\dfrac{\omega^2}{2}(J_O+mr^2)$；$\varphi=0$或$\pi$，$T_{\min}=\dfrac{\omega^2J_O}{2}$

12-3 $T=\dfrac{Pl^2}{6g}\omega^2\sin^2\beta$

12-4 $T=\left[W_1+4W_2+4W_3\left(\dfrac{\rho^2}{R^2}+1\right)\right]\dfrac{v^2}{2g}$

12-5 $v=\sqrt{\dfrac{(l^2-a^2)g}{l}}$

12-6 $a=\dfrac{M+(P_2-P_1)r}{(P_1+P_2+P_3)r}g$

12-7 (1) $\sqrt{\dfrac{3g}{l}}$，(2) $4mg$，$\dfrac{\sqrt{37}}{4}mg$

12-8 $\omega=\dfrac{2}{r}\sqrt{\dfrac{[M-(P\sin\theta+fP\cos\theta)r]g\varphi}{P_1+2P}}$

12-9 (1) $\omega_B=0$，$\omega_{AB}=4.95\text{rad/s}$；
(2) $\delta_{\max}=87.1\text{mm}$

12-10 $F_N=\dfrac{7}{3}mg\cos\theta$，$F=\dfrac{1}{3}mg\sin\theta$

12-11 $v_C=\sqrt{3gh}$

12-12 $v=\sqrt{\dfrac{4gh}{3}}$，$F=\dfrac{mg}{3}$

12-13　$a=\frac{8F}{11W}g$

12-14　$a=\frac{P(R+r)^2g}{W(\rho^2+R^2)+P(R+r)^2}$

12-15　$v_B=2.1\sqrt{\frac{m_1gl}{7m_1+9m_2}}$

12-16　$\omega=1.56\text{rad/s}$

12-17　$a=\frac{M-mgR\sin\theta}{2mR^2}$；$F_x=\frac{1}{8R}(6M\cos\theta+mgR\sin2\theta)$

12-18　$\omega=\sqrt{\frac{6\pi F}{13ml}}$

12-19　$v_{r0}=\omega l$

12-20　(a) $p=\left(\frac{m_1}{2}+m_2\right)\omega l$，$\boldsymbol{p}\perp OC$，

$T=\frac{1}{12}\left(2m_1+3m_2\frac{R^2}{l^2}+6m_2\right)l^2\omega^2$，$L_O=\frac{1}{6}\left(2m_1+3m_2\frac{R^2}{l^2}+6m_2\right)l^2\omega$

(b) $p=\left(\frac{m_1}{2}+m_2\right)\omega l$，$\boldsymbol{p}\perp OC$，$T=\frac{1}{2}\left(\frac{m_1}{3}+m_2\right)\omega^2l^2$，$L_O=\left(\frac{m_1}{3}+\frac{m_2}{3}\right)l^2\omega$

12-21　在 B 处：$\omega=\frac{J\omega_0}{J+mR^2}$，$v_t=\sqrt{2gR+\frac{JR^2\omega_0^2}{J+mR^2}}$；在 C 处：$\omega=\omega_0$，$v_t=2\sqrt{gR}$

12-22　$a=\frac{2(m_2gr-M_f)}{(m_1+2m_2)r^2}$，$M_f=\frac{m_1m_2gr\theta}{m_1(\theta+\varphi)+2m_2\varphi}$

12-23　(1) $\omega=\sqrt{\frac{(12Pl+3M\pi)g}{Pl^2}}$，$a=\frac{3gM}{Pl^2}$；(2) $F_C=\frac{M}{l}$；$F_x=\frac{M}{l}$，$F_y=25P+\frac{6M}{l}\pi$

12-24　$a=\frac{(M+m_1gr\sin\theta)r}{m_1r^2+J}$；

$F_{Ox}=-\frac{m_1(Jg\sin\theta+Mr)}{m_1r^2+J}\cos\theta$，$F_{Oy}=m_2g+\frac{m_1(Jg\sin\theta+Mr)}{m_1r^2+J}\sin\theta$

$\omega=\sqrt{\frac{3g}{l}(1-\sin\varphi)}$；$\alpha=\frac{3g}{2l}\cos\varphi$

12-25　$F_A=\frac{9}{4}mg\cos\varphi\left(\sin\varphi-\frac{2}{3}\right)$，$F_B=\frac{mg}{4}\left[1+9\sin\varphi\left(\sin\varphi-\frac{2}{3}\right)\right]$

13-2　$a_{AB}=15\text{m/s}^2$，$\theta=33.16°$

13-3　$\omega_{max}=11.83\text{rad/s}$

13-4　$a_{max}=3.432\text{m/s}^2$

13-5　$a=\frac{8F}{11m}$

13-6　$F_{RD}=F_{RE}=219\text{N}$；$D=1.19a$

13-7　$F_{Cx}=0$，$F_{Cy}=\frac{3m_1+m_2}{2m_1+m_2}m_2g$，$M_C=\frac{3m_1+m_2}{2m_1+m_2}m_2ga$

13-8　$a_C=\frac{3g}{7}$，$F_T=\frac{4W}{7}$

13-9 $a=\dfrac{F_{T}R(R\cos\alpha-r)g}{W(R^2+r^2)}$

13-10 $a=\dfrac{(W_1\sin\alpha-W_2)g}{2W_1+W_2}$

13-11 $F_{RA}=F_{RB}=\dfrac{Wl^2\omega^2\sin\alpha\cos\alpha}{6bg}$

13-12 (1) $a=4.903\text{m/s}^2$；$F_A=0.408P$，$F_B=0.458P$

(2) $a=2.628\text{m/s}^2$；$F_A=F_B=0.634P$

13-13 无滑动时：$a_C=\dfrac{\dfrac{F}{m}\left[\cos(\alpha-\beta)+\dfrac{r}{R}\right]-g\sin\alpha}{1+\rho^2R^2}$；

有滑动时：$a_C=\dfrac{F}{m}[\cos(\alpha-\beta)-f_s\sin(\alpha-\beta)]-(\sin\alpha+f_s\cos\alpha)g$

14-1 $W_2=10\text{kN}$

14-2 $F_1=50\text{N}$

14-3 $F_N=\dfrac{\pi M\cot\alpha}{h}$

14-4 $F=1.865\text{kN}$

14-5 $F_1=\dfrac{Fl}{R\cos^2\varphi}$

14-6 $\varphi_{min}=\arctan\dfrac{1}{2f_s}$

14-7 $x=\dfrac{Fl^2}{kb^2}+a$

14-8 $k=\dfrac{Wl\sin\theta}{R^2\theta}$

14-9 $\dfrac{\tan\varphi_1}{\tan\varphi_2}=\dfrac{W_1}{W_2}$

14-10 $F_{RA}=2.44\text{kN}\uparrow$，$F_{RB}=2.22\text{kN}\uparrow$，$F_{RC}=2.67\text{kN}\uparrow$，$F_{RE}=2.67\text{kN}\uparrow$

14-11 $F_{RE}=0.943\text{kN}$（拉），$F_{RC}=1.167\text{kN}$（压）

14-12 $F_{RA}=\dfrac{\sqrt{2}}{2}F$，$F_{RB}=\dfrac{\sqrt{2}}{2}F$

14-13 $F_1=3.67\text{kN}$

14-14 (a) $F_1=\dfrac{b}{a}F_P$，$F_2=\dfrac{\sqrt{a^2+b^2}}{a}F_P$；(b) $F_1=-\dfrac{2\sqrt{3}}{3}F_P$，$F_2=0$

14-15 $F_{Ax}=\dfrac{F}{2}\leftarrow$，$F_{Ay}=\dfrac{F}{2}\downarrow$，$F_{RB}=F+F_1\uparrow$

14-16 $F_Q=M-\dfrac{Wr_1r_3}{2r_2}$

14-17 $P_{Q\varphi}=(m_1+m_2)gR\cos\varphi+m_2gR\sin(\theta+\varphi)+M$，$F_{Q\theta}=m_2gR\sin(\theta+\varphi)$

14-18 $F_{QxA}=F\cos\alpha-\dfrac{W}{2}$，$F_{QxB}=W_2\sin\beta-\dfrac{W}{2}$

14-19 $M=2l(F_1\cos\varphi+F_2\sin\varphi)$

14-20　$F=3W$

14-21　$\tan\varphi_1=\dfrac{F_1a}{F_2b}$，$\tan\varphi_2=\dfrac{F_1}{F_2}$

14-22　$\theta=\arccos\sqrt[3]{\dfrac{2a}{l}}$，平衡是不稳定的

14-23　$\varphi=0$，平衡是稳定的；$\varphi=\arccos\dfrac{W_1}{kl}$，平衡是不稳定的

14-24　$\theta=0$，平衡是稳定的

15-1　$a=\left(\dfrac{r_2r_5M}{r_1r_3r_4W}-1\right)g$

15-2　$a=\dfrac{(3Mr-Wr^2\sin\alpha)g}{9Jg+Wr^2}$

15-3　$\ddot{\varphi}=\dfrac{(M-Wl\sin\varphi)g}{Wl^2}$，$\ddot{\varphi}_{\varphi=90^\circ}=\dfrac{(M-Wl)g}{Wl^2}$

15-4　$a=\dfrac{(2M-W_1r-Wr)g}{(3W+W_1)r}$

15-5　$\alpha=\dfrac{Mg}{(3W+4W_1)l^2}$

15-6　$\alpha=\dfrac{M(4m_1+m_2)-3gRm_1m_2}{J(4m_1+m_2)+m_1m_2R^2}$

15-7　$\ddot{x}=\dfrac{8Fg}{8W_1+9W}$

15-8　$T=2\pi\sqrt{\dfrac{6R^2-l^2}{3g\sqrt{4R^2-l^2}}}$

15-9　$(l+r\theta)\ddot{\theta}+r\dot{\theta}^2+g\sin\theta=0$

15-10　$\ddot{\theta}+\left(\dfrac{g}{a}-\omega^2\cos\theta\right)\sin\theta=0$；$M=ma^2\omega\dot{\theta}\sin2\theta$

15-11　$(Pl^2+3Wr^2)\ddot{\theta}+6Wr\dot{r}\dot{\theta}+\left(\dfrac{3}{2}Pl\sin\theta+3Wr\sin\theta\right)g=0$，

$\ddot{r}-r\dot{\theta}^2+\dfrac{kg}{W}(r-l_0)-g\cos\theta=0$，其中 r 为 O 至 M 的距离

15-12　$(m_1+m_2)\ddot{x}+m_2(R-r)\ddot{\theta}=0$，$\ddot{x}+\dfrac{3}{2}(R-r)\ddot{\theta}+g\theta=0$

16-2　$T=2\pi\sqrt{\dfrac{P}{kg}}$；$A=\sqrt{\dfrac{P}{k}\left(\dfrac{P\sin^2\alpha}{k}+2h\right)}$

16-3　(a) $T=2\pi\sqrt{\dfrac{P}{(2k_1+k_2)g}}$；

(b) $T=2\pi\sqrt{\dfrac{2P}{(k_1+2k_2)g}}$；

(c) $T=2\pi\sqrt{\dfrac{P}{(2k_1+k_2)g}}$

16-4 $k=\frac{4\pi^2(P-Q)}{(T_1^2-T_2^2)g}$

16-5 $T=7.57\sqrt{\frac{l}{g}}$

16-6 $f=\frac{b}{2\pi}\sqrt{\frac{k_1k_2g}{P(k_1a^2+k_2b^2)}}$

16-7 $f=\frac{1}{2\pi}\sqrt{\frac{4k_1k_2k_3}{m(k_2k_3+k_1k_3+4k_1k_2)}}$

16-8 $T=\frac{2\pi a}{b}\sqrt{\frac{l}{3g}}$

16-9 $T=2\pi\sqrt{\frac{J}{Pa\sin\alpha}}$

16-10 $m\ddot{x}+(2k-m\omega_0^2)x=0$

16-11 $f=\frac{1}{2\pi}\sqrt{\frac{2k}{M+4m}}$

16-12 $T=\frac{\pi d}{d+2a}\sqrt{\frac{3m}{k}}$

16-13 $T=2\pi\sqrt{\frac{7(R-r)}{5g}}$

16-14 $T=2\pi\sqrt{\frac{a}{fg}}$

16-15 $f=\frac{1}{2\pi}\sqrt{\frac{3EIg}{Pl^3}}$

16-16 当$\frac{(k+\delta\pi r^2\gamma)g}{P}-\left(\frac{\mu g}{2P}\right)^2>0$时发生振动；

$x=\frac{ph}{6}\sqrt{\frac{1}{p^2-n^2}}\mathrm{e}^{-nt}\sin(\sqrt{p^2-n^2}t+\alpha)$，

其中$p=\sqrt{\frac{(k+\pi r^2\gamma)g}{P}}$，$\alpha=\tan^{-1}\frac{\sqrt{p^2-n^2}}{n}$

16-17 $T'=2\pi\Big/\sqrt{\frac{k}{J}-\left(\frac{\mu A}{2J}\right)^2}$

16-18 $x=50\mathrm{e}^{-3t}\sin(4t+0.925)$mm；$R=3$N

16-19 $x=11.8\sin\pi t$ mm

16-20 $A=0.957$mm

16-21 (1) $A=0.516$mm；(2) $A=0.447$mm

16-22 $\ddot{x}+12\,800\dot{x}+1000x=8\sin60t$ m/s^2；$\nu=0.001\,302$

16-23 $k\leqslant0.009\,15$kN/mm

16-24 $k=143$kN/m

16-25 2层

17-1 (1) $e=0.51$；(2) $I=59.2$N·s；(3) $F=59.2$kN

17-2 $e=\sqrt{1-\cos\varphi}$

17-3 $\delta_{max}=\frac{Q}{k}+\frac{P}{k}\left(1+\sqrt{1+\frac{2kh}{P+Q}}\right)$

17-4 $h_{max}=0.151m$

17-5 $v_2=1.2m/s$，v_2 与 BE 成 45°角；$BE=360mm$

17-6 $s=\frac{3lM^2(1+e)^2}{2f(M+3m)^2}$

17-7 $v_{小球}=6.8m/s$，$v_{滑}=0.666m/s$

17-8 $\omega=\frac{3bv}{2(a^2+b^2)}$；$I_x=\frac{4a^2+b^2}{4(a^2+b^2)}mv$，$I_y=\frac{3ab}{4(a^2+b^2)}mv$

17-9 $\omega=\frac{3}{2l}\sqrt{2gh}$；$I=\frac{m}{4}\sqrt{2gh}$

17-10 $v_C=2.74m/s$；$\omega=13.7rad/s$

17-11 (a) $v=8m/s$，$\omega=40rad/s$；

(b) $v=9.17m/s$，$\omega=40rad/s$

参 考 文 献

[1] 华东水利学院工程力学教研室《理论力学》编写组．理论力学（第二版）．上册．北京：高等教育出版社，1984.

[2] 华东水利学院工程力学教研室《理论力学》编写组．理论力学（第二版）．下册．北京：高等教育出版社，1985.

[3] 哈尔滨工业大学理论力学教研室．理论力学（第六版）．Ⅰ、Ⅱ册．北京：高等教育出版社，2002.

[4] 贾书惠，李万琼．理论力学．北京：高等教育出版社，2002.

[5] 武清玺，冯奇．理论力学．北京：高等教育出版社，2003.

[6] 武清玺，陆晓敏．静力学基础．南京：河海大学出版社，2003.

[7] 武清玺，许庆春，赵引．动力学基础．南京：河海大学出版社，2003.